**NCS** National Competency Standards

# 자동차 정비 기능사 필기

유충상, 한홍걸 저

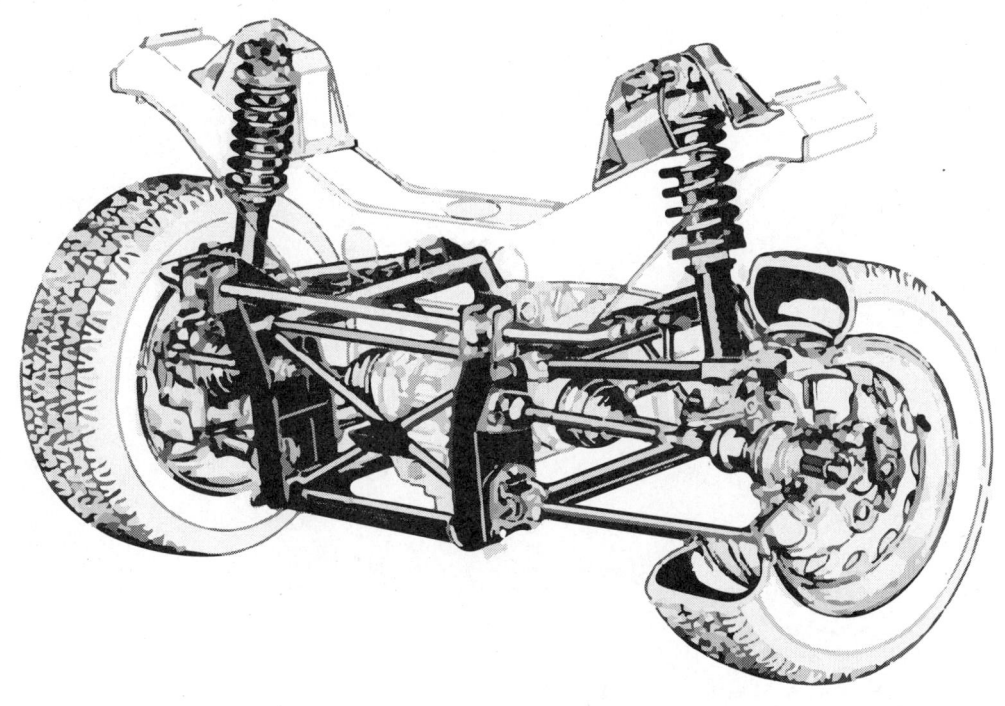

도서출판 한필

# CONTENTS

 자동차 정비기능사는 2017년부터 CBT 시험형태로 되어 시험체제가 많이 달라졌습니다. 그러나 시험문제는 변함 없이 출제됨을 알 수 있습니다.

 자동차 정비기능사 시험의 문제는 기출문제에서 80% 이상이 반복적으로 출시되고 있습니다. 이에 따라 필기시험을 위해 가장 중요한 것은 과거 문제들이 시험에 어떻게 출제되었는지 파악하는 것입니다. 이를 반영하여 이 책은 과년도 기출 문제들을 분석하고 내용을 정리하여, 수험생들의 합격을 확신할 수 있도록 편집하였습니다. 단원의 끝부분인 예상문제를 통하여 이론을 다시 한번 살펴보도록 구성하였으며, 수험생 스스로가 문제의 난이도를 편성할 수 있도록 편찬하였습니다.

 이 책으로 수험준비를 하여 합격하시기를 바라며 질문사항은 도서출판 한필 (www.hanpil.co.kr)로 질문해주시면 성실하게 답변하도록 하겠습니다. 끝으로 이 책을 출판하는데 도움을 주신 모든 분들과 도서출판 한필 직원들에게 감사의 뜻을 전합니다.

저자 일동

## CBT(컴퓨터 시험) 가이드

한국산업인력공단에서 2016년 5회 기능사 필기 시험부터 자격검정 CBT(컴퓨터 시험)으로 시행됩니다. CBT의 진행 과정과 메뉴의 기능을 미리 알고 연습하여 새로운 시험 방법인 CBT에 대비하시기 바랍니다. 다음과 같이 순서대로 따라해 보고 CBT 메뉴의 기능을 익혀 실전처럼 연습해 봅시다.

### STEP1 자격검정 CBT 들어가기

큐넷(http://www.q-net.or.kr)에서 표시된 부분을 클릭하면 'CBT 체험하기'를 할 수 있습니다.

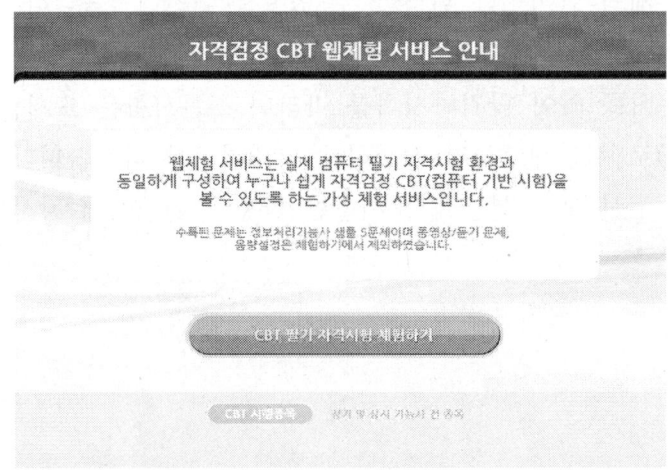

'CBT' 필기 자격시험 체험하기'를 클릭하면 시작됩니다.

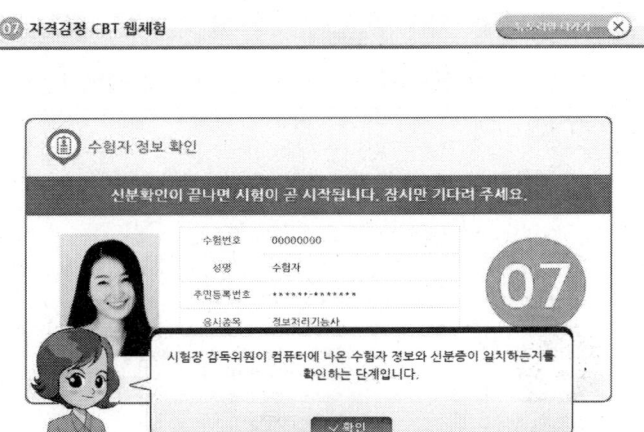

시험 시작 전 배정된 자석에 앉으면 수험자 정보를 확인합니다.
시험장 감독위원이 컴퓨터에 표시된 수험자 정보와 신분증의 일치여부를 확인합니다.

**STEP 2** 자격검정 CBT 둘러보기

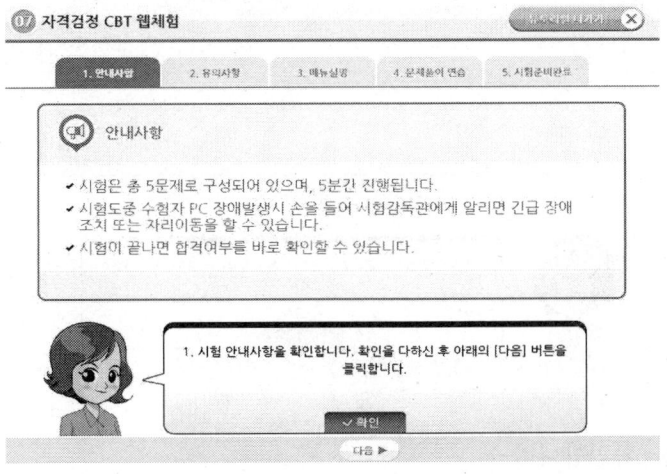

수험자 정보 확이니 끝난 후 시험 시작 전 'CBT 안내사항'을 확인합니다.

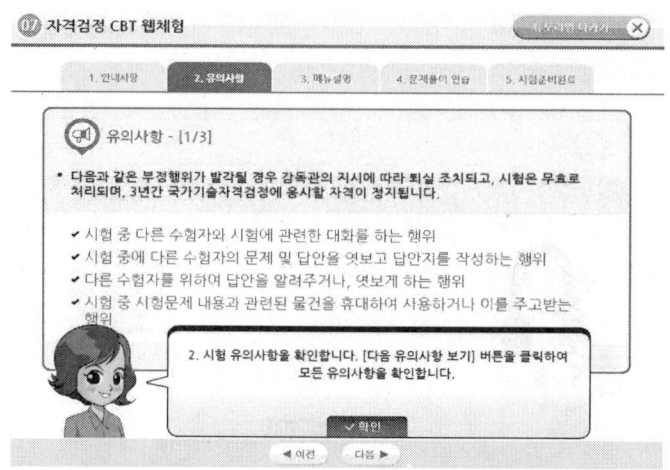

'CBT 유의사항'을 확인합니다. '다음 유의사항 보기'를 클릭하면 전체 유의사항을 확인할 수 있으며 보지 못한 유의사항이 있으면 '이전 유의사항 보기'를 클릭하여 다시 볼 수 있습니다.

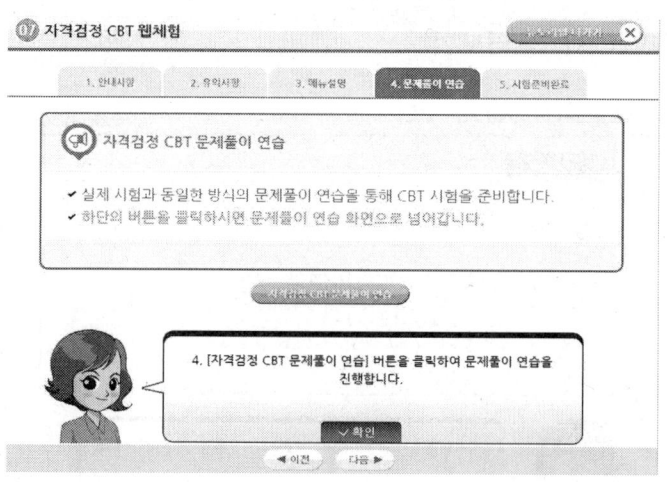

'문제풀이 연습'을 확인합니다.

'자격검정 CBT 문제풀이 연습'을 클릭하면 실제 시험과 동일한 방식으로 진행됩니다.

**STEP 3** 자격검정 CBT 연습하기

자격검정 CBT 문제풀이 연습을 시작합니다. 총 3문제로 구성되어 있습니다.

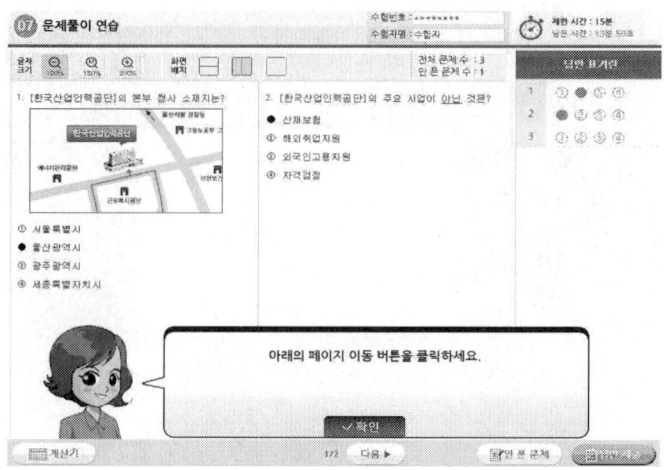

시험문제를 다 푼 후 답안 제출을 하거나 시험 시간이 경과되었을 경우 시험이 종료됩니다.

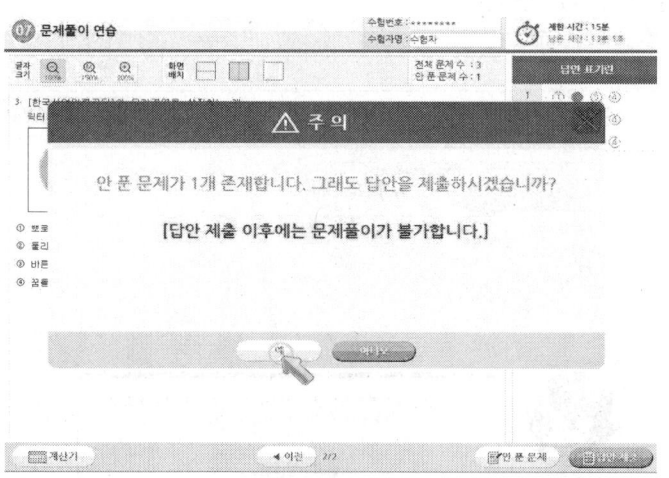

답안을 제출하면 점수와 합격여부를 바로 알 수 있습니다.

## 자격검정 CBT 메뉴 미리 알아두기

**❶ 글자크기&화면배치**

글자크기(100%, 150%, 200%)와 화면 배치(1단, 2단, 한 문제씩 보기)가 선택 가능함.

**❷ 전체 안 푼 문제 수 조회**

전체 문제 수와 안 푼 문제 수 확인 가능함.

**❸ 계산기도구**

응시 종목에 계산 문제가 있을 경우 좌측 하단의 계산기 기능을 이용함.

**❹ 안 푼 문제 번호 보기 & 답안 제출**

'안 푼 문항'을 클릭하면 현재까지 안 푼 문제 목록을 확인할 수 있으며, '답안 제출'을 클릭하면 답안 제출 승인 알림창이 나옴.

**❺ 페이지 이동**

화면 아래 버튼을 이용해서 페이지를 이동하고 중앙에 현재 페이지를 표시함.

**❻ 답안 표기 영역**

문제 번호를 클릭하면 해당 문제로 이동하고 선택지 번호를 클릭하면 답안이 표시됨.

**❼ 남은 시간 표시**

남은 시간 표시 및 제한 시간이 없을 경우 시계 아이콘과 시간이 붉은색으로 표시됨.

# 출제기준(필기)

| 직무분야 | 기계 | 중직무분야 | 자동차 | 자격종목 | 자동차정비기능사 | 적용기간 | 2019.1.1.~2021.12.31 |
|---|---|---|---|---|---|---|---|
| ○직무내용 : 각종 공구 및 기기와 점검 장비를 이용하여 엔진, 섀시, 전기장치 등의 결함이나 고장 부위를 진단하고, 적합한 부품으로 교체하거나 정비하는 직무를 수행 ||||||||
| 필기검정방법 | 객관식 | 문제수 | 60 || 시험시간 || 1시간 |

| 필기 과목명 | 출제 문제수 | 주요항목 | 세부항목 | 세세항목 |
|---|---|---|---|---|
| 자동차엔진, 자동차섀시, 자동차전기 및 안전관리 | 60 | 1. 자동차 엔진 | 1. 기본사항 | 1. 힘과 운동의 관계<br>2. 열과 일 및 에너지와의 관계<br>3. 자동차공학에 쓰이는 단위 |
| | | | 2. 엔진의 성능 | 1. 엔진 성능<br>2. 엔진 기본 사이클 및 효율<br>3. 연료 및 연소 |
| | | | 3. 엔진본체 | 1. 실린더헤드, 실린더 블록, 밸브 및 캠축 구동장치<br>2. 피스톤 및 크랭크축 |
| | | | 4. 연료장치의 이해 | 1. 가솔린 연료장치<br>2. 디젤 연료장치<br>3. LPG 연료장치<br>4. CNG 연료장치 |
| | | | 5. 윤활 및 냉각장치 | 1. 윤활장치<br>2. 냉각장치 |
| | | | 6. 흡배기장치 | 1. 흡기 및 배기장치<br>2. 과급장치<br>3. 배출가스 저감장치 |
| | | | 7. 전자제어장치 | 1. 엔진 제어장치<br>2. 센서<br>3. 액추에이터 등<br>4. 친환경 제어장치 |
| | | | 8. 자동차 엔진 관련 안전기준 | 1. 안전기준(법규 및 검사기준) |
| | | 2. 자동차섀시 | 1. 동력전달장치 | 1. 클러치<br>2. 수동변속기<br>3. 자동변속기 유압 및 제어장치<br>4. 무단변속기 유압 및 제어장치<br>5. 드라이브라인 및 동력배분장치<br>6. 기타 동력전달장치 |
| | | | 2. 현가 및 조정장치 | 1. 일반 현가장치<br>2. 전자제어 현가장치<br>3. 일반 조향장치<br>4. 전자제어 조향장치<br>5. 휠 얼라인먼트 |

| 필 기 과목명 | 출제 문제수 | 주요항목 | 세부항목 | 세세항목 |
|---|---|---|---|---|
| | | | 3. 제동장치 | 1. 유압식 제동장치<br>2. 기계식 및 공압식 제동장치<br>3. 전자제어제동장치<br>4. 기타 제동장치 |
| | | | 4. 주행 및 구동장치 | 1. 휠 및 타이어<br>2. 구동력 및 주행성능<br>3. 구동력 제어장치 |
| | | | 5. 자동차 섀시 관련 안전기준 | 1. 안전기준(법규 및 검사기준) |
| | | 3. 자동차전기 전자 | 1. 전기전자 | 1. 전기기초<br>2. 전자기초(반도체 포함) |
| | | | 2. 시동, 점화 및 충전장치 | 1. 배터리<br>2. 시동장치<br>3. 점화장치<br>4. 충전장치<br>5. 하이브리드장치 |
| | | | 3. 계기 및 보안장치 | 1. 계기 및 보안장치<br>2. 전기회로(각종 전기장치)<br>3. 등화장치 |
| | | | 4. 안전 및 편의장치의 이해 | 1. 안전 및 편의장치의 종류 및 특성 |
| | | | 5. 공기조화장치 | 1. 냉방장치<br>2. 난방장치<br>3. 공조장치 |
| | | | 6. 고전원 전기장치 | 1. 구동축전지<br>2. 전력변환장치<br>3. 구동전동기<br>4. 연료전지<br>5. 고전압 위험성 인지 및 안전장비 |

| | | 4. 안전관리 | 1. 산업안전일반<br>2. 기계 및 기기에 대한 안전<br>3. 공구에 대한 안전<br>4. 작업상의 안전 | 1. 안전기준 및 재해<br>2. 안전조치 |
|---|---|---|---|---|
| | | | | 1. 엔진취급<br>2. 섀시취급<br>3. 전장품취급<br>4. 기계 및 기기 취급 |
| | | | | 1. 전동 및 에어공구<br>2. 수공구 |
| | | | | 1. 일반 및 운반기계<br>2. 기타 작업상의 안전 |

# 출제기준(실기)

| 직무<br>분야 | 기계 | 중직무분야 | 자동차 | 자격<br>종목 | 자동차정비기능사 | 적용<br>기간 | 2019.1.1.~2021.12.31 |
|---|---|---|---|---|---|---|---|

○ 직무내용 : 각종 공구 및 기기와 점검 장비를 이용하여 엔진, 섀시, 전기장치 등의 결함이나 고장 부위를 진단하고, 적합한 부품으로 교체하거나 정비하는 직무를 수행
○ 수행준거 : 1. 자동차 정비용 장비 및 공구를 사용해 엔진의 고장원인을 진단 할 수 있고 단품교체 등의 기초적인 정비를 수행할 수 있다.
                2. 자동차 정비용 장비 및 공구를 사용해 섀시의 고장원인을 진단할 수 있고 단품교체 등의 기초정비를 수행할 수 있다.
                3. 자동차의 전기장치 회로시스템을 이해하고 각종 전기장치 고장원인을 진단 할 수 있고 단품교체 등의 기초정비를 수행할 수 있다.

| 필기검정방법 | 작업형 | 문제수 | 60 | 시험시간 | 4시간 정도 |
|---|---|---|---|---|---|

| 실 기<br>과목명 | 주요항목 | 세부항목 | 세세항목 |
|---|---|---|---|
| 자동차<br>정비 작업 | 1. 엔진정비 | 1. 엔진 점검 및 정비하기 | 1. 엔진 분해조립 및 부품 교환을 할 수 있다.<br>2. 엔진 시동 및 점검을 할 수 있다.<br>3. 엔진 성능진단 및 시험을 할 수 있다.<br>4. 엔진 측정 진단을 할 수 있다.<br>5. 엔진의 각종 센서 점검을 할 수 있다. |
| | | 2. 배출가스장치 및<br>전자제어장치 점검하기 | 1. 배출가스장치를 점검 및 정비할 수 있다.<br>2. 가솔린 전자제어장치를 점검 및정비할 수 있다.<br>3. 디젤 전자제어장치를 점검 및 정비할 수 있다.<br>4. LPG 전자제어장치를 점검 및 정비할 수 있다. |
| | | 3. 엔진 부수장치 정비하기 | 1. 연료장치를 점검 및 정비할 수 있다.<br>2. 윤활장치를 점검 및 정비할 수 있다.<br>3. 냉각장치를 점검 및 정비할 수 있다.<br>4. 흡배기장치를 점검 및 정비할 수 있다.<br>5. 기타 장치를 점검 및 정비할 수 있다. |
| | 2. 섀시정비 | 1. 동력전달 장치 정비하기 | 1. 클러치 및 수동변속기를 점검 및 정비할 수 있다.<br>2. 자동변속기/무단변속기를 점검 및 정비할 수 있다.<br>3. 드라이브라인 및 동력배분 장치를 점검 및 정비할 수 있다. |
| | | 2. 조향 및 현가장치 정비하기 | 1. 조향장치를 점검 및 정비할 수 있다.<br>2. 차륜 정렬상태를 점검 및 정비할 수 있다.<br>3. 현가장치를 점검 및 정비할 수 있다.<br>4. 전자제어현가장치를 점검 및 정비할 수 있다. |

| | | 3. 제동 및 주행장치 정비하기 | 1. 제동장치를 점검 및 정비할 수 있다.<br>2. 전자제어제동장치를 점검 및 정비할 수 있다.<br>3. 주행장치 및 타이어를 점검 및 정비할 수 있다. |
|---|---|---|---|
| | 3. 전기장치 정비 | 1. 엔진 관련 전기장치 정비하기 | 1. 시동장치 및 회로를 점검 및 정비할 수 있다.<br>2. 점화장치 및 회로를 점검 및 정비할 수 있다.<br>3. 충전장치 및 회로를 점검 및 정비할 수 있다. |
| | | 2. 차체 관련 전기장치 정비하기 | 1. 등화회로 및 계기장치를 점검 및 정비할 수 있다.<br>2. 공기조화장치 및 회로를 점검 및 정비할 수 있다.<br>3. 각종 편의 및 보안장치를 점검 및 정비할 수 있다. |

## 제 1 편    자동차 기초이론

**제 1 장 자동차 개요** ········································································· 23

   1-1. 자동차의 정의 ··································································· 23

   1-2. 자동차의 분류 ··································································· 23

   **Q** 기출 및 예상문제 ································································· 29

**제 2 장 자동차의 기본구조** ····························································· 32

   2-1. 자동차의 기본구조 ···························································· 32

   2-2. 자동차의 제원 ··································································· 34

   **Q** 기출 및 예상문제 ································································· 40

## 제 2 편    기 관

**제 1 장 기관 일반** ············································································· 44

   1-1. 가솔린 기관 ······································································· 44

   1-2. 디젤 기관 및 기타 기관 ··················································· 52

   **Q** 기출 및 예상문제 ································································· 57

**제 2 장 기관 본체** ············································································· 60

   2-1. 개요 ····················································································· 60

   2-2. 각 부분별 구조 ································································· 61

   **Q** 기출 및 예상문제 ································································· 79

## 제 3 장 윤활장치 ······················································· 88

3-1. 개요 ································································· 88

3-2. 윤활 ································································· 90

3-3. 흡기 · 배기 계통과 과급 ······································· 96

**Q** 기출 및 예상문제 ··············································· 97

## 제 4 장 냉각장치 ······················································· 99

4-1. 설치목적 및 냉각방식 ·········································· 99

4-2. 냉각장치의 주요 구조부 ······································· 100

**Q** 기출 및 예상문제 ··············································· 105

## 제 5 장 연료장치 ······················································· 108

5-1. 연료장치의 개요 ·················································· 108

5-2. 연료장치의 부품 ·················································· 108

5-3. 전자제어식 연료분사장치 ······································· 111

5-4. LPG 기관 연료장치 ············································· 117

5-5. CNG(압축천연가스) 연료 ······································· 119

5-6. 연료와 연소 ························································ 120

**Q** 기출 및 예상문제 ··············································· 123

## 제 6 장 흡기 · 배기장치 ············································· 132

6-1. 개요 ································································· 132

6-2. 흡기 · 배기장치의 구조 및 기능 ····························· 132

**Q** 기출 및 예상문제 ··············································· 139

## 제 7 장 자동차 배출가스 · 144

7-1. 개요 · 144

7-2. 배출가스의 유형 · 145

7-3. 배출가스 발생조건 · 145

7-4. 배출가스 대책 · 146

**Q** 기출 및 예상문제 · 149

# 제 3 편  전 기

## 제 1 장 전기장치 · 158

1-1. 기초일반 · 158

1-2. 축전기 · 170

1-3. 기초전자 · 173

**Q** 기출 및 예상문제 · 182

## 제 2 장 축전지 · 187

2-1. 개요 · 187

2-2. 납산 축전지의 구조 · 187

2-3. 축전지의 화학작용 · 192

**Q** 기출 및 예상문제 · 197

## 제 3 장 시동장치(기동장치) ················································· 200

  3-1. 개요 ················································································ 200

  3-2. 전동기 ············································································· 201

  3-3. 시동 전동기의 구조 ····················································· 203

  **Q** 기출 및 예상문제 ···························································· 206

## 제 4 장 점화장치 ··································································· 208

  4-1. 의의 ················································································ 208

  4-2. 점화장치의 종류 ···························································· 208

  4-3. 축전지식 점화장치 ························································ 209

  **Q** 기출 및 예상문제 ···························································· 217

## 제 5 장 충전장치 ··································································· 222

  5-1. 개요 ················································································ 222

  5-2. 발전기 ············································································· 223

  **Q** 기출 및 예상문제 ···························································· 228

## 제 6 장 등화장치 및 기타 전기장치 ··································· 230

  6-1. 등화장치 ········································································· 230

  6-2. 기타 전기장치 ······························································· 234

  **Q** 기출 및 예상문제 ···························································· 237

# 제 4 편  새 시

## 제 1 장 동력전달장치 · 246

1-1. 동력전달장치의 개요 · 246

1-2. 클러치(Clutch) · 247

1-3. 변속기 · 253

1-4. 추진축과 자재이음 · 263

1-5. 최종감속기어 · 265

1-6. 차동기어장치(Differential gear) · 265

**Q** 기출 및 예상문제 · 267

## 제 2 장 현가장치 · 276

2-1. 현가장치의 기능 및 조건 · 276

2-2. 현가장치의 구성 · 277

2-3. 현가장치의 종류 · 281

**Q** 기출 및 예상문제 · 289

## 제 3 장 조향장치 · 293

3-1. 개요 및 구성 · 293

3-2. 조향장치의 원리 · 293

3-3. 조향장치의 특성 · 294

3-4. 조향장치의 구비조건 · 295

3-5. 조향장치의 구조 · 295

3-6. 동력조향장치 · 301

3-7. 앞바퀴 정렬(Front wheel alignment) ······················································ 303

**Q** 기출 및 예상문제 ······································································· 310

## 제 4 장 제동장치 ································································· 316

4-1. 개요 ························································································ 316

4-2. 제동장치의 조건 ········································································· 316

4-3. 제동장치의 종류 ········································································· 317

4-4. 유압식 제동장치의 원리 ······························································· 318

4-5. 유압식 제동장치의 구성 ······························································· 319

4-6. 공기 브레이크(Air brake) ···························································· 324

4-7. 주차 브레이크(Parking brake, hand brake) ································· 325

4-8. 감속 브레이크 ············································································· 325

4-9. ABS(Anti-Blocking System) ······················································ 326

**Q** 기출 및 예상문제 ······································································· 329

## 제 5 장 프레임, 휠 및 타이어, 차대번호 ·································· 337

5-1. 프레임(Fram) ············································································· 337

5-2. 휠(Wheel) ················································································· 339

5-3. 타이어(Tire) ··············································································· 340

5-4. 차대번호 ···················································································· 351

**Q** 기출 및 예상문제 ······································································· 353

## 제 6 장 능동형 차체 자세시스템 ················· 357

6-1. 능동형 차체 자세시스템 ················· 357

**Q** 기출 및 예상문제 ················· 359

## 제 7 장 친환경 자동차 ················· 360

7-1. 친환경 자동차 ················· 360

**Q** 기출 및 예상문제 ················· 364

# 제 5 편   안전관리

## 제 1 장 안전관리 ················· 368

1-1. 일반적인 안전사항 ················· 368

1-2. 수공구류의 안전수칙 ················· 370

1-3. 안전 표지와 가스용기의 색채 ················· 375

**Q** 기출 및 예상문제 ················· 376

# 자동차 정비 기능사   기출문제

2015년 제 1 회 기출문제 ················· 390
2015년 제 2 회 기출문제 ················· 404
2015년 제 4 회 기출문제 ················· 417
2015년 제 5 회 기출문제 ················· 430
2016년 제 1 회 기출문제 ················· 444
2016년 제 2 회 기출문제 ················· 458
2016년 제 4 회 기출문제 ················· 471

## 자동차 정비 기능사 — 모의고사

제 1 회 모의고사 ·················································· 484
제 2 회 모의고사 ·················································· 499
제 3 회 모의고사 ·················································· 513
제 4 회 모의고사 ·················································· 525
제 5 회 모의고사 ·················································· 538
제 6 회 모의고사 ·················································· 553
제 7 회 모의고사 ·················································· 569

자동차 정비 기능사

# 01 자동차 기초이론

01. 자동차 개요
02. 자동차의 기본구조

# 01 자동차 개요

## 1-1 자동차의 정의

자동차는 차체에 장비한 원동기를 동력원으로 하여 궤도나 가선(공중에 가로 질러 놓은 전력선)에 의하지 아니하고 주행하며, 사람이나 화물을 운반하거나 각종 작업을 하는 기계를 말한다. 그러므로 궤도를 사용하는 궤도차량이나 무궤도전차인 트롤리(Trolley)버스는 자동차에 포함되지 않는다. 자동차는 차체(Body)와 섀시(Chassis)로 구분하며, 섀시는 엔진, 동력전달장치, 현가장치, 제동장치 등으로 구성된다.

## 1-2 자동차의 분류

### ❶ 기관 및 에너지원에 의한 분류

**■ 내연기관 · 전기 자동차 ■**

| | |
|---|---|
| 내연기관 자동차 | 연료를 이용하여 원동기를 회전시켜 바퀴를 구동하는 형식으로 가솔린자동차, 디젤자동차, LPG자동차, CNG자동차 등이 있으며, 현재 자동차의 대부분을 차지하고 있다. |
| 전기자동차 | 연료전지, 축전지 등의 전기에너지를 이용하여 전동기를 회전시켜 바퀴를 구동시키는 자동차로서 자동차공해와 석유자원문제로 최근 개발이 한창 진행 중이다. |
| 하이브리드 전기자동차 | 내연기관자동차의 기관 + 전기자동차의 배터리와 전동기를 함께 적용하여 각각의 장점을 살리고 단점을 보완한 자동차 |

> **III 보충    외연기관과 내연기관**
>
> 1. **외연기관** : 작동유체 밖에서 연료를 연소시켜 작동유체를 고온·고압의 증기를 만들고, 이것으로써 기계적인 일을 얻는 열기관이다. 증기기관, 증기 터빈, 원자력 기관 등이 있다.
> 2. **내연기관** : 작동유체 안에서 연료를 연소시켜 고온·고압의 가스를 만들고, 이것으로써 기계적인 일을 얻는 열기관이다.

### ❷ 차체 형상에 의한 분류 - 승용차(운전좌석 포함 10석 이하인 자동차)

(1) 컨버터블(Convertible)

지붕을 개폐시킬 수 있는 형식으로 대부분 지붕이 부드럽고 질긴 천이나 가죽으로 되어 있기 때문에 소프트 톱이라고도 한다.

(2) 세단(Sedan)

자동차 뒷부분에 독립된 트렁크가 있는 형식으로 트렁크를 개폐시켜도 바깥공기가 실내에 들어올 수 없는 형식이다.

(3) 왜건(Wagon)

세단의 루프 뒷부분을 연장하여 천장이 트렁크까지 수평구조로 하여 화물실을 크게 한 타입으로 세단의 실내가 뒤로 넓어져 좌석을 늘리거나 트렁크로 사용할 수도 있으며 뒤쪽에 문이 있다.

(4) 쿠페(Coupe)

뒷좌석의 천장을 짧고 경사지게 만들고 앞좌석은 2인승을 위주로 하여 강화시킨 형식으로 보통 두개의 문으로 되어있으므로 뒷자리가 협소한 단점이 있다.

(5) 해치백(Hatch back)

세단의 트렁크를 제거한 것과 같은 형태로서 트렁크와 뒷유리가 함께 열리는 형식이다. 화물은 세단에 비해서 많이 실을 수 없지만, 차체의 치수를 작게 할 수 있으므로 주로 경자동차에서 채택하는 형식이다(2door).

(6) SUV(Sport Utility Vehicle)

세단에 비교해서 전고와 지상고가 높은 형식

(7) 리무진(Limousine)

앞열보다 뒷열의 공간이 넓은 형식

(8) 밴(VAN)

뒷열의 적재공간이 넓은 형식

(9) 픽업트럭(Pick-up truck)

지붕이 없는 적재함이 있는 형식

## 3 구동방식 및 기관의 위치에 의한 분류

(1) 구동방식에 의한 분류

| 앞바퀴 구동차<br>(Front wheel drive car) | 앞바퀴에 동력을 전달하여 구동하는 자동차이다. |
|---|---|
| 뒷바퀴 구동차<br>(Rear wheel drive car) | 뒷바퀴에 동력을 전달하여 구동하는 자동차이다. |
| 전륜(全輪) 자동차<br>(All wheel drive car) | 앞·뒤 바퀴에 모두 동력을 전달하여 구동하는 자동차이다.<br>4륜 구동차(4 Wheel drive car : 4×4),<br>6륜 자동차(6 Wheel drive car : 6×6) 등이 있다. |

(2) 기관의 위치에 의한 분류

| 앞기관식<br>(Front engine type) | 자동차 앞에 기관이 있는 방식 |
|---|---|
| 뒤기관식<br>(Rear engine type) | 자동차 뒤에 기관이 있는 방식 |
| 차실바닥밑기관식<br>(Under floor engine type) | 차의 바닥에 설치되는 방식으로 버스 등과 같이 바닥 밑의 공간이 큰 자동차에 사용되는 방식 |

(3) 기관과 구동바퀴의 조합방식에 따른 분류

① 앞기관-뒷바퀴 구동방식

㉠ FR방식(Front engine rear wheel drive type vehicle)

㉡ 기관 및 변속기를 차체 앞부분에 설치하고 프로펠러 샤프트(propeller shaft)에 의해 뒷바퀴를 구동

㉢ 기관과 동력전달장치의 위치선정이 자유로워 설계가 용이하고, 중량배분도 차량 전후로 적절하여 조종성과 안정성이 뛰어남

㉣ 프로펠러 샤프트가 후륜 쪽으로 지나가야 하므로, 뒷좌석 중앙에 볼록 튀어나오는 부분이 생김

㉤ 부품이 FF방식에 비해 비쌈. 중형승용차에 많이 사용

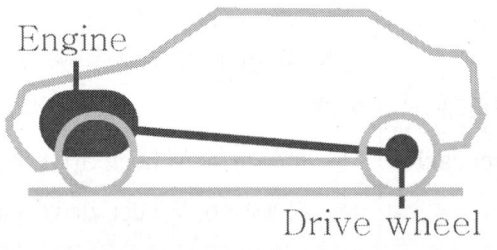

○ **프로펠러 샤프트(Propeller shaft)** : FR 자동차에서, 변속기로부터 구동축에 동력을 전달하는 추진축으로 자재 이음과 슬립이음으로 되어 있으며, 밸런스가 맞지 않을 경우, 차체 진동의 주요 원인이 된다.

② 앞기관-앞바퀴 구동방식

　㉠ FF방식(Front engine Front wheel drive type vehicle)

　㉡ 기관과 변속기를 차체 앞부분에 설치하고 앞바퀴를 구동하는 방식으로 동력 및 전달장치를 모두 앞부분에 탑재하였기 때문에 실내를 넓게 이용할 수 있고 경량화 및 비용을 절감할 수 있으나 차량의 무게가 앞쪽으로 집중되어 있으므로 코너링할 때 언더스티어링의 현상이 발생할 수 있다.

　㉢ 소형 및 경자동차에 대부분 사용

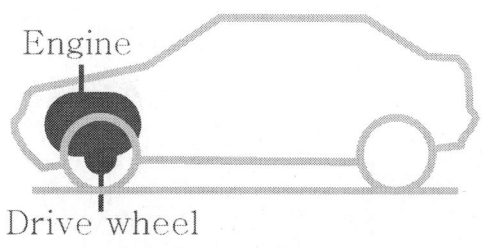

○ 언더스티어링(Under-steerig) : 회전하고자 하는 목표치보다 덜 회전하여 밖으로 회전하는 현상

○ 오버스티어링(over-steerig) : 회전하고자 하는 목표치보다 더 회전하여 안으로 회전하는 현상

③ 뒷기관-뒷바퀴 구동방식

　㉠ RR방식(rear engine rear wheel drive type vehicle)

　㉡ 기관을 후륜의 뒷부분에 설치하고 뒷바퀴로 구동하는 자동차로서 동력 및 전달장치를 모두 뒷부분에 탑재하였기 때문에 실내를 넓게 이용할 수 있고 주행소음이 실내로 유입되기 어려운 이점이 있으나 트렁크의 체적이 작게 되고 코너링할 때 오버스티어링의 우려 있음

　㉢ 최근 승용차에는 많이 사용하지 않고, 주로 버스에 사용한다.

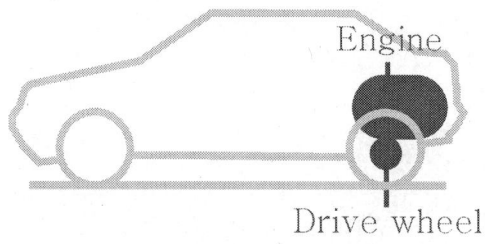

④ 4륜바퀴 구동방식

　㉠ 4WD(four wheel drive)

　㉡ 앞, 뒷바퀴 모두에 구동력 전달이 가능한 자동차로서 지형이 험한 오프로드(off-road) 또는 미끄러운 도로에서 안정된 주행을 위해 개발된 방식으로 항상 4바퀴로 주행하는 상시방식(full-time 4WD)과 필요에 따라 2WD와 4WD를 선택하는(part-time 4WD)로 구분한다.

## 자동차 개요
# 기출 및 예상문제

**01** 다음 중 내연기관 자동차가 아닌 것은 어느 것인가?
① 증기 자동차 ② 디젤 자동차
③ 가솔린 자동차 ④ LPG 자동차

◆ 열기관은 내연기관과 외연기관으로 구분된다. 외연기관은 주로 증기를 사용하는 랭킨 사이클이며, 증기 기관, 증기 터빈, 원자력 기관이다.

**02** 출력 50kw의 엔진을 1분간 운전했을 때의 제동출력이 전부 열로 바뀐다면 몇 kJ인가?
① 2500kJ ② 3000kJ
③ 3500kJ ④ 4000kJ

◆ 50kJ/s × 60s = 3000kJ

**03** 내연기관에서 사용하는 에너지원의 종류가 아닌 것은?
① 가솔린 ② 디젤
③ 증기 ④ LPG

◆ 열기관은 내연기관과 외연기관으로 구분된다. 외연기관의 에너지원은 주로 고압 고온의 과열증기를 사용한다.

**04** 앞기관 앞바퀴(FF)방식의 특징이 아닌 것은?
① 추진축이 불필요하다.
② 험로에서 차량 조종성이 양호하다.
③ 후륜이 무거워 언덕길 출발시 유리하다.
④ 실내공간이 넓어지고 무게가 가볍다.

◆ ㉠ 앞기관 앞바퀴(FF)방식은 앞쪽에 엔진이 있고, 앞쪽 바퀴가 구동하는 차량이며, FR이란 뜻은 앞쪽에 엔진이 있고, 뒷쪽 바퀴가 구동하는 차량이다.
㉡ 앞기관 앞바퀴(FF)방식의 장점은 엔진과 가까운 곳(바퀴로의)으로 바로 출력을 전달하니까 동력의 손실이 타 차량에 비해 적다.
㉢ 단점은 원하는 것보다 더 멀리 돌아가는 언더스티어 현상이 일어나서 급격한 커브 길에 적합하지 않으며 구동계가 앞쪽에 몰려 있어 무게의 배분이 별로 좋지 못하다. 또한 뒷바퀴에 힘이 실리지 않기 때문에 차량의 무게가 너무 앞에 치중해 있어서 고속주행 시 운전이 매우 불안정하다.

정답 01.① 02.② 03.③ 04.③

**05** 윤중의 설명으로 옳은 것은?
① 자동차가 수평상태에 있을 때에 1개의 바퀴가 수직으로 지면을 누르는 중량
② 자동차가 수평상태에 있을 때에 1개의 추축에 연결된 모든 바퀴의 힘의 합
③ 자동차가 공차상태로 있을 때의 중량
④ 자동차의 제작시 발생되는 제원치의 허용 중량

◆ 윤중(輪重, wheel load)은 1개의 바퀴에 작용하는 하중으로서 4륜구동일 때는 차량무게/4이다.

**06** 시동이 꺼졌을 때 점검할 것이 아닌 것은?
① 연료 펌프          ② 연료 필터
③ 연료 레귤레이터    ④ 발전기

◆ 연료 필터는 연료에 들어 있는 불순물을 제거하는 장치로서 시동장치와는 무관하다.

**07** 1kWh는 1kW의 전력으로 몇 시간 전류가 하는 일을 말하는가?
① 1시간             ② 2시간
③ 5시간             ④ 10시간

◆ 1kW × 1hr = 1kWh

**08** 다음 중 4행정기관의 설명 중 맞는 것은?
① 크랭크축 2회전에 2번 폭발
② 크랭크축 1회전에 2번 폭발
③ 크랭크축 1회전에 한 번 폭발
④ 크랭크축 2회전에 한 번 폭발

◆ ㉠ 2행정 사이클 기관에서는 크랭크축이 1회전할 때 흡입·압축·폭발·배기의 1사이클을 완료한다. 따라서 크랭크축이 1회전할 때는 폭발을 1회하게 된다.
㉡ 4행정 사이클 기관에서는 크랭크축이 2회전할 때 흡입·압축·폭발·배기의 1사이클을 완료한다. 따라서 크랭크축이 2회전할 때는 폭발을 1회하게 된다.

**09** 구동력을 크게 하기 위해서는 축의 회전 토크 $T$와 구동바퀴의 반경 $R$을 어떻게 해야 하는가?
① $T$와 $R$ 모두 크게 한다.
② $T$는 크게, $R$은 작게 한다.
③ $T$는 작게, $R$은 크게 한다.
④ $T$와 $R$ 모두 작게 한다.

◆ $F(구동력) = \dfrac{T}{R}$

정답  05.①  06.②  07.①  08.④  09.②

**10** 하이브리드 자동차에서 회생제동의 시기는?
① 출발할 때  ② 정속주행할 때
③ 급가속할 때  ④ 감속할 때

◆ 회생제동은 에너지를 발생시키는 장치로서 감속 시의 에너지를 회생시킨다.

**11** 자동차를 가볍게 할 수 있고 차실공간을 유효하게 이용할 수 있어 중·소형차에 주로 쓰이는 구동방식은?
① 앞기관 앞바퀴 구동식
② 앞기관 뒷바퀴 구동식
③ 뒤기관 앞바퀴 구동식
④ 앞기관 전륜 구동식

◆ 중·소형 승용차에 적용하는 형식으로 자동차를 가볍게 할 수 있고, 차실공간을 유효하게 이용할 수 있으며, 조향 안정성의 향상에 유리하며, 연료가 절약된다.

**12** 다음 중 피스톤 행정이란?
① 상사점(TDC)과 하사점(BCD) 사이의 거리
② 흡입·압축·폭발·배기의 1사이클
③ 상사점과 하사점 사이의 체적
④ 피스톤의 길이

◆ 상사점과 하사점 사이의 거리를 행정이라 하며, 상사점과 하사점 사이의 체적은 행정 체적 또는 피스톤 배기량이라 한다.

**13** 피스톤이 하강하는 행정은 4행정 기관에서 어느 행정인가?
① 흡입행정·압축행정
② 압축행정·폭발행정
③ 폭발행정·배기행정
④ 흡입행정·폭발행정

◆ 4행정 기관에서 피스톤이 하강하는 행정은 흡입행정과 폭발행정이며 피스톤이 상승하는 행정은 압축행정과 배기행정이다.

정답  10. ④  11. ①  12. ①  13. ④

# 02 자동차의 기본구조

## 2-1 자동차의 정의

자동차의 주요부분은 차체와 섀시로 구분할 수 있다.

### 차체와 섀시

| | |
|---|---|
| 차체(Body) | 사람이나 화물을 싣는 부분. 기관실(Engine room), 트렁크(Trunk), 지붕, 옆판 및 바닥 등으로 구성된다. |
| 섀시(Chassis) | 자동차의 차체를 제외한 나머지 부분이며, 주행의 원동력이 되는 엔진, 동력전달장치, 조향장치, 현가장치, 제동장치 등으로 구성된다. |

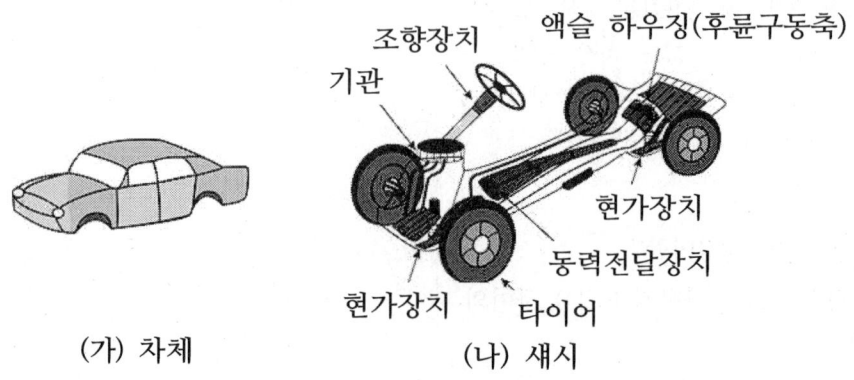

(가) 차체   (나) 섀시

(1) 엔진(기관)

　① 엔진은 자동차가 주행하는데 필요한 동력을 발생하는 장치이며, 가솔린 엔진, 디젤 엔진, LPG 엔진 등이 있다.

　② 엔진은 본체 및 윤활, 연료, 냉각, 흡·배기, 시동, 점화 등의 여러 부속장치로 구성되어 있다.

(2) 동력전달장치

동력전달장치는 엔진에서 발생한 동력을 구동바퀴까지 전달하는 장치를 말하며, 클러치, 변속기, 추진축, 종감속 기어, 차축 등으로 구성되어 있다.

(3) 조향장치

조향장치는 자동차의 진행방향을 바꾸기 위한 장치이며, 일반적으로 조향핸들을 돌려서 바퀴로 조향한다.

(4) 현가장치

현가장치는 자동차가 주행할 때 노면에서 받는 진동이나 충격을 흡수하기 위한 장치이며 일반적으로 프레임과 차축 사이에 완충장치를 설치하여 승차감을 좋게 하고, 자동차의 각 부분의 손상을 방지한다.

(5) 제동장치

제동장치는 주행하는 자동차를 정지시키거나 감속하며 주차를 확실하게 하는 장치이다.

(6) 타이어와 바퀴

타이어와 바퀴는 하중의 분배, 완충 및 진동감쇠, 주행 시에 발생하는 구동력과 제동력 등의 작용을 한다.

(7) 보조장치

자동차가 안전하게 운행하기 위해서는 위의 장치 외에 조명이나 신호를 위한 등화류, 차량의 속도나 엔진의 운전 상태를 알리는 계기류 외에 경음기, 윈드 시일드 및 와셔가 장치되어 있다.

## 2-2 자동차의 제원

### ① 개념

(1) 제원(Specification)이란 자동차에 관한 전반적인 치수(전장, 전폭, 전고, 축, 윤거 등), 무게, 기계적인 구조, 성능 등을 일정한 기준에 의거하여 수치로 나타낸 것을 말하며, 이 제원을 종합하여 기재한 것을 제원표라 한다.

(2) 기준조건으로 치수는 수평의 직진자세로 정지된 공차상태에서, 성능은 최대적재상태에서 측정하여 제원표에는 치수(Dimensions), 질량(Masses), 하중(Weights) 및 성능(Performances)을 표시한다.

(3) 공차상태와 최대적재상태

① 공차상태 : 자동차에 사람이 승차하지 아니하고 물품(예비부분품 및 공구 기타 휴대물품을 포함)을 적재하지 아니한 상태로서, 기본 사양에 필요한 최소한의 장치·장비를 갖추고(예비타이어 포함) 윤활유, 브레이크액, 냉각수, 연료를 만재하고 운행할 수 있는 상태

② 최대적재상태 : 공차상태에서 승차정원(1인당 65kg)과 최대적재량을 균등하게 적재한 상태

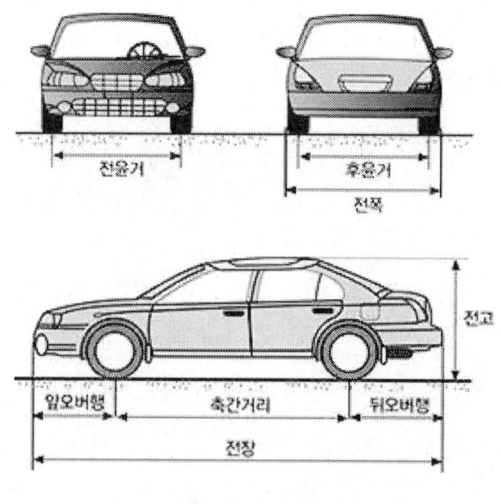

〈자동차의 치수〉

## 2 치수의 정의

| | |
|---|---|
| 전장(Overall length) | 자동차의 길이를 자동차의 중심면과 접지면에 평행하게 측정했을 때 앞 범퍼에서 뒤범퍼까지의 최대 길이 |
| 전폭(Overall width) | 차문을 닫은 상태에서 자동차의 너비를 자동차의 중심면과 직각으로 측정했을 때의 부속물을 포함한 최대 너비 (아웃사이드미러는 제외) |
| 전고(Overall height) | 접지면에서 가장 높은 부분까지의 높이(최대 적재 상태일 때는 이것을 명시하고 안테나는 포함하지 않는다) |
| 축간거리(축거 : Wheel base) | 앞·뒤 차축의 중심에서 중심까지의 수평거리 |
| 차륜거리(윤거 : Tread) | 좌·우 타이어의 접촉면의 중심에서 중심까지의 거리 |
| 중심높이 (Height of gravitational center) | 타이어의 접지 면에서 자동차의 중심(重心) 위치까지의 높이이며, 화물이 적재된 상태일 때에는 그 무게를 부가 한다. |
| 바닥높이 (Floor height loading height) | 접지면에서 바닥면의 특정 장소 (버스의 승강구 위치 또는 트럭의 맨 뒷부분까지의 높이) |
| 프레임 높이 (Height of chassis above ground) | 축거의 중앙에서 측정한 접지면에서 프레임 윗면까지의 높이 |
| 최저지상고 (Ground clearance) | 아무것도 싣지 않은 공차상태에서 자동차의 가장 낮은 부분과 접지면 사이의 높이이며 이때 타이어, 휠, 브레이크 부분은 제외한다(12cm 이상). |
| 적하대 오프셋 (Rear body offset) | 뒷차축의 중심(뒷차축이 2개일 때는 2차축의 중앙)과 적하대 바닥면의 중심과의 수평거리 |
| 실내치수 (Interior Dimensions of Body) | 자동차 실내의 치수로 거주성과 운전조작성에 기준이 된다.<br>• 길이 : 계기판으로부터 최후부 좌석뒤 끝까지의 길이<br>• 폭 : 객실 중앙부의 최대폭<br>• 높이 : 차량중심선 부근의 바닥면부터 천장까지의 길이 |
| 오버행(Over Hang) | 자동차 바퀴의 중심을 지나는 수직면에서 자동차의 맨 앞 또는 맨 뒤까지(범퍼, 견인고리, 윈치 등을 포함)의 수평거리 (Front/Rear over hang) |
| 최소회전반경 (Minimum turning radius) | 자동차가 최대 조향각으로 저속 회전할 때 바깥쪽 바퀴의 접지면 중심이 그리는 원의 반지름이다(12m 이내). |

## ③ 무게의 정의

| | |
|---|---|
| 공차중량<br>(차량무게 : Empty vehicle weight) | 자동차에 사람이나 짐을 싣지 않고 연료, 냉각수, 윤활유 등의 규정량을 넣고 운행에 필요한 장비를 갖춘 상태의 중량으로, 운전사, 예비타이어, 예비부품, 공구, 기타 휴대품은 제외한다 (단, 예비타이어는 규정에 있으면 포함). |
| 최대적재량<br>(Maximum payload) | 적재를 허용하는 최대의 하중(승객과 짐의 최대중량)으로 하대나 하실의 뒷면에 반드시 표시하여야 한다. |
| 차량총중량<br>(Gross vehicle weight) | 승차정원과 최대적재량 적재시 그 자동차의 전체 중량으로 예를 들면 차량공차중량 11000kg, 승차정원 2명(1인 65kg), 최대적재량 10000kg의 트럭 차량총중량은<br>11000 + (65 × 2) + 10000 = 21130kg<br>최대적재량 = 차량총중량 - 차량중량 - 승차정원 × 65kg<br>안전기준에서 자동차의 총중량은 20톤(1축 10톤, 1륜 5톤)을, 화물자동차 및 특수자동차의 총중량은 40톤을 초과해서는 안 된다. |
| 승차정원<br>(Riding capacity) | 입석과 좌석을 구분하여 승차할 수 있는 최대 인원수로 운전자를 포함한다. 좌석의 크기는 1명당 가로·세로 40cm 이상이어야 하며, 버스의 입석은 실내높이 180cm 이상의 장소에 바닥면적 0.14m$^2$ 이상에 1명(단, 13세 미만 어린이는 2/3명)으로 하고 정원 1명은 65kg으로 계산한다. |
| 배분 무게<br>(Distributed weight) | 최대 적재 상태에서 자동차의 각 차축에 배분된 무게이며 이것을 합하면 차량 총무게가 된다. 각 차축에 배분된 무게를 축중(軸重)이라 하며 축중을 그 자동차에 부착된 바퀴의 수로 나눈 값을 윤하중(輪荷重)이라 한다. |
| 조향륜의 윤중 | 자동차의 조향 바퀴의 윤중의 합은 차량 중량 및 차량 총중량의 각각에 대하여 20% 이상이어야 한다. |
| 최대 안전 경사각도 | 공차 상태의 자동차는 좌우 각각 35°를 기울인 상태에서도 전복되지 아니해야 한다. |
| 최소회전 반경 | 바깥쪽 앞바퀴 자국의 중심선을 따라 측정한다 (12m 이하이어야 한다). |

## 4 성능제원

| | |
|---|---|
| 자동차 성능곡선<br>(Performance diagram) | 자동차의 여러 성능을 나타내는 곡선으로 엔진 성능곡선과 주행 성능곡선이 있다. 엔진 성능곡선에는 엔진의 회전력(토크), 엔진의 출력(마력), 연료 소비율(연비)등이 있으며 주행 성능곡선에서는 구동력, 엔진의 회전속도, 주행저항, 자동차 속도 등이 있다. |
| 공기저항(Air resistance) | 자동차가 주행하는 경우의 공기에 의한 저항으로, 공기저항계수의 식은 다음과 같다.<br>$$Ra = kAV^2$$<br>$k$ : 공기저항계수,<br>$A$ : 자동차 앞면 투영면적,<br>$V$ : 공기에 대한 자동차의 상대속도 |
| 동력전달효율<br>(Mechanical efficiency of power transmission) | 클러치, 변속기, 감속기 등의 모든 동력 전달 장치를 통하여 구동륜에 전달된 출력과 기관 제동 마력에 대한 비율 |
| 구동력(Driving force) | 엔진에서 전달 장치를 거쳐 구동바퀴와 노면 사이의 접지면 방향으로 움직이는 힘을 말한다. |
| 저항력(Resistance force) | 주행저항에 상당하는 힘으로서 전 차륜에 있어 힘의 총합이다. |
| 여유력(Excess force) | 구동력과 저항력의 차로서 이 여유력은 가속력, 견인력, 등판력으로 나타난다. |
| 등판능력<br>(Gradability/Hill climbing ability) | 차량총중량(최대 적재) 상태에서 건조된 포장노면에 정지하여 언덕길을 오를 수 있는 최대능력으로 '$\tan\theta$' 혹은 '%' 단위로 표시한다. |
| 변속비<br>(Transmission gear ratio) | 변속기의 입력축과 출력축의 회전수의 비로서 주행상태에 따라 선택할 수 있다. |

### 5  제동장치

① 주 제동장치와 주차장치는 각각 독립적으로 작동할 것
② 주 제동장치의 급제동능력

**■ 주 제동장치의 급제동 정지거리 및 조작력 기준 ■**

| 구분 | 최고 속도가 80km/h 이상의 자동차 | 최고 속도가 35km/h 이상 80km/h 미만의 자동차 | 최고 속도가 35km/h 미만의 자동차 |
|---|---|---|---|
| 제동 초속도(km/h) | 50km/h | 35km/h | 당해 자동차의 최고 속도 |
| 급제동 정지거리(m) | 22m 이하 | 14m 이하 | 5m 이하 |
| 측정 자동차의 상태 | 공차 상태의 자동차에 운전자 1인이 승차한 상태 | | |

③ 주 제동장치의 제동능력과 조작력

**■ 주 제동장치의 제동능력 및 조작력 기준 ■**

| 구분 | 기준 |
|---|---|
| 측정 자동차의 상태 | 공차 상태의 자동차에 운전자 1인이 승차한 상태 |
| 제동능력 | ⊙ 최고 속도가 80km/h 이상이고 차량 총중량이 차량 중량의 1.2배 이하인 자동차의 각 축의 제동력의 합 : 차량 총중량의 50% 이상<br>ⓒ 최고 속도가 80km/h 미만이고 차량 총중량이 차량 중량의 1.5배 이하인 자동차의 각 축의 제동력의 합 : 차량 총중량의 40% 이상<br>ⓒ 기타의 자동차<br>　ⓐ 각 축의 제동력의 합 : 차량 중량의 50% 이상<br>　ⓑ 각 축의 제동력 : 각 축중의 50% 이상<br>　　(다만, 뒷축의 경우에는 당해 축중의 20% 이상) |
| 좌·우 바퀴의 제동력의 차이 | 당해 축중의 8% 이하 |
| 제동력의 복원 | 브레이크 페달을 놓을 때에 제동력이 3초 이내에 당해 축중의 20% 이하로 감소될 것 |

④ 주차 제동장치의 제동능력과 조작력

■ 주차 제동장치의 제동능력 및 조작력 기준 ■

| 구분 | 기준 |
|---|---|
| 측정자동차의 상태 | 공차 상태의 자동차에 운전자 1인이 승차한 상태 |
| 제동능력 | 경사각 11° 30′ 이상의 경사면에서 정지상태를 유지할 수 있거나 제동능력이 차량 중량의 20% 이상일 것 |

## 자동차의 기본구조
# 기출 및 예상문제

**01** 내연기관의 연소가 정적 및 정압 상태에서 이루어지기 때문에 2중 연소 사이클이라고 하는 것은?
① 오토 사이클   ② 디젤 사이클
③ 사바테 사이클   ④ 카르노 사이클

◆ 사바테 사이클은 복합 사이클(Dual Combustion Cycle) 또는 고속 디젤기관의 기본 사이클이라고도 하며 정적 및 정압 사이클이 복합되어 일정한 압력 하에서 연소가 되는 사이클이다. 대부분의 자동차에 사용되는 디젤엔진이다.

**02** 어떤 사이클기관의 점화순서가 1-2-4-3이다. 1번 실린더가 압축행정을 할 때 3번 실린더는 어떤 행정을 하는가?
① 흡기행정   ② 압축행정
③ 배기행정   ④ 폭발행정

**03** 다음 중 디젤자동차의 특징이 아닌 것은?
① 연료와 공기가 혼합된 형태로 흡입된다.
② 연료비가 싸고 열효율이 좋다.
③ 기화기와 점화장치가 필요없어 고장이 크다.
④ 기관의 운전시 진동이나 소음이 적다.

◆ 디젤엔진은 무기분사식으로 공기를 매우 높은 기압으로 압축시키고 압축되어 뜨거워진 공기에 디젤연료를 실린더 내부로 분사하게 되는 압축 착화기관이다.

**04** 가솔린 기관의 기본 사이클은?
① 복합 사이클
② 정압 사이클
③ 오토 사이클
④ 브레이턴 사이클

◆ 오토 사이클 : 정적 사이클은 2개의 가역 단열과정과 2개의 가역 정적과정으로 이루어진 사이클로 동작유체에 대한 열공급 및 방출은 일정한 체적 하에서 이루어진다. 여기에는 가솔린 기관, 석유 기관, 가스 기관과 같은 고속기관 등이 주로 사용된다. 가솔린 기관의 기본 사이클이며 특징은 다음과 같다.
㉠ 두 개의 단열과정과 두 개의 정적과정으로 이루어진 사이클이다.
㉡ 작동유체의 가열 및 방열이 등적 하에 이루어지는 사이클이다.
㉢ 오토 사이클에서 압축비를 높게 하면 효율은 증가하는데 압축비가 너무 높으면 점화되기 전에 폭발하는 노킹현상이 초래함으로 압축비를 높이는데 제한을 받는다.

정답  01. ③  02. ④  03. ①  04. ③

**05** 실린더의 지름이 10cm, 행정 8cm인 4기통기관의 배기량은 대략 얼마인가?
① 2400cc   ② 2500cc
③ 2600cc   ④ 2700cc

◆ $\dfrac{\pi \times 10^2}{4} \times 8 \times 4 = 2500 \text{cm}^3$

**06** 기관 – 클러치 – 변속기 – 추진축 – 종감속 기어 및 차동기어 – 액슬축 – 구동바퀴로 이루어진 형식은?
① 앞기관 앞바퀴 구동방식(FF)
② 앞기관 뒷바퀴 구동방식(FR)
③ 뒷기관 앞바퀴 구동방식(RR)
④ 앞기관 전륜(全輪) 구동방식(4WD)

◆ 동력전달장치(앞기관 뒷바퀴 구동식) : 엔진(기관회전) → 클러치(동력단속) → 변속기(회전력 변화) → 추진축(프로펠러 샤프트) → 유니버설 조인트(추진축 각도변화) → 최종감속 및 차동기어(회전력 증대, 회전방향 전환) → 구동축(바퀴 구동) → 구동바퀴(회전)

**07** 다음에서 행정을 옳게 설명한 것은?
① 피스톤이 최고위치에 오기 직전
② 피스톤이 최하위치에 오기 직전
③ 크랭크축이 한바퀴 오기 직전
④ 피스톤이 하사점에서 상사점 간의 움직이는 거리

◆ 상사점과 하사점 사이의 거리를 행정이라 하며 상사점과 하사점 사이의 체적은 행정 체적 또는 피스톤 배기량이라 한다.

**08** 윈드 실드 와이퍼가 작동하지 않을 때 고장 원인이 아닌 것은?
① 와이퍼 블레이드 노화
② 전동기 전기자 코일의 단선 또는 단락
③ 퓨즈 단선
④ 전동기 브러시 마모

◆ 와이퍼 블레이드 노화는 열화현상으로 고장현상이 아니라 교체하여야 한다.

**09** 자동차가 주행할 때 발생하는 저항 중 자동차의 전면 투영면적과 관계있는 저항은?
① 구름저항   ② 구배저항
③ 공기저항   ④ 마찰저항

◆ 공기저항 $Ra = kAV^2$
$\begin{pmatrix} k : 공기저항계수, \\ A : 자동차 앞면 투영면적, \\ V : 공기에 대한 자동차의 상대속도 \end{pmatrix}$

**정답** 05.② 06.② 07.④ 08.① 09.③

# 자동차 정비 기능사

# 02 기관

01. 기관 일반
02. 기관 본체
03. 윤활장치
04. 냉각장치
05. 연료장치
06. 흡기 · 배기장치
07. 자동차 배출가스

# 01 기관 일반

## 1-1 가솔린 기관

### 1 개요

(1) 가솔린 기관은 가솔린과 공기의 혼합기체를 실린더 내에서 연소시켜, 상승된 압력으로 피스톤을 움직여 열에너지를 기계적인 일로 변환시킨다.
(2) 피스톤은 상하운동을 하게 되고 커넥팅로드와 크랭크축에 의해서 직선 왕복운동을 회전운동으로 전환시킨다.
(3) 피스톤이 맨위로 올라간 위치를 상사점(Top Dead Center ; TDC)이라 하고, 맨 아래로 내려온 점을 하사점(Bottom Dead Center ; BDC)이라 한다. 그리고 상사점에서 하사점까지의 피스톤의 움직인 길이를 행정(Stroke)이라 한다.
(4) 가솔린 기관에는 4행정 사이클 기관과 2행정 사이클 기관이 있다.

### 2 내연기관의 장점과 단점

외연기관과 비교한 내연기관의 장점과 단점은 다음과 같다.
(1) 장점
   ① 소형 경량 마력당 중량 적다.
   ② 연료가 경제적이다.
   ③ 시동정지 및 속도의 조정이 쉽고 시동전과 정지후의 열손실이 거의 없다.
   ④ 시동 준비시간이 짧고 역전 성능이 좋다.
   ⑤ 고체 연료에 비해 재처리가 불필요하며 매연이 비교적 적다.

(2) 단점

　　① 압력 변화가 크다(충격과 진동).

　　② 자력시동(self starting)이 불가능하며 저속 시 회전력이 약해지고 미속운전 및 그의 계속이 불가능하다.

　　③ 고도의 공작정도가 필요하다.

　　④ 고온, 고압이므로 윤활과 냉각에 주의

　　⑤ 관성차(fly wheel)가 있어야 한다.

　　⑥ 저급연료 사용이 곤란하며 마모, 부식이 수반된다.

### 3 내연기관의 분류

(1) 사용연료에 의한 분류

　　① 가스 기관

　　② 가솔린 기관

　　③ 석유 기관 - (등유, 경유) 시동시 가솔린 사용

　　④ 중유 기관

(2) 동작 방법에 의한 분류

　　① 2사이클 기관 : 크랭크축 1회전(피스톤 2행정)에 1사이클을 완성하는 기관

　　② 4사이클 기관 : 크랭크축 2회전(피스톤 4행정)에 1사이클을 완성하는 기관

(3) 점화방법에 의한 분류

　　① 전기 점화 기관 : 공기와 가솔린의 혼합기를 실린더 내에서 점화 플러그에 의해 점화

　　　○ 가솔린 기관, 석유 기관, 가스 기관

　　② 압축착화 기관 : 고압으로 압축된 공기에 연료를 직접 분사함으로써 자연 착화 점화하는 기관

　　　○ 디젤 기관

③ 소구점화 기관 : 공기만을 압축한 후 연료를 직접분사, 소구(hot bulb)를 적열시켜 점화시키는 기관 세미 디젤(semi diesel)이라고도 함

④ 연료분사 전기점화 기관(fuel injection spark ignition engine) : 전기점화와 압축착화의 중간적인 방식

- 헷셀만(Hesselman) 기관

(4) 냉각방법에 의한 분류

① 공기 냉각식 기관 : 냉각핀을 붙여 공기와 직접 냉각
- 항공기, 오토바이

② 수냉각식 기관 : 물 자케트를 설치, 냉각수를 순환시켜서 냉각
- 자동차

③ 특수액체 냉각식 기관 : 에틸렌글리콜과 물의 혼합액, 글리세린 등을 냉각액으로 사용
- 항공기

④ 증발 잠열을 이용 냉각 : 증발시의 잠열을 이용 냉각
- 석유기관

(1) 인화점(Flash Point)

    ① 불꽃에 의하여 붙는 가장 낮은 온도

    ② 착화원의 존재하에 타기 시작하는 온도

    ③ 점화원에 의하여 인화되는 최저온도

    ④ 폭발범위의 하한값에 도달되는 온도

(2) 발화점(Ignition Point) = 착화점

    ① 점화원 없이 스스로 발화되는 최저온도

    ② 열을 가했을 때 발화되는 최저온도

    ③ 외부에서 가해지는 열에너지에 의해 스스로 타기 시작하는 온도

(3) 연소점(Fire Point)

    ① 점화원을 제거하여 지속적으로 발화되는 온도

    ② 한번 발화된 후 연소를 지속시킬 수 있는 충분한 증기를 발생시킬 수 있는 최소온도로서 인화점보다 약 5~10℃ 높다.

    ③ 연소가 지속적으로 확산될 수 있는 최저온도

(4) 온도가 높은 순서

    인화점 < 연소점 < 발화점

(5) 실화(misfire)

연소실 내의 혼합 가스의 연소 상태를 나타내며 점화 플러그의 전극에 불꽃이 튀지 않는 현상인 비화 불량과 불꽃에 의해서 한번 생긴 화염이 도중에 소멸하는 현상인 불꽃 전파 불량이 있다.

## 4 내연기관의 구조 및 작동의 개요

- 총행정 체적(total stroke volume, $V$)

$$V = V_s \cdot Z = \frac{\pi}{4} D^2 \cdot S \cdot Z$$

- 압축비(compression ratio, $\varepsilon$)

$$\varepsilon = \frac{V_c + V_s}{V_c} = 1 + \frac{V_s}{V_c}$$

$$\begin{pmatrix} V_c : \text{연소실 체적} \\ V_s : \text{행정 체적} \\ \lambda : \text{통극}\left(\dfrac{V_c}{V_s}\right) \\ V_c + V_s : \text{실린더 체적} \end{pmatrix}$$

- 피스톤의 평균속도 $V = \dfrac{2nL}{60}$ [m/sec]

$$\begin{pmatrix} n : \text{기관의 [r.p.m]} \\ L : \text{행정길이[m]} \end{pmatrix}$$

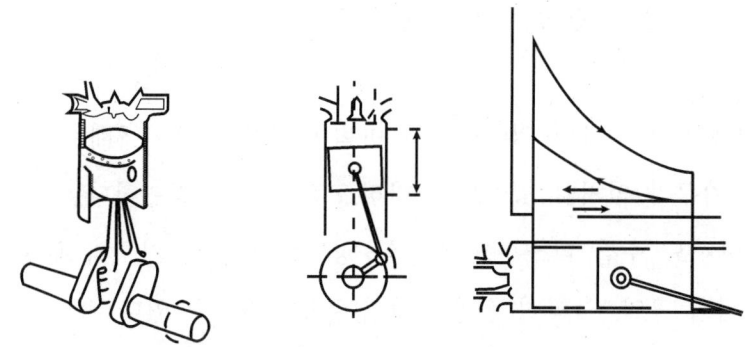

〈4사이클 가솔린 기관의 P - V선도〉

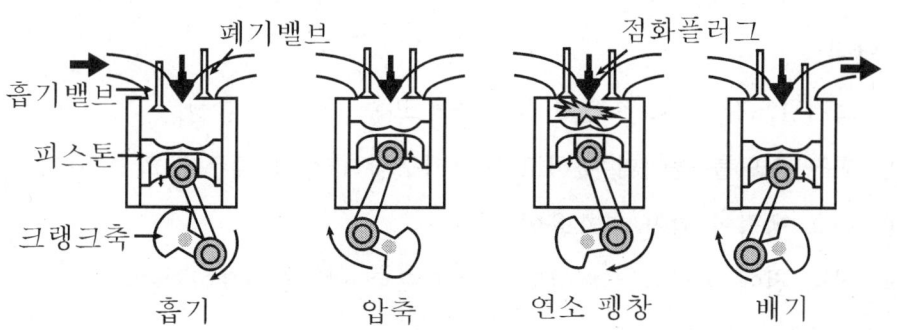

〈4사이클 가솔린 기관의 작동〉

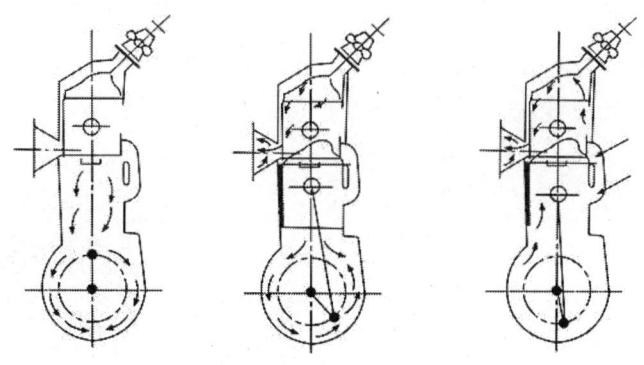

〈2사이클 가솔린 기관의 작동〉

(1) 2사이클 기관의 장·단점(4사이클에 비교)

　① 장점

　　㉠ 매 회전마다 폭발이 일어나므로 마력이 크다. 1.7~1.8배

　　㉡ 밸브 기구가 없거나 있어도 간단하므로 구조가 간단하다.

　　㉢ 고속에서도 주철 피스톤을 사용할 정도로 피스톤 기구의 관성력이 적다.

　　㉣ 회전력이 균일, 플라이 휠을 소형경량으로 할 수 있다.

　　㉤ 역전이 쉽다.

　　㉥ 시동이 편리하다.

　② 단점

　　㉠ 소기펌프가 필요, 소음이 높다. → 고속 시 문제 발생

　　㉡ 회전 속도를 높이지 못하고 밸브기구의 관성력 때문에 최고속도 제한

　　㉢ 유효 행정이 짧아 열효율이 낮다.

　　㉣ 연소 전에 손실되는 연료량이 있으므로 연료소비율이 높다.

　　㉤ 윤활유 소비량이 많다.

　　㉥ 과열되기 쉽다.

(2) 2행정 사이클 기관과 4행정 사이클 기관의 비교

|  | 2행정 사이클 기관 | 4행정 사이클 기관 |
|---|---|---|
| 장점 | ① 흡입·배기밸브가 필요 없으므로 구조가 간단하고 가볍다.<br>② 엔진구조를 소형으로 할 수 있어 오토바이 등의 경기관에 쓰인다.<br>③ 피스톤이 1왕복할 때마다 폭발하므로 같은 크기의 4행정 사이클 기관보다 출력이 크다.<br>④ 배기가스 재순환으로 질소산화물($NO_x$)의 배출이 적다. | ① 기동이 쉽고 저속운전이 원활하며, 저속에서 고속까지의 속도범위가 넓다.<br>② 블로바이(Blow-by)가 적고, 실화(Misfire)가 적으며 연료소비율이 적다.<br>③ 각 행정이 독립적으로 이루어지므로 각 행정이 확실하며, 열효율이 높다. |
| 단점 | ① 소기구와 배기구, 흡기구가 설치되어있어 피스톤 링이 상하기 쉽고 대체로 수명이 짧다. 4행정 구별이 확실하지 않아 연료 소비가 많다.<br>② 소기작용으로는 연소가스를 완전히 밀어 낼 수가 없으므로 연소가스가 조금씩 새 혼합기와 섞이게 된다.<br>③ 흡·배기 불완전에 의한 열손실이 크며 탄화수소(HC)의 배출이 많다. | ① 실린더 수가 적을 경우에는 회전이 원활하지 못하다(동력횟수가 적음).<br>② 밸브기구가 복잡하고 밸브기구로 인한 소음이 많다.<br>③ 탄화수소(HC)의 배출은 적으나 질소산화물($NO_x$)의 배출이 많다. |

## 1-2 디젤 기관 및 기타 기관

### ❶ 디젤 기관

(1) 디젤 기관의 개요

실린더 내에 공기를 흡입·압축해서 고온·고압상태로 한 후 액체연료를 분사하여 압축착화시키면 피스톤이 작동하여 동력을 얻는 내연기관이다. 디젤 기관도 가솔린 기관과 같이 4행정 사이클 기관과 2행정 사이클 기관이 있으며, 그 기본적인 구조는 같으나 중유, 경유 등의 저질유를 사용하므로 연료기화기나 전기점화장치는 사용하지 않는다.

(2) 디젤 기관의 원리

디젤기관의 연소에는 무기분사식과 유기분사식이 있으며 무기분사식은 흡입 행정에서 공기만을 흡입하여 이를 압축하게 되면 압력은 약 30~50kg/cm$^2$(3~5MPa)의 고압이 되며, 온도는 500~700℃까지 올라간다. 이때 연료(경유)를 분사하면 (커먼레일, 200-800kg/cm$^2$)점화되어 동력이 발생된다.

(3) 디젤 기관의 특징

① 디젤 기관에는 연료 분사 펌프와 연료 분사 노즐이 필요하며, 기화기와 점화장치(배전기, 예열플러그)는 필요없다.

② 디젤 기관은 4행정 사이클식과 2행정 사이클식이 있다. 2행정 사이클식은 대형 저속기관에 사용된다.

③ 압축 압력이 크기 때문에 모든 부품이 튼튼하여야 한다.

(4) 연소실

디젤 기관에서는 연료를 안개모양으로 분사하여 공기와 잘 섞여서 짧은 시간에 연소되어야 하므로 여러 형식의 연소실이 사용된다.

① 연소실의 종류

| 단실식 | 직접분사실식 | 실린더헤드와 피스톤헤드를 요철로 둔 것으로 구조가 간단하고 열효율이 높고 기관시동이 용이하나 분사압력이 높아 수명이 짧으며 노킹현상이 잘 발생한다. |
|---|---|---|
| 복실식 | 예연소실식 〈가장 많이 사용〉 | 주연소실 위쪽에 예연소실을 두어 연료를 분사하는 방식으로 분사압력이 낮아 장치의 수명이 길고 노킹현상 발생이 적어 운전이 정숙하나 냉각손실이 크고 구조가 복잡하며 연료소비율이 크다. |
| | 와류실식 | 실린더헤드에 와류실을 두어 압축시 강한 와류가 발생하는 방식으로 회전속도 범위가 넓고 연료소비율이 비교적 적으며 운전이 원활하나 저속에서 노킹현상이 잘 발생한다. |
| | 공기실식 | 실린더헤드에 주연소실과 연결된 공기실을 설치한다. |

② 연소과정 4단계

| 착화지연기간 (A – B) | 연료 분사 후 연료와 공기가 혼합하고 착화되는 기간 (연료가 분사되어 압축열을 흡수 불이 붙기까지의 기간으로 1/1000~4/1000sec이다.) |
|---|---|
| 화염전파기간 (폭발연소기간) (B → C) | 공기와 혼합된 미세한 연료가 착화되는 기간으로 실린더 내의 온도와 압력이 상승한다(정적연소기간). |
| 직접연소기간 (제어연소기간) (C → D) | 분사된 연료가 연소되는 기간으로, 최고 압력이 발생한다(정압연소기간). |
| 후기연소기간 (D – E) | 직접연소기간 중에 미연소된 연료가 연소되는 기간이며, 팽창행정 중에 발생하는 것으로, 후기연소기간이 길어지면 연료소비율이 커지고 배기가스의 온도가 높아진다. |

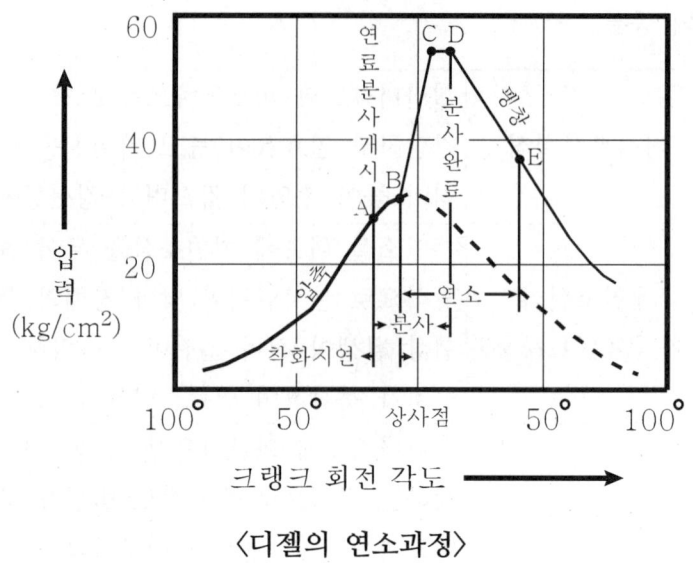

〈디젤의 연소과정〉

③ 연료 분사 장치 : 연료 탱크, 연료 파이프, 연료 공급 펌프, 연료 여과기, 연료 분사 펌프, 연료 노즐 등으로 구성되었다.

④ 연료 분사의 조건

㉠ 분무된 연료 입자의 지름이 작고 고를 것(무화)

㉡ 분무된 연료가 고루 분산되고 알맞은 관통력을 가지며 연소실의 구석구석에 까지 퍼져서 공기와 혼합이 잘 될 것(관통 및 분포)

㉢ 분사의 시작과 끝이 확실하고 분사시기와 양이 정확하며 자유롭게 제어될 것

## 2 디젤의 연료 장치

(1) 디젤 연료 장치의 순서

① 디젤 엔진의 연료장치는 연소실 안의 고온 고압의 공기에 연료를 고압으로 분사하는 일을 하는 장치로 디젤 엔진에서 가장 중요한 부분이다.

② 디젤 엔진의 연료공급순서는 연료탱크 → 공급펌프 → 연료여과기 → 분사펌프 → 분사파이프 → 분사노즐 → 연소실 순이다.

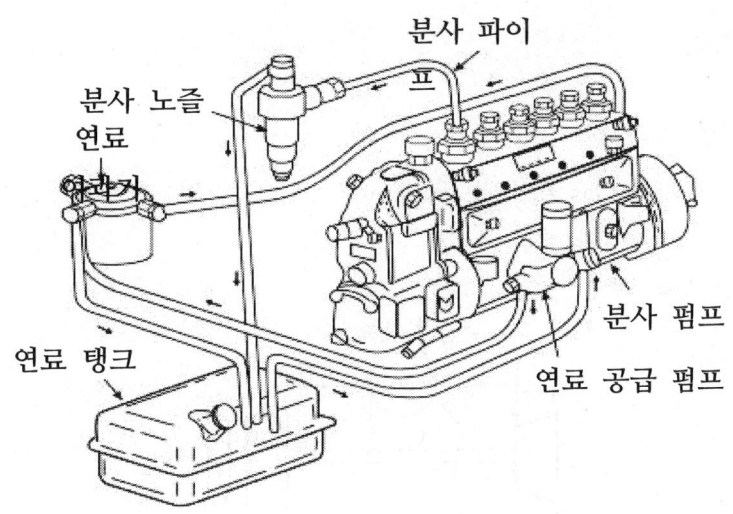

〈디젤의 연료장치〉

(2) 디젤 기관의 장·단점(가솔린 기관과 비교)

① 장점

㉠ 압축비가 높아 열효율이 좋다. 연료소비량 적다.

ⓐ 가솔린 기관 : 압축비 8~11, 효율 20~30%

ⓑ 디젤 기관 : 압축비 15~22, 효율 32~38%

㉡ 연료비가 싸다(저질연료 사용 가능).

㉢ 점화장치, 기화 장치 등이 없어 고장이 적다.

㉣ 안정성이 좋다(화재의 위험성이 적다).

㉤ 저속에서 큰 회전력 발생

② 단점

㉠ 압축압력이 가솔린의 기관의 1.5~2배 가량이므로 강도상 튼튼히 제작

㉡ 폭발압력이 높기 때문에 굉음과 진동이 크다.

㉢ 동일 체적의 실린더로는 가솔린보다 마력이 떨어진다.

㉣ 민감한 연료분사장치 필요

㉤ 압축비가 높아 냉시동이 어렵다.

### 3 기타 기관

(1) 가스 터빈 기관

가스 터빈 기관(Gas turbine engine)은 고온·고압의 연소가스로 터빈을 구동하여 회전력을 얻는 기관이다.

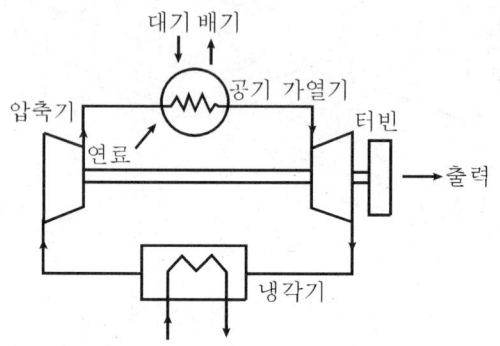

〈밀폐 사이클의 가스 터빈〉

(2) 작동 원리

압축기, 연소기 등의 기기로 연소가스를 만들고, 이것으로 터빈을 구동시킨다.

(3) 각 부의 구조

① 압축기 : 원심식 또는 축류식의 압축기가 쓰인다.

② 연소기 : 압축 공기의 흐름 속에 연료를 분사하여 연속적으로 연소시키는 장치이다.

③ 가스 터빈 : 고압·고온의 가스를 날개가 직접 받는다. 재료로는 특수 내열 합금이 쓰인다.

(4) 작동 형식 : 개방 사이클 형식과 밀폐 사이클 형식이 있다.

① 개방 사이클 : 일을 한 연소가스를 외부로 배출하는 형식이다.

㉠ 외부로부터 들어온 공기는 압축기로 보내지고, 압축된 공기는 연소기에 보내진다.

㉡ 연소기에서는 연료 분사 노즐로부터 분사된 연료와 압축된 공기가 혼합되어 연소한다.

② 밀폐 사이클 : 헬륨 등을 작동 유체로 하여 터빈에서 팽창시킨 후 대기 중으로 방출하지 않고 냉각하여 다시 압축기로 보내서 사용하는 형식이다. 가열기를 사용하여 간접적으로 작동 유체를 가열한다.

## 기출 및 예상문제
기관 일반

01 왕복 피스톤 기관의 피스톤 속도에 대한 설명으로 가장 옳은 것은?
① 피스톤의 이동 속도는 상사점에서 가장 빠르다.
② 피스톤의 이동 속도는 하사점에서 가장 빠르다.
③ 피스톤의 이동 속도는 BTDC 90° 부근에서 가장 빠르다.
④ 피스톤의 이동 속도는 BTDC 10° 부근에서 가장 빠르다.

◆ • BTDC(Before Top Dead Center)
• ATDC(After Top Dead Center)
상사점과 하사점에서 피스톤의 속도는 방향이 변하므로 0이다.

02 공기과잉률(λ)에 대한 설명이 바르지 못한 것은?
① 연소에 필요한 이론적 공기량에 대한 공급된 공기량과의 비를 말한다.
② 기관에 흡입된 공기의 중량을 알면 연료의 양을 결정할 수 있다.
③ 공기과잉률이 1에 가까울수록 출력은 감소하며 검은 연기를 배출하게 된다.
④ 자동차 기관에서는 전부하(최대분사량)일 때 1.2~1.4 정도가 된다.

◆ 공기과잉률이란 기관의 실제 운전상태에서 흡입된 공기량을 이론상 완전연소에 필요한 공기량으로 나눈 값을 말한다.
λ = 연료 1kg 연소에 소요된 실제적인 공기의 중량(실제공연비)/연료 1kg 연소에 필요한 이론적인 공기의 중량(이론공연비), 공기과잉률이 1보다 크면 공연비가 희박한 상태이며, 1보다 작으면 농후한 상태가 된다.

03 전자제어 가솔린 기관에서 완전연소를 위한 이론 공연비란?
① 공기와 연료의 산소비
② 공기와 연료의 중량비
③ 공기와 연료의 부피비
④ 공기와 연료의 원소비

◆ 이론 공연비는 공기와 연료의 혼합 중량비로서 공기가 완전 연소하기 위하여 이론상 과부족이 없는 공기와 연료의 비율이며 통상적으로 옥탄가의 이론적 공연비율은 14.7 : 1로 나타낸다.

정답 01. ③ 02. ③ 03. ②

**04** 일반적인 기관성능곡선도의 설명으로 맞는 것은?
① 엔진 회전속도가 저속일 때 연료소비율이 가장 적고 축 토크가 가장 적다.
② 엔진 회전이 중속일 때 연료소비율이 가장 적고 축 토크가 가장 크다.
③ 연료소비율은 엔진 회전속도가 저속과 고속에서 가장 낮다.
④ 엔진 회전속도가 고속일 때 흡입 기간이 길어 체적효율이 높다.

◆ 동력계상에서 기관의 회전속도에 따른 출력, 토크, 연료소비율 등을 하나의 그래프에 기록한 것을 기관의 성능곡선도라 한다. 중속에서 토크가 큰 이유는 흡기행정 시간이 길어 체적효율이 증가되어 최고 압력이 높다.

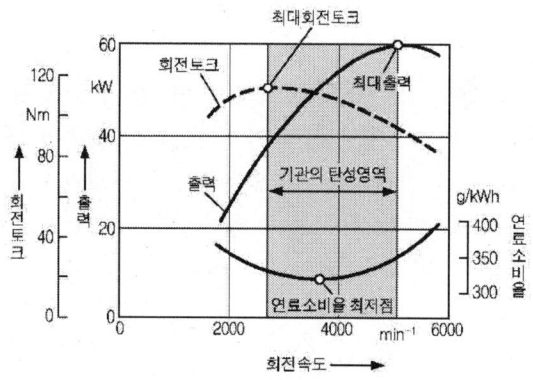

**05** 디젤기관의 연소실 형식 중 열효율이 좋으나 노킹이 일어나기 쉬운 것은?
① 직접분사실식　② 예연소실식
③ 와류실식　　　④ 공기실식

◆ 직접분사실식은 단실식으로 구조가 간단하고 열효율이 높으나 노킹이 일어나기 쉬운 분사실식이다.

**06** 4행정기관에서 대기압력보다 압력이 낮을 때는?
① 흡입행정　　　② 압축행정
③ 폭발행정　　　④ 배기행정

◆ 흡입행정은 피스톤이 아래로 내려가는 행정으로 대기 압력보다 압력이 낮아서 흡입이 많이 되도록 한다.

**07** 지압선도를 설명한 것은?
① 실린더 내의 가스 상태 변화를 압력과 체적의 상태로 표시한 도면이다.
② 실린더 내의 압축 상태를 평균 유효 압력과 마력의 상태로 표시한 도면이다.
③ 실린더 내의 온도 변화를 압력과 체적의 상태로 표시한 도면이다.
④ 기관의 도시마력을 그림으로 나타낸 것이다.

◆ 지압선도(indicator diagram)는 엔진의 출력을 구할 때나, 점화상태 및 연소상태를 조사하는 선도로서 지압계에 의해 자동적으로 그려진다. 세로는 압력의 변화를, 가로는 체적의 변화를 나타내며 4사이클 엔진의 실린더 내에서의 체적과 압력의 변화 관계를 나타내는 선도이다.

정답　04. ②　05. ①　06. ①　07. ①

**08** 가솔린 기관에 사용되는 연료의 발열량에 대한 설명 중 증발열이 포함되지 않은 경우의 발열량으로 가장 적합한 것은?

① 연료와 산소가 혼합하여 완전연소할 때 발생하는 저위발열량을 말한다.
② 연료와 산소가 혼합하여 예연소할 때 발생하는 고위발열량을 말한다.
③ 연료와 수소가 혼합하여 완전연소할 때 발생하는 저위발열량을 말한다.
④ 연료와 질소가 혼합하여 완전연소할 때 발생하는 열량을 말한다.

◆ 증발열이 포함되지 않은 경우의 열량은 저위발열량이며 증발열이 포함될 때는 고위발열량이다.

**09** 디젤엔진에서 직접분사실식과 비교하였을 때의 예연소실식의 장점으로 옳은 것은?

① 열효율이 높다.
② 냉각 손실이 적다.
③ 실린더 헤드의 구조가 간단하다.
④ 사용 연료의 변화에 민감하지 않다.

◆ 예연소실은 주연소실 위쪽에 예연소실을 두어 연료를 분사하는 방식으로 분사압력이 낮아 장치의 수명이 길고 노킹현상 발생이 적어 운전이 정숙하나 냉각손실이 크고 구조가 복잡하며 연료소비율이 크다.

**10** 전자제어 연료분사식 가솔린엔진에서 연료펌프와 딜리버리 파이프 사이에 설치되는 연료댐퍼의 기능으로 옳은 것은?

① 감속 시 연료차단
② 연료라인의 맥동 저감
③ 연료라인의 릴리프 기능
④ 분배 파이프 내 압력 유지

◆ 연료댐퍼는 연료 펌프 작동에 의해 연료라인 내에 일어날 수 있는 압력 파동(맥동)을 균일하게 하기 위한 장치이다.

정답 08. ① 09. ④ 10. ②

# 02 기관 본체

## 2-1 개요

기관 본체는 동력을 발생시키는 부분으로 실린더 헤드, 실린더 블록, 크랭크 케이스의 3부분과 밸브기구 등으로 구성된다.

〈자동차용 가솔린 기관의 구조〉

## 2-2 각 부분별 구조

### ❶ 실린더 헤드

(1) 구조

실린더 블록 상부를 씌우는 덮개 부분으로 가스나 물이 새는 것을 방지하기 위해 헤드 개스킷을 사이에 두고 여러 개의 볼트로 실린더 블록에 결합되어 있으며 실린더, 피스톤과 함께 연소실을 형성한다. 따라서 기관 작동 중에 고온의 연소가스와 접촉하므로 고온·고압에 견딜 수 있도록 주철이나 알루미늄합금 주물이 쓰이는데, 특히 알루미늄합금은 주철에 비해 열전도성이 매우 좋기 때문에 연소실의 온도를 낮게 할 수 있고 열점에 의하여 정상 점화연소 이전에 연료가 연소되는 현상인 조기점화 현상을 방지할 수 있으므로 압축비를 어느 정도 높일 수 있는 장점이 있다. 단점은 열팽창이 커서 풀리기 쉽고 염분에 의한 부식이나 내구성이 떨어지는 경향이 있다.

(2) 종류

공랭식과 수냉식이 있는데 수냉식에는 물재킷(Water jacket)이 있고, 공랭식에는 냉각핀(Cooling pin)이 설치되어 있다.

### ❷ 연소실

(1) 종류

연소실의 모양은 밸브의 설치 위치에 따라 오버헤드 밸브식(Overhead valve type : I 헤드식), 사이드 밸브식(Side valve type : L 또는 T 헤드식), F헤드식(F-head type)이 있으나, 현재는 체적효율이 좋은 오버헤드 밸브식을 많이 사용한다.

(2) 오버헤드 밸브식

① 반구형(Semi-spherical type) : 반구형은 큰 밸브를 사용할 수 있고, 흡·배기구멍의 모양이 원활하므로 고출력을 기대할 수 있다. 점화플러그의 알맞은 위치설정에 따라 연소시간이 짧아지게 할 수 있으며, 연소실의 체적당 표면적이 작아 열손실이 적다. 그러나 밸브기구가 복잡해지는 결점이 있다.

② 지붕형(Pentroof type) : 지붕형은 정상의 각도를 90도 정도로 하여 연소실 내면이 평면형태이며, 밸브가 크랭크축의 방향으로 배열되어 밸브기구가 간단해진다. 그러나 압축비를 높이기 위해 피스톤을 산 모양으로 하기 때문에 피스톤의 무게가 늘어 관성력이 커진다. 현재 4밸브 기관의 연소실의 대부분은 이 형식의 것을 기본으로 하고 있다.

③ 욕조형(Bathtub type) : 욕조형은 형상이 간단하고 밸브축이 직립한 형태로 조립된 욕조모양의 연소실이다. 푸시로드가 있는 OHV형 밸브기구를 사용하는 것이 일반적이다. 큰 결점은 없으나 밸브 크기에 제한을 받고 흡·배기구멍의 굽음이 커서 고성능을 기대하기가 어렵다.

④ 쐐기형(Wedge type) : 쐐기형은 강한 압축난류를 얻을 수 있고, 옥탄가가 낮아도 되므로 압축비를 크게 할 수 있다. 또한 큰 밸브는 사용할 수 없으나 밸브의 경사진 쪽에 흡·배기구멍을 만들면 가스의 흐름에 좋고 점화플러그의 배치가 용이하다. 그러나 밸브의 경사가 크기 때문에 직렬 실린더에서는 밸브 개폐기구의 배치가 조금 곤란하다. 행정/실린더 내경비가 적은 V형 기관에 많이 쓰이고 있다.

⑤ 다구형 : 반구형 연소실에 추가하여 흡·배기밸브, 점화플러그 둘레 등을 모두 구형으로 만든 것이다.

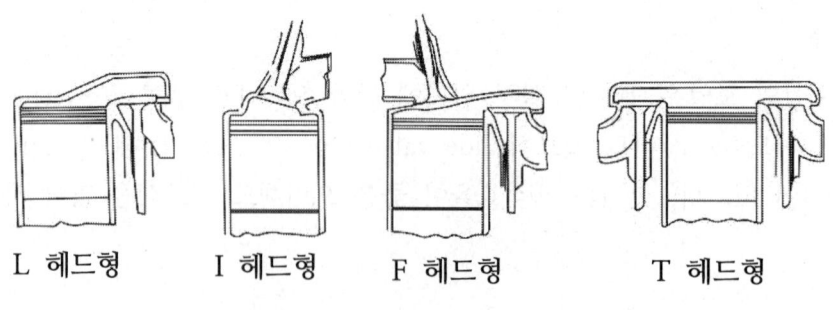

〈연소실의 모양에 따른 분류〉

## ❸ 실린더 헤드 개스킷

(1) 기능

실린더 헤드와 실린더 블록 사이에 끼워져 그 접합면을 밀착시켜 혼합가스·냉각수·엔진오일의 누출을 방지한다. 파열되면 혼합가스의 누출로 압력을 저하시키므로 그 재료는 단열성과 내압성이 요구되며, 보통 구리판이나 강철판으로 석면을 감싼 것을 사용한다.

(2) 종류

① 보통 개스킷 : 두께가 0.1~0.25mm인 구리판 또는 강판에 석면으로 상하면을 감싸 두께가 2mm정도 되는 개스킷

② 스틸 베스토 개스킷 : 강판 양면에 흑연 석면을 압착함으로써 고열, 고부하, 고압축에 견딜 수 있도록 만든 개스킷

③ 스틸 개스킷 : 강판으로 제작하여 고급기관에 사용하는 개스킷

## ❹ 실린더 블록

(1) 개요

① 실린더 블록은 보통 일체로 주조하여 만들며, 사용재료로는 내마모성과 내부식성이 좋고 가공이 용이한 주철을 주로 사용한다. 그 외에 알루미늄합금, 특수주철 등도 사용되고 있다.

② 실린더 블록 내부에는 실린더, 오일통로가 있으며 그 둘레에는 물재킷(Water jacket)이 설치되어 기관이 항상 일정한 온도가 유지되도록 냉각시키고 있다.

(2) 실린더

피스톤 행정의 약 2배의 길이를 갖는 진원통형으로서 피스톤의 움직임을 안내하는 가이드 역할과 혼합기 밀봉역할을 한다.

① 실린더의 크기

| 장행정기관 | 행정이 안지름(내경)보다 큰 엔진(D<L), ($\frac{L}{D}$>1.0) |
| --- | --- |
| | 회전속도가 늦는 반면에 회전력이 크다. |
| 정방행정기관 | 행정과 안지름이 같은 엔진(D=L), ($\frac{L}{D}$=1.0) |
| 단행정기관 | 행정이 안지름보다 작은 엔진(D>L), ($\frac{L}{D}$<1.0) |
| | 회전력은 작으나 회전속도는 빠르다. |

② 최근에는 단행정기관이 주로 쓰이는데 단행정기관의 장·단점은 다음과 같다.

| 장점 | 단점 |
| --- | --- |
| • 피스톤 평균속도를 높이지 않고 회전속도를 높일 수 있다.<br>• 단위 체적당 출력을 크게 할 수 있다.<br>• 흡·배기밸브의 지름을 크게 할 수 있어 효율을 증대할 수 있다.<br>• 엔진의 높이를 낮게 한다. | • 실린더의 지름이 커져서 피스톤이 파열되기 쉽다.<br>• 압력이 커서 베어링을 크게 해야 한다.<br>• 엔진의 길이가 길게 되고 진동이 커진다. |

(3) 실린더 라이너

① 실린더 라이너는 피스톤이 왕복 직선운동하는 실린더 부분에 끼워지는 슬리브(Sleeve)이다.

② 실린더 블록과 별개로 만들어 삽입한 것으로 삽입식이라고도 하며, 삽입식에는 습식과 건식으로 구별된다.

③ 라이너식 실린더의 장점

㉠ 마멸되면 라이너만 교환하므로 정비성능이 좋다.

㉡ 원심 주조방법으로 제작하며, 실린더 벽에 도금하기가 용이하다.

## 습식 라이너와 건식 라이너의 특징

| 구분 | 습식 라이너 | 건식 라이너 |
|---|---|---|
| 구조 | • 실린더의 원통부분 바깥둘레에 냉각수 재킷을 형성하여 냉각수가 직접 접촉되어 냉각되는 라이너이다.<br>• 실린더 블록과 접하는 라이너 아랫부분에는 두 세 개의 고무링을 끼워 열팽창으로 인한 변형을 방지함과 동시에 냉각수가 크랭크 케이스 안으로 새는 것을 방지한다. | • 실린더의 원통부에 라이너를 끼워 넣는 것으로 냉각수가 라이너에 직접 접촉되지 않는 라이너이다.<br>• 최초의 실린더가 마모한 경우에 수리 재생용으로 사용했으나 최근에는 양질의 주철을 만들게 되어 기관을 제조할 때부터 끼워 넣는 경우도 있다. |
| 두께 | 5~8mm | 실린더 벽이 있으므로 습식보다 약간 얇은 2~4mm |
| 용도 | 주로 디젤기관에 사용 | 가솔린기관에 사용 |

### 5 피스톤 어셈블리

(1) 피스톤(Piston)

① 기능 : 피스톤은 실린더 안의 왕복운동하며, 폭발행정에서 순간적으로 발생하는 고온·고압가스로부터 받은 압력(2,000℃ 이상, 최대 3~4톤의 힘)으로 커넥팅로드를 통해 크랭크축에 회전력을 발생시키는 일을 한다.

② 피스톤핀 고정방법 : 피스톤과 커넥팅로드를 연결하는 피스톤핀의 고정방법에는 고정식, 반부동식, 전부동식이 있다.

㉠ 고정식 : 피스톤핀을 피스톤 보스부에 고정시키는 방식으로, 커넥팅로드 소단부에 부싱(Bushing)이 끼워져 있다.

㉡ 반부동식(요동식) : 피스톤핀을 커넥팅로드 소단부에 클램프볼트로 고정하는 방식으로, 피스톤핀의 보스부분에 부싱이 끼워져 있다.

㉢ 전부동식(부동식) : 피스톤핀이 피스톤 보스나 커넥팅로드 소단부의 어느 쪽에도 고정되지 않고 자유로이 회전하게 되어 있는 방식으로, 전부동식은 기관이 회전할 때 핀이 빠져 나오지 않도록 핀 구멍의 양쪽 끝에 홈을 파고 스냅링(Snap ring)을 끼우도록 되어 있다.

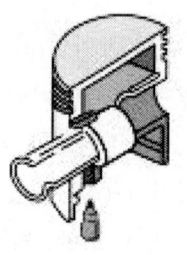 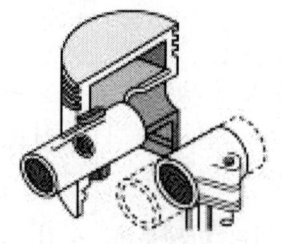 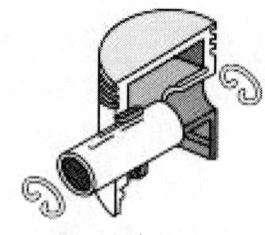

　　　　(가) 고정식　　　　(나) 반부동식　　　　(다) 전부동식

　③ 피스톤링의 종류 : 보통 3개의 링이 사용되고 있는데 링의 재질은 실린더 재질보다 경도가 약간 작게 제작하며 피스톤 헤드에 가까운 쪽의 2개를 압축링, 스커트에 가까운 쪽, 즉 아래쪽의 링을 오일링(oIL ring)이라고 말한다.

**압축링과 오일링**

| | |
|---|---|
| 압축링 | • 하강시 오일을 긁어내린다.<br>• 실린더 벽에 밀착하여 압축행정시 혼합가스 누출을 막고 폭발행정시 연소가스의 누출을 막는다.<br>• 피스톤이 받는 열을 실린더에 전달한다. |
| 오일링 | • 기관의 작동 중 실린더 벽에 뿌려진 여분의 오일을 긁어내려 연소실로 들어가는 것을 방지하고 실린더 벽의 유막을 조절해 준다.<br>• 오일링의 구멍을 통하여 긁어내린 윤활유를 피스톤 안쪽으로 보내어 피스톤 핀의 윤활을 돕는다.<br>• 오일링의 폭은 오일 구멍을 크게 하기 위하여 4~5mm 정도로 만들고 있다. |

　④ 링이음에 발생하는 이상현상

　　㉠ 플러터(flutter) 현상 : 피스톤링이나 실린더 벽이 마멸되면 링의 장력이 떨어져서 피스톤이 핀과 직각 방향으로 부딪혀 손상이 일어나는 현상이다.

　　㉡ 링의 고착(Stick) 현상 : 피스톤링 홈에 카본이나 슬러지(Sludge) 등이 고착되어 피스톤 링이 움직이지 않게 되는 현상이다.

　　㉢ 스커프(scuff) 현상 : 피스톤링과 실린더 벽의 유막이 끊어져서 기관이 파열되었을 때에 링과 실린더 벽에 세로 방향으로 긁히는 현상이다.

⑤ 실린더 벽 마모량 측정장치 및 측정방법

　㉠ 실린더 벽 마모량 측정장치 : 실린더 보어 게이지, 내측 마이크로미터, 텔리스코핑 게이지와 외측 마이크로미터 등을 사용한다.

　㉡ 실린더 벽 마모량 측정방법 : 실린더의 상, 중, 하 3군데에서 각각 축방향과 축의 직각방향으로 합계 6군데를 측정하여 최대 마모부분과 최소 마모부분의 안지름의 차이를 마모량 값으로 정한다.

### 6 커넥팅 로드(Connecting rod)

(1) 기능

커넥팅 로드는 피스톤의 왕복운동을 크랭크축에 전달하여 회전운동으로 바꿔 주는 연결 봉으로 소단부, 생크, 대단부와 커넥팅 로드 길이로 구성되어 있다.

(2) 구성

① 소단부 : 피스톤과 결합된 부분

② 생크(Sank) : 소단부에서 대단부까지 관통하는 연결막대부로 오일 구멍이 뚫려 있으며 오일에 의한 피스톤 냉각과 윤활작용을 겸한 것

③ 대단부 : 분할형의 평면 베어링을 사이에 두고 크랭크축과 연결되는 부분

④ 길이 : 소단부 중심과 대단부 중심과의 거리를 커넥팅 로드 길이라 하고, 피스톤 행정의 약 1.5~2.3배

(3) 커넥팅 로드의 길이와 영향

커넥팅 로드의 길이가 길수록 피스톤의 가로 흔들림이 적다. 그러므로 커넥팅 로드가 길수록 횡방향의 흔들림은 작게 되어 진동, 마찰이 작게 된다. 길이의 영향은 다음과 같다.

① 길이가 길 경우

　㉠ 실린더의 마멸이 감소한다.

　㉡ 강성이 적고 중량면에서 불리(무게가 무거워짐)하다.

　㉢ 엔진의 높이가 높아진다.

② 길이가 짧을 경우

　㉠ 측압이 많아 마멸이 증대된다.

　㉡ 강성이 크고 중량에서 유리하다.

　㉢ 엔진 높이가 낮아진다.

(4) 구비조건

① 커넥팅 로드는 기관이 운전하는 동안 압축력, 인장력, 굽힘 등의 하중이 반복하여 작용하므로 이것에 충분히 견딜 수 있는 강도와 강성이 있어야 한다.

② 커넥팅 로드는 탄소강이나 니켈-크롬강 또는 크롬-몰리브덴강 등의 특수강을 사용하여 주조 또는 단조에 의해 만들어진다.

③ 로드의 단면 형상은 일반적으로 I형 단면으로 제작하여 커넥팅 로드의 무게를 가볍게 하고 충분한 기계적 강도를 얻도록 한다.

④ 다실린더 기관의 경우에는 실린더 별로 결합한 피스톤과 커넥팅 로드의 무게의 차가 크면 크랭크축을 중심으로 한 운동부분의 무게 불균형으로 인하여 진동이 커지며 각 부분에 나쁜 영향을 준다. 따라서 무게의 차는 될 수 있는 대로 적어야 하며 차이는 보통 15~20g 이내로 되어야 한다.

### ❼ 크랭크축(Crank-shaft)

(1) 기능

크랭크축은 기관의 주축으로서 피스톤의 왕복운동을 커넥팅 로드를 통하여 회전운동으로 바꾸어주며 피스톤을 움직여서 혼합기의 흡입, 압축 및 연소가스의 분출 등을 행하는 역할을 한다.

(2) 구조

메인(베어링)저널, 크랭크핀저널, 암, 평형추(밸런스웨이트), 오일홀, 오일실 링거, 플렌지로 구성된다.

① 크랭크핀저널 : 커넥팅 로드 대단부와 연결되는 부분

② 크랭크암 : 크랭크저널(메인저널)과 크랭크핀 저널을 연결하는 부분

③ 크랭크저널(메인저널) : 축을 지지하는 메인 베어링이 들어가는 부분

④ 평형추(밸런스웨이트) : 크랭크축의 평형을 유지시키기 위하여 크랭크암에 부착되는 추

⑤ 오일통로 : 크랭크축 내부에는 커넥팅 로드 베어링과 피스톤, 핀 베어링으로 오일을 공급하는 오일통로가 있으며, 메인 베어링에 공급되는 오일의 일부가 이 오일통로를 통해서 압송된다.

⑥ 오일실(Oil seal ; 오일 리테이너) : 크랭크축의 앞뒤의 베어링 바깥쪽에 설치하며 크랭크 케이스 안의 윤활유가 외부로 새는 것을 방지하기 위한 부품

⑦ 플랜지와 하우징 : 크랭크축의 뒤쪽 끝에는 플라이휠을 부착하기 위한 플랜지와 클러치축(Main drive shaft) 끝을 지지하는 파일럿 베어링을 끼우는 하우징을 설치

⑧ 타이밍기어와 크랭크풀리 : 앞쪽 끝에는 캠축을 구동하기 위한 타이밍기어 또는 타이밍 체인 스프로킷과 물펌프 및 발전기를 구동하는 크랭크풀리가 부착됨

⑨ 오일실 링거 : 크랭크축 뒤 끝부분에 설치되어 오일이 외부로 누출되는 것 방지

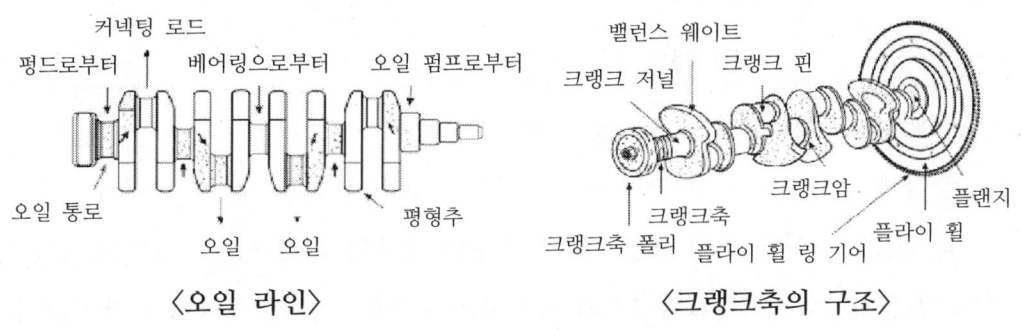

〈오일 라인〉　　〈크랭크축의 구조〉

(3) 재질

① 크랭크축의 재료는 일반적으로 고탄소강, 니켈-크롬강, 크롬-몰리브덴강을 사용하여 형단조하여 제작한다. 기관의 고속화를 이루기 위해 피스톤의 행정이 짧아져야 하므로 크랭크저널과 크랭크핀의 중심거리가 짧고 양자의 겹침(Lap)이 증가하여 크랭크축의 강성이 높아야 하므로, 미하나이트(Meehanite) 주철이나 구상흑연주철 등의 주철제 크랭크축을 사용한다.

② 크랭크핀 및 크랭크저널 부분의 표면에는 2~3mm의 깊이로 고주파 담금질법 등으로 표면경화 처리를 하여 내마모성을 크게 하고, 내부의 경화되지 않은 부분은 인성을 갖도록 하고 있다.

(4) 크랭크축의 점화

① 점화시기 고려사항

㉠ 연소가 같은 간격으로 일어나게 한다.

㉡ 크랭크축에 비틀림 진동이 일어나지 않게 한다.

㉢ 혼합기가 각 실린더에 균일하게 분배되게 한다.

㉣ 인접한 실린더에 연이어 점화되지 않게 한다.

② 점화 순서

| 구분 | | 크랭크축의 각도 | | 점화순서 |
|---|---|---|---|---|
| 4행정사이클 | 4실린더형 | 180° | 우수식 | 1-3-4-2 |
| | | | 좌수식 | 1-2-4-3 |
| | 6실린더형 | 120° | 우수식 | 1-5-3-6-2-4 |
| | | | 좌수식 | 1-4-2-6-3-5 |
| | 8실린더형 | 90° | | 1-6-2-5-8-3-7-4 |

③ 캠축과 크랭크축의 회전비율

㉠ 4행정 사이클 엔진 크랭크축 회전수와 캠축의 회전수는 2 : 1이다.

㉡ 2행정 사이클 엔진 크랭크축 회전수와 캠축의 회전수는 1 : 1이다.

④ 크랭크핀의 배치 : 크랭크핀의 배치각도(위상)는 점화순서와 관련하여 결정되며, 4실린더 기관은 180°, 6실린더 기관에는 120°의 각도를 가진다. 일반적으로 크랭크핀의 각도는 다음과 같이 한다.

$$크랭크핀의\ 각도(점화순서의\ 위상) = \frac{2 \times 360°}{실린더수}$$

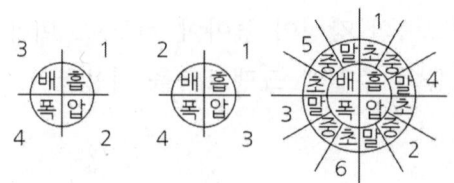

(5) 플라이휠

① 기능 : 기관의 맥동운동을 흡수하여 크랭크축의 회전을 원활하게 하는 부품으로 뒷면은 클러치 마찰면으로 사용하며, 외부는 기관시동을 위한 링기어를 부착한다.

② 구비조건 : 관성력이 클 것, 무게가 가능한 한 가벼울 것

### 8 기관 베어링

(1) 기능

기관 베어링은 피스톤과 커넥팅로드, 커넥팅로드와 크랭크핀 및 크랭크축 메인저널 사이에 베어링을 설치, 회전시켜 마찰을 줄이고 부품을 지지하는 역할을 한다.

(2) 하중 방향에 따른 종류 및 구비조건

| 레이디얼 베어링 | 하중이 축의 직각방향으로 작용한다. |
|---|---|
| 스러스트 베어링 | 하중이 축방향으로 작용한다. |
| 앵귤러 베어링 | 하중이 축의 직각방향과 축방향으로 동시에 작용한다. |

(3) 베어링의 구비 조건

① 회전중 변형되지 않을 것

② 하중 부담능력의 강도가 있을 것

③ 균열·변형에 견딜 수 있는 내피로성을 갖출 것

④ 불순물을 자체 내에 묻어 버리는 매입성이 있을 것

⑤ 균일 부하상태가 되도록 추종 유동성이 있을 것

⑥ 산화나 부식에 견디는 내식성일 것

(4) 베어링의 재료

기관 베어링 재료에는 화이트 메탈, 켈멧 메탈, 알루미늄 메탈 등이 있다.

① 화이트 메탈(White metal, 베빗 메탈)

㉠ 주석(Sb), 납(Pb), 안티몬(Sb), 아연(Zn), 구리(Cu) 등의 백색합금이다.

㉡ 장점 : 내부식성이 크고 무르기 때문에 길들임과 매입성이 좋다.

ⓒ 단점 : 고온에서 강도가 낮고, 피로강도, 열전도율이 좋지 않아 고속·고하중 기관에는 점차 사용되지 않는다.

② 켈멧 메탈(Kelmet metal)

　　㉠ 구리(60~70%), 납(30~40%)을 함유하는 합금이다.

　　ⓒ 장점 : 화이트 메탈보다 기계적 성질이 강하고 내피로성이 크기 때문에 고속·고온·고하중에 잘 견딘다. 또한 구리가 주성분으로 되어 있어 열전도가 좋고, 융착(늘어붙음)을 일으키지 않는다.

　　ⓒ 단점 : 경도가 크기 때문에 축과의 붙임성, 길들임성이 나쁘고 내식성이 작다.

③ 알루미늄합금

　　㉠ 알루미늄(Al)과 주석(Su), 구리(Cu) 등을 함유한 합금이다.

　　ⓒ 길들임과 매입성은 화이트 메탈과 켈멧의 중간정도의 능력을 가지며 내피로성은 켈멧보다 크다. 화이트 메탈과 켈멧의 양쪽 장점을 갖춘 매우 좋은 베어링으로 최근에 많이 사용되고 있다.

④ 3층 메탈(Trimetal) : 반원통형으로 성형한 평면베어링에서 화이트 메탈이나 켈멧 합금을 단독으로 사용하지 않고 켈멧층의 표면에 다시 화이트 메탈의 극히 얇은 층(0.5mm 이하)을 만들어, 소위 트리메탈(3층 메탈, Trimetal)을 사용하여 길들임을 좋게 하고 있다.

(5) 베어링의 크러시와 스프레드

① 베어링 크러시 : 베어링이 하우징 안에서 움직이지 않도록 하여 밀착성을 향상하고 열전도성을 향상시키는 목적으로 베어링 바깥둘레와 하우징 안둘레와의 차이를 둔다(0.025~0.075mm). 크러시가 작으면 온도 변화에 의하여 헐겁게 되어 베어링이 유동하며, 크러시가 크면 조립시 베어링의 안쪽면이 변형되어 찌그러진다.

② 베어링 스프레드 : 베어링 하우징의 지름과 베어링을 조립하지 않았을 때 베어링 바깥지름과 차이이다(0.125~0.5mm). 목적은 조립시 베어링이 캡에서 이탈되는 것과 크러시로 인하여 찌그러짐을 방지하여 베어링이 제자리에 밀착되도록 한다.

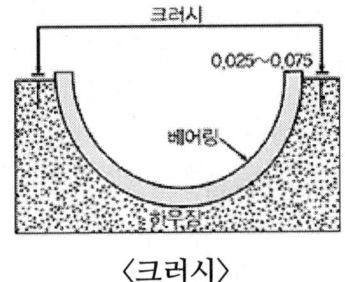
〈크러시〉

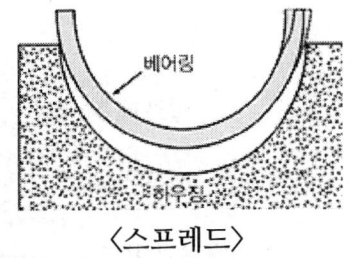
〈스프레드〉

### 9 밸브 장치

(1) 개요

밸브 장치는 기관 작동에 알맞은 시기에 연소실 내로 혼합기를 흡입하고, 연소가스를 외부로 배출하기 위하여 사용되는 밸브와 밸브기구를 작동시키는 장치를 말한다.

(2) 밸브 개폐기구

밸브의 개폐기구에는 축밸브식과 오버헤드식(OH)이 있으며, 태핏(밸브 리프터), 푸시로드, 밸브, 로커암 등으로 구성되어 있다.

① 축밸브식 : 크랭크축기어 → 캠축기어 → 캠축 → 캠 → 태핏에 의하여 밸브를 여닫는 식인데, 현재는 거의 사용되고 있지 않다.

② 오버헤드식(OH) : 오버헤드식에는 크랭크축 → 캠축 → 태핏 → 푸시로드 → 로커암에 의해 밸브를 여닫는 오버헤드 푸시 로드식과, 밸브기구를 가볍게 하며 고속운전에 적합하도록 푸시로드 등의 가동부분을 빼고 캠축을 실린더 헤드 위에 설치한 오버헤드 캠축식(OHC)이 있다.

⟨밸브의 구조⟩

(3) 캠축의 구동방식 및 캠의 구성

① 캠축의 구동방식

㉠ 기어 구동식 : 타이밍 기어의 백래시가 크면 (기어가 마모되면) 밸브개폐시기가 틀려진다.

㉡ 체인 구동식

㉢ 벨트 구동식

② 캠의 구성

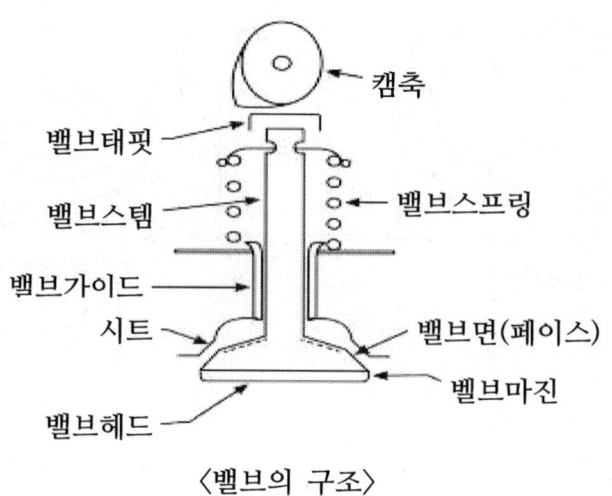

⟨캠의 구조⟩

㉠ 베이스 서클 : 기초원

㉡ 노스 : 밸브가 완전히 열리는 점

㉢ 플랭크 : 밸브 리프터 또는 로커암과 접촉되는 옆면

㉣ 로브 : 밸브가 열리기 시작하여 완전히 닫힐 때까지의 둥근 돌출차

㉤ 양정 : 기초원과 노스 원과의 거리

③ 유압식의 장·단점

| 장점 | 단점 |
| --- | --- |
| • 밸브 개폐시기가 정확하다.<br>• 작동이 조용하고 간격조정이 필요없다.<br>• 충격을 흡수하여 밸브기구의 내구성이 좋다. | • 오일펌프가 고장이 생기면 작동이 안된다.<br>• 구조가 복잡하다.<br>• 유압회로가 고장이 생기면 작동이 불량하다. |

④ 용어정리

㉠ 푸시로드(Push road) : 푸시로드는 속이 비고 긴 강제 막대이며 태핏의 움직임을 실린더 헤드에 설치되어 있는 로커암에 전해주는 역할을 하며, 오버헤드 밸브식에만 사용된다.

㉡ 로커암(Rocker Arm) : 로커암은 실린더 헤드에 부착된 로커암축에 그 가운데 부분이 지지되어 한쪽 끝을 푸시로드로 밀어올리면 다른 쪽 끝은 밸브 스템 끝을 눌러서 밸브를 여닫는 작용을 한다.

㉢ 밸브 간극(Valve clearance) : 연소열에 의한 밸브의 팽창을 고려하여 로커암과 밸브스템 사이에 두는 간극으로 배기밸브를 흡입밸브보다 크게 둔다. 일반적으로 흡입밸브는 0.20~0.35mm, 배기밸브는 0.30~0.40mm로 된 것이 많다. 밸브 틈새는 로커암이 푸시로드와 접하는 부분에 설치되어 있는 조정나사로 조정한다.

## 밸브 간극과 이상현상

| 밸브 간극이 클 경우 | 밸브 간극이 적을 경우 |
|---|---|
| • 밸브가 완전히 개방되지 않는다.<br>• 작동중에 충격적인 접촉이 일어난다.<br>• 소음이 발생한다. | • 작동온도에서 밸브가 완전히 밀착되지 않는다.<br>• 밸브기구의 마모가 커진다.<br>• 밸브열림 기간이 길어진다. |

### 보충  밸브 스프링의 구비조건

- 밸브가 시트에 밀착되어 가스가 새지 않을 정도의 장력이 있어야 한다.
- 반복되는 스프링 작용에 대한 충분한 내구성을 가지고 있어야 한다.
- 밸브나 밸브기구가 캠에 의해 운동할 때 관성력을 이겨서 밸브가 캠의 모양대로 움직여야 한다.
- 밸브 작동시에 서징(Surging)을 일으키지 않아야 한다.

### ▮▮▮ 보충   밸브의 이상현상

- **서징 현상** : 스프링 자체의 고유진동과 고속회전에 의하여 생긴 캠에 의한 강제 진동이 공진하여 캠에 의한 작동과 관계없이 파상진동을 일으키는 현상으로, 서징 현상이 발생하면 밸브 개폐가 제대로 되지 않고 스프링의 국부에 예상외로 큰 압축력이나 변형이 생겨 부러지는 경우가 있다.
- **서징 현상 방지책**
  ① 원뿔형 스프링이나 부등피치 스프링을 사용한다.
  ② 고유진동수가 다른 2중 스프링을 사용한다.
  ③ 정해진 양정 내에서 충분한 스프링 정수를 얻도록 한다.
  ④ 밸브 스프링의 고유진동수를 높게 한다.
- **바운싱 현상** : 밸브가 밸브 시트에 밀착하는 경우 밸브면과 시트부의 반발력에 의하여 밸브가 튀어오르는 현상을 말한다.

ㄹ. 밸브 회전장치 : 밸브는 작동할 때 스프링의 신축작용으로 조금씩 회전하게 되어 있으나 특별히 회전장치를 두는 기관도 있다.

### ▮▮▮ 보충   회전장치의 기능

1. 밸브 회전에 의해 밸브 소손의 원인이 되는 카본을 제거한다.
2. 밸브 스템과 가이드 사이에 카본이 쌓여 발생하는 밸브고착을 방지한다.
3. 일정하지 못한 밸브 스프링의 장력에 의해 생기는 편마멸을 방지한다.
4. 밸브 회전에 의해 밸브 헤드의 온도를 일정하게 한다.

ㅁ. 밸브 개폐시기 선도 : 밸브의 개폐시기에 있어서 흡기 및 배기밸브의 개폐를 정확히 상사점과 하사점에서 하지 않고 상·하사점 전후 여닫음으로써 흡입 및 배기성능을 증진시키는 것을 말한다. 이때 피스톤이 상사점에 도달하기 전에 흡입밸브가 열려서 흡기가 이루어지고, 배기밸브는 상사점을 지나서 닫아주므로 배기행정이 끝날 무렵과 흡기행정이 시작될 때에는 두 밸브가 동시에 열려있게 되는데, 이 기간을 밸브 오버랩(Valve overlap)이라고 한다.

(7) 밸브 개폐 시기

① 가스의 흐름 관성을 유효하게 이용하기 위하여 흡입 밸브는 상사점 전에 열려 하사점 후에 닫히고, 배기 밸브는 하사점 전에 열려 상사점 후에 닫힌다.

② 상사점 부근에서 흡입 밸브와 배기 밸브가 동시에 열리는 구간을 오버랩이라 한다.

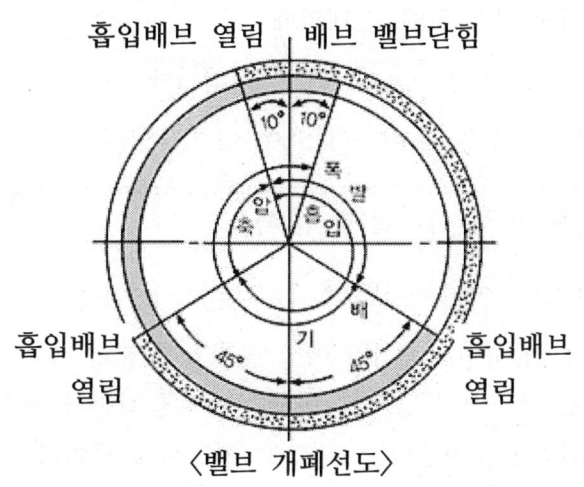

〈밸브 개폐선도〉

(8) 엔진의 압축압력 시험

1. 목적

 엔진의 압축압력 시험은 엔진에 이상이 있을 때 또는 엔진의 성능이 현저하게 저하되어 분해 수리 여부를 결정하기 위해서 한다.

2. 압축압력 시험 준비 작업

① 축전지의 충전 상태 및 접속 상태 점검

② 엔진의 정상 운전 온도 확인 후 모든 점화 플러그를 뺀다.

③ 연료의 공급차단 및 점화 1차선 분리

④ 최대한 흡기를 많이 하기 위해서 공기청정기 제거 및 구동벨트를 제거해서 크랭크축에 부하를 덜어준다

⑤ 스로틀 밸브를 완전히 연다.

⑥ 점화 플러그 구멍에 압축 압력계를 밀착시킨다.

⑦ 엔진을 크랭크인시켜 엔진의 회전속도 200~300rpm으로 한다.

⑧ 첫 압축압력과 맨 나중 압축 압력 을 기록한다.

⑨ 규정값은 7-14 $kg/cm^2$이며 규정값의 70%에서 110% 이어야한다.

⑩ 실린더간 차이가 10%이내이어야 한다.

3. 엔진해체 정비시기

① 압축압력이 규정값의 70% 이내일때

② 연료 소비율이 표준 소비율의 60 % 이상일때

③ 윤활유 소비율이 표준 소비율의 50% 이상일 때

---

### Ⅲ 보충   압력계 측정 후 결과 분석

압력계의 읽음이 $210 psi$ 이면 환산하면 $14.7\ kg/cm^2$ 이다.

연소실 카본이 많아서 압축이 200 psi 이상 올라가면 불량 조치 후 카본 제거한 후 다시 사용할 수 있다. 가스켓 불량으로 냉각수가 유출되면서 엔진 압력이 떨어진 상태이면 자동차의 출력이 저하된다. 그러므로 엔진실에 물이차거나 오일에 물이 섞여서 엔진 압력이 떨어진다. 정상 압력은 규정 값의 90%이내이며 ,각 실린더간의 차이가 10%이내여야 한다. 규정 값의 10%이상이면 헤드 분해 후 연소실 카본을 제거한다. 압축 압력이 규정 값보다 낮고 오일 10cc를 1분간 부어서 하는 습식 실험에서도 압력이 증가되지 않으면 밸브 불량이다. 습식 시험에서 뚜렷하게 압력이 상승하면 실린더 벽 및 피스톤의 마멸이다. 헤드 가스켓이 불량 하거나 헤드의 변형이 생기면 습식 시험에서도 압력이 상승하지 못한다.

---

### Ⅲ 보충

$1 psi = 1 lb/in^2$

$1 lb/in^2 = 1 \dfrac{lb}{in^2} \dfrac{0.453kg}{1 lb} \dfrac{1 in^2}{2.54^2 cm^2} = 0.07 kg/cm^2$

## 기관 본체
# 기출 및 예상문제

**01** 크랭크축 메인베어링 저널의 오일간극 측정에 가장 적합한 것은?
① 필러 게이지를 이용하는 방법
② 플라스틱 게이지를 이용하는 방법
③ 시임을 이용하는 방법
④ 직각자를 이용하는 방법

◆ 필러 게이지 : 피스톤 링 이음간격, 캠의 간격, 점화플러그 전극 간격 측정

**02** 실린더 내의 가스유동에 관한 설명 중 틀린 것은?
① 스월(swirl)은 연료와 공기의 혼합을 개선할 수 있다.
② 스퀴시(squish)는 압축행정 초기에 혼합기가 중앙으로 밀리는 현상을 말한다.
③ 텀블(tumble)은 실린더의 수직 맴돌이 흐름을 말한다.
④ 난류는 혼합기가 가지고 있는 운동에너지가 모양을 바꾸어 작은 맴돌이로 된 것이다.

◆ 실린더 헤드와 피스톤 상부에 의해서 만들어지는 작은 공간인 스퀴시부는 압축 시 공기가 회전(와류)하는 현상이 생겨 혼합기가 잘 섞이는 효과로 연소가 잘 된다.

**03** 자동차용 LPG의 장점이 아닌 것은?
① 대기 오염이 적고 위생적이다.
② 엔진 소음이 정숙하다.
③ 증기폐쇄(vapor lock)가 잘 일어난다.
④ 이론 공연비에 가까운 값에서 완전 연소한다.

◆ LPG 차량의 장점
㉠ 연소효율이 좋으며 엔진이 정숙하다.
㉡ 경제성이 좋다.
㉢ 엔진 오일의 수명이 길다.
㉣ 대기 오염이 적고 위생적이다.
㉤ 퍼콜레이션(Percolation)이나 베이퍼 록(Vaper lock) 현상이 없다.
㉥ 연소실에 카본 부착이 적어 점화플러그의 수명이 길다.
㉦ 엔진 오버홀 기간이 길어진다.
㉧ 유황분이 적기 때문에 연소 후의 배기가스에 의한 금속의 부식 등의 손실이 적다.
㉨ 연료 자체 증기압을 이용하므로 연료펌프가 필요 없다.

**04** LPG 자동차에서 액상 분사시스템(LPI)에 대한 설명 중 틀린 것은?
① 빙결 방지용 인젝터를 사용한다.
② 연료펌프를 설치한다.
③ 가솔린 분사용 인젝터와 공용으로 사용할 수 없다.
④ 액·기상 전환밸브의 작동에 따라 분사량이 제어되기도 한다.

정답 01.① 02.② 03.③ 04.④

◆ LPI(Liqufied Petroleum Injection) 방식은 연료탱크 내에 설치된 연료펌프를 통해 고압으로 송출되는 액상연료를 직접 인젝터로 분사하여 엔진을 구동하는 방식으로서 액상연료의 분사로 연료 밀도가 증가하여 엔진출력이 믹서방식보다 좋다.

**05** 기계식 밸브기구가 장착된 기관에서 밸브 간극이 없을 때 일어나는 현상은?

① 밸브에서 소음이 발생한다.
② 밸브가 닫힐 때 밸브 면과 밸브 시트가 서로 밀착되지 않는다.
③ 밸브 열림 각도가 작아 흡입효율이 떨어진다.
④ 실린더 헤드에 열이 발생한다.

◆ ㉠ 밸브 간극이 너무 크면, 밸브가 제대로 열리고 닫히지 못하므로 흡배기 효율이 떨어지며 심한 소음이 나고 밸브기구에 충격을 준다.
㉡ 밸브 간극이 너무 작으면, 밸브가 일찍 열리고 늦게 닫히며 블로백 현상으로 인해 엔진 출력이 감소한다. 흡입밸브 간극이 작으면 역화 및 실화가 발생하고, 배기밸브 간극이 작으면 후화가 일어나기 쉽다. 그리고 소결(열에 의해 타 붙어버리는 현상)현상이 발생한다.

**06** 점화시기 제어에 직접적인 영향을 주는 센서가 아닌 것은?

① 크랭크각 센서   ② 수온 센서
③ 노킹 센서      ④ 압력 센서

◆ 전자제어 엔진 점화시기 제어방법 : 수온 센서, 흡기량 센서, 산소 센서, 엔진 RPM, TPS 개도량, 1번 TDC 센서 등 여러 가지 센서로부터 얻은 정보를 컴퓨터(ECU)에서 계산하여 점화코일 1차 회로와 연결된 파워 트랜지스터를 제어하여 자동적으로 점화시기를 조정한다.

**07** 압축천연가스(CNG) 자동차에 대한 설명으로 틀린 것은?

① 연료라인 점검 시 항상 압력을 낮춰야 한다.
② 연료 누출 시 공기보다 가벼워 가스는 위로 올라간다.
③ 시스템 점검 전 반드시 연료 실린더 밸브를 닫는다.
④ 연료 압력조절기는 탱크의 압력보다 약 5bar가 더 높게 조절한다.

◆ 연료 압력조절기($2\sim3kg/cm^2$)은 연료탱크($200kg/cm^2$)보다 압력을 낮게 조절한다.

**정답** 05. ② 06. ④ 07. ④

**08** 가솔린 기관에서 밸브 개폐시기의 불량원인으로 거리가 먼 것은?
① 타이밍벨트의 장력감소
② 타이밍벨트 텐셔너의 불량
③ 크랭크축과 캠축 타이밍 정렬 틀림
④ 밸브면의 불량

◆ 밸브면의 불량은 흡배기 가스의 흡입 및 배출량과 관계 있으며 밸브 개폐시기의 불량원인은 아니다.

**09** 밸브 오버랩(Valve overlap)을 하는 이유는?
① 노킹방지　　　② 연료절약
③ 효율증대　　　④ 마모방지

◆ 밸브 오버랩은 밸브 타이밍으로 밸브가 열려 배기하고 있을 때, 흡입 밸브가 열리는 의도적인 시간차를 말하며, 이 오버랩은 크랭크축의 회전각으로 나타낸다. 흡기의 흐름을 이용한 흡배기의 기술로, 오버랩이 크면 고회전에서는 효율이 증대하지만 저회전이면 안정되지 않는 경향이 있다. 그러므로 오버랩이 작은 것은 일반적으로 저속형이라고 할 수 있다.

**10** 디젤 엔진 연소실 중 직접 분사식의 장점은?
① 구멍형 노즐을 사용하여 가격이 싸다.
② 큰 출력의 엔진에 유리하다.
③ 디젤 노크가 적다.
④ 연료 소비량이 예연소실식보다 크다.

◆ 직접 분사식은 단실식으로서 실린더 헤드와 피스톤 헤드를 요철로 둔 것으로 구조가 간단하고 구멍형 노즐을 사용하며 열효율이 높다.

**11** 엔진에서 밸브 간극이 너무 클 때는 어떻게 되는가?
① 푸시로드가 휘어진다.
② 밸브 스프링이 약해진다.
③ 밸브가 확실하게 밀착되지 않는다.
④ 밸브가 완전하게 개방되지 않는다.

◆ 밸브 간극이 너무 크면 밸브가 제대로 닫히지 못하고 심한 소음이 나며 밸브기구에 충격을 준다. 반면에 밸브 간극이 너무 작으면 밸브가 일찍 열리고 늦게 닫혀서 블로백 현상이 발생한다.

**12** 다음 중 기관과열의 원인이 아닌 것은?
① 물펌프 고장
② 흡기 온도센서 불량
③ 희박 혼합기
④ 팬벨트 이완

◆ 희박 혼합기는 공연비가 큰 상태이므로 기관과열을 방지한다.

**13** 자동차 중량과 관계없는 저항은?
① 공기저항　　　② 마찰저항
③ 구름저항　　　④ 가속저항

정답  08.④  09.③  10.②  11.④  12.③  13.①

◆ 공기저항은 자동차의 주행속도에 관련되는 저항이다. 정지 시의 공기저항은 없다.

**14** 융착에 의한 마모현상으로 거리가 먼 것은?
① 스커핑
② 스코링
③ 고착
④ 스크래칭

◆ 융착 마모란 윤활유의 유막(油膜)이 없어져 발생하는 스커핑이나 스코링과 같은 응착 마모에 마찰에 의해 표면이 긁혀 마멸되는 현상인 어브레시브 마모가 첨가되어 발생하는 마모이다.

**15** 피스톤 슬랩(piston slap)에 관한 설명으로 관계가 먼 것은?
① 피스톤 간극이 너무 크면 발생한다.
② 오프셋 피스톤에서 잘 일어난다.
③ 저온 시 잘 일어난다.
④ 피스톤 운동 방향이 바뀔 때 실린더벽으로의 충격이다.

◆ 피스톤 슬랩(piston slap) : 실린더와 피스톤 간극이 크면 압축 압력의 저하, 블로바이 가스의 발생, 오일의 연소실 유입, 오일의 희석, 피스톤 슬랩이 발생한다. 특히 저온에서 피스톤 슬랩 현상, 즉 피스톤이 실린더벽을 때리는 현상이 현저하게 발생되며 이를 사이드 노크(side-knock)라고도 한다.

**16** 다공 노즐을 사용하는 직접분사식 디젤엔진에서 분사노즐의 구비 조건이 아닌 것은?
① 연료를 미세한 안개 모양으로 하여 쉽게 착화되게 할 것
② 저온, 저압의 가혹한 조건에서 단기간 사용할 수 있을 것
③ 분무가 연소실의 구석구석까지 뿌려지게 할 것
④ 후적이 일어나지 않을 것

◆ 노즐은 장기간 사용할 수 있어야 한다.

**17** 가솔린 기관의 노킹에 대한 설명으로 틀린 것은?
① 실린더 벽을 해머로 두들기는 것과 같은 음이 발생한다.
② 기관의 출력을 저하시킨다.
③ 화염전파 속도를 늦추면 노킹이 줄어든다.
④ 억제하는 연료를 사용하면 노킹이 줄어든다.

◆ 화염전파 속도가 느리면 노킹이 유발된다.

**정답** 14. ④  15. ②  16. ②  17. ③

**18** LPI 기관에서 연료압력과 연료온도를 측정하는 이유는?

① 최적의 점화시기를 결정하기 위함이다.
② 최대 흡입공기량을 결정하기 위함이다.
③ 최대로 노킹 영역을 피하기 위함이다.
④ 연료 분사량을 결정하기 위함이다.

◆ LPI 시스템(Liquid Propane Injection System[1])은 LPG 차량에 사용되는 엔진 시스템이다. 이것은 LPG 연료를 고압의 액상으로 유지하면서 엔진의 흡입구에 있는 인젝터를 이용하여 각 실린더로 분사해 주는 장치이다. 그러므로 연료 분사량을 결정하기 위해서는 연료압력과 연료온도를 측정하여야 한다.

**19** 점화순서를 정하는데 있어 고려할 사항으로 틀린 것은?

① 연소가 일정한 간격으로 일어나게 한다.
② 크랭크 축에 비틀림 진동이 일어나지 않게 한다.
③ 혼합기가 각 실린더에 균일하게 분배되게 한다.
④ 인접한 실린더가 연이어 점화되게 한다.

◆ 연이어 점화되면 공진이 발생하여 떨림이 증대한다.

**20** 실린더 압축압력시험에 대한 설명으로 틀린 것은?

① 압축압력시험은 엔진을 크랭킹하면서 측정한다.
② 습식시험은 실린더에 엔진오일을 넣은 후 측정한다.
③ 건식시험에서 실린더 압축압력이 규정값보다 낮게 측정되면 습식시험을 실시한다.
④ 습식시험 결과 압축압력의 변화가 없으면 실린더 벽 및 피스톤 링의 마멸로 판정할 수 있다.

◆ 습식 시험에서 뚜렷하게 압력이 상승하면 실린더벽및 피스톤의 마멸이다

**21** 점화 순서가 1-3-4-2인 기관에서 2번 실린더가 배기행정이면 1번 실린더의 행정으로 옳은 것은?

① 흡입     ② 압축
③ 폭발     ④ 배기

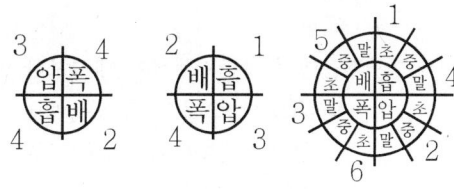

**22** 최적의 점화시기를 의미하는 MBT(Minimum spark advance for Best Torque)에 대한 설명으로 옳은 것은?

① BTDC 약 10°~15° 부근에서 최대 폭발압력이 발생되는 점화시기
② ATDC 약 10°~15° 부근에서 최대 폭발압력이 발생되는 점화시기
③ BBDC 약 10°~15° 부근에서 최대 폭발압력이 발생되는 점화시기
④ ABDC 약 10°~15° 부근에서 최대 폭발압력이 발생되는 점화시기

**23** 실린더에서 장행정 엔진이란?

① 행정과 안지름비의 값이 1.0보다 작은 기관
② 행정과 안지름비의 값이 1.0인 기관
③ 행정과 안지름비의 값이 1.0보다 큰 기관
④ 장방엔진이라고 한다.

◆ ㉠ 장행정 기관은 행정이 내경보다 큰 엔진(D<L)으로서 측압이 적게 발생하며 회전속도가 늦으며 회전력이 크다.
㉡ 정방행정 기관 : 행정과 내경이 같은 엔진
㉢ 단행정 기관 : 행정이 내경보다 적은 엔진(D>L)으로서 피스톤 평균 속도를 높이지 않고 회전속도를 높일 수 있으므로 단위 체적당 출력을 크게 할 수 있으며 엔진의 높이를 낮게 할 수 있는 장점이 있으나, 피스톤의 과열이 심하고 전 압력이 커서 베어링을 크게 하여야 하며, 엔진의 길이가 길어지고 진동이 커지는 단점이 있다.

**24** 캠축에서 캠의 각부 명칭이 아닌 것은?

① 양정          ② 로브
③ 플랭크       ④ 오버랩

◆ 오버랩은 흡입밸브와 배기밸브가 동시에 열려있는 구간이다.

**25** 엔진오일이 연소실에 올라오는 원인 중 맞는 것은?

① 피스톤 핀의 마모
② 피스톤 오일링의 마모
③ 크랭크 축의 마모
④ 크랭크 저널의 마모

◆ 실린더 벽에 뿌린 오일을 긁어내려 최소한의 유막을 만들고 여분의 오일이 연소실로 들어가서 소비되는 것을 방지한다. 이 가운데 주로 기밀을 유지하는데 쓰이는 링이 압축링이며, 오일을 긁어내리는 작용을 하는 링을 오일링이라 한다. 피스톤 오일링이 마모되면 엔진오일이 연소실에 올라오는 현상이 나타난다.

정답 22. ② 23. ③ 24. ④ 25. ②

**26** 내연기관에서 장행정 기관과 비교할 경우 단행정 기관의 장점으로 틀린 것은?

① 흡·배기 밸브의 지름을 크게 할 수 있어 흡·배기 효율을 높일 수 있다.
② 피스톤의 평균속도를 높이지 않고 기관의 회전속도를 빠르게 할 수 있다.
③ 직렬형 기관인 경우 기관의 높이를 낮게 할 수 있다.
④ 직렬형 기관인 경우 기관의 길이가 짧아진다.

◆ 단행정 기관 : 행정이 내경보다 적은 엔진(D>L)으로서 피스톤 평균 속도를 높이지 않고 회전속도를 높일 수 있으므로 단위 체적당 출력을 크게 할 수 있으며 엔진의 높이를 낮게 할 수 있는 장점이 있으나 피스톤의 과열이 심하고 전 압력이 커서 베어링을 크게 하여야 하며 엔진의 길이가 길어지고 진동이 커지는 단점이 있다.

**27** 기관오일에 캐비테이션이 발생할 때 나타나는 현상이 아닌 것은?

① 진동, 소음 증가
② 펌프 토출압력의 불규칙한 변화
③ 윤활유의 윤활 불안정
④ 점도지수 증가

◆ 캐비테이션은 공동현상으로 액상이 기상으로 변화하는 현상으로 점도지수와는 무관하다.

**28** 피스톤 핀을 피스톤 중심으로부터 오프셋(offset)하여 위치하게 하는 이유는?

① 피스톤을 가볍게 하기 위하여
② 옥탄가를 높이기 위하여
③ 피스톤 슬랩을 감소시키기 위하여
④ 피스톤 핀의 직경을 크게 하기 위하여

◆ 오프셋 피스톤은 피스톤 슬랩을 감소시킬 목적으로 피스톤 핀을 중심으로부터 1~2.5mm 오프셋시킨 피스톤이다.

**29** 가솔린 기관에서 노크 센서를 사용하는 가장 큰 이유는?

① 최대 흡입공기량을 좋게 하여 체적효율을 향상시키기 위함이다.
② 노킹 영역을 검출하여 점화시기를 제어하기 위함이다.
③ 기관의 최대 출력을 얻기 위함이다.
④ 기관의 노킹 영역을 결정하여 이론공연비로 연소시키기 위함이다.

◆ ㉠ 노크 센서는 엔진의 노킹을 검출하는 센서이며 노크 센서를 장착한 엔진에서는 노킹이 일어나면 노크 센서에서 그것을 감지하고 이 신호를 받아서 배전기의 지각 제어를 조정하여 노킹을 피해간다.
㉡ 노크 센서는 엔진 진동의 크기를 전기신호(전압)로 변환하는 압전 센서이다.
㉢ 과급기(터보차저, 슈퍼차저) 부착 엔진 및 무연 프리미엄 가솔린 사양의 엔진에 장착되어 있다.

정답 26. ④  27. ④  28. ③  29. ②

**30** 내연기관에서 연소에 영향을 주는 요소 중 공연비와 연소실에 대해 옳은 것은?

① 가솔린 기관에서 이론 공연비보다 약간 농후한 15.7~16.5 영역에서 최대 출력 공연비가 된다.
② 일반적으로 엔진 연소기간이 길수록 열효율이 향상된다.
③ 일반적으로 형상은 연소에 영향을 미치지 않는다.
④ 일반적으로 가솔린 기관에서 연료를 완전 연소시키기 위하여 가솔린 1에 대한 공기의 중량비는 14.7이다.

◆ 엔진 연소기간이 짧을수록 열효율이 향상되므로 연소실의 형상을 바꾸어 연소기간이 짧도록 한다.

**31** 피스톤 링에 대한 설명으로 틀린 것은?

① 오일을 제어하고, 피스톤의 냉각에 기여한다.
② 내열성 및 내마모성이 좋아야 한다.
③ 높은 온도에서 탄성을 유지해야 한다.
④ 실린더 블록의 재질보다 경도가 높아야 한다.

◆ 피스톤 링과 실린더 블록의 마찰 시 피스톤 링이 마모되어야 한다.

**32** 디젤기관이 가솔린 기관에 비하여 좋은 점은?

① 시동이 쉽다.
② 제동 열효율이 높다.
③ 마력당 기관의 무게가 가볍다.
④ 소음진동이 적다.

◆ ㉠ 자동차용 고속디젤기관의 장점
• 넓은 회전속도 영역에 걸쳐 회전토크가 크다(토크 변동이 적다).
• 일산화탄소(CO)와 탄화수소(HC) 배출물이 적다.
• 부분부하 영역에서는 제동연료소 비율이 낮다.
• 제동열효율이 높다.
• 대 출력 기관이 가능하다.
• 배기가스 온도가 낮다.
• 수명이 길다(내구성).
• 화재 위험이 적다.
㉡ 자동차용 고속디젤기관의 단점
• 중량이 무겁다.
• 작동상태가 거칠다.
• 제작비가 비싸다.
• 리터출력이 낮다.
• 시동에 소요되는 동력이 크다.
• 회전속도 범위가 좁다.

**정답** 30. ④  31. ④  32. ②

**33** 가솔린 기관의 연료 옥탄가에 대한 설명으로 옳은 것은?

① 옥탄가의 수치가 높은 연료일수록 노킹을 일으키기 쉽다.
② 옥탄가 90 이하의 가솔린은 4 에틸납을 혼합한다.
③ 노킹을 일으키지 않는 기준연료를 이소옥탄으로 하고 그 옥탄가를 0으로 한다.
④ 탄화수소의 종류에 따라 옥탄가가 변화한다.

◆ 노킹을 일으키기 어려운 성질을 내폭성 또는 앤티노크성(antiknock property)이라 하고, 옥탄가는 내폭성을 나타내는 기준으로 사용한다. 연료의 옥탄가를 결정하는 데에는 내폭성이 높은 이소옥탄(100)과 내폭성이 낮은 정헵탄(0)을 기준으로 하는 연료로서 옥탄가는 다음과 같이 결정한다.

옥탄가
$$= \frac{이소옥탄가(용적)}{이소옥탄(용적) + 정헵탄(용적)} \times 100(\%)$$

정답 33. ④

# 03 윤활장치

## 3-1 개요

### 1 윤활장치의 목적

(1) 윤활장치(Lubricating system)는 기관의 작동을 원활하게 하고, 그 작동이 기관의 수명을 다할 때까지 오래 유지하기 위해 운동 마찰부분에 엔진오일을 공급하는 장치이다.

(2) 기관에는 실린더와 피스톤처럼 섭동을 하는 부분 또는 크랭크축 및 캠축과 같이 회전운동을 하는 부분에서 운동 마찰부분은 금속끼리 직접 접촉하면 마찰열이 발생하고, 마찰면이 거칠어져 빨리 마모하거나 늘어붙는 고장이 발생하여 기관이 운전할 수 없게 된다. 이것을 방지하기 위해 금속의 마찰면에 오일을 주입하면 그 사이에 유막(Oil film)이 형성되어 고체마찰이 오일의 유체마찰로 바뀐다. 따라서 마찰저항이 적어져 마모가 적고 마찰열의 온도상승을 방지하기 위해 윤활장치를 설비한다.

(3) 윤활장치는 오일팬, 오일펌프, 오일필터, 오일스크린, 유압조절밸브 등으로 구성되어 있다.

(4) 엔진오일은 엔진정지 후 30분 정도 경과 후 점검 및 교환하며 자동변속기 오일은 시동을 한 후 점검 및 교환한다.

### 2 윤활유의 작용

(1) 3대 작용

① 마찰의 감소(마모방지) : 기관 사이에 윤활하여 마찰을 감소시켜 마멸을 방지한다.

② 밀봉작용 : 실린더와 피스톤링 사이에 유막을 형성하여 압축·폭발과정에서의 가스누출을 방지한다.

③ 냉각작용 : 마찰부분의 열을 흡수·냉각시켜 과열을 방지한다.

(2) 응력 분산작용(압력분산)

형성된 유막은 회전운동 부분이나 미끄럼 운동 부분에 집중된 압력을 흡수하여 분산시킴으로써 운동 부분의 충격을 방지한다.

(3) 방청 · 방부 작용

금속표면에 유막을 형성하여 외부의 공기나 습기로부터 보호하고 부식을 방지한다.

(4) 청정작용

윤활유는 기관내를 순환하여 기관 내부의 불순물 등을 씻어내는 작용을 한다.

### 3 윤활유의 교환시기

(1) 좋은 조건에서는 3000~5000km

(2) 보통 조건에서는 1500~3000km

(3) 나쁜 조건에서는 800km 주행시

### 4 윤활방식

(1) 비산식

커넥팅로드 대단부에 붙어 있는 오일 주걱(Dipper)으로 오일팬 속에 들어 있는 윤활유를 뿌려서 급유하는 방식

(2) 압송식

오일펌프로 오일팬 안에 있는 윤활유를 흡입, 가압하여 각 윤활부에 보내는 강제급유방식으로 일반적으로 널리 사용되는 방식

(3) 비산압송식

비산식과 압송식을 조합한 것으로 크랭크축 베어링, 캠축 베어링, 밸브기구 등은 압송식에 의해 실린더 벽, 피스톤핀 등은 비산식에 의해 윤활되는 방식

### (4) 혼기식

가솔린과 기관 오일을 보통 15~25 : 1의 비율로 미리 혼합하여 공급, 일부는 연료와 함께 연소되고 일부는 마찰부분을 윤활하는 방식으로 농기구 등의 소형엔진에 주로 사용된다.

## 3-2 윤활

### 1 윤활유의 종류

(1) S.A.E 분류법(수치분류)

미국 자동차 공학협회(Society of Automotive Engineer)의 분류로, 번호가 클수록 점도가 커진다.

- S.A.E(Society of Automotive Engineer) 분류 점도에 따른 분류

    #10, #20 : 점도가 묽은 오일(동계용)

    #30 : 춘추용

    #30~40 : 점도가 높은 오일(하계용)

(2) S.A.E 신분류법과 A.P.I 분류법(운전조건 분류)

| 구분 | S.A.E 신분류 | A.P.I 구분류 | 사 용 도 |
|---|---|---|---|
| 가솔린 | SA | ML | 경하중 보통 운전조건 |
|  | SB | MM | 중하중 |
|  | SC.SD | MS | 가장 혹한 조건시(중하중 고속회전) |
| 디젤기관 | CA | DG | 경부하 조건에 사용(유황분이 적은 연료) |
|  | CB.CC | DM | 중간 부하 |
|  | CD | DS | 가장 혹한 조건시 사용(고온, 고부하, 장시간) |

\* 미국석유협회(American Pettoleur Gas Institute)

API 신분류

(가솔린) SJ > SK > SL > SM > SN(최신)

(디 젤) CH-4 > CL-4(최신)

       4 = 4 cycle

### ❷ 윤활유의 기능 및 성질

(1) 윤활유의 기능

    윤활유의 기능에는 ① 윤활작용, ② 냉각작용, ③ 밀폐작용, ④ 청정작용 등이 있다.

(2) 윤활유의 성질

    ① 점도(Viscosity) : 온도 변화에 따른 점도의 변화가 적어야 좋다.

    ② 인화점(flash point) : 불꽃을 끌어 당기는 최저온도로, 인화점이 높아야 한다.

    ③ 유동점 : 낮은 온도에서 유동을 방지하는 결정체를 만들려고 하는 경향의 온도이다.

    ④ 안정성(chemical stability) : 화학적 안정이 되어 있어야 한다.

    ⑤ 유성(oilness) : 금속면에 점착하는 힘이다.

    ⑥ 점도지수(viscosity index) : 윤활유의 점도가 온도에 따라 변화하는 정도를 나타내는 기준 점도지수가 높다는 것은 온도변화에 대한 점도의 변화가 작다는 것이다.

$$VI(점도지수) = \frac{L-U}{L-M} \times 100 \quad (VI는 \ 보통 \ 80 \ 이상)$$

### ❸ 윤활유의 첨가제

(1) 산화방지제 : 유기아민류, 수산화유화물, 유기질소화합물 등을 사용

(2) 점도 지수향상제 : 중합올레핀, 부틸중합물, 섬유에스테르, 수산화고무 등 첨가

(3) 유성향상제 : 지방산 및 에스텔, 비누류, 파라핀 산화물

(4) 유동점 강하제 : 기름이 냉각시 wax 석출 방지, 파라플로우(paraflow) 등의 고분자 유기 화합물을 사용

(5) 청정제 : 칼슘, 바륨, 아연 등의 금속성분의 유용성 금속비누

(6) 부식방지제 : 인의 유기화합물 또는 그의 금속염을 사용

(7) 소포제 : 기름 중에 생긴 기포를 파괴하고 기포생성을 막는다.
규소유를 소량 첨가제로서 사용한다.

### ④ 윤활유의 윤활방법

(1) 내연기관의 윤활방법의 종류

① 비산식 : 케넥팅로드 하단에 붙어있는 주걱(oil scoop)으로 뿌려서 실린더 벽이나 각 베어링 부에 급유

② 압송식 : 오일펌프로 가압시켜 기관 각부에 강제 급유

③ 병용식 : 비산식과 압송식을 혼합한 방식

④ 혼합 급유식 : 연료에 20 : 1 정도의 혼합비로 섞어 급유하는 방식

(2) 윤활유의 여과 공급방법

① 분류식 : oil pan → oil pump → 윤활부공급 → oilpan
                                                  └ oil filter ┘

② 전류식 : oil pan → oil pump → oil filter → 윤활부공급 → oil pan

③ 샨트식 : oil pan → oil pump → oil filter → 윤활유공급 → oil pan

**오일여과방식**

| | |
|---|---|
| 분류식(By-pass filter) | 오일펌프에서 압송된 오일을 각 윤활부에 직접 공급하고 일부의 오일을 오일필터로 보내어 여과시킨 다음 오일팬으로 되돌아가게 하는 방식이다. |
| 전류식(Full-flow filter) | 오일펌프에서 압송한 오일 전부를 오일필터를 거쳐 각 윤활부로 공급되는 형식(주로 가솔린기관에 사용) 필터가 막히게되면 필터내의 바이패스 밸브가 열려 오일이 공급되게하는 방식이므로 여과되지 않은 오일이 공급되는 단점이있다. |
| 복합식 (샨트(Shunt))식 | 전류식과 분류식을 결합한 형식으로 입자의크기가다른 두종류의 필터를 사용하여 입자가 큰 필터를 통과한 오일은 오일팬으로 복귀시키고 입자가 작은 필터를 통과한 오일은 각 윤활부에 직접 공급하는 방식으로 주로 디젤 기관에 사용되며, 여과기와 주오일 통로 사이에 오일 냉각기가 설치되어 있다. |

(3) 윤활장치의 진단과 정비

　① 기관 오일점검 방법

　　㉠ 수평상태에서 한다.

　　㉡ 오일량을 점검할 때는 시동을 끈 상태에서 한다.

　　㉢ 계절 및 기관에 알맞은 오일을 사용한다.

　　㉣ 오일은 정기적으로 점검 및 교환한다.

　② 오일 계통에 유압이 높아지거나 낮아지는 원인

　　㉠ 유압이 높아지는 원인

　　　ⓐ 유압 조절 밸브가 고착되었을 때

　　　ⓑ 유압 조절 밸브 스프링의 장력이 클 때

　　　ⓒ 오일의 점도가 높거나 회로가 막혔을 때

　　　ⓓ 각 마찰부의 베어링 간극이 적을 때

　　㉡ 유압이 낮아지는 원인

　　　ⓐ 오일이 희석되어 점도가 낮을 때

ⓑ 유압 조절 밸브의 접촉이 불량할 때
ⓒ 유압 조절 밸브 스프링의 장력이 작을 때
ⓓ 오일 통로에 공기가 유입되었을 때
ⓔ 오일 펌프 설치 볼트의 조임이 불량할 때
ⓕ 오일 펌프의 마멸이 과대할 때
ⓖ 오일 통로의 파손 및 오일이 누출될 때
ⓗ 오일 팬 내의 오일이 부족할 때

③ 오일의 소비가 증대되는 원인
㉠ 오일이 연소되는 원인
ⓐ 오일 팬 내의 오일이 규정량보다 높을 때
ⓑ 오일의 열화 또는 점도가 불량할 때
ⓒ 피스톤과 실린더와의 간극이 과대할 때
ⓓ 피스톤 링의 장력이 불량할 때
ⓔ 밸브 스템과 가이드 사이의 간극이 과대할 때
ⓕ 밸브 가이드 오일 실이 불량할 때

㉡ 오일이 누설되는 원인
ⓐ 리어 크랭크 축 오일 실이 파손되었을 때
ⓑ 프론트 크랭크 축 오일 실이 파손되었을 때
ⓒ 오일 펌프 가스킷이 파손되었을 때
ⓓ 로커암 커버 가스킷이 파손되었을 때
ⓔ 오일 팬의 균열에 의해서 누출될 때
ⓕ 오일 여과기 오일 실이 파손되었을 때

(4) 자동변속기 와 오일팬 오일측정
① 자동변속기 오일측정
㉠ 변속레버를 [N] (중립) 위치로 하고 엔진을 공회전 시킵니다.
㉡ 변속기를 충분히 따뜻하게 한 후 (일반적인 주행 상태로 10분간 주행)오일

온도가 70~80℃ 정도에서 변속레버를 P-R-N-D-N-R-P의순서로 이동시킨 다음 변속레버를 [N] (중립) 또는 [P] (주차) 위치에 놓습니다.
- ⓒ 오일 레벨 게이지를 뽑아 끝 부분을 깨끗이 닦아낸 후 오일 량을 측정하여 게이지의 "HOT" 범위에 있는지 점검합니다. 오일량이 적거나 많으면 보충 또는 배출시켜 오일량을 규정된 범위로 맞추십시오.
- ② 저온 (20~30℃)의 오일 상태에서 오일량 점검이나 교환이 필요한 경우에는 오일 레벨 게이지의 "COLD" 범위에 오일량을 맞춘 후 위에 2번에서의 방법으로 오일을 따뜻하게 만든 후 재확인 하십시오

② 엔진오일 측정 방법과 측정 게이지 레벨에 관한 정리
- ㉠ 엔진오일 측정 방법은 엔진오일이 충분한 온도까지 올라가도록 예열(운행)한 이후에 엔진 정지 후 최소 5분 이상 기다린 뒤 평지에서 측정할 것
- ㉡ 시동 중에 측정하면 엔진오일이 엔진 내부를 순환하고 있으므로 게이지 레벨이 내려간다.
- ㉢ 시동 끄고 측정하면 오일이 흘러내려 하부 오일팬으로 내려가므로 게이지가 점점 올라간다
- ㉣ 엔진 정지 후 엔진오일이 전부다 오일팬으로 완전히 내려오는데는 30분 이상 걸린다.
- ㉤ 시동끄고 하루 지나 아침에 재면 이게 최대 높이이고 F를 넘을 수도 있지만 상관없다. (시동걸면 F밑으로 내려오므로)
- ㉥ 시동 끄고 5분뒤에 재라는것은 오일이 상당수 하부 오일팬으로 내려오고 적당히 예열된 평균 시점이기 때문이다.
- ㉦ 모든 오일(액체류)는 온도가 올라가면 부피가 팽창한다. 따라서 장거리 고속 운전 또는 폭염 여름에는 레벨이 올라가고 영하 추위에는 레벨이 내려간다. 다만 그 변화량이 심각하게 크지는 않다.
- ㉧ 오일 주입할 때 F보다 아주약간 위로 넣고 시동걸면 오일필터 새것에 오일이 순환하면서 그만큼 빠져나가서 F로 맞는다.
- ㉨ 이왕이면 오일필터에 오일을 미리 적셔 조립하는게 더 좋다.
- ㉩ F선에 꽉채워 오일 넣는것이 엔진보호 및 냉각역할에는 좋다.

㉢ F선 밑으로 2/3 지점 쯤에 맞추면 F 꽉채우는 것보다 차가 잘나간다. 다만 F 에 비해 상대적으로 냉각성능 떨어지고 오일 손상이 상대적 빨리된다.

## 3-3 흡기 · 배기 계통과 과급

헤드와 시트의 접촉부분은 보통 45°를 유지하나 흡입효율을 증가시키기 위해서는 30°도가 가능하다.

(1) 밸브 스프링의 서어징

밸브 스프링의 자연진동과 캠으로 인한 강제진동이 공진해서 밸브 스프링에 진폭이 큰 과대한 압축력이 가해지게 되는 현상이다.

(2) 서어징 방지법

① 스프링의 고유 진동수를 높인다.

② 코일을 부등피치로 하거나 또는 원추형으로 감은 코니컬 스프링을 사용

③ 이중 코일 스프링을 사용한다.

(3) 과급의 목적

기관 회전수를 크게, 공급되는 연료의 양을 증대시키고 공기량을 증대시키기 위하여 급기 공기를 가압하여 공급하는 것을 과급이라 한다. 기관의 출력을 증대시키기 위하여는

① 평균 유효압력을 크게 한다.

② 행정 체적을 크게 한다.

## 윤활장치 기출 및 예상문제

**01** 4행정 사이클 기관의 윤활방식에 속하지 않는 것은?
① 압송식　　② 복합식
③ 비산식　　④ 비산 압송식

◆ 4행정 사이클 기관의 윤활방식 : 4사이클 기관에서는 비산식, 압송식, 비산 압송식을 사용하며 오늘날과 같이 기관의 고속화와 고출력 엔진에서는 압송식을 주로 사용한다.

**02** 기관의 윤활방식 중 윤활유가 모두 여과기를 통과하는 방식은?
① 전류식　　② 분류식
③ 중력식　　④ 샨트식

◆ 오일 여과방식
㉠ 전류식 : 오일 펌프에서 나온 오일 전부를 여과해서 윤활부로 전달한다.
제일 깨끗한 오일을 공급하며 오일 여과기가 막히면 바이패스 통로를 통하여 여과하지 않은 오일이 공급된다.
㉡ 분류식 : 오일 펌프에서 나온 오일

**03** 윤활유의 성질 중 가장 중요한 것은?
① 비중　　② 습도
③ 온도　　④ 점도

◆ 윤활유에서 가장 중요한 성질은 점도이며 점도와 관계되는 가장 중요한 것은 온도이다. 윤활유는 온도가 증가함에 따라 점도는 저하된다. 온도에 대한 점도의 변화하는 정도를 점도지수라 한다.
점도지수가 크면 온도에 대한 점도의 변화가 적은 오일이다.

**04** 윤활유의 작용에 해당되지 않는 것은?
① 응력집중작용　　② 냉각작용
③ 밀봉작용　　　　④ 방청작용

◆ 윤활유의 작용은 응력분산 작용, 냉각작용, 밀봉작용, 방청작용이 있다.

**05** 윤활유 첨가제와 거리가 먼 것은?
① 부식 방지제
② 유동점 강하제
③ 극압 윤활제
④ 인화점 강하제

◆ 인화점은 높아야 한다.

**06** 다음 중 유압 작동유의 구비 조건으로 거리가 먼 것은?
① 비압축성이어야 한다.
② 점도지수가 작아야 한다.
③ 화학적으로 안정적이어야 한다.
④ 열을 잘 방출할 수 있어야 한다.

정답　01.②　02.①　03.④　04.①　05.④　06.②

◆ 점도지수(VI)는 온도에 대한 점성의 변화 지수로서 높을수록 변화가 적다.

**07** API 구분류에 의할 경우 양호한 조건하에서 가솔린 기관용으로 쓰이는 윤활유 등급은 어느 것인가?
① ML  ② MS
③ DG  ④ DS

◆ API 구분류

| 구분 | 가솔린 기관 | 디젤 기관 |
|---|---|---|
| 양호한 조건 | ML | DG |
| 보통 조건 | MM | DM |
| 가혹한 조건 | MS | DS |

**08** 윤활유의 점도와 관계되는 가장 중요한 성질은 어느 것인가?
① 비중  ② 습도
③ 온도  ④ 부피

◆ 윤활유의 점도와 관계되는 가장 중요한 것은 온도이다. 윤활유는 온도가 증가함에 따라 점도는 저하된다. 온도에 대한 점도의 변화하는 정도를 점도지수라 한다. 점도지수가 크면 온도에 대한 점도의 변화가 적은 오일이다.

**09** SAE 신분류에 의할 경우 가장 좋은 조건하에서 가솔린 기관용으로 쓰이는 윤활유 등급은?
① SA  ② SB
③ CA  ④ CD

◆ API 구분류와 SAE 신분류

| 구분 | 가솔린 기관 | | 디젤 기관 | |
|---|---|---|---|---|
| | API 구분류 | SAE 신분류 | API 구분류 | SAE 신분류 |
| 양호한 조건 | ML | SA | DG | CA |
| 보통 조건 | MM | SB | DM | CB, CC |
| 가혹한 조건 | MS | SC, SD, SE | DS | CD, CE |

**10** SAE 분류에서 5W / 30S이라는 표시의 오일이 겨울철일 때 이 오일의 점도는 어느 것인가?
① 5  ② 6
③ 10  ④ 30

◆ 5W/30S이라는 표시는 겨울에는 5의 점도를 갖지만 여름의 경우에는 30의 점도를 갖는다는 것을 뜻한다.

**11** 오일팬 속의 오일 색깔이 우유색일 때 그 원인은 어느 것인가?
① 오일 교환시기가 경과되었을 때
② 냉각수가 오일에 침입되었을 때
③ 에틸 납이 오일에 삽입되었을 때
④ 가솔린이 오일에 침입되었을 때

◆ ① 검은색, ② 우유색, ③ 회색, ④ 붉은색

정답 07.① 08.③ 09.① 10.① 11.②

# 04 냉각장치

## 4-1 설치목적 및 냉각방식

(1) 냉각장치의 설치목적

연소가스 온도는 2,000℃~2,500℃에 이르며, 이 열의 대부분 실린더 벽, 실린더 헤드, 피스톤 밸브 등에 전도되어 엔진의 온도가 너무 높아지면 부품의 강도가 저하되어 고장이 생기거나 수명이 단축되고 연소상태도 나빠져 노킹이나 조기점화 등으로 기관의 출력이 저하된다.

반대로 엔진이 과냉되면 손실되는 열량이 크기 때문에 기관효율이 낮아지고, 연료 소비량이 증가하고 오일희석 및 베어링 부위의 마모 등의 문제가 생기므로, 기관의 온도를 약 80℃~90℃로 유지시키는 것이 냉각장치의 기능이다.

(2) 냉각방식

냉각방식에는 수냉식과 공랭식이 있다.

① 수냉식(water cooling type) : 물펌프를 이용하여 라디에이터와 실린더 사이에 냉각수를 순환시켜 엔진을 냉각시키는 방식으로 모든 승용차 및 대형 차량에 사용된다. 물펌프(water pump), 라디에이터(radiator), 물재킷(water jacket), 서모스탯(thermostat : 수온조절기) 등으로 구성되어 있다.

② 공랭식(air cooling type) : 주행 시 받은 공기로 냉각시키고, 냉각수 보충 및 동결의 염려가 없으며 과열되기 쉬운 부분에 냉각핀을 설치했다. 오토바이나 소형 자동차에 많이 사용된다.

> ○ **냉각핀(방열핀)** : 공기와의 접촉면적을 크게 하기 위하여 바늘모양으로 만들어 놓은 것으로 냉각효과를 증대시키기 위해서 만든 핀이다.

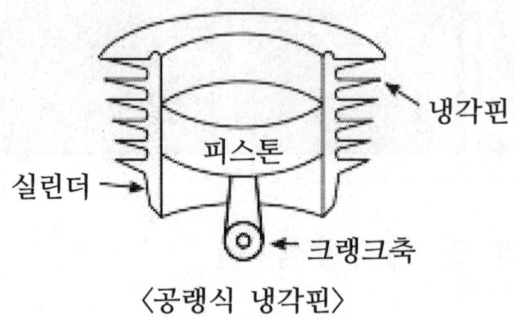
〈공랭식 냉각핀〉

## 4-2  냉각장치의 주요 구조부

### ❶ 수냉식 냉각장치의 주요 구조부

(1) 물재킷(Water jacket)

물재킷은 실린더 블록과 실린더 헤드에 설치된 냉각수의 순환통로이며, 이곳을 통과하는 냉각수가 실린더 벽, 밸브시트, 밸브가이드, 연소실과 접촉하여 열을 흡수한 후 수온조절기 쪽으로 흐르게 된다.

(2) 수온조절기(Thermostat)

① 역할 : 수온조절기는 물재킷과 라디에이터 사이에 설치되어 있으며, 냉각수 온도변화에 따라 밸브가 자동적으로 개폐하여 라디에이터로 흐르는 유량을 조절함으로써 냉각수의 적정온도를 유지하는 역할을 한다.

② 작동온도 : 연료의 종류와 냉각시스템의 형식에 따라 차이가 있는데 대략 65~85℃ 사이에서 완전히 열린다.

③ 종류

| | |
|---|---|
| 벨로스형<br>(Bellows type) | 구리판 등으로 만든 벨로스 속에 알코올이나 에테르를 봉입하고 이들 물질의 팽창과 수축작용을 이용하여 밸브가 개폐되도록 만든 것이다. |
| 펠릿형<br>(Pellet type) | 캡슐 사이에 왁스를 봉입하고 왁스가 팽창 또는 냉각되어 수축하는 것을 이용하여 밸브를 개폐하는 방식으로, 벨로스형에 비하여 온도의 제어가 확실하다는 장점이 있어 널리 사용되고 있다. |

(3) 라디에이터(Radiator)

① 역할 : 실린더 블록 및 실린더 헤드에서 가열된 냉각수를 냉각하는 열교환장치이며, 상부 호스를 통하여 큰 방열면적을 가지고 있고 대량의 물을 받아들이는 일종의 탱크이다.

② 라디에이터의 구비조건 : 냉각효과는 라디에이터 용량과 냉각팬 및 물펌프에 따라 달라진다.

③ 구조 : 라디에이터는 상부 탱크와 코어 및 하부 탱크로 구성되어 있으며, 상부 탱크에는 라디에이터 캡(2기압, 112℃), 오버플로파이프 및 입구파이프가 있고, 하부 탱크에는 출구파이프와 드레인 콕(Drain cock)이 부착되어 있다.

④ 코어막힘 = $\dfrac{\text{신품용량} - \text{사용품용량}}{\text{신품용량}} \times 100$ [20% 이상시 교환 및 정비]

⑤ 라디에이터 내에 오일이 떠 있는 원인

  ㉠ 헤드 개스킷이 파손된 경우
  
  ㉡ 헤드 볼트가 풀린 경우
  
  ㉢ 오일 냉각기에서 오일이 누출된 경우

(4) 냉각팬(Cooling fan)

냉각팬에는 팬 클러치식과 전동팬식이 있으며, 라디에이터 뒤쪽에 부착하여 강제로 통풍시킴으로써 냉각효과를 얻으며, 고속시에는 배기 매니폴드 등의 과열을 방지하는 역할도 한다.

① 팬 클러치 : 팬 클러치(Fan clutch)는 자동팬이라고도 하며, 팬의 회전을 엔진실 내의 온도에 따라 자동적으로 조절하여 팬의 구동에 소비되는 동력손실을 적게 하고, 엔진의 과냉이나 팬의 소음을 적게 하기 위한 장치이다.

② 전동팬 : 전동팬은 모터로 냉각팬을 구동하는 형식이며, 대부분의 승용차는 이 형식을 많이 이용하고 있다. 라디에이터에 부착된 수온센서는 냉각수의 온도를 감지하여 어느 온도(95℃)에 도달하면 팬을 작동시키고, 어느 온도(85℃) 이하로 내려가면 팬의 작동을 정지시킨다.

(5) 물펌프(Water pump)

실린더 블록의 앞쪽에 부착되어 원심펌프를 사용하여 냉각수를 강제로 순환시키는 장치이며, 이 펌프는 임펠러(Impeller)의 회전으로 원심을 이용해서 라디에이터에서 냉각시킨 물을 바깥둘레로 뿜어 실린더 블록의 물재킷으로 물을 보내는 작용을 한다.

(6) 압력밸브

냉각장치 내의 압력이 규정 값 이상이 되면 압력 밸브가 열려 과잉압력을 배출하여 압력이 규정 이상으로 상승되는 것을 방지한다.

(7) 부압(진공)밸브

냉각수가 냉각되어 냉각장치 내의 압력이 부압이 되면 열려 라디에이터 코어의 파손을 방지한다.

(8) 냉각수(부동액)

① 수냉식 냉각장치에는 대부분 물(증류수, 수돗물, 빗물)을 사용해왔으나 물에 의한 녹 발생 등의 문제를 해결하기 위해 부식방지제나 동결방지제가 첨가된 냉각수를 쓰게 되어서 비점을 높이고 빙점을 낮춘다.

② 부동액에는 보통 에틸렌글리콜에 청색물감(혼입상태의 식별을 위하여)과 안정제, 부식방지제 등을 넣어 물과 혼합하여 사용한다.
또한 여름철이라고 부동액을 빼고 물만 사용하게 되면 쉽게 녹이 발생되기 때문에 피해야 하며, 부동액은 2년에 1번씩 가을철에 교환하는 것이 좋다.

③ 부동액의 세기 측정방법 : 부동액의 세기는 비중계로 측정하며, 혼합 비율은 그 지방 최저 온도보다 5~10℃ 정도 더 낮은 기준으로 한다.

## ❷ 냉각장치의 정비

(1) 수랭식 기관의 과열 원인

　① 냉각수의 부족

　② 수온 조절기의 작동 불량

　③ 수온 조절기가 닫힌 상태로 고장 시

　④ 라디에이터 코어가 20% 이상 막혔을 시

　⑤ 팬벨트의 마모 또는 이완되었다(벨트의 장력이 부족하다).

　⑥ 물 펌프의 작동 불량

　⑦ 냉각수 통로가 막혔다.

　⑧ 냉각장치 내부에 물때가 쌓였다.

(2) 엔진의 과열 및 과냉이 기관에 미치는 영향

　① 엔진이 과열되었을 때 미치는 영향

　　㉠ 열팽창으로 인하여 부품의 변형원인이 된다.

　　㉡ 오일의 점도 변화에 의하여 유막이 파괴된다.

　　㉢ 오일의 연소로 인하여 오일 소비량이 증대된다.

　　㉣ 조기 점화가 발생되어 엔진의 출력이 저하된다.

　　㉤ 부품의 마찰부분이 소결(stick)된다.

　　㉥ 연소 상태가 불량하여 노킹이 발생된다.

　② 엔진이 과냉되었을 때 미치는 영향

　　㉠ 유막의 형성이 불량하여 블로바이 현상의 원인이 된다.

　　㉡ 블로바이 현상으로 인하여 압축압력이 저하되며 오일이 희석된다.

　　㉢ 오일의 희석에 의하여 점도가 낮아지므로 베어링부의 마멸이 증가한다.

　　㉣ 압축 압력의 저하로 인하여 엔진의 출력이 저하된다.

　　㉤ 엔진의 출력이 저하되므로 연료 소비량이 증대된다.

### ③ 공랭식의 주요 구조부

공랭식에는 자동차가 주행시에 접촉하는 바람을 이용한 자연통풍식과 냉각팬으로 강제 송풍하는 강제통풍식(냉각팬식)으로 구분하며, 기관을 균일하게 냉각시키기 어렵다.

기관의 열효율 및 소음문제 때문에 현재는 4륜차는 거의가 수냉식이고, 공랭식은 일부 2륜차나 소형차에 주로 채용되고 있다.

## 냉각장치 기출 및 예상문제

**01** 겨울철 기관의 냉각수 순환이 정상으로 작동되고 있는데 히터를 작동시켜도 온도가 올라가지 않을 때 주 원인이 되는 것은?
① 워터 펌프의 고장이다.
② 서모스탯이 열린 채로 고장이다.
③ 온도 미터의 고장이다.
④ 라디에이터 코어가 막혔다.

◆ 서모스탯이 열린 채 있으면 냉각수가 순환되어 히터를 작동시켜도 온도가 올라가지 않는다.

**02** 다음 중 기관이 과열되는 원인이 아닌 것은?
① 온도조절기가 닫혔을 때
② 방열기의 코어가 막혔을 때
③ 냉각수 통로가 막혔을 때
④ 수온조절기가 열린 채로 고장났을 때

◆ 수온조절기(서모스탯)가 열린 채 있으면 냉각수가 순환되어 히터를 작동시켜도 온도가 올라가지 않는다.

**03** 냉각수 온도 센서의 역할로 틀린 것은?
① 기본 연료 분사량 결정
② 냉각수 온도 계측
③ 연료 분사량 보정
④ 점화시기 보정

◆ 기본 분사량을 결정하는 센서는 공기유량센서이다.

**04** 주행 중 기관이 과열되는 원인이 아닌 것은?
① 워터 펌프가 불량하다.
② 서모스탯이 열려 있다.
③ 라디에이터 캡이 불량하다.
④ 냉각수가 부족하다.

◆ 서모스탯(thermostat)은 수온 조절기 또는 정온기라고도 하며, 냉각 펌프와 라디에이터 사이에 설치되어 냉각수의 온도에 따라 밸브가 열리거나 닫혀 엔진의 온도를 항상 일정하게 조절하는 장치이다. 그러므로 서모스탯이 열려 있으면 냉각수가 순환된다.

**05** 주행 중 기관이 과열되는 원인과 대책으로 틀린 것은?
① 냉각수가 부족하므로 보충한다.
② 팬 벨트 이완이므로 규정값으로 조정한다.
③ 수온센서값이 규정 온도보다 높아지면 고장이므로 교환한다.
④ 방열기 캡 결함이므로 신품으로 교환한다.

정답   01. ②   02. ④   03. ①   04. ②   05. ③

◆ 수온센서는 서모스탯(thermostat) 또는 수온 조절기라고도 하며, 냉각 펌프와 라디에이터 사이에 설치되어 냉각수의 온도에 따라 밸브가 열리거나 닫혀 엔진의 온도를 항상 일정하게 조절하는 장치이다. 그러므로 수온센서값이 실제 온도보다 높으면 냉각수가 순환된다.

**06** 가솔린 기관에서 블로바이 가스의 발생원인으로 맞는 것은?
① 엔진 부조에 의해 발생된다.
② 실린더 헤드 가스켓의 조립불량에 의해 발생된다.
③ 흡기밸브의 밸브 시트면의 접촉 불량에 의해 발생된다.
④ 엔진의 실린더와 피스톤 링의 마멸에 의해 발생된다.

◆ 블로바이 가스(blow-by gas) : 실린더와 피스톤 간극 사이에서 크랭크실로 빠져나오는 가스로서 주성분은 70~95%가 미연소 가스인 탄화수소(HC)이다.

**07** 4행정 사이클 기관에서 블로다운(blow-down) 현상이 일어나는 행정은?
① 배기행정 말~흡입행정 초
② 흡입행정 말~압축행정 초
③ 폭발행정 말~배기행정 초
④ 압축행정 말~폭발행정 초

◆ 블로다운은 4행정 사이클 기관에서는 폭발행정 말기와 배기행정 초기, 2행정 사이클 엔진의 배기행정 초기에 피스톤이 하강하면서 소기공을 열면 연소가스 자체의 압력으로 배기가스가 배출되는 현상이다.

**08** 다음 중 기관이 과냉되었을 때 기관의 안전성에 미치는 영향은?
① 출력저하로 연료소비 증대
② 연료 및 공기흡입 과잉
③ 점화불량과 압축과대
④ 냉각수비등과 조절기의 열림

◆ ㉠ 기관이 가열되었을 때 기관에 미치는 영향
• 열팽창으로 인하여 부품이 변한다.
• 오일이 연소되어 오일 소비량이 증대된다.
• 오일의 점도 변화에 의하여 유막이 파괴된다.
• 부품의 마찰 부분이 소결된다.
• 조기 점화가 발생되어 기관의 출력이 저하된다.
• 연소상태가 불량하여 노킹이 발생된다.

㉡ 기관이 과냉되었을 때 기관에 미치는 영향
• 기관의 출력이 저하되므로 연료 소비량이 증대된다.
• 유막의 형성이 불량하여 블로바이 현상이 발생된다.
• 압축 압력의 저하로 인하여 기관의 출력이 저하된다.
• 블로바이 가스에 의하여 오일이 희석된다.
• 오일의 희석에 의하여 점도가 낮아지므로 베어링부가 마열된다.

**정 답** 06. ④  07. ③  08. ①

**09** 냉각팬의 점검과 직접 관계가 없는 것은?
① 물펌프 축과 부시 사이의 틈새
② 원활한 회전과 소음발생 여부
③ 팬의 균형
④ 팬의 손상과 휨

◆ 냉각팬의 점검에서 물펌프 축은 직접적인 관계는 없다.

정답 09. ①

# 05 연료장치

## 5-1 연료장치의 개요

연료장치란 자동차가 주행할 수 있도록 기관의 운전조건에 알맞게 연료와 공기를 혼합하여 실린더에 공급하는 장치이다. 연료장치는 연료탱크, 연료여과기, 연료펌프, 기화기 또는 전자제어 연료분사장치, 공기청정기 등으로 구성되어 있다.

## 5-2 연료장치의 부품

### 1 연료탱크

연료탱크(Fuel tank)는 연료저장 탱크로서 탱크 본체, 연료 주입구, 연료계 탱크 유닛(연료량 계기 연결), 칸막이(배플판), 부압방지 밸브, 드레인 플러그(물 혹은 침전물 배출), 증발가스 제어호스(대기오염 가스방지), 연료공급 파이프, 연료 리턴파이트 등으로 되어 있다.

### 2 연료펌프

연료펌프(Fuel pump)는 연료를 연료탱크에서 빨아올려 기화기 또는 전자제어 분사장치에 압송하는 일을 한다. 연료펌프는 작동방식에 따라 기화기식 연료장치에서 사용되는 기계식(다이어프램식) 연료펌프와 전동기를 사용하여 흡입용 임펠러를 회전시켜 연료를 압송하는 전기식 연료펌프로 구분된다.

## III 보충   베이퍼 록(Vapor lock)

대기온도가 높을 때(약 30℃) 연료탱크에서 인젝터까지의 연료라인에서 연료증발에 의한 기포가 발생되며, 연료의 공급이 불균일하여 엔진의 상태가 불안정하게 되거나 꺼지는 현상이다.

### 3  기계식 연료분사장치

(1) 기화기(Caburetor) 원리

기화기는 흡기 매니폴드(흡기다기관) 위에 설치되어 연료펌프에서 오는 연료를 운전상태에 알맞도록 공기와 혼합, 미립화하여 흡기다기관으로 보내주어 흡입밸브가 열리면 실린더로 혼합기가 공급되도록 하는 장치이다. 이는 벤투리관(가운데가 잘록하게 된 관)을 사용하여 분무기의 원리를 이용한 것으로 베르누이의 정리를 응용한 것이다.

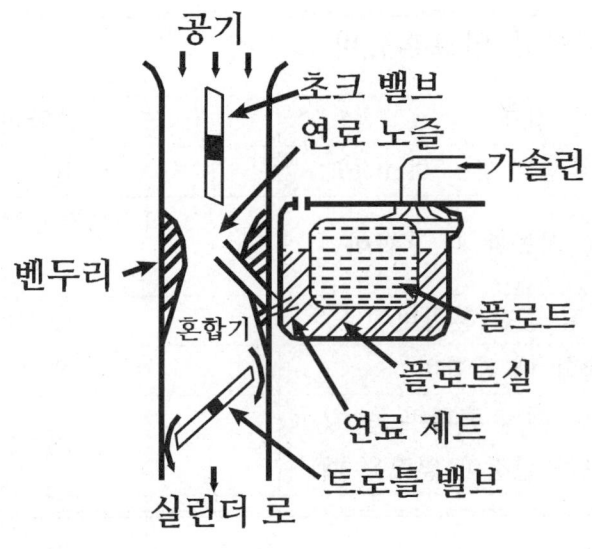

〈기화기의 구성과 작용〉

(2) 경제적인 연료 혼합비

기관이 1시간에 1ps당 소비하는 연료의 양을 연료 소비율(Fuel consumption rate. 단위 : g/ps-h)이라 하며, 이 값이 가장 낮은 혼합비를 경제운전 혼합비라 한다.

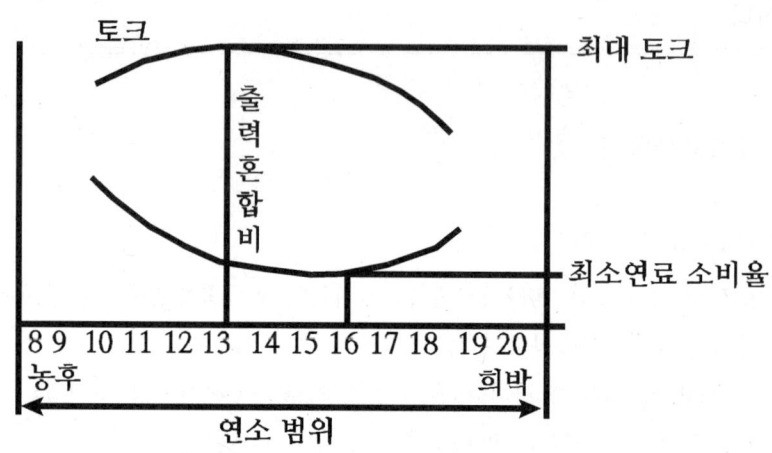

### 보충   경제적인 연료혼합비

| 상태 | 혼합비 |
|---|---|
| 경제적인 혼합비(60~70km/h) | 16 : 1 |
| 기관 처음 시동할 때 혼합비 | 1 : 1(저온 시동시)<br>~5 : 1(고온 시동시) |
| 저속 및 공전 혼합비 | 12 : 1 |
| 가속할 때 혼합비 | 8 : 1 |
| 등속할 때의 혼합비<br>(트로틀 밸브가 완전히 열렸을 때) | 13 : 1 |

## 5-3 전자제어식 연료분사장치

### 1 개요 및 특징

(1) 개요

전자제어식 연료분사장치(Electronic fuel injection system ; E.F.I)는 기존의 기화기로는 운전조건에 알맞은 혼합기를 만들기 곤란하므로 전자제어장치를 이용하여 연료분사를 조절하는 장치이다. 하나의 인젝터로 모든 실린더에 분사하는 SPI(Single Point Injection)방식과 실린더마다 Injector가 하나씩 달린 MPI(Multi Point Injection) 방식으로 구분된다.

(2) 특징

① 연비의 향상을 기한다.
② 엔진의 효율을 향상시킨다.
③ 유해배출가스의 감소를 기할 수 있다.
④ 저온에서의 시동성이 향상된다.
⑤ 가속할 때 냉각수 온도와 공기흡입의 악조건에서도 운전성능이 향상된다.
⑥ 부하변동을 순간적으로 감지하여 신속한 응답을 할 수 있다.

### 2 종류

(1) SPI(single point iniection) 방식

스로틀 바디라는 곳에 인젝터를 1개 또는 2개 정도 설치하여 연료를 분사하는 방식으로 TBI(throttle body injection)라고도 한다.

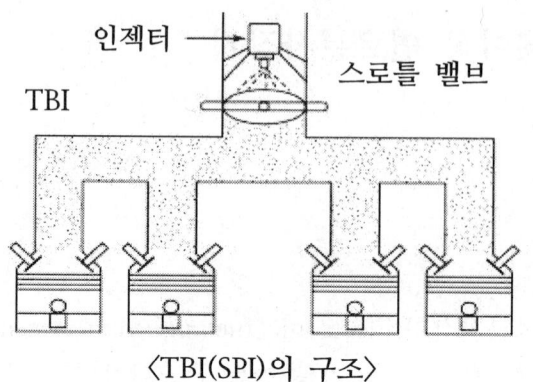

〈TBI(SPI)의 구조〉

(2) MPI(multi point injection)

인젝터를 각 실린더별로 흡기다기관(각 실린더의 흡입밸브 전)에 설치한 형식으로 지금 현재의 승용차가 모두 이 형식에 해당된다.

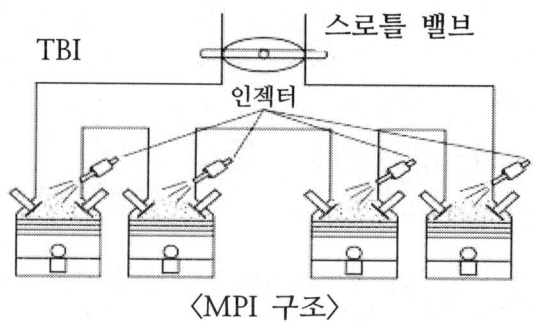

〈MPI 구조〉

### 3 디젤기관의 구성

(1) 연료계통

전자제어 연료분사장치의 연료공급은 흡입필터를 통해 연료펌프에서 압송되며, 파이프(Pipe), 고압필터, 딜리버리(Delivery) 파이프를 통해 각 인젝터에 분배된다.

① 공급(딜리버리 ; Delivery) 파이프 : 연료펌프의 연료를 각 인젝터에 공급하는 장치로서 연료의 역류와 후적을 방지하고 고압 파이프 내에 잔압을 유지한다.

② 인젝터 : 인젝터는 전자제어유닛(ECU)으로부터 보내온 분사신호에 의해 연료를 분사하는 솔레노이드밸브가 내장된 분사노즐이며, 각 실린더의 매니폴드에는 1개씩 인젝터가 장착되어 연료공급 파이프와 연결되어 있으므로, 인젝터는 분사

출구의 면적과 연료의 압력이 일정하기 때문에 니들밸브의 개방시간인 솔레노이드 코일의 통전시간에 의해 연료의 분사량이 결정된다. 따라서 ECU는 솔레노이드 코일의 통전시간을 제어하게 됨으로써 연료분사량을 조절할 수 있다. 또한 분사구간은 파일럿 분사(착화분사), 주분사, 사후분사로 구분한다.

---

### ▌▌▌ 보충  인젝터(injector)의 기능

**1. 인젝터의 작용**

① 각 실린더 흡입밸브 앞쪽에 설치되어 컴퓨터의 펄스 분사신호에 의해 연료를 분사한다.

② 연료의 분사량은 인젝터의 통전 시간(인젝터의 개방시간)으로 결정되며, 분사 횟수는 기관의 회전속도에 의해 결정된다.

**2. 인젝터 분사시간**

① 급 가속할 때 순간적으로 분사시간이 길어진다.

② 축전지 전압이 낮으면 무효 분사 시간이 길어진다.

③ 급 감속할 때에는 경우에 따라 연료차단이 된다.

④ 산소 센서 전압이 높으면 분사시간이 짧아진다.

⑤ 인젝터 분사시간 결정에 가장 큰 영향을 주는 센서는 공기유량 센서이다.

⑥ 인젝터에서 연료가 분사되지 않는 이유는 크랭크 각 센서 불량, ECU 불량, 인젝터 불량 등이다.

**3. 연료 분사량이 기본 분사량보다 증가되는 경우**

① 흡입공기 온도가 20℃ 이하일 때

② 대기 압력이 표준 대기압력(1기압)보다 높을 때

③ 냉각수 온도가 80℃ 이하일 때

④ 축전지의 전압이 기준전압보다 낮을 때

③ 압력조절기 : 인젝터에 걸리는 연료의 압력은 압력조절기(Pressure regulator)에 의해 이루어지고, 이때의 압력은 흡기다기관 내의 압력보다 항상 3.35kgf/cm² 더 높은 압력이 일정하게 유지되도록 되어 있고, 규정압력 이상 여분의 연료는 리턴 파이프를 통하여 연료탱크로 되돌아 가도록 한다.

④ 냉간시동 인젝터 : 저온 시동시에 연료를 서지탱크에 분사하여 시동성을 좋게하는 기능을 한다.

⑤ 딜리버리 밸브 (delivery valve): 디젤 엔진에서 연료를 분사할 때는 통로를 열어서 연료를 통하게 하고, 분사 끝에는 급격히 파이프 내의 연료 압력을 감소시켜서 분사의 단속을 양호하게 하고 노즐로부터의 후기 누설(after drop)을 방지하는 밸브이다. 이 밸브는 분사 후의 연료의 역류를 방지해서 파이프 내의 압력이 항상 평균화되도록 유지하는 작용도 한다.

⑥ 가솔린 기관의 출력조정은 연료량을 균일하게 하여 공기양으로 하며, 디젤기관의 출력조정은 연료량으로 한다.

## III 보충

| 기관<br>연료량 | 1 | 2 | 3 | 4 | 5 | 6 |
|---|---|---|---|---|---|---|
| cc | 70 | 75 | 65 | 57 | 80 | 85 |

법규 : 전부하, 평균 연료량에서 평균값의 ±3% 이내에 있어야 한다.

해설 : 평균연료량 = $\dfrac{70+75+65+57+80+85}{6} = \dfrac{432}{6} = 72$

72 × 0.03 = 2.16

허용범위 : 72 − 2.16 ~ 72 + 2.16 = 69.84 ~ 74.16

교정 실린더 : 2번, 3번, 4번, 5번, 6번

(2) 흡기계통

공기청정기로 들어온 공기가 공기 흐름 센서(에어플로 센서)를 통과하면서 공기량이 계측되고 스로틀 보디의 스로틀 밸브의 열림 정도에 따라 공기가 서지탱크로 유입된다. 서지탱크에 유입된 공기는 각 실린더의 흡기 다기관으로 분배되어 인젝터에서 분사된 가솔린과 혼합되어 실린더로 들어간다.

| | |
|---|---|
| 공기청정기(에어클리너) | 공기 속의 이물질과 수분을 분리 및 제거한다. |
| 공기유량계(에어플로미터) | 흡입되는 공기의 양을 측정한다. |
| 스로틀 보디 | 유입되는 공기량을 조절하는 장치로 스로틀위치센서, 공회전속도조절장치(ISC서보), 모터위치센서, 아이들스위치 등이 설치된다. |
| 서지 탱크 | 에어크리너를 통하여 흡입된 공기를 저장하여 각 실린더에 공급하는 공기탱크로 흡입행정시 발생하는 공기의 맥동을 방지하여 각 실린더마다 흡입되는 공기량의 분배를 일정하게 유지한다. |
| 흡기다기관 | 서지탱크와 실린더를 연결하는 공기 흡입통로이다. |
| 공기 밸브 | 저온시 기관회전을 높게 하는 패스트 아이들(Fast idle) 기구로서, 저온일 경우에는 공기밸브가 열림으로써 스로틀보디의 서지탱크에 공기가 유입된다. |

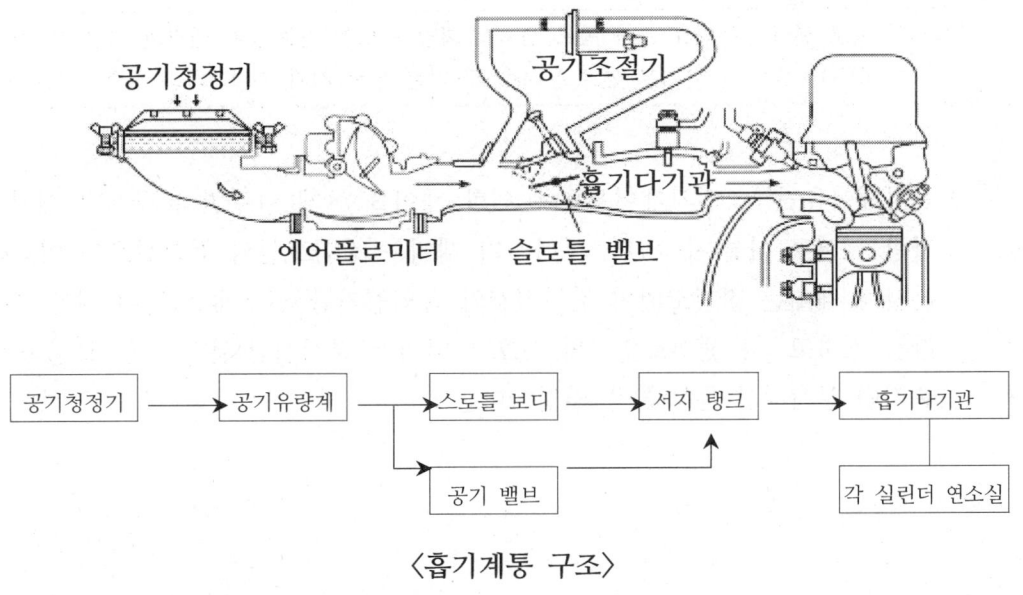

〈흡기계통 구조〉

(3) 제어계통

제어계통(Control system)은 기관의 상태를 감지하는 센서부와 그 신호에 따라 분사량, 분사시기, 공연비 등을 계산하는 전자제어유닛으로 구성되어 있다.

① 센서부 : 엔진의 상태 감지부

| | |
|---|---|
| 공기유량센서(AFS) | 흡입 공기량을 정기적으로 검출하여 전자제어유닛으로 보내는 센서로서 전자제어유닛이 기본 분사시간을 결정한다. |
| 흡기온도센서(ATS) | 흡기온도를 전압으로 변환하여 전자제어유닛으로 보낸다. |
| 대기압센서(APS) | 기압변화에 따른 공기의 밀도를 검출한다. |
| 스로틀위치센서(TPS) | 스로틀밸브의 개도에 따라서 공회전 및 고부하상태를 검출하여 그 상태를 전압으로 변환하여 전자제어유닛으로 보낸다[0V(닫힘)~5V(열림)]. |
| 흡기다기관 압력 센서(MPS) | 흡기다기관의 입력을 검출하여 흡입 공기량에 따른 연료 분사량 및 분사 시기의 보정 신호로 이용하며 과급기를 제어하는 신호로 이용된다. |
| 아이들스위치 | 엔진의 공전상태를 검출한다. |
| 산소센서(O2 센서) | 배기가스 속의 산소농도를 측정하여 전압으로 전환하여 전자제어유닛으로 보낸다. |
| 차속센서(VSS) | 자동차의 주행속도를 검출하는 센서 |
| 냉각수온도센서 (WTS, CTS) | 서미스터를 이용하여 냉각수의 온도를 검출하는 센서 |
| 회전 속도 센서 (RVS) | 연료 분사 펌프 캠축의 회전 속도를 검출한다. 엔진의 회전 속도에 따른 기본 연료 분사량 및 기본 분사 시기를 결정하는 신호로 이용한다. |

② 전자제어유닛부 : 전자제어유닛에 의한 제어를 크게 나누면 분사시기 제어와 분사량 제어로 나눌 수 있다. 분사시기 제어는 점화코일의 점화신호를 이용하고, 분사량 제어는 점화코일의 점화신호와 흡입공기량 신호에 의하여 기본 분사시간을 정하고, 각 센서로부터의 신호에 따라서 분사시간(분사량)을 보정하여 최종적인 분사시간(분사량)을 결정한다.

## 5-4 LPG 기관 연료장치

### 1 개요 및 장·단점

(1) 개요

LPG 기관은 가솔린을 연료로 하는 LPG 연료를 사용하는 기관으로서 연료장치 부분만 다르다. 매연량이 많은 순서는 LPG, 알코올, 수소, 전기순이다.

(2) LPG의 장·단점

| | |
|---|---|
| 장점 | • 연료비가 값이 싸고 경제적이다.<br>• 혼합기가 가스상태로 각 실린더에 분배가 균일하다.<br>• 옥탄가가 높아서 노크를 잘 일으키지 않는다(옥탄가 100~120).<br>• 연소효율이 높고 엔진이 정숙하다.<br>• 윤활유를 희석시키지 않고 윤활부를 변질시키지 않는다.<br>• 공기와 혼합이 용이하고, 웜업이 빠르다.<br>• 연소실 및 점화플러그의 카본 퇴적물이 적고, 부식 등에 의한 피해가 적다. |
| 단점 | • 연료탱크를 고압용기로 쓰기 때문에 차의 중량이 증가한다.<br>• 연료보급이 어렵다.<br>• 장시간 정지한 경우나 한랭시의 시동성이 나쁘다.<br>• 혼합기의 가스상태로 연소실에 흡입되기 때문에 용적효율이 저하되고 출력이 가솔린 차보다 낮다. |

### 2 LPG 연료의 공급순서

LPG용기(고압탱크) → 여과기(필터) → 전자밸브(솔레노이드 밸브) → 가스조정기(베이퍼라이저) → 혼합기(믹서) → 실린더의 순서로 연료가 공급된다.

### ③ LPG 기관의 연료장치 및 기능

(1) LPG용기

LPG용기는 30kgf/cm² 이상의 고압에 견딜 수 있게 강철로 만든 용기이며 용기에는 충전밸브, 배출밸브, 액면표시장치 등이 부착되어 있다. 용기의 충전밸브에는 안전밸브가 있어서 압력이 규정압력 이상으로 되면 자동적으로 안전밸브가 열리는 구조로 되어 있다. 배출밸브는 과류를 방지하는 역할을 한다. 액면표시장치는 과충전을 방지하고 충전량을 알기 위해서 뜨게식이 사용된다.

(2) 여과기

LPG 속의 불순물을 여과하는 장치로 용기와 전자밸브 사이에 설치되어 있다.

(3) 베이퍼라이저

베이퍼라이저(Vaporizer)는 가스용기로부터 나온 액상의 연료를 기화시킴과 아울러 사용목적에 알맞도록 감압하고 공급압력을 일정하게 유지하는 장치이다.

(4) 믹서(혼합기)

믹서는 베이퍼라이저에서 기화된 LP가스와 공기를 혼합하여 기관에 공급하는 장치이며 벤투리, 스로틀밸브, 동력밸브, 동력조정스크루 등으로 구성된다.

### ④ LPG 기관

(1) LPG 액상 연료분사 장치(LPI: Liquid Petroleum Injection)

연료탱크의 압력에 의존한 기계식 LPG 연료 방식과는 달리 연료탱크 내에 연료펌프를 설치하여, 연료펌프에 의해 고압(5~15bar)으로 송출되는 액상 연료를 인젝터로 분사하여 엔진을 구동하는 구조로 되어 있다. 액상의 연료를 분사하므로, 믹서 형식의 LPG 엔진의 구성품인 베이퍼라이저, 믹서 등의 구성 부품은 필요 없게 되었으며 새롭게 적용되는 구성품은 고압인젝터, 봄베내장형 연료펌프, 특수재질의 연료공급파이프, LPI 전용 ECU, 연료 압력을 조절해주는 레귤레이터 등이 적용되었다.

(2) LPG 액상 연료분사 장치(LPI) 장점

① 겨울철의 냉간 시동성 향상

② 정밀한 연료 제어로 배출가스 저감

③ LPG 연료의 고압 액상 인젝터 분사시스템으로 타르 생성 및 역화 (BACK-FIRE) 발생문제 개선

④ 가솔린 엔진과 동등 수준의 뛰어난 동력 성능 발휘

## 5-5 CNG(압축천연가스) 연료

### 1 개요

천연가스인 CNG(Compressed Natural Gas)는 해저, 유전지대 등의 지하에서 채취하는 저급 탄화수소의 혼합물로서, 메탄($CH_4$)이 주성분인 가연성 가스를 총칭하는 것이다. 수송 및 저장을 위하여 -162℃로 냉각하면 부피가 1/600로 축소되어 무색투명한 액화천연가스(LNG ; Liquefied Natural Gas)가 된다. 액화천연가스는 다시 기화 과정을 거쳐 압축천연가스(CNG ; Compressed Natural Gas) 형태로 만든다.

### 2 CNG 자동차의 장·단점

(1) 대기오염의 주범인 황산화물, 질소산화물 등의 배출이 거의 없다.

(2) 가솔린기관과 비교 시 이산화탄소의 배출량이 20~30%, 일산화탄소가 30~50% 감소한다.

(3) 냉시동성이 좋으며, 옥탄가가 130으로 가솔린의 100보다 높다.

(4) 질소산화물 배출이 적어 오존형성 물질의 70% 이상을 감소시킬 수 있다.

(5) 기관의 작동음이 적다.

(6) 공기보다 가벼워(0.6배) 외부유출 시 신속히 확산되어 폭발우려가 없다.

## 5-6 연료와 연소

### ❶ 연료의 종류

| 액체연료 | 가솔린 | 상압 또는 감압증류장치에 넣어 30~200℃에서 유출 |
|---|---|---|
| | 등유 | 160~280℃에서 유출 |
| | 경유 | 200~350℃에서 유출 |
| | 중유 | 증류탑 밑부분에서 유출 |
| 기체연료 | LPG, CNG(압축천연가스) 등 | |

### ❷ 자동차연료의 특성

자동차용 기관의 연료는 기관 내부에서 빠른 속도로 연소될 뿐 아니라, 연소생성물 중에 미연소성분이나 대기공해를 일으키는 유해성분을 포함하지 않아야 하므로 다음과 같은 특성이 있어야 한다.

① 단위 중량 또는 단위 체적당의 발열량이 클 것
② 유동성이 좋고 기화가 용이할 것
③ 연소가 빠르고 이상연소를 일으키지 않을 것
④ 연소생성물 중에 유해물질 및 유해성분을 남기지 않을 것
⑤ 저장 및 취급이 용이하고, 인화 및 폭발위험이 적을 것

### ❸ 가솔린

(1) 휘발성

① 낮을 때 : 윤활유를 희석하기 쉽고, 오일의 소비량이 증가하여 기관의 출력을 저하시킨다.
② 높을 때 : 한랭시 시동이 잘되나 증발하기 쉬우므로 베이퍼 록을 일으키기 쉽다.

(2) 옥탄가

① 노킹현상 : 가솔린기관이 작동중 연소실 벽을 망치로 두드리는 것과 같은 소리가 나는 것을 노킹현상(또는 노크현상)이라 하는데, 노크현상은 기관의 출력과 열효율을 저하시키고, 피스톤 및 배기밸브 등의 손상을 가져오는 원인이 된다. 이 노크현상을 일으키기 어려운 성질을 안티노크성(내폭성)이라 하는데, 이 안티노크성을 나타내는 척도가 옥탄가(Octane number)이며, 옥탄가는 노크를 잘 일으키지 않는 이소옥탄(C8H18)을 100으로 하고, 노크를 일으키기 쉬운 노말(정)헵탄(C7H16)을 0으로 하여 임의의 옥탄가의 표준연료를 만들어서 이것과 시험하려고 하는 연료를 비교하여 그 연료의 옥탄가 계산한다.

$$옥탄가(ON) = \frac{이소옥탄(용적)}{이소옥탄(용적) + 노말헵탄(용적)} \times 100\%$$

옥탄가는 기관의 압축비에 따라 선정한다.

| 구분 | 옥탄가 | 비고 |
|---|---|---|
| 고옥탄 가솔린 | 97~100 | 압축비가 8.5 이상인 기관에 적합 |
| 레귤러 가솔린 | 87~88 | 압축비가 8.5 이하인 기관에 적합 |

※ 퍼포먼스가(PN) = $\dfrac{2800}{128 - ON}$

② 안티노크제

| 벤젠·알콜제 | 그 자체가 내폭성을 가지고 있지만 효과를 높이기 위해서는 상당량을 가솔린에 혼입하여야 한다. |
|---|---|
| 금속유기화합물 | 이것은 연료에 혼합하는 첨가제로서 대표적인 것으로는 4에틸납이 있다. 그러나 납오염방지를 위해 최근에는 이용되지 않고 MTBE(함산소화합물)가 이용된다. 4에틸납을 첨가하여 혼합한 가솔린을 가연가솔린이라 한다. |

③ CFR 기관

옥탄가 측정 기관으로 압축비를 임의 변경 가능한 가변 압축기를 사용한다.

### ④ 경유

경유는 비중이 약 0.86이고, 발화점이 200~350℃이며, 고급일수록 담황색이고 저급일수록 황색에 가깝다. 자동차용 디젤연료로의 요구조건은 다음과 같다.

① 착화성이 좋아야 한다. 연료의 착화성은 세탄가로 나타낸다. 디젤기관의 연소에서 착화지연은 연료의 착화성에 따라 영향이 있으며, 착화성이 나쁘면 착화지연이 길어져 연소가 급격하고, 압력 상승률이 커져 디젤노크가 발생한다.

② 분무의 관통성과 분사펌프의 플런저 및 노즐의 윤활을 위해 적당한 점도를 가져야 한다.

③ 수분 및 불순물이 없어야 한다.

④ 유황분이 적어야 한다.

- 세탄가(CN) = $\dfrac{세탄(100)}{[세탄 + a - 메틸나프탈렌(0)]} \times 100$

- 착화촉진제 : 착화를 빠르게 하기 위해 사용되는 첨가제

  질산에틸($C_5H_5NO$), 질산아밀($C_5H_{11}NO_3$), 아질산아밀($C_5H_{11}NO_2$), 아질산에틸($C2H5NO2$), 아초산아밀, 아초산에틸렌

- 디젤지수(DI)

  $DI = 아닐린점(‘F) \times \dfrac{API비중}{100}$

- 세탄가와 옥탄가의 범위 : 보통 디젤 기관의 세탄가는 45~70을 기준으로 하며 가솔린의 옥탄가는 보통 80으로 한다.

- 노킹 방지책

|  | 연료 착화점 | 착화 지연 | 회전수 | 흡기 온도 | 실린더 벽 온도 | 압축비 | 흡기 압력 | 실린더 체적 |  |
|---|---|---|---|---|---|---|---|---|---|
| 가솔린 (냉각) | 높게 | 길게 | 크게 | 낮게 | 낮게 | 낮게 | 낮게 | 낮게 | 냉각 |
| 디젤 (가열) | 낮게 | 짧게 | 작게 | 높게 | 높게 | 높게 | 높게 | 크게 | 가열 |

# 기출 및 예상문제 (연료장치)

**01** 가솔린 연료분사장치에 사용되는 연료압력조절기에서 인젝터의 연료분사압력을 항상 일정하게 유지하도록 조절하는 것과 직접적인 관계가 있는 것은?
① 흡기다기관 진공도
② 엔진의 회전속도
③ 배기가스 중의 산소농도
④ 실린더 내의 압축압력

◆ 연료압력조절기는 흡기다기관의 진공(부압)에 의해 작동된다.

**02** 전자제어 압축천연가스(CNG) 자동차의 기관에서 사용하지 않는 것은?
① 연료 온도센서   ② 연료펌프
③ 연료압력 조절기  ④ 습도센서

◆ CNG 자동차는 연료 자체의 증기압을 이용하므로 연료펌프가 필요 없다.

**03** 옥탄가 80인 연료의 구성은?
① 노말헵탄 80에 이소옥탄 20의 화합물
② 4에틸납 80에 노말헵탄 20의 화합물
③ 4에틸납 20에 이소옥탄 80의 화합물
④ 노말헵탄 20에 이소옥탄 80의 화합물

◆ 옥탄가
$$= \frac{\text{이소옥탄(용적)}}{\text{이소옥탄(용적)} + \text{노말헵탄(용적)}} \times 100(\%)$$

**04** 가솔린 엔진에서 전자 제어식 연료분사의 장점이 아닌 것은?
① 연료소비율 개선
② 엔진 성능 향상
③ 배출가스의 정화
④ 조향능력 개선

◆ 조향능력은 조향장치로서 전자 제어식 연료분사와 무관하다.

**05** 공회전 시에는 정상이나 고속주행 시에 과다연료가 소모될 때 점검하지 않아도 되는 것은?
① 산소센서      ② 인젝터
③ 서모스탯     ④ EGR

◆ 배기가스 재순환(EGR)시스템은 배기가스를 완전히 방출시키지 않고 기관내부에 일부 잔류시키는 경우를 내부 재순환이라고 한다. 배기가스 중의 일부를 배기관에서 끌어내 이를 다시 흡기다기관으로 보내 연료/공기 혼합기에 혼합시켜 연소실로 유입되게 하는 외부 재순환시스템이다. 배기가스를 재순환시키면 새 혼합기의 충진률은 낮아지는 결과가 된다. 그리고 재순환된 배기가스에는 $N_2$에 비해 열용량이 큰 $CO_2$가 많이 함유되어 있어, 동일

정답 01.① 02.② 03.④ 04.④ 05.④

한 양의 연료를 연소시킬 때 온도상승률이 낮다. 또 공기에 비해 산소함량이 적은 배기가스가 연소에 관여하게 됨으로 연소속도가 감소하여 연소최고온도가 낮아지게 된다. 그렇게 되면 $NO_x$의 양은 현저하게 감소한다. 그러나 배기가스 중의 HC와 CO의 양은 감소되지 않는다.

**06** 다음 중 연료기관 내에 압력을 일정하게 유지하도록 하는 것은?

① 체크밸브   ② 레귤레이터
③ 릴리프밸브  ④ 연료관

◆ 릴리프밸브는 안전밸브로서 기관 내에 압력을 일정하게 유지하도록 하는 밸브이다.

**07** 연료탱크의 연료 최소잔량을 경고등으로 표시해 주는 센서는 어느 종류를 사용하는가?

① 서미스터형
② 슬라이딩 저항형
③ 리드 스위치형
④ 초음파형

◆ 서미스터형은 3개의 센서를 이용한다.

**08** 전자제어 연료분사장치 연료펌프 내에 설치된 체크 밸브 역할 중 옳은 것은?

① 연료의 회전을 원활하게 한다.
② 연료압력이 높아지는 것을 방지한다.
③ 베이퍼록 방지 및 연료압력을 유지하는 역할을 한다.
④ 과도한 연료압력을 방지한다.

◆ 연료펌프 내에 설치된 체크 밸브는 베이퍼록 방지 및 연료압력을 유지하는 역할을 한다.

**09** 연료탱크로부터 실린더로 공급되는 가솔린 기관의 연료계통도가 바르게 나열된 것은?

| ㉠ 연료탱크 | ㉡ 연료펌프 |
| ㉢ 흡기다기관 | ㉣ 연료여과기 |
| ㉤ 기화기 | ㉥ 실린더 |

① ㉠ - ㉣ - ㉡ - ㉤ - ㉢ - ㉥
② ㉠ - ㉡ - ㉤ - ㉣ - ㉢ - ㉥
③ ㉠ - ㉢ - ㉡ - ㉣ - ㉤ - ㉥
④ ㉠ - ㉤ - ㉣ - ㉡ - ㉢ - ㉥

**10** 공연비가 바르게 연결되지 않은 것은?

① 경제적인 혼합비 16 : 1
② 기관 처음 시동할 때 혼합비 12 : 1
③ 가속할 때 혼합비 8 : 1
④ 등속할 때 혼합비 13 : 1

정답  06. ③   07. ①   08. ③   09. ①   10. ②

**11** 전자제어 연료분사장치에서 인젝터 분사 시간에 대한 설명으로 틀린 것은?
① 급감속할 경우에 연료분사가 차단되기도 한다.
② 배터리 전압이 낮으면 무효 분사시간이 길어진다.
③ 급가속할 경우에 순간적으로 분사시간이 길어진다.
④ 지르코니아 산소센서의 전압이 높으면 분사시간이 길어진다.

◆ 인젝터 분사시간
① 급 가속할 때 순간적으로 분사시간이 길어진다.
② 축전지 전압이 낮으면 무효 분사 시간이 길어진다.
③ 급 감속할 때에는 경우에 따라 연료차단이 된다.
④ 산소 센서 전압이 높으면 분사시간이 짧아진다.
⑤ 인젝터 분사시간 결정에 가장 큰 영향을 주는 센서는 공기유량 센서이다.
⑥ 인젝터에서 연료가 분사되지 않는 이유는 크랭크 각 센서 불량, ECU 불량, 인젝터 불량 등이다.

**12** 디젤엔진의 연료분사량을 측정하였더니 최대분사량이 25cc이고, 최소분사량이 23cc, 평균 분사량이 24cc이다. 분사량의 (+)불균율은?
① 약 2.1%    ② 약 4.2%
③ 약 8.3%    ④ 약 8.7%

◆
$$\frac{최대분사량 - 평균분사량}{평균분사량} \times 100$$
$$= \frac{25-24}{24} \times 100$$
$$= \frac{100}{24} = 4.17\%$$

**13** 전자제어 가솔린엔진에서 패스트 아이들 기능에 대한 설명으로 옳은 것은?
① 정차 시 시동 꺼짐 방지
② 연료 계통 내 빙결 방지
③ 냉간 시 웜업 시간 단축
④ 급감속 시 연료 비등 활성

◆ 패스트 아이들 장치의 기능
① 시동 후 엔진의 워밍업을 빠르게 한다.
② 공전 속도를 높여주어 엔진의 회전 속도를 증가시킨다.
③ 패스트 아이들 기구는 엔진이 공회전할 때 부하에 의해 엔진이 정지되거나 공전속도가 저하되는 것을 방지한다.

**14** 가솔린 기관에서 전기식 연료펌프에 대한 설명 중 틀린 것은?
① 설치 방식에 따라 연료탱크 내장형과 외장형이 있다.
② DC 모터를 사용한다.
③ 체크 밸브는 잔압을 유지시킨다.
④ 릴리프 밸브는 재시동 시 압력상승을 용이하게 한다.

◆ 릴리프 밸브는 안전밸브이다.

정답 11. ④  12. ②  13. ③  14. ④

**15** 디젤엔진의 노크 방지법으로 옳은 것은?
① 착화 지연기간이 짧은 연료를 사용한다.
② 분사 초기에 연료 분사량을 증가시킨다.
③ 흡기 온도를 낮춘다.
④ 압축비를 낮춘다.

**16** LPG엔진에서 주행 중 사고로 인해 봄베 내의 연료가 급격히 방출되는 것을 방지하는 밸브는?
① 체크 밸브
② 과류방지 밸브
③ 액·기상 솔레노이드 밸브
④ 긴급차단 솔레노이드 밸브

◆ 과류 방지 밸브 (excess flow valve)
LPG엔진에서 주행 중 사고로 인해 봄베 내의 연료가 급격히 방출되는 것을 방지하는 밸브이며 배출 밸브의 안쪽에 일체식으로 설치 되어있다.

**17** 전자제어 LPI차량의 구성품이 아닌 것은?
① 연료차단 솔레노이드밸브
② 연료펌프 드라이버
③ 과류방지밸브
④ 믹서

◆ LPI는 직분사 방식이므로 혼합기인 믹서가 필요 없다.

**18** 가솔린 연료 200cc를 완전 연소시키기 위한 공기량은 약 몇 kg인가?
(단, 공기와 연료의 혼합비는 15 : 1, 가솔린의 비중은 0.73이다.)
① 2.19        ② 5.19
③ 8.19        ④ 11.19

◆ $200 \times 15 \times 0.73 = 2190 g = 2.19 kg$

**19** 디젤기관의 분사펌프 부품 중 연료의 역류를 방지하고 노즐의 후적을 방지하는 것은?
① 태핏          ② 조속기
③ 셧 다운 밸브   ④ 딜리버리 밸브

◆ 딜리버리 밸브는 분사 후의 연료의 역류를 방지해서 파이프 내의 압력이 항상 평균화 되도록 유지하는 작용도 한다.

**20** 엔진의 실제 운전에서 혼합비가 17.8 : 1 일 때 공기 과잉율($\lambda$)은?
(단, 이론 혼합비는 14.8 : 1이다.)
① 약 0.83      ② 약 1.20
③ 약 1.98      ④ 약 3.00

◆ $\frac{17.8}{14.8} = 1.203$

 15.① 16.② 17.④ 18.① 19.④ 20.②

**21** 전자제어 가솔린엔진의 기본분사량 조절에 관여하는 것으로 옳은 것은 어느 것인가?
① 냉각수 온도
② 흡입공기량(AFS)
③ CPS
④ 산소

◆ 전자제어 가솔린엔진의 기본분사량 조절에 관여하는 는 공기유량(AFS)와 크랭크각(CAS)이다. 공기유량(AFS)는 흡입 공기량을 측정하고 크랭크각(CAS)는 크랭크샤프트 회전 속도, 즉 기관 회전수를 측정한다.

**22** 전자제어 가솔린 기관의 인젝터 분사시간에 대한 설명 중 틀린 것은?
① 기관을 급가속할 때에는 순간적으로 분사시간이 길어진다.
② 축전지 전압이 낮으면 무효 분사기간이 짧아진다.
③ 기관을 급감속할 때에는 순간적으로 분사가 정지되기도 한다.
④ 지르코니아 산소센서의 전압이 높으면 분사시간이 짧아진다.

◆ 축전지 전압이 낮으면 인젝터 솔레노이드 코일에 전류가 흐르고 있는 시간과 실제로 밸브가 열려 연료가 분사되기까지의 시간, 즉 무효 분사시간이 길어진다.

**23** 디젤기관에서 연료 분사량이 부족한 원인이 아닌 것은?
① 딜리버리 밸브의 접촉이 불량하다.
② 분사펌프 플런저가 마멸되어 있다.
③ 딜리버리 밸브 시트가 손상되어 있다.
④ 기관의 회전속도가 낮다.

◆ 전자제어 연료분사장치의 연료공급은 흡입 필터를 통해 연료펌프에서 압송되며, 파이프(Pipe), 고압필터, 딜리버리(Delivery) 파이프를 통해 각 인젝터에 분배되며 인젝터 작동시 플런저와 같이 분사출구를 열고, 이때 연료는 연료라인의 압력에 의해 분사된다. 그러므로 기관의 회전속도는 연료 분사량 부족과는 무관하다.

**24** 디젤기관에서 감압장치의 설명 중 틀린 것은?
① 흡입 효율을 높여 압축 압력을 크게 한다.
② 겨울철 기관오일의 점도가 높을 때 시동 시 이용한다.
③ 기관 점검, 조정에 이용한다.
④ 흡입 또는 배기밸브에 작용하여 감압한다.

◆ 감압장치는 압력을 저하시키는 장치이다.

정답 21.② 22.② 23.④ 24.①

**25** 디젤기관의 노킹 발생 원인이 아닌 것은?
① 흡입공기 온도가 너무 높을 때
② 기관 회전속도가 너무 빠를 때
③ 압축비가 너무 낮을 때
④ 착화온도가 너무 높을 때

◆ 흡입공기 온도가 높으면 노킹 방지가 된다.

**26** LPG 기관에 사용하는 베이퍼라이저의 설명으로 틀린 것은?
① 베이퍼라이저의 1차실은 연료를 저압으로 감압시키는 역할을 한다.
② 베이퍼라이저의 1차실 압력 측정은 압력계를 설치한 후 기관의 시동을 끄고 측정한다.
③ 베이퍼라이저의 1차실 압력 측정은 기관이 웜업된 상태에서 측정함이 바람직하다.
④ 베이퍼라이저에는 냉각수의 통로가 설치되어 있어야 한다.

◆ 베이퍼라이저의 1차실 압력 측정은 일정시간 난기운전을 한 후 베이퍼라이저 1차실 압력을 측정한다.

**27** 다음 중 가솔린 엔진에서 노킹이 발생하는 원인은?
① 연료의 옥탄가가 높다.
② 점화시기가 너무 빠르다.
③ 엔진에 가해지는 부하가 적다.
④ 윤활유의 양이 많다.

◆ 가솔린 엔진에서 노킹이 발생하는 원인
㉠ 점화시기가 너무 빠를 때
㉡ 압축비가 높을 때
㉢ 실린더의 온도가 높을 때
㉣ 연소속도가 느릴 때

**28** 다음 중 LPG기관에서 감압, 기화, 조압 등을 하는 기관은?
① 솔레노이드 밸브     ② 믹서
③ 실린더             ④ 베이퍼라이저

◆ LPG 연료 : LPG용기(고압탱크) → 여과기(필터) → 전자밸브(솔레노이드 밸브) → 가스조정기(베이퍼라이저) → 혼합기(믹서) → 실린더의 순서로 연료가 공급된다.

**29** 점화시기 점검 시에 기관의 회전속도의 설명으로 알맞은 것은?
① 회전을 중지시킨다.
② 중속으로 회전시킨다.
③ 고속으로 회전시킨다.
④ 공회전시킨다.

정답  25. ①  26. ②  27. ②  28. ④  29. ④

◆ 점화시기 점검은 엔진이 공전하는 상태에서 타이밍 라이트를 사용해서 엔진의 점화 시기를 점검한다. 밧데리 플러스 단자 마이너스 단자에 정확히 클립을 물리고 고압 픽업 클립은 1번 실린더의 고압 케이블에 설치한다. 픽업클립의 방향 표시를 꼭 확인해서 표시가 점화 플러그 쪽으로 향하게 물린다. BTDC 4도에서 움직이면 정상이며 점화시기 점검 중 T 오버는 진각 T다운은 지각이다.

**30** 가솔린 기관 노킹방지법 중 틀린 것은?
① 세탄가가 높은 연료를 사용한다.
② 실린더 벽의 온도를 낮게 한다.
③ 압축비를 낮게 한다.
④ 연료의 착화온도를 높게 한다.

◆ 가솔린 기관은 옥탄가로 구분하며 디젤 기관은 세탄가로 구분한다.

**31** 인젝터에 걸리는 연료압력을 흡기다기관의 압력보다 높게 조절하는 것은?
① 압력판
② 밸브스프링
③ 연료압력조절기
④ 유압조절 밸브

◆ 인젝터에 걸리는 연료압력은 연료압력조절기를 이용하여 흡기다기관의 압력보다 높게 설정한다.

**32** 가솔린 엔진의 노킹 발생을 억제하기 위하여 엔진을 제작할 때 고려해야 할 사항에 속하지 않는 것은?
① 압축비를 낮춘다.
② 연소실 형상, 점화장치의 최적화에 의하여 화염전파 거리를 단축시킨다.
③ 급기온도와 급기압력을 높게 한다.
④ 와류를 이용하여 화염전파 속도를 높이고 연소기간을 단축시킨다.

◆ 급기온도와 급기압력을 낮춰야 노킹 방지가 된다.

**33** 커먼레일 연료분사장치에서 파일럿 분사가 중단될 수 있는 경우가 아닌 것은?
① 파일럿 분사가 주분사를 너무 앞지르는 경우
② 연료압력이 최소값 이상인 경우
③ 주 분사 연료량이 불충분한 경우
④ 엔진 가동 중단에 오류가 발생한 경우

◆ 커먼레일 연료분사장치에서 파일럿 분사는 연료 압력이 최소값 이상이면 작동한다.

**34** 전자제어 가솔린 기관에서 연료 분사량을 결정하기 위해 고려해야 할 사항과 가장 거리가 먼 것은?
① 점화전압        ② 흡입공기 질량
③ 목표 공연비    ④ 대기압력

정답  30.①  31.③  32.③  33.②  34.①

◆ 전자제어 가솔린 분사장치는 크게 흡입계통, 연료계통, 센서계통, 제어계통으로 나눌 수 있다.

**35** LPG 자동차의 연료장치에서 증기압력에 대한 설명으로 가장 적합한 것은?
① 프로판과 부탄의 혼합비율에 따라 압력이 변화한다.
② 온도가 상승하면 압력이 저하된다.
③ 부탄의 성분이 많으면 압력이 상승한다.
④ 액체 상태의 양이 많으면 압력이 저하된다.

◆ LPG는 프로판과 부탄의 혼합가스로서 연료장치에서 증기압력은 혼합비율에 따라 압력이 변화한다. 그러므로 압력조절기구의 작동에 의해 1차식 압력을 0.3기압의 일정압력을 유지하도록 한다.
겨울철에는 프로판 30%, 부탄 70%이며, 여름철에는 부탄 100%를 사용한다.

**36** MPI 전자제어엔진에서 연료분사방식에 의한 분류에 속하지 않는 것은?
① 독립분사방식
② 동시분사방식
③ 그룹분사방식
④ 혼성분사방식

◆ 분사방식에는 순차분사(독립분사)방식과 동시분사(그룹분사)방식이 있다.

**37** 디젤 기관의 연료공급 장치에서 연료공급 펌프로부터 연료가 공급되나 분사펌프로부터 연료가 송출되지 않거나 불량한 원인으로 틀린 것은?
① 연료여과기의 여과망 막힘
② 플런저와 플런저 배럴의 간극 과다
③ 조속기 스프링의 장력 약화
④ 연료여과기 및 분사펌프에 공기흡입

◆ 분사펌프의 압력이 저하되면 스프링의 힘으로 니들벨브가 닫혀 연료분사가 종료되는데 스프링의 장력이 약화되면 분사펌프가 확실히 닫지 않아 누적현상이 발생한다.

**38** 전자제어 가솔린 기관에서 급가속시 연료를 분사할 때 어떻게 하는가?
① 동기분사          ② 순차분사
③ 비동기분사        ④ 간헐분사

◆ 비동기분사란 크랭크샤프트 회전각에 동기하지 않는 임시적인 분사이다.
일반적인 가속 보정에 의한 증량 보정은 동기분사이지만 이 동기분사에 의한 증량 보정으로도 충족될 수 없는 급가속 소요 연료량을 비동기분사를 통하여 추가적으로 공급하는 것이다.

정답 35. ① 36. ④ 37. ③

**39** LPG 엔진에서 액상·기상 솔레노이드 밸브에 대한 설명으로 틀린 것은?

① 기관의 온도에 따라 액상과 기상을 전환한다.
② 냉간 시에는 액상연료를 공급하여 시동성을 향상시킨다.
③ 기상의 솔레노이드가 작동하면 봄베상단부에 형성된 기상의 연료가 공급된다.
④ 수온 스위치의 신호에 따라 액상·기상이 전환된다.

◆ ㉠ LPG 솔레노이드 밸브 : 연료 중에 각종 불순물을 여과하는 기능을 하며 두꺼운 펠트 같은 재질의 여과재를 사용하여 LPG의 증기압에도 견딜 수 있는 구조로 되어 있고, 필터엘리멘트는 탈착가능 및 청소를 할 수 있다.
㉡ 긴급차단 솔레노이드 밸브 : 충돌사고 등으로 인한 연료 파이프 손상 시 연료 누출을 방지한다.
㉢ 액상·기상 솔레노이드 밸브 : 냉각수 온도 센서의 신호를 받은(15℃ 기준) ECU 명령에 따라 액상·기상 솔레노이드 밸브가 작동 및 차단하여 베이퍼라이저에 연료를 기상 또는 액상으로 공급한다.

**40** 전자제어 가솔린 기관의 인젝터에 관한 설명 중 틀린 것은?

① 인젝터의 분사신호는 ECU제어에 따라 이루어진다.
② 인젝터는 구동방식에 따라 전압제어식과 전류제어식으로 구분한다.
③ 인젝터는 연료펌프의 압력이 일정 이상 걸릴 때 연료가 분사되는 구조로 되어 있다.
④ 저저항 방식의 인젝터는 레지스터를 사용하고 전압제어식이라고도 부른다.

◆ ㉠ 인젝터(injector)는 연료분사노즐로서, 연료분사는 연료를 뿜어 줄 뿐 아니라, 연료가 공기와 잘 섞이도록 하는 구조로 되어 있다.
㉡ 기계식 분사에서는 스프링을 위로 올려서 열리는 밸브로 연료에 압력을 가할 동안에만 분사한다.
㉢ 전자제어식 연료분사는 솔레노이드 밸브에 따라 전기가 흘렀을 때에만 열리는 밸브를 가지고 있어, 미리 연료에 압력을 걸어 두었다가 전류가 흐를 때만 분사된다.
㉣ 국내 차량은 현재 전자제어식 연료분사 방식을 채택하고 있다.

정답 38. ③ 39. ② 40. ③

# 06 흡기 · 배기장치

## 6-1 개요

기관을 작동하기 위하여 실린더 안에 혼합기를 흡입하는 장치를 흡기장치라 하며, 연소시 발생한 연소가스를 외부로 배출하는 장치를 배기장치라고 한다.

## 6-2 흡기 · 배기장치의 구조 및 기능

### 1 흡기장치

흡기장치는 흡입하는 공기 속에 들어있는 불순물 등을 깨끗하게 여과하는 공기청정기와 각 실린더에 혼합기를 분배하는 흡기다기관 등으로 구성된다.

(1) 공기청정기

① 역할 : 기관의 흡입과정에서 공기와 함께 들어오는 먼지나 모래 등을 분리 제거하여 깨끗한 공기가 기관에 공급되도록 하고 공기가 흡입될 때 발생하는 소음도 억제하는 역할을 하며, 건식과 습식으로 구분한다.

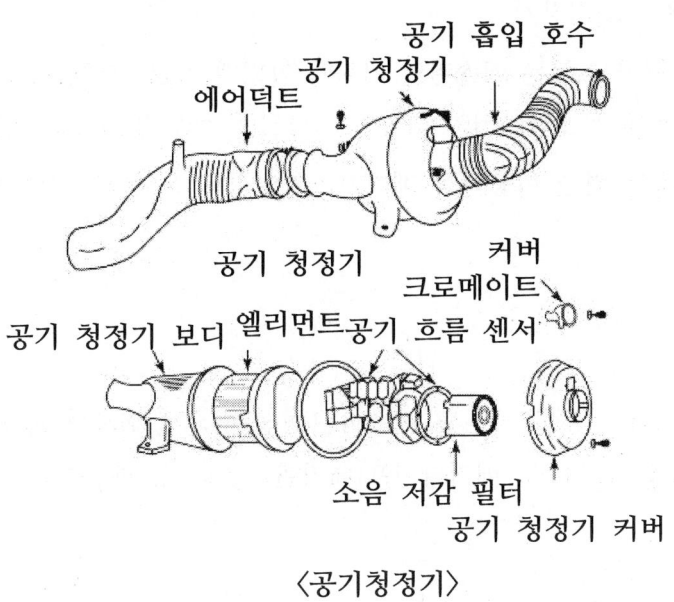

〈공기청정기〉

② 종류

| 건식 | 가솔린 기관에 주로 사용되며, 종이나 천으로 된 여과 엘리먼트를 사용하여 먼지 등을 여과하는 방식이다. 매우 작은 먼지도 제거할 수 있고 품질이 안정되어 있다. |
|---|---|
| 습식 | 디젤 기관에 주로 사용되며, 흡입된 공기가 유면에 접촉되어 입자가 큰 모래나 먼지가 오일에 떨어지고 작은 이물질은 오일이 묻어있는 엘리먼트 사이를 통과할 때 여과되도록 하는 것이다. |

(2) 흡기다기관(흡기 매니폴드)

① 역할 : 흡기다기관은 기화기에서 만든 혼합기를 될 수 있는대로 저항을 적게 하여 실린더로 유도하는 관이며, 2실린더 이상의 다실린더 기관에서는 균일한 혼합기를 각 실린더에 분배하는 역할을 한다.

② 종류

| 기본형 | 혼합기의 공급은 비교적 균등해지나 실린더로 흐르는 혼합기와 정지된 혼합기가 부딪혀서 흡기의 간섭이 일어나기 쉽다. |
|---|---|
| 듀얼형 | 실린더로 유입되는 입구관을 도중의 격리판으로 분리한 것으로서 기본형보다 흡기의 간섭이 적게 발생한다. |
| 가변식 듀얼형 | 고속회전 멀티밸브기관에서 기관의 저·중속 회전할 때의 성능 저하 방지와 고속영역에서 연비향상을 도모하기 위한 방식이다. |

(3) 흡입공기온도 조절장치

 ① 관벽을 따라 흐르는 가솔린의 기화가 잘되게 하고 흡입되는 공기의 온도변화로 혼합기가 불균일하게 되어 성능이 저하되는 것을 방지하는 역할을 하는 장치이다.
 ② 배기가스의 열을 이용하는 배기가스가열식과 온수가열식이 있다.

## ❷ 배기장치

(1) 개요

실린더 내에서 연소한 가스를 배기파이프로 모아서 외부로 배출하는 장치로, 배기매니폴트(배기다기관), 배기파이프(배기관), 소음기, 배출가스 정화장치로 구성되어 있다.

(2) 구성

 ① 배기다기관(배기 매니폴트) : 배기다기관은 2실린더 이상의 다실린더기관에 설치되어 배기가스를 모아서 배기파이프로 배출한다. 단실린더기관에서는 배기다기관이 없이 실린더 헤드에 직접 배기파이프가 부착되어 있다.
 ② 배기파이프(배기관) : 배기파이프는 배기다기관에서 나오는 배기가스를 외부로 방출하는 강관이며, 배기가스 열의 일부를 발산하는 역할도 한다. 배기관의 열림 방향은 차량 중심선에 대하여 왼쪽으로 30° 이내로 한다.
 ③ 소음기(Muffler) : 배기밸브를 통하여 배출되는 배기가스는 고온·고압의 상태이므로 그대로 외부에 방출하게 되면 급격한 가스의 팽창 때문에 폭발음이 발생하고, 또 화재를 일으킬 염려가 있다. 이것을 방지하기 위한 것이 소음기이며, 배출가스의 음압과 음파를 감쇠시키는 구조로 되어 있다.

(3) 배기색과 연소상태

| | |
|---|---|
| 흑색 | 혼합가스가 농후하여 불완전연소할 때 |
| 백색 | 오일이 연소실에 들어와 함께 연소할 때 |
| 무색 또는 담청색 | 완전연소할 때 |

### ❸ 연료분사량 제어방식

연료분사량 제어방식에는 기계제어방식과 전자제어방식이 있다.

(1) 기계제어방식

기계제어방식은 연료의 분사량을 기계식으로 제어하는 연속적인 분사장치인 K-제트로닉이 있다.

(2) 전자제어방식

전자제어방식에는 L-제트로닉 방식과 D-제트로닉 방식이 있다.

① L-제트로닉은 흡입 공기량을 계측하여 연료 분사량을 제어하는 방식이며 실린더에 흡입되는 공기량을 체적 유량 및 질량 유량으로 검출하여 컴퓨터가 인젝터에 통전되는 시간을 제어하여 연료가 분사되게 하는 방식이다.

② D-제트로닉은 흡기다기관 내의 부압을 검출하여 연료 분사량을 제어하는 방식이며 흡기다기관의 절대 압력을 전기적 신호로 바꾸어 흡입 공기량을 검출하여 인젝터수의 반을 그룹으로 하여 분사시키는 간헐 분사 방식이다. MAP센서와 엔진의 회전 속도를 검출하여 연료 분사 개시 시기를 결정한다.

### ❹ 기관에 사용되는 센서(Sensor)

(1) 공기유량 센서(AFS ; Air Flow Sensor)

흡입되는 공기량을 계측하여 신호를 ECU로 보내어 기본 연료 분사량을 결정하는 센서이다. 종류에는 베인 방식(메저링 플레이트 방식), 칼만 와류방식, 핫 와이어 방식(핫 필름 방식) 등이 있다.

① 질량유량 방식(mass flow type) : 질량유량에 의해 흡입 공기량을 직접 검출하는 방식으로 열선식, 열막식이 있으며 흡입공기 온도가 변화해도 측정상의 오차는 거의 없으나 오염되기 쉬워 크린 버닝(clean burning)장치가 있다.

② 체적유량 방식 : 체적유량에 의해 흡입 공기량을 측정하는 방식에는 베인 방식과 칼만 와류 방식이 있다.

㉠ 베인 방식(vane type) : 메저링 플레이트 방식이라고도 하며 흡입 공기량을 포텐셔미터에 의해 전압비율로 검출하여 이 신호에 의해 ECU가 기본 연료분사량을 결정한다.

ⓒ 칼만 와류 방식(kalman vortex type) : 센서 내에서 공기의 소용돌이 수를 초음파(주파수) 변조에 의해 검출하여 공기유량을 검출하는 방식이다.

③ MAP(흡기다기관 절대압력) 센서 : 흡기다기관 압력변화(부압)를 피에조(Piezo, 압전소자) 저항에 의해 공기유량을 검출하는 센서이다.

(2) 대기압 센서(BPS ; Barometric Pressure Sensor)

차량의 외기 압력을 측정하여 연료 분사량과 점화시기를 조정하는 피에조 저항형 센서이다. 대기압 센서는 외기 압력이 높을수록 출력전압이 높아지는 성질을 이용하여 고지대에서는 산소가 희박하기 때문에 대기압 센서의 신호를 받아 ECU는 기본 연료분사량을 감량시킨다.

(3) 흡기온도 센서(ATS ; Air Temperature Sensor)

흡기온도 센서는 온도가 상승하면 저항 값이 감소하여 출력전압이 증가하는 부특성 서미스터이며, 흡입 공기의 밀도를 계측하여 ECU로 입력시키면 ECU는 연료 분사량을 보정한다.

(4) 스로틀 위치 센서(TPS ; Throttle Position Sensor)

스로틀 밸브의 위치를 검출하는 회전형 가변저항으로서 가속페달에 의해 저항 변화를 일으키게 하여, 스로틀 밸브의 열림 정도(개도량)와 열림 속도를 검출하는 센서이다.

(5) 수온센서(WTS ; Water Temperature Sensor)

온도가 상승하면 저항 값이 감소되는 부특성 서미스터 구조로서 수온센서의 신호를 받은 ECU는 기관의 냉각수 온도가 80℃ 이하일 경우 연료 분사량을 증가시킨다.

(6) 산소센서

① 산소센서의 기능

㉠ 배기가스 속에 포함되어 있는 산소량을 검출하여 이론 공연비를 중심으로 하여 출력전압이 변화되는 것을 이용하는 센서이다. 즉, 공연비가 희박할 때는 기전력이 낮아지며 농후할 때는 기전력이 높아지도록 하여 연소실로 흡입되는 혼합기의 상태를 이론 공연비에 가깝도록 맞추기 위한 센서이다.

ⓒ 공연비 상태를 검출하여, 촉매컨버터의 CO, HC, $NO_x$ 정화능력을 증대시킨다.

② 산소센서의 원리와 종류 : 산소센서는 람다센서(Lambda Sensor)라고도 하며 산소가 있거나 없는 경계상태에서 산소가 조금만 있어도 급격한 변화(전압이나 저항)가 발생하는 희귀금속과 백금의 성질을 이용하는데 사용되는 희귀금속으로는 지르코늄과 티타늄이 있다.

㉠ 지르코니아($ZrO_2$) 형식 : 지르코니아 산소센서는 대기 중 산소와 배기가스 중 산소의 농도차이를 0~1V 전압으로 나타내고 산화티타늄(티타니아)을 이용한 티타니아 산소센서는 배기가스 중 산소량에 따라 변화되는 저항 값의 차이로 산소농도를 검출한다.

㉡ 티타니아($TiO_2$) 형식 : 티타니아 산소센서는 직접적으로 전압을 발생시키는 것이 아니고 주위의 산소분압에 의해 산화 또는 환원되어 저항이 변화되기 때문에 일종의 가변저항으로 볼 수 있으며 일정한 전압을 공급하고 저항이 변화됨에 따라 전압이 변화되는 것으로 산소농도를 검출하는 것이다.

㉢ 전영역 산소센서(Wide Band Oxygen Sensor) : 지르코니아($ZrO_2$) 고체 전해질에 (+)의 전류를 흐르도록 하여 확산실 내의 산소를 펌핑 셀(pumping shell) 내로 받아들이고 이때 산소는 외부 전극에서 일산화탄소 및 이산화탄소를 환원하여 얻는다.

③ 산소센서 사용상 주의사항

㉠ 전압을 측정할 때 오실로스코프나 디지털미터를 사용한다.

㉡ 무연휘발유를 사용할 것

㉢ 출력전압을 단락(쇼트)시키지 말 것

㉣ 산소센서의 내부 저항은 측정하지 말 것

㉤ 혼합기가 농후하면 약 0.9V의 기전력이 발생된다.

㉥ 혼합기가 희박하면 약 0.1V의 기전력이 발생된다.

(7) 노크센서(Knock Sensor)

① 노크센서는 실린더 블록에 설치하며, 피에조 소자를 이용하여 연소 중에 실린더 내에 이상 진동을 검출하는 센서로서 노크 발생 검출을 ECU로 입력시키면 ECU는 점화시기를 지연시킨다.

② 노킹 발생이 없는 상태에서는 다시 점화시기를 노킹 한계까지 진각시켜 엔진의 효율을 최적의 상태로 유지하여 연료 소비율을 향상시킨다.

(8) 차속 센서(VSS ; Vehicle Speed Sensor)

스피드미터 케이블 1회전당 4회의 디지털 신호를 컴퓨터에 입력시켜서 공전 속도 및 연료 분사량을 조절하기 위한 신호로 이용된다.

(9) 인히비터 스위치

① 자동 변속기 각 레인지 위치를 검출하여 컴퓨터에 입력시키며 P레인지와 N레인지에서만 기동 전동기가 작동될 수 있도록 한다.

② 크랭킹하는 동안 연료 분사 시간을 조절한다.

## 흡기 · 배기장치 기출 및 예상문제

**01** 산소센서의 튜브에 카본이 많이 끼었을 때의 현상으로 맞는 것은?
① 출력전압이 낮아진다.
② 피드백 제어로 공연비를 정확하게 제어한다.
③ 출력신호를 듀티제어하므로 기관에 미치는 악영향은 없다.
④ 공회전 시 기관 부조현상이 일어날 수 있다.

◆ 산소센서는 배기다기관에 설치되어 배기가스 중의 산소농도를 검출하여 작동 중의 공연비의 정보를 제공, 연료분사량을 제어하는 센서로서 카본이 많이 끼면 출력전압이 높아져서 공회전 시 부조현상을 유발한다.

**02** 전자제어 가솔린 기관에서 EGR 장치에 대한 설명으로 맞는 것은?
① 배출가스 중에 주로 CO와 HC를 저감하기 위하여 사용한다.
② EGR량을 많게 하면 시동성이 향상된다.
③ 기관 공회전 시, 급가속 시에는 EGR 장치를 차단하여 출력을 향상시키도록 한다.
④ 초기 시동 시 불완전 연소를 억제하기 위하여 EGR량을 90% 이상 공급하도록 한다.

◆ EGR 장치는 배기가스 재순환 장치로서 질소산화물의 배출량이 적은 기관의 공회전 시나 급가속 시에는 EGR 장치를 차단한다.

**03** 흡기다기관마다 인젝터를 1개씩 설치한 방식은?
① SPI 방식
② MPI 방식
③ 기계식 연료펌프
④ AFS 방식

◆ MPI(Multi Point Injection) 엔진은 가솔린엔진에서 연료 다중분사 방식의 엔진으로 흡기다기관마다 인젝터를 1개씩 설치한 방식의 기관이다.

**04** 산소센서 출력 전압에 영향을 주는 요소로 틀린 것은?
① 연료온도
② 혼합비
③ 산소센서의 온도
④ 배출가스 중의 산소농도

◆ 산소센서는 배기가스에서 남은 산소의 양 감지하는 센서로서, 연료가 많이 들어가 배기가스의 산소양이 적다 싶으면 연료를 줄이고, 배기가스의 산소양이 많다 싶으면 다시 연료를 늘이게 하는 역할을 하여 연비도 늘리고 매연을 감소시킬 수 있도록 한다. 산소센서의 출력전압은 혼합기가 희박할 때 약 0.1V를 발생하며 혼합기가 농후할 때 약 0.9V를 발생한다.

정답 01.④ 02.③ 03.② 04.①

**05** 배출가스 정밀검사에서 휘발유 사용 자동차의 부하검사 항목은?

① 일산화탄소, 탄화수소, 엔진정격회전수
② 일산화탄소, 이산화탄소, 공기과잉률
③ 일산화탄소, 탄화수소, 이산화탄소
④ 일산화탄소, 탄화수소, 질소산화물

◆ 배기가스의 주성분은 일산화탄소(CO), 이산화탄소($CO_2$), 탄화수소(HC), 질소산화물($NO_X$) 등이 있다. CO, HC, $NO_X$은 유해물질이며, $CO_2$는 무해성 가스이다.

**06** 가솔린 기관의 유해 배출물 저감에 사용되는 차콜 캐니스터(charcoal canister)의 주 기능은?

① 연료 증발가스의 흡착과 저장
② 질소산화물의 정화
③ 일산화탄소의 정화
④ PM(입자상 물질)의 정화

◆ 차콜 캐니스터 방식 : 연료탱크 내에 증발되고 있는 HC 가스를 캐니스터의 활성탄에 흡착하고 있다가 엔진시동 상태에서 일정한 조건이 갖추어져 있을 때 컴퓨터가 퍼지 컨트롤 솔레노이드 밸브를 작동시켜 엔진 안으로 흡입 연소시켜 배출가스를 억제하는 방식이다.

**07** 전자제어 가솔린 기관에서 사용되는 센서 중 흡기온도 센서에 대한 내용으로 틀린 것은?

① 온도에 따라 저항값이 보통 1kΩ~15kΩ 정도 변화되는 NTC형 서미스터를 주로 사용한다.
② 엔진 시동과 직접 관련되며 흡입공기량과 함께 기본 분사량을 결정하게 해주는 센서이다.
③ 온도에 따라 달라지는 흡입 공기밀도 차이를 보정하여 최적의 공연비가 되도록 한다.
④ 흡기온도가 낮을수록 공연비는 증가된다.

◆ 흡기온도 센서(ATS ; Air Temperature Sensor) : 흡입되는 공기의 온도를 측정하는 센서로 부특성 서미스터를 이용하며 공기 온도에 따라 저항이 변화하게 되어 있다. 온도가 상승함에 따라 저항이 작아지고 온도가 낮아지면 저항이 증가된다. 이 센서는 연료분사량을 보정하는 자료로 쓴다.

**08** 전자연료장치 구성요소가 아닌 것은?

① 산소센서    ② 흡기온도센서
③ 배기밸브 온도센서    ④ 대기압센서

◆ 배기밸브 온도센서는 배기밸브의 작동시 파이프를 통하여 재순환되는 배기가스의 온도를 감지하여 전자제어유닛으로 송출하므로 전자연료장치와는 관계가 적다.

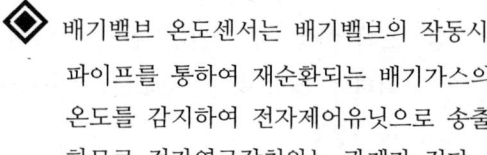
정답 05.④ 06.① 07.② 08.③

**09** 자동차의 흡배기 장치에서 건식 공기청정기에 대한 설명으로 틀린 것은?
① 작은 입자의 먼지나 오물을 여과할 수 있다.
② 습식 공기청정기보다 구조가 복잡하다.
③ 설치 및 분해·조립이 간단하다.
④ 청소 및 필터교환이 용이하다.

◆ 자동차의 공기청정기는 기관에 흡입되는 공기 속의 먼지나 토사를 제거함으로써 실린더의 마모를 방지하고 흡입될 때 일어나는 소음을 방지하는 역할을 하며 습식과 건식의 2종류가 있다. 습식은 청정기 바닥에 기름이 들어 있어, 흡입된 공기가 이 유면(油面)에 충돌하여 방향을 바꿀 때 먼지 등을 제거하는 방식으로 디젤기관에 주로 이용한다.
건식은 여과지 또는 여과포(濾過布)를 여과재로 사용한 것으로, 청정기 내에는 8메시 정도의 철망이 봉입되어 있어서 먼지 등의 제거와 역화(逆火)에 의해 일어나는 화재의 방지를 겸하고 있다.

**10** 전자제어 엔진에서 크랭킹은 가능하나 시동이 되지 않을 경우 점검요소로 틀린 것은?
① 연료펌프 작동
② 엔진 고장코드
③ 인히비터 스위치
④ 점화플러그 불꽃

◆ 인히비터 스위치
① 자동 변속기 각 레인지 위치를 검출하여 컴퓨터에 입력시키며 P레인지와 N레인지에서 만 기동 전동기가 작동될 수 있도록 한다.
② 크랭킹하는 동안 연료 분사 시간을 조절한다.

**11** 흡·배기 밸브의 냉각 효과를 증대하기 위해 밸브 스템 중공에 채우는 물질로 옳은 것은?
① 리튬                ② 나트륨
③ 알루미늄          ④ 바륨

**12** 전자제어 엔진의 MAP 센서에 대한 설명으로 옳은 것은?
① 흡기 다기관의 절대 압력을 측정한다.
② 고도에 따르는 공기의 밀도를 계측한다.
③ 대기에서 흡입되는 공기 내의 수분 함유량을 측정한다.
④ 스로틀 밸브의 개도에 따른 점화 각도를 검출한다.

◆ MAP 센서는 흡기다기관 절대압력 센서로서 흡기다기관에 걸리는 부압의 차이를 감지하여 공기량을 검출하는 센서이므로 온도에 따른 공기밀도를 고려하여야 한다.

정답 09. ② 10. ③ 11. ②

**13** 흡입공기량 계측방식이 아닌 것은?
① 열선질량유량계측
② 베인식 체적계측
③ 열해리식 간접계측
④ 맵센서 계측

◆ 공기량 센서는 직접 계측방식과 간접 계측방식이 있으며 직접 계측방식은 핫 필름(열막, 질량유량계측), 핫 와이어(열선, 질량유량계측), 칼만 와류(체적유량계측), 베인(Vane, Plate 체적유량계측)식이 있으며 간접 계측방식은 맵센서식(MAP ; Manifold Absolute Pressure Sensor)이 있다. 이 방식은 흡기 다기관의 절대압력(진공도)과 기관의 회전속도를 비교하여 흡입량을 간접적으로 계측하는 방식이다.

**14** 배기가스의 열에너지를 이용하여 터빈을 구동하고, 흡입 공기를 압축하여 연소실 안으로 공급하는 장치는?
① 증발가스제어장치
② 배기가스 재순환장치
③ 슈퍼차저(Supercharger)
④ 터보차저(Turbocharger)

◆ 터보차저는 배기 에너지를 사용하는 장치이며 슈퍼차저는 엔진 동력을 사용하여 대기압을 그대로 흡입시키는 것이 아니고 압력을 올려서 흡입시키는 장치이다.

**15** 스로틀 위치센서(TPS) 고장 시 나타나는 현상과 가장 거리가 먼 것은?
① 주행 시 가속력이 떨어진다.
② 공회전 시 엔진 부조 및 간헐적 시동 꺼짐 현상이 발생한다.
③ 출발 또는 주행 중 변속 시 충격이 발생할 수 있다.
④ 일산화탄소(CO), 탄화수소(HC) 배출량이 감소하거나 연료소모가 증대될 수 있다.

◆ TPS는 스로틀 밸브축이 회전하면서 저항 값이 전개 시 5V, 전폐 시 0.5V 사이를 변화하는 가변저항기 형식으로 연료소모가 증대 시 배기가스의 배출량이 증가한다.

**16** 전자제어 가솔린 연료분사장치에서 흡입 공기량과 엔진회전수의 입력만으로 결정되는 분사량은?
① 부분부하 운전 분사량
② 기본 분사량
③ 엔진시동 분사량
④ 연료차단 분사량

◆ 전자제어 가솔린 연료분사장치에서 기본 분사량 흡입공기량(AFS)과 엔진회전수(CPS)의 입력만으로 결정된다.

**정답** 12. ① 13. ③ 14. ④ 15. ④ 16. ②

**17** 가솔린 전자제어 기관의 공기유량센서에서 핫 와이어(hot wire) 방식의 설명이 아닌 것은?

① 응답성이 빠르다.
② 맥동오차가 없다.
③ 공기량을 체적유량으로 검출한다.
④ 고도 변화에 따른 오차가 없다.

◆ 핫 와이어(hot wire) 방식은 열선식으로 질량유량 검출방식으로 압력 및 온도 변화에 대한 보상장치가 필요 없다.

**18** 전자제어 연료분사차량에서 에어플로센서의 공기량 계측방식이 아닌 것은?

① 베인식
② 칼만와류식
③ 핫 와이어 방식
④ 베르누이 원리방식

◆ 베르누이 원리방식은 유체의 흐름을 조사하는 식이다.

정답 18.④ 17.③

# 07 자동차 배출가스

## 7-1 개요

자동차 배출가스는 배기파이프에서 나오는 배기가스, 기관의 크랭크 케이스에서 나오는 블로바이가스 및 연료탱크와 기화기 등에서 증발하는 연료증발가스 등이 있다.

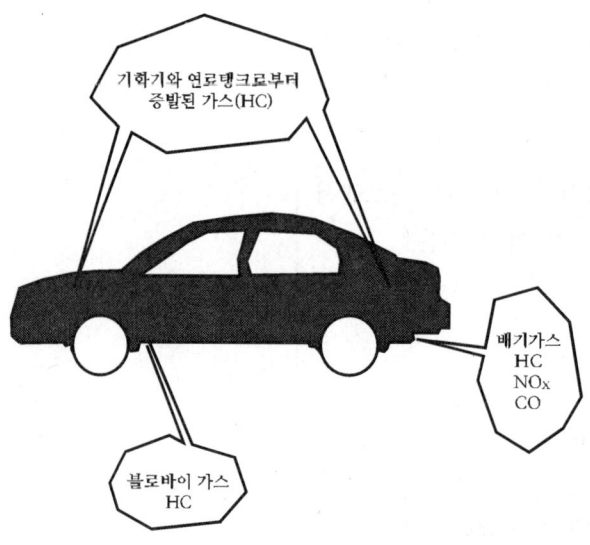

〈가솔린 기관으로부터의 유해 배출가스〉

자동차 배출가스가 인체에 미치는 영향

| | |
|---|---|
| 일산화탄소(CO) | 인체 흡입시 혈액 속에서 산소를 운반하는 헤모글로빈과 결합하여 신체 각 부에 산소의 공급부족을 초래하여 중독증상을 일으키며 심하면 목숨을 앗아간다. |
| 탄화수소(HC) | 호흡기 계통에 자극을 주고 심하면 점막이나 눈을 자극하게 된다. |
| 질소산화물($NO_x$) | 눈에 자극을 주고 폐에 장해를 일으킴과 동시에 광화학스모그의 원인이 된다. |

## 7-2 배출가스의 유형

(1) 배기가스

연료가 실린더 안에서 연소 후에 배기파이프를 통해 외부로 배출되는 가스이며, 불완전연소 시에 일산화탄소(CO), 탄화수소(HC), 질소산화물($NO_x$) 등 유해물질이 배출된다.

(2) 블로바이가스(Blow-by gas)

연소실 내의 가스는 피스톤에 의하여 기밀을 유지하여야 하나 압축이나 폭발시에 실린더와 피스톤 사이에 틈새가 발생하면 가스가 누출되어 크랭크실로 유입된다. 이 가스를 블로바이가스라 하며, 그 주성분은 미연소된 연료(HC)이고 나머지는 연소가스와 부분 산화된 혼합가스이다. 이러한 가스가 크랭크실로 유입되면 기관의 부식 또는 윤활유를 묽게 하거나 변질시키는 원인이 된다.

(3) 연료증발가스

연료증발가스는 연료탱크, 기화기 등의 연료장치에서 연료가 증발하여 대기 중으로 방출되는 가스를 말한다. 연료증발가스의 주된 성분은 탄화수소(HC)이다.

## 7-3 배출가스 발생조건

(1) 혼합비와 배출가스의 관계

① 일산화탄소(CO)는 혼합비가 농후할수록 많이 발생한다.

② 탄화수소(HC)는 혼합비가 17 : 1 부근에서 가장 적게 발생하고 더 농후하거나 옅을수록 증가한다.

③ 질소산화물($NO_x$)는 혼합비가 15 : 1 부근에서 가장 많이 발생하고 더 농후하거나 옅을수록 감소한다.

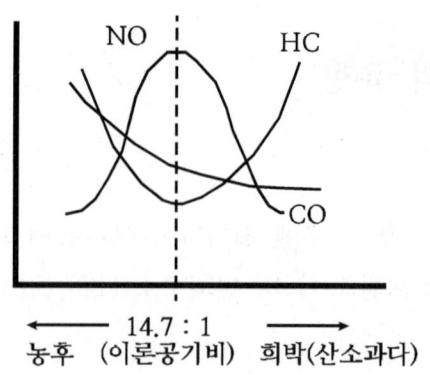

〈혼합비와 배출가스의 관계〉

(2) 기타 조건과 배출가스의 관계

① 기관의 압축비가 낮으면 NOx와 HC의 발생농도가 적다.

② 냉각수의 온도가 높으면 HC의 발생농도는 낮고 NOx의 발생농도는 높다.

③ 점화시기가 빠르면 CO의 발생농도는 낮고 HC와 NOx의 발생농도는 높다.

## 7-4 배출가스 대책

### 1 배기가스 대책

(1) 기관개량 방식

연소실을 비롯하여 연료, 점화, 흡·배기계통을 종합적으로 개량하여 연소상태를 개량하는 부가장치를 설치하는 방식이다.

(2) 성층급기 연소방식(CVCC)

희박한 혼합기를 효율적으로 연소시키기 위해 농도가 짙은 혼합기를 동시에 흡입시키는 방식이다.

(3) 서멀 리액터(Thermal reacter) 방식

실린더에서 배출된 직후의 배기가스를 단열재로 감싼 서멀 리액터에 유도하여 고온상태에서 공기를 넣어 CO, HC를 재연소시키는 방식이다.

(4) 촉매 컨버터 방식

생성된 유해물질을 배기다기관에서 일산화탄소(CO)와 탄화수소(HC)는 산화시켜서 무해화하고, 질소산화물($NO_x$)은 환원시켜서 무해화하는 방식이며 축전지는 무정비 축전지(MF)를 사용해야 한다. 즉,

① 일산화탄소(CO)를 이산화탄소($CO_2$)로 변환시킨다.
② 탄화수소(HC)를 물($H_2O$)과 이산화탄소($CO_2$)로 변환시킨다.
③ 질소산화물($NO_x$)은 질소($N_2$)와 이산화탄소($CO_2$)로 변환시킨다.

---

**III 보충　촉매변환기 설치차량의 운행 및 시험할 때 주의사항**

① 무연 가솔린을 사용한다.
② 주행 중 점화스위치의 OFF를 금지한다.
③ 차량을 밀어서 시동해서는 안 된다.
④ 파워밸런스 시험은 실린더당 10초 이내로 한다.

---

(5) 배기가스 재순환장치(EGR)

불활성 가스인 배기가스를 실린더에 일부를 넣어 연소온도가 낮아지게 하여 고온 생성물인 $NO_x$의 생성을 억제하는 장치이며 EGR밸브는 배기 다기관과 서지 탱크 사이에 설치되어 있다.

$$EGR율 = \frac{EGR가스량}{EGR가스량 + 흡입공기량}$$

### 2 블로바이가스 대책

블로바이가스(HC)를 대기로 방출시키지 않고 크랭크 케이스에서 흡기계통으로 다시 보내어 재연소시키는 장치를 블로바이가스 환원장치(크랭크실 환기장치)이며, 여기에는 클로즈드(Closed)방식과 실드(Shield)방식으로 구분한다.

(1) 클로즈드 방식

블로바이가스를 공기와 함께 혼합하여 실린더 헤드 커버에서 PCV(Positive Crankcase Ventilation)밸브를 거쳐 기화기로 흡입하는 방식이다.

(2) 실드 방식

블로바이가스를 실린더 헤드 커버실로 도입하여 공기와 함께 기화기로 흡입하는 방식이다.

### ③ 연료증발가스 대책

연료탱크에서 증발한 가스를 연료증발가스라 하며, 대책으로는 증발가스를 저장했다가 기관이 회전할 때 흡기계통으로 보내서 연소하는 방식으로 다음 3가지가 있다.

(1) 크랭크 케이스 저장방식

연료탱크 안의 증발가스를 크랭크 케이스 안에 저장했다가 블로바이가스 환원장치를 이용하여 연소실로 보내는 방식이다.

(2) 차콜 캐니스터(Charcoal canister) 방식

증발가스를 활성탄(Charcoal)으로 흡수시켜 저장했다가 PCSV(Purge Control Solenoid Valve)의 조절에 의하여 신선한 공기와 함께 서지탱크 또는 기화기로 들어가게 하는 방식이다. 즉, 연료장치에서 증발되는 가스를 캐니스터(canister)에 포집하였다가 공전 및 난기 운전 이외의 기관 가동에서 PCSV(Purge Control Solenoid Valve)가 컴퓨터 신호로 작동되어 연소실로 들어가서 연소시키며 경·중부하 영역에서는 PCV(Positive Crank case Ventilation)밸브가 열려 흡기다기관으로 들어가고, 급가속 및 고부하 영역에서는 블리더 호스를 통해 흡기다기관으로 들어간다. 또한 연료탱크에서 증발되는 증발가스를 제어하는 캐니스터 퍼지 컨트롤 솔레이드 밸브는 가속할 때 가장 많이 작용한다.

(3) 공기청정기 케이스 방식

증기분리기에서 가솔린 증기를 분리한 다음, 체크밸브를 통해 공기청정기 케이스 안으로 들어가서 저장되었다가 흡입공기와 함께 연소하도록 한 방식이다.

## 자동차 배출가스 기출 및 예상문제

**01** 가솔린 기관에서 배출가스와 배출가스 저감장치의 상호 연결이 틀린 것은?
① 증발가스 제어장치 - HC 저감
② EGR 장치 - $NO_X$ 저감
③ 삼원 촉매 장치 - CO, HC, $NO_X$ 저감
④ PCV 장치 - $NO_X$ 저감

◆ PCV 밸브는 크랭크 케이스 배출장치로서 비작동, 공회전 및 감속 시, 정상작동 시, 고속 및 고부하 시로 구분하여 작동하며 다음과 같다.
㉠ 비작동 : 엔진이 정지되어 있어 흡기 매니폴드에 부압이 형성되지 않으므로 PCV 밸브는 스프링 장력에 의해 닫혀 있다.
㉡ 공회전 및 감속 시 : 블로바이 가스의 발생량은 적고, 흡입 매니폴드 내의 부압은 최대로 커 PCV 밸브는 조금 열린 상태에서 블로바이 가스는 일부 연소실로 유입된다.
㉢ 정상작동 시 : 공회전 및 감속 시 보다 흡기 매니폴드 내의 부압은 작아지므로, PCV 밸브의 열림 양이 증가하여 연소실로 유입되는 블로바이 가스는 증가한다.
㉣ 고속 및 고부하 시 : 흡입 매니폴드 내의 부압은 작은 상태이므로 PCV 밸브는 최대로 열려 블로바이 가스의 연소실 유입량은 더욱더 증대한다.

**02** 다음 중 $NO_X$를 억제하는 기능을 하는 것은?
① EGR밸브
② 블로바이 가스환원장치
③ PCV밸브
④ 캐니스터

◆ 배기가스 재순환(EGR)시스템은 배기가스를 완전히 방출시키지 않고 기관내부에 일부 잔류시키는 경우를 내부 재순환이라고 한다. 배기가스 중의 일부를 배기관에서 끌어내 이를 다시 흡기다기관으로 보내 연료/공기 혼합기에 혼합시켜 연소실로 유입되게 하는 외부 재순환시스템이다. 배기가스를 재순환시키면 새 혼합기의 충진율은 낮아지는 결과가 된다. 그리고 재순환된 배기가스에는 $N_2$에 비해 열용량이 큰 $CO_2$가 많이 함유되어 있어, 동일한 양의 연료를 연소시킬 때 온도상승률이 낮다. 또 공기에 비해 산소함량이 적은 배기가스가 연소에 관여하게 됨으로 연소속도가 감소하여 연소최고온도가 낮아지게 된다. 그렇게 되면 $NO_X$의 양은 현저하게 감소한다. 그러나 배기가스 중의 HC와 CO의 양은 감소되지 않는다.

정답 01. ④ 02. ①

**03** 배기가스 재순환장치(EGR)의 설명 중 맞는 것은?
① 연소온도가 높아진다.
② 기관의 출력이 감소한다.
③ 공회전 시에도 작동한다.
④ 질소산화물의 생성을 돕는다.

◆ 배기가스 재순환(EGR)시스템은 NOx의 양은 현저하게 감소시키나 배기가스 중의 HC와 CO의 양은 감소되지 않는다. 또한 출력은 감소한다.

**04** 가솔린 자동차로부터 배출되는 유해물질 또는 발생부분과 규제 배출가스를 짝지은 것으로 틀린 것은?
① 블로바이 가스 - HC
② 로커암커버 - $NO_X$
③ 배기가스 - CO, HC, $NO_X$
④ 연료탱크 - HC

◆ 자동차 배출가스
㉠ 배기가스의 주성분은 일산화탄소(CO), 이산화탄소($CO_2$), 탄화수소(HC), 질소산화물($NO_2$) 등이 있으며, $CO_2$는 무해성 가스이다.
㉡ 블로바이 가스는 실린더와 피스톤 간극 사이에서 크랭크실로 빠져나오는 가스로서 주성분은 70~95%가 미연소 가스인 탄화수소(HC)이다.
㉢ 증발 가스는 연료탱크나 기화기 등에서 가솔린이 증발하여 대기 중으로 방출되는 가스이며 주성분은 탄화수소(HC)이다.

**05** 엔진에서 밸브 가이드 실이 손상되었을 때 발생할 수 있는 현상으로 가장 타당한 것은?
① 압축 압력 저하
② 냉각수 오염
③ 밸브간극 증대
④ 백색 배기가스 배출

◆ 밸브 가이드 실의 고무가 마모되면 엔진오일이 실린더 내부로 유입되어 연소하므로 배기가스가 백색으로 배출된다.

**06** 다음 중 배기가스 CO의 배출량과 가장 관계가 깊은 것은?
① 부하            ② 공연비
③ 점화시기        ④ 압축비

◆ 배기가스 CO의 배출량은 부하가 증가시 증가한다.

**07** 다음 중 혼합가스의 혼합비가 양호하면 배기가스의 색은?
① 황색            ② 담청색
③ 흑색            ④ 백색

◆ 배기색과 연소상태

| 흑색 | 혼합가스가 농후하여 불완전연소할 때 |
|---|---|
| 백색 | 오일이 연소실에 들어와 함께 연소할 때 |
| 무색 또는 담청색 | 완전연소할 때 |

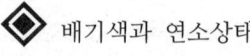 03.② 04.② 05.④ 06.① 07.②

**08** 가솔린 연료의 기화성에 대한 설명으로 틀린 것은?
① 연료 라인이 과열하면 베이퍼 록(Vapor Lock) 현상이 발생한다.
② 냉간 상태에서 시동 시에는 기화성이 좋아야 한다.
③ 더운 날 기화기 내의 연료가 비등할 수 있다.
④ 연료펌프가 불량하면 퍼콜레이션(Percolation) 현상이 발생한다.

◆ 퍼컬레이션(percolation)은 기화기에서 일어날 수 있는 과농(過濃) 혼합 가스에 의한 시동 불능의 고장으로, 자동차를 상당히 긴 시간 동안 주행한 후에 엔진을 일단 정지시켰다가 잠시 후 다시 시동하려고 하여도 연소가 전혀 일어나지 않는 현상을 말한다.

**09** 운행하는 자동차의 소음측정 항목으로 맞는 것은?
① 배기소음
② 엔진소음
③ 진동소음
④ 가속출력소음

◆ 자동차 소음측정은 가속주행소음, 배기소음, 경적소음을 측정한다.

**10** 삼원 촉매장치를 장착하는 근본적인 이유는?
① HC, CO, $NO_X$를 저감하기 위하여
② $CO_2$, $N_2$, $H_2O$를 저감하기 위하여
③ HC, $SO_X$를 저감하기 위하여
④ $H_2O$, $SO_2$, $CO_2$를 저감하기 위하여

◆ 삼원 촉매장치는 HC가스를 $H_2O$와 $CO_2$로 CO가스는 $CO_2$로 $NO_X$ 가스는 $N_2$와 $O_2$로 바꾸는 장치이다.

**11** 가솔린 기관의 배출가스 중 CO의 배출량이 규정보다 많은 경우 가장 적합한 조치 방법은?
① 이론공연비와 근접하게 맞춘다.
② 공연비를 농후하게 한다.
③ 이론공연비(λ)값을 1 이하로 한다.
④ 배기관을 청소한다.

◆ CO 가스의 배출은 공연비가 농후일 때의 증상이므로 공기량을 증가시켜 이론공연비와 근접하게 맞춘다.

**12** LPG(Liquefied Petroleum Gas) 차량의 특성 중 장점이 아닌 것은?

① 엔진 연소실에 카본의 퇴적이 거의 없어 스파크 플러그의 수명이 연장된다.
② 엔진 오일이 가솔린과는 달리 연료에 의해 희석되므로 실린더의 마모가 적고 오일교환 기간이 연장된다.
③ 가솔린에 비해 쉽게 기화되므로 연소가 균일하여 엔진 소음이 적다.
④ 베이퍼 록(vapor lock)과 퍼콜레이션(percolation) 등이 발생하지 않는다.

◆ LPG의 주성분은 프로판 가스와 부탄가스로서 엔진오일과 결합하지 않는다.

**13** 다음 중 전자제어 가솔린엔진에서 EGR 제어영역으로 가장 타당한 것은?

① 공회전 시
② 냉각수온 약 65℃ 미만, 중속, 중부하 영역
③ 냉각수온 약 65℃ 이상, 저속, 중부하 영역
④ 냉각수온 약 65℃ 이상, 고속, 고부하 영역

◆ $NO_x$의 배출은 연소실 온도와 깊은 연관이 있으며 이는 냉각수온이 올라감에 따라 내부 EGR이 증가하게 되어 연소실의 온도가 내려가게 되고 그로 인해 배출량이 감소하는 것을 알 수 있으므로 전자제어 가솔린엔진에서 EGR 제어영역은 저속, 중부하 영역에서 냉각수온 약 65℃ 이상에서 작동하도록 한다.

**14** 유해가스 감지센서(AQS)가 차단하는 가스가 아닌 것은?

① $SO_2$    ② $NO_2$
③ $CO_2$    ④ CO

◆ $NO_x$ 가스는 유해가스 감지센서(AQS)에서는 검출이 안되며 삼원촉매장치로 차단한다.

**15** 연료탱크 증발가스 누설시험에 대한 설명으로 맞는 것은?

① ECM은 시스템 누설관련 진단 시 캐니스터 클로즈 밸브를 열어 공기를 유입시킨다.
② 연료탱크 캡에 누설이 있어 엔진 경고등을 점등시키면 진단 시 리크(leak)로 표기된다.
③ 캐니스터 클로즈 밸브는 항상 닫혀 있다가 누설시험 시 서서히 밸브를 연다.
④ 누설시험 시 퍼지 컨트롤 밸브는 작동하지 않는다.

정답 12. ② 13. ③ 14. ② 15. ②

**16** 배기가스 중에 산소량이 많이 함유되어 있을 때 산소센서의 상태는 어떻게 나타나는가?
① 희박하다.
② 농후하다.
③ 농후하기도 하고 희박하기도 하다.
④ 아무런 변화도 일어나지 않는다.

◆ 산소센서는 배기 매니폴드에 설치되어 공연비를 제어하기 위해 연소된 배기가스의 산소농도를 측정, 공연비를 제어한다. 산소센서는 방식에 따라 질코니아 산소센서와 티타니아 산소센서가 있으며 배기가스 중에 산소량이 많이 함유되어 있을 때 산소센서의 상태는 희박하다.

**17** 배출가스 저감 및 정화를 위한 장치에 속하지 않는 것은?
① EGR 밸브        ② 캐니스터
③ 삼원촉매        ④ 대기압센서

◆ 배기가스 속의 CO, HC의 배출농도는 주로 혼합기의 혼합비에 따라 좌우되고 $NO_x$의 배출농도는 주로 연소온도에 따라 좌우된다. 유해 배기가스 저감 대책으로 2차 공기 공급장치, 점화장치(컴퓨터 점화장치), 전자제어 기화기 채택, 연료분사장치 채택, 배기가스 재순환장치, 기관 개량방식, 성층 급기 연소방식, 서멀리액터방식, 촉매 컨버터방식, 증발가스 제어장치 등이 있다.

**18** 배기 매니폴트에 대한 설명으로 맞는 것은 어느 것인가?
① 가스의 누설을 방지한다.
② 방청작용을 한다.
③ 오일링 작용을 좋게 한다.
④ 배기가스 배출관이다.

◆ 배기가스를 모아서 배출시키는 관을 배기 매니폴드라 한다.

**19** 자동차 배출가스 중 인체흡입시 산소를 운반하는 헤모글로빈과 결합하여 산소공급부족을 초래하여 중독증상을 일으키는 것은?
① 일산화탄소        ② 탄화수소
③ 질소산화물        ④ 이산화탄소

◆ 자동차 배출가스가 인체에 미치는 영향

| | |
|---|---|
| 일산화탄소 | 인체 흡입시 혈액 속에서 산소를 운반하는 헤모글로빈과 결합하여 신체 각부에 산소의 공급부족을 초래하여 중독증상을 일으키며 심하면 목숨을 앗아간다. |
| 탄화수소 | 호흡기 계통에 자극을 주고 심하면 점막이나 눈을 자극하게 된다. |
| 질소산화물 | 눈에 자극을 주고 폐에 장해를 일으킴과 동시에 광화학스모그의 원인이 된다. |

정답  16. ①  17. ④  18. ④  19. ①

**20** 블로바이가스에 대한 설명으로 옳은 것은?
① 연료탱크, 기화기 등의 연료장치에서 연료가 증발하여 대기 중으로 방출되는 가스이다.
② 주된 성분은 질소산화물이다.
③ 연료가 실린더 안에서 연소 후에 배기파이프를 통해 외부로 배출되는 가스이다.
④ 크랭크실로 들어가 기관을 부식시키고, 윤활유를 묽게 하거나 변질시키는 원인이 된다.

◆ 기관 내의 가스는 피스톤에 의하여 기밀을 유지하고 있으나 압축이나 폭발시에 실린더와 피스톤 사이의 틈새로 가스가 누출되어 크랭크실로 유입되는 가스가 블로바이가스이며, 그 주성분은 탄화수소와 일산화탄소이다. 이것은 크랭크실로 들어가 기관의 부식, 윤활유를 묽게 하거나 변질시키는 원인이 된다.

**21** 다음 중 올바른 설명은?
① 기관의 압축비가 낮은 편이 $NO_x$의 발생농도가 높다.
② 기관의 압축비가 낮은 편이 HC의 발생농도가 높다.
③ 냉각수의 온도가 높으면 HC의 발생농도가 낮다.
④ 점화시기가 빠르면 $NO_x$의 발생농도가 낮다.

◆ 기관의 압축비가 낮으면 $NO_x$와 HC의 발생농도가 적으며, 냉각수의 온도가 높으면 HC의 발생농도는 낮고 $NO_x$의 발생농도는 높다.

**22** 전자제어 가솔린엔진의 기본분사량 조절에 관여하는 센서로 옳은 것은 어느 것인가?
① 냉각수 온도
② 흡입공기량센서(AFS)
③ CPS
④ 산소 센서

◆ 전자제어 가솔린엔진의 기본분사량 조절에 관여하는 센서는 공기유량센서(AFS)와 크랭크각센서(CAS)이다. 공기유량센서(AFS)는 흡입 공기량을 측정하고 크랭크각센서(CAS)는 크랭크샤프트 회전속도, 즉 기관 회전수를 측정한다.

**23** LPG 자동차에 대한 설명으로 틀린 것은?
① 배기량이 같을 경우 가솔린 엔진에 비해 출력이 낮다.
② 일반적으로 $NO_x$는 가솔린 엔진에 비해 많이 배출된다.
③ LP가스는 영하의 온도에서는 기화되지 않는다.
④ 탱크는 밀폐식으로 되어 있다.

정답 20.④ 21.③ 22.② 23.③

◆ 15℃ 이하에서는 감압기에서 기상으로 공급한다. 자동차에서 기화온도는 부탄 - 0.5℃, 프로판 - 42.1℃, 메탄 - 162℃이다.

**24** 전자제어기관의 공기유량센서 중에서 MAP 센서의 특징에 속하지 않는 것은?
① 흡입계통의 손실이 없다.
② 흡입공기 통로의 설계가 자유롭다.
③ 공기밀도 등에 대한 고려가 필요 없는 장점이 있다.
④ 고장이 발생하면 엔진 부조 또는 가동이 정지된다.

정답 24. ③

# 자동차 정비 기능사

# 03 전기

| 01. | 전기장치 |
| 02. | 축전지 |
| 03. | 시동장치(기동장치) |
| 04. | 점화장치 |
| 05. | 충전장치 |
| 06. | 등화장치 및 기타 전기장치 |

# 01 전기장치

## 1-1 기초일반

### ❶ 개요

자동차의 전기장치는 시동장치, 점화장치, 충전장치, 조명장치, 안전장치 등으로 구성되어 있다. 자동차의 전기장치는 축전지(배터리) 계통과 발전기 계통으로 되어 있으며, 축전지는 엔진 정지 시나 시동 시에 전원으로 사용하며, 엔진이 시동되고 있을 때에는 발전기가 전원으로 사용된다.

### ❷ 자동차의 전기장치

(1) 시동장치 : 기관을 처음 시동할 때 기동모터를 사용하여 시동하여 주는 장치이다.

(2) 점화장치 : 실린더 내의 압축된 혼합기를 전기불꽃을 이용하여 점화 연소시켜 주는 장치이다.

(3) 충전장치 : 주행 중에 필요한 전기를 공급하여 주며 또한 축전지에 충전하는 장치이다.

(4) 조명장치 : 야간 안전주행을 위한 장치로 전조등, 미등(차폭등), 제동등, 방향지시등, 후진등, 실내등 등이 있다.

(5) 안전장치 : 안전주행에 필요한 장치로서 와이퍼, 윈드 와셔, 경음기 등이 있다.

### ③ 자동차 전기장치의 구비조건

(1) 소형 및 경량화로 할 것
(2) 온도변화에 영향없이 작동할 것
(3) 외부의 충격에 강하고 내구성이 클 것
(4) 부하 변동에 따른 전압 변동이 있어도 확실한 작동이 이루어질 것
(5) 배선저항과 접속부의 접촉저항이 작을 것
(6) 고압(25,000V 이상)의 영향에도 잡음 및 전파방해가 없을 것

### ④ 전기 회로의 기본법칙

도체의 전위가 등전위일 경우 전하는 움직이지 않으나 도체 중에 기전력이 가해져 전위차가 생기면 전하가 이동하게 되며 이러한 전하의 이동이 전류를 형성하게 된다.

(1) 전류와 전압 및 저항

① 전류 전하의 이동은 전류를 형성하며 전류는 주어진 점을 통과하는 전하의 시간적 변화율이다.

$$I = \frac{dQ}{dt}$$

여기서, $I$ : 전류[A ; ampere]    $Q$ : 전하[전기량]    $t$ : 시간

전류의 단위는 A(암페어)를 사용하며, 1A는 도선의 단면을 1초 동안 1C의 전하가 이동하는 전류의 세기이다. 전자의 전하량 $e$는 $1.6 \times 10^{-19}$C이므로 1초 동안 $6.25 \times 10^{18}$개의 전자들이 같은 방향으로 이동할 때 전류의 세기는 1A이다.

$$1A = \frac{1C}{1s} = \frac{1.6 \times 10^{-19}C \times 6.25 \times 10^{18}}{1s}$$

### 연습문제

**01** 100Ω의 저항에 20V의 전압을 가하였을 경우 흐르는 전류 $I$의 값은 몇 [A]인가?
① 0.1A　　② 0.2A
③ 0.3A　　④ 0.4A

◆ $I = \dfrac{V}{R} = \dfrac{20}{100} = 0.2\text{A}$

정답　01. ②

② 임의의 두 점 긴의 전위차를 전압이라 하며, 단위전하를 이동시킬 때 해야 할 일로 표시된다. 즉, 양극은 음극보다 전위가 높게 되어 있어서 전위가 높은 곳에서 낮은 곳으로 흐르는 것이다.

$$V = \dfrac{W}{Q}$$

여기서, $V$ : 전압[V ; volt]　　$W$ : 일[J]　　$Q$ : 전기량[C]

1V의 전압(전위차)으로 1C의 전기량을 이동시켜 1J의 일을 할 수 있다.

> 전류를 연속적으로 흐르게 하는 원동력을 기전력이라고 한다.

(2) 저항

금속들은 많은 자유전자를 갖고 있으며 이들 각 자유전자가 도체 내를 이동할 때 저항이 생기며 이 저항을 비저항(Resistivity)이라 하고, $\rho$라고 한다.

$$R = \rho \dfrac{L}{A}$$

저항의 단위로는 ohm을 쓰며, Ω의 기호로 사용한다. 도체에 큰 전류를 흘려주기 위해서는 큰 전위차를 필요로 하게 된다.

$$V = RI$$

여기서, $V$ : 전압　　$R$ : 저항[Ω]　　$I$ : 전류

$\rho$는 비례 상수로 물질의 종류에 따라 달라지며 비저항이라고 한다. 비저항 값인 $\rho$는 길이가 1m, 단면적이 1m$^2$인 물질이 가지는 전기저항으로 단위는 $\Omega \cdot m$를 사용한다. 이것은 물질이 가지는 고유 저항으로 비저항이 클수록 부도체에 가까운 물질이고, 대부분의 금속은 온도 증가 시 저항값도 증가한다.

---

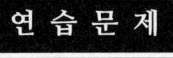

**02** 다음 그림과 같은 회로에서 a, b 사이의 전위차는 얼마인가?

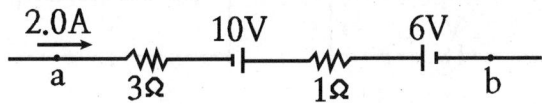

① 4V  ② 5V
③ 6V  ④ 8V

◆ $V_a - 2 \times 3 + 10 - 2 \times 1 - 6 = V_b$

$V_a - V_b = 2 \times 3 - 10 + 2 \times 1 + 6 = 4V$

정답  01. ①

---

(3) 전기저항의 연결

우리가 사용하는 전기 기구의 내부에는 여러 개의 저항들이 복잡하게 연결되어 있다. 그러나 이들은 기본적으로 직렬연결과 병렬연결로 되어 있으며, 이러한 저항들이 내는 효과와 같은 하나의 저항을 합성저항, 또는 등가저항이라고 한다.

① 직렬연결 : 여러 개의 저항이 전지와 다음 그림과 같이 일렬로 연결되어 회로에 흐르는 전류의 통로가 하나일 때 직렬 연결되었다고 말한다.

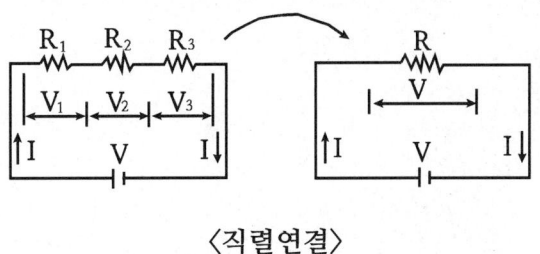

〈직렬연결〉

저항의 직렬연결 시 전류값은 같다.
$$R = R_1 + R_2 + R_3 + \cdots\cdots$$

② 병렬연결 : 여러 개의 저항들이 다음 그림과 같이 연결되어 있어 각 저항마다 서로 다른 통로를 만들어 줄 때 병렬연결되었다고 말한다.

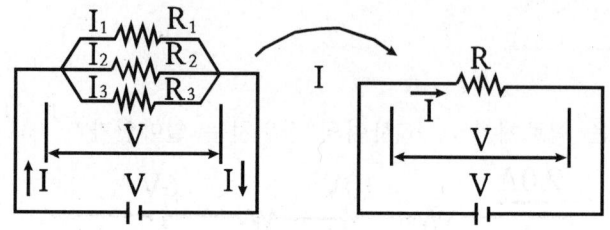

〈병렬연결〉

병렬연결된 경우에 각 저항에 걸린 전압은 같다.
$$\frac{1}{R} = \frac{1}{R_1} + \frac{1}{R_2} + \frac{1}{R_3} + \cdots\cdots$$

### 연습문제

**03** 15Ω과 5Ω의 저항을 병렬접속하였을 때 합성저항은 몇 [Ω]인가?

① 2.25　　　　② 3.75
③ 4.75　　　　④ 5.2

◆ $\frac{1}{R} = \frac{1}{15} + \frac{1}{5} = \frac{4}{15}$　　∴ $R = \frac{15}{4} = 3.75 \Omega$

정답　01. ②

## 연 습 문 제

**04** 다음 그림의 회로에서 $A$점에 흐르는 전류의 세기가 1.2A일 때 $A$, $B$ 사이에서의 전위차는 얼마인가?

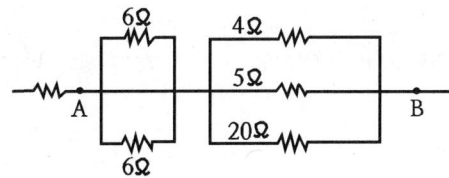

① 3V  ② 4V
③ 5V  ④ 6V

◆ $\dfrac{1}{R_1} = \dfrac{1}{6} + \dfrac{1}{6}$   $R_1 = 3$,   $\dfrac{1}{R_2} = \dfrac{1}{4} + \dfrac{1}{5} + \dfrac{1}{20}$   $R_2 = 2$

∴ $R = R_1 + R_2 = 5\Omega$

$V = IR = 1.2 \times 5 = 6\,V$

정답  01. ④

(4) 키르히호프 법칙

① 키르히호프의 제1법칙(전류 법칙)

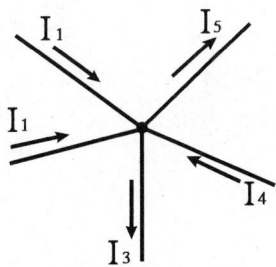

회로의 임의의 접합점으로 유출입하는 전류의 대수적 총합은 0이다. 즉, 접속점으로 유입하는 전류의 대수합은 0이다. 유입하는 전류의 합 = 유출하는 전류의 합

$I_1 + I_2 + I_4 = I_3 + I_5$

② 키르히호프의 제2법칙(전압 법칙) : 임의의 폐회로를 따라서 1회전하며 취한 전압대수의 합은 그 폐회로의 저항에 생기는 전압강하의 대수합과 같다. 기전력 대수합 = 전압강하의 대수합

(5) 내부저항과 단자전압

$$V = E - I \cdot r$$
$$E = IR + I \cdot r$$

여기서, $E$ : 기전력    $r$ : 내부저항    $R$ : 저항    $V$ : 단자전압

$$I = \frac{E}{R+r}$$

직렬연결 ∴ $I = \dfrac{nE}{R+nr}$    병렬연결 ∴ $I = \dfrac{E}{R+\dfrac{r}{n}}$

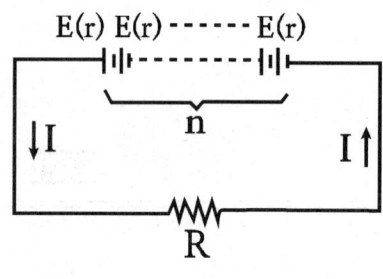

〈전지의 직렬연결〉

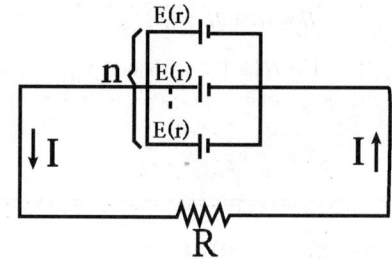

〈전지의 병렬연결〉

## 5  전력과 열량

(1) 전력과 전력량

① 전력 : 단위시간 동안에 전기 에너지를 말하며, 단위는 W[Watt]이다.

$$P = \frac{W}{t} = \frac{VQ}{t} = VI = I^2 R = \frac{V^2}{R}$$

여기서,  $P$ : 전력[W]　　$W$ : 일[J]　　$t$ : 시간[sec]

　　　　$Q$ : 전기량[C]　$I$ : 전류[A]　$V$ : 전압[V]

　　　　$R$ : 저항[Ω]

＊ 1HP = 0.746kW

② 전력량(Wh, kWh) : 전력 × 시간

W = P t = V I t [J]

1 kWh = 1000 W h = 3600000 W s = $3.6 \times 10^6$ J

$1\,\text{kWh} = \dfrac{3.6 \times 10^6 \, \text{J}}{4.186 \times 10^3} = 860\,\text{kcal}\,(1\,\text{cal} = 4.186\,\text{J})$

③ 전력측정 : 전력계는 전압계와 전류계를 조합한 것과 같은 계기이다. 단자는 공통단자, 전류단자, 전압단자 등 3단자가 있다.

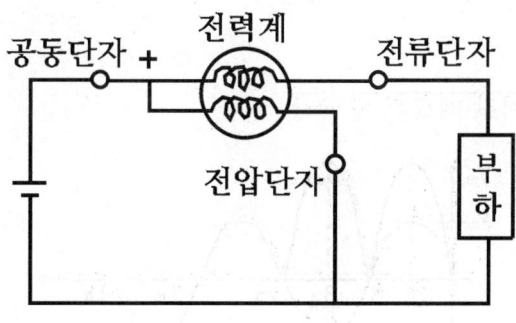

〈전력계의 접속도〉

(2) 줄(Joule)의 열

1A의 전류가 R[Ω] 안을 $t$초 동안 흐르게 되면 $I^2Rt$[J]의 전기 에너지, 즉 전력량이 소비되어 그 저항에 $I^2Rt$[J]의 열이 발생한다. 이 열을 줄의 열이라고 한다.

$$H = 0.24\,W = 0.4Pt = 0.24I^2Rt\,[\text{cal}]$$

여기서, $H$ : 열량[cal]    $t$ : 시간[sec]    $W$ : 일량[J]
        1 cal = 4.186J    $P$ : 전력[W]

$$1J = \frac{1}{4.186} \fallingdotseq 0.24\,\text{cal}$$

## 6 교류전기

(1) 실효값(Vrms)

교류의 크기를 이것과 동일한 일을 행하는 직류의 크기로 환산한 값

① 정현파 : $V = \sqrt{\dfrac{1}{T}\displaystyle\int_{\pi}^{0} V^2 dt} = \sqrt{\dfrac{1}{\frac{\pi}{2}}\displaystyle\int_{0}^{\frac{\pi}{2}} V^2_m \sin^2\omega t\, dt\omega t}$

$= \sqrt{\dfrac{2V^2_m}{\pi}\left(\dfrac{1-\cos\omega t}{2}\right)_o^{\frac{\pi}{2}}}$

$I = \dfrac{I_{\max}}{\sqrt{2}} \qquad V = \dfrac{V_{\max}}{\sqrt{2}}$

② 실효값 = $\sqrt{\text{순시값 제곱의 평균값}}$

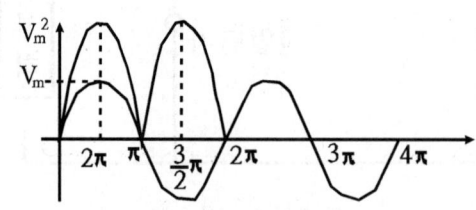

〈교류의 실효값〉

### Ⅲ 보충

파고율 = 최대값/실효값, 파형률 = 실효값/평균값

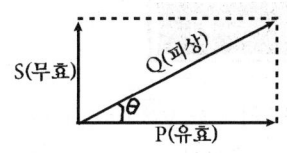

※ $Q^2 = P^2 + S^2$
(피상전력)$^2$ = (유효전력)$^2$ + (무효전력)$^2$

〈피상전력〉

(2) 전력과 역률

① 유효전력 $P$[W]

$$P = VI\cos\theta = I^2 R = \frac{V^2}{R}$$

② 피상전력 $Q$[VA]

$$Q = VI$$

③ 무효전력 $S$[Var]

$$S = VI\sin\theta$$

④ 역률($\cos\theta$)

$$\cos\theta = \frac{유효전력}{피상전력}$$

⑤ 무효율($\sin\theta$)

$$\sin\theta = \frac{무효전력}{피상전력}$$

(3) 전부하 전류

① 단상 = $\dfrac{용량\ P[W]}{전압\ V[V] \times 효율\ \eta[\%] \times 역률[\%]}$

② 3상 = $\dfrac{용량 P[W]}{\sqrt{3} \times 전압\ V[V] \times 효율\ \eta[\%] \times 역률[\%]}$

### 연습문제

**01** 전압이 $e = \sqrt{2}\,100\sin\omega t$[V], 전류 $i = \sqrt{2}\,20\sin(\omega t - 30)$[A]의 교류회로의 전력 $P$는 몇 [W]인가?

① 550  ② 1640
③ 1730  ④ 1850

◆ $P = 100 \times 20 \times \cos 30° = 2000 \times \dfrac{\sqrt{3}}{2} = 1732\text{W}$

정 답   01. ③

---

### III 보충   3상 기전력

※ Y결선(스타결선)

$I_\ell = I_P$

$V_\ell = \sqrt{3}\,V_P \angle 30°$

※ △결선(대전류적합)

$V_\ell = V_P$

$I_\ell = \sqrt{3}\,I_P \angle -30°$  [$\ell$ : 선간  $P$ : 상간]

---

### 7 전동기의 원리

(1) 플레밍의 왼손 법칙(전동기)

자계 안에 둔 도체에 전류가 흐를 때 도체에 작용하는 전자력의 방향에 관한 법칙으로 왼손의 검지를 자계방향으로 하고 중지를 전류방향으로 하면 엄지의 방향이 전자력의 방향이 된다.

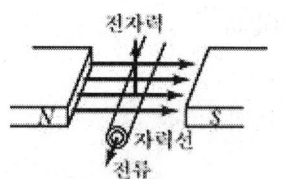
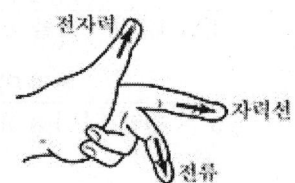

〈플레밍의 왼손 법칙〉

(2) 플레밍의 오른손 법칙(발전기)

도체가 자계 안을 움직일 때 기전력의 방향은 플레밍의 오른손 법칙으로 쉽게 알 수 있다. 오른손의 엄지, 검지, 중지를 서로 직각이 되도록 벌리면 엄지는 도체의 운동방향, 검지는 자속의 방향, 중지는 기전력의 방향과 일치한다.

〈교류발전기의 원리〉

(3) 아라고의 원판

구리 원판을 가운데 끼워서 자석을 놓고 이 자석을 좌우로 움직이면 원판도 그에 따라 같은 방향으로 회전한다. 구리가 비자성체임에도 이 현상이 일어나는 것은 전자유도 작용에 의한 것이다. 아라고의 원판은 유도 전동기의 원리가 된다. 유도 전동기에서는 자석을 움직이는 대신에 교류전류에 의한 회전자계를 만들어서 회전자를 돌리고 있는 것이다.

(4) 회전방향

유도기의 회전방향은 120°의 위상차가 있으므로 고정자의 세 단자 중에서 두 단자만을 바꾸면 회전방향이 반대로 된다.

(5) 동기속도(Ns : rpm)

회전자계가 돌아가는 속도는 전류의 변화 정도, 즉 주파수와 전자석의 N, S극에 따라 결정된다.

$$N_s = \frac{주파수}{\frac{극수}{2}} \times 60 = \frac{120 \times 주파수}{극수}$$

$$\therefore N_s = \frac{120f}{P}$$

여기서, $f$ : 주파수    $p$ : 극수

### ▎보충   슬립(Slip)

전동기의 회전속도는 동기의 속도보다 약간 늦다. 그 늦는 비율을 슬립이라고 한다.

$N = N_s(1-S)$

$S = \dfrac{N_s - N}{N_s}$

여기서, $N_s$ : 동기속도    $N$ : 전동기의 실제 속도    $S$ : 슬립

---

### 연습문제

**01** 60Hz의 전원에 4극 3상 유도 전동기가 연결되어 있다. 슬립이 0.03일 때 이 전동기의 회전수는?

① 1700  ② 1725
③ 1735  ④ 1745

◆ $N_s = \dfrac{120f}{P} = \dfrac{120 \times 60}{4} = 1800\text{rpm}$

$N = N_s(1-S) = 1800 \times (1-0.03) = 1746\text{rpm}$

정답  01. ④

---

## 1-2 축전기

정전 유도현상을 이용하여 전하를 모아 두는 장치를 축전기라고 한다.

### ❶ 정전용량

축전기가 전하를 모을 수 있는 능력의 크기를 정전용량이라고 한다.

(1) 축전기의 두 극판에 전하량 $Q$를 주었을 때 두 극판 사이이 전위차가 $V$이라면 정전용량 $C$는 다음과 같다.

$Q = CV$

(2) 정전용량의 단위

도체판에 1C의 전하량을 주었을 때 1V의 전위차가 나타나는 축전기의 정전용량을 1F(패럿)로 정한다.

$1F = 1\,C/N$

### 2  평행판 축전기의 정전용량

두 도체판 사이의 거리 $d$에 반비례하고, 마주보는 판의 넓이 $S$와 판 사이의 물질의 유전률 $\varepsilon$에 비례한다.

$C = \varepsilon \dfrac{S}{d}$

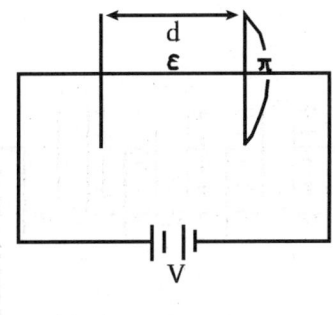

〈평행판 축전기〉

### 3  축전기에 저장된 전기에너지

축전기 양단의 전위차가 $V$에서 0이 될 때까지 축전기에 저장된 $Q$의 전하가 한 일을 $W$라 하면, 평균 전위차는 $\dfrac{V}{2}$이므로 축전기의 전기에너지 $W$는 $Q$의 전하가 한 일과 같다.

따라서 $W = \dfrac{1}{2}QV = \dfrac{1}{2}CV^2$ 이 된다.

### ④ 축전기의 직렬 연결

축전기의 양단에 전압 $V$를 걸어 주면 정전유도에 의해 같은 양의 전하 $Q$가 충전된다. 따라서

$V = V_1 + V_2 + V_3$ 가 되므로, 합성용량을 $C$라고 하면 $V = \dfrac{Q}{C}$ 에서

$$\dfrac{Q}{C} = \dfrac{Q}{C_1} + \dfrac{Q}{C_2} + \dfrac{Q}{C_3}$$

$$\dfrac{1}{C} = \dfrac{1}{C_1} + \dfrac{1}{C_2} + \dfrac{1}{C_3}$$

이므로 축전기에 걸리는 전압은 각 축전기의 정전용량에 반비례한다.

$$V_1 : V_2 : V_3 = \dfrac{1}{C_1} + \dfrac{1}{C_2} + \dfrac{1}{C_3}$$

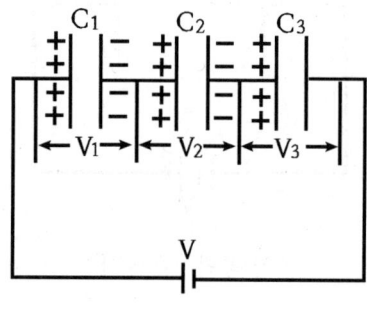

〈축전기의 직렬 연결〉

### ⑤ 축전기의 병렬 연결

각 축전기에 걸리는 전압 $V$가 같다. 따라서

$Q = Q_1 + Q_2 + Q_3$ 가 되므로, 합성용량을 $C$라고 하면 $Q = CV$에서

$CV = C_1 V + C_2 V + C_3 V$

$C = C_1 + C_2 + C_3$

이므로, 축전기에 저장되는 전하량은 축전기의 정전용량에 비례한다.

$Q_1 : Q_2 : Q_3 = C_1 : C_2 : C_3$

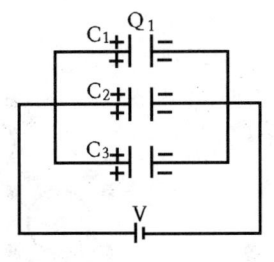

〈축전기의 병렬 연결〉

## 1-3 기초전자

### 1 반도체의 성질

저항률에 의한 물질의 구분

① 도체(Conductor) : $10^{-4} \Omega m$ 이하의 물질(은, 구리 등)

② 절연체(Insulator) : $10^{7} \Omega m$ 이상의 물질(베이클라이트, 고무 등)

③ 반도체(Semiconductor) : $10^{8} \sim 10^{-5} \Omega m$ 사이의 물질(Ge, Si 등)

### 2 반도체의 구조

(1) 진성반도체(Intrinsic Type Semiconductor) : I형 반도체

순수한 실리콘(Si)이나 저먼늄(Ge)의 결정체로서 정공(Positive Hole)의 수와 자유전자의 수가 동일하다. 실리콘 원자는 단독적인 구조로 되어 있으나 이들이 모여서 결정으로 되어 있는 경우에는 아래 그림과 같이 최외각 전자를 공유함으로써 결합되어 있다.

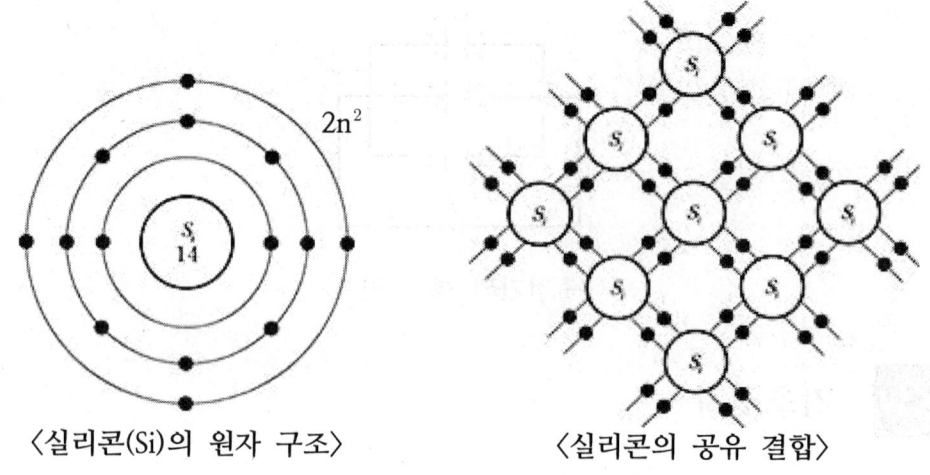

〈실리콘(Si)의 원자 구조〉　　　　〈실리콘의 공유 결합〉

① 정공(Hole) : 순수한 실리콘 결정에 외부에서 열이나 빛 등과 같은 에너지를 가하면 공유결합이 파괴되어 자유전자가 생성되고 전자가 빠져나간 자리에 구멍이 생기는데 이것은 정공(Hole)이라 한다.
② 캐리어(Carrier) : 자유전자와 정공에 대해 전자를 운반하는 것

(2) 다이오드의 전기적 특징

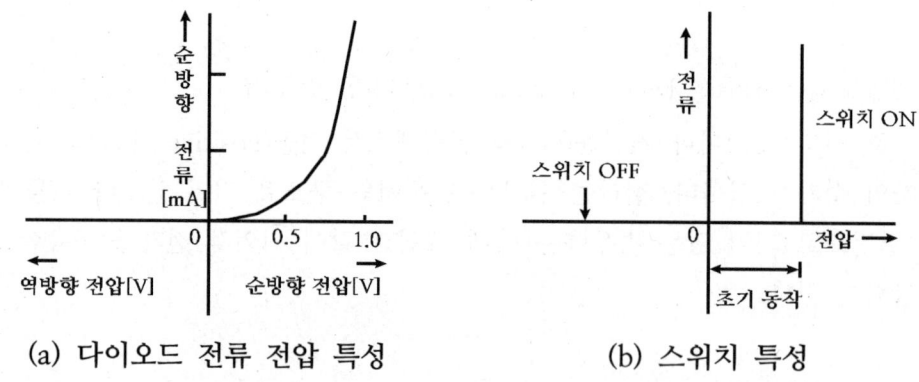

(a) 다이오드 전류 전압 특성　　　(b) 스위치 특성

다이오드 전류 전압의 특성은 순방향 특성은 지수곡선이고, 전압을 조금 올리면 전류가 급격히 증가한다. 반면에 역방향은 순방향에 비하면 전류가 전혀 흐르지 않는다.

(3) 불순물 반도체

진성반도체에 과잉전자나 부족전자 상태의 불순물을 소량 첨가하여 만드는 반도체이다.

① N형 반도체 : 비소(As), 안티몬(sb), 인(P) 등과 같이 5개의 가전자를 가지는 원소를 지성반도체에 미소량 첨가하는 반도체이다. 실리콘에 있는 4개의 가전자와 비소에 있는 5개의 가전자가 공유결합을 만드는데 전자가 한 개 남아서 빠져나온다. 이때 비소의 자유전자가 양이온으로 전류를 운반하는 캐리어가 된다.

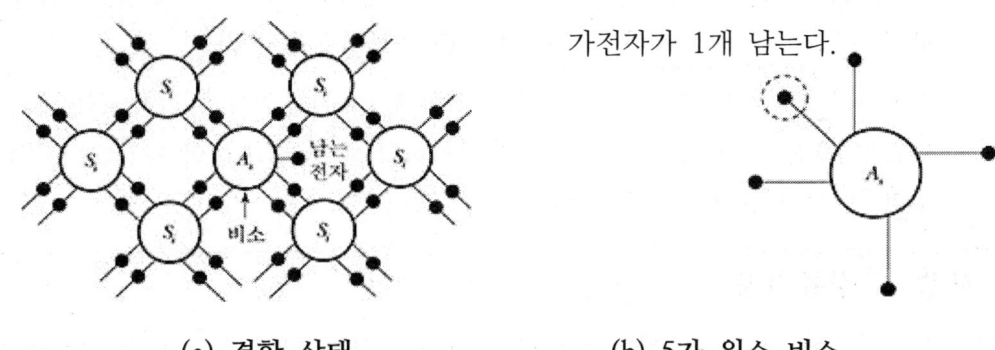

(a) 결합 상태　　　　　　(b) 5가 원소 비소

⟨n형 반도체⟩

㉠ 다수캐리어 : N형 반도체에서 주로 자유전자에 의해서 전류가 흐르므로 다수 캐리어가 된다.

㉡ 소수캐리어 : 존재하는 약간이 정공이 소수캐리어이다.

② P형 반도체 : 갈륨(Ga), 인듐(In), 붕소(B), 알루미늄(Al) 등과 같이 3개의 가전자를 진성반도체에 미소량 첨가한 반도체

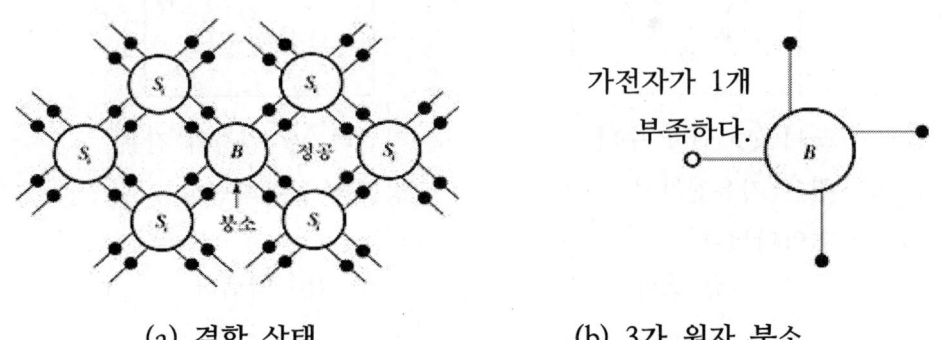

(a) 결합 상태　　　　　　(b) 3가 원자 붕소

⟨P형 반도체⟩

실리콘에 3개의 가전자를 갖는 붕소(B)를 소량 혼입하므로 공유결합 후에 전자가 부족한 상태가 된다. Si의 가전자가 한 개 부족하기 때문에 그곳에 정공이 생긴다.

㉠ 다수캐리어 : 주로 정공에 의하여 전류가 흐르기 때문에 정공이 다수캐리어가 된다.

㉡ 소수캐리어 : P형 반도체에 약간 존재하는 자유전자

③ 순방향 특성 : 접합면에 전압을 가해 증가시키면 p층에서는 정공이 n층으로 흐르고, n층에서는 전자가 p층으로 다시 확산에 의해 흘러들어간다. 이때를 pn접합의 순방향 특성이라 하고 스위치가 ON인 상태와 같다.

④ 역방향 특성 : 순방향과 반대로 직류 전압을 가하면 전압은 확산 전위차가 강화되도록 공핍 층에 가해져 순방향에서 일어난 소수 반송자의 확산은 완전히 멈추고, 스위치 동작은 OFF 상태이다.

### Ⅲ 보충   정류작용

pn접합에는 양단에 가해지는 전압의 방향에 따라 전류를 많이 흐르게 하거나 거의 흐르지 않게 하는 작용

(4) 도너(Doner) & 억셉터(Acceptor)

n형 반도체      p형 반도체

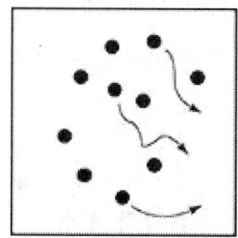
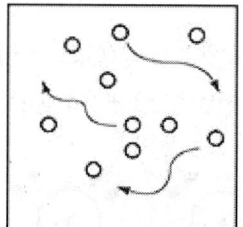

도너 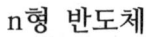 원자 수와
같은 자유전자가
돌아다닌다.

억셉터 ⓑ 원자와 간은
정공이 돌아다닌다.

(a) 도너      (b) 억셉터

① 도너 : n형 반도체에 혼합하는 5가의 불순물 원소인 인(P), 비소(As) 그리고 안티몬(Sb) 등의 원자를 말한다.

② 억셉터 : p형 반도체에 혼합하는 3가지 불순물 원소인 붕소(B), 알루미늄(Al) 그리고 인듐(In) 등은 5가의 원소와는 반대로 전자가 필요한 정공을 인접한 실리콘 원자와 만들기 때문에 전자를 받는다는 뜻이다.

### ❸ 다이오드(Diode)

전류를 한쪽 방향으로 흐르게 하는 정류작용을 하는 전자소자이다.

(1) p형과 n형 반도체의 접합

| | |
|---|---|
| pn접합 | 밀도가 높기 때문에 서로 상대방층으로 확산한다. 이 전자와 정공은 재결합하여 없어진다. |
| 전위와 밀도 관계 | 반송자가 없는 공핍층<br>안정 상태에서 접합면의 근처는 정공과 자유 전자가 없어지고 ±전하를 가진 억셉터와 도너가 남아서 확산 전위를 가진 공핍층이 생긴다. |
| pn접합 부분의 전위 | 전자는 좌측으로 가지 못한다. 확산 전위. 정공은 우측으로 가지 못한다<br>확산 전위의 의해 이 이상은 전자나 정공이 상대층으로 들어가지 못한다. |

(2) 제너 다이오드(Zener Diode)

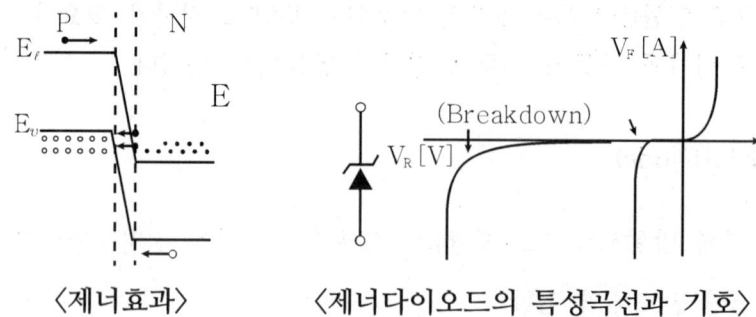

〈제너효과〉　〈제너다이오드의 특성곡선과 기호〉

제너 다이오드(Zener Diode)는 전압 포화 특성을 이용하여 전압을 일정하게 유지하기 위한 전압 제어 소자로 널리 이용되고 있다.

① P형 및 N형 반도체의 불순물 농도가 높으면 공간 전하의 폭도 대단히 좁아지므로 작은 역방향 전압을 가해도 공간 전하 영역 안에서 매우 강한 전계가 발생한다.

② 이 전계의 힘에 의하여 결정격자가 직접 이온화되어 새로운 전자와 정공이 생기는 현상을 제너항복 또는 터널효과(Tunnel Effect)라 한다.

③ 제너항복을 이용한 다이오드가 제너 다이오드이며, 항복 현상이 일어나도 다이오드는 파괴되지 않기 때문에 정전압 소자로서 널리 이용된다.

## 연습문제

**01** 다음 중 P형 반도체와 N형 반도체를 마주 대고 결합한 것은?
　① 캐리어　　　② 홀
　③ 다이오드　　④ 트랜지스터

 ① 캐리어는 물건을 운반하는 운반차 또는 반송파란 뜻을 가진 것으로 전자분야에서는 불순물 반도체 속에서 전류를 흐르게 하는 정공 또는 전자를 말한다.
② 홀은 반도체에서 전자가 빛이나 열 등의 에너지를 받아 전자가 빠져나간 구멍

정답　01. ③

(3) 여러 가지 다이오드들

| 종류 | 다이오드 응용 분야 | 기호 |
|---|---|---|
| 정류 다이오드 | 교류를 직류로 변환할 때 응용 | |
| 스위칭 다이오드 | 고속 on/off 특성을 스위칭에 응용 | |
| 정전압(제너) 다이오드 | 정전압 특성을 전압 안정화에 응용 | |
| 가변용량(Varactor) 다이오드 | 가변용량 특성을 FM 변조, AFC 동조에 응용 | |
| 터널(Tunnel = 애사키) 다이오드 | 음 저항 특성을 마이크로파 발진에 응용 | |
| MES(쇼트키) 다이오드 | 금속과 반도체의 접촉 특성을 응용<br>(MEtal Semi - Conductor) | |
| 발광(LED) 다이오드 | 발광 특성을 응용하여 표시용 램프로 사용 | |
| 수광(Photo) 다이오드 | 광검출 특성을 응용하여 광센서로 사용 | |
| 배리스터(Varistor) 다이오드 | 트랜지스터 출력 단의 온도 보상에 주로 사용 | |

(4) 반도체 소자의 종류 및 특징

① 블로미터(Bolometer) : 블로미터 전력계에서 온도에 의하여 저항값이 변하는 소자를 블로미터 소자라 한다. 그 종류에는 서미스터와 배러터가 있다.

㉠ 서미스터(Thermister)

ⓐ 온도가 증가하면 저항값이 감소[부의 온도계수 : NTC(Negative Temperature Coefficient)]하는 반도체 소자이다.

> **Ⅲ 보충**   센시스터(Sensistor)
> 정의 온도계수를 가지는 반도체 소자[정특성 서미스터(PTC)]

ⓑ 코발트, 니켈, 망간, 철, 구리, 티탄 등을 구워 만든다.

ⓒ 온도 검출이나 계측, 트랜지스터 회로의 온도 보상용 바이어스 회로에 많이 쓰인다.

ⓓ 어떤 온도에서 저항값이 급변하는 반도체 소자를 CTR(Critical

Temperature Resistor)이라 한다.

ⓒ 배러터(Barretter)
  ⓐ 온도가 증가하면 저항값이 증가하는 반도체 소자이다(PTC).
  ⓑ 백금선 등의 매우 가는 직선으로 된 철사에 고주파 전류를 흘려 발생하는 열을 이용한다.
  ⓒ 온도에 따른 저항값의 변화를 측정하여 전압 또는 전력을 측정한다.

② 배리스터(Varistor ; Variable Resistor)
  ㉠ 가해진 전압의 크기에 따라 저항 값이 변화하는 반도체 소자이다.
  ㉡ 전화기, 통신기기의 불꽃 잡음에 대한 회로의 보호 등에 사용된다.
  ㉢ 배리스터에 순방향 전압 V[V]를 가하면 흐르는 전류 $I$는 다음과 같다.
  $I = kV^n$[A]

  여기서, $k$와 $n$은 상수이고, $n$은 2~4.5 값을 갖는다.

③ 사이리스터(Thyristor)
  ㉠ 사이리스터란 P-N-P-N접합의 4층 구조 반도체 소자의 총칭으로서, 역적지 사이리스터, 역도통 사이리스터, 트라이액이 있다. 그러나 일반적으로는 SCR(Silicon Controlled Rectifier ; Thyristor)이라고 불리는 역적지 3단자 사이리스터를 가리키며, 실리콘 제어 정류소자를 말한다.
  ㉡ 사이리스터는 3개 이상의 P-N접합을 1개의 반도체 기관 내에 형성함으로써 전류가 흐르지 않는 off 상태와 전류가 흐를 수 있는 on 상태의 2개의 안정된 상태가 있고, 또한 off 상태에서 on 상태로 또는 on 상태에서 off 상태로 이행이 가능한 반도체 소자이다. 사이리스터는 일반적으로 전력용 트랜지스터에 비해 고내압에서 우수한 특성을 나타낸다.
  ㉢ 사이리스터 중에는 다음과 같은 SCR이나 다이악, 트라이악이라고 부르는 것이 있다. 일반적으로 사용되는 SCR이나 다이악, 트라이악은 다음과 같은 특성이 있다.
    ⓐ SCR : 3극 단방향 사이리스터
    ⓑ 다이악 : 2극 쌍방향 사이리스터
    ⓒ 트라이악 : 3극 쌍방향 사이리스터

ⓔ 사이리스터의 장점
  ⓐ 고전압 대전류의 제어가 용이하다.
  ⓑ 제어이득이 높고, 게이트 신호가 소멸하여도 on 상태를 유지할 수 있다.
  ⓒ 수명은 반영구적으로 신뢰성이 높다. 또 서지 전압 전류에도 강하다.
  ⓓ 소형·경량으로 기기나 장치에의 설치가 용이하다. 이러한 장점을 갖고 있는 사이리스터는 가전제품, OA기기, 산업용 기기 등의 전력 제어 분야에서 널리 사용되고 있으며, 수십[A] 이하의 중·소 전력 사이리스터만도 여러 가지가 있다.

④ 발광 다이오드

발광 다이오드는 반도체를 이용한 PN 접합이라고 불리는 구조로 만들어져 있으며 순방향으로 전압을 가했을 때 발광하는 반도체 소자로서 LED(Light Emitting Diode)라고도 불린다. 전압이 낮은 동안은 전압을 올려도 거의 전류가 흐르지 않고, 발광도 하지 않는다. 그러나 어느 전압 이상이 되면 전압 상승에 대하여 전류가 빠르게 흘러서, 전류량에 비례해서 빛이 발생된다. 이 전압을 순방향 강하전압이라고 한다. 발광다이오드의 색은 사용되는 재료에 따라서 다르며 자외선 영역에서 가시광선, 적외선 영역까지 발광하는 것을 제조할 수 있다

> **○ 특징**
> ㉠ 구조가 간단하기에, 대량생산이 가능하다.
> ㉡ 전구처럼 필라멘트를 사용하지 않기에, 소형이고 진동에 강하며 수명이 길다.
> ㉢ 종류에 따라서, 직접 바라보면 눈에 나쁜 영향을 줄 수 있다.

⑤ 트랜지스터(TR)

트랜지스터는 N형 반도체와 P형 반도체를 PNP / NPN 형태로 접합한 구조의 소자로 전류의 흐름등을 조절할 수 있도록 하여 만든 반도체 소자로서 기능은 스위칭, 검파, 증폭용으로써 모든 전자 시스템에 여러 가지 형태로 사용된다.

이미터 (Emitter) : 전기반송자 방출
컬렉터 (Collector) : 전기반송자 끌어모음
베이스 (Base) : 이미터나 컬렉터 층에 비해 얇으며 중간층으로서 방출전류제어

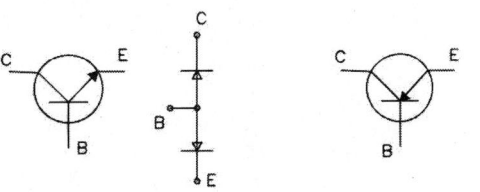

NPN 순방향    PNP 역방향

## 전기장치
# 기출 및 예상문제

**01** 제너 다이오드에 대한 설명으로 틀린 것은?
① 순방향으로 가한 일정한 전압을 제너 전압이라고 한다.
② 역방향으로 가해지는 전압이 어떤 값에 도달하면 급격히 전류가 흐른다.
③ 정전압 다이오드라고도 한다.
④ 발전기의 전압 조정기에 사용하기도 한다.

 제너 다이오드
  ㉠ PN 접합 다이오드에 역방향으로 전압을 걸었을 때 일정 전압보다 크게 되면 역방향으로 전류가 흐를 수 있도록 제작된 다이오드이다.
  ㉡ 평소에는 일반 다이오드와 같이 순방향(P → N)으로만 전류를 흐르게 하지만, 역방향(N → P)으로는 기준 전압 이상이 걸리면 통과시키는 특성을 갖고 있다. 일반 다이오드는 역방향(N → P)으로 전압을 걸면 파괴되지만 제너 다이오드는 파괴되지 않는다.

**02** 다음 직렬회로에서 저항 R1에 5mA의 전류가 흐를 때 R1의 저항값은?

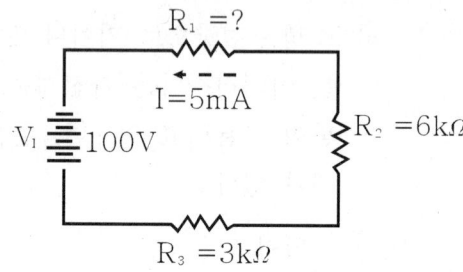

① 7kΩ  ② 9kΩ
③ 11kΩ  ④ 13kΩ

 $R = \dfrac{V}{I} = \dfrac{100}{5} = 20k\Omega$
$R_1 = 20 - 6 - 3 = 11k\Omega$

**03** 교류 발전기의 3상 전파 정류회로에서, 출력 전압의 조절에 사용되는 다이오드는?
① 제너 다이오드
② 발광 다이오드
③ 수광 다이오드
④ 포토 다이오드

**04** 반도체 소자로서 이중접합(PNP)에 적용되지 않는 것은?
① 사이리스터
② 포토 트랜지스터
③ 가변용량 다이오드
④ PNP 트랜지스터

**정답** 01.① 02.③ 03.① 04.①

◆ 사이리스터(SCR) : 다이오드와 비슷하며 게이트(G)에 전류를 통하게 하면, 애노드(A)에서 캐소드(K)로 전류가 흘러 도통되는 릴레이(스위치)와 같은 역할을 한다.

**05** 수온센서로 사용되는 것은?
① 반도체
② 부특성 서미스터
③ 트랜지스터
④ 다이오드

◆ 서미스터(thermistor) : 온도에 따라 전기 저항값이 변화하는 반도체 소자로서 온도에 따라 저항값이 시간과 함께 변화되는 성질을 이용하며, 정특성 서미스터(PTC)와 부특성 서미스터(NTC)가 있다. 자동차에서는 연료 잔량 감지와 엔진의 수온 감지 등에 사용된다. 같이 황산납이 된다. 이와 같이 방전시키면 양극과 음극의 극판은 황산납이 된다.

**06** 멀티미터를 전류 모드에 두고 전압을 측정하면 안 되는 이유는?
① 내부저항이 작아 측정값의 오차 범위가 커지기 때문이다.
② 내부저항이 작아 과전류가 흘러 멀티미터가 손상될 우려가 있기 때문이다.
③ 내부저항이 너무 커서 실제 값보다 항상 적게 나오기 때문이다.
④ 내부저항이 너무 커서 노이즈에 민감하고, 0점이 맞지 않기 때문이다.

**07** 일정한 전압 이상이 인가되면 역방향으로도 전류가 흐르게 되는 전자 부품의 소자는?
① 제너 다이오드         ② n형 다이오드
③ 포토 다이오드         ④ 트랜지스터

◆ 제너 다이오드(Zener diode)는 정전압 다이오드라고도 한다. 일반적인 다이오드와 유사한 PN 접합 구조이나 다른 점은 매우 낮고 일정한 항복 전압 특성을 갖고 있어, 역방향으로 어느 일정값 이상의 항복 전압이 가해졌을 때 전류가 흐른다.

**08** 자동차 교류발전기에서 가장 많이 사용되는 3상 권선의 결선방법은?
① Y결선                ② 델타 결선
③ 이중 결선            ④ 독립 결선

◆ 와이결선에 의하면 전압이 낮으므로 전류도 낮고 전류가 낮으므로 운전토크도 낮아진다. 그러므로 대용량의 기기는 델타 결선하여 사용하게 되는데 처음부터 델타 결선을 사용 시에는 기동 시 큰 전류로 인하여 권선에 무리가 갈 수 있으므로 우선 와이결선으로 기동하여 기동력이 발생하면 델타결선으로 전환하여 운전하는 방식을 사용하고 있다.

정답 05.② 06.② 07.① 08.①

**09** 차량의 안정성 향상을 위하여 적용된 전자제어 주행안정장치(VDC, ESP)의 구성요소가 아닌 것은?

① 횡 가속도 센서   ② 충돌 센서
③ 요-레이터 센서   ④ 조향 각 센서

◆ VDC(Vehicle Dynamic Control)와 ESP(Electronic Stability Program)는 차체자세제어장치로서 운전자의 의도를 벗어나 차가 위험한 상황에 이르렀을 때, 자동차가 스스로 차의 움직임을 조정하는 역할을 하도록 하는 제어장치이다.

**10** 센서의 고장진단에 대한 설명으로 가장 옳은 것은?

① 센서는 측정하고자 하는 대상의 물리량(온도, 압력, 질량 등)에 비례하는 디지털 형태의 값을 출력한다.
② 센서의 고장 시 그 센서의 출력값을 무시하고 대신에 미리 입력된 수치로 대체하여 제어할 수 있다.
③ 센서의 고장 시 백업(Back-up) 기능이 없다.
④ 센서 출력값이 정상적인 범위에 들면, 운전 상태를 종합적으로 분석해 볼 때 타당한 범위를 벗어나더라도 고장으로 인식하지 않는다.

◆ 센서의 고장 시 백업 기능이 있다.

**11** 그림의 회로와 논리기호를 나타내는 것은?

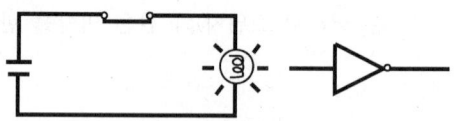

① AND(논리곱) 회로
② OR(논리합) 회로
③ NOT(논리부정) 회로
④ NAND(논리곱부정) 회로

◆ 각종 논리 게이트의 회로기호와 논리식

| 명칭 | 논리기호 | 논리식 |
| --- | --- | --- |
| NOT(부정) |  | $Y = \overline{A}$ |
| OR(논리합) |  | $Y = A + B$ |
| AND(논리곱) |  | $Y = A \cdot B$ |
| XOR(배타적 논리합) |  | $Y = A \oplus B$ |
| NAND(부정논리곱) |  | $Y = \overline{A \cdot B}$ |
| NOR(부정논리합) |  | $Y = \overline{A + B}$ |

정답 09. ② 10. ② 11. ③

**12** 다음 중 전기저항이 제일 큰 것은?

① 2MΩ　　　　② 1.5×10⁶Ω

③ 100kΩ　　　 ④ 500000Ω

◆ 2MΩ = 2×10⁶Ω

**13** 누설전류를 측정하기 위해 12V 배터리를 떼어 내고 절연체의 저항을 측정하였더니 1MΩ이었다. 누설전류는?

① 0.006mA　　② 0.008mA

③ 0.010mA　　④ 0.012mA

◆ $I = \dfrac{V}{R} = \dfrac{12 \times 10^3}{10^6} = 0.012$

**14** 역방향 전류가 흘러도 파괴되지 않고 역전압이 낮아지면 전류를 차단하는 다이오드는?

① 발광 다이오드　　② 포토 다이오드

③ 제너 다이오드　　④ 검파 다이오드

◆ 제너다이오드(Zener Diode) 특성
　㉠ 일반다이오드는 순방향에서 전류를 흐르는 기능을 이용하지만 제너 다이오드는 역방향의 break down을 이용한다.
　㉡ 일반 다이오드 보다 특정 전압을 조절하여 역방향에서 전류를 흐르는 기능을 이용한다.
　㉢ 다이오드의 특성상 일정 역방향 전압이 걸리면 전류를 흘려 저항을 낮추어 해당 지점에 전압이 올라가지 않도록 하는 기능을 많이 사용한다.

**15** 정류회로에 있어서 맥동하는 출력을 평활화하기 위해서 쓰이는 부품은?

① 다이오드　　　② 콘덴서

③ 저항　　　　　④ 트랜지스터

◆ 콘덴서는 일반적으로는 전기를 축적하는 기능 이외에 직류전류를 차단하고 교류전류를 통과시키려는 목적에도 사용된다.

**16** 자동온도 조절장치(FATC)의 센서 중에서 포토 다이오드를 이용하여 변환 전류로 컨트롤하는 센서는?

① 일사량 센서　　② 내기온도 센서

③ 외기온도 센서　④ 수온 센서

◆ 포토 다이오드 : P, N 접합부에 빛을 쪼이면 빛에 의해서 역방향(N → P)으로 전류가 흐르며, 다이오드가 빛을 받지 않으면 내부저항이 높아 실리콘 다이오드와 같이 역류방지기능을 한다. 자동차에서는 빛의 양에 따라 전류의 흐름을 제어하는 특성을 이용한 일사량 감지센서에 사용된다.

**17** 반도체의 장점이 아닌 것은?

① 극히 소형이고 가볍다.

② 내부 전력 손실이 적다.

③ 수명이 길다.

④ 온도 상승 시 특성이 좋아진다.

정답　12.①　13.④　14.③　15.②　16.①　17.④

◆ 진성반도체는 온도가 올라갈수록 저항이 작아지며 불순물반도체는 일반 도체와 마찬가지로 온도가 올라갈수록 저항이 증가되므로 고온에서의 반도체 특성은 변한다.

**18** 광전소자 레인센서가 적용된 와이퍼 장치에 대한 설명으로 틀린 것은?
① 발광다이오드로부터 초음파를 방출한다.
② 레인센서를 통해 빗물의 양을 감지한다.
③ 발광다이오드와 포토다이오드로 구성된다.
④ 빗물의 양에 따라 알맞은 속도로 와이퍼 모터를 제어한다.

◆ 발광다이오드의 색은 사용되는 재료에 따라서 다르며 자외선 영역에서 가시광선, 적외선 영역까지 발광하는 것을 제조하며 초음파를 방출하지 않는다.

**19** 20V 배터리에 연결된 전구의 소비전력이 50W이다. 배터리의 전압이 떨어져 12V가 되었을 때 전구의 실제 전력은 약 몇 W인가?
① 3.2  ② 25.5
③ 39.2  ④ 18

◆ $P = IV = \dfrac{V^2}{R}$ 에서
$R = \dfrac{V^2}{P} = \dfrac{20^2}{50} = 8$
$P = \dfrac{V^2}{R} = \dfrac{12^2}{8} = 18\,W$

**20** 전기회로의 점검방법으로 틀린 것은?
① 전류 측정 시 회로와 병렬로 연결한다.
② 회로가 접촉 불량일 경우 전압강하를 점검한다.
③ 회로의 단선 시 회로의 저항 측정을 통해서 점검할 수 있다.
④ 제어모듈 회로 점검 시 디지털 멀티미터를 사용해서 점검할 수 있다.

◆ 전류 측정 시 회로와 병렬로 연결하면 전류가 증가하는 쇼트가 발생하므로 직렬로 측정한다.

**21** 광속에 대한 설명으로 옳은 것은?
① 빛의 세기로서 단위는 칸델라이다.
② 빛의 밝기의 정도로서 단위는 룩스이다.
③ 광원에서 방사되는 빛의 다발로서 단위는 루멘이다.
④ 광속은 광원의 광도에 비례하고 광원으로부터 거리의 제곱에 반비례한다.

정답 18.① 19.④ 20.① 21.③

# 02 축전지

## 2-1 개요

(1) 축전지(Battery)는 양과 음의 전극판과 전해액으로 구성되어 있으며, 화학작용에 의해 직류기전력을 생기게 하여 전원 장치이다. 즉, 화학에너지를 전기에너지로 변화시킬 수가 있는 방전효과와 다른 전원으로부터 전기에너지를 공급받아 화학에너지로 변화시켜 축적하는 충전이라 하며, 충전과 방전이 반복되는 전지를 축전지 또는 2차전지라고 한다. 1차 전지는 충전과 방전이 반복되지 않는 것으로 건전지가 있다.

(2) 기관이 시동 시에는 주로 발전기가 전력을 공급하지만, 기관이 정지하고 있거나 시동할 때의 전력은 축전지에 의존하게 된다. 또한 축전지는 기관이 운전되고 있을 경우에도 발전기의 출력이 부족하거나 전압변동이 있을 때에 이를 보상하여 전력의 공급이 안정되게 하는 작용을 한다.

## 2-2 납산 축전지의 구조

자동차용 납산 축전지는 케이스 속에 증류수와 황산을 혼합한 묽은 황산용액(전해액)을 넣고 이온화 경향이 다른 두 금속을 양극과 음극으로 하여 화학 작용이 일어나도록 만든 것이다. 일반적으로 케이스 내부에 6개의 독립된 전지(셀 : 방)가 있고, 이들을 직렬로 연결하여 12V가 발생되도록 만들어져 있다.

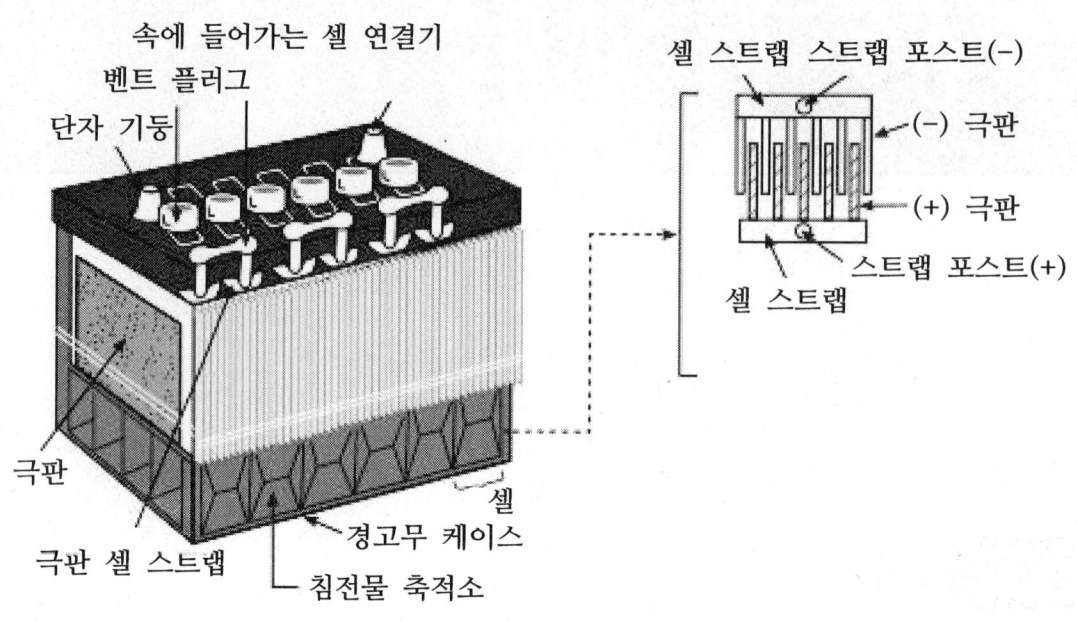

### ❶ 극판

| 구분 | 양극판 | 음극판 |
|---|---|---|
| 재질 | 과산화납($PbO_2$) | 해면상납(Pb) |
| 수량 | 셀당 5장 | 양극판보다 1장 더 많다. |
| 비고 | • 양극판은 음극판보다 작용이 활발하여 쉽게 파손되므로 화학적인 평형을 이루기 위해 음극판을 한 장 더 많이 둔다.<br>• 극판의 매수는 많을수록 극판의 면적이 증가하므로 축전지의 용량은 커진다. ||

### ❷ 격리판

양(+)극판과 음(-)극판 사이에 끼워져 두 극판이 서로 단락(합선)하는 것을 방지하며, 화학작용을 원활하게 하고 과산화납에 의한 부식방지와 전해액의 확산을 증가시키기 위해 주름진 쪽이 양극판(+극판 : Positive plate) 쪽으로 가게 한다.

> **III 보충    격리판의 구비조건**
> 1. 부도체로 비전도성일 것
> 2. 전해액이 자유로이 확산될 수 있도록 다공성일 것
> 3. 전해액에 부식되지 않을 것
> 4. 기계적 강도가 있을 것
> 5. 극판에 위해한 물질을 내뿜지 않을 것

### ❸ 단자기둥(Terminal Post)

(1) 양극 기둥 : 각 셀의 양극판을 연결한 스트랩 포스트 5개와 직렬로 결합되어 있다.

(2) 음극 기둥 : 각 셀에 음극판을 연결한 스트랩 포스트 6개와 직렬로 결합되어 있다. 양극과 음극을 잘못 연결하는 것을 방지하기 위하여 단자기둥에 문자 또는 크기로 구분될 수 있도록 제작되어 있다.

① 양극 기둥 : 직경이 크고, ⊕ 또는 P자로 표기되어 있다(적색).

② 음극 기둥 : 직경이 작고, ⊖ 또는 N자로 표기되어 있다(흑색).

### ❹ 전해액

(1) 개요

전해액은 황산($H_2SO_4$)에 증류수를 희석시킨 묽은 황산을 이용한다. 전해액에 불순물이 포함되면 자기방전을 증가시켜 축전지 수명을 단축시키는 등 나쁜 영향을 끼치므로 되도록 불순물이 혼입되지 않도록 해야 한다.

(2) 전해액 만드는 방법

① 고무그릇에 먼저 증류수를 붓는다.

② 증류수에 황산을 조금씩 넣고 저어서 혼합한다. 반대로 하면 격렬한 화학반응이 일어나 위험하다.

③ 혼합된 전해액은 열이 많이 발생하므로 표준온도가 되었을 때 축전지에 주입한

다. 전해액이 피부 등에 묻으면 중화용액(중탄산소다)으로 신속히 닦아내어야 한다. 중탄산소다가 없을 때는 먼저 물로 씻은 후 신속히 병원에서 조치를 받아야 한다. (전해액 배합비율 = 황산 35% : 증류수 65%)

### ❺ 전해액의 비중과 온도

(1) 전해액의 비중은 완전충전 상태일 때 1.240, 1.260, 1.280의 세 종류가 있다.
열대지방 : 1.240, 온대지방 : 1.260, 한랭지방 : 1.280,
우리나라는 20℃를 기준으로 하여 1.260이다.

> **○ 비중**
>
> 표준대기압에서 4℃ 물 $1cm^3$(1g)당 중량을 1로 하고 다른 액체나 고체의 단위 체직(부피)당 중량비를 구한 것이 비중이다. [비중(밀도) = 질량/부피]

(2) 온도에 따른 비중변화

    ① 온도 상승 시 전해액 팽창 : 비중 저하

    ② 온도 하강 시 전해액 수축 : 비중 상승

(3) 표준온도(20℃)에서 비중환산법

$$S_{20} = S_t + 0.0007(t-20)$$

    $S_{20}$ : 표준온도 20℃로 환산한 비중

    $S_t$ : 임의 온도(t℃)일 때의 비중

    0.0007 : 1℃마다 전해액 비중 변화값(온도계수)

    t : 전해액의 온도(℃)

**연습문제**

**01** 전해액 온도가 40℃일 때 비중이 1.240이다. 표준온도에서의 비중은?

① 1.224  ② 1.234

③ 1.244  ④ 1.254

 $S20_{20} = S_t + 0.0007(t-20) = 1.24 + 0.0007(40-20)$

$= 1.24 + 0.0007 \times 20 = 1.24 + 0.014 = 1.254$

정답  01. ④

### 6 비중측정

전해액의 비중측정은 비중계를 사용하여 측정한다. 비중계 흡입관 속으로 전해액을 빨아들여 게이지와 액면이 닿는 부분을 읽으면 된다.

(1) 비중에 다른 축전지 충전상태(20℃ 기준)

　　1.260~1.280 : 100% 충전상태

　　1.210~1.240 : 75% 충전상태(3/4 충전)

　　1.150~1.220 : 50% 충전상태(1/2 충전)

　　1.100~1.150 : 25% 충전상태

　　1.050~1.100 : 0% 충전상태

(2) 축전지 비중 저하 때 일어나는 현상

　　① 기전력 저하

　　② 용량 저하

　　③ 저항 증가

　　④ 자기 방전량 감소

## 2-3 축전지의 화학작용

### ❶ 충전 및 방전 시의 화학작용

(1) 축전지 내부에서는 양극판, 음극판, 전해액 사이에서 다음과 같은 화학반응(이온결합)을 하면서 충전과 방전을 계속 반복한다.

$$\underset{\text{양극}}{\underset{\text{(과산화납)}}{PbO_2}} + \underset{\text{전해액}}{\underset{\text{(묽은 황산)}}{2H_2SO_4}} + \underset{\text{음극}}{\underset{\text{(해면상납)}}{Pb}} \underset{\text{충전}}{\overset{\text{방전}}{\rightleftharpoons}} \underset{\text{양극}}{\underset{\text{(황산납)}}{PbSO_4}} + \underset{\text{전해액}}{\underset{\text{(물)}}{2H_2O}} + \underset{\text{음극}}{\underset{\text{(황산납)}}{PbSO_4}}$$

(2) 축전지를 방전하면 양극판과 음극판 모두가 황산납이 되고, 전해액은 물로 변한다.

### ❷ 방전

(1) 개요

충전된 상태에서는 양극은 과산화납, 음극은 해면상 납이지만 부하(전구, 악세사리 등)가 작용하여 방전을 계속하면 양극과 음극은 다같이 황산납으로 되며, 동시에 물이 생기므로 전해액의 비중은 저하되어 축전지의 내부저항은 증가하여 전류는 점점 흐르지 않게 된다.

(2) 방전 종지전압

축전지가 더 이상 방전되지 않을 때의 전압이며 일반적으로 셀(1단전지)당 단자전압이 1.75V이므로, 12V축전지에서는 10.5V(1.75 × 6)가 방전 종지전압으로 되어 있다.

(3) 자기방전

축전지는 사용하지 않는 상태로 방치해 두면 조금씩 방전을 일으키는데 이러한 현상을 자기방전이라고 한다. 자기방전은 전해액의 비중이 높을수록, 주위의 온도와 습도가 높을수록 커진다.

(4) 자기 방전량

① 자기 방전량은 전해액의 온도와 비중이 높을수록 증가한다.

② 충전 완료 후 시간이 경과함에 따라 점차 감소한다.

③ 자기 방전량은 시간이 지날수록, 즉 배터리 사용시간이 많을수록 증가한다.

④ 24시간 동안 자기 방전량은 실제 용량의 0.3~1.5% 정도이다.

| 온도 | 5℃ | 20℃ | 30℃ |
|---|---|---|---|
| 1일 방전량 | 0.25% | 0.5% | 1.0% |

⑤ 온도가 낮을수록 방전량이 작으므로 축전지는 서늘한 곳에 보관하는 것이 좋다.

(5) 브리지(Bridge) 현상

① 배선의 절연불량으로 단락(합선)되는 현상으로 축전지에서 충·방전을 반복하거나 과방전으로 양극과 음극 모두가 황산납으로 변해 활성물질이 자동차의 진동으로 탈락되어 축전지 내부의 아랫부분이나 옆면에 쌓이게 된다. 이렇게 퇴적된 물질이 양극판과 음극판을 단락(두 극판을 서로 연결시키는 역할)시키는 현상을 브리지 현상이라고 한다.

② 브리지 현상이 생기면 충전하여도 곧바로 방전되어 축전지 기능이 상실된다. 다시 말해 충·방전 주기(사이클)가 너무 짧아져 기능이 상실된다는 뜻으로 사이클링이 쇠약하다고 한다.

(6) 황화 현상(설페이션)

축전지를 과방전 또는 장기간 방치해 두면 극판 표면에 우윳빛과 같은 부도성(부도체) 황산납(영구 황산납) 결정이 생기는 현상을 말한다. 이러한 현상이 생기면 충전하여도 충전이 되지 않아 축전지는 못쓰게 되는데 원인은 다음과 같다.

① 과방전한 경우

② 장기간 방전상태로 방치했을 때

③ 전해액의 비중이 높거나 낮을 때

④ 전해액이 부족하여 극판이 노출되었을 때

⑤ 불충분한 충전을 반복했을 때

⑥ 전해액에 불순물이 혼입되었을 때

(7) 방전율과 용량

① 20시간율 : 완전 충전된 상태에서 일정한 방전전류로 20시간 동안 방전하였을 경우 셀당 단자전압이 방전 종지전압(1.75V)이 될 때까지 방전할 수 있는 전류의 총량을 말한다.

② 25A율 : 80°F에서 25A의 전류로 방전하여 셀당 전압이 1.75V에 이를 때까지 방전하는 것이다.(용량표시 : 소요시간)

③ 냉각률 : 0°F에서 300A로 방전하여 셀당 전압이 1V 강하하기까지 몇 분 소요되는가로 표시한다.(용량표시 : 초, 분)

> ○ 60AH인 축전지를 5A로 방전시킨다면 12시간 만에 방전종지전압에 도달하여야 한다. 그런데 방전종지전압에 도달하는 시간이 규정용량의 95%인 11.4시간 이상이 되어야 정상적인 축전지라 할 수 있고, 그 이하이면 교환 또는 폐기처리해야 한다.

### 3 충전

(1) 개요

외부의 직류전원(DC)으로 축전지를 충전시키면 양극판과 음극판의 작용물질은 황산기와 납으로 분해되고 전해액도 산소와 수소로 분해된다.

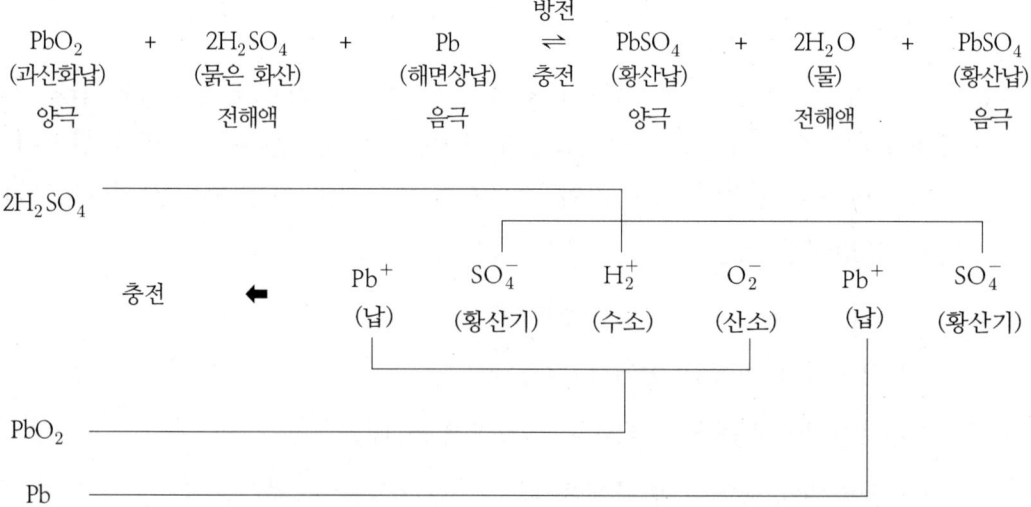

이때 분해된 황산기와 수소가 결합하여 만들어진 전해액은 농도가 증가하여 비중이 높아지고, 양극판은 과산화납, 음극판은 해면 모양의 납으로 된다. 또한 충전될 때 축전지 양극에서는 산소(O), 음극에서는 수소(H)가스가 발생하는데 수소가스는 폭발위험이 있으므로 주의해야 한다.

(2) 충전의 유형

① 초충전 : 충전되지 않은 새 축전지에 최초로 행하는 충전이다.

② 보충전 : 초충전 축전지를 사용한 후 재충전하는 것으로 보통충전과 급속충전이 있다.

| | | |
|---|---|---|
| 보통충전 | 정전류충전 | 일정한 직류전류로 충전하는 방식 |
| | 정전압충전 | 일정한 직류전압으로 충전하는 방식 |
| | 단별전류충전 | 충전의 효율을 높이고 온도상승을 완만히 하기 위해 충전 중에 전류를 단계적으로 감소시키면서 충전하는 방식 |
| 급속충전 | | 보통충전을 할 시간적 여유가 없을 때 응급조치로 단시간에 충전하는 방식으로 주의할 점은 다음과 같다.<br>㉠ 통풍이 잘 되는 곳에서 충전할 것(충전시 수소가스 발생)<br>㉡ 차에 설치한 상태에서 충전하지 말 것(실리콘 다이오드 파손)<br>㉢ 축전지 ⊕ ⊖ 양쪽 케이블을 분리할 것<br>㉣ 전해액의 온도가 45℃가 넘지 않도록 할 것<br>㉤ 충전시간을 가능한 짧게 할 것<br>㉥ 축전지 각 셀의 플러그를 열어 놓을 것 |

③ 회복충전 : 방전상태가 계속되어 극판 표면에 약간의 황화현상이 일어났을 때 이것을 원상으로 회복하기 위한 충전방식이다.

**❹ 기타 축전지**

(1) 알칼리 축전지

① 구조

㉠ 양극 : 수산화 니켈(NiOH)

㉡ 음극 : 카드뮴(융그너식) 또는 철(에디슨식) [일반적]

㉢ 전해액 : 알칼리용액

② 특징

㉠ 진동에 견디며 자기방전이 적다.

㉡ 평균수명이 길어 7~25년이나 사용할 수 있다.

㉢ 45℃~-20℃의 넓은 온도 범위에서 사용할 수 있다.

㉣ 가격이 고가이다.

(2) MF축전지

MF(Maintenance Free Battery) 축전지는 자기방전이나 화학반응할 때 발생하는 가스로 인한 전해액의 감소를 적게 하기 위해 개발한 것이며, 무정비(또는 무보수) 축전지라 할 수 있다.

## 기출 및 예상문제 (축전지)

**01** MF 축전지에 대한 설명으로 잘못된 것은?
① 자기방전이 작다.
② 증류수를 보충할 필요가 없다.
③ 납-칼슘합금을 쓴다.
④ 단자전압이 비교적 강하지 않아 충전전류가 많다.

◆ MF(Maintenance Free, 무정비화) 축전지도 납산 축전지이며, 일반적인 축전지에서 자기방전이나 화학반응을 할 때 발생하는 가스로 인한 전해액 감소를 방지하고, 점검·정비를 줄이기 위해 개발된 축전지로서 특징은 다음과 같다.
  ㉠ 증류수를 점검하거나 보충하지 않아도 된다.
  ㉡ 자기방전 비율이 매우 낮다.
  ㉢ 장기간 보관이 가능하다.

**02** 축전지가 방전되는 이유는?
① 황산납이 납과 황산기로 분해되기 때문이다.
② 음극판과 양극판 모두 황산납으로 되기 때문이다.
③ 양극판은 해면상납이 되고 음극판은 과산화납이 되기 때문이다.
④ 양극판은 과산화납이 되고 음극판은 해면상납이 되기 때문이다.

◆ 양극판인 과산화납은 방전하면 과산화납 속의 산소가 전해액(황산)의 수소와 결합하여 물이 생기고, 과산화납 속의 납은 전해액의 황산기(SO4)와 결합하여 황산납이 된다. 또한 음극판의 해면상납은 황산납으로 변한다.

**03** 축전지의 과도한 충전으로 인한 현상으로 틀린 것은?
① 격리판의 열화
② 양극판의 격자의 균열
③ 설페이션
④ 음극판의 페이스트의 연화

◆ 설페이션현상은 납축전지에서 과방전이나 베터리가 만충전이 되지 않은 상태에서 사용하는 상태가 지속되면 설페이션이란 부도성 뿌연 가루의 황산납이 발생하는 현상이며 이 설페이션 상태가 계속 진행되면 충전해도 극판은 본래의 과산화인 해면상으로 환원하지 않아 축전지의 성능 및 수명단축 원인이 된다.

정답 01.④ 02.② 03.③

**04** 자동차의 납산 축전지에서 방전 시 일어나는 현상으로 틀린 것은?
① 양극판(과산화납)은 황산납으로 변한다.
② 음극판(해면상납)은 황산납으로 변한다.
③ 배터리의 전해액 비중은 떨어진다.
④ 전해액의 묽은 황산을 산화납으로 변한다.

PbO₂ + 2H₂SO₄ + Pb
(과산화납)   (묽은 황산)   (해면상납)
 양극         전해액        음극
 방전          ↓↑          충전
PbSO₄  +   2H₂O   +  PbSO₄
(황산납)     (물)       (황산납)
 양극       전해액       음극

**05** 축전지에 사용되는 격리판의 구비 조건으로 잘못 설명된 것은?
① 전도성일 것
② 다공성으로 전해액의 확산이 양호할 것
③ 기계적 강도가 크고 산화부식이 적을 것
④ 내산성과 내진성이 양호할 것

◆ 격리판은 합성수지로 부도체이다.

**06** 납산축전지의 양극판에 대한 설명으로 틀린 것은?
① 해면상 납(Pb)으로 되어 있다.
② 극판은 암갈색이다.
③ 화학작용은 활발하다.
④ 다공성이며 결합력이 약하다.

◆ 납산축전지의 양극판은 과산화납(충전), 황산납(방전)을 계속 반복한다.

**07** 다음 중 축전지의 과충전 현상이 발생되는 주된 원인은?
① 전압조정기의 작동 불량
② 발전기 벨트 장력 불량 및 소손
③ 배터리 단자의 부식 및 조임 불량
④ 발전기 커넥터의 단선 및 접촉 불량

◆ 배터리가 과충전되는 원인은 조정전압이 높거나 조정기의 접지가 불량할 경우이다.

**08** 축전지의 정전류 충전에 대한 설명으로 틀린 것은?
① 표준 충전전류는 축전지 용량의 10%이다.
② 최소 충전전류는 축전지 용량의 5%이다.
③ 최대 충전전류는 축전지 용량의 20%이다.
④ 이론 충전전류는 축전지 용량의 50%이다.

◆ 정전류 충전 : 충전의 시작에서 끝까지 일정한 전류로 충전, 현재 축전지 충전에서 가장 많이 사용되고 있다.
㉠ 표준 충전전류 : 축전지 용량의 10% (약 4~6A)
㉡ 최소 충전전류 : 표준전류의 1/2(5%) (약 2~3A : 밤샘 충전 시)
㉢ 최대 충전전류 : 표준전류의 2배(20%)

**정답** 04.④ 05.① 06.① 07.① 08.④

**09** 납산 배터리가 방전할 때 배터리 내부 상태의 변화로 틀린 것은?

① 양극판은 과산화납에서 황산납으로 된다.
② 음극판은 해면상납에서 황산납으로 된다.
③ 배터리 내부 저항이 증가한다.
④ 전해액의 비중이 증가한다.

◆ 납산 배터리가 방전할 때 전해액의 비중이 감소한다.

**10** 납산 배터리의 방전종지전압에 대한 설명으로 옳은 것은?

① 셀 당 방전종지전압은 0.75V이다.
② 방전종지전압을 설페이션이라 한다.
③ 방전종지전압은 시간당 평균 방전량이다.
④ 방전종지전압을 넘어 방전을 지속하면 충전 시 회복능력이 떨어진다.

**11** 기동전동기의 전류소모 시험 결과 배터리의 전압이 12V일 때 120A를 소모하였다면 출력은 약 몇 PS인가?

① 1.96          ② 2.96
③ 3.96          ④ 4.96

◆ $P = IV = 120 \times 12 = 1440\,W = 1.44\,kW$

$$\frac{1.44 \times 102}{75} = 1.96\,PS$$

**12** 자동차에서 축전지를 탈거 시 작업방법으로 맞는 것은?

① (+)극 터미널을 먼저 푼다.
② 절연되어 있는 케이블을 먼저 푼다.
③ (-)극 터미널을 먼저 푼다.
④ 벤트플러그를 열고 작업한다.

◆ 축전지를 탈거 시 작업방법
  ㉠ 엔진키가 OFF 위치에 있는지 확인하고 각종 전기장치도 사용하지 말아야 하며 문(도어)도 전부 닫혀진 상태에서 작업해야 한다.
  ㉡ 축전지의 +단자 또는 -단자가 어떤 위치에 있는가를 주의하며 새 축전지의 장착 시 극성(極性)이 반대로 되지 않도록 주의하여야 한다.
  ㉢ 케이블 단자를 풀 때는 작업 중에 단락을 방지하기 위하여 반드시 어스(-단자)측을 먼저 푼다.
  ㉣ 축전지를 떼어낸 후에는 전해액이 흘러내려 부식된 부분이 없는가 조사하고, 새 축전지 장착에 지장이 있을 만큼 부식되어 있을 경우에 미리 수리한다.
  ㉤ 케이블 및 단자를 조사하고 단자가 부식되어 있으면 철솔로 솔질하여 깨끗하게 한다. 만일 사용하기 어려울 정도면 새 것과 교환한다.
  ㉥ 케이블 단자 및 어스선 접속부는 깨끗이 하여 완전히 접촉되도록 한다.

정답 09. ④  10. ④  11. ①  12. ③

# 03 시동장치(기동장치)

## 3-1 개요

(1) 자동차의 기관은 스스로 시동할 수 없으므로 외부의 힘에 의하여 시동시킬 수 있는 시동장치가 필요하다. 이 시동장치는 시동전동기, 시동스위치, 축전지 및 배선 등으로 구성된다.

(2) 작동순서는 시동스위치를 돌리면 축전지의 전류에 의해 시동전동기가 회전되고 전동기 안의 피니언기어가 링기어(플라이휠)를 회전시켜 기관이 시동된다. 기관이 시동되면 피니언기어는 링기어에서 이탈되어 자동적으로 원위치로 돌아가도록 한다.

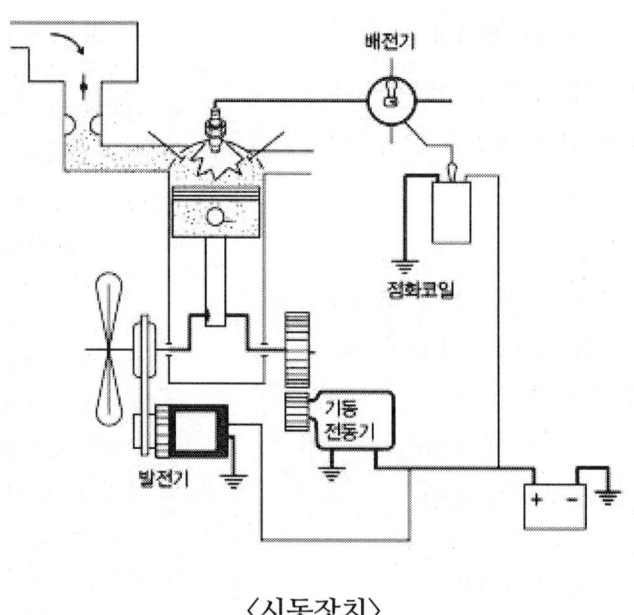

〈시동장치〉

## 3-2 전동기

**1 전동기의 기초원리**

자장 내에 도체를 설치하고 도체에 전류를 보내면 도체는 플레밍의 '왼손법칙'에 따라 힘이 발생한다. 이 때 코일의 양쪽에 흐르는 전류의 방향이 반대로 되어 아래 그림과 같이 자력선이 형성되기 때문에 회전력이 작용하여 회전운동을 일으킨다.

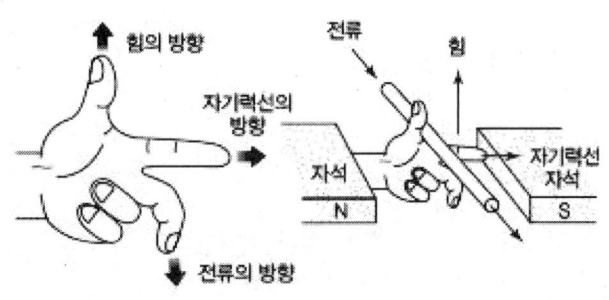

〈직류 전동기의 원리와 자력선〉

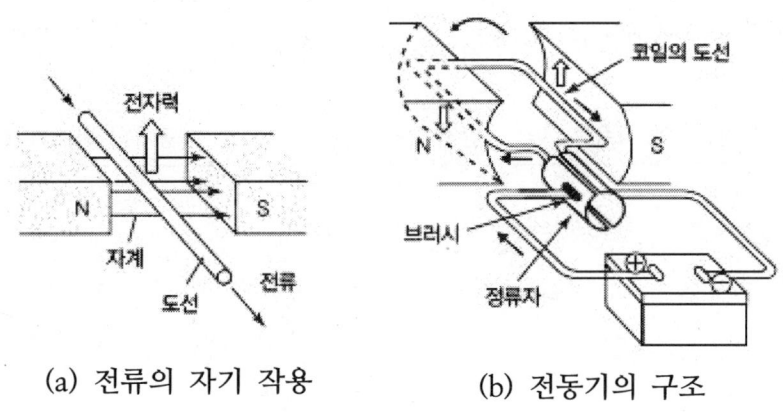

(a) 전류의 자기 작용     (b) 전동기의 구조

〈시동 전동기의 원리〉

## ❷ 전동기의 조건

(1) 소형이고 가벼울 것
(2) 출력이 크고 시동토크도 클 것
(3) 적은 전원용량으로도 작동이 잘 될 것
(4) 방진 및 방수형일 것
(5) 기계적인 충격에 견딜 것

## ❸ 직류 전동기의 종류와 특성

| 구분 | 직권 전동기 | 분권 전동기 | 복권 전동기 |
| --- | --- | --- | --- |
| 구조 | 계자코일과 전기자코일이 직렬로 연결됨 | 계자코일과 전기자코일이 병렬로 연결됨 | 두 개의 계자코일과 전기자코일이 각각 직렬과 병렬로 연결됨 |
| 장점 | 시동 회전력이 크다. | 회전속도가 일정하다. | 회전속도의 변화가 거의 없고 회전력이 비교적 크다. |
| 단점 | 부하에 따라 회전속도 변화가 심하다. | 시동 회전력이 작다. | 직권전동기에 비하여 구조가 복잡하다. |
| 용도 | 시동전동기에 사용 | 발전기에 사용 | 자동차의 와이퍼 모터에 사용 |

## 3-3 시동 전동기의 구조

(1) 시동 전동기는 구조

① 회전력을 발생하는 전동기 부분,

② 회전력을 기관에 전달하는 동력전달 부분,

③ 피니언을 섭동시켜 링기어에 물리게 하는 부분으로 나눌 수 있다.

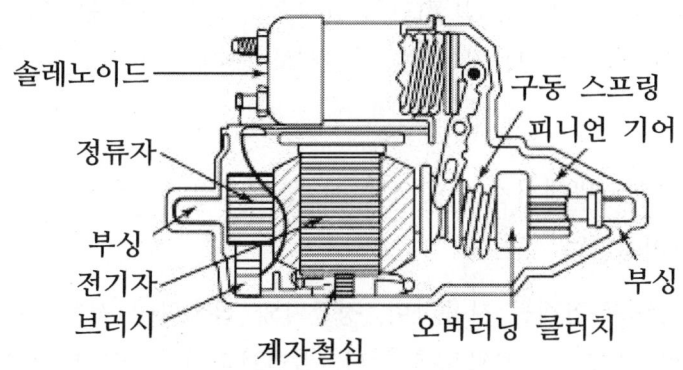

〈시동 전동기의 구조〉

(2) 시동전동기 테스트

시동전동기 테스트 전기자 코일의 전기적 점검은 그롤러 테스터로 한다. 전기자 코일의 단선, 단락및 접지등에 대해서 시험한다. 회전력 시험에서의 회전력은 전기자가 회전되지 않기 때문에 정지 회전력이라고 한다. 엔진을 크랭킹 할때 기동 전동기에 흐르는 전압은 12V인 경우에는 9~11V이다. 밧데리 전압이 스터팅 모터에 거의 소모된다. 무부하 시험에는 축전지및 전류계,회전계,가변저항,전압계등이 필요하다.

### ① 전동기 부분

(1) 전기자(Armature ; 아마추어)

회전력을 발생시키는 부분으로 전기자코일, 전기자철심, 전기자축 및 정류자로 구성된다.

① 전기자코일 : 큰 전류가 흐르는 부분으로 평각구리선을 사용한다. 코일의 한 쪽은 N극 쪽에, 다른 한쪽은 S극 쪽에 오도록 철심의 홈에 절연되어 끼워져 있고, 또 코일의 양쪽 끝은 각각 정류자와 연결되어 있다.

② 전기자철심 : 맴돌이 자장을 감소시켜 자력선이 잘 통과되도록 하고, 전기자코일을 지지하며 전기자코일의 회전력을 전기자축에 전달한다.

③ 전기자축 : 전기자코일의 움직임을 회전운동으로 전환한다.

(2) 정류자(Commutator)

브러시와 접촉하여 전류를 일정(한쪽)방향으로 흐르게 하는 것으로 조각(세그먼트 ; Segment)으로 된 정류자 편을 절연체로 싸서 원형으로 한 것이다.

(3) 계자(Field)

기자력(전자석)을 발생시키는 것으로 계철, 계자철심, 계자코일로 구성된다.

(4) 브러시와 브러시홀더

① 브러시 : 금속흑연계를 사용하며, 정류자와 접촉하여 전기자코일에 흐르는 전류가 일정한 방향으로 흐르도록 한다. 절연브러시와 접지브러시가 있으며, 절연브러시는 브러시홀더 사이에 절연체(합성수지)로 절연되어 있다.

② 브러시홀더 : 브러시가 정류자와 접촉이 잘 되도록 하는 브러시스프링이 설치되어 있으며, 브러시의 상하 움직임을 안내한다.

## ② 동력전달 부분

(1) 개요

동력전달기구는 전동기에서 발생한 토크를 기관의 플라이휠에 전달하여 기관을 회전시키는 기구이다.

(2) 종류 및 특징

벤딕스식, 전기자 섭동식, 피니언 섭동식으로 크게 나눌 수 있으며, 특징은 다음과 같다.

| 벤딕스식 | 전동기가 무부하상태에서 고속회전하면 피니언에 발생하는 관성력을 이용한 것으로 구조가 간단하나 내구성이 작으며, 오버런닝 클러치를 사용하지 않는다. |
|---|---|
| 전기자 섭동식 | 자력선이 가까운 거리를 통과하려는 성질을 이용한 것으로 전기자축에 피니언기어가 고정되어 있고, 전기자축이 이동하여 피니언기어와 링기어를 치합시킨다. 클러치식 오버런닝 클러치를 사용한다. |
| 피니언 섭동식<br>(오버런닝 클러치식) | 전기자가 회전하기 전에 시프트레버에 의해 피니언기어와 링기어를 먼저 치합시키는 형식으로 현재 가장 많이 사용되며, 롤러식 오버런닝 클러치를 사용한다. |

(3) 오버런닝 클러치(Over Running clutch)

① 기능 : 일방향 클러치라고 하며 한쪽 방향으로만 동력이 전달되도록 한 것으로 엔진가동 후 피니언이 공회전하여 링기어에 의해 기동전동기가 회전되지 않게 하는 장치이다.

② 종류

㉠ 롤러식 : 전동베어링과 같은 모양이나 인너레이스에 턱을 둔 것으로 영구 주유식이므로 세척액에 넣고 닦아서는 안된다.

㉡ 스프래그식 : 직선과 대각선의 길이 차를 이용한 것으로 엔진오일로 주유한다.

㉢ 다판클러치식 : 건식 다판클러치를 사용하며, 과부하시 미끄러지는 성질을 이용한다.

## 시동장치(기동장치) 기출 및 예상문제

**01** 전동기가 응용하고 있는 법칙은?
① 플레밍의 오른손 법칙
② 플레밍의 왼손 법칙
③ 앙페르의 법칙
④ 아토-장토만의 법칙

◆ 발전기는 플레밍의 오른손법칙에 따라 전류를 발생하며 전동기는 플레밍의 왼손법칙에 따라 자력선이 형성되기 때문에 회전력이 작용하여 회전운동을 일으킨다.

**02** 다음 중 교류발전기와 관련이 있는 것은?
① 실리콘 다이오드
② 제너 다이오드
③ 발광 다이오드
④ 포토 다이오드

◆ 교류 발전기의 구조 및 기능
㉠ 스테이터(stator) : 3개의 독립된 코일이 감겨져 있으며 DC의 전기자에 해당하는 것으로 여기에 3상 교류 전기가 유기된다.
㉡ 로터(rotor) : DC발전기의 계자 코일과 계자 철심에 해당되며 자속을 만들어 풀리에 의해 회전하도록 되어 있다.
㉢ 브러시(brush) : 2개의 브러시는 각각 브러시 홀더에 끼우고 뒤쪽에 브러시 스프링으로 눌러서 슬립링에 접촉하여 로터 코일에 전류를 공급한다.
㉣ 다이오드 : 실리콘 다이오드를 사용하여 +쪽에 3개, -쪽에 3개씩 두어 3상 교류를 전파정류하도록 하고 있으며 정류 시 다이오드의 온도 상승을 고려하여(온도가 150℃ 이상시 정류작용이 나빠진다) 방열핀을 부착하였다.
㉤ 전압 조정기 : 발전기는 기관에 의해 구동되기 때문에 기관의 회전수가 빨라지면 발생 전압은 정격전압 이상으로 상승하여 전기장치가 파손되거나 배터리에 과충전이 되기도 하는데 이러한 과전압이나 과전류를 방지하여 발전기나 부하를 보호하고 발전기가 안정된 상태에서 작동할 수 있도록 하는 장치가 조정기(ragulator)이다.

**03** 파워트랜지스터에서 접지는?
① 이미터
② 접지
③ 베이스
④ 컬렉터

◆ NPN 트랜지스터는 증폭작용이 가장 크며 이미터를 접지단자로 한다.

**04** 시동 후 피니언 기어와 전기자 축에 동력 전달을 차단하여 기동전동기를 보호하는 부품은?
① 풀 인 코일
② 브러시 홀더
③ 홀드 인 코일
④ 오버 러닝 클러치

정답  01. ②  02. ①  03. ①  04. ④

◆ 오버런닝 클러치는 일방향 클러치라고 하며 한쪽 방향으로만 동력이 전달되도록 한 것으로 엔진가동 후 피니언이 공회전하여 링기어에 의해 기동전동기가 회전되지 않게 하는 장치이다.

**05** 플레밍의 왼손법칙에서 엄지손가락 방향으로 회전하는 기동전동기의 부품은 어느 것인가?
① 로터
② 계자 코일
③ 전기자
④ 스테이터

◆ • 고정자(Stator) : 전동기, 발전기 등 전기기기에서 고정되어 있는 부분
• 회전자(Rotor) : 회전하는 부분
• 계자(Field Magnet) : 주 동작에 필요한 주 자속을 만들어내는 권선 부분
• 전기자(Armature) : 자속을 끊으며 전압(기전력)이 유도되는 권선 부분

**06** 하이브리드 자동차에서 직류(DC) 전압을 다른 직류(DC) 전압으로 바꾸어 주는 장치는 무엇인가?
① 커패시터
② DC-AC 인버터
③ DC-DC 컨버터
④ 리졸버

◆ DC-DC 컨버터는 SMPS라고도 하며 트랜지스터의 ON/OFF 스위칭 동작을 이용하여 출력전압을 안정화시키는 스위치 모드 파워 서플라이(SMPS)이다. 반도체 소자의 ON/OFF 스위칭 동작을 이용하여 전력의 흐름을 제어하는 펄스폭 변조(PWM ; Pulse Width Modulation) 방법을 적용하여 출력전압을 부하의 변동에 관계없이 일정하게 제어하게 된다.

**07** 자동차의 파워 트랜지스터에 관한 내용 중 틀린 것은?
① 파워 TR의 베이스는 ECU와 연결되어 있다.
② 파워 TR의 컬렉터는 점화 1차 코일의 (-)단자와 연결되어 있다.
③ 파워 TR의 이미터는 접지되어 있다.
④ 파워 TR의 PNP형이다.

◆ PNP형은 주로 스위칭 작용에 사용하며, NPN형은 주로 증폭작용에 사용한다.

정답  05. ③  06. ③  07. ④

# 04 점화장치

## 4-1 의의

점화장치(Ignition system)는 가솔린 기관의 연소실 안에 압축된 혼합기를 고온의 전기불꽃으로 적절한 시기에 점화하여 연소시키는 장치이다. 점화장치는 점화코일(Ignition coil), 배전기(Distributor), 고압케이블(High cable) 및 점화플러그(Spark plug) 등으로 구성되어 있다.

## 4-2 점화장치의 종류

(1) 점화장치의 분류

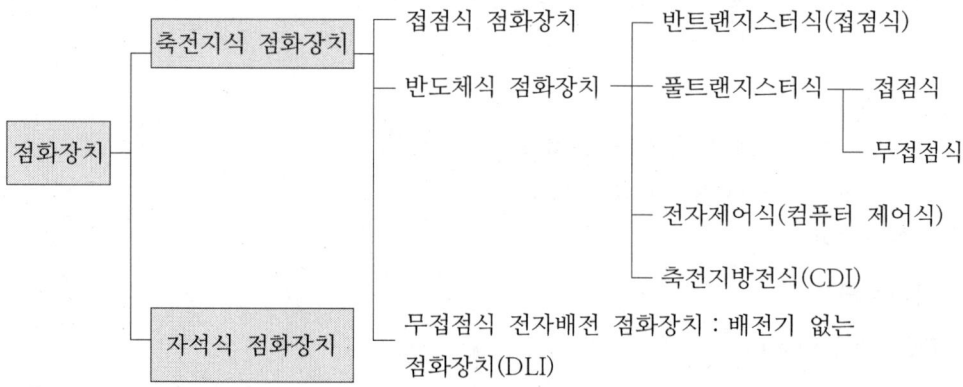

(2) 축전지식 점화장치와 자석식 점화장치의 비교

| 축전지식 점화장치 | 자석식 점화장치 |
|---|---|
| • 구조가 간단하다.<br>• 저속회전 시에서도 확실하게 고전압을 얻을 수 있다.<br>• 점화시기의 조정범위를 넓게 할 수 있다.<br>• 자동차용 기관에 사용된다. | • 영구자석을 사용하는 소형의 교류발전기에서 발생하는 전기에너지를 전원으로 한다.<br>• 저속회전 시 점화불꽃이 약하므로 높은 전압을 얻을 수 없다.<br>• 소형기관에 사용된다. |

## 4-3 축전지식 점화장치

### 1 접점식 점화장치

(1) 구성

축전지 점화장치는 축전지, 점화코일, 배전기, 배전자, 단속기, 점화플러그 등으로 구성되어 있다.

① 1차 전류의 흐름(DC 12V) : 축전지 → 점화스위치 → 점화코일(1차 코일) → 배전기 접점 → 접지

② 2차 전류의 흐름(고전압) : 점화코일(2차 코일) → 배전기(로터, 회전자) → 고압케이블 → 점화플러그

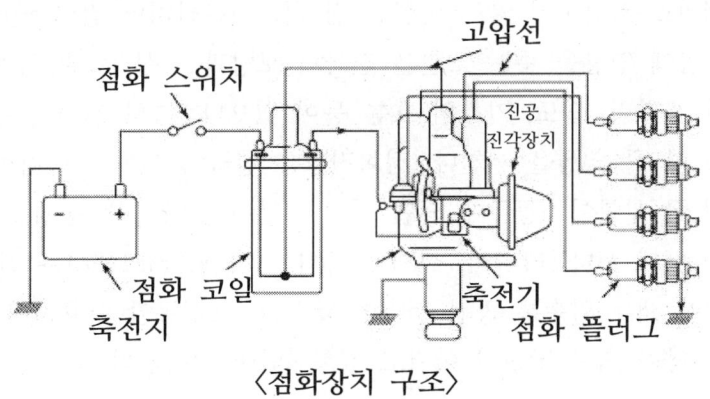

〈점화장치 구조〉

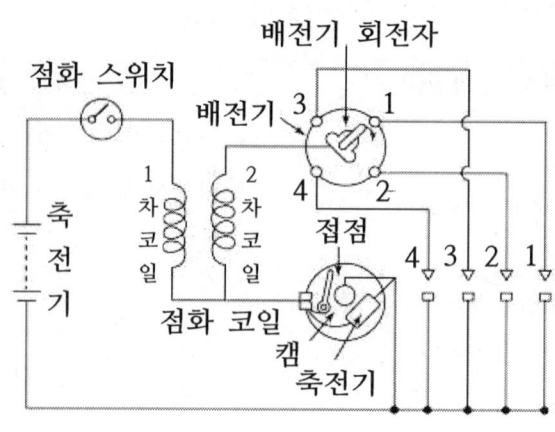

〈점화장치 구성도〉

(2) 점화방법

축전지에서 점화코일의 1차 코일에 전류가 흐르면 배전기 안의 단속기가 단속하여 점화코일의 2차 코일에 고전압이 발생한다. 이 고전압을 배전기의 배전자(Rotor)를 이용하여 각 실린더의 점화플러그에 점화 순서대로 분배하여 점화한다.

(3) 각 부분별 역할

① 점화코일 : 점화플러그에 불꽃은 1만 볼트 이상의 고전압이 필요하지만 축전지는 12볼트만 발생하므로 유도코일을 이용하여 점화코일의 1차 코일의 전류를 단속기 접점의 개폐로서 단속하면, 자기유도작용에 의하여 1차 코일에 기전력(전력을 흐르게 하는 원인이 되는 작용)이 유도되고, 이것이 2차 코일에 작용하면 상호유도작용으로 매우 높은 전압이 유도된다. 점화코일에는 유기전압(발생된 기전력의 전위 총칭) 의 한계 전압이 있으므로 어떠한 운전 조건에서도 실화하지 않고 확실한 점화를 이룩하려면 점화전압이 낮아야 한다. 점화전압에 영향을 주는 조건은 전극의 모양과 극성, 틈새, 주변의 가스의 압력, 온도와 혼합비, 습도, 가스의 흐름 등이 있으나, 특히 전극의 틈새, 가스의 압력 및 온도가 큰 영향을 끼친다. 점화전압은 전극 틈새에 비례하며, 같은 틈새라도 전극의 끝 부분이 둥글게 되면 방전 전압이 높아지며, 침상으로 생기면 방전 전압이 낮게 된다. 따라서, 실제 사용하는 점화플러그에서는 전극 끝 부분이 침상이며 새 것일수록 방전 전압이 낮으나, 오랫동안 사용하여 전극이 소모되고 둥근 모양이 되면 방전이 어렵고 점화전압이 상승된다.

> ⭕ **자기유도작용** : 코일에 흐르는 전류를 변화시키면 그 변화를 방해하는 방향으로 기전력이 발생하는 작용
> ⭕ **상호유도작용** : 하나의 전기회로에 자력선의 변화가 생겼을 때 그 변화를 방해하려고 다른 전기회로에 기전력이 발생하는 현상

② 배전기(Distributor) : 배전기는 점화코일에서 발생한 고전압을 점화순서에 따라 각 점화플러그에 배전하는 장치이며 단속기, 배전자, 축전기, 점화진각장치로 구성된다.

㉠ 단속기(Contact breaker) : 캠의 회전에 따라 접점을 개폐하여 1차 전류를 단속한다. 캠은 실린더 수와 같은 수의 로브(rob)를 가지고 있다.

㉡ 단속 암(Breaker Arm) : 점화코일의 1차전류를 단속하는 가동접점부로 암, 암휠, 접점 등으로 되어 있으며, 단속기판에 부착되어 캠의 작동에 따라서 개폐작용을 한다.

㉢ 축전기 : 단속기 접점과 병렬로 연결되어 전기량을 저장하며 단속기 접점이 1차전류를 단속할 때 접점에서 불꽃이 발생하는 것을 방지함으로써 단속기 접점을 보호한다. 또한 1차전류를 신속하게 차단하여 2차전압을 높이고 접점이 닫혔을 때 1차전류의 회복을 빠르게 한다.

㉣ 배전자(회전자 ; Rotor) : 배전기축에 있으며 배전기축과 함께 회전하도록 되어있다. 점화코일에서 유도된 고전압은 배전자를 거쳐 각 실린더에 접촉되어 있는 바깥둘레의 단자에 가해져서 각 점화플러그에 배전된다.

㉤ 캠각(드웰각) : 접점이 닫혀있는 동안 캠이 회전한 각도를 말한다.

$$캠각 = \frac{360°}{실린더수} \times 0.6$$

ⓑ 단속기 접점간극과 캠각도

| 캠각이 작을 때 | 캠각이 클 때 |
|---|---|
| • 접점간극이 크다. | • 접점간극이 작다. |
| • 점화시기가 빠르다. | • 점화시기가 늦다. |
| • 1차전류 흐름시간이 짧다. | • 1차전류 흐름시간이 길다. |
| • 고속에서 실화의 원인이 된다. | • 점화코일이 과열한다. |

③ 점화진각 기구 : 기관의 회전속도에 따라 점화플러그의 불꽃 발생시기를 자동적으로 조정하는 기구이다. 원심력식과 진공식이 있다.

○ **점화진각** : 단속기의 접점이 열린 후부터 실린더 내에 연소압력이 최고로 될 때까지는 시간적으로 산격이 존재하는데 섭섬이 열리는 시기의 회전속도, 부하, 연료의 송류 등에 따라서 이들 상태에 적합하도록 조절해서 가장 효율적으로 기관을 작동시켜야 한다. 이 점화시기를 조절하는 정도는 일반적으로 크랭크축의 회전각도로 표시하는데 이를 점화진각이라 하며, 일반적으로 크랭크각으로(ATDC) 12° 정도에서 최대압력이 되도록 혼합가스에 점화하는 것이 좋다.

④ 원심력식 점화진각장치와 진공식 점화진각장치

   ㉠ 원심력식 점화진각장치의 작동원리는 회전수에 따라 변화되는 원심력의 변화를 이용하는 것이다. 작동방식은 배전기축의 회전속도가 빨라지면 원심력에 의하여 원심추가 바깥쪽으로 벌어지고 캠을 캠축 회전방향과 같은 방향으로 움직여 접점이 열리는 시기(점화시기)를 빠르게 하며, 축의 회전이 느려지면 원심추는 스프링의 힘에 의하여 중앙부로 되돌아가고 점화시기가 늦춰지도록 하는 장치이다.

   ㉡ 진공식 점화진각장치의 작동원리는 회전수에 따라 변화되는 흡기다기관(흡기 매니폴트)의 진공도를 이용하는 장치이다. 작동방식은 흡기다기관의 부압의 변화에 따라 진공 진각기구가 단속기판을 돌려 접점이 열리는 위치를 변화시켜 점화시기를 조절하는 장치로서, 기관부하 클 때는 부압은 낮아져서 점화시기를 늦추며, 기관부하 작을 때는 부압은 커지므로 점화시기 빨라지도록 하는 장치이다.

(4) 점화플러그

① 구조 : 점화플러그는 점화코일 2차회로의 한 부품으로 다음 그림과 같이 플러그 몸체, 중심전극, 접지전극, 개스킷(기밀유지작용), 절연체 등으로 구성되어 있고 실린더 헤드에 장착되어 있다. 절연체로는 자기, 알루미늄규산염, 산화알루미늄, 운모 등이 사용된다.

② 역할 : 점화코일에 유도된 전류로 불꽃을 방전시켜 압축된 혼합기에 점화하는 일을 한다. 접지전극과 중심전극 사이의 간극을 통하여 고전압에 의한 불꽃방전을 일으킨다. 따라서 전극은 방전에 의한 소모가 적고, 내열 및 내식성이 높은 재료를 사용하여야 하는데 니켈 - 크롬합금이나 니켈 - 망간합금이 많이 사용된다. 이때 접지전극과 중심전극과의 간극(불꽃 틈새)는 축전지 점화식에서는 0.6~1.0mm 정도이고 자석식 점화방식에서는 0.6~0.7mm 정도이다.

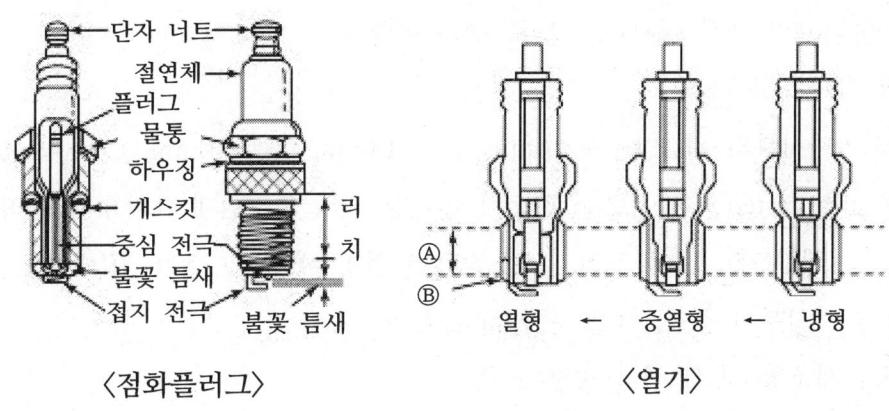

〈점화플러그〉　　〈열가〉

③ 구비조건

　㉠ 급격한 온도변화에 견딜 것(2,000℃)

　㉡ 고온 고압 하에서 기밀을 유지할 것

　㉢ 고전압(2만~3만 볼트)에 대한 충분한 절연성이 좋을 것

　㉣ 사용조건의 변화에 따라 오손, 과열, 소손 등에 견딜 것

　㉤ 내식성이 클 것

　㉥ 기계적 강도가 클 것(45기압 이상)

　㉦ 열전도성이 좋을 것

④ 점화플러그의 열 범위(열가) : 연소열로부터 받는 열의 방산성을 나타내는 것

| 구분 | 내용 | 용도 |
|---|---|---|
| 열형<br>(저열용 점화플러그) | • 열방산 통로가 길어 냉각효과가 적다.<br>• 길이 Ⓐ가 짧고 수열면적 Ⓑ가 크다. | 저압축 저속엔진에 사용 |
| 중간형 | • 냉각효과가 열형과 냉형의 중간이다. | |
| 냉형<br>(고열용 점화플러그) | • 열방산 통로가 짧아 냉각효과가 크다.<br>• 길이 Ⓐ가 길고 수열면적 Ⓑ가 작다. | 고압축 고속엔진에 사용 |

⑤ 점화플러그의 자기청정온도 : 점화플러그의 발화부 온도가 지나치게 낮으면 연소 생성물이 부착되어 불꽃방전을 일으킬 수 없게 되므로, 전극에 부착되는 연소생성물을 태워서 제거해야 하는데, 이때 400℃~600℃의 온도를 필요로 한다.

⑥ 점화플러그의 치수 : 점화플러그의 치수는 나사부 지름(Thread diameter)으로 표시하며 10mm, 12mm, 14mm, 18mm로 구분한다.

⑦ 플러그의 규격  6자리 코드로 구분 한다.

※ "DP5ESR"

D : 나사부의 지름 (A = 18mm, B = 14mm, C = 10mm, D = 12mm)

P : Projected Core Nose Plug의 이니셜 첫 글자 (현재 대다수의 플러그 형식.)

5 :   열값(가) (값이 크면 냉형, 작으면 열형, 4(열형), 5, 6, 7(냉형))

E : 나사부의 길이, 즉 E = 19mm, h = 12.7mm

S : 개조형 (중심 전극 중앙)

R : Resistor Plug,  저항 (모든 플러그는 일정값의 저항을 가지고 있다.)

## 2  반도체 점화장치

(1) 개요

반도체 점화장치는 트랜지스터(TR)과 여러 가지 반도체 소자를 이용한 점화장치이며, 점화코일의 1차전류를 트랜지스터로 단속하는 트랜지스터식 점화장치와 축전기의 방전전류를 점화코일의 1차쪽에 흐르게 하는 축전지 방전식 점화장치(CDI)가 있다.

(2) 트랜지스터식 점화장치

트랜지스터식 점화장치에는 반 트랜지스터식 점화장치(접점식)과 풀 트랜지스터식 점화장치(무접점식)로 크게 구분한다.

(3) 트랜지스터식 점화장치의 특징

① 저속 및 고속성능을 향상시킨다.

② 착화성을 향상시킨다.

③ 여러 가자의 전자제어가 가능하다.

④ 신뢰성이 향상된다.

### 3 배전기 없는 점화장치(DLI)

배전기 없는 점화장치(Distributeless Ignition)는 배전기를 제거하고 그 대신에 컴퓨터에 의한 전자 배전방식을 채용한 장치이다. 기본구조는 코일분배식과 다이오드분배식이 있으며 작동방식에는 동시점화방식과 독립점화방식이 있다.

(1) 기본구조 방식

① 코일 분배식 : 고압전류를 점화코일에서 점화플러그로 직접 배전하는 방식으로 동시점화방식과 독립점화방식이 있다.

② 다이오드 분배식 : 고압전류의 방향을 다이오드에 의해 규제하는 방식으로 동시점화방식이라고 한다.

(2) DLI의 특징

① 동시점화방식 : 2개의 실린더에 1개의 점화코일로 압축상사점(점화)과 배기상사점에 있는 각각의 실린더에다 동시에 점화시키는 장치이며, 특징은 다음과 같다.

㉠ 배전기로 고전압을 배전하지 않기 때문에 누전이 발생하지 않는다.

㉡ 배전기 캡이 없어 로터와 시그먼트 사이의 전압강하 에너지 손실이 적다.

㉢ 배전기 캡 내로부터 발생하는 전파잡음이 없다.

㉣ 종래형은 배전기 캡의 시그먼트와 로터의 위치 관계로부터 진각폭에 제한을 받지만 DLI는 이 문제를 완전히 해결한다.

② 독립점화방식 : 각 실린더마다 1코일 + 1스파크 플러그 방식에 의해 직접 점화하는 장치이며, 특징은 동시점화방식의 특징에 다음 사항이 추가된다.
  ㉠ 중심고압 케이블과 플러그 고압 케이블이 없기 때문에 점화에너지의 손실이 거의 없다.
  ㉡ 각 실린더별로 점화시기에 제어가 가능하기 때문에 연소조절이 아주 쉽다.

## 점화장치 기출 및 예상문제

**01** 전자제어 엔진에서 연료분사 시기와 점화 시기를 결정하기 위한 센서는?
① TPS(Throttle Position Sensor)
② CAS(Crank Angle Sensor)
③ WTS(Water Temperature Sensor)
④ ATS(Air Temperature Sensor)

◆ ① TPS(Throttle Position Sensor, 스로틀 포지션 센서) : 스로틀 바디에 장착되어 있으며 스로틀 밸브의 개도량을 측정한다. 이 센서는 스로틀 회전량에 따라 저항이 변하는 가변 저항을 내장하고 있어서 가속 시에서는 센서 전원 단자와 신호 단자 사이의 저항값이 감소하여 출력 전압이 커지면, 감속 시에는 저항값이 증가하여 출력 전압이 작아진다. 즉, 센서 출력 전압은 스로틀 개도량에 비례한다.
③ WTS(Water Temperature Sensor, 냉각수온 센서) : 수온센서는 흡기 다기관 냉각수 통로에 설치되어 냉각수 온도를 검출하는 일종의 가변 저항기(부특성 서미스터)이다.
④ ATS(Air Temperature Sensor, 흡기온도 센서) : 흡기온도 센서는 에어플로 센서와 함께 일체로 되어있는 방식과 흡기온도 센서만 독립적으로 달려있는 방식이 있다. 2가지 모두 엔진으로 흡입되는 공기온도 변화에 따라 저항값이 변하는 일종의 NTC 저항이다.

**02** 전자 점화장치(HEI ; High Energy Ignition)의 특성으로 틀린 것은?
① HC 가스가 증가한다.
② 고속성능이 향상된다.
③ 최적의 점화시기 제어가 가능하다.
④ 점화성능이 향상된다.

◆ HEI는 트랜지스터식 점화장치의 종류이며 Power TR이라고도 한다.

**03** 점화플러그의 방전전압에 직접적으로 영향을 미치는 요인이 아닌 것은?
① 전극의 틈새모양, 극성
② 혼합가스의 온도, 압력
③ 흡입공기의 습도와 온도
④ 파워 트랜지스터의 위치

◆ 방전전압은 점화플러그의 갭(gap)의 크기, 공기밀도, 점화플러그의 전극형태, 전압파형, 전극온도, 혼합기의 종류에 영향을 받으며 갭(gap)의 크기, 공기밀도에는 비례하며 전극의 온도가 증가하면 급격하게 저하한다.
점화플러그의 방전전압은 파워 트랜지스터의 위치와는 관계 없다.

정답 01.② 02.① 03.④

**04** 축전지식 점화장치의 특징으로 잘못 설명한 것은?
① 구조가 간단하다.
② 저속회전 시에는 높은 전압을 얻기 힘들다.
③ 점화시기의 조정범위를 넓게 할 수 있다.
④ 자동차용 기관에서 널리 사용된다.

◆ 축전지식 점화장치는 큰 전류를 얻을 수 있는 2차 전지이다.

**05** 가솔린엔진에서 배전기가 없는 점화장치는?
① 직접배전형식(DLI)
② 접점식
③ 반트랜지스터형
④ 전트랜지스터형

◆ 점화장치의 종류는 접점식 점화장치, 전자식(High Energy Ignition), 무배전기 점화장치(distributorless ignition system)가 있으며 무배전기 점화장치는 기계적인 배전부를 없애고 전자 제어부에 의하여 고전압을 배전하는 전자배전방식으로 점화시기를 전자적으로 계산하여 전자진각을 이용하기 때문에 내구성이 강하고 진각 폭에 제한이 없다.

**06** 점화장치에서 점화 1차 코일의 끝부분 (-)단자에 시험기를 접속하여 측정할 수 없는 것은?
① 노킹의 유무
② 드웰 시간
③ 엔진의 회전속도
④ TR의 베이스 단자 전원공급 시간

**07** 발전기의 1차 전압을 고전압(2차 전압)으로 바꾸는 것은?
① 단속기        ② 배전기
③ 축전기        ④ 점화코일

◆ 점화플러그에 불꽃을 일으키려면 1만볼트 이상의 고전압이 필요하므로 축전지의 12볼트의 저전압(1차 전압)을 상호유도작용에 의해 고압의 전류(2차 전압)로 발생시키는 승압변압기가 필요한데 이것이 바로 점화코일이다.

**08** 조기점화란 뜻으로 맞는 것은 어느 것인가?
① 혼합가스가 일시에 폭발하는 것
② 하사점에서 연소하는 것
③ 상사점 전에서 연소하는 것
④ 상사점 후에서 연소하는 것

◆ 조기점화란 크랭크축이 상사점 전(BTDC)에서 폭발하는 것을 말하며 점화시기가 늦다는 것은 크랭크축이 상사점을 지난 다음에 폭발하는 것이다.

**정답** 04. ②  05. ①  06. ①  07. ④  08. ③

**09** 점화플러그 중 고압축 고속엔진에 사용되는 것은?

① 열형  ② 표준형
③ 냉형  ④ 한랭형

 점화플러그의 종류 및 용도

| 구분 | 내용 | 용도 |
|---|---|---|
| 열형 | 열방산 통로가 길어 냉각효과가 적다. | 저압축 저속엔진에 사용 |
| 중간형 | 중간 | 중간 |
| 냉형 | 열방산 통로가 짧아 냉각효과가 크다. | 고압축 고속엔진에 사용 |

**10** 점화플러그 간극이 규정보다 넓을 때 방전구간에 대한 설명으로 옳은 것은?

① 점화전압이 높아지고 점화시간은 길어진다.
② 점화전압이 높아지고 점화시간은 짧아진다.
③ 점화전압이 낮아지고 점화시간은 길어진다.
④ 점화전압이 낮아지고 점화시간은 짧아진다.

**11** 점화플러그에 대한 설명으로 틀린 것은?

① 열형 점화플러그는 열방출량이 높다.
② 조기 점화를 방지하기 위하여 적절한 열가를 가지고 있다.
③ 점화플러그의 간극이 기준값보다 크면 실화가 발생할 수 있다.
④ 점화플러그의 간극이 기준값보다 작으면 불꽃이 약해질 수 있다.

◆ 열방출량이 높은 플러그는 냉형 점화플러그이다.

**12** 가솔린엔진의 DLI(distributor less ignition) 점화방식의 특징으로 틀린 것은?

① 드웰 시간의 변화가 없다.
② 배전기가 없음으로 누전이 적다.
③ 부품 개수가 줄어 고장 요소가 적다.
④ 전파방해가 적어 다른 전자제어 장치에 거의 영향을 주지 않는다.

◆ DLI 점화방식 에도 드웰 시간의 변화는 있다.

**13** 점화플러그의 구비조건으로 틀린 것은?

① 내열 성능이 클 것
② 열전도 성능이 없을 것
③ 기밀 유지 성능이 클 것
④ 자기 청정 온도를 유지할 것

정답  09. ③  10. ②  11. ①  12. ①  13. ②

◆ 점화플러그의 구비조건
㉠ 급격한 온도변화에 견딜 것(2,000℃)
㉡ 고온 고압 하에서 기밀을 유지할 것
㉢ 고전압(2만~3만 볼트)에 대한 충분한 절연성이 좋을 것
㉣ 사용조건의 변화에 따라 오손, 과열, 소손 등에 견딜 것
㉤ 내식성이 클 것
㉥ 기계적 강도가 클 것(45기압 이상)
㉦ 열전도성이 좋을 것

**14** 점화코일의 시험 항목으로 틀린 것은?
① 압력시험
② 출력시험
③ 절연 저항시험
④ 1, 2차코일 저항시험

**15** 점화플러그의 구비 조건 중 틀린 것은?
① 전기적 절연성이 좋아야 한다.
② 내열성이 작아야 한다.
③ 열전도성이 좋아야 한다.
④ 기밀이 잘 유지되어야 한다.

◆ 점화플러그는 내열성이 커야 한다.

**16** 점화플러그에 대한 설명으로 틀린 것은?
① 열가는 점화플러그의 열방산 정도를 수치로 나타내는 것이다.
② 방열효과가 낮은 특성의 플러그를 열형플러그라고 한다.
③ 전극의 온도가 자기청정온도 이하가 되면 실화가 발생한다.
④ 고부하 고속회전이 많은 기관에서는 열형플러그를 사용하는 것이 좋다.

◆ 고부하 고속회전 시의 기관은 냉형플러그를 사용한다.

**17** 무배전기 점화장치(DLI)에서 동시점화 방식에 대한 설명으로 틀린 것은?
① 압축과정 실린더와 배기과정 실린더가 동시에 점화된다.
② 배기되는 실린더에 점화되는 불꽃은 압축하는 실린더의 불꽃에 비해 약하다.
③ 두 실린더에 병렬로 연결되어 동시 점화되므로 불꽃에 차이가 나면 고장난 것이다.
④ 점화코일이 2개이므로 파워 트랜지스터도 2개로 구성되어 있다.

◆ 배전기가 있는 점화장치는 한 실린더씩 불꽃이 발생하나 무배전기 방식의 점화장치는 동시에 두 개의 실린더에 불꽃이 발생하는 방식을 동시점화라 하는데 두개의 실린더에 점화하는 것이 아니라 하나는 압축말기에 점화를 하지만 다른 쪽은 배기 중에 방전하는 것이라 유효점화가 아니되는 것으로 불꽃에 차이가 나도 고장난 것이 아니다.

정답 14. ① 15. ② 16. ④ 17. ③

**18** 점화시기를 점검할 때 사용하는 것은?
① 가스분석기
② 진공계
③ 압축계
④ 타이밍 라이트

 초기 점화시기 점검조정 방법
　㉠ 엔진을 충분히 워밍업시키고 모든 전기장치를 OFF시킨다(공회전 유지).
　㉡ 시동이 걸린 상태에 타이밍 라이트를 배터리에 연결하고 고압 픽업선은 1번 고압 케이블에 물린다(단, 화살표 방향이 있으면 화살표 방향이 점화플러그 방향으로 한다).
　㉢ 점화시기 조정용 접지단자(EST)를 차체에 접지하거나 리드 와이어를 이용하여 차체에 연결한다.
　　☞ 차체에 접지 이유는 점화시기를 자동제어하는 기능을 마비시켜 수시로 점화시기가 변화하는 것을 막기 위해서이다.
　㉣ 타이밍 라이트를 작동시켜 점화시기를 점검한다(BTDC).
　㉤ 점화시기가 규정값을 벗어나면 배전기 장착너트를 풀고 배전기를 돌리면서 조정한다.
　　ⓐ 로터의 시계방향으로 돌리면 점화시기가 늦어진다(지각).
　　ⓑ 로터의 반시계방향으로 돌리면 점화시기가 빨라진다(진각).

정답 18. ④

# 05 충전장치

## 5-1 개요

(1) 충전장치(Charging system)는 자동차에 필요한 전기를 발전하여 공급하고, 여분의 전기를 축전지에 충전하는 장치로서 발전기와 전압조정기로 구성된다.

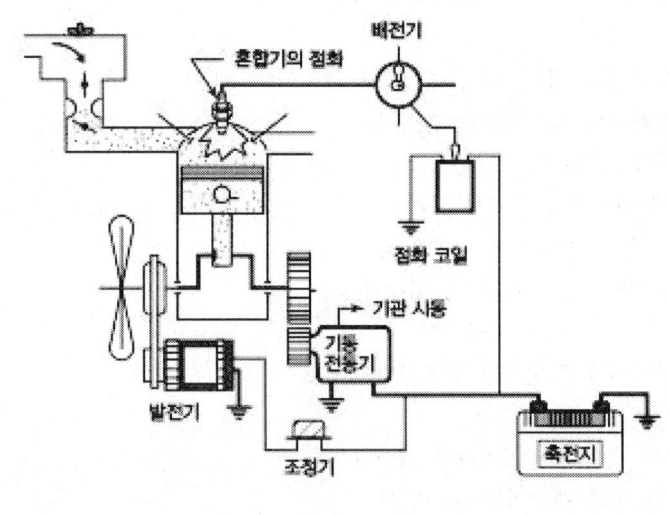

〈충전장치 개략도〉

(2) 발전기(Generator)는 벨트로 기관과 연결되어 구동되며, 그 발전량은 기관의 회전수에 따라 변동하므로 발전량이 부하량보다 적은 경우에는 축전지가 전원이 되어 일시 방전한다. 또한 발전량이 부하량보다 많은 경우에는 발전기만으로 모든 전기장치에 전력을 공급하고, 축전지도 발전기에 위해 충전된다.

(3) 전압조정기(Voltage regulator)는 발전기의 계자코일에 흐르는 전류(계자전류)를 제어하여 발전기의 출력전압을 조절하는 장치이다. 그러므로 각 전기장치에 알맞은 전력을 공급하며, 축전지에 규정용량으로 충전하는 기능을 가지고 있다. 운행 중에는 축전지를 충전시켜 엔진정지시와 시동 때의 전력공급에 전원으로 쓰인다.

## 5-2 발전기

발전기는 자석과 코일로 구성되어 있는데 다음과 같이 분류된다.

(1) 정류방식에 따른 구분
   ① 직류발전기(DC발전기) : 자석 안에 코일이 있으며 정류자 정류방식이다.
   ② 교류발전기(AC발전기) : 자석 밖에 코일이 있으며 반도체 정류방식이다.

(2) 여자(勵砥) 방법에 따른 구분
   ① 자여자 발전기(Self-excited generator) : 직류발전기용이며 영구자석의 잔류자기에 의하여 출력을 발생시키고 그 출력으로 계자철심을 여자(자기화)하는 발전기이다.
   ② 타여자 발전기 : 교류발전기용으로 축전지 전원으로 계자철심을 여자시키는 발전기이다.

(3) 접지방식에 따른 구분
   ① 내부접지식 : 계자코일이 발전기 내부에서 접지된 방식이다.
   ② 외부접지식 : 계자코일이 조정기(발전기 외부)에서 접지된 방식이다.

---

○ 점화시기가 잘못 조정되었을 경우 일어날 수 있는 현상은?
- 점화시기가 늦으면 엔진출력이 감소하고 연료소비가 증대하며 엔진이 과열된다.
- 점화시기가 빠르면 엔진출력이 감소하고 연료소비가 증대하며 노킹이 일어날 수 있다.

### 1 직류발전기

(1) 직류(DC)발전기의 구조

① 전기자 : 계자 내에서 회전되어 교류전류를 발생한다.

② 정류자 : 전기자에서 발생된 교류전류를 직류전류로 정류한다.

③ 계자철심, 계자코일 : 자계를 형성하며 고정되어 있다.
※ 계자코일과 전기자코일은 병렬로 접속되어 있다.

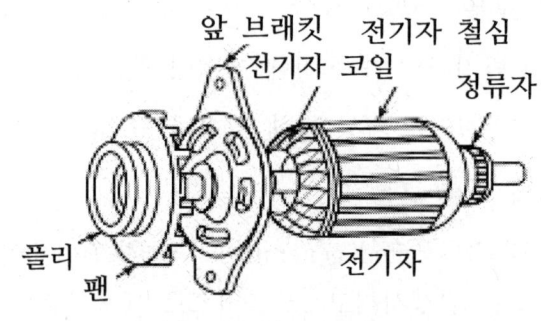

〈직류발전기의 구조〉

(2) 직류(DC)발전기 조정기(레귤레이터) 발전기에서 발생되는 전류 및 전압을 조정한다.

① 컷아웃 릴레이 : 축전지에서 발전기로 전류가 역류되는 것을 방지한다.

② 전압조정기 : 계자코일에 흐르는 전류를 제어하여 발생전압을 일정하게 유지한다.

③ 전류조정기(전류제한기) : 발전기의 발생전류를 조정하여 발전기의 소손을 방지한다.

### 2 교류발전기

(1) 개요 및 장점

교류발전기는 3상 교류발전기의 출력을 실리콘다이오드로 전파정류하여 직류로 바꾸는 방식이다. 로터(직류발전기의 계자에 해당), 스테이터(직류발전기의 전기자에 해당), 정류기 (직류발전기의 정류자에 해당)로 구성되어 있으며, 직류발전기에 비해 장점은 다음과 같다.

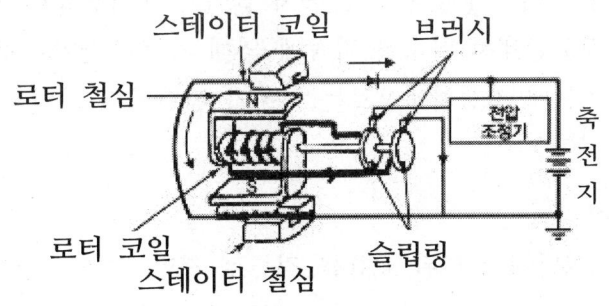

〈교류발전기의 구조〉

① 크기가 작고 가볍다.

② 내구성이 있고 공회전이나 저속시에는 충전이 가능하며 출력이 크다.

③ 출력전류의 제어작용을 하고 조정기의 구조가 간단하다.

④ 브러시의 수명이 길고 불꽃 발생이 적다.

⑤ 반도체 정류기를 사용하므로 전기적 용량이 크다.

(2) 스테이터(Stator)

① 직류발전기의 전기자에 해당하며 스테이터 철심과 스테이터 코일로 되어 있다.

② 0.8~1.2mm의 강판이나 규소강판을 여러층으로 겹쳐 만든 철심에 독립한 3개의 코일(3상 코일)이 감겨 있으므로 로터가 회전하면서 3개의 코일에 3상 교류 전류가 발생한다.

③ 3상 결선방식에는 삼각(델타)결선방식과 Y(스타)결선방식이 있으며, 자동차용 교류발전기는 발전기 바깥쪽에 고정되어 있어 원심력에 의한 층간 단락의 위험이 적고 내구성이 양호한 Y결선방식이 주로 쓰인다.

(3) 로터(Rotor)

① 직류발전기의 계자에 해당하는 부분으로 발전기 중심에서 회전하며 로터철심, 로터코일(계자코일), 슬립링, 로터 축으로 구성되어 있다.

② 크랭크축과 V벨트로 연결되어 회전하며 자속을 발생한다.

③ 로터코일이 브러시와 슬립링을 통해 들어온 여자전류로 자장을 발생하면 로터 철심은 로터코일에서 발생한 자장에 의해 자석이 된다. 로터철심은 돌극형과 손톱형이 있는데 자동차용으로는 구조가 간단하고 기계적 강도가 큰 손톱형이 주로 사용된다.

(4) 정류기(Diode)

정류기는 스테이터에 유도된 교류를 직류로 전환시키는 부분으로 교류발전기에서는 정류자를 사용하지 못하기 때문에 정류기로 실리콘다이오드를 사용한다. 실리콘 다이오드는 히트싱크(Heat sink)에 결합되어서 다이오드에서 발생된 열을 방열시킨다.

(5) 브러시(Brush)

슬립링과 접촉하여 전류를 공급하는 역할을 하며 내마모성이 좋고, 슬립링의 마모를 적게 하는 재질이어야 한다. 그러므로 슬립링이 구리일 때는 전기흑연 또는 금속흑연을 사용하고 스테인레스일 때는 금속흑연을 사용한다.

(6) 브래킷(Bracket)

브래킷은 스테이터와 로터 및 그 밖에 부품을 지지하는 부분으로, 기관에 부착하는 플랜지와 함께 붙어 있으며, 일반적으로 알루미늄제품으로 다이캐스팅 가공하여 사용한다.

(7) 전압조정기

교류발전기의 기전력은 로터코일로 흐르는 여자전류에 의하여 변화하므로, 전압조정기는 로터코일 전류를 조정하여 발전량을 일정하게 제어하는 일을 한다. 전압조정기는 접점진동식 전압조정기와 반트랜지스터 전압조정기 및 무접점식 전압조정기(IC조정기)가 있다.

① 접전진동식 전압조정기 : 충전경고 릴레이와 가동철편접점을 이용하여 전압을 조정한다.

② 반 트랜지스터식 전압조정기 : 진동접점식과 트랜지스터를 병용한 방식으로 접점릴레이가 베이스 전류를 단속한다.

③ 반 트랜지스터식 전압조정기 : 접점식의 접점 대신에 트랜지스터와 제너다이오드 사용하여 이 트랜지스터의 ON, OFF 작동에 의해 교류발전기의 계자전류를 제어하는 방식이다.

④ 무접점식 전압조정기(IC 조정기) : IC회로와 트랜지스터 및 제너다이오드로 구성되어 있으며, 현재 가장 널리 사용되고 있다.

| AC 발전기 및 DC 발전기 비교 사항 || |
|---|---|---|
| 구분 | 직류(DC)발전기 | 교류(AC)발전기 |
| 발생전압 | 교 류 ||
| 정류기 | 브러시와 정류자 | 실리콘 다이오드(+,- 총 6개) |
| 여자방법 | 자려자 (전류자기) | 타려자 (축전지, IG스위치) |
| 조정기 | 전압조정기, 전류조정기, 컷-아웃 릴레이(역류방지) | 전압조정기(제너 다이오드), 실리콘 다이오드(역류방지) |
| 전류발생 | 전기자 코일 (회전체) | 스테이터 코일 (고정체) |
| 자속발생 | 계자 코일 (고정체) | 로터 코일 (회전체) |
| 기타 중요 특성 |  | · 3상 교류발전(Y결선 방식) $V_\ell = \sqrt{3}\,V_p$ |

## 충전장치 기출 및 예상문제

**01** 축전지의 자기방전에 대한 설명으로 틀린 것은?
① 자기방전량은 전해액의 온도가 높을수록 커진다.
② 자기방전량은 전해액의 비중이 낮을수록 커진다.
③ 자기방전량은 전해액 속의 불순물이 많을수록 커진다.
④ 자기방전은 전해액 속의 불순물과 내부 단락에 의해 발생한다.

◆ 자기 방전 : 충전된 축전지는 무부하상태에서도 자연적으로 방전이 일어나는데 이 같은 현상을 자기방전이라 한다.
㉠ 자기방전의 원인
 ⓐ 전해액에 포함된 불순물에 의해 방전된다.
 ⓑ 축전지 구조상 부득이한 현상이다. 즉, 축전지 표면에 전기회로가 발생되기 때문이다.
 ⓒ 극판의 작용물질이 탈락되거나 격리판이 파손되어 양쪽 극판이 단락(합선)되어 방전된다.
㉡ 자기방전량
 ⓐ 자기방전량은 전해액의 온도와 비중이 높을수록 증가한다.
 ⓑ 충전 완료 후 시간이 경과함에 따라 점차 감소한다.
 ⓒ 자기방전량은 시간이 지날수록, 즉 배터리 사용시간이 많을수록 증가한다.
 ⓓ 24시간 동안 자기방전량은 실제 용량의 0.3~1.5% 정도이다.

**02** 충전장치에서 점화스위치를 ON(IG1)했을 때 발전기 내부에서 자석이 되는 것은?
① 로터　　　　② 스테이터
③ 정류기　　　④ 전기자

◆ 로터는 직류발전기의 계자철심과 같은 기능으로 계자코일에 전류가 흐르면 전자석이 되어 자계를 형성한다.

**03** 자동차용 축전지의 충전에 대한 설명으로 틀린 것은?
① 정전압 충전은 충전시간 동안 일정한 전압을 유지하며 충전한다.
② 정전류 충전은 충전 초기 많은 전류가 흘러 축전지에 손상을 줄 수 있다.
③ 정전류 충전의 충전전류는 20시간율 용량의 10%로 선정한다.
④ 급속 충전의 충전전류는 20시간율 용량의 50%로 선정한다.

◆ 정전류 충전 : 충전의 시작에서 끝까지 일정한 전류로 충전, 현재 축전지 충전에서 가장 많이 사용되고 있다.
㉠ 표준 충전전류 : 축전지 용량의 10% (약 4~6A)
㉡ 최소 충전전류 : 표준전류의 1/2(5%) (약 2~3A : 밤샘 충전 시)
㉢ 최대 충전전류 : 표준전류의 2배(20%)

**정답** 01. ② 02. ① 03. ②

**04** 차량에서 축전지의 기능으로 옳은 것은?

① 각종 부하 조건에 따라 발전 전압을 조정하여 과충전을 방지한다.
② 기관의 시동 후 각종 전기 장치의 전기적 부하를 전적으로 부담한다.
③ 주행 상태에 따른 발전기의 출력과 전기적 부하와의 불균형을 조정한다.
④ 축전지는 시동 후 일정시간 방전을 지속하여 발전기의 부담을 줄여준다.

◆ 축전지의 기능
  ㉠ 엔진 시동을 위한 전기공급
  ㉡ 발전기 출력 부족 시 전기보충
  ㉢ 발전기 고장 시 주행을 위한 전기 공급

**05** 차량에서 발전기 탈착 시 제일 먼저 해야 할 일은?

① 축전지에서 접지케이블을 떼어낸다.
② 발전기 B단자 배선을 분리한다.
③ 발전기 벨트장력 유지 조정볼트를 풀고 유격을 느슨하게 한 상태에서 벨트를 벗긴다.
④ 발전기 고정볼트(하단)를 풀고 브래킷에서 떼어낸다.

◆ ㉠ 배터리에서 (−)터미널을 분리한다.
  ㉡ 알터네이터(발전기) : 장력 조절볼트를 느슨하게 하고 벨트를 탈거한다.
  ㉢ 차량을 들어올린다(차량에 따라서 엔진 룸 위로 혹은 아래로 탈거되는 차량이 있다).
  ㉣ 좌측 머드가드를 탈거한다(브래킷에서 고정나사 분리).
  ㉤ 알터네이터 "B" 터미널와이어를 분리한다.
  ㉥ 알터네이터 아래 고정볼트 탈거하고 알터네이터 어셈블리를 탈거한다.
  ㉦ 장착은 탈거의 역순으로 한다.

정답 04. ③  05. ①

# 06 등화장치 및 기타 전기장치

## 6-1 등화장치

### 1 개요

자동차의 등화장치는 자동차의 안전운행을 위해 반드시 필요한 상치로서 다음과 같은 기능으로 크게 대별할 수 있다.

(1) 조명기능

  대상물을 잘 식별할 수 있도록 하는 기능

(2) 신호기능

  다른 차나 도로이용자에게 자기 차의 주행상태를 알리는 것을 목적으로 하는 기능

### 2 등화회로의 종류

(1) 조명등

  ① 전조등 ② 안개등 ③ 후퇴등 ④ 실내등 ⑤ 계기등

(2) 신호등

  ① 방향지시등 ② 제동등 ③ 비상점멸표시등 ④ 위험신호등

(3) 표시등

  ① 후미등 ② 주차등 ③ 번호등 ④ 차폭등

(4) 경고등

  ① 유압등 ② 충전등 ③ 연료등 ④ 브레이크 오일등

### ③ 조명등

(1) 전조등

전조등은 야간에 자동차가 안전하게 주행하기 위해 조명하는 램프로서 렌즈, 반사경, 필라멘트의 3요소로 되어 있으며, 먼 곳을 조명하는 하이빔과 광도를 약하게 하고 빔을 낮추는 로빔이 설치되어 있다. 전조등은 다음과 같이 분류하며 일반적으로 세미 실드빔식이 널리 사용되고 있다.

① 전조등 형식

㉠ 세미 실드빔형(전구교환식) : 렌즈와 반사경이 일체로 되어 고착시켜 분리할 수 없게 하고 전구는 교환할 수 있도록 별개로 설치된 형식

㉡ 실드빔형 : 반사경에 필라멘트를 붙이고 또 여기에 렌즈를 붙인 다음 내부에 불활성가스를 넣어 그 자체가 하나의 전구가 되게 한 형식

㉢ 메탈백 실드빔형 : 반사경을 금속으로 제작하여 렌즈와 반사경이 일체로 밀봉되어 있는 형식

㉣ 분할형 : 렌즈, 반사경, 전구가 각각 분리된 형식

② 전조등 규격

㉠ 등광색은 백색으로 한다.

㉡ 전조등이 2등식인 경우 1등당 주행 빔의 광도는 15000~112500cd이다.

㉢ 최고속도가 25km/h 미만인 소형 승용 자동차 전조등의 광도는 전방 15m의 장애물을 식별할 수 있어야 한다.

㉣ 주행 빔의 방향은 자동차의 진행방향과 같아야 하고, 전방 10m 거리에서 주광축의 좌우측 진폭은 30cm 이내, 상하 진폭은 10cm 이내, 하향 진폭은 등화 설치 높이의 3/10 이내이며, 좌측 전조등의 경우 좌측 방향 진폭은 15cm 이내이어야 하며, 운행 자동차의 하향 진폭은 30cm 이내로 한다. 자동차의 전조등은 공차 상태에서 지상 50cm 이상 120cm 이내로 한다.

(2) 안개등

안개등은 안개가 끼거나 비나 눈이 내릴 때, 또는 전조등의 조명효과가 나쁜 경우에 보조전조등으로 사용된다. 구조는 필라멘트가 1개이고 텅스텐 전구를 사용한 것과 할로겐

전구를 사용한 것이 있다. 황색이나 오렌지빛을 내기 위해 전구나 렌즈에 착색하여 사용한다.

① 앞면 등의 1등당 광도는 940칸델라 이상 1만칸델라 이하로 하며 등광색은 백색 또는 황색으로 양쪽의 등광색은 동일하게 한다.

② 뒷면에 안개등을 설치할 경우에는 2개 이하로 설치하고, 1등당 광도는 150칸델라 이상 300칸델라 이하로 하며 등광색은 적색으로 한다.

(3) 전기회로

전조등의 전기회로는 전조등 스위치, 디머스위치 및 퓨즈 등으로 구성된다. 전조등 스위치는 일반적으로 돌리는 형식으로 제작되며 버튼을 돌리면 내부의 접점판이 이동하여 두 단계로 조작된다. 디머스위치는 운전 중 주행빔(빛을 멀리까지 조사할 수 있는 빔)과 교행빔(광축이 아래쪽을 향하여 마주 오는 차의 운전자에게 눈부심을 주지 않도록 된 빔)을 전환하는 스위치이다.

(4) 후퇴등

차가 후진할 때 뒤쪽의 장애물을 확인하고 또 후방에 대해 차가 후진하는 것을 알리는 신호표지 등이다.

① 등광색은 백색 또는 황색으로 한다.

② 등화의 중심점은 공차 상태에서 지상 25cm 이상 120cm 이하의 높이에 설치하며 주광축은 후방 75m 이내의 지면을 비추도록 한다.

③ 광도는 위쪽 1등당 80cd 이상 600cd 이하, 아래쪽 80cd 이상, 5,000cd 이하로 한다.

### ④ 표시등

(1) 후미등

야간에 주행하거나 정지하고 있을 때 차의 위치를 뒷차에 알리는 등이며, 후미등으로만 사용하는 형식과 브레이크등과 겸용으로 사용하는 형식이 있으며 등광색은 적색으로 한다.

(2) 번호등

번호등은 차의 뒷면에 부착된 번호판을 조명하는 등으로, 번호판의 상하 또는 좌우의 위치에서 조명할 수 있는 곳에 부착한다.

① 등록 번호판 숫자 위의 조도는 어느 부분에서도 8Lux 이상이어야 한다.

② 전조등, 후미등, 차폭등과 별도로 소등할 수 없는 구조이어야 한다.

③ 등광색은 백색으로 한다.

(3) 차폭등

차폭을 표시하는 램프이다.

① 등광색은 백색, 황색 또는 호박색으로 하며 설치위치는 지상 35cm 이상 200cm 이하, 차체 바깥쪽으로부터 40cm 이내로 한다.

② 광도는 위쪽에서 4cd 이상 125cd 이하, 아래쪽에서 4cd 이상 250cd 이하로 한다.

## 5 신호등

(1) 방향지시등

자동차의 진행방향을 다른 차나 보행자에게 알리는 램프이다.

① 매분 60회 이상 120회 이하의 점멸 횟수를 유지하도록 한다.

② 등광색은 황색 또는 호박색으로 한다.

③ 방향지시등 1등당 광도의 범위는 50cd 이상 1050cd 이하로 한다.

④ 등화의 중심점은 공차 상태에서 지상 35cm 이상 200cm 이하의 높이가 되게 한다.

(2) 제동등

브레이크 페달을 밟았을 때 뒷차에 제동을 알리는 램프이다.

① 등광색은 적색으로 한다.

② 1등당 광도는 40cd 이상 420cd 이하로 한다.

③ 다른 등화와 겸용하는 제동등은 제동조작을 할 경우 그 광도가 3배 이상 증가해야 한다.

④ 제동등 1등당 유효 조광 면적의 크기는 $22cm^2$ 이상으로 하며 등화 중심점은 공차 상태에서 지상 35cm 이상 200cm 이하의 높이에 좌우 대칭으로 설치한다.

## 6-2 기타 전기장치

### ❶ 자동차 에어컨디셔닝(냉·난방장치)

(1) 개요

공기조화(Air conditioning)란 난방과 냉방을 이용하여 공기상태를 사람에게는 가장 쾌적한 상태로, 유지하기 위한 수단이다. 자동차 공기조화에는 난방과 냉방, 그리고 유리창이 흐리거나 서리가 발생하는 것을 막아 운전자의 시계를 확보하여 안전하고 쾌적한 운전을 할 수 있도록 하는 장치이다.

(2) 난방장치

난방장치는 차 실내를 따뜻하게 하고 동시에 앞유리가 수분 등에 의하여 흐려지는 것을 방지하는 장치이다.

① 난방의 방식과 적용범위

㉠ 온수식 : 냉각수를 이용(소형차)

㉡ 배기식 : 배기가스를 이용(공랭식 엔진)

㉢ 연소식 : 별도의 연료를 연소시킴(대형차)

㉣ 엔진예열식 : 엔진에서 발생된 열을 이용

㉤ 시라우드식 : 엔진 및 방열기의 열을 시라우드를 통하여 순환

② 온수식의 구성요소

㉠ 난방유닛 : 열원을 공급하는 장치이다.

㉡ 송풍기 : 난방유닛으로부터 열을 받아 차내에 공급한다.

㉢ 밸브 : 냉각수 양을 조절하여 히터에서 나오는 공기의 온도를 조절하는 장치이다.

㉣ 덕트 : 공기를 분배 또는 모으는 장치이다.

㉤ 호스 : 냉각수 순환통로

(3) 냉방장치

　① 냉방장치의 개요 : 냉방장치는 냉동사이클의 원리를 이용하여 실내온도를 대기온도보다 낮게 하는 장치이다.

　② 냉동사이클의 계통도와 역활

　　㉠ 증발 : 증발기에서 액체상태의 저온냉매가 기체상태로 기화증발한다.

　　㉡ 압축 : 압축기는 증발된 냉매를 압축하여 응축기로 보낸다.

　　㉢ 응축 : 응축기는 압축기로부터 송출되어온 냉매증기를 냉각응축시킨다.

　　㉣ 팽창 : 응축된 고압의 액체냉매가 팽창밸브로 들어오면 이 밸브는 증발기로 들어가는 양을 계량하며 압력을 감소시켜 저압액체로 바꾼다.

　③ 냉매의 구비조건

　　㉠ 물리적 조건

　　　ⓐ 증발 압력이 낮아 진공으로 되지 않을 것.

　　　ⓑ 응축 압력이 너무 높지 않을 것.

　　　ⓒ 증발 잠열 및 증기의 비열은 크고, 액체의 비열은 작을 것.

　　　ⓓ 임계 온도가 높고, 응고 온도가 낮을 것.

　　　ⓔ 증기의 비체적이 적을 것.

　　　ⓕ 누설이 어렵고, 누설시는 탐지가 쉬울 것.

　　㉡ 화학적 조건

　　　ⓐ 안전하며, 변질하지 않을 것.

　　　ⓑ 부식성이 없을 것.

　　　ⓒ 전기 저항이 크고, 열 전도율이 높을 것.

　　　ⓓ 점성 및 유동 저항이 적을 것.

　　　ⓔ 윤활유에 녹지 않을 것.

　　　ⓕ 무해·무독으로 인화, 폭발의 위험이 적을 것

### ❷ 배터리 세이버 기능

배터리 세이버 기능은 차량 시동 OFF시 미등이나 기타 장치로 인해 차량의 방전을 막는 기능으로 차량 시동 OFF시 미등이나 실내등이 1-10분 후 바로 OFF 됩니다. 이로 인해, 상시전원케이블(파워매직, 파워매직프로)을 연결해도, 10-20분 후 전원이 차단되어 블랙박스가 종료가 됩니다. 배터리 세이버 기능이 있는 경우, 상시전원케이블(BATT(+))을 미등이나 실내등이 아닌 비상등에 연결 해 주어야한다.

### ❸ 고속 CAN(Controller Area Network)통신

자동차 전자제어모듈 통신방식 중 고속 CAN(Controller Area Network)통신은 차량에 더욱 많은 기능들이 필요로 되는데, 이는 내부분 전사식으로 작동되어 너욱 많은 배선을 필요로 한다. 그러므로 내부-ECU 통신에 필요한 꾸준히 증가하고 있는 거대한 배선 작업의 문제에 대한 해결책을 제공하기 위해서 모든 온-보드 주변장치들이 부착될 수 있는 하나의 단일 네트워크 버스이다

※ CAN 의 특징
- 낮은 비용.
- 극대화된 견고성
- 빠른 데이터 전송 속도 (최대 1MBit/sec)
- 신뢰성. 탁월한 오류 처리와 오류 제한 기능
- 결함 메시지들의 자동적인 재-전송
- 물리적으로 결함이 추정되는 노드들의 자동적인 버스 연결절단
- 기능위주의 어드레싱 - 데이터 메시지들은 소스 혹은 목적지 주소들을 포함하지 않으며, 그들의 함수 그리고(또는) 우선순위와 연관된 식별자들만을 포함

## 기출 및 예상문제
등화장치 및 기타 전기장치

**01** 전조등 시험기 중에서 시험기와 전조등이 1m 거리로 측정되는 방식은?
① 스크린식  ② 집광식
③ 투영식  ④ 조도식

◆ 전조등 시험기의 종류
  ㉠ 스크린식 : 전조등과 시험기와의 거리를 3m로 유지한 후 스크린에 전조등의 배광을 비추어 측정한다.
  ㉡ 집광식 : 1m의 거리에서 전조등의 광속을 렌즈에 집광하여 측정한다.

**02** 운행 자동차의 전조등 시험기 측정 시 광도 및 광축을 확인하는 방법으로 틀린 것은?
① 적차 상태로 서서히 진입하면서 측정한다.
② 타이어 공기압을 표준 공기압으로 한다.
③ 4등식 전조등의 경우 측정하지 않는 등화는 발산하는 빛을 차단한 상태로 한다.
④ 엔진은 공회전 상태로 한다.

◆ 전조등 시험
  ㉠ 각 타이어의 공기압은 규정압일 것
  ㉡ 바닥은 수평일 것
  ㉢ 공차상태에서 운전자 한 사람만 타고 시험할 것

**03** 자동차 등화장치에서 전조등의 특징이 아닌 것은?
① 실드 빔 전조등은 밀봉되어 있기 때문에 광도의 변화가 적다.
② 실드 빔 전조등의 필라멘트가 끊어지면 전구만 교환한다.
③ 할로겐 전조등은 색 및 온도가 높아 밝은 백색광을 얻을 수 있다.
④ 세미실드 빔 전조등의 전구는 별개로 설치한다.

◆ 실드 빔 방식은 반사경에 필라멘트를 붙이고 여기에 렌즈를 녹여 붙인 후 내부에 불활성 가스를 넣어 그 자체가 1개의 전구가 되도록 한 것으로 특징은 다음과 같다.
  ㉠ 대기조건에 따라 반사경이 흐려지지 않는다.
  ㉡ 사용에 따르는 광도의 변화가 적다.
  ㉢ 필라멘트가 끊어지면 렌즈나 반사경에 이상이 없어도 전조등 전체를 교환하여야 한다.

**04** 자동차의 등화장치별 등광색이 잘못 연결된 것은?
① 후퇴등 - 백색 또는 황색
② 자동차 뒷면의 안개등 - 백색 또는 황색
③ 자폭등 - 백색·황색 또는 호박색
④ 방향지시등 - 황색 또는 호박색

◆ 자동차 안개등은 앞면은 백색 또는 황색(양측이 동일할 것)이며, 뒷면은 적색이다.

정답 01.② 02.① 03.② 04.②

**05** 방향지시등 회로에서 점멸이 느리게 작동되는 원인으로 틀린 것은?
① 전구용량이 규정보다 크다.
② 퓨즈 또는 배선의 접촉이 불량하다.
③ 축전지 용량이 저하되었다.
④ 플래셔 유닛에 결함이 있다.

◆ 전구의 용량이 규정보다 크면 전구에서 필요로 하는 전류량이 증가되기 때문에 릴레이의 열선 스위치(바이메탈)가 빠르게 ON, OFF되어 점멸이 빠르게 되며 축전지 용량이 저하되면 점멸이 느리게 된다.

**06** 자동차 전조등의 광도 및 광축을 측정(조정)할 때 유의사항 중 틀린 것은?
① 시동을 끈 상태에서 측정한다.
② 타이어 공기압을 규정값으로 한다.
③ 차체의 평형상태를 점검한다.
④ 축전지와 발전기를 점검한다.

**07** 다음 중 각종 전구가 자주 끊어지는 원인은?
① 타이어의 공기압 불균형으로 차체가 심하게 흔들릴 때
② 기관시동이 잘 안될 때
③ 급정차로 인한 과다 및 차량노후화
④ 연결부분의 접촉불량 또는 소킷결함 및 과전류가 흐를 때

**08** 등화장치에 대한 설치기준으로 틀린 것은?
① 차폭등의 등광색은 백색·황색·호박색으로 하고, 양쪽의 등광색을 동일하게 하여야 한다.
② 번호등의 바로 뒤쪽에서 광원이 직접 보이지 아니하는 구조여야 한다.
③ 번호등의 등록번호표 숫자 위의 조도는 어느 부분에서도 5룩스 이상이어야 한다.
④ 후미등의 1등당 광도는 2칸델라 이상 25칸델라 이하이어야 한다.

◆ 등록번호표 숫자위의 조도는 어느 부분에서도 8룩스 이상이어야 한다.

**09** 어떤 자동차의 우측전조등의 우측 방향진폭이 전방 10m에서 25cm이었다. 전방 100m에서는 얼마인가?
① 1.0m    ② 1.5m
③ 2.0m    ④ 2.5m

◆ $25 \times \dfrac{100}{10} = 250cm = 2.5m$

정답 05.① 06.① 07.④ 08.③ 09.④

**10** 냉방장치에서 증발기와 응축기 사이에 있는 구성품은?
① 전자클러치  ② 건조기
③ 압축기  ④ 송풍기

◆ 냉동사이클의 계통순서는 증발기, 압축기, 응축기, 팽창밸브 순이다.

**11** 자동차 각종 등화의 1등당 광도를 나타낸 것으로 틀린 것은?
① 전조등의 주행빔(2등식) : 15000~112500cd
② 후퇴등(수평선 상부) : 80~600cd
③ 차폭등(수평선 상부) : 4~125cd
④ 후미등 : 40~420cd

◆ 후미등의 1등당 광도는 2cd 이상 25cd 이하이며 등광색은 적색으로 한다. 등화의 중심점은 공차상태에서 지상 35cm 이상 200cm 이하의 높이가 되게 설치한다.

**12** 전조등이 10cd의 광원에서 2m 떨어진 곳에서의 밝기는 몇 Lux인가?
① 2.5  ② 5.0
③ 7.5  ④ 10

◆ $Lux = \dfrac{cd}{R^2} = \dfrac{10}{2^2} = 2.5$

**13** 전조등 시험 시 준비사항으로 틀린 것은?
① 타이어 공기압이 같도록 한다.
② 집광식 시험기를 사용 시 시험기와 전조등의 간격은 3m로 한다.
③ 축전지 충전상태가 양호하도록 한다.
④ 바닥이 수평인 상태에서 측정한다.

◆ 스크린식 시험기 사용 시 시험기와 전조등의 간격은 3m이며, 집광식 시험기 사용 시 시험기와 전조등의 간격은 1m이다.

**14** 4등식 전조등 중 주행빔과 변환빔이 동시에 점등되는 형식인 경우 1등에 대하여 몇 cd이어야 하는가?
① 13000 이상 75000cd 미만
② 14000 이상 75000cd 미만
③ 15000 이상 112500cd 미만
④ 12000 이상 112500cd 미만

◆ 4등식 전조등 : 2등식은 전조등(램프) 1개에 로빔(근등) 필라멘트와 하이빔(원등) 필라멘트가 렌즈 1개에 함께 들어 있지만 4등식은 2개의 필라멘트가 각각 별도의 렌즈에 내장되어 차량전방 좌우에 각각 2개씩 총 4개의 전조등이 설치되어 있다. 광도의 세기는 12000cd(칸델라) 이상 112500cd 이하이다.

정답 10.③ 11.④ 12.① 13.② 14.④

**15** 계기판의 방향지시등 램프 확인 결과 좌우 점멸 횟수가 다른 원인이 아닌 것은?
① 플래셔 유닛의 접지가 단선되었다.
② 전구의 용량이 서로 다르다.
③ 전구 하나가 단선되었다.
④ 플래셔 유닛과 한쪽 방향지시등 사이에 회로가 단선되었다.

**16** 내부에 불활성 가스가 들어 있으며, 사용에 따른 광도변화가 없고 대기 조건에 따라 반사경이 흐려지지 않는 전조등의 형식은?
① 로우빔식　　② 하이빔식
③ 실드빔식　　④ 세미실드빔식

◆ 실드빔 방식은 반사경에 필라멘트를 붙이고 여기에 렌즈를 녹여 붙인 후 내부에 불활성 가스를 넣어 그 자체가 1개의 전구가 되도록 한 것으로 특징은 다음과 같다.
㉠ 대기조건에 따라 반사경이 흐려지지 않는다.
㉡ 사용에 따르는 광도의 변화가 적다.
㉢ 필라멘트가 끊어지면 렌즈나 반사경에 이상이 없어도 전조등 전체를 교환하여야 한다.

**17** 자동차 검사 시 전조등의 하향진폭(운행자동차)은 10m 거리 기준으로 몇 cm 이내이어야 하는가?
① 30　　② 40
③ 50　　④ 60

◆ ㉠ 하향진폭은 등화설치 높이의 10m 거리에서 $\frac{3}{10}$ 이내일 것.
(단, 운행자동차에 한해 하향진폭 30cm 이내)
㉡ 좌우진폭은 10m 거리에서 30cm 이내일 것(단, 좌측 전조등의 좌측방향 진폭은 15cm 이내)

**18** 다음은 전조등 회로에 관한 문제이다. 맞는 것은?
① 전조등 회로는 병렬로 연결되어 있다.
② 전조등 회로는 직렬로 연결되어 있다.
③ 전조등 회로는 직병렬로 연결되어 있다.
④ 전조등은 단선식 배선이다.

◆ 전조등의 회로는 큰 전류가 흐르므로 복선식을 사용하며 병렬로 접속되어 있다.

**19** 자동차 전자제어모듈 통신방식 중 고속 CAN통신에 대한 설명으로 틀린 것은?
① 진단장비로 통신라인의 상태를 점검할 수 있다.
② 차량용 통신으로 적합하나 배선수가 현저하게 많아진다.
③ 제어모듈 간의 정보를 데이터 형태로 전송할 수 있다.
④ 종단 저항값으로 통신라인의 이상 유무를 판단할 수 있다.

◆ 고속 CAN통신은 단일 네트워크 버스로

정답 15.① 16.③ 17.① 18.① 19.②

서 배선수가 현저하게 줄일수있다.

**20** 리모컨으로 도어 잠금 시 도어는 모두 잠기나 경계진입모드가 되지 않는다면 고장 원인은?
① 리모컨 수신기 불량
② 트렁크 및 후드의 열림 스위치 불량
③ 도어 록·언록 액추에이터 내부 모터 불량
④ 제어모듈과 수신기 사이의 통신선 접촉 불량

**21** 자동차의 안전기준에서 방향지시등에 관한 사항으로 틀린 것은?
① 등광색은 백색이어야만 한다.
② 다른 등화장치와 독립적으로 작동되는 구조이어야 한다.
③ 자동차 앞면·뒷면 및 옆면 좌·우에 각각 1개를 설치해야 한다.
④ 승용자동차와 차량총중량 3.5톤 이하 화물자동차 및 특수자동차를 제외한 자동차에는 2개의 뒷면 방향지시등을 추가로 설치할 수 있다.

◆ 방향지시등의 등광색은 황색 또는 호박색으로 한다.

**22** HID(high intensity discharge) 전조등에 대한 설명으로 틀린 것은?
① 밸러스트가 있어야 된다.
② 필라멘트가 있어야 된다.
③ 제논과 같은 불활성가스가 봉입된 고휘도 램프이다.
④ 고전압을 인가하여 방전을 일으켜 빛을 발생시킨다.

◆ 자동차용 HID는 빛을 내는 원리가 다르기 때문에 더 낮은 전력으로 더 높은 루멘을 구현한다. 할로겐같은 경우는 필라멘트에 에너지를 흘려서 가열된 필라멘트가 빛을 내는 방식이지만, 자동차용 HID의 벌브는 필라멘트가 없고 제논가스를 봉입한 벌브안에서 제논 전자들이 서로 충돌하면서 에너지를 발생시키고 이것이 빛을 내는 원리를 이용하기 때문에 훨씬 작은 전력으로 밝은 빛을 낼 수 있다.

**23** 에어컨릴레이 다이오드는 왜 필요한가?
① 스위칭노이즈를 억제한다.
② 전류를 한 방향으로 흐르게 하기 위해
③ 역전압을 막기 위해
④ 코일에 에너지를 축적하기 위해

◆ 에어컨릴레이 다이오드는 릴레이 코일에서 발생하는 역기전력에 의한 트랜지스터의 고장방지 및 스위칭노이즈를 억제한다.

**정답** 20.② 21.① 22.② 23.①

**24** 자동차 퓨즈에 관한 설명으로 옳지 않은 것은?
① 승용차는 퓨즈 용량이 거의 비슷하다.
② 메인 퓨즈를 분리하기 전에 반드시 전조등, 비상등 등 전기 계통 장치는 모드 전원을 끈 후에 분리 한다.
③ 퓨즈가 끊기면 전원공급이 중단된다.
④ 메인 퓨즈를 분리하면 리모콘 키는 동작하지 않는다.

◆ 각 퓨즈는 용량이 숫자로 적혀 있고 용량마다 색깔이 달라 쉽게 구분할 수 있게 되어 있다. 노란색 덩어리가 메인 퓨즈이며 당기면 차의 전기 계통 장치에 전원이 모두 차단된다. 메인 퓨즈를 분리하기 전에 반드시 전조등, 비상등 등 전기 계통 장치는 모드 전원을 끈 후에 분리하여야한다. 메인 퓨즈를 분리하면 리모콘 키도 동작하지 않는다.

**25** 자동공조장치와 관련된 구성품이 아닌 것은?
① 컴프레서, 습도센서
② 컨덴서, 일사량 센서
③ 에바포레이터, 실내온도 센서
④ 차고 센서, 냉각수온 센서

◆ 차고 센서는 전자 제어 현가장치에서, 아래(low) 컨트롤 암과 센서 보디에 레버와 로드로 연결되어 자동차의 앞뒤에 각각 1개씩 설치, 레버의 회전량이 센서에 전달되어 자동차의 높이 변화에 따른 차축과 보디의 위치를 감지하는 센서이다.

**26** 자동차 에어컨의 냉동사이클의 4가지 작용이 아닌 것은?
① 증발        ② 압축
③ 냉동        ④ 팽창

◆ 냉동사이클의 작용은 증발, 압축, 응축, 팽창이다.

**27** 에어컨에서 냉매 흐름 순시를 바르게 표시한 것은?
① 콘덴서 → 증발기 → 팽창밸브 → 컴프레서
② 콘덴서 → 컴프레서 → 팽창밸브 → 증발기
③ 콘덴서 → 팽창밸브 → 증발기 → 컴프레서
④ 컴프레서 → 팽창밸브 → 콘덴서 → 증발기

◆ 응축기(콘덴서) → 팽창밸브 → 증발기 → 압축기(컴프레서)

정답  24. ③  25. ④  26. ③  27. ③

**28** 에어컨 구성품 중 핀 서모 센서에 대한 설명으로 옳지 않은 것은?

① 에바포레이터 코어의 온도를 감지한다.
② 부특성 서미스터로 온도에 따른 저항이 반비례하는 특성이 있다.
③ 냉방 중 에바포레이터가 빙결되는 것을 방지하기 위하여 장착된다.
④ 실내 온도와 대기온도 차이를 감지하여 에어컨 컴프레서를 제어한다.

◆ ㉠ 에바포레이터(evaporator) : 통과하는 공기를 차게 만들거나 습기를 제거하는 장치이다.
㉡ 핀 서모 센서는 에바포레이터 코어의 온도를 감지하여 결빙을 방지하는 목적으로 컴프레서를 제어한다.

정답 28. ④

# 자동차 정비 기능사

# 04 섀시

01. 동력전달장치
02. 현가장치
03. 조향장치
04. 제동장치
05. 프레임, 휠 및 타이어

# 01 동력전달장치

## 1-1 동력전달장치의 개요

### ❶ 동력전달장치의 의의

동력전달장치란 기관에서 발생한 동력을 차량이 주행할 수 있게 바퀴까지 전달하는 장치이다.

### ❷ 동력전달의 순서

동력전달의 순서로는 엔진(기관회전) → 클러치(동력단속) → 변속기(회전력 변화) → 유니버설 조인트(추진축 각도변화) → 최종감속 및 차동기어(회전력 증대, 회전방향 전환) → 구동축(바퀴구동) → 구동바퀴(회전)이다.

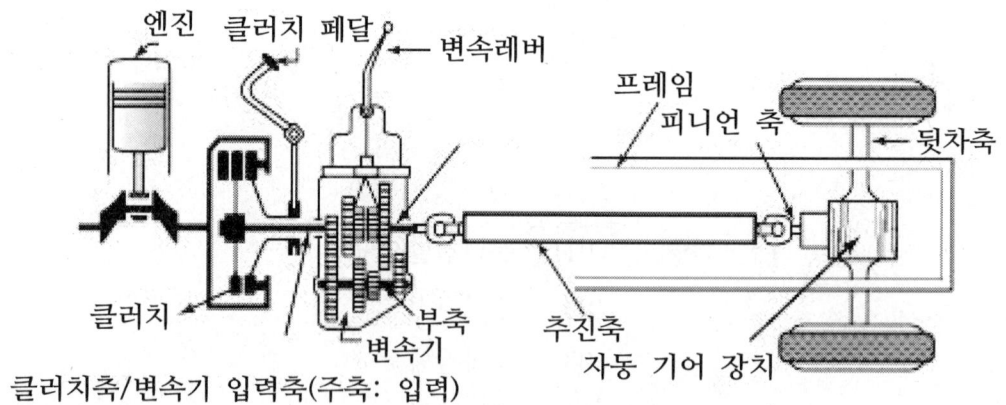

〈동력전달 계통도(FR방식)〉

## 1-2 클러치(Clutch)

### 1 개요 및 구비조건

(1) 개요

클러치는 플라이휠(Fly wheel)과 변속기 사이에 설치되어 기관의 동력을 변속기에 전달하거나 차단하는 작동을 한다.

※ 시동시 엔진을 무부하상태로 하여 동력 손실을 감소시킨다.

(2) 구비조건

① 클러치 작용이 원활하고, 단속이 확실하며 쉬워야 한다.

② 발진할 때 동력을 서서히 전달하여 방열이 잘 되고 과열되지 않아야 한다.

③ 회전 관성이 작고, 회전부분의 평형이 좋아야 한다.

④ 구조가 간단하고 다루기 쉬우며, 고장이 적어야 한다.

### 2 종류

클러치는 동력전달 방식에 따라 분류하며, 일반적으로 자동차에는 마찰 클러치가 사용된다.

(1) 마찰 클러치 : 단판클러치, 복판클러치, 다판클러치

(2) 원뿔 클러치 : 현재 거의 사용되지 않는다.

(3) 유체 클러치 : 유체의 운동에너지를 이용한다.

(4) 전자 클러치 : 전자석의 작용을 이용한다.

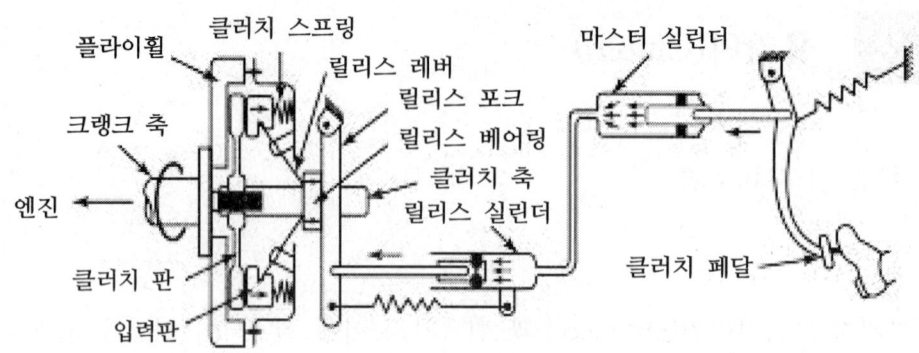

〈클러치 작동 기구의 구성〉

### ❸ 클러치의 구조와 기능

클러치는 클러치 본체와 클러치 조작기구 2가지로 구분한다.

(1) 클러치 본체

클러치 본체는 직접 동력을 단속하는 부분으로 클러치판, 압력판, 클러치 스프링, 클러치커버, 릴리스 레버 및 이들 부품을 부착시키기 위한 플라이휠 및 클러치축 등으로 구성된다.

① 압력판(Pressure plate) : 클러치 스프링의 장력으로 클러치판을 플라이휠에 밀착시켜 동력을 전달하게 하는 역할을 하는데, 작용 시에는 클러치판관의 사이에 미끄럼이 발생하기 때문에 내마멸성, 내열성, 열전도성이 우수한 재질을 사용하여야 한다. 마찰면은 정밀한 평면으로 가공되어 있으며 클러치 스프링, 릴리스 레버와 함께 클러치커버에 조립되어 있다.

② 클러치 스프링(Clutch spring) : 클러치커버와 압력판 사이에 설치되어 압력판에 압력을 발생시키는 스프링으로 보통 6~12개의 코일 스프링이나 다이어프램 스프링(원판 스프링)을 사용한다.

㉠ 다이어프램 스프링은 건식 단판 클러치에 주로 사용되는 것으로 클러치의 중량분포와 압력판을 미는 힘이 비교적 고르게 걸리도록 제작하며 다이어프램 스프링의 작용과 릴리스 레버의 작용을 겸하고 있다.

ⓛ 코일 스프링은 각 스프링의 자유길이, 설치거리 및 장력이 같도록 설계하며, 특히 고속회전할 때 원심력의 영향을 받아 압력판을 누르는 힘이 약해지므로 원심력의 영향을 적게 받도록 설계한다.

③ 클러치판(Clutch disc) : 플라이휠과 압력판 사이에 설치되어 클러치축을 통하여 변속기에 기관동력을 전달하는 역할을 하며, 토션 스프링과 라이닝 및 쿠션 스프링으로 구성된다.

　　㉠ 비틀림 코일 스프링(토션 스프링) : 여러 개의 코일 스프링 또는 고무스프링 등으로 만든 것인데 클러치 강판과 스플라인 보스(클러치 허브)사이에 설치되어 플라이휠로부터 급격한 회전이 전달될 때 회전충격을 완화시켜 클러치판과 클러치축 등의 손상을 방지한다.

　　㉡ 라이닝(클러치 페이싱) : 클러치판의 마찰면 양쪽에는 라이닝(페이싱)을 부착하는데 이것은 석면직물에 마찰조정제를 섞은 후 수지나 고무 등의 결합제로 굳혀 만든 후 쿠션 스프링을 통해 클러치 판에 결합한다. 클러치 페이싱의 구비조건은 적당한 마찰계수(0.3~0.5)를 가져야 하며, 내마모성·내구성이 뛰어나야 하고 온도에 의한 마찰계수의 변화가 적어야 한다.

　　㉢ 쿠션 스프링 : 쿠션 스프링은 리벳으로 라이닝이 부착되어 있으며 축방향의 충격을 흡수하여 변형, 편마멸, 파손 등을 방지한다.

④ 릴리스 레버(Release lever) : 클러치를 차단할 때 릴리스 레버는 한쪽 끝이 릴리스 베어링에 의해서 눌리고, 다른 한쪽 끝은 클러치 스프링을 압축시켜 압력판을 클러치판으로부터 떨어지게 하는 작용을 한다. 다이어프램 스프링 클러치에는 클러치 스프링의 작용과 릴리스 레버의 작용을 동시에 함으로 릴리스 레버가 없다.

⑤ 클러치축(Clutch shaft) : 클러치축은 클러치판이 받은 동력을 변속기에 전달하는 기능을 하며, 선단 지지부, 스플라인부, 베어링부 및 기어 등으로 되어 있다. 스플라인부에 클러치판이 끼워지고, 클러치축 위를 길이방향으로 미끄럼 이동한다.

(2) 클러치 조작기구

① 개요 : 클러치 조작기구는 클러치 페달의 조작력을 클러치 본체에 전달하는 것이며, 릴리스 베어링, 릴리스 포크 및 페달의 조작력을 릴리스 포크로 전달하

는 기구 등으로 구성되어 있다. 릴리스 포크를 작동시키는 조작기구로는 클러치 페달에서 와이어나 링크 또는 레버 등을 사용하여 릴리스 포크를 움직이는 기계식과 유압을 이용한 유압식이 있는데 유압식이 널리 쓰인다.

② 릴리스 베어링(Release bearing) : 릴리스 베어링은 릴리스 포크에 의해 클러치 축 방향으로 움직여서 릴리스 레버 또는 다이어프램 스프링을 눌러 클러치를 끊는 작용을 한다.

③ 클러치 페달의 유격 : 클러치 페달을 밟지 않았을 때 릴리스 레버 또는 다이어프램과 20~30mm 정도의 간극을 두고 설치하는데 이 틈새를 클러치 페달의 유격이라 하며, 이 클러치 페달의 유격은 릴리스 베어링이 릴리스 레버 또는 다이어프램에 닿을 때 까지 페달의 움직인 거리로 표시된다. 클러치 페달의 자유유격을 두는 이유는 다음과 같다.

㉠ 클러치의 미끄러짐을 방지한다.
㉡ 클러치 페이싱의 마멸을 적게 한다.
㉢ 릴리스 베어링의 수명을 연장시킨다.

④ 클러치 유격의 간격에 따른 이상현상

㉠ 클러치 유격이 작을 때 : 클러치 미끄럼이 발생하여 동력전달이 불량해지며, 클러치판이 소손 및 릴리스 베어링이 빨리 마모된다.
㉡ 클러치 유격이 클 때 : 동력차단 불량과 변속시 소음이 발생한다.

⑤ 릴리스 포크(Release fork) : 주철 또는 강판을 프레스 성형하여 베어링 칼라에 끼워서 릴리스 베어링에 압력을 전달시키는 역할을 하며, 요크부와 핀 고정부와 끝부분에 리턴 스프링을 설치하여 페달을 놓았을 때에 신속하게 본래의 위치로 복구된다. 릴리스 베어링은 oilless bearing으로 세척시 세척제 사용은 금지한다.

⑥ 유압식 조작기구

㉠ 마스터 실린더(Master cylinder) : 마스터 실린더는 탱크, 피스톤 및 피스톤 컵, 리턴 스프링, 푸시로드 등으로 구성되며, 클러치 페달을 밟으면 푸시로드에 의하여 피스톤과 피스톤 컵이 밀려서 유압이 발생한다. 이 유압은 유압튜브를 거쳐서 릴리스 실린더로 전달되어 클러치를 끊어 주게 된다.

ⓒ 릴리스 실린더(Release cylinder) : 릴리스 실린더는 피스톤 및 피스톤컵, 푸시로드 등으로 구성된다. 마스터 실린더에서 발생한 유압이 릴리스 실린더에 전달되면 피스톤과 피스톤컵이 움직여서 푸시로드를 밀며, 이것이 릴리스 포크를 작동시켜 클러치를 차단한다.

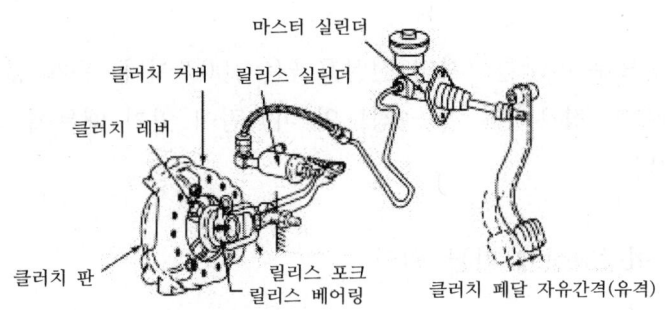

〈유압식 클러치〉

(3) 클러치의 특성

① 클러치의 용량 : 클러치는 회전력을 단속하는 장치로서 클러치가 전달할 수 있는 회전력을 클러치 용량이라 한다. 클러치 용량은 사용하는 기관의 최고 회전력보다 커야 하므로 사용하는 기관 최고 회전력의 1.5~2.5배로 설계한다. 클러치 용량이 너무 크면 접속할 때 충격이 커서 기관이 멈추기 쉽고, 너무 적으면 클러치가 미끄러지기 쉬워 페이싱이 빨리 마모된다. 클러치가 전달할 수 있는 회전력은 다음 식으로 나타낸다.

$T = \mu W r$

T : 전달회전력($kg_f \cdot m$)

W : 전압력(클러치 스프링 힘의 총계)(kgf)

$\mu$ : 마찰계수(클러치 페이싱과 압력판 및 플라이휠 사이의 마찰계수)

r : 평균 유효반경(클러치 페이싱의 크기와 모양에 따라 결정된다)(m)

② 전달효율

㉠ 자동차는 주행 중인 도로의 조건 등에 따라 주행저항이 달라진다. 클러치는 접속할 때에 미끄러지지 않아야 하며, 기관의 발생 회전력이나 주행저항이 너무 커서 미끄러지지 않도록 설계한다.

ⓒ 전달효율은 식은 다음과 같다.

$$전달효율 = \frac{클러치에서 \ 나가는 \ 동력}{클러치로 \ 들어가는 \ 동력} \times 100$$

ⓒ 이론적으로 마찰클러치의 전달효율은 100%이나, 유체 클러치나 토크 컨버터를 사용한 경우에는 어느 정도의 미끄럼이 있기 때문에 전달효율은 97~98%가 된다.

### 4 클러치의 이상현상에 따른 원인

(1) 클러치가 미끄러지는 원인

    ① 클러치의 자유유격이 적을 때

    ② 디스크 라이닝의 경화 및 오일이 묻어 있을 때

    ③ 클러치 스프링 장력의 약화 및 손상

    ④ 플라이휠 및 압력판의 손상

    ⑤ 반클러치를 자주 사용했을 때

(2) 클러치의 차단불량 원인

    ① 자유유격이 너무 클 때

    ② 릴리스 베어링 소손 및 파손

    ③ 디스크 런아웃(흔들림) 과대

    ④ 오일라인에 공기의 흡입

    ⑤ 오일라인의 오일 누출

    ⑥ 클러치판이 흔들리거나 비틀림

(3) 출발시에 진동의 원인

    ① 라이닝의 경화 및 부분적으로 오일이 묻어 있을 때

    ② 비틀림 스프링의 쇠약

③ 압력판 및 플라이휠의 변형

④ 릴리스 레버의 높이가 상이할 때(0.4mm 이상시)

(4) 클러치 소음 발생 원인

① 릴리스 베어링의 마멸

② 비틀림 스프링의 파손

③ 디스크 허브 스플라인부의 마멸

## 1-3 변속기(Transmission)

### 1 개요

변속기는 클러치와 추진축(Propeller shaft) 사이에 설치되어 엔진의 동력을 자동차의 주행상태에 알맞도록 엔진의 회전력을 증대시키거나 감소시켜 구동바퀴에 전달하는 역할을 하며, 자동차를 후진하게 하는 기능을 갖고 있는 장치이며, 변속기의 기능과 구비조건은 다음과 같다.

(1) 변속기의 기능

① 회전력의 증대 또는 감소를 위해서

② 기동시 일단 무부하 상태로 두기 위함

③ 자동차의 후진을 위해서

(2) 구비조건

① 변속이 연속적으로 또는 단계적으로 이루어져야 한다.

② 조작이 용이하며, 작동이 신속·확실·정확·정숙하게 이루어져야 한다.

③ 소형·경량이고 고장이 없으며, 정비가 용이하여야 한다.

④ 동력전달 효율이 좋아야 한다.

(3) 변속비

$$변속비 = \frac{엔진\ 회전속도}{변속기\ 주축\ 회전속도}$$

(4) 로킹 볼과 인터록

① 로킹 볼(lock ball) 장치 : 기어변속 후 기어의 물림이 빠지는 것을 방지한다.

② 인터록(inter rock) 장치 : 기어가 2중으로 물리는 것을 방지한다.

## ❷ 종류

변속기 종류로는 크게 수동변속기와 자동변속기 및 무단변속기(CVT) 로 구분한다. 수동변속기에는 슬라이딩 기어식, 상시물림식, 동기물림식이 있으며 주로 동기물림식 변속기를 사용한다.

(1) 수동변속기

수동변속기(이하 MT)는 입력축-주축,중간축-출력축(후진)으로 이루어져 있는데 주축과 중간축 사이에 기어를 달아 운전자가 원하는 단수를 바꿀 수 있다. 물론 중간에 변속할 때는 입력축과 출력축이 연결되어 있으면 기어를 바꿀 수 없으므로 잠시 축 사이를 끊어줘야 하는데 그걸 발 왼쪽에 있는 클러치가 담당한다. MT는 이 클러치를 운전자가 직접 이용해 동력을 끊고->변속->다시 동력 연결을 하므로 불편은 하지만 동력손실이 적다는 장점이 있다. 그래서 같은 엔진을 쓸지라도 가속력이나 최고속도 면에서 가장 월등하며 중간손실이 적기 때문에 연비에서도 유리하다. 그러나 클러치를 직접 움직여야 한다는 것 때문에 변속충격 등으로 승차감 쪽에서도 불리한 단점이 있다.

① 슬라이딩(선택) 기어(sliding mesh type)변속기

㉠ 변환레버에 의해 직접 기어를 움직여 변속하는 것으로 가장 간단한 변속방법이다.

㉡ 이 방식은 변속용 기어를 직접 움직여 변속하므로 변속조작이 크게 되며 가속성이 저하된다(직경이 서로 다른 두 개의 기어를 맞물릴 때에 주속도(周速度)를 잘 맞추지 않으면 물리기가 어려울 뿐만 아니라 기어를 손상시키기 쉽기 때문에). 그러나 구조가 간단하기 때문에 사용횟수가 적은 1속(Low) 및

후진(reverse) 기어로 사용되고 있다.
ⓒ 작동방식은 주축의 스플라인에 끼워진 슬라이딩 기어를 미끄럼 이동시켜 부축기어에 물리게 하여 제1속, 제2속의 변속비를 얻고 후진은 아이들 기어를 이용하여 주축의 회전방향을 바꾸어준다. 제3속은 물림(도그) 클러치에 의하여 클러치축과 주축을 직결시켜 출력축에 동력을 전달한다.

② 상시물림식 (constant mesh type)변속기
 ㉠ 상시물림식은 주축상의 기어는 부축기어와 항상 맞물려 있고, 주축 위를 공전하는 구조로 되어 있다.
 ㉡ 이 형식은 직경이 작은 물림 클러치 기어를 물리게 하므로 주속도가 적고 잇수가 같기 때문에 물리기 쉽다.
 ㉢ 이 형식은 물림 클러치 기어의 이동량이 적고 변속 조작도 쉬우며 구조가 간단하고 하중부담 능력이 커서 대형버스나 트럭에 이용되나 변속시 물림 클러치가 주축상의 기어와 물릴 때에 소음이 발생한다.

③ 동기물림식 (synchromesh type)변속기
 ㉠ 동기물림식은 싱크로메시 기구를 이용하여 서로 물리는 기어의 원주 속도를 일치시켜서 이의 물림을 쉽게 한 변속기이다.
  ⓐ 싱크로메쉬 기구는 싱크로나이저 허브(synchronizer hub), 슬리브(sleeve), 싱크로나이저 링(synchronizer ring), 싱크로나이저 키(synchronizer key), 키 스프링(key spring) 등으로 구성되어 있다.
  ⓑ 싱크로나이저 허브는 주축의 스플라인에 의해 고정이 되어있으며 3개의 키 홈이 있어서 싱크로나이저 키가 왕복운동을 한다. 그리고 그 안쪽에 스프링이 있으며 바로 싱크로나이저 링이 연결되어있다.
 ㉡ 주축 위를 항상 공전하고 있는 주축기어와 주축에 스플라인으로 결합되어 있는 허브(Hub) 기어 사이에 원추 모양의 마찰면을 가진 클러치(원추 클러치)를 설치하고 클러치 기어 대신에 슬리브를 사용한다.
 ㉢ 동기물림 방식에 따라 일정부하형(Constant load type)과 관성고정형(Inertia lock type) 등이 있으나, 대부분 관성고정형의 동기물림식 변속기를 사용한다. 관성고정형의 동기물림식에는 키(Key)식, 핀(Pin)식, 서보(Servo)식이 있다.

④ 변속기의 작동기구

  ㉠ 직접조작식과 원격조작식 : 변속기의 작동기구는 변속 레버와 그 조작기구로 구분하며 변속기에 직접 변속 레버를 부착한 직접 조작식과 변속 레버와 변속기가 떨어져 있어 그 사이를 링크나 와이어 등으로 연결하여 조작하는 원격조작식으로 구분한다.

  ㉡ 이중물림 방지기구 : 두 개의 기어가 동시에 물리는 것을 방지하는 장치이다.

  ㉢ 오조작 방지기구 : 수동변속기에서는 오조작 방지를 위해 여러 가지 대책 장치가 있는데 특히 역전기어가 전진 중 쉽게 들어가지 않도록 해야 한다.

  ㉣ 시프트 포크의 위치 결정 기구 : 시프트 포크의 중립 위치 결정 및 각 변속상태에서 시프트 포크의 위치를 결정하기 위해 시프트 포크에 홈을 파고, 여기에 볼을 넣어 스프링 장력으로 시프트 포크의 위치 결정기구로시 위치 결정뿐만 아니라 변속시의 규칙적 작동과 주행 중 충격에 의해 기어가 빠지는 것을 방지하는 기능도 겸하고 있다.

  ㉤ 기어풀림 : 기어의 물림이 풀어지는 것을 방지하기 위해 싱크로나이저 허브와 슬리브 쪽 또는 싱크로나이저 슬리브와 변속용 기어의 스플라인 또는 클러치 기어(Clutch gear)와 결합부분에 챔퍼(Chamfer)를 내어 기어가 쉽게 풀어지지 않도록 한다.

  ㉥ 오버 드라이브(Over drive) : 중·고속 주행시의 연료소비율의 향상과 기관의 소음을 줄일 목적으로 변속기의 입력 회전수보다 출력 회전수를 빠르게 하는 장치로 일반 변속기 안에 1보다 적은 변속기(0.7~0.85)를 갖는 변속기어 또는 유성기어를 설치하는 방법으로 변속기 뒷부분에 설치된다.

  ㉦ 트랜스퍼 케이스(Transfer case) : 트랜스퍼 케이스는 4륜 구동차에 장치된 일종의 보조변속기로서 변속기 뒷부분에 설치되어 앞뒤 바퀴로 가는 기관의 동력을 분배하는 일을 한다.

⑤ 수동 변속기의 정비 : 수동 변속기의 점검시 주로 측정해야 할 항목은 주축 엔드플레이, 주축의 휨, 싱크로메시 기구, 기어의 백래시, 부축의 엔드플레이 등이며, 변속기 내의 싱크로메시 엔드플레이 측정은 필러 게이지로 하며 변속기 부축의 축 방향 유격은 스러스트 와셔로 조정한다. 변속기 내의 불량원인은 다음과 같다.

㉠ 기어가 빠지는 원인 : 변속기의 기어가 빠지는 원인은 기어나 베어링 또는 부싱의 마모나 기어시프트포크 또는 싱크로라이저 허브의 마멸 또는 록킹볼 스프링의 장력이 작기 때문이다.

㉡ 변속이 어려운 원인 : 변속이 어려운 원인은 기어의 마모나 싱크로라이저링의 마모시나 기어오일의 응고시 또는 컨트롤케이블 조정이 불량시 발생한다.

㉢ 변속기의 소음 원인 : 변속기의 소음 발생은 주축의 스플라인, 기어, 베어링 또는 부싱의 마모시나 기어오일의 부족시나 오일의 질이 나쁠 때 발생한다.

(2) 자동변속기(Automatic trans)

자동변속기(AT)는 클러치 역할을 토크 컨버터가 대신하는 변속기이다. 이 컨버터가 관 사이에 오일을 채워 오일압력을 이용해서 축을 회전시키므로 동력손실이 크고 변속을 담당하는 토크컨버터를 차량내의 ECU가 제어하므로 운전자가 좀 더 적극적으로 변속을 요구하는 차량에게는 불리할 수 도 있는 단점이 있으므로 수동겸용 AT도 많이 보편화어 있다.

① 개요 : 자동변속기는 클러치와 변속기의 조작을 기계가 하도록 자동화한 것이다.

② 장점과 단점

㉠ 장점

ⓐ 클러치 페달이 없고, 주행중 변속조작을 할 필요가 없다.

ⓑ 조작의 미숙에 의한 기관의 정지가 적기 때문에 운전자의 피로가 줄어든다.

ⓒ 기관회전력의 전달은 유체를 매개로 하기 때문에 출발, 가속 및 감속이 원활하다.

ⓓ 유체가 댐퍼의 역할을 하기 때문에 기관에서 동력전달장치나 바퀴, 기타 부분으로 전달되는 진동이나 충격을 흡수할 수 있을 뿐만 아니라 이와 반대로 바퀴에서 기관에 가해지는 진동이나 충격도 흡수한다. 과부하가 걸려도 직접 기관에 가해지지 않으므로 기관을 보호하고 각 부분의 수명을 길게 한다.

㉡ 단점

ⓐ 구조가 복잡하고 값이 비싸다.

ⓑ 연료소비율이 약 10% 정도 많아진다.

ⓒ 차를 밀거나 끌어서 시동할 수 없다.

③ 자동변속기의 구조 : 자동변속기는 토크 컨버터, 클러치, 브레이크, 유성기어장치, 유압제어기구와 자동변속기를 제어하는 전자제어기구로 되어 있다.

   ㉠ 유체 클러치(Fluid clutch)

   ⓐ 개요 : 기관의 회전력을 액체의 운동에너지로 전환시키고, 이 에너지를 다시 동력으로 바꾸어서 변속기로 전달하는 장치이다. 유체 커플링이라고도 한다.

   ⓑ 구성 : 펌프임펠러, 터빈러너, 가이드링으로 구성되며 펌프는 기관의 크랭크축에, 터빈은 변속기 입력축과 연결되어 있다.

   ⓒ 가이드링 : 유체의 와류를 방지하여 전달효율을 증가시킨다.

   ⓓ 유체클러치의 스톨 포인트(stall point) : 스톨 포인트는 펌프는 회전하나 터빈이 정지되어 있는 상태로 속도비율이 "0"인 점이다. 스톨 포인트에서 토크변환 비가 최대가 된다.

   ⓔ 유체 클러치 오일의 구비조건

   - 점도가 낮을 것
   - 비중이 클 것
   - 내산성이 클 것
   - 비점이 높을 것
   - 융점이 낮을 것
   - 착화점이 높을 것
   - 유성이 좋을 것
   - 윤활성이 클 것

   ㉡ 토크 컨버터

   ⓐ 개요 : 유체 클러치의 개량형으로 유체의 운동에너지를 이용하여 토크를 자동적으로 변환하는 장치로서 동력전달효율은 97~98%이다.
   유체 클러치의 경우 토크 변환율이 1 : 1이지만, 토크 컨버터는 2~3 : 1의 토크 변환을 할 수 있다.

   ⓑ 구조 및 작동 : 토크 컨버터는 펌프(임펠러), 터빈 및 스테이터의 3개요소로 구성되어 있으며 펌프는 기관과 직결되어 기관 회전속도와 동일한 속도로 회전하며, 터빈은 변속기 입력축과 연결되어 있다. 스테이터는 오일의 흐름 방향을 바꾸어주므로 회전력을 증가시킨다. 그리고 토크컨버터가 유체클러치로 변환되는 점을 클러치 포인트(clutch point)라 한다.

ⓒ 유체 클러치와 토크 컨버터의 비교

| 구분 | 유체 클러치 | 토크 컨버터 |
|---|---|---|
| 구성 | 펌프·터빈·가이드링 | 펌프·터빈, 스테이터 |
| 날개 | 각도 없이 직선방사형 | 어떤 각도를 둔 곡선방사형 |
| 토크변환비 | 1 : 1 | 2~3 : 1 |
| 토크비의 변환 | 터빈속도에 관계 없이 1이다. | 속도비가 0(실속점)에서 가장 높고, 속도비가 증가함에 따라 저하되어 클러치점부터는 1을 유지 |

ⓔ 유성기어장치 : 유성기어장치는 토크 컨버터의 토크 변환능력을 보조하고 후진 등의 조작을 하기 위한 장치이며 선기어(Sun gear), 피니언(Pinion), 링기어(Ring gear), 유성기어 캐리어(Planet gear carrier), 브레이크 밴드 등으로 구성되어 있다. 이와 같은 유성기어장치를 사용하여 변속을 하기 위해서는 선기어, 캐리어, 링기어의 세 개 요소를 고정하거나 구동 또는 자유로 하여 직렬, 감속, 종속, 역전 및 중립으로 할 수 있다.

ⓜ 변속제어기구 : 자동변속기의 제어기구는 유압에 의한 조절밸브에 의해 제어되는 방식과 컴퓨터를 이용한 전자제어방식기구 및 주행단계 컨트롤 밸브 방식으로 구분된다.

ⓐ 유압제어기구 : 유압제어기구는 유성기어장치를 차속이나 운전조건에 맞추어 자동 또는 수동으로 조작하기 위한 기구이다.

- 오일펌프(Oil pump) : 오일펌프는 유압발생장치로서 앞 펌프는 토크 컨버터의 펌프에 의하여 구동된다.
- 레귤레이터 밸브(Regulator valve) : 오일펌프에서 발생한 유압을 일정한 유압으로 조절하는 밸브이다.
- 스로틀 밸브(Throttle valve) : 이 밸브는 가속페달의 밟음 정도, 즉 기관의 부하에 대응하는 유압(스로틀 압력)을 얻는 장치이다.
- 거버너 밸브(Governor valve) : 출력축에 설치되어 출력축의 회전속도에 대응하는 유압(거버너 압력)을 얻는 장치이다.

ⓑ 주행단계 컨트롤 기구

- 수동밸브(Manual valve) : 운전석에 있는 선택레버의 위치에 따라 연동되어 작동되는 수동밸브로서, 선택레버와 링크로 연결되어 있다. 선택레버의 움직임에 따라 라인압(Line pressure)을 선택레버 위치, 즉 P, R, N, D, L, 2의 각 범위로 바뀌게 하는 작용을 한다.
- 킥다운 스위치(Kick down switch) : 가속페달을 끝까지 밟으면 킥다운 스위치가 작동하며 모듈레이터 압력이 급격히 증가하게 된다. 킥다운 스위치가 작동하면 일정속도 범위 내에서는 한 단 낮은 단으로 강제적으로 변속된다.

ⓒ 전자제어유닛기구 : 자동변속기의 전자제어기구는 각종 센서에서 수집된 정보를 변속기제어유닛(TCU)에서 종합·분석하여 댐퍼 클러치 컨트롤 솔레노이드 밸브(DCCSV), 시프트 컨트롤 솔레노이드 밸브(SCSV), 압력제어 솔레노이드 밸브(PCSV)를 작동시키고, 댐퍼 클러치의 작동 및 변속제어를 하는 기구이다. 센서에는 스로틀 밸브의 열림 정도, 킥다운 드럼(Kick down drum) 회전속도, 기관 회전속도, 선택레버의 위치, 냉각수 온도, 증속구동장치, 자동차 속도 등을 감지하는 센서들이 있다.

ⓑ 자동변속기의 작동 : 토크 컨버터와 유성기어장치, 변속제어장치를 조합하여 동력이 전달되는데 변속작용은 다판식 클러치나 밴드 브레이크를 작동하여 기어의 물림을 바꿈으로써 이루어진다.

ⓢ 댐퍼 클러치(Damper clutch) : 토크 컨버터의 슬립에 의한 손실을 최소화하기 위한 작동 클러치이다.

ⓞ 다판 클러치 : 토크 컨버터의 구동력을 유성기어장치의 후진 선기어(앞 클러치), 전진 선기어(뒤 클러치), 캐리어(엔드 클러치)를 단속하는 작용을 하며, 캐리어(저속역전 브레이크)를 하우징에 고정하는 작용을 한다.

ⓩ 밴드 브레이크(Band brake) : 킥다운 브레이크 작동시에 유성기어장치의 캐리어를 하우징에 고정하는 작용을 한다.

ⓒ 일방향 클러치(One way clutch) : 롤러를 사용하는 클러치 스프래그(Sprag)를 사용하는 클러치가 있으며, 두 방법 모두 쐐기작용을 이용하여 한쪽 방향은 회전하고 반대방향으로는 고정 또는 회전을 저지하는 작용을 한다. D레인지 또는 2속 레인지의 1속 주행시에 유성 기어 캐리어에 역방향의 회전력을 차단한다.

④ 자동 변속기의 오일 색깔
  ㉠ 정상 : 투명도가 높은 붉은 색
  ㉡ 갈색 또는 니스 모양 : 장시간 고온에 노출되어 열화 발생
  ㉢ 투명도가 없는 검은 색 : 클러치 판의 마멸 분말에 의한 오일의 오손, 부싱 및 기어가 마모된 경우
  ㉣ 백색 : 수분이 유입된 경우
⑤ 스톨 테스트(stall test) : 스톨 테스트란 자동변속기의 D나 R 위치에서 기관의 최고 회전속도를 측정하여 변속기와 기관의 종합적인 성능을 시험하는 것이며, 토크 컨버터의 동력전달 기능, 클러치(프런트 및 리어 브레이크 밴드, 리어 클러치)의 미끄러짐 유무, 기관의 구동력 시험 등을 한다.
  ㉠ 스톨 테스트(stall test)시 주의 사항
    ⓐ 자동변속기 장착 차량을 스톨 테스트(stall test)할 때 가속 페달을 밟는 시험시간은 5초 이내이어야 한다.
    ⓑ 자동변속기 오일의 온도가 정상 작동온도(70~80℃)로 된 후 실시한다.
    ⓒ 브레이크 페달을 밟고 가속페달을 완전히 밟은 후 기관 RPM을 읽는다.
    ⓓ 변속레버를 "D" 위치와 "R" 위치에 두고 한다.
    ⓔ 시험 중 차량의 앞·뒤에는 사람이 서 있지 않게 한다.
  ㉡ 스톨 테스트 결과 분석
    ⓐ 변속 레버를 "D" 또는 "R" 위치에 놓고 최대 기관회전수로 결함부위를 판단한다.
    ⓑ 기관회전수가 2,000RPM~2,600RPM보다 현저히 낮으면 주원인은 엔진의 출력부족이며, 기관회전수가 2,000RPM~2,600RPM보다 현저히 높으면 주원인은 자동변속기 이상이다.
⑥ 자동변속기의 고장 원인
  ㉠ 오일의 압력이 너무 낮은 원인
    ⓐ 오일 필터가 막혔다.
    ⓑ 릴리프 밸브 스프링의 장력이 약하다.

ⓒ 오일 펌프가 마모되었다.

ⓛ 토크 컨버터의 압력이 부적당하다.

ⓐ 댐퍼 클러치 솔레노이드 밸브가 고착되었다.

ⓑ 댐퍼 클러치 밸브가 고착되었다.

ⓒ 오일이 누유가 된다.

ⓓ 입력축 오일 시일이 손상되었다.

(3) 무단변속기

무단변속기(이하 CVT)는 입력축과 출력축 사이를 벨트로 연결해 입력축과 출력축 위 풀리를 조절해 항상 최적의 기어비를 조절하는 방식이다.

① 장점

㉠ 입력축과 출력축이 항상 연결되어 있기 때문에 변속충격이 거의 없다.

㉡ CVT는 두축 사이의 연결을 벨트로 연결된 기어박스로 동력을 전달해서 동력 손실이 있지만 항상 최적의 기어비를 유지하기 때문에 연비가 AT에 비해 우수하다.

② 단점

㉠ 벨트(보통 고도의 인장력이 필요하기 때문에 금속재질을 사용)가 토크를 견뎌내는데는 한계가 있기 때문에 대 배기량의 토크를 견디기에는 무리가 있어 아직까지 소형차에 한정되어있고 비교적 내구성도 약하다.

## 1-4 추진축과 자재이음

### ❶ 개요

FR방식에서 기관의 동력은 변속기를 거쳐 추진축에 의해 뒷차축으로 전달된다. 변속기는 기관 및 클러치와 함께 프레임에 설치되어 있고, 뒷차축은 섀시 스프링을 사이에 두고 차체에 설치되어 있으므로 노면에서 오는 충격이나 적재하중의 변화에 따라 진동을 할 수 있도록 한다. 또한 기관의 동력을 원활하게 뒷차축에 전달하기 위해 추진축의 양쪽 끝에 자재이음(Universal joint)과 추진축의 앞쪽 또는 중간부분에 슬립이음(Slip joint)을 설치한다.

### ❷ 추진축(Propeller shaft)

추진축(Propeller shaft)은 변속기로부터 최종감속기어까지 동력을 전달하는 축이므로 강한 비틀림을 받으면서 고속으로 회전하기 때문에 이에 견디도록 중공축(속이 빈 강관)으로 되어 있으며 회전할 때 평형을 유지하기 위한 평형추(Balance weight)와 길이방향의 변화에 대응하기 위한 슬립이음이 설치되어 있다. 추진축의 길이가 긴 대형차에서는 추진축을 두 개 또는 세 개로 나누고 프레임에 설치된 중간베어링으로 지지하는 3점이음식 추진축도 사용한다. 또한 대형 자동차용 추진축에서는 비틀림 진동에 의한 소음이나 축의 파손을 방지하기 위해 토션댐퍼(Torsion damper)를 설치한다.

### ❷ 자재이음(Universal Joint)

(1) 개요

자재이음(Universal joint)은 일직선상에 있지 않는 2개의 축이 어느 각도를 이루어교차할 때 자유로이 동력을 전달하기 위한 장치이다.

(2) 종류

자재이음에는 크게 플렉시블 조인트, 트러니언 조인트, 훅 조인트(= 십자형 조인트), 등속 조인트 등이 있는데, 추진축에서는 십자형 조인트가 사용되고, 앞기관 앞바퀴 구동축에는 등속 조인트가 많이 사용되고 있다.

(3) 자재이음 종류와 특징

① 플렉시블 조인트(Flexible joint) : 세 갈래로 된 두 개의 요크 사이에 휨이나 원심력에 충분히 견딜 수 있도록 질긴 마직물을 여러겹으로 겹친 것이나, 또는 가죽을 겹친 가요성(可搖性) 원판을 넣고 볼트로 고정한 것이다.

② 트러니언 조인트(Trunnion joint) : 자재이음과 슬립이음을 겸한 것으로 통형(筒型) 보디의 안쪽 면에 축방향으로 두 개의 홈이 파여져 있으며, 상대축의 끝에는 핀이 들어가는 볼 헤드가 있고, 핀에는 니들 롤러 베어링을 사이에 끼어 볼이 결합되어 있다. 볼은 보디 안쪽면의 홈에 들어가 동력을 전달함과 동시에 축방향으로 움직이도록 되어 있다. 또한 보디 내부에 들어있는 코일 스프링은 추진축이 앞뒤로 움직이는 것을 방지한다.

③ 십자형 조인트 : 가장 널리 사용되는 것으로서, 원동축과 종동축을 각각 Y형 요크(Yoke)와 십자축(Cross spider)으로 연결하는 방식이다. 십자축요크 니들 롤러 베어링을 끼워서 연결되어 있다. 이 유니버설 조인트는 구조가 간단하고, 비교적 큰 각도(12° ~18°) 동력을 전달할 수 있어 많이 사용된다.

④ 등속 조인트(UV조인트) : 일반적으로 앞바퀴 구동차에서 종감속장치에 연결된 구동차축에 설치되어 바퀴에 동력전달용으로 사용되며, 항상 구동축과 피구동축의 접점을 축의 교차각 $\varphi$의 2등분 선상에 있게 하여 등속으로 동력을 전달하도록 만든 것이다. 종류에는 트랙터형, 벤딕스와이스형, 제파형, 파르빌레형, 이중십자형이 있다.

## 1-5 최종감속기어

추진축으로부터 받은 동력을 하이포이드 기어(Hypoid gear)를 사용하여 감속시켜 회전력을 증가시키며 회전방향을 직각 또는 직각에 가까운 각도로 바꾸어 주는 역할을 한다. 하이포이드 기어는 구동 피니언의 중심을 링기어의 중심보다 아래로 낮출 수 있어 차량의 무게중심을 낮출 수 있으므로 차량의 안전주행을 할 수 있게 한다.

---

**○ 최종감속비와 총감속비**

1. 최종감속비 : 링기어와 구동피니언의 잇수의 비, 기관의 출력, 차량의 중량, 가속성능, 등판능력 등에 관계한다. 보통 승용차의 최종 감속비는 3~6, 버스나 트럭 등은 5~8 정도이다.

$$최종감속비 = \frac{링기어의\ 잇수}{구동\ 피니언의\ 잇수}$$

2. 총감속비 : 자동차 전체의 감속비로서 변속기에서의 변속비와 최종감속기어장치에서의 감속비 모두 고려한다.

$$총감속비 = 변속비 \times 최종감속비$$

---

## 1-6 차동기어장치(Differential gear)

자동기어장치는 자동차가 굽은 길을 돌 때 안쪽 바퀴와 바깥쪽 바퀴의 회전수가 각각 다르도록 하여 회전이 원활하도록 하는 장치이다.

(1) 차동기어장치의 구성

차동 사이드 기어, 차동 피니언, 차동 기어케이스(최종감속기어장치의 링기어에 부착됨)로 되어 있다.

(2) 트랜스액슬(Trans-axle)

주로 앞기관 앞바퀴(FF) 구동형식의 승용차에서 많이 사용하는 것으로 구조는 복잡하나 최종감속기어와 차동기어를 변속기와 일체로 조립한 것으로 추진축이 없으며 변속기와 최종감속기어가 직접 물려 있는 구조이다.

(3) 구동축(뒷차축)

하중을 받으면서 자동차에 굴러가는 힘을 주는 장치이다. 반부동식, 3/4부동식, 전부동식이 있다. 대형트럭이나 버스는 차량의 중량을 전부 하우징이 감당하는 전부동식이 쓰인다. 전부동식은 바퀴를 빼지 않고도 차축을 뺄 수 있다. 소형승용차는 반부동식이 쓰이는데, 차량무게의 1/2을 구동축이 감당한다. 3/4부동식은 중량급 차에 이용된다.

(4) DCT(double clutch transmission)

트랜스 미션은 엔진에서 생성된 에너지를 구동축으로 전달할 때 기어를 이용하여 회전수나 방향을 변경하는 역할을 한다. DCT(double clutch transmission)는 M/T(수동기어)에는 클러치가 한 개이지만 DCT에선 두 개의 클러치가 있으며 클러치 페달이 없다. 그러므로 M/T경우 클러치 페달을 밟아서 클러치가 떨어지게 한 후 기어 변속을 하지만, DCT에는 두 개의 클러치를 이용하여 한 개는 홀수단(1,3,5단)에서 사용하고 다른 한 개는 짝수 단(2,4,6단)에서 사용하여 M/T가 변속을 하는 데 걸리는 시간을 보다 단축을 시킬 수 있다
A/T 가 토크 컨버터를 사용하는 방식으로 인해 에너지 손실이 큰 반면 M/T는 클러치를 연결했다 뗐다 하는 방식으로 에너지 손실이 작다. 그러므로 DCT가 연비 효율이 좋다. 또, 클러치 액츄레이터를 이용하여 2개의 클러치를 홀수 단과 짝수 단에 따라 번갈아 가면서 자동으로 교체해주기 때문에 M/T의 단점인 기어를 변속 해줘야 하는 불편함을 없애면서 변속하는 시간도 단축할 수 있는 장점이 있다.

(5) 타이트 코너 브레이킹 현상

타이트 코너 브레이킹 현상은 4륜구동 시스템이 필요한 상황인 미끄러운 노면 및 험로 저속 주행시 최대의 접지력과 구동력을 발생하기 위해 앞뒤의 구동축이 직결로 체결되어 전후륜의 회전수는 강제 동일 속도로 회전하게 된다. 이 때문에 주차시 또는 회전반경이 작은 경우조건에서는 전후륜의 회전차가 타이어 및 구동축의 회전차로 나타나게 되어 전륜은 BRAKE가 걸리고 후륜은 끌리며 공전 하게되는 현상이 발생한다. 또한 스티어링을 최대로 돌렸을 때는 차가 정지하는 현상도 발생합니다. 해결방법은 핸들을 최대한 풀어 천천히 선회하거나 2H (ATT는 AUTO 모드) 모드로 전환하여 방향 선회 후 주행 하여야 한다.

## 동력전달장치 기출 및 예상문제

**01** 자동 차동제한장치(LSD)의 특징 설명으로 틀린 것은?
① 미끄러지기 쉬운 모래길이나 습지 등과 같은 노면에서 출발이 용이
② 타이어의 수명을 연장
③ 직진 주행 시에는 좌우 바퀴의 구동력 오차로 인하여 안정된 주행
④ 요철 노면 주행 시 후부의 흔들림을 방지

◆ 자동 차동제한장치(differential lock) : LSD(Limited Slip Differential gear system)라고도 하며 보통의 차동장치에서는 한쪽 바퀴가 한번 공회전을 하면 차를 주행시킬 수 없는데, 이것은 자동적으로 차동작용을 정지 또는 제한하여 미끄러지기 쉬운 노면으로부터의 발진을 용이하게 하고, 한쪽 브레이크만의 작동으로 옆으로 미끄러지는 것을 방지한다. 특징은 다음과 같다.
㉠ 차동장치를 고정하여 미끄럼이 변할 시 회전수를 일정하게 한다.
㉡ 미끄러지기 쉬운 모래길이나 습지 등과 같은 노면에서 출발이 용이하다.
㉢ 타이어의 수명을 연장해 준다.
㉣ 요철 노면 주행 시 후부의 흔들림을 방지해 준다.

**02** 변속기의 기어변속이 잘 되지 않을 때의 이유로 맞는 것은?
① 릴리스 레버의 높낮이 이상
② 클러치판의 마멸
③ 유압식 클러치의 오일 누설
④ 클러치 페달의 쇼 유격

◆ 유압식 클러치에서 오일이 누설되면 유압이 규정값 이하가 되기 때문에 동력의 차단이 이루어지지 않아 변속이 잘 되지 않는다.

**03** 자동변속기 차량에서 변속패턴을 결정하는 가장 중요한 입력신호는?
① 차속 센서와 엔진회전수
② 차속 센서와 스로틀 포지션 센서
③ 엔진회전수와 유온센서
④ 엔진회전수와 스로틀 포지션 센서

**04** 수동변속기에서 기어변속이 불량한 원인으로 틀린 것은?
① 싱크로 나이저 스프링 불량
② 릴리스 실린더 불량
③ 컨트롤 케이블의 조정불량
④ 디스크 페이싱의 오염

◆ 수동변속기에서 기어변속이 불량한 원인
㉠ 컨트롤 케이블의 조정이 불량한 경우
㉡ 싱크로메시 기구가 불량한 경우

**정답** 01. ③ 02. ③ 03. ② 04. ④

ⓒ 클러치 끊김이 불량한 경우
ⓔ 릴리스 실린더 불량

**05** 클러치판이 마멸되었을 경우 일어나는 현상으로 틀린 것은?
① 클러치가 슬립한다.
② 클러치 페달의 유격이 커진다.
③ 가속주행 시 클러치가 미끄러진다.
④ 클러치 릴리스 레버의 높이가 높아진다.

◆ 클러치 페달의 유격이 커지면 클러치의 차단불량 원인이다.

**06** 종감속 기어에서 링 기어의 백래시가 클 때 일어나는 현상이 아닌 것은?
① 회전저항 증대   ② 기어 마모
③ 토크 증대   ④ 소음 발생

◆ 백래시가 크면 기어 마모가 발생하여 토크를 크게 할 수 없다.

**07** 다음 중 클러치가 미끄러지는 원인에 해당하지 않는 것은?
① 라이닝의 경화 및 오일이 묻어 있다.
② 클러치 스프링 장력이 약하다.
③ 클러치 페달유격이 크다.
④ 클러치 하우징 얼라인먼트가 불량하다.

◆ 클러치의 차단불량 원인
ⓐ 자유유격이 너무 클 때
ⓑ 릴리스 베어링 소손 및 파손

ⓒ 디스크 런아웃 과대
ⓔ 오일라인에 공기의 흡입
ⓟ 오일라인의 오일 누출
ⓗ 클러치판이 흔들리거나 비틀림

**08** 사이클 가솔린 엔진에서 최대압력이 발생되는 시기는?
① 동력행정 TDC 후 10~15도
② 배기행정 TDC 후 10~15도
③ 압축행정 TDC 전 10~15도
④ 동력행정 BCD 부근

**09** 피스톤 링의 주요기능이 아닌 것은?
① 방청작용   ② 기밀작용
③ 오일제어작용   ④ 열전도작용

◆ 피스톤 링의 주요기능
ⓐ 연소가스의 기밀유지
ⓑ 연소실 벽의 오일을 긁어내려 오일소모 저감
ⓒ 피스톤의 열을 실린더로 전달

**10** 클러치 스프링의 장력이 작으면 어떻게 되는가?
① 페달의 유격이 작게 된다.
② 페달의 유격이 크게 된다.
③ 클러치 용량이 증가한다.
④ 클러치 용량이 감소되어 미끄러진다.

◆ 클러치 스프링 장력이 작아지면 클러치 용량이 작게 되어 미끄러지는 원인이 된다.

정답 05.② 06.③ 07.③ 08.① 09.① 10.④

11 다음 중 돌기에 의해 압축상사점을 검출하는 것은?
① 크루즈콘트롤 스위치
② 크랭크각 센서
③ 앤티 다이브 센서
④ 차속 센서

12 기관을 운전상태에서 점검하는 부분이 아닌 것은?
① 오일 팬의 급유상태
② 기어의 물림상태
③ 이상음의 유무
④ 클러치의 상태

◆ 오일팬의 엔진오일량은 시동을 끄고 5분 정도 경과 후 측정한다. 엔진오일량은 딥스틱으로 측정한다.

13 자동변속기차량에서 토크 컨버터 내부에 있는 댐퍼 클러치의 접속 해제 영역으로 틀린 것은?
① 기관의 냉각수 온도가 낮을 때
② 공회전 운전 상태일 때
③ 토크비가 1에 가까운 고속 주행일 때
④ 제동 중일 때

14 클러치의 전달 효율에 관한 설명으로 틀린 것은?
① 전달 효율은 클러치의 출력 회전력에 비례한다.
② 전달 효율은 엔진의 발생 회전력과 엔진의 회전수에 비례한다.
③ 전달 효율은 클러치로 들어간 동력에 반비례한다.
④ 전달 효율은 클러치에서 나온 동력에 비례한다.

◆ 클러치의 전달 효율은 엔진의 회전력과 직접 관계는 없다.

15 자동변속기 차량의 점검방법으로 틀린 것은?
① 자동변속기의 오일량은 평탄한 노면에서 측정한다.
② 인히비터 스위치는 N 위치에서 점검 조정한다.
③ 오일량을 측정할 때는 시동을 끄고 약 3분간 기다린 후 점검한다.
④ 스톨 테스터 시 회전수가 기준보다 낮으면 엔진을 점검해 본다.

◆ 오일팬의 엔진오일량은 시동을 끄고 5분 정도 경과 후 측정한다. 엔진오일량은 딥스틱으로 측정한다.

정답 11. ② 12. ① 13. ③ 14. ② 15. ③

**16** 가솔린 엔진에서 온도게이지가 "HOT" 위치에 있을 경우 점검해야 하는 사항으로 가장 거리가 먼 것은?
① 냉각 전동 팬 작동상태
② 라디에이터의 막힘 상태
③ 수온센서 혹은 수온스위치의 작동상태
④ 부동액의 농도상태

◆ 부동액은 외부온도가 낮을 때의 점검사항이다.

**17** 자동변속기의 유압장치인 밸브 보디의 솔레노이드 밸브를 설명한 것으로서 틀린 것은?
① 댐퍼 클러치 솔레노이드 밸브(DCCSV)는 토크 컨버터의 댐퍼 클러치에 유압을 제어하기 위한 것이다.
② 압력조절 솔레노이드 밸브(PCSV)는 변속 시 독단적으로 압력을 조절하며 반드시 독립제어에 사용되어야 한다.
③ 변속조절 솔레노이드 밸브(SCSV)는 변속 시에 작용하는 밸브로서 주로 마찰요소(클러치, 브레이크)에 압력을 작용토록 한다.
④ PCSV와 SCSV는 변속 시 같이 작용하며 변속 시의 유압충격을 흡수하는 기능을 담당하기도 한다.

◆ 압력조절 솔레노이드 밸브는 상호 보완적으로 압력을 조절하여야 한다.

**18** 종 감속비를 결정하는 요소가 아닌 것은?
① 차량중량　　② 제동성능
③ 가속성능　　④ 엔진출력

◆ 종 감속비는 주행성능을 판단하는 것이다.

**19** 클러치의 자유간극에 관한 설명 중에서 맞는 것은?
① 자유간극이 너무 작으면 동력차단이 제대로 이루어지지 않아 변속 소음이 일어날 수 있다.
② 유압식 클러치의 마스터실린더 피스톤 컵이 마모되면 클러치 페달의 자유간극은 더욱 커진다.
③ 클러치의 자유간극이 너무 크면 클러치 페이싱의 마모를 촉진시킨다.
④ 페달을 밟은 후부터 릴리스 레버가 다이어프램 스프링을 밀어낼 때까지의 거리를 자유간극이라고 한다.

◆ 클러치의 자유간극 유압식 클러치의 마스터실린더 피스톤 컵이 마모와 관계있다. 클러치 페달을 밟으면 마스터 실린더 안의 피스톤이 오일을 밀어낸다.
밀려나온 오일은 가는 파이프를 지나서 릴리스 실린더의 피스톤을 밀어내고, 이 피스톤의 선단이 클러치 포크를 밀어서 클러치가 차단되는 원리이다. 그러므로 피스톤 컵이 마모되면 자유간극은 증가된다.

정답　16. ④　17. ②　18. ②　19. ②

**20** 종감속 기어비가 자동차의 성능에 영향을 미치는 인자가 아닌 것은?
① 자동차의 최고속도
② 추월 가속성능
③ 연료소비율 및 배출가스
④ 제동 능력

◆ 제동 능력은 브레이크 기능이다.

**21** 변속기에서 싱크로메시 기구가 작동하는 시기는?
① 변속기어가 물릴 때
② 변속기어가 풀릴 때
③ 클러치 페달을 놓을 때
④ 클러치 페달을 밟을 때

◆ 상시 물림식에서 도그 클러치를 물릴 때 서로 간 속도가 일치하지 않으면 소음이 발생된다. 이런 점을 보완하기 위해 상시 물림식에서 도그 클러치 대신 동기물림장치 (싱크로메시 기구)란 것을 사용한다. 클러치 작용 시 물리는 기어를 상대기어와 같은 속도(동기작용)로 해주어 원활한 변속이 가능하도록 한 것이다. 현재 많이 사용하고 있으며 싱크로메시 기구(싱크로나이저) 불량 시 주행 중 기어변속 때 충돌음이 발생한다.

**22** 전자제어 자동변속기의 댐퍼 클러치 작동에 대한 설명 중 맞는 것은?
① 작동은 압력 조절 솔레노이드의 듀티율로 결정된다.
② 급가속 시는 토크 확보를 위하여 댐퍼 클러치 작동을 유지한다.
③ 페일 세이프 상태에서도 댐퍼 클러치는 작동한다.
④ 스로틀 포지션 센서 개도와 차속의 상황에 따라 작동 비작동이 반복된다.

◆ 댐퍼 클러치(로크업 클러치) : 엔진 회전수(펌프 회전수)와 터빈 회전수(변속기 입력축 회전수) 등을 고려하여 어떤 조건이 되었을 때(통상 2단 이상부터 작동) 펌프에서 터빈을 통하여 유체로 동력이 전달되지 않고 수동변속기의 클러치와 비슷한 댐퍼 클러치가 작동하여 펌프에서 터빈으로 동력이 기계적으로 물려 전달되도록 되어 있다(댐퍼클러치는 터빈에 부착되어 있다). 주행속도가 일정 값에 도달하면 토크컨버터의 펌프와 터빈을 기계적으로 직결시켜 미끄러짐에 의한 손실을 최소화하는 장치이다.

**23** 추진축에서 공명진동이 발생하는 회전속도를 무엇이라 하는가?
① 최고 회전속도
② 최대응력 회전속도
③ 고유진동 회전속도
④ 위험 회전속도

정답 20.④ 21.① 22.④ 23.④

◆ 공명진동을 공진현상이라 한다.

**24** FR 방식의 자동차가 주행 중 디퍼렌셜 장치에서 많은 열이 발생한다면 고장 원인으로 거리가 먼 것은?
① 추진축의 밸런스 웨이트 이탈
② 기어의 백래시 과소
③ 프리로드 과소
④ 오일 량 부족

**25** 자동변속기가 과열되는 원인으로 거리가 먼 것은?
① 자동변속기 오일쿨러 불량
② 라디에이터 냉각수 부족
③ 기관의 과열
④ 자동변속기 오일 량 과다

◆ 자동변속기 오일량 과다 시 기어 회전에 따른 기포가 발생하여 오일의 변질이 빨라진다.

**26** 수동변속기 차량에서 클러치가 슬립되는 원인이 아닌 것은?
① 클러치페달 유격이 많다.
② 클러치 페이싱면에 기름으로 오염되었다.
③ 클러치 페달 유격이 너무 작다.
④ 다이어프램 스프링장력이 약화되었다.

◆ 클러치가 미끄러지는 원인
㉠ 클러치 페달의 자유간격 불량 : 간격이 크면 클러치 끊어짐이 불량하고, 작으면 클러치가 미끄러진다.
㉡ 클러치 스프링의 쇠약(자유고 감소) 또는 결손 : 압력판을 충분히 밀착시키지 못하기 때문에 미끄러짐이 발생한다.
㉢ 페이싱에 기름부착 : 크랭크축 오일실 마모로 엔진오일이 클러치판에 묻을 수 있다.
㉣ 페이싱의 과도한 마모
㉤ 유압식 클러치에서 오일 파이프 내 공기유입 : 파이프에 공기가 유입되면 동력차단이 확실히 되지 않아 클러치판에 미끄럼이 발생한다.

**27** 클러치 용량에 대한 다음 설명 중 옳지 못한 것은?
① 클러치가 전달할 수 있는 회전력을 말한다.
② 클러치 용량은 사용하는 기관의 최고 회전력보다 작아야 한다.
③ 클러치의 용량이 너무 크면 충격이 커서 기관이 멈추기 쉽다.
④ 클러치의 용량이 너무 작으면 클러치가 미끄러지기 쉬워 페이싱이 빨리 마모된다.

◆ 클러치는 회전력을 단속하는 장치 클러치가 전달할 수 있는 회전력을 클러치 용량이라 한다. 클러치 용량은 사용하는 기관의 최고회전력보다 커야 안전하다.

정답 24.① 25.④ 26.① 27.②

**28** 클러치 접촉시 회전충격을 흡수하는 스프링은?

① 클러치 허브
② 비틀림 코일 스프링
③ 클러치 스프링
④ 쿠션스프링

◆ 클러치 충격흡수 장치는 쿠션 스프링과 비틀림 코일 스프링(댐퍼 스프링, 토션 스프링)이 있으며 구실은 다음과 같다.
㉠ 쿠션 스프링 : 클러치 접속 시 수직충격을 흡수하여 클러치판의 변형을 방지한다.
㉡ 비틀림 코일 스프링 : 클러치 접속 시 (동력전달 시) 회전충격을 흡수하여 충격적인 동력전달을 방지하는 것으로 토셔널 댐퍼 스프링이라고도 한다. 이 스프링이 파손되면 동력전달시 울컥거림이 발생되며, 공전 시 소음이 발생한다.

**29** 토크 컨버터(토크 변환기)의 구성요소가 아닌 것은?

① 펌프(임펠러)    ② 터빈
③ 피니언          ④ 스테이터

◆ 토크 컨버터의 구성요소는 ① 펌프(임펠러), ② 터빈, ④ 스테이터이다.

**30** 전자제어 제동장치인 EBD(electronic brake force distribution) 시스템의 효과로 틀린 것은?

① 적재용량 및 승차인원에 관계없이 일정하게 유압을 제어한다.
② 뒷바퀴의 제동력을 향상시켜 제동거리가 짧아진다.
③ 프로포셔닝 밸브를 사용하지 않아도 된다.
④ 브레이크 페달을 밟는 힘이 감소된다.

◆ EBD 효과
1. 기존 프로포셔닝 밸브 대비 후륜의 제동력을 향상시키므로 제동거리가 단축된다.
2. 후륜의 액압을 좌우 각각 독립적으로 제어가능하므로 선회제동 시 안전성이 확보된다.
3. 브레이크 페달의 답력이 감소된다.
4. P (프로포셔닝) 밸브 삭제되었다.
5. 제동 시 후륜의 제동효과가 커지므로 전륜 브레이크 패드의 마모 및 온도 상승 등이 감소되어 안정된 제동효과를 얻을 수 있다.

**31** 6속 DCT(double clutch transmission)에 대한 설명으로 옳은 것은?

① 클러치 페달이 없다.
② 변속기 제어모듈이 없다.
③ 동력을 단속하는 클러치가 1개이다.
④ 변속을 위한 클러치 액추에이터가 1개이다.

정답  28. ②  29. ③  30. ①  31. ①

◆ M/T(수동기어)에는 클러치가 한 개이지만 DCT에선 두 개의 클러치가 있으며 클러치 페달이 없다.

**32** 드라이브 라인의 구성품으로 변속기 주축 뒤쪽의 스플라인을 통해 설치되며 뒤차축의 상하 운동에 따라 추진축의 길이 변화를 가능하게 하는 것은?
① 토션 댐퍼
② 센터 베어링
③ 슬립 조인트
④ 유니버셜 조인트

**33** 수동변속기의 클러치 역할을 하는 자동변속기의 부품은?
① 밸브 바디
② 토크컨버터
③ 엔드 클러치
④ 댐퍼 클러치

◆ 자동변속기(AT)는 클러치 역할을 토크컨버터가 대신하는 변속기이다.

**34** 입·출력 속도비 0.4, 토크비 2인 토크컨버터에서 펌프 토크가 8kgf·m일 때 터빈 토크는?
① 2kgf·m  ② 4kgf·m
③ 8kgf·m  ④ 16kgf·m

◆ 8×2 = 16

**35** 동기물림식 수동변속기에서 기어 변속 시 소음이 발생하는 원인이 아닌 것은?
① 클러치 디스크 변형
② 싱크로메시 기구 마멸
③ 싱크로나이저 링의 마모
④ 클러치 디스크 토션 스프링 장력 감쇠

**36** 자동변속기의 구성요소가 아닌 것은?
① 싱크로메시
② 밸브바디
③ 댐퍼클런치
④ 펄스 제너레이터

◆ 싱크로메시기구는 수동변속기의 동기물림식 변속기의 구성요소이다.

**37** 플라이휠과 압력판 사이에 설치되어 클러치축을 통하여 변속기에 기관동력을 전달하는 역할을 하는 것은?
① 압력판
② 클러치 스프링
③ 클러치판
④ 릴리 스레버

◆ ① 압력판(Pressure plate) : 클러치 스프링의 장력으로 클러치판을 플라이휠에 밀착시켜 동력을 전달하게 하는 역할을 한다.
② 클러치 스프링(Clutch spring) : 클러치 커버와 압력판 사이에 설치되어 압력

정답 32.③ 33.② 34.④ 35.④ 36.① 37.③

판에 압력을 발생시키는 스프링이다.
③ 클러치판(Clutch disc) : 플라이휠과 압력판 사이에 설치되어 클러치축을 통하여 변속기에 기관동력을 전달하는 역할을 한다.
④ 릴리스 레버(Release lever) : 클러치를 차단할 때 릴리스 레버는 한쪽 끝이 릴리스 베어링에 의해서 눌리고, 다른 한쪽 끝은 클러치 스프링을 압축시켜 압력판을 클러치판으로부터 떨어지게 하는 작용을 한다.

**38** 클러치가 미끄러진 결과 일어나는 현상은?
① 차의 속도가 급속히 증가한다.
② 연료소비가 증대한다.
③ 동력차단이 불량해진다.
④ 소음이 발생한다.

◆ 클러치가 미끄러지는 원인
㉠ 클러치의 자유유격이 적을 때
㉡ 디스크 라이닝의 경화 및 오일이 묻어 있을 때
㉢ 클러치 스프링 장력의 약화 및 손상
㉣ 플라이휠 및 압력판의 손상
㉤ 반클러치를 자주 사용했을 때
결과는 연료손실이 많아진다.

**39** 무단변속기 차량의 CVT ECU에 입력되는 신호가 아닌 것은?
① 스로틀 포지션 센서
② 브레이크 스위치
③ 라인 압력 센서
④ 킥다운 서보 스위치

◆ CVT(Continuously Variable Transmission)는 무단변속기로서 5단의 수동 변속기나 4단의 자동 변속기 등 제한된 변속단을 갖는 변속기와 달리 주어진 변속범위 내에서 연속적인 변속이 가능한 변속장치이며 킥다운 스위치 (kickdown switch)는 자동 변속기 자동차에서 액셀러레이터 페달을 급히 깊숙하게 밟았을 때 킥다운 브레이크가 작동하기 전에 즉시 킥다운 서보의 위치를 감지하는 기능을 가진 스위치이다.

정답 38. ② 39. ④

# 02 현가장치

## 2-1 현가장치의 기능 및 조건

(1) 현가장치의 기능

현가장치(Suspenion system)는 차축과 차체 사이에 스프링을 이용하여 연결함으로서 앞차축이나 뒷차축을 지지하는 장치로서 기능은 다음과 같다.

① 차체의 상하진동을 고정하여 승차감을 좋게 한다.

② 전후 좌우로 흔들리는 것을 방지하여 안전성을 향상시킨다.

③ 구동바퀴로부터의 구동력과 제동력을 차체에 전달한다.

(2) 현가장치의 조건

① 노면에서의 충격을 흡수 및 소멸시키기 위해 상하 방향의 연결이 유연해야 한다.

② 바퀴에서 생기는 구동력, 제동력 및 선회할 때의 원심력 등을 이겨낼 수 있도록 수평방향의 연결이 견고해야 한다.

## 2-2 현가장치의 구성

현가장치는 현가스프링(Chassis spring), 쇽 업저버(Shock absorber), 스태빌라이저(Stabilizer) 등으로 구성되어 있다.

### 1 현가스프링(Chassis spring)

차체와 차축 사이에 설치되어 주행 중 노면으로부터의 충격이나 진동을 흡수하여 자체에 전달되지 않게 한다. 판 스프링, 코일 스프링, 토션바 스프링, 공기 스프링, 고무 스프링 등이 있다.

(1) 판 스프링

① 형식 : 판 스프링(Leaf spring)은 띠모양의 스프링강을 몇 개 겹쳐서 중앙에서 센터볼트로 조이고, 양 끝에 스프링 아이(Spring eye)를 두어 핀을 통해 프레임이나 차체에 설치하도록 되어 있으며, 스프링의 중간부분은 U볼트로 차축에 고정한다. 주로 일체차축식 현가장치에 많이 사용된다.

② 장·단점

㉠ 장점

ⓐ 큰 진동을 흡수한다.　　　　　ⓑ 비틀림에 대해 강하다.
ⓒ 구조가 간단하다.

㉡ 단점

ⓐ 작은 진동의 흡수율이 낮다.　　ⓑ 승차감이 좋지 않다.

(2) 코일 스프링

① 형식 : 스프링강(SPS)을 코일모양으로 감아서 만든 것으로, 외력을 받을 때 판 스프링은 구부러지는데 비해 코일 스프링은 하중과 비틀림은 같이 받는다. 따라서 에너지 흡수력이 판 스프링 보다 크고 스프링 작용이 유연하기 때문에 주로 승용차에 적용하며 쇽 업저버와 결합하여 독립현가장치에 사용되고 있다.

② 장·단점

㉠ 장점 : 작은 진동의 흡수율이 크고 승차감이 우수한다.

ⓛ 단점

ⓐ 마찰에 의한 진동·감쇠 작용이 적다.

ⓑ 비틀림에 대하여 약하다.

ⓒ 옆방향에서 받는 힘에 대한 저항력이 없어 차축을 지지하기 위한 링크기구 나 쇽 업저버가 필요하게 되어 구조가 복잡하다.

(3) 토션바 스프링

① 형식 : 스프링강으로 만든 가늘고 긴 막대모양의 것으로서 막대가 가지는 비틀림 탄성을 이용하여 완충작용을 한다. 좌·우 구분이 되어있으므로 설치시 주의하여야 한다.

② 장 · 단점

㉠ 장점

ⓐ 단위 중량당 에너지 흡수율이 다른 스프링에 비해 크기 때문에 가볍게 할 수 있다.

ⓑ 구조가 간단하다.

㉡ 단점 : 진동의 감쇠작용을 할 수 없기 때문에 쇽 업저버와 병용하여 사용한다.

(4) 공기 스프링

① 형식 : 공기스프링은 벨로스형, 다이어프램형, 복합형 등으로 나뉘는데 일반적으로 벨로스형과 복합형이 널리 쓰인다. 복합형은 다이어프램과 벨로스형을 복합한 형식이며, 벨로스형은 벨로스(Bellows) 내에 들어 있는 공기의 압축 탄성을 이용한 것이다. 차체에 하중이 증가하여 벨로스 높이가 규정보다 낮아지면 레벨링 밸브가 작동하여 압축공기가 벨로스로 들어가 규정의 높이가 된다. 주로 버스에 이용한다.

② 장 · 단점

㉠ 장점

ⓐ 진동이나 충격의 흡수성이 커서 유연한 탄성을 얻을 수 있다.

ⓑ 하중 변화에 따른 차체의 높이를 일정하게 할 수 있으며, 승차감이 좋고 스

프링의 세기가 하중에 비례한다.

ⓒ 단점 : 압축공기장치 및 공기압 조정장치가 필요하기 때문에 구조가 복잡하고 제작비가 많이 들어 소형차에서는 거의 쓰이지 않는다.

(5) 고무 스프링

① 형식 : 고무의 탄성을 이용한 것으로서 큰 하중을 받기에는 부적당하므로 주로 보조스프링으로 사용된다.

② 장 · 단점

㉠ 장점

ⓐ 강철에 비해 모양을 마음대로 만들 수 있다.

ⓑ 조용하게 작동하여 그 내부마찰에 의한 감쇠작용이 있다.

ⓒ 급유할 필요가 없다.

㉡ 단점 : 큰 하중 감쇠에는 적합하지 않다.

## 2 쇽 업저버(Shock absorber)

(1) 기능

쇽 업저버는 자동차가 주행 중 스프링이 받는 충격에 의하여 발생하는 큰 진동을 흡수하는 장치로서 기능은 다음과 같다.

① 노면에 의해 발생된 스프링의 진동을 흡수한다.

② 스프링의 피로를 적게 한다.

③ 승차감을 향상시킨다.

④ 로드홀딩을 향상시킨다.

⑤ 스프링의 상하운동 에너지를 열에너지로 변환시킨다.

(2) 종류

쇽 업저버의 종류에는 텔레스코핑형, 레버형, 드가르봉식이 있다.

① 텔레스코핑형(통형) : 텔레스코프(Telescopic Type) 쇽 업저버는 안내를 겸한 가늘고 긴 원통을 서로 결합한 구조로 되어 있으며, 내부에는 차축 쪽과 연결하는

실린더, 차체 쪽에 연결하는 실린더와 피스톤이 결합되어 있고 실린더 안에는 오일이 채워져 있으며 단동식과 복동식으로 구별한다. 단동식은 늘어날 때만 감쇠력을 발생시키고 복동식은 늘어날 때나 줄어들 때 모두 감쇠력을 발생시킨다.

② 레버형 : 링크와 레버를 사이에 두고 설치되며, 피스톤, 앵커레버, 실린더, 앵커축으로 구성되어 있다.

③ 드가르봉식 : 실린더 내부의 하부에 질소가스를 봉입하여 작용을 부드럽게 하는 형식으로 되어 있다.

### ❸ 스태빌라이저(Stabilizer)

승차감을 좋게 하기 위해서는 스프링 상수가 작은 스프링을 사용하여야 하나 자동차가 선회할 때 작용하는 원심력 때문에 차체가 많이 기울게 된다.

특히 독립현가식 차는 선회시 기울기가 크기 때문에 롤링(Rolling)을 감소하고 차체의 평형을 유지하기 위해 토션바를 이용한 스태빌라이저(Stabilizer)가 결합되어 있다. 스태빌라이저의 양 끝은 좌우의 아래 서스펜션 암에 결합되어 있고, 중간부분은 프레임에 지지되어 있다. 이것은 좌우 바퀴가 동시에 상하로 움직일 때는 작용하지 않으나, 좌우 바퀴가 상하운동을 서로 반대로 할 때는 스태빌라이저 바가 비틀려서 이때 발생하는 힘으로 차체가 기우는 것을 감소시키는 작용을 한다.

## 2-3 현가장치의 종류

현가장치에는 앞 현가장치와 뒤 현가장치로 구분할 수 있다.

### ❶ 앞 현가장치

(1) 일체차축식 현가장치

① 형식 : 좌우 바퀴가 1개의 차축으로 연결되어 스프링을 거쳐 차체에 설치된 형식으로 스프링으로 앞차축이나 뒷차축을 지지하므로 스프링은 판 스프링이 주로 사용된다.

② 특징 : 이 형식은 강도가 크고 구조가 간단하므로 트럭, 대형 차량 및 승용차의 뒤차축 등에 많이 사용된다.

③ 종류 : 일체차축식 현가장치의 스프링 형식은 차축을 정위치에서 지지하는 작용도 하므로 차축 지지장치가 필요하지 않아서 구조가 간단하나, 바퀴에 발생하는 구동력, 제동력 및 선회할 때의 선회 구심력 등이 모두 스프링을 거쳐 차체에 전달되므로 스프링 상수가 큰 스프링을 사용해야 하므로 일반적으로 평행 판 스프링 형식을 주로 사용한다.

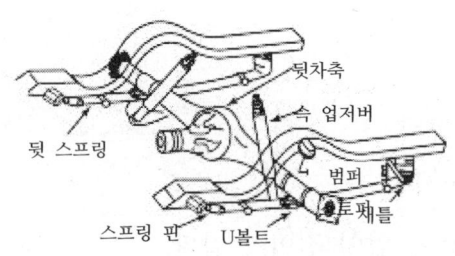

〈일체차축식 현가장치〉

(2) 독립현가장치

① 형식 : 프레임에 컨트롤 암을 설치하고 이것에 조향 너클을 결합한 것으로써 양쪽 바퀴가 서로 관계없이 독립적으로 움직이게 함으로써 승차감이나 정성을 향상시킨 형식이다.

② 특징
  ㉠ 차량의 높이를 낮게 할 수 있어 안정성이 향상된다.
  ㉡ 스프링 아래 무게가 가벼워 승차감이 좋다.
  ㉢ 조향바퀴에 옆 방향 진동(Shimmy 현상)이 잘 일어나지 않는다.
  ㉣ 로드 홀딩이 우수하여 승용차에 많이 쓰인다.
③ 단점 : 구조가 복잡하고 볼(Ball) 이음부가 많아 마멸에 의한 앞바퀴 정렬(Front wheel alignment)이 틀어지기 쉬우며 타이어 마멸이 촉진된다.
④ 종류 : 위시본형, 스트럿(맥퍼슨)형, 트레일링 암형 등이 있다.
  ㉠ 위시본형(Wish bone type) : 위시본형은 바퀴에 발생하는 제동력이나 선회구심력(Cornering force)은 모두 서스펜션 암이 지지하고, 스프링은 수직방향의 하중만을 지지하는 구조로 되어 있다.
  ㉡ 맥퍼슨 스트럿형 : 맥퍼슨형(Strut type of Macpherson type)은 조향 너클(Steering knockle)과 일체로 되어 있어 쇽 업저버암, 현가 암과 아랫부분을 연결하는 볼 조인트(Ball joint) 및 스프링 등으로 구성되어 있다. 승용차의 앞 현가장치는 대부분 맥퍼슨형 현가장치를 사용하고 있다.
  ㉢ 트레일링 암 형식 : 트레일링 암 형식은 동차의 뒤쪽으로 향한 1개 또는 2개의 암에의하여 바퀴를 지지하는 방식으로서 트레일링 암과 스프링으로 구성되어 있다.
⑤ 각 형식의 특징
  ㉠ 위시본 형식
    ⓐ 평행사변형 형식
     • 위 아래 컨트롤 암이 길이가 같다.
     • 주행 중 바퀴가 상하운동을 하면 윤거가 변화하기 때문에 타이어 마멸이 심하고, 캠버 등은 변화가 없기 때문에 조향의 안정성이 커서 경주용 자동차에 주로 쓰인다.

ⓑ SLA 형식
- 위 컨트롤 암보다 아래 컨트롤 암이 길다.
- 윤거는 변하지 않으나 캠버는 변한다.
- 일반자동차에 주로 쓰인다.

ⓒ 맥퍼슨 형식(스트럿 형식)
- 현가장치와 조향 너클이 일체로 되어 있다.
- 구조가 간단하고 엔진실의 유효체적을 넓게 할 수 있으며 스프링 밑 질량이 작아 로드 홀딩이 우수하다.
- 윤거는 약간 변하나 캠버는 거의 변화가 없다.

### ❷ 뒤 현가장치

뒤 현가장치는 차축현가식을 많이 사용하고 있으나 승용차에서는 승차감과 안전성을 위해서 독립현가식의 트레일링 암 형식을 사용하고 있다.

(1) 차축현가식

① 평행판 스프링식 : 구조는 앞 현가장치와 거의 같으며, 차축을 스프링 위에 설치하는 언더형 현가방식(Underhung suspension)과 스프링 아래 설치하는 오버형 현가방식(Overhung suspension)으로 구분하며 일반적으로 지상고를 낮게 하기 위해 언더형 현가방식을 사용한다.

② 코일스프링식 : 승용차 등 승차감이나 안전성을 요구하는 차에서는 코일 스프링이 설치된 뒤 현가장치를 사용하고 있으나, 코일 스프링만으로는 차축을 지지하기 어려우므로 컨트롤 암 및 옆 방향으로 움직이는 것을 지지하는 래터럴 로드(Lateral rod)에 의해 차축을 지지하는 형식을 사용한다.

(2) 독립현가식

① 트레일링 암(Trailing Arm)형식

㉠ 차의 뒤쪽으로 향한 1개 또는 2개의 암에 의해 바퀴를 지지하고 쇽 업저버와 코일 스프링 및 토션바로 구성되어 있다.

㉡ 이 형식은 구조가 간단하고 휠 얼라이먼트의 변화나 타이어의 마모가 적은

것이 장점이다.
ⓒ 주로 소형 FF자동차의 뒤 현가장치로 많이 사용되고 있으며, FR차에서는 거의 사용되지 않고 있다.

② 5링크 트레일링형
ⓐ 5링크(5 Link Type)은 FR자동차의 뒤 현가장치에 많이 사용되는 형식이다.
ⓑ 앞뒤 하중을 받는 좌우 2개씩의 암과 가로 하중을 받는 래터럴 로드 등 5개의 링크와 코일 스트링 및 쇽 업저버로 구성되어 있다.
ⓒ 주로 차축 고정식에서 사용한다.

③ 토션 빔 액슬형(Torsion Beam Axle Type)
ⓐ 3링크형이라고도 하며, 차체로 전달되는 진동을 감소시켜 조향 안정성과 승차감이 좋다.
ⓑ 좌축 선회시 차체 경사에 의해 우측 트레일링 암은 떠오르기 때문에 액슬 빔 및 토션 바가 많이 비틀어지며, 이 비틀림에 대한 반력을 이용하여 트레일링 암의 반대로 보정하는 방향으로 작용하도록 하여 차체의 경사를 억제하여 변화하지 않는 노면 캠버와 함께 뛰어난 주행 승차감을 얻을 수 있는 방식이다.
ⓒ FF자동차 중 고급차의 뒤 현가장치로 사용한다.

④ 스윙 액슬형 : 차축을 중앙에서 두 개로 분할하여 분할한 점을 중심으로 하여 좌우 바퀴가 상하운동을 하도록 한 것이며, 바퀴의 상하운동에 의해 캠버 및 윤거가 모두 변하게 된다. 그러므로 윤거의 변화는 바퀴가 옆으로 미끄러지는 원인이 되므로 타이어의 마모가 심한 단점이 있다.

⑤ 세미 트레일링 암형 : 트레일링 암형과 스윙 액슬의 중간적인 현가장치이며, 독립현가식의 뒤 현가장치로 많이 이용된다.

⑥ 다이어그널 링크형 : 일체식암을 사용하고 그 끝으로 차축을 지지하고 있는 형식으로 다이어그널 링크는 두 점이 프레임에 고정되어 있지만, 그 요동축의 연장은 차축의 자재이음 중심과 일치되어 있기 때문에 링크와 축은 함께 상하운동을 하므로 축의 길이는 변화가 없다.

⑦ 멀티 링크형
ⓐ 세미 트레일링 암형의 종류로서 여러 개의 링크로 구성되어 있으므로 멀티

링크형이라고 한다.
　　ⓒ 뒤 현가장치를 독립식으로 하여 스프링 하중을 감소시켜 승차감 및 홀딩을
　　　향상키고 보디의 바닥을 낮출 수 있도록 하여 실내의 공간을 증대시키는 등
　　　의 효과가 있다.
　　ⓒ 최근 승용차에 이 형식을 사용하고 있다.

### ③ 공기 현가장치(Air suspension)

(1) 작동방식

공기스프링, 서지탱크(Surge Tank) 및 레벨링 밸브(Leveling valve) 등으로 구성되어 있으며, 하중이 감소하여 차의 높이가 높아지면 레벨링 밸브가 작용하여 공기 스프링 안의 공기가 방출되고, 하중이 증가하여 차 높이가 낮아지면 공기탱크에서 공기를 보충하여 차 높이를 일정하게 유지하도록 되어 있다.
이와 같이 스프링 상수가 하중에 따라 변하기 때문에 하중이 달라져도 스프링의 고유진동수는 거의 변화하지 않고 승차감도 좋아진다.

(2) 특징

① 하중의 증감에 관계없이 차의 높이가 항상 일정하게 유지되어 차량이 전후좌우로 기우는 것을 방지한다.
② 하중의 변화에 따라 스프링 상수가 자동적으로 변한다.
③ 하중의 증감에 관계없이 고유진동수는 거의 일정하게 유지된다.
④ 고주파 진동을 잘 흡수한다.
⑤ 승차감이 좋고 진동을 완화하기 때문에 자동차의 수명이 길어진다.

### ④ 전자제어 현가장치(ECS; Electronic Control Suspension)

(1) 개요

전자제어 현가장치는 운전자의 선택, 주행조건 및 노면상태에 따라 차량의 높이와 진동흡수력을 자동으로 제어하여 승차감을 수정하는 장치이다.

(2) 기능

① 고속주행할 경우 차체의 높이를 낮추어 공기저항을 적게하고 승차감을 향상시킨다.

② 차의 승차인원(하중)이 변해도 차는 수평을 유지한다.

③ 험한 도로 주행시 롤링을 감소시킨다.

④ 안정된 조향성을 유지한다.

⑤ 변속기 출력단에 위치한 차속센서를 이용하여 급제동시 노스다운방지

⑥ 조향휠 각속도 센서 기능으로 급선회시 차체 기울어짐 방지

### 5 현가장치 구동방식

(1) 호치키스 구동

① 판 스프링을 사용할 때 이용되는 형식이다.

② 바퀴의 추진력은 스프링을 거쳐 차체에 전달한다.

③ 출발 시 발생하는 리어앤드 토크를 스프링이 흡수한다.

(2) 래디어스 암 구동

① 코일 스프링 사용 차량에 사용한다.

② 래디어스 암(스트러트 바)을 차체와 차축을 연결하여 설치한다.

③ 리어 앤드 토크(Rear and Torque)를 래디어스 암(Readius Arm)이 흡수한다.

(3) 토크 튜브 구동

① 토크 튜브로 추진축을 감싼 형태이다.

② 코일 스프링 현가장치에 사용한다.

③ 밖에서 추진축이 보이지 않는다.

④ 리어 앤드 토크를 토크 튜브가 흡수한다.

⑤ 바퀴의 추진력을 토크 튜브가 전달한다.

## 6  중력센서 및 가속도 센서

### (1) 중력센서(Gravity Sensor, G-Sensor)

지구의 중력 작용에 의해 물체의 움직임이나 기울어짐을 인식하는 센서를 말한다. G센서는 차의 진행방향과 측면, 위아래를 각각 X, Y, Z축으로 나누고, 실제로 차가 멈춰있는 상태라면 세 축이 고정되어 있지만 흔들림에 따라 각각의 축이 흔들리고 그래프가 그려져, 중력센서의 흔들림이 평상시 주행인지 사고상황인지를 판단해 줄 수 있는 센서이다.

### (2) 가속도 센서(Acceleration Sensor)

물체의 가속도, 진동, 충격 등의 동적 힘을 측정하는 센서, 간략히 말하면 단위시간당 속도의 변화를 검출하기 위한 소자이다. 자동차가 충돌과 같은 큰 충격이 발생할 경우 순간적으로 감지하는 기능을 지니고 있어 충격 검출용으로 사용한다.

블랙박스에서 사용하는 G-Sensor는 차량상태를 기록하기 위해 3축 센서를 사용하며, 가속도 센서 기능도 포함되어 있다. 따라서 3축 가속도 G-Sensor라고 표기하고 있지만 실제로는 G-Sensor One-Chip을 메인보드에 탑재하여 기능구현을 하고 있다. 마치 2개의 칩을 사용하는 것 삭ㅌ은 오해를 할 수 있으나 제품에는 1개 Chip이다. 3축 가속도 G센서는 이미 자동차 에어백, 스마트폰, 게임ㄷ 등에서 이미 보편화된 기술이다. 스마트폰에서 화면이 단마릭 상태에 따라 가로, 세로로 변환되는 것이나 게임기(닌텐도, Wii) 리모컨에서 접할 수 있는 기술이다.

### ❼ 스프링의 질량 진동

(1) 스프링 위 질량의 진동

　　① 바운싱(Bouncing) : 상하운동(축방향과 평행하는 고유진동)

　　② 피칭(Pitching) : Y축을 중심으로 하여 회전하는 진동

　　③ 롤링(Rolling) : X축을 중심으로 하여 회전하는 진동

　　④ 요잉(Yowing) : Z축을 중심으로 하여 회전하는 진동

(2) 스프링 아래 질량의 진동

　　① 휠홉(Wheel hop) : 상하운동(Z축을 중심으로 회전운동)

　　② 휠트램프(Wheel tramp) : 좌우진동(X축을 중심으로 회전운동)

　　③ 와인드업(Wind up) : 앞뒤진동(Y축을 중심으로 회전운동)

　　④ 트위스팅(Tweesting) : 종합진동(모든 진동이 한꺼번에 일어나는 현상)

 현가장치
# 기출 및 예상문제

**01** 공기식 현가장치에서 공기 스프링 내의 공기압력을 가감시키는 장치로서, 자동차의 높이를 일정하게 유지하는 것은?
① 레벨링 밸브
② 공기 스프링
③ 공기 압축기
④ 언로드 밸브

 공기식 현가장치
  ㉠ 공기 스프링 : 압축공기에 의해 차체의 표준 위치로 유지하는 현가장치로서 다른 스프링에 비해 아주 작은 진동도 흡수하고, 유연한 탄성을 얻을 수 있어 승차감이 우수하다(버스, 전철).
  ㉡ 서지 탱크 : 공기 스프링 내부의 압력 변화를 완화시켜 스프링 작용을 유연하게 한다.
  ㉢ 레벨링 밸브 : 차량 하중에 따라 압축공기를 제어하며 차량높이를 일정하게 유지시키는 것으로 공기 스프링의 심장과 같다. 만약 하중이 증가하면 레벨링 밸브의 레버가 위쪽으로 작동하여 내부에 있는 가변스로틀 밸브에 의해 공기탱크에 있는 공기가 공급되어 공기 스프링이 팽창되어 차량높이가 최초 상태로 유지된다.

**02** 주행 중 차량에 노면으로부터 전달되는 충격이나 진동을 완화하여 바퀴와 노면과의 밀착을 양호하게 하고 승차감을 향상시키는 완충 기구는?
① 코일스프링, 겹판스프링, 토션바
② 코일스프링, 토션바, 타이로드
③ 코일스프링, 겹판스프링, 프레임
④ 코일스프링, 너클 스핀들, 스테빌라이저

 현가장치의 종류
  ㉠ 판스프링
  ㉡ 토션바
  ㉢ 쇽업소버
  ㉣ 스테빌라이저

**03** 독립현가장치에 대한 설명으로 맞는 것은?
① 강도가 크고 구조가 간단하다.
② 타이어와 노면의 접지성이 우수하다.
③ 앞바퀴에 시미(shimmy)가 일어나기 쉽다.
④ 스프링 아래 무게가 커서 승차감이 좋다.

  ◆ 독립현가장치 : 현가장치의 기본형식의 하나로 좌우 양 바퀴에 독립적으로 작동할 수 있도록 차체에 설치되어 있으며, 승용차의 서스펜션(현가장치)은 모두 이 타입이다.
  ㉠ 장점
    ⓐ 스프링 아래 중량(밑 질량)이 가벼

**정답** 01.① 02.① 03.②

워 승차감이 좋다.
ⓑ 바퀴의 시미현상이 적어 로드 홀딩(도로 접지성)이 우수하다.
ⓒ 스프링 정수가 작은 스프링도 사용할 수 있다.
ⓛ 단점
ⓐ 구조가 복잡하고 정비가 곤란하여 가격이 비싸다.
ⓑ 볼 이음이 많아 앞바퀴 얼라인먼트가 변하기 쉬워 타이어 마멸이 빠르다.

**04** 공기식 현가장치에서 벨로스형 공기 스프링 내부의 압력 변화를 완화하여 스프링 작용을 유연하게 해주는 것은?
① 언로드 밸브   ② 레벨링 밸브
③ 서지 탱크    ④ 공기 압축기

◆ ㉠ 공기 스프링 : 압축공기에 의해 차체의 표준 위치로 유지하는 현가장치로서 다른 스프링에 비해 아주 작은 진동도 흡수하고, 유연한 탄성을 얻을 수 있어 승차감이 우수하다(버스, 전철).
㉡ 레벨링 밸브 : 차량 하중에 따라 압축공기를 제어하며 차량높이를 일정하게 유지시키는 것으로 공기 스프링의 심장과 같다. 만약 하중이 증가하면 레벨링 밸브의 레버가 위쪽으로 작동하여 내부에 있는 가변스로틀 밸브에 의해 공기탱크에 있는 공기가 공급되어 공기 스프링이 팽창되어 차량높이가 최초 상태로 유지된다.

**05** 독립현가장치의 장점은?
① 앞바퀴에 시미가 일어나기 쉽다.
② 바퀴의 상하운동에 의한 캠버, 캐스터, 윤거 등의 변화가 없다.
③ 스프링 밑 질량이 적기 때문에 승차감이 좋다.
④ 부품수가 적고 구조가 간단한다.

◆ 독립현가장치 : 현가장치의 기본형식의 하나로 좌우 양 바퀴에 독립적으로 작동할 수 있도록 차체에 설치되어 있으며, 승용차의 서스펜션(현가장치)은 모두 이 타입이다.
㉠ 장점
ⓐ 스프링 아래 중량(밑 질량)이 가벼워 승차감이 좋다.
ⓑ 바퀴의 시미현상이 적어 로드 홀딩(도로 접지성)이 우수하다.
ⓒ 스프링 정수가 작은 스프링도 사용할 수 있다.
㉡ 단점
ⓐ 구조가 복잡하고 정비가 곤란하여 가격이 비싸다.
ⓑ 볼 이음이 많아 앞바퀴 얼라인먼트가 변하기 쉬워 타이어 마멸이 빠르다.

**06** 다음 중 대형차 뒷바퀴의 현가장치는?
① 차축식      ② 독립식
③ 코일 스프링  ④ 멀티링크식

◆ 일체차축식 현가장치는 좌우 바퀴가 1개의 차축으로 연결되고, 차축은 스프링을

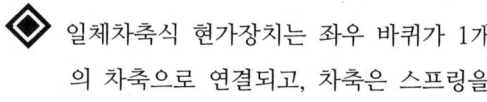

거쳐 차체에 설치된 형식으로 스프링으로 앞차축이나 뒷차축을 지지한다. 스프링은 판스프링이 주로 사용된다.

**07** 전자제어 현가장치에서 자동차가 선회할 때 원심력에 의한 차체의 흔들림을 최소로 제어하는 기능은?
① 앤티 롤링
② 앤티 다이브
③ 앤티 스쿼드
④ 앤티 드라이브

**08** 다음 중 전자제어 현가장치를 작동시키는 데 관련된 센서가 아닌 것은?
① 파워오일 압력센서  ② 차속센서
③ 차고센서   ④ 조향각센서

◆ 전자제어 현가장치 작동 센서
  ㉠ 차속 센서
  ㉡ 조향휠(핸들) 각도센서
  ㉢ 차고센서
  ㉣ 정지등 스위치
  ㉤ 도어스위치
  ㉥ 액추에이터
  ㉦ 중력센서(G센서)
  ㉧ 공기체임버(공기스프링)
  ㉨ 잔압 체크밸브

**09** 독립식 현가장치의 특징이 아닌 것은?
① 승차감이 좋고, 바퀴의 시미 현상이 적다.
② 스프링 정수가 적어도 된다.
③ 구조가 간단하고 부품수가 적다.
④ 윤거 및 앞바퀴 정렬 변화로 인한 타이어 마멸이 크다.

◆ 독립현가식(코일 스프링)은 일체현가식(겹판 스프링)보다 구조가 복잡하다.

**10** 전자제어 현가장치에서 앤티 스쿼트(Anti squat) 제어의 기준신호로 사용되는 센서는?
① 프리뷰 센서
② G(수직가속도) 센서
③ 스로틀포지션 센서
④ 브레이크스위치 신호

◆ G센서: 차체 바운싱 검출

**11** 일체식 차축 현가방식의 특징으로 거리가 먼 것은?
① 앞바퀴에 시미 발생이 쉽다.
② 선회할 때 차체의 기울기가 크다.
③ 승차감이 좋지 않다.
④ 휠 얼라인먼트의 변화가 적다.

◆ 일체식 현가장치의 장점은 구조가 간단하고 부품수가 적으며 선회 시 차

정답  07. ①  08. ①  09. ③  10. ③  11. ②

체의 기울기가 작은 것이다.

**12** 전자제어 현가장치(ECS) 시스템의 센서와 제어기능의 연결이 맞지 않는 것은?
① 앤티 피칭 제어 - 상하가속도 센서
② 앤티 바운싱 제어 - 상하가속도 센서
③ 앤티 다이브 제어 - 조향각 센서
④ 앤티 롤링 제어 - 조향각 센서

◆ 앤티 다이브 제어 - 노즈 다운 현상 방지

**13** 독립현가장치에 대한 설명으로 옳은 것은?
① 강도가 크고 구조가 간단하다.
② 타이어와 노면의 접지성이 우수하다.
③ 스프링 아래 무게가 커서 승차감이 좋다.
④ 앞바퀴에 시미(shimmy)가 일어나기 쉽다.

◆ 독립현가장치의 장단점
① 장점
㉠ 차량의 높이를 낮게 할 수 있어 안정성이 향상된다.
㉡ 스프링 아래 무게가 가벼워 승차감이 좋다.
㉢ 조향바퀴에 옆 방향 진동(Shimmy 현상)이 잘 일어나지 않는다.
㉣ 로드 홀딩이 우수하여 승용차에 많이 쓰인다.
② 단점
구조가 복잡하고 볼(Ball) 이음부가 많아 마멸에 의한 앞바퀴 정렬(Front wheel alignment)이 틀어지기 쉬우며 타이어 마멸이 촉진된다.

정답 12. ③  13. ②

# 03 조향장치

## 3-1 개요 및 구성

(1) 개요

조향장치(Steering system)는 조향핸들을 이용하여 앞바퀴를 주행에 필요한 방향으로 움직이게 하는 장치이다.

(2) 조향장치의 구성

조향장치는 차량 또는 현가장치의 형식에 따라 상용차에서 많이 사용되는 차축 현가식 조향장치와 승용차에서 많이 사용되는 독립현가식 조향장치가로 구분하며 조향핸들, 조향핸들축, 조향기어, 피트먼 암, 중심링크, 타이로드, 조향 너클 등으로 구성된다.

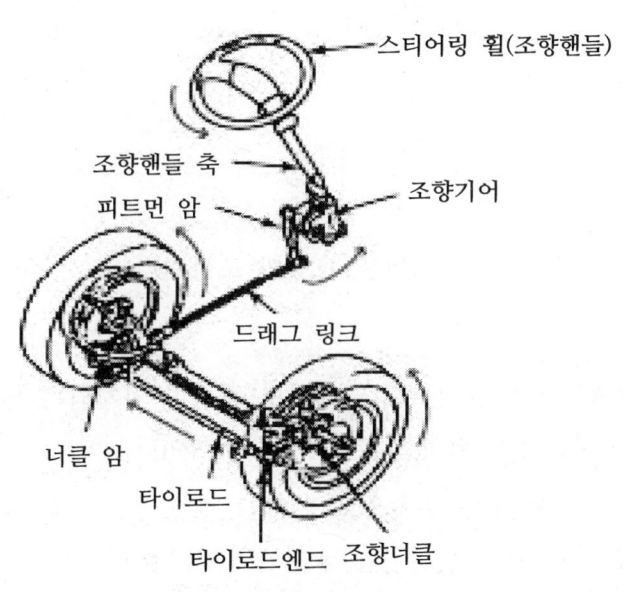

〈조향장치〉

## 3-2 조향장치의 원리

(1) 의의

자동차가 커브를 선회할 때는 안쪽 바퀴의 조향각이 바깥쪽 바퀴의 조향각보다 크게 되어 뒷차축 연장선상의 한 점을 중심으로 모든 바퀴가 동심원을 그리며 회전해야 한다. 이와 같은 조향방식을 아커만(Ackerman)의 원리라고 한다.

(2) 아커만 장토식의 원리

① 자동차가 직진 상태일 때 킹핀과 타이로드 엔드(Tie-rod end)와의 중심을 잇는 선의 연장선은 뒷차측의 중심선 P에서 만나게 되어 있다. 이와 같이 하면 조향핸들을 돌렸을 때 타이로드의 작용으로 양쪽 바퀴의 너클 스핀들 중심의 연장선이 뒷차축의 중심선과 O점에서 만나도록 하는 원리이다.

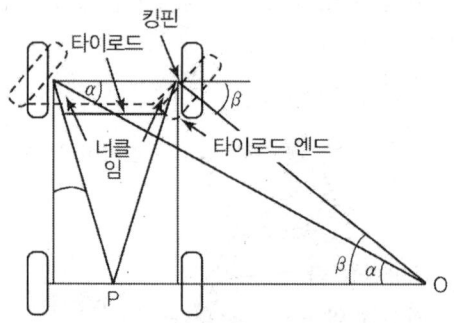

〈아커만 장토식의 조향원리〉

② 앞·뒷바퀴는 어떠한 선회상태에서도 중심이 일치되는 원, 즉 동심원을 그리게 된다. 일반자동차의 최대조향각은 40° 이하이다.

③ 자동차가 오른쪽 또는 왼쪽으로 선회할 때에 조향각을 최대로 하여 선회하였을 경우, 바깥쪽 앞바퀴가 그리는 동심원의 반지름을 최소회전 반지름이라 하고, 이 값은 승용차에서는 4.5~6m, 대형트럭은 7~10m 이내로 한다.

> **보충**
> 최소회전반경 $(R) = \dfrac{L}{Sin\alpha} + r$
> L : 축거(m)
> r : 킹핀 중심선에서 타이어 중심선까지의 거리

## 3-3 조향장치의 특성

(1) 사이드 슬립

  저속 주행시는 아커만 장토식의 원리가 그대로 적용되나 고속주행시는 선회중심점이 앞쪽으로 이동하게 되어 뒷바퀴가 바깥으로 미끄러지게 되는 현상으로 선회구심력이 발생한다.

(2) 오버 스티어링 현상

  앞바퀴에 발생하는 선회구심력이 증가하면 왼쪽으로 도는 모멘트가 증가하여 조향각을 일정하게 해두어도 자동차의 앞부분이 안쪽으로 들어가서 선회 반지름이 적어지는 경향이 생긴다. 이와 같은 현상을 오버 스티어링(Over steering)현상이라 한다.

(3) 언더 스티어링 현상

  오버 스티어링과 반대로 뒷바퀴에 발생하는 선회구심력이 큰 경우에는 오른쪽으로 도는 모멘트가 이기게 되므로, 자동차는 바깥쪽으로 나가게 되어 선회 반지름이 커지는 경향이 생긴다. 이 현상을 언더 스티어링(Under steering)현상이라 한다.

## 3-4 조향장치의 구비조건

(1) 조향조작이 주행진동이나 충격에 영향을 받지 않아야 한다.
(2) 조작이 쉽고 원활하여야 한다.
(3) 회전반경이 작아야 한다.
(4) 선회시 섀시 및 보디에 영향이 적어야 한다.
(5) 고속주행시 조향휠이 안정되어야 한다.
(6) 조향휠과 바퀴의 선회차가 크지 않아야 한다.
(7) 수명이 길고 정비가 용이하여야 한다.

## 3-5 조향장치의 구조

조향장치는 조작기구, 기어장치 및 링크기구의 3가지 기구로 구분된다.

### 1 조작기구

조작기구는 스티어링 휠, 스티어링축 및 칼럼(Column) 등으로 구성되어 있으며, 운전자가 직접 스티어링 휠(Steering wheel)을 조작하여 그 조작력을 조향기어와 링크에 전달하는 부분이다.

(1) 조향핸들(Steering wheel)

조향조작을 하는 것으로서 림, 스포크 및 허브의 세 부분으로 구성된다. 조향 휠 림의 지름은 345(고성능)~380mm 정도이며, 바깥쪽은 합성수지 및 경질고무 등으로 만들고 스포크는 가벼운 금속으로 만들어 조향축 끝부분의 테이퍼 부분에 설치되어 볼트로 고정한다.

(2) 조향휠축(Steering wheel shaft)

　　핸들의 조작력을 조향기어에 전달하는 축이며, 윗부분은 핸들에 결합되어 있고 아랫부분은 조향기어에 결합되어 있다. 조향휠축의 구조는 자동차에 따라 다르나 설치 경사각은 45°~60°의 기울기로 직접 연결방식이나 플렉시블 조인트 연결방식으로 연결되어 노면에서의 충격을 흡수하여 조향휠에 전달되지 않도록 완충작용을 하는 탄성체 이음을 많이 사용하고 있다.

(3) 충격흡수식 조작기구

　　충격흡수식 조작기구는 충돌사고가 발생했을 때 운전자가 받는 충격을 가볍게 하기 위한 기구이며, 충돌에 의해 차체가 파손(1차 충돌)되었을 때, 조향장치가 운전자 쪽으로 튀어나와 운전자가 부상을 당하는 것과 동시에 운전자가 관성에 의해 조향장치에 부딪힐 때(2차 충돌)의 충격을 적게 하는 구조로 되어 있다.

## ② 기어장치

　　기어장치는 조향축의 회전을 약 20 : 1로 감소시켜 조작력을 크게 함과 동시에 조작기구의 운동방향을 바꾸어 링크기구에 전달하는 부분이다.

(1) 구비조건

　　① 선회시 반발력을 이길 수 있을 것

　　② 선회시 감각을 느낄 수 있을 것

　　③ 복원성능이 있을 것

　　④ 작은 충격은 핸들에 전달하여 운전자가 감각을 느낄 수 있을 것

(2) 조향기어비(감속비)

　　① 감속비 = $\dfrac{\text{조향핸들이 움직인 각도}}{\text{피트먼암이 움직인 각도}}$

　　② 소형차 = 10~15 : 1, 대형차 = 20~30 : 1

　　③ 감속비가 클 경우 : 핸들조작은 가벼우나 조향조작이 늦어진다.

　　④ 감속비가 작을 경우 : 핸들조작은 쉬우나 큰 조작력이 필요하다.

(3) 핸들조작력을 가볍게 하는 방법

　① 타이어의 공기압을 높인다.

　② 동력조향장치를 사용한다.

　③ 주행속도를 빨리한다.

　④ 조향감속비를 높인다.

(4) 조향방식의 종류

조향방식의 종류에는 비가역식과 가역식 및 반가역식이 있으며, 조향조작에 큰 영향을 주는 것으로 일반적으로 경차량에는 가역식으로 하고 중차량 일수로 비가역식으로 하는 경향이 있다.

　① 비가역식 : 비가역식은 핸들을 돌리면 앞바퀴를 움직일 수 있으나 그 반대로는 움직이지 않는 방식이다. 따라서 바퀴가 받는 충격을 핸들에 전달하지 않는다. 그러므로 험한 도로에서 핸들을 놓치는 일은 없으나 조향장치의 각 부분이 마모되기 쉽고 앞바퀴의 복원성을 이용할 수 없다(대형차량이나 동력조향장치가 있는 자동차).

　② 가역식 : 가역식은 앞바퀴에 의해 핸들을 쉽게 움직일 수 있는 방식이며, 주행할 때 바퀴의 충격에 의해 핸들을 놓치기 쉬우나 각 부분의 마모가 적고 앞바퀴의 복원성을 유효하게 이용할 수 있다.

　③ 반가역식 : 반가역식은 비가역식과 가역식의 중간형식으로, 조향기어의 구조나 기어비(比) 등에 따라 결정된다.

(5) 조향기어의 종류

　① 웜섹터형(Worm sector type) : 조향기어의 가장 기본적인 형식이며 조향축의 아래쪽 끝에 있는 섹터를 이용한 비가역식 기어장치이다. 구조와 취급이 간단하나 핸들의 조작이 무거워 현재는 거의 사용되지 않는다.

　② 웜섹터 롤러형 : 섹터축의 롤러기어와 웜이 물려서 한 쌍의 조향기어를 이루고, 조향휠을 돌리면 웜이 회전하여 섹터롤러에 연결된 피트먼 암을 움직어 조향한다.

③ 볼너트형(Ball nut type) : 나사와 너트 사이에 여러 개의 볼을 넣어 웜의 회전을 볼의 구름접촉으로 너트에 전달시키는 구조로 되어 있으므로 핸들의 조작이 가볍고 큰 하중에 견디며, 마모도 적은 특징이 있어 현재 가장 많이 사용되는 형식이다.

④ 랙 피니언형(Rack & Pinion type) : 랙피니언 조향기는 조향축 끝에 피니언을 설치하여 랙과 물리도록 한 구조이며, 피니언이 회전하면 랙은 옆 방향으로 움직이고 랙 양쪽 끝에 연결된 타이로드(Tie-rod)를 통해 너클과 함께 조향바퀴가 움직이도록 되어 있다. 이 형식은 링크기구와 볼 조인트 수가 적으므로 마찰이 적고 소형·경량화할 수 있는 장점이 있다.

## 3 링크기구(Linkage system)

링크기구는 기어기구의 작동을 앞바퀴에 전달하고, 좌우바퀴의 관계위치를 바르게 지지하는 부분으로 일체차축 현가식 링크기구와 독립현가식 링크기구로 구분된다.

(1) 일체차축 현가식 링크기구

① 피트먼 암(Pitman arm or Drop arm) : 피트먼암은 핸들의 움직임을 드래그 링크 또느 릴레이 로드(Relay rod)에 전달하는 것으로, 재질은 보통 크롬강 등의 특수강을 현당조하여 제작한다. 한쪽 끝은 테이퍼진 세레이션을 이용하여 섹터축과 연결되어 있고, 다른 쪽 끝은 링크기구를 연결하기 위한 볼 조인트가 달려있다.

② 드래그 링크(Drag link) : 드래그 링크는 피트먼 암과 너클 암을 연결하는 로드이며 양쪽 끝은 볼 조인트에 의해 암과 연결되어 있다. 피트먼 암의 원호운동을 전후 직선운동으로 변환한다.

③ 너클 암(Knuckle arm) : 너클 암은 크롬(Cr)강 등의 단조품으로 되어 있고, 드래그 링크가 결합되는 쪽은 일반적으로 제3암(Third arm)이라 한다. 드래그 링크를 연결하는 볼 조인트 및 타이로드 엔드 결합부분이 있고, 또 선회할 때의 토아웃(Toe out)을 적절히 주기 위해 직진상태에서 좌우 너클 암의 연장선이 뒷차축의 중심과 교차하도록 어느 각도를 두고 너클에 연결되어 있다.

④ 타이로드(Tie-rod) : 타이로드는 좌우의 너클 암을 연결하여 제3암의 작동을 다른 쪽 너클 암에 전달하여 좌우 바퀴의 관계위치를 정확하게 유지하는 역할을

한다. 타이로드는 주행할 때 앞바퀴의 옵셋(Offset)이나 노면의 충격에 의해 압축력이나 인장력을 받기 때문에 일반적으로 인발강관으로 만들고, 양쪽 끝에는 타이로드 엔드가 나사로 끼워져 있다.

⑤ 타이로드 엔드(Tie-rod end) : 타이로드 엔드는 한쪽은 오른나사로 되고 다른 쪽은 왼나사로 되어 너클 암에 결합되어 있다.

(2) 독립현가식 링크기구

독립현가식은 좌우의 바퀴가 각각 상하로 움직이기 때문에 윤거(Tread)의 변화가 발생하므로, 좌우 바퀴를 한 개의 타이로드로 연결하면 바퀴의 상하운동에 따라 토인(toe in)이 변하게 된다. 이것을 방지하기 위해 타이로드를 두 개로 나누어서 그 길이와 볼 조인트의 위치(프레임 쪽의 지지점)를 적절히 설정해서 바퀴가 상하로 움직여도 토인이 변하지 않도록 되어 있다.

① 피트먼 암 : 조향기어의 움직임을 릴레이 로드에 전달하는 일을 하며, 그 구조와 기능은 차축식과 같다.

② 아이들러 암 : 프레임에 고무나 금속 부시를 끼워 연결되어 있으며, 피트먼 암과 함께 릴레이 로드를 지지하고 있다.

③ 릴레이 로드 : 피트먼 암과 아이들러 암에 의해 지지되고, 양쪽에 타이로드가 볼 조인트에 의해 연결되어 있다.

④ 타이로드 : 릴레이 로드의 움직임을 너클 암에 전달하는 일을 하며, 그 끝부분에는 토인을 조정하기 위한 조정튜브(Adjust tube)가 설치되어 있다.

## 3-6 동력조향장치

### 1 개요 및 장점

(1) 개요

자동차에는 핸들의 조작력을 가볍게 하고, 신속한 조향조작을 하기 위해 동력조향 장치(Power steering)를 주로 사용한다. 이 장치는 엔진에 부착된 스티어링 오일펌 프로부터의 오일압력을 조향장치 중간에 설치된 배력장치로 보내서 배력장치(동력 실린더)의 작동으로 핸들의 조작력을 가볍게 하는 구조이다. 즉, 앞바퀴의 접지저 항이 증대되면 조향조작력이 커지기 때문에 동력장치를 두어 핸들의 조작력을 보 조하는 장치이다.

(2) 장점

① 적은 힘으로 조향을 조작할 수 있으므로 조향기어비를 자유로이 선정할 수 있다.

② 노면으로부터의 충격을 흡수하여 핸들에 전달되는 것을 방지한다.

③ 앞바퀴의 시미현상을 감쇄하는 효과가 있다.

④ 동력조향의 고장시 수동전환이 가능하다.

### 2 동력조향장치의 구조

(1) 동력부

동력원이 되는 유압을 발생시키는 부분으로서, 기관에 의해 구동되는 오일펌프를 이용한다.

(2) 제어부

조향휠의 조작으로 작동장치의 오일회로를 개폐하는 밸브이며, 유압제어밸브가 바 꾸어 동력실린더의 작동방향과 작동상태를 제어한다.

(3) 작동부

오일펌프에서 발생한 유체의 압력을 기계적 에너지로 바꾸어 앞바퀴의 조향력을 발생시키는 부분으로서 복동식 동력실린더를 사용한다. 동력실린더는 피스톤, 피스톤 로드로 구성되어 있으며, 오일펌프로부터 발생된 유압이 제어밸브에 의해 한쪽 실린더에 유입되면 다른 실린더에 충만되어 있는 오일은 배출되고, 고정된 피스톤 로드를 중심으로 실린더가 좌우로 작동하여 조향휠의 조작력을 돕게 된다.

### ❸ 동력조향장치의 종류

(1) 일체형

일체형은 동력실린더를 조향기어박스 내부에 설치한 방식으로 인라인형과 옵셋형이 있다.

① 인라인형 : 조향기어 하우징과 볼너트를 직접 동력기구로 사용하는 형식으로, 조향기어박스 상부와 하부에 동력실린더 역할

② 옵셋형 : 동력실린더를 별도로 설치하여 사용하는 형식

(2) 링키지형

링키지형은 동력실린더를 조향링키지 중간에 설치한 방식으로 조합형과 분리형이 있다.

① 조합형 : 동력실린더와 제어밸브가 일체로 된 형식으로 주로 대형차에 사용한다.

② 분리형 : 동력실린더와 제어밸브가 별도로 설치된 형식으로 승용차에 사용한다.

## 3-7 앞바퀴 정렬(Front wheel alignment)

앞차축과 앞바퀴 사이에는 자동차의 안정성을 높이고 조정을 쉽게 하며, 타이어의 마멸을 적게 하기 위하여 앞바퀴 정렬을 해야 한다. 그 요소는 토인, 캐스터, 캠버, 토아웃이다. 앞바퀴 정렬은 다음과 같은 경우에 측정하여 필요한 조치를 취하여야 한다.

(1) 앞바퀴의 현가장치를 분해하였을 경우

(2) 핸들이 흔들리거나 빠져서 적절한 조향조작이 곤란할 경우

(3) 타이어가 한쪽만 미끄러지는 경우

(4) 사고로 인하여 정렬이 불량하다고 예상될 경우

### 1 토인(Toe-in)

자동차 앞바퀴를 위에서 내려다 볼 때 앞쪽(A)이 뒤쪽(B)보다 좁게 되어 있는데 이것이 토인이다. 이 토인은 주행할 때 두바퀴를 평행회전하게 하여 타이어의 마멸을 적게 한다.

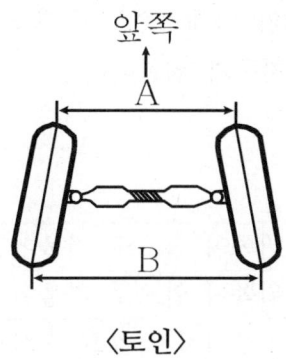

〈토인〉

(1) 토인 값

    ① 승용차 : 2~3mm

    ② 대형차 : 4~8mm

    ③ 일반 : 2~6mm

(2) 필요성

　① 캠버에 의한 바퀴의 벌어짐을 방지하여 앞바퀴를 평행회전하게 한다.

　② 조향링키지 마모에 의한 바퀴의 벌어짐(토아웃)을 방지한다.

　③ 바퀴의 미끄러짐과 타이어의 마멸을 방지한다.

(3) 토인 이상시 나타나는 현상과 조정

　① 타이어의 이상마모 현상이 일어난다.

　② 연료소비율이 증대한다.

　③ 직진성이 감소한다.

　④ 핸들이 쏠린다.

　⑤ 타이로드로 조정한다.

### ❷ 캠버(Camber)

앞바퀴를 정면에서 보았을 때 위쪽이 아래쪽보다 더 벌어져 있다. 이 벌어진 바퀴의 중심선과 수직선과의 각을 캠버각, 벌어진 상태를 캠버라고 한다. 캠버를 두는 이유는 차가 중량 때문에 앞바퀴가 아래쪽으로 주저 앉는 것을 막고, 핸들조작을 가볍게 하며, 타이어의 이상마모를 방지하기 위함이다.

(1) 종류

| 정(+)캠버 | 앞바퀴의 위쪽이 밖으로 기울어진 상태 |
|---|---|
| 부(-)캠버 | 앞바퀴의 위쪽이 안으로 기울어진 상태 |
| '0'의 캠버 | 앞바퀴가 기울어지지 않고 수직으로 서있는 상태 |

(2) 캠버각

　캠버각은 $0.5°~1.5°$ 이다.

(3) 필요성

① 킹핀 경사각과 함께 타이어의 접지면의 중심과 킹핀의 연장선이 노면과 교차하는 점과의 거리인 옵셋(offset)양을 적게하여 핸들조작을 가볍게 한다.

② 차가 중량 때문에 앞바퀴가 아래쪽으로 주저앉는 것을 막는다.

③ 주행 중 바퀴의 탈락을 방지하고 타이어의 이상마모를 방지한다.

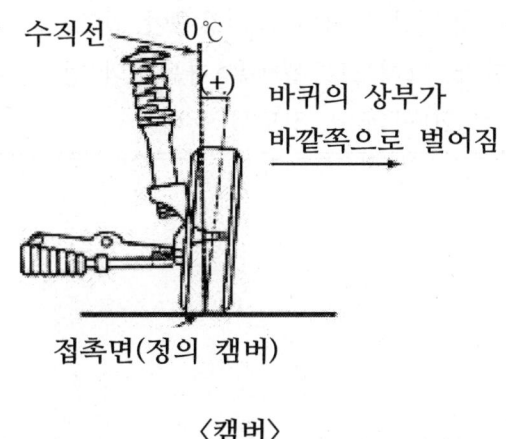

〈캠버〉

(4) 캠버 이상시 나타나는 현상

① 연료소비율이 증대된다.

② 타이어의 이상마모 현상이 발생한다.

③ 핸들조작력이 증대한다.

④ 급제동시 핸들이 한쪽으로 쏠린다.

⑤ 주행시 핸들이 한쪽으로 쏠린다.

> **III 보충   옵셋양 효과**
>
> 옵셋(Offset)양은 킹핀 각도와 캠버에 의해 결정되며, 옵셋양이 적을수록 킹핀이나 조향너클의 부담이 감소되며 주행시 앞바퀴가 토아웃화하려는 경향이 적어진다. 그러나 이론적으로 옵셋을 적게하면 조향력은 감소되나 실제적으로는 타이어와 노면은 접촉하고 있기 때문에 옵셋을 0으로 한 상태(Center point steering)에서는 차가 정지했을 때 핸들을 돌리면 타이어의 접지면에는 구르는 것이 아니라 순수하게 미끄러지기만 하게 된다. 핸들이 무거워지는 경향이 있고 불안정한 상태로 되기 때문에 옵셋양을 두어야 한다. 그러므로 옵셋은 자동차의 형식, 무게, 타이어 크기 등에 따라 다르나 일반적으로 20~50mm 정도를 둔다.

### 3  킹핀의 경사각

(1) 개요

   킹핀의 경사각은 도로의 수직선과 킹핀의 중심선과의 각도이다. 즉, 앞바퀴를 앞에서 보면 킹핀의 중심선이 수직선에 대하여 6~9°의 각도를 두고 설치된 각도를 말한다.

(2) 킹핀의 경사각의 효과

   ① 캠버와 함께 핸들의 조작력을 적게 한다.

   ② 앞바퀴의 시미현상을 방지한다.

   ③ 앞바퀴의 복원성을 부여하여 핸들의 복원을 쉽게 한다.

   ④ 방향전환할 때 조향력이 커진다.

## ④ 캐스터(Caster)

(1) 정의

앞바퀴의 킹핀을 옆에서 볼 때 그 위쪽이 앞이나 뒤로 기울어진 각도를 말한다. 킹핀의 윗부분이 뒤쪽으로 기울어진 때를 '정의 캐스터', 앞쪽으로 기울어진 때를 '부의 캐스터'라고 하며, 수직선과 일치되었을 때를 '0의 캐스터'라 한다.

(2) 특징

① 주행 중 조향바퀴에 방향성(직진성)을 부여한다.

② 조향시 킹핀 경사각과 함께 바퀴에 복원성을 부여한다.

(3) 캐스터 효과

① 캐스터 효과는 '정의 캐스터'에서만 얻을 수 있다.

② '부의 캐스터'는 조향성이 향상되나 고속주행시 안정성이 결여되며, 핸들 조작이 급속하게 되기 쉽다.

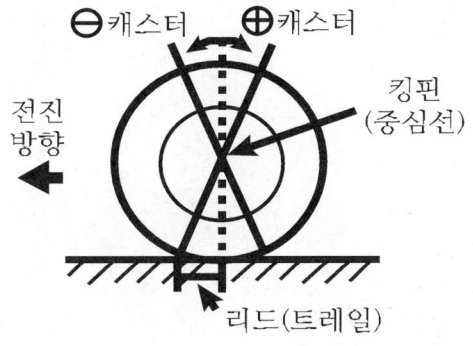

### ⑤ 토아웃(Toe-out)

토아웃은 자동차가 굽은 길을 돌 때에는 앞바퀴의 앞쪽이 뒤쪽보다 넓어지는 현상이다. 선회할 때의 토아웃(Toe-out)은 자동차가 선회할 때 동심원을 그리며, 안쪽 바퀴의 조향각이 바깥쪽의 조향각보다 큰 상태이기 때문에, 모든 자동차는 선회할 때에 정렬이 틀어지면 타이어의 조기마멸과 주행안정성이 나빠지게 되므로 고속 주행시에는 안전주행을 할 수 없게 된다. 여기서 토아웃이란 토인의 반대의 뜻이 아니고, 앞바퀴의 앞쪽이 벌어지는 상태로 되어 토아웃이 되는 현상을 말한다.

---

**┃┃┃ 보충   뒷바퀴 차륜정렬**

뒷바퀴의 차륜정렬은 주로 뒷바퀴의 현가상치가 독립현가식인 자량에 적용하며,
뒷바퀴 정렬은 제동시 뒷바퀴가 아웃되는 것을 방지하기 위해 하며
토인은 일반적으로 −2~3(mm), 캠버는 0°±30′을 준다.

## 6 셋 백(set-back)

(1) 정의

차량의 기하학적 중심선과 앞바퀴의 추진선이 이루는 각도 즉 동일한 액슬에서 한쪽 휠이 다른 한쪽 휠보다 앞 또는 뒤로 차이가 있는 것을 말한다. 대부분의 차량은 공장에서 조립 시 오차에 의해서 셋백이 발생하며 캐스터의 변화에 의해서도 발생한다.

(2) 특징

① 셋백은 자동차 골격의 이상 점검에 이용

② 0.6cm 이상이면 다른 제 각도 점검 필요

③ $\frac{3''}{4}$(1.8cm)이상이면 반드시 수정

## 7 앞바퀴 얼라인먼트 검사를 할 때 예비점검 사항

휠 얼라이먼트의 불량은 핸들의 쏠림과 타이어의 이상 마모로 나타난다.

① 타이어의 공기압을 압력계로 점검하여야 한다.

② 타이어의 홈의 깊이를 홈 게이지 (depth gauge)를 사용해서 트레드전체 홈의 깊이를 측정한다.

③ 차 높이 및 전후 좌우의 기울기를 점검한다.

④ 리프트를 업시켜 현가(서스펜션)관계의 부품을 점검한다.
부품의 점검은 스티어링 기어 박스/ 파워스티어링 / 아이들러 암/ 스핀들 암/ 타이로드 엔드/ 스트럿/ 볼 조인트/섀시 스프링/ 드라이브 샤프트/ 휠 베어링/ 속 업소버 등이 이에 포함된다.

## 조향장치 기출 및 예상문제

**01** 앞바퀴 정렬 중 토인의 필요성으로 가장 거리가 먼 것은?
① 조향 시에 바퀴의 복원력을 발생
② 앞바퀴 사이드슬립과 타이어 마멸 감소
③ 캠버에 의한 토 아웃 방지
④ 조향 링키지의 마모에 따라 토 아웃이 되는 것 방지

◆ 복원력을 발생하는 것은 캐스터이다.

**02** 전자제어 동력조향장치(electronic power steering system)의 특성에 대한 설명으로 틀린 것은?
① 정지 및 저속 시 조작력 경감
② 급 코너 조향 시 추종성 향상
③ 노면, 요철 등에 의한 충격 흡수 능력의 향상
④ 중·고속 시 향상된 조향력 확보

◆ 노면, 요철 등에 의한 충격 흡수는 타이어의 역할이다.

**03** 앞바퀴 정렬에 해당하지 않는 것은?
① 프레임  ② 캠버
③ 캐스터  ④ 토인

**04** 사이드슬립 테스터로 측정한 결과 왼쪽바퀴가 안쪽으로 6mm이고 오른쪽바퀴가 바깥쪽으로 8mm이었을 때 15km를 직진 상태로 주행하였다면 바퀴는 어느 쪽으로 얼마나 미끄러지는가?
① 안쪽으로 15m
② 바깥쪽으로 15m
③ 안쪽으로 30m
④ 바깥쪽으로 30m

◆ $\frac{8-6}{2}$ = 1mm/m(오른쪽)
15km이므로 15m

**05** 주행 중 자동차의 조향 휠이 한쪽으로 쏠리는 원인이 아닌 것은?
① 타이어 공기압 불균일
② 휠 얼라인먼트의 조정 불량
③ 추진축의 밸런스 불량
④ 코일 스프링의 마모 혹은 파손 시

◆ 조향핸들(스티어링 휠)이 한쪽으로 쏠리는 원인
㉠ 좌우의 캠버가 같지 않을 때
㉡ 컨트롤 암(위 또는 아래)이 휘었을 때
㉢ 좌우의 축거가 다를 때
㉣ 좌우 타이어 공기압이 다를 때
㉤ 바퀴의 얼라인먼트가 불량할 때
㉥ 쇽업소버 불량 또는 스프링 절손
㉦ 뒷차축이 차의 중심선에 대하여 직각이 되지 않았을 때

**정답** 01.① 02.③ 03.① 04.② 05.③

(스러스트 앵글이 불량일 때)

**06** 앞바퀴 정렬에서 캠버의 설명이다. 옳은 것은?
① 앞바퀴를 정면에서 보았을 때 수직선에 대한 각도
② 앞바퀴를 정면에서 보았을 때 안쪽으로 약간 경사진 각도
③ 앞바퀴를 정면에서 보았을 때 윗부분에서 바깥쪽으로 약간 벌어진 각도
④ 앞바퀴를 정면에서 보았을 때 좌우중심 간 약간 벌어진 각도

**07** 자동차 앞바퀴 정렬 중 캐스터에 관한 설명은?
① 자동차의 전륜을 위에서 보았을 때 바퀴의 앞부분이 뒷부분보다 좁은 상태를 말한다.
② 자동차의 전륜을 앞에서 보았을 때 바퀴의 중심선의 윗부분이 약간 벌어져 있는 상태를 말한다.
③ 자동차의 전륜을 옆에서 보면 킹핀의 중심선이 수직선에 대하여 어느 한쪽으로 기울어져 있는 상태를 말한다.
④ 자동차의 전륜을 앞에서 보면 킹핀의 중심선이 수직선에 대하여 약간 안쪽으로 설치된 상태를 말한다.

◆ ①은 토인, ②는 캠버에 대한 설명이다.

**08** 주행 중 조향바퀴에 방향성과 복원성을 주는 전차륜 정렬 요소는?
① 캠버(Camver)
② 캐스터(Caster)
③ 토인(toe-in)
④ 킹핀 경사각

**09** 스태빌라이저에 대한 설명으로 맞는 것은?
① 추진축에서 받는 동력을 직각이나 또는 직각에 가까운 각도로 바꾸어 뒷차축에 전달한다.
② 변속기로부터 최종감속기어까지 동력을 전달한다.
③ 스프링이 받는 고유진동을 흡수·완화하여 승차감을 좋게 한다.
④ 고속으로 선회할 때 차체의 좌우진동을 완화시킨다.

◆ 스태빌라이저는 탄성 강재를 좌우 바퀴 사이에 배치하고 한쪽 바퀴의 상하 움직임을 다른 쪽 바퀴에 전달함으로써 일관된 운동특성을 갖도록 만들어 준다.

정답 06.③ 07.③ 08.② 09.④

**10** 조향기어 백래시가 큰 경우는?
① 조향핸들 유격이 크게 된다.
② 조향기어비가 커진다.
③ 핸들에 충격이 느껴진다.
④ 주행 중 핸들이 흔들린다.

**11** 자동차가 고속으로 선회할 때 차체의 좌우진동을 완화하게 해주는 것은?
① 토인
② 겹판 스프링
③ 타이로드
④ 스태빌라이저

**12** VDC(Vehicle Dynamic Control) 장치에 대한 설명으로 틀린 것은?
① 스핀 또는 언더스티어링 등의 발생을 억제하는 장치이다.
② VCD는 ABS 제어, TCS 제어기능 등이 포함되어 있으며 모멘트 제어와 자동감속제어를 같이 수행한다.
③ VDC 장치는 TCS에 요 레이터 센서, G 센서, 마스터실린더 압력센서 등을 사용한다.
④ 오버스티어 현상을 더욱 증가시킨다.

◆ VDC는 차체 제어장치로서 오버스티어 현상이나 언더스티어 현상을 감소시키는 자세제어장치이다.

**13** 주행 중 조향 휠이 한쪽으로 치우칠 경우 예상되는 원인이 아닌 것은?
① 타이어 편마모
② 파워 오일펌프 벨트의 노화
③ 한쪽 앞 코일스프링 약화
④ 휠 얼라인먼트 조정 불량

**14** 트럭의 앞차축이 뒤틀어져서 왼쪽 캐스터 각이 0°, 오른쪽 캐스터 각이 뒤쪽으로 5~6°가 더 클 때 주행 중 어떤 현상이 일어나겠는가?
① 오른쪽으로는 끌리는 경향이 있다.
② 왼쪽으로 끌리는 경향이 있다.
③ 정상적으로 조향된다.
④ 도로 사정에 따라 왼쪽이나 오른쪽으로 끌린다.

**15** 전자제어 파워스티어링 제어방식이 아닌 것은?
① 유량 제어식
② 실린더 바이패스 제어식
③ 유온반응 제어식
④ 밸브 특성 제어식

정답  10. ④  11. ④  12. ④  13. ②  14. ②  15. ③

**16** 앞바퀴 얼라인먼트의 직접적인 역할이 아닌 것은?
① 조향 휠의 조작을 쉽게 한다.
② 조향 휠에 알맞은 유격을 준다.
③ 타이어의 마모를 최소화한다.
④ 조향 휠에 복원성을 준다.

**17** 조향장치의 구비 조건으로 틀린 것은?
① 조향 휠의 조작력은 저속 시에는 무겁게 하고, 고속 시에는 가볍게 한다.
② 조향 핸들의 회전과 바퀴 선회 차이가 크지 않게 한다.
③ 선회 시 저항이 적고, 선회 후 복원성이 좋게 한다.
④ 조작이 쉽고 방향 변환을 원활하게 한다.

◆ 안전을 위해서 조향 휠의 조작력은 고속 시 무겁게 해야 한다.

**18** 전동식 동력조향장치의 설명으로 틀린 것은?
① 유압식 동력조향장치에 필요한 유압유를 사용하지 않아 친환경적이다.
② 유압 발생장치나 파이프 등의 부품이 없어 경량화를 할 수 있다.
③ 파워 스티어링 펌프의 유압을 동력원으로 사용한다.
④ 전동기를 운전 조건에 맞추어 제어함으로써 정확한 조향력 제어가 가능하다.

**19** 전자제어 동력조향장치에 대한 설명으로 틀린 것은?
① 고속 주행 시 스티어링 휠의 조작을 가볍게 한다.
② 회전수 감응식은 기관 회전수에 따라서 조향력을 변화시킨다.
③ 차속 감응식은 차속에 따라서 조향력을 변화시킨다.
④ 동력 스티어링의 조향력은 파워 실린더에 걸리는 압력에 의해 결정된다.

◆ 고속 주행 시 스티어링 휠의 조작을 무겁게 한다.

**20** 핸들의 위치를 중심에 놓고, 앞 휠의 토우 값을 측정하였더니, 다음과 같은 값이 측정되었다면 맞는 것은?
(단, 앞 좌측 : 토우 인 2mm, 앞 우측 : 토우 아웃 1mm이며 주어진 자동차의 제원값은 토우 인 0.5mm이다.)
① 주행 중 차량은 정방향으로 주행한다.
② 주행 중 차량은 좌측으로 쏠리게 된다.
③ 주행 중 차량은 우측으로 쏠리게 된다.
④ 핸들의 조작력이 무겁게 된다.

◆ 토우 인 값
  ㉠ 승용차 : 2~3mm
  ㉡ 대형차 : 4~8mm
  ㉢ 일반 : 2~6mm

정답  16. ②  17. ①  18. ③  19. ①  20. ①

**21** 조향장치에서 킹핀이 마모되면 캠버는 어떻게 되는가?
① 캠버의 변화가 없다.
② 더 정(+)의 캠버가 된다.
③ 더 부(-)의 캠버가 된다.
④ 항상 0의 캠버가 된다.

**22** TCS(Traction Control System)에서 안정된 선회동작을 목적으로 한 트레이스 제어의 입력조건이 아닌 것은?
① 운전자의 조향 휠 조작량
② 움직이지 않는 바퀴의 좌우측 속도차
③ 앞뒤바퀴의 슬립비
④ 가속페달을 밟은 양

◆ TCS(Traction Control System)은 진흙이나 눈길처럼 미끄러지기 쉬운 노면에서는 차륜의 SLIP 현상(헛돌음) 때문에 가속페달을 밟은 만큼 차가 나가지도 않을뿐더러 스티어링 핸들을 조작하는 대로 차량이 움직여 주지 않는다. TCS는 이와 같은 경우 바퀴 SLIP을 최소화하여 안전운행을 할 수 있도록 도와주는 SYSTEM으로써 눈길 등 미끄러지기 쉬운 노면에서의 가속성 및 선회안전성을 확보하여 주는 SLIP CONTROL 기능과 선회가속시에 구동력을 제어하여 조향성능을 향상시키는 TRACE CONTROL 기능을 가진다.

**23** 전륜 구동형(FF) 차량의 특징이 아닌 것은?
① 추진축이 필요하지 않으므로 구동손실이 적다.
② 조향방향과 동일한 방향으로 구동력이 전달된다.
③ 후륜 구동에 비해 빙판 언덕길 주행에 유리하다.
④ 후륜 구동에 비해 오버스티어 링 현상이 크다.

◆ 구동륜의 장·단점은 스티어 링 현상과 무관하다.

**24** 자동차의 휠 얼라인먼트에서 캠버의 역할은?
① 제동 효과 상승
② 조향 바퀴에 동일한 회전수 유도
③ 하중으로 인한 앞차축의 휨 방지
④ 주행 중 조향 바퀴에 방향성 부여

◆ 캠버의 역할은 차가 중량 때문에 앞바퀴가 아래쪽으로 주저 앉는 것을 막고, 핸들조작을 가볍게 하며, 타이어의 이상 마모를 방지하기 위함이다.

정답 21.③ 22.③ 23.④ 24.③

**25** 전자제어 현가장치에서 자동차가 선회할 때 차체의 기울어진 정도를 검출하는 데 사용되는 센서는?

① G센서
② 차속 센서
③ 뒤 압력 센서
④ 스로틀 포지션 센서

◆ 기울기, 진동, 충격, 움직임과 같은 모션 감지와 관련된 어플리케이션들에 사용되는 센서는 G 센서인 가속도 센서이다.

**26** 트랙션 컨트롤 시스템 (TCS)이 제어하지 않는 영역은 어느 것인가?

① 브레이크
② 공회전
③ 구동 성능
④ 선회 앞지르기 성능

◆ TCS (트랙션컨트롤 시스템, Traction Control System)는 가속성능과 가속 선회성능이 향상되어 눈길등 미끄러지기 쉬운 도로에서 발진과, 가속시에 미묘한 엑셀조작이 불필요하게 되어 구동륜이 미끄러지는 것을 방지하는 슬리퍼 컨트롤 기능과, 일반 포장도로 등에서 선회가속시 악셀의 과응답으로 인해서 코스로부터 이탈함을 방지하는 트레이스 컨트롤 기능으로 구성되어 있다.

◆ TCS의 주요 기능
  1) 구동 성능 향상
     - 미끄럼이 제어가 되어 차체의 롤링현상이 감소
     - 발진성, 가속성, 등판 능력이 향상
  2) 선회 앞지르기 성능 향상
     - 언더 또는 오버 스티어링 현상 감소로 성능 향상
  3) 조향 성능 향상
     - 핸들 조작시 구동력에 의한 사이드포스를 우선 제어.
     - 사이드포스를 우선 제어함으로서 선회가 용이해짐

**27** 전자제어 동력조향장치의 특성으로 틀린 것은?

① 공전과 저속에서 조향 휠의 조작력이 작다.
② 중속 이상에서는 차량 속도에 감응하여 조향 휠의 조작력을 변화시킨다.
③ 솔레노이드 밸브는 스풀밸브 오리피스를 변화시켜 오일탱크로 복귀하는 오일량을 제어한다.
④ 동력조향장치는 조향기어가 필요없다.

◆ 기계식 랙-피니언 조향기어, 작동실린더와 피스톤, 컨트롤 밸브 기능을 하는 로터리 디스크 밸브 그리고 유압시스템으로 구성되며, 랙은 피니언에 의해 구동되며 랙에 전달된 구동력은 랙 양단으로 전달됨

정답 25. ① 26. ② 27. ④

# 04 제동장치

## 4-1 개요

(1) 의의

자동차가 주행하다가 차의 속도를 늦추거나 정지시키려면 자동차에 발생하는 관성에너지를 흡수하는 장치가 필요하다. 이 역할을 하는 것이 제동장치이며, 제동장치는 자동차의 주행과 안전성에 있어 매우 중요한 장치이다.

(2) 제동장치의 방식

제동장치의 제동방식은 마찰작용을 이용하여 운동에너지를 열에너지로 바꾸고, 그 열에너지인 마찰열을 대기 중으로 발산시키는 제동방식이 사용되고 있다.

## 4-2 제동장치의 조건

제동장치는 다음의 조건을 갖추어야 한다.

(1) 차량의 최대중량과 최고속도에도 충분한 제동작용을 확실하게 할 수 있어야 한다.

(2) 제동장치의 점검 및 조정이 용이해야 한다.

(3) 제동에 대한 신뢰성이 높고 내구력이 커야 한다.

(4) 조작이 쉽고 제동하기에 부담이 없어야 한다.

(5) 제동작용을 하지 않을 때는 각 바퀴의 회전에 방해하지 않아야 한다.

## 4-3 제동장치의 종류

### ❶ 용도에 따른 분류

(1) 주 브레이크(풋 브레이크)

주로 주행 중인 자동차를 감속시키거나 정지 시에 사용되는 것으로 브레이크 페달을 밟아서 작동시키며 드럼식, 디스크식이 있다.

(2) 주차 브레이크(핸드 브레이크)

정지한 상태로 유지시키기 위한 브레이크로서, 보통 손으로 작동시키기 때문에 핸드 브레이크라고 하며 휠식, 센터식이 있다.

(3) 감속 브레이크

차량의 대형화, 고속화에 따라 마찰 브레이크를 보호하고, 한층 제동효과를 높여서 긴 경사로를 내려갈 때나 고속주행에서 감속하기 위하여 사용하는 브레이크이다.

(4) 비상 브레이크

압축공기를 사용하는 브레이크에서 공기계통에 고장이 생겼을 때 스프링의 장력을 이용하여 자동적으로 제동하도록 하는 브레이크이다.

### ❷ 작동방식에 따른 분류

(1) 기계식 브레이크

브레이크 페달이나 브레이크 레버로 조작하며, 브레이크 조작력을 로드 또는 케이블 등에 의하여 마찰 제동하는 브레이크이다.

(2) 유압식 브레이크

파스칼의 원리를 이용한 것으로서 브레이크페달에 가해진 힘을 유압에 전달하여 제동력을 발생시키는 방식이며, 제동력이 모든 바퀴에 균일하게 전달되고, 마찰손실이 적다. 조작력이 작아도 되는 장점이 있으나, 오일이 누출되는 경우에 브레이크 기능이 상실되는 단점도 있다.

(3) 배력식 브레이크

중량이 큰 자동차나 고속주행 중의 자동차와 같이 주행관성이 큰 자동차에 대하여 기관의 흡기부압이나 압축공기를 이용하여 조작력을 증대시켜 강력한 제동력을 작용시키는 브레이크로서, 진공배력식 브레이크와 공기배력식 브레이크가 있다.

### ③ 브레이크 구조에 따른 분류

(1) 외부수축식 브레이크

밴드 브레이크라고 하며, 브레이크 레버를 잡아당겨 브레이크 밴드로 드럼을 죄어 제동력을 발생하게 하는 브레이크이다.

(2) 내부확장식 브레이크

바퀴의 브레이크 슈를 드럼에 압착시켜 브레이크 작용을 하는 브레이크이다.

(3) 디스크 브레이크

바퀴와 함께 회전하는 디스크를 양쪽에서 브레이크패드를 축방향으로 압착시켜 제동력을 발생하는 브레이크이다.

## 4-4 유압식 제동장치의 원리

브레이크 페달에 가한 조작력을 유압으로 바꾸어 각 바퀴에 있는 기구에 전달하여 제동하는 장치이며 파스칼의 원리를 이용한 것이다.

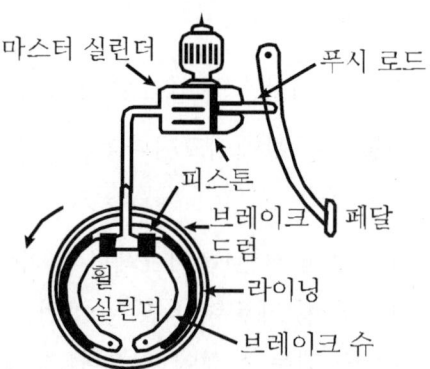

〈유압식 브레이크의 동작원리〉

• 유압식 제동장치의 작동순서

(1) 브레이크 페달을 밟으면 마스터 실린더의 피스톤이 움직여 실린더 내의 유압이 증가된다.

(2) 높아진 유압이 브레이크 파이프를 거쳐 각 바퀴의 휠 실린더 내의 피스톤이 작용하여 브레이크 슈를 브레이크 드럼에 밀어붙여서 마찰을 발생시킨다.

(3) 브레이크 페달을 놓으면 유압이 저하되어 브레이크 슈가 스프링의 힘으로 제자리로 되돌아간다.

(4) 유압식 브레이크는 유압이 각 바퀴에 균일하게 전달되어 효율이 좋으나, 오일이 새든가 회로 내에 기포가 발생하면 기능을 잃는 결점이 있다.

> **보충  파스칼의 원리**
>
> 밀폐된 유체용기에 힘을 가하면, 압력이 발생하고 그 압력은 유체 내의 모든 곳에 같은 크기로 전달된다.

## 4-5  유압식 제동장치의 구성

### 1 마스터 실린더(Mater cylinder)

오일탱크와 실린더 부로 되어 있다. 실린더 내에는 피스톤, 피스톤컵, 리턴 스프링, 첵 밸브 등으로 구성되어 있으며 작동순서는 다음과 같다.

(1) 브레이크 페달을 밟으면 제1피스톤 컵이 밀린다.

(2) 제1피스톤 컵이 리턴 구멍을 막은 후 실린더 내의 유압의 올라가서 첵 밸브가 열린다.

(3) 첵 밸브가 열리며 휠 실린더에 유압이 작용한다.

(4) 브레이크 페달을 놓으면 피스톤은 리턴 스프링에 의해 제자리로 되돌아간다. 이때 첵 밸브는 유압회로 내의 진압이 일정하게 유지되도록 한다.

> ○ 잔압을 두는 목적
> 1. 브레이크 작동을 빠르게 한다.
> 2. 휠 실린더의 오일 누출을 방지한다.
> 3. 베이퍼록을 방지한다.

### ❷ 텐덤 마스터 실린더(Tander master cylinder)

(1) 개요

싱글 마스터 실린더는 한 라인으로 모든 바퀴에 작용하도록 설계 되어 있기 때문에, 만약 어느 한 곳이라도 고장이 생기거나 또는 오일이 새든지 하면 모든 바퀴에 브레이그가 작동하지 않게 된다. 따리서 이러한 위험을 방지하기 위하여 앞바퀴와 뒷바퀴가 별도로 작용하도록 만들어진 실린더를 탠덤 마스터 실린더(Tandem master cylinder)라 한다.

(2) 구조 및 작동원리

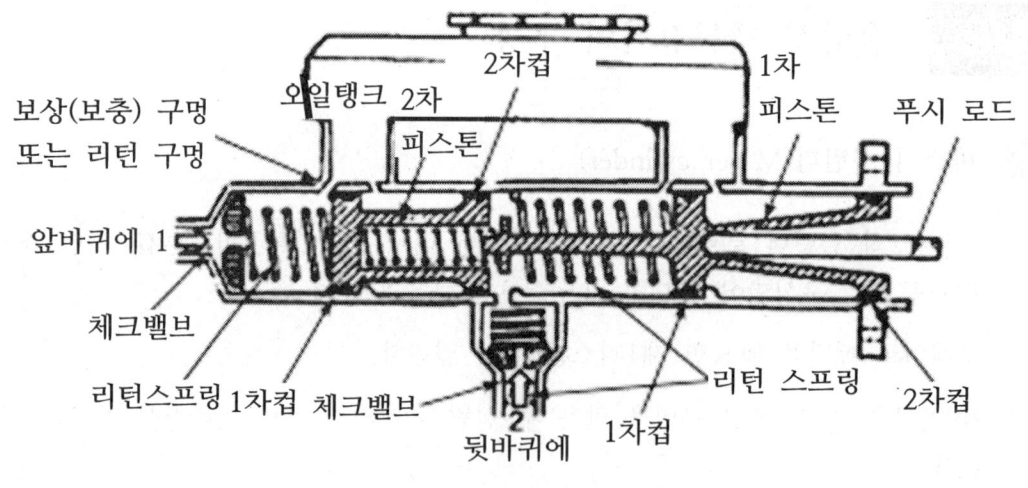

〈탠덤 마스터 실린더〉

① 피스톤 : 좌·우로 움직여 유압을 발생한다.

② 피스톤 컵
  ㉠ 1차 컵 : 유압발생실의 유밀을 유지한다.
  ㉡ 2차 컵 : 외부로 오일누출을 방지한다.
③ 리턴스프링 : 피스톤을 신속하게 제자리에 복원토록 한다.
④ 첵 밸브 : 리턴 스프링과 함께 오일회로에 잔압을 둔다.

### ③ 휠 실린더(Wheel cylinder)

차축에 고정된 브레이크 배킹판(Backing plate)에 고정되어 있으며, 알루미늄 또는 주철제의 휠 실린더 몸체, 피스톤, 피스톤 컵(고무제품) 등으로 구성된다. 마스터 실린더로부터의 유압에 따라 브레이크 슈를 브레이크 드럼에 밀어붙이는 일을 한다.

### ④ 브레이크 본체

브레이크 본체는 마스터 실린더에서 오는 유압을 휠 실린더가 받아 브레이크 슈와 드럼에 제동력을 발생하는 부분으로 구조상 드럼식 브레이크와 디스크식 브레이크로 구분된다. 드럼식 브레이크는 휠 실린더, 브레이크 슈, 백 플레이트 및 브레이크 드럼 등으로 구성된 내부 확장식이다.

### ⑤ 브레이크 드럼(Brake drum)

브레이크 드럼은 원통 모양의 마찰부와 드럼을 원통 모양의 바퀴 허브에 설치하기 위한 원판부로 구성되며, 드럼의 마찰면은 제동이 걸렸을 때 마찰열에 의해 온도가 200~300℃로 상승하므로 다음과 같은 조건을 만족해야 한다.

(1) 회전밸런스가 유지되어야 한다.
(2) 브레이크 슈가 확장되었을 때 변형하지 않도록 충분한 강성이 있어야 한다.
(3) 슈와의 마찰면은 충분한 내마모성을 가져야 한다.
(4) 방열이 잘되어야 한다.
(5) 가벼워야 한다.

## 6 브레이크 드럼(Brake drum)

브레이크 슈는 단면이 T형으로 되어 있는데 보통 2개가 1조로 되어 있다. 대형차에 쓰는 슈의 재질은 주철, 가단주철, 알루미늄합금, 다이캐스트 등으로 만들고, 소형차에는 강판을 융접하여 접합한 것을 많이 사용하고 있다.

드럼과 접촉하는 면에는 브레이크 라이닝이 설치되어 있으며, 대형차는 리벳 또는 볼트로 고정하고, 소형차는 접착제로 붙인 것을 사용한다.

브레이크 라이닝은 브레이크 드럼과의 마찰력을 크게 하기 위한 마찰재이다. 라이닝은 어느 것이든 고열에 견디고, 내마모성이 있고, 마찰계수가 크고, 온도의 변화나 물이 침입했을 때 마찰계수의 변화가 적으며 그 외에도 기계적인 강도가 커야 한다.

## 7 디스크 브레이크(Disk brake)

(1) 개요

디스크 브레이크는 브레이크 드럼 대신에 원판을 사용한 브레이크로 원판을 차바퀴에 부착시킨다. 디스크 브레이크는 바퀴와 함께 회전하는 디스크를 양쪽에서 브레이크 패드(또는 슈)를 유압으로 압착하여 제동하도록 되어있다. 드럼식보다 성능이 우수하여 고속 승용차에 많이 사용한다.

(2) 디스크 브레이크의 장·단점

① 장점

㉠ 방열작용이 좋다.

㉡ 좌우바퀴의 제동력이 안정되어 제동시에 한쪽만 제동되는 일이 적다.

㉢ 디스크의 열 변형이 적어 페달 밟는 거리의 변화가 적다.

㉣ 이물질이 묻어도 쉽게 털어낼 수 있다.

㉤ 점검과 조정이 용이하고 구조가 간단하다.

② 단점

㉠ 마찰력이 작으므로 패드를 미는 힘이 커야 하기 때문에 높은 유압이 필요하다.

㉡ 패트 내마멸성이 매우 큰 재료를 사용해야 하고 패드마모가 드럼식보다 빠르다.

ⓒ 자기 배력작용이 없으므로 조작력이 커진다.

ⓓ 빗물이나 진흙 등에 오염되기 쉽다.

## 8 배력식 브레이크

유압식 브레이크에서는 브레이크 조작력인 페달을 밟는 힘을 적게 할 수 있으나, 대형 자동차 등의 큰 제동력이 필요한 경우에는 제한이 있기 때문에 밟는 힘이 커져 조작에 지장을 주므로 배력장치를 설치한다. 일반적으로 유압식 브레이크와 함께 사용하는 장치로서 제동배력장치라고 하며, 기관의 흡입부압이나 압축공기를 이용하는 진공식과 압축공기식이 있다. 일반적으로 승용차는 진공식을 이용하고 트럭 등은 압축공기식을 이용한다.

(1) 진공배력식 브레이크

① 진공식 제동배력장치(브레이크 부스터)는 흡기매니폴드의 흡입부압(진공)을 이용하여 페달을 밟을 때 마스터 실린더에 가해지는 힘을 배력시키는 장치이다.

② 작동방법은 부스터 파워 피스톤 앞, 뒤 실린더에 흡기다기관의 진공이 작동되고 있다가 브레이크를 밟게 되면 푸시로드가 뒤쪽 실린더에 진공밸브를 막고 공기밸브를 열어 공기를 뒤쪽 실린더에 넣어준다. 그러면 앞쪽 실린더 진공의 힘으로 파워 피스톤을 밀어 마스터 실린더 피스톤을 강한 힘으로 작동시킨다.

(2) 압축공기식 브레이크

이 장치는 일반적으로 에어마스터(Air master)라고 부르며, 기관으로 구동하는 압축기(Compressor)의 압축공기와 대기압의 압력차를 이용하여 배력작용을 한다.

## 9 브레이크 오일

일반적으로 피자마 기름에 알코올 등의 용제를 섞은 식물성 오일이 사용된다(클러치 오일과 같음). 브레이크 오일의 일반적인 조건은 다음과 같다.

(1) 화학적으로 안정되고 침전물이 생기지 않을 것

(2) 윤활성이 있을 것

(3) 알맞은 점도를 가지고 또 온도에 대한 점도변화가 적을 것

(4) 비등점과 인화점이 높고 빙점이 낮을 것

(5) 금속을 부식시키지 말 것

(6) 고무제품에 팽윤을 일으키지 말 것

### ❿ 하이드로백

브레이크페달을 밟을때 대기압과 흡기다기관 압력의 차를 이용하여 당겨주어 가볍게 동작되도록 하는 방식으로 브레이크 진공부스터(진공배력장치)라고한다.

## 4-6 공기 브레이크(Air brake)

(1) 개요

① 공기 브레이크는 압축공기의 압력을 이용해서 브레이크 슈를 드럼에 압착시켜 제동을 하는 장치로 큰 제동력을 얻기 때문에 대형 트럭, 버스, 트레일러 등에 많이 쓰이고 있다.

② 공기 브레이크는 공기탱크, 압축기, 첵 밸브, 브레이크 밸브, 퀴릴리스 밸브, 릴레이 밸브, 브레이크 체임버 및 공기파이프 등으로 구성되어 있다.

③ 공기파이프의 배관은 앞계통과 뒷계통이 독립되어 있어, 만일 한쪽이 고장나더라도 다른 쪽이 정상으로 작동하여 제동이 되도록 설계되어 있다.

(2) 특징

① 차량의 중량에 제한을 받지 않는다.

② 공기가 약간 누출되어도 현저한 제동력 감소가 없으므로 사용이 가능하다.

③ 베이퍼록이 발생하지 않는다.

④ 페달을 밟은 양에 의해 제동력이 조절된다.

⑤ 공기의 압축 압력을 높이면 더 큰 제동력을 얻을 수 있다.

⑥ 배관이나 구조가 복잡하며 값이 고가이다.

## 4-7 주차 브레이크(Parking brake, hand brake)

주차 브레이크는 추진축에 설치된 브레이크 드럼을 제동하는 센터 브레이크식과 뒷바퀴를 제동하는 휠(뒷바퀴)브레이크식이 있다. 두 방법 모두 특수형 이외에는 와이어로 작동하는 기계식으로 되어 있다.

(1) 센터 브레이크식(Center brake)

센터 브레이크식 주차 브레이크는 보통 트럭이나 버스에 많이 사용되며, 변속기 뒷부분에 설치되어 있다.

레버식 조작기구를 사용한 외부 수축식 주차 브레이크는 주차 브레이크 레버를 당기면 로드를 거쳐 오퍼레이딩 캠이 작동하여 브레이크 밴드가 드럼을 죄어 제동작용을 한다.

(2) 뒷바퀴(휠) 브레이크식

휠 브레이크(Wheel brake)는 뒷바퀴의 풋 브레이크와 겸용으로 사용되며, 브레이크 슈를 링크나 와이어를 이용하여 제동력을 발생하는 방식이다.

## 4-8 감속 브레이크

(1) 개요

자동차의 고속화, 대형화에 따라 브레이크 페이드(Brake fade) 현상이나 베이퍼록(Vapor lock)현상이 일어나 제동불능의 상태가 발생할 경우 안정성을 높이기 위하여 지금까지의 브레이크 이외에 보조제동작용을 하는 감속 브레이크가 사용된다.

(2) 종류

종류로는 엔진 브레이크, 배기 브레이크, 와전류 리타더 등의 보조브레이크가 있다.

(3) 특징

① 주행시 안전도 향상 및 운전자 피로도를 감소시킨다.

② 주제동장치의 사용횟수를 줄일 수 있으므로 라이닝 또는 드럼의 마모가 감소된다.

③ 미끄러운 도로에서 제동시 타이어의 미끄러짐을 감소시킨다.

④ 클러치 관계부품의 마모감소 효과가 있다.

⑤ 정숙한 제동작용이 이루어질 수 있다.

⑥ 과도한 브레이크 사용으로 인한 페이드 현상과 베이퍼록 현상을 방지할 수 있다.

> **보충** 브레이크 페이드(Brake fade) 현상
>
> 풋 브레이크를 과도하게 사용하거나 장시간 사용시 드럼이나 라이닝이 과열이 되어 변형하게 되면 제동상태가 불량하게 되는 상태이다. 즉, 제동시에 라이닝과 드럼의 미끌림 현상이며, 일반적으로 드럼 브레이크가 디스크 브레이크보다 페이드 현상이 잘 일어나게 된다. 브레이크 페이드 현상이 일어나면 즉시 차량을 정지시키고 열을 식히도록 하며, 그 원인은 다음과 같다.
>
> 1. 브레이크 페달유격의 과소
> 2. 드럼이나 라이닝 과열
> 3. 브레이크 슈 리턴 스프링 장력의 약화
> 4. 라이닝에 기름 또는 습기부착
> 5. 리턴 구멍의 막힘

## 4-9 ABS(Anti lock brake System)

### 1 개요 및 특징

(1) 개요

주행 중 브레이크를 밟으면 차량 중심이 앞쪽으로 쏠려 앞바퀴에 하중이 부가 되고 반면 뒷바퀴의 하중은 감소하게 되어 제동성능이 약화되고 불안정하게 된다. 이런 이유로 ABS 브레이크 장치가 고안되었으며 ABS 브레이크 장치는 앞뒤와 좌우의 제동력을 균등하게 유지시키는 장치로서, 기계식 ABS와 전자제어식 ABS로 구분한다.

(2) 특징

   ① 급제동시 앞바퀴 고착으로 인한 조향능력 상실을 방지한다.

   ② 뒷바퀴 고착인 경우 차체 미끄러짐으로 인한 차체 전복을 방지한다.

   ③ 차륜고착으로 인한 제동거리 증대를 방지한다.

   ④ 눈길, 미끄러운 길에서 조향능력과 제동안정성을 유지할 수 있다.

   ⑤ 구조가 복잡하며 가격이 비싸다.

### ❷ 기계식과 전자제어식

(1) 기계식 ABS

프로포셔닝 밸브와 로드센싱 프로포셔닝 밸브를 설치하여 제동력을 증대시킨 것이다.

   ① 프로포셔닝 밸브(Pv ; Proportioning valve) : 브레이크 작용력이 증대됨에 따라 뒤쪽의 유압증가비율을 앞쪽보다 작게 하여 뒷바퀴의 조기고착에 의한 조정불안정을 방지하기 위한 것이며, 마스터 실린더와 뒷바퀴 사이에 설치된다.

   ② 로드센싱 프로포셔닝 밸브(Lspv ; Load sensing proportioning valve) : 뒷바퀴의 조기고착에 의한 제동시의 조종불안정을 방지하며, 적재중량에 따라 유압제어 개시점이 변동하도록 하는 밸브이다.

(2) 전자제어식 ABS

   ① 휠 속도센서(Wheel speed sencer) : ABS 시스템의 구조에 따라 모든 차륜에 설치되어 차륜의 회전속도를 감지한다. 여기서 감지된 회전수는 제어시스템(ECU)에 입력된다.

   ② 전자제어유닛(Electronic control unit) : 전자제어유닛은 앞·뒷바퀴 속도센서와 브레이크 스위치에서 입력신호를 받아 각 휠의 제동상태를 감지하고, 모듈레이터에 신호를 보내 적절히 브레이크 압력을 조절한다.

   ③ 모듈레이터(Modulator) : 마스터 실린더에서 발생한 유압을 받아 ECU의 신호에 의해 브레이크에 알맞은 유압으로 분배하는 장치이다.

   ④ 어큐뮬레이터(Accumulator) : 펌프에서 유압을 압송할 수 없을 때 펌프로부터 송출된 고압의 유압을 일시적으로 저장하고 유압의 맥동을 완화시키는 역할을 한다.

### ❸ TCS(Traction Control System)

(1) 개요

ABS는 차의 제동력만 조절하는 장치이나 TCS(Traction Control System)는 차의 제동력뿐만 아니라 엔진에서 바퀴로 연결되는 힘도 조절하는 장치이다. 즉, ABS의 기능을 확장시킨 시스템이다. TCS와 ABS는 센서 및 액추에이터를 서로 공유하며, 공동의 ECU를 사용하기도 한다. 차량이 눈길이나 진흙탕에 빠졌을 때 이 장치가 효과를 발휘하여 헛도는 바퀴에만 브레이크를 작동시키거나 헛도는 바퀴에 전달될 힘을 다른 바퀴로 배분해 안정성을 높이는 것이다. 앞에 것을 '브레이크 제어방식', 뒤에 것을 '디퍼런셜 제어방식'이라한다.

(2) 특징

① 발진 또는 가속할 때, 노면과 타이어 간의 궤적(track) 유지성의 개선

② 구동력이 클 때, 주행 안전성의 증대

③ 노면과 타이어 사이의 접지 마찰력에 따라 엔진토크를 자동으로 조정

### ❸ EBD(Electronic brake force distribution)

(1) 개요

브레이크 압력을 노면에 유효하게 전달하려면 차량의 적재 상태와 감속에 의한 무게 이동에 따라 앞뒤 제동력을 적절하게 조절하여 분배해야 한다. 지금까지의 고정식 비례유압밸브(proportioning valve) 대신 ABS와 함께 장착되며, ABS 성능을 향상시키고 안전성을 높이기 위한 안전장치이다.
EBD는 뒷바퀴 제동력을 확보하기 위하여 앞뒤 바퀴 속도의 차이를 검출한 뒤 ABS의 액추에이터를 통해 뒷바퀴에 최적의 제동력을 분배한다.

(2) 특징

① 승차인원이나 적재하중에 맞추어 앞뒤 바퀴에 적절한 제동력을 자동으로 배분한다.

② 전자식 제동력 분배 시스템으로 안정된 브레이크 성능을 발휘할 수 있게 한다.

③ 운행 중에 적재하중의 변화가 큰 RV 차량이나 미니밴 차량에 장착하면 효과적이다.

# 기출 및 예상문제
### 제동장치

01 다음 중 전자제어 제동장치(ABS)의 구성 부품이 아닌 것은?
① 하이드로닉 유닛
② 컨트롤 유닛
③ 휠 스피드 센서
④ 퀵 릴리스 밸브

◆ ABS의 주요 구성부품
㉠ ECS : ABS 제어 컴퓨터
㉡ 하이드로릭 유닛 : 휠 실린더 유압 조정
㉢ 휠 스피드 센서
㉣ 브레이크 스위치
㉤ ABS 경고등

02 ABS(Anti-lock Brake System)의 장점이 아닌 것은?
① 급제동 시 방향 안정성을 유지할 수 있다.
② 급제동 시 조향성을 확보해 준다.
③ 타이어와 노면의 마찰계수가 클수록 제동거리가 단축된다.
④ 급선회 시 구동력을 제한하여 선회 성능을 향상시킨다.

◆ ABS의 장점
㉠ 방향 안정성 확보 : 후륜 고착 시 차체의 스핀으로 인한 전복 가능
㉡ 급제동 시 조향 안정성 유지 : 전륜 고착 시 조향능력이 상실될 수 있음
㉢ 타이어 편마모 방지 : 미끄러짐에 따라 타이어가 편마모됨

03 제동 이론에서 슬립률에 대한 설명으로 틀린 것은?
① 제동 시 차량의 속도와 바퀴의 회전속도와의 관계를 나타내는 것이다.
② 슬립률이 0%라면 바퀴와 노면과의 사이에 미끄럼 없이 완전하게 회전하는 상태이다.
③ 슬립률이 100%라면 바퀴의 회전속도가 0으로 완전히 고착된 상태이다.
④ 슬립률이 0%에서 가장 큰 마찰계수를 얻을 수 있다.

◆ 슬립률 0%에서 가장 작은 마찰계수가 발생한다.

04 마스터 실린더 잔압을 두는 이유가 아닌 것은?
① 작동지연 방지
② 베이퍼 록 방지
③ 오일누출 방지
④ 공기침입 방지

정답 01.④ 02.④ 03.④ 04.④

**05** 유압식 브레이크 계통의 설명으로 옳은 것은?
① 유압계통 내에 잔압을 두어 베이퍼록 현상을 방지한다.
② 유압 계통 내에 공기가 혼입되면 페달의 유격이 작아진다.
③ 휠 실린더의 피스톤 컵을 교환한 경우에는 공기빼기 작업을 하지 않아도 된다.
④ 마스터 실린더의 첵 밸브가 불량하면 브레이크 오일이 외부로 누유된다.

◆ 공기가 혼입되면 브레이크 유격이 커지며 브레이크 작동이 느려진다.

**06** 브레이크액이 비등하여 제동압력의 전달 작용이 불가능하게 되는 현상은?
① 페이드 현상
② 사이클링 현상
③ 베이퍼 록 현상
④ 브레이크 록 현상

◆ ① 페이드(Fade) 현상 : 브레이크 패드의 성능이 저하된 경우이며 고온으로 갈수록 마찰계수가 저하되어 미끄러지는 현상
③ 베이퍼 록 현상 : 브레이크 액 내에 기포가 차는 현상으로, 이는 패드나 슈의 과열로 인해 브레이크 회로 내에 공기 기포가 차게 되어, 브레이크 회로 내에 공기가 유입되어 브레이크가 듣지 않는 것 같은 현상

**07** ABS시스템에서 사용되는 센서는?
① 스로틀위치센서
② 휠 스피드센서
③ 공기흡입센서
④ 제어센서

◆ 휠 속도센서(Wheel speed sencer) : ABS 시스템의 구조에 따라 모든 차륜 또는 추진축에 설치되어 차륜의 회전속도를 감지한다. 여기서 감지된 회전수는 제어시스템(ECU)에 입력된다.

**08** 브레이크 장치에서 베이퍼 록(Vapor lock)이 생길 때 일어나는 현상으로 가장 옳은 것은?
① 브레이크 성능에는 지장이 없다.
② 브레이크 페달의 유격이 커진다.
③ 브레이크액을 응고시킨다.
④ 브레이크액이 누설된다.

◆ ㉠ 공기빼기 시기
ⓐ 브레이크 계통 부품 교환 후
ⓑ 브레이크 계통에 공기가 혼입되었을 때
ⓒ 베이퍼 록 현상이 생겼을 때
㉡ 브레이크 파이프에 공기가 혼입되면 일어나는 현상 : 페달유격이 기준보다 크거나 심할 때는 브레이크 페달을 밟으면 페달이 밑판까지 닿거나 평소보다 많이 밟아야 제동이 된다.

정답 05.① 06.③ 07.② 08.②

**09** 전자식 ABS 구성품이 아닌 것은?
① 휠 스피드센서
② 프로포셔닝 밸브
③ 하이드롤릭 유닛
④ 전자제어 유닛

◆ 프로포셔닝 밸브는 기계식 ABS 부품이다.

**10** 제동장치의 유압회로 내에서 베이퍼 록이 발생되는 원인이 아닌 것은?
① 긴 내리막길에서 브레이크를 많이 사용하였을 때
② 비점이 높은 브레이크 오일을 사용하였을 때
③ 드럼과 라이닝의 끌림에 의하여 가열되었을 때
④ 마스터 실린더 리턴 스프링의 소손에 의한 잔압이 저하되었을 때

◆ 비점이 높은 브레이크 오일은 베이퍼 록 현상이 일어나기 어렵다.

**11** 다음에서 ABS(Anti-lock Brake System)의 구성부품으로 볼 수 없는 것은?
① 휠 스피드 센서(wheel speed sensor)
② 일렉트로닉 컨트롤 유닛(electronic control unit)
③ 하이드롤릭 유닛(hydraulic unit)
④ 크랭크 앵글센서(crank angle sensor)

**12** 제동안전장치 중 안티스키드 장치(anti-skid system)에 사용되는 밸브가 아닌 것은?
① 언로더 밸브(unloader valve)
② 프로포셔닝 밸브(proportioning valve)
③ 리미팅 밸브(limiting valve)
④ 이너셔 밸브(inertia valve)

**13** 디스크 브레이크의 장점에 대한 설명으로 틀린 것은?
① 제동능력이 안정되어 제동 시 한쪽만 제동되는 일이 적다.
② 브레이크 페달을 밟는 거리의 변화가 적다.
③ 점검과 조정이 용이하고 구조가 간단하다.
④ 마찰력이 크고 페달을 밟는 힘도 커야 한다.

◆ 디스크 브레이크는 브레이크 페달을 밟는 거리의 변화가 적으며 마찰력이 크고 페달을 밟는 힘을 적게 할 수 있다.

**14** 과도한 풋 브레이크 사용으로 마찰력이 감소되는 현상은?
① 페이드 현상
② 베이퍼 록 현상
③ 하이드로 플래닝 현상
④ 스탠딩 웨이브 현상

정답 09.② 10.② 11.④ 12.① 13.④ 14.①

◆ 페이드(Fade) 현상 : 브레이크 패드의 성능이 저하된 경우이며 고온으로 갈수록 마찰계수가 저하되어 미끄러지는 현상

**15** 베이퍼 록을 방지하는 장치는?
① 스태빌라이저
② 더스트커버
③ 압력조절밸브
④ 체크밸브

**16** 브레이크 페달의 조작을 반복하면 드럼과 브레이크 라이닝에 마찰열이 축적되어 제동력이 감소하는 현상은?
① 요잉 현상
② 페이드 현상
③ 베이퍼 록 현상
④ 스탠딩 웨이브 현상

**17** 승용차를 제외한 기타 자동차의 주차 제동능력 측정 시 조작력 기준으로 적합한 것은?
① 발 조작식 : 60kg 이하, 손 조작식 : 40kg 이하
② 발 조작식 : 70kg 이하, 손 조작식 : 50kg 이하
③ 발 조작식 : 50kg 이하, 손 조작식 : 30kg 이하
④ 발 조작식 : 90kg 이하, 손 조작식 : 30kg 이하

**18** 배력식 브레이크 장치의 설명으로 옳은 것은?
① 흡기 다기관의 진공과 대기압의 차는 대략 $0.1kg/cm^2$이다.
② 진공식은 배기 다기관의 진공과 대기압의 압력차를 이용한다.
③ 공기식은 공기압축기의 압력과 대기압의 압력차를 이용한 것이다.
④ 하이드로 백은 배력장치가 브레이크 페달과 마스터 실린더 사이에 설치되어진 형식이다.

◆ 공기식 배력장치 : 진공 대신 기관의 동력에 의해 구동되는 공기압축기에서 발생되는 압축공기와 대기압과의 압력차를 이용한 압축공기식 배력장치로서 부압 대신 압축공기를 이용한 것으로 구조는 하이드로 백과 같다.

**19** 전자제어 제동장치(ABS)의 장점으로 틀린 것은?
① 안정된 제동효과를 얻을 수 있다.
② 제동 시 자동차가 한쪽으로 쏠리는 것을 방지한다.
③ 미끄러운 노면에서 제동 시 조향 안정성이 있다.
④ 미끄러운 노면에서 출발 시 바퀴의 슬립을 방지한다.

◆ ABS는 조향안정성을 유지하며 미끄러운 길에서도 제동을 원활하게 할 수 있는 장치이다.

**정답** 15. ④  16. ②  17. ①  18. ③  19. ④

**20** 브레이크 작동 시 조향 휠이 한쪽으로 쏠리는 원인이 아닌 것은?
① 브레이크 간극 조정 불량
② 휠 허부 베어링의 헐거움
③ 마스터 실린더의 체크밸브 작동이 불량
④ 한쪽 브레이크 디스크의 변형

◆ 마스터 실린더의 체크밸브는 파이프 내 잔압유지장치이다.

**21** 일반적으로 ABS(Anti-lock Brake System)에 장착되는 마그네틱 방식 휠 스피드 센서와 톤 휠의 간극은?
① 약 3~5cm
② 약 5~6cm
③ 약 0.2~1cm
④ 약 0.1~0.2cm

**22** 제동력을 더욱 크게 하여 주는 제동 배력장치 작동의 기본 원리로 적합한 것은?
① 동력 피스톤 좌우의 압력차가 커지면 제동력은 감소한다.
② 동일한 압력조건일 때 동력 피스톤의 단면적이 커지면 제동력은 커진다.
③ 일정한 단면적을 가진 진공식 배력장치에서 기관 내부의 압축 압력이 높아질수록 제동력은 커진다.
④ 일정한 동력 피스톤 단면적을 가진 공기식 배력장치에서 압축공기의 압력이 변하여도 제동력은 변하지 않는다.

◆ 파스칼의 유압법칙에 의해 단면적이 크면 작용력이 증가한다.

**23** ABS(Anti-lock Brake System)의 장점으로 가장 거리가 먼 것은?
① 브레이크 라이닝의 마모를 감소시킨다.
② 제동 시 방향 안정성을 유지할 수 있다.
③ 제동 시 조향성을 확보해 준다.
④ 노면의 마찰계수가 최대인 상태에서 제동거리 단축의 효과가 있다.

◆ ABS(Anti-lock Brake System)의 장점
㉠ 제동 시 차체의 안정성을 확보할 수 있다.
㉡ 조향능력성이 향상된다.
㉢ 제동거리를 단축시킬 수 있다.

**24** 전자제어 제동장치(Anti-lock Brake System)에 대한 설명으로 틀린 것은?
① 제동 시 차량의 스핀을 방지한다.
② 제동 시 조향 안정성을 확보해 준다.
③ 선회 시 구동력 과다로 발생되는 슬립을 방지한다.
④ 노면 마찰계수가 가장 높은 슬립률 부근에서 작동된다.

◆ ABS는 휠 스피드 센서로 바퀴의 회전수를 측정하여 조향 안정성을 확보하는 제동장치이다.

정답 20. ③ 21. ③ 22. ② 23. ① 24. ③

**25** 브레이크 파이프에 베이퍼 록이 생기는 원인으로 가장 적합한 것은?
① 페달의 유격이 크다.
② 라이닝과 드럼의 틈새가 크다.
③ 과도한 브레이크 사용으로 인해 드럼이 과열되었다.
④ 비점이 높은 브레이크 오일을 사용했다.

◆ 베이퍼 록은 유압유의 온도가 상승하여 액상이 기상으로 되어 배관 내에 있는 현상이다.

**26** 가솔린 승용차에서 내리막길 주행 중 시동이 꺼질 때 제동력이 저하되는 이유는?
① 진공배력장치 작동 불능
② 베이퍼 록 현상
③ 엔진 출력 상승
④ 하이드로플래닝 현상

**27** ABS(Anti-lock Brake System)가 설치된 차량에서 휠 스피드 센서의 설명으로 맞는 것은?
① 리드 스위치 방식의 차속센서와 같은 원리이다.
② 휠 스피드 센서는 앞바퀴에만 설치된다.
③ 휠 스피드 센서는 뒷바퀴에만 설치된다.
④ 차륜의 속도를 감지하여 컨트롤 유니트로 입력하는 역할을 한다.

◆ 휠 스피드 센서 : 앞, 뒤 4개 바퀴의 회전수를 감지하여 ECU에 보고한다. 즉, 바퀴의 회전수를 감지함으로써 바퀴가 회전하는지 회전하지 않는지(로크 업 ; lock up)까지도 판단할 수 있다.

**28** 브레이크 라이닝의 표면이 과열되어 마찰계수가 저하되고 브레이크 효과가 나빠지는 현상은?
① 브레이크 페이드 현상
② 언더스티어링 현상
③ 하이드로 플레이닝 현상
④ 캐비테이션 현상

◆ ① 브레이크 페이드 현상 : 브레이크 패드의 성능이 저하된 경우이며 고온으로 갈수록 마찰계수가 저하되어 미끄러지는 현상
③ 하이드로 플래닝현상 : 수막으로 덮여진 도로면을 자동차가 주행할 때, 타이어-노면 간의 마찰력이 사라지는 현상

**29** ABS(Anti-lock Brake System) 장치의 구성품이 아닌 것은?
① 휠 스피드 센서
② ABS 컨트롤 유닛
③ 하이드롤릭 유닛
④ 속도센서

◆ ABS의 주요 구성품
  ㉠ ECU
  ㉡ HCU(하이드롤릭 유닛)

**정답** 25.③ 26.① 27.④ 28.① 29.④

ⓒ 휠 스피드 센서
ⓔ 브레이크 스위치
ⓜ ABS 경고등

**33** 에어 백(air bag) 작업 시 주의사항으로 잘못된 것은?
① 스티어링 휠 장착 시 클럭 스프링의 중립을 확인할 것
② 에어백 관련 정비 시 배터리 (-)단자를 떼어 놓을 것
③ 보디 도장 시 열처리를 요할 때는 인플레이터를 탈거할 것
④ 인플레이터의 저항은 아날로그 테스터기로 측정할 것

**34** 디스크 브레이크에 관한 설명으로 틀린 것은?
① 브레이크 페이드 현상이 드럼 브레이크보다 현저하게 높다.
② 회전하는 디스크에 패드를 압착시키게 되어 있다.
③ 대개의 경우 자기작동기구로 되어 있지 않다.
④ 캘리퍼가 설치된다.

◆ 디스크 브레이크는 브레이크 페이드 현상이 드럼 브레이크보다 현저하게 작다.

**35** 비상 브레이크가 사용되는 브레이크는?
① 센터 브레이크
② 휠 브레이크
③ 기계식 브레이크
④ 공기 브레이크

◆ 공기 브레이크는 압축공기를 사용하는 브레이크로서 대형트럭·버스에 주로 사용되며 비상 브레이크는 공기 브레이크에서 공기계통에 고장이 생겼을 때 스프링의 장력을 이용하여 자동적으로 제동하도록 하는 브레이크이다.

**36** 브레이크 파이프 라인에 잔압을 두는 이유로 틀린 것은?
① 베이퍼 록을 방지한다.
② 브레이크의 작동 지연을 방지한다.
③ 피스톤이 제자리로 복귀하도록 도와준다.
④ 휠 실린더에서 브레이크액이 누출되는 것을 방지한다.

◆ 잔압을 두는 목적
① 브레이크 작동을 빠르게 한다.
② 휠 실린더의 오일 누출을 방지한다.
③ 베이퍼록을 방지한다.

정답 33. ④  34. ①  35. ④  36. ③

**37** 유압식 전자제어 동력조향장치 중에서 실린더 바이패스 제어 방식의 기본 구성부품으로 틀린 것은?

① 유압 펌프
② 동력 실린더
③ 프로포셔닝 밸브
④ 유량제어 솔레노이드 밸브

◆ 프로포셔닝 밸브(Pv ; Proportioning valve) : 브레이크 작용력이 증대됨에 따라 뒤쪽의 유압증가비율을 앞쪽보다 작게 하여 뒷바퀴의 조기고착에 의한 조정불안정을 방지하기 위한 것이며, 마스터 실린더와 뒷바퀴 사이에 설치된다.

**38** ABS시스템과 슬립(미끄럼)현상에 관한 설명으로 틀린 것은?

① 슬립(미끄럼)양을 백분율(%)로 표시한 것을 슬립율이라 한다.
② 슬립율은 주행속도가 늦거나 제동 토크가 작을수록 커진다.
③ 주행속도와 바퀴 회전속도에 차이가 발생하는 것을 슬립현상이라 한다.
④ 제동 시 슬립현상이 발생할 때 제동력이 최대가 될 수 있도록 ABS시스템이 제동압력을 제어한다.

◆ 슬립율은 주행속도가 늦거나 제동 토크가 작을수록 작아진다.

$$슬립율 = \frac{차량속도 - 바퀴속도}{차량속도}$$

**정답** 37. ③  38. ②

# 05 프레임, 휠 및 타이어, 차대번호

## 5-1 프레임(Fram)

### 1 의의

프레임이란 기관 및 섀시의 부품을 장착할 수 있는 차체(body)의 뼈대를 말한다.

### 2 종류

프레임에는 자동차의 종류, 용도, 구동방식 및 기관이나 현가장치의 설치 위치 등에 의해 보통프레임, 특수프레임, 프레임 일체구조형으로 나뉜다.

(1) 보통프레임

① H형 프레임 : 2개의 세로부재(Side member)와 몇 개의 가로부재(Cross member)를 사다리 모양으로 조립한 것으로 만들기가 쉽고 굽음에 강하기 때문에 버스, 트럭, 승용차 등에 많이 사용된다.

② X형 프레임 : X형 프레임은 세로부재와 몇 개의 가로부재를 X자형으로 결합한 프레임으로 섀시의 각 부품이나 차체를 설치하기가 곤란한 단점이 있다. 승용차에 주로 사용된다.

(2) 특수프레임

보통 프레임은 굽힘강도에 대해서 설계가 되어 있으므로, 비틀림 등에 대해서는 적합하지 않으며, 가볍게 만들기가 어렵다. 그러므로 특수 프레임은 보통 프레임의 단점을 개선하여 가볍게 하고, 또 차의 중심을 낮게 할 목적으로 만들어진 것이며, 현재 승용차에 널리 사용되고 있다. 그 종류에는 백본형, 플랫폼형 및 트러스트형이 있다.

① 백본형(Backbone frame) : 한 개의 굵은 강관을 본체로 하고 거기에 기관이나 차체를 설치하기 위한 가로부재나 브래킷(Bracket)을 고정시킨 것을 세로부재가 없기 때문에 바닥을 낮게 할 수 있어 차의 전체 높이 및 중심을 낮게 할 수 있다. 주로 승용차에 사용된다.

② 플랫폼형(Platform frame) : 프레임과 차체의 바닥을 일체로 만든 것이다. 외관상 H형 프레임과 비슷하나 차체와 결합되어 차체와 함께 비틀림이나 굽힘에 대하여 높은 강성을 갖는다.

③ 트러스트형 : 스페이스 프레임(Space frame)이라고도 하며, 20~30mm 지름의 강관을 용접하여 트러스 구조로 한 것이다. 중량도 가볍고, 강성은 있으나 대량생산이 곤란하기 때문에 경주용 차나 스포츠카 등 고성능이 요구되는 자동차에 주로 사용된다.

(3) 일체구조형

프레임과 차체를 일체로 제작함으로써 하중과 충격에 견딜 수 있는 구조로 하여 차의 무게를 가볍게 하고 또한 차실 바닥을 낮게 한 것이다. 현재 승용차에 많이 적용 사용된다.

## 5-2 휠(Wheel)

### ❶ 의의

바퀴는 휠(Wheel)과 타이어(Tire)로 나누어지며, 휠은 타이어를 지지하는 림(Rim)과 허브(Hub)에 지지하는 부분으로 구성된다. 휠은 타이어와 일체로 되어서 다음과 같은 역할을 한다.

(1) 타이어와 함께 차의 전중량을 분담 지지한다.

(2) 노면으로부터 받는 진동, 구동력 및 제동시에 발생하는 제동력, 충격력을 흡수한다.

(3) 선회할 때의 원심력과 차가 기울었을 때 발생하는 옆방향 등의 힘에 견딘다.

### ❷ 휠의 종류

(1) 디스크 휠

① 연강판을 프레스로 성형하여 디스크를 만들고 이것을 용접으로 림과 결합시킨 것이다.

② 구조가 간단하여 제작이 쉽고 가벼우며, 대량생산이 가능하므로 각종 차량에 가장 널리 사용된다.

(2) 스포크 휠(Spoke Wheel)

① 림과 허브를 강선의 스포크로 연결한 것이다.

② 경량이며 충격흡수가 좋고 브레이크 드럼의 냉각이 우수하다.

③ 구조가 복잡하고 제작이 어렵다.

(3) 스파이더 휠

① 방사선상의 림지지대를 둔 것이다.

② 냉각이 잘되고 큰 직경의 타이어를 사용할 수 있다.

③ 중량급 자동차나 특수대형차에 사용한다.

(4) 경합금 휠

① 알루미늄합금이나 마그네슘합금을 소재로 하여 특수주조한 것이다.

② 무게가 가볍고 방열이 잘되고 외관이 좋게 제작할 수 있어서 승용차에 많이 사용된다.

### ❸ 림의 종류

림(Rim)은 타이어를 끼우는 부분으로서 2분할 림, 드롭센터 림, 와이드 베이스 드롭센터 림, 세미드롭센터 림, 플랫센터 림, 인터 림, 안전지지 림 등의 종류가 있다.

## 5-3 타이어(Tire)

### ❶ 타이어의 역할

타이어는 노면과 접촉하면서 회전하여, 발생하는 마찰에 의해 구동력과 제동력을 발생시키고 노면으로부터 받는 충격을 완화시키며 타이어 내부의 공기에 의해 자동차의 무게를 받쳐 주고, 주행시에 받는 충격을 흡수하여 승차감을 좋게 한다.

### ❷ 타이어의 구조

보통 타이어는 공기압력을 유지하는 타이어 튜브와 타이어로 구성되어 있다. 타이어는 트레드, 브레이커부, 카커스부, 비드부의 네 부분으로 구성되어 있다. 타이어의 구조를 살펴보면 다음과 같다.

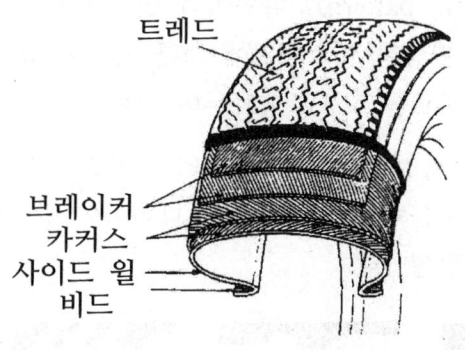

〈타이어의 구조〉

(1) 카커스(Caecase)

타이어의 뼈대가 되는 부분으로 튜브의 공기압력과 하중에 의한 체적을 유지하면서 하중이나 충격에 따라 변형하여 완충작용을 할 수 있는 구조로 되어 있다.

카커스를 구성하는 목면의 층수를 플라이 수라고 하며 타이어의 강도는 코드의 인장강도와 플라이 수에 따라 결정된다. 일반적으로 승용차용 저압타이어는 4~6플라이, 트럭과 버스용의 타이어는 9~16플라이로 되어 있다.

(2) 비드(Beed)

타이어가 림과 접하는 부분으로 내부에는 몇 줄의 비드 와이어(Bead Wire)가 원주방향으로 들어 있어 비드부의 늘어남과 타이어의 빠짐을 방지하는 구실을 한다.

(3) 브레이커(Breaker)

카커스와 트레드 사이에 있는 코드층이며, 카커스와 트레드가 분리되지 않도록 하고 노면에서의 충격을 완화하여 트레드에 생긴 손상이 카커스에 미치는 것을 방지하는 구실을 한다.

(4) 트레드(Tread)

트레드는 노면과 접촉되는 부분으로 카커스와 브레이커를 보호하기 위해 내마모성이 큰 고무층으로 되어 있으며 제동력, 구동력, 견인력의 증가와 조종성, 안정성, 좌우 슬립 방지, 타이어 방열, 배수효과를 위하여 트레드의 패턴을 선정해서 용도에 적합하게 선정한다.

① 리브형 패턴(Rib pattern) : 타이어의 원주방향으로 여러 개의 홈을 만들어 놓은 것으로서, 옆방향 미끄러짐에 대한 저항이 크고, 조향성이 우수하며, 소음이 적어 포장도로를 고속주행하는데 적합하다.

② 러그형 패턴(Lug pattern) : 타이어의 회전방향에 대해 직각으로 홈을 여러 개 만든 것으로 제동력·견인력이 크고 타이어의 방열이 잘 되나 고속으로 주행하면 편마멸이 발생한다.

(a) 리브 패턴   (b) 러그 패턴  (c) 리브 러그 패턴  (d) 블록 패턴

〈타이어 트레드 패턴〉

③ 리브러그형 패턴(Rib lug pattern) : 숄더 부분은 러그 패턴을 만들고 트레드 가운데 부분에는 리브 패턴을 만든 것으로서, 험한 도로나 포장도로에 적합하다.

④ 블록형 패턴(Block pattern) : 블록 모양으로 홈을 판 것으로서, 견인력이 커서 노면이 고르지 않은 도로나 모래땅에 적합하다.

⑤ 오프 더 로드 패턴(Off the road pattern) : 러그 패턴을 깊게 하고 폭을 넓게 한 것으로, 견인력이 강하기 때문에 험한 도로나 진창길에서 사용된다.

⑥ 스노 패턴(Snow pattern) : 눈길 등 미끄러지기 쉬운 노면을 주행할 때 방향성을 유지하고 견인력을 확보하기 위해, 트레드 가운데 부분에 깊은 리브 패턴을 만들고 러그 패턴과 블록 패턴을 만든 것이다.

⑦ 스파이크(Spike) : 스노패턴을 성형할 때 초경합금제의 못으로 끼워서 완전히 결빙된 노면을 주행하기 위한 패턴이다.

(5) 튜브(Tube)

튜브는 내열성과 탄력성이 풍부한 양질의 고무로 되어 있고, 타이어 안에서 공기 압력을 유지하는 역할을 한다.

(6) 숄더(Shoulder)

숄더부는 트레드와 사이드 월의 경계부분이다. 두께가 가장 두껍고, 주행 중 내부에서 발생하는 열을 빠르게 방출할 수 있는 구조로 되어 있다.

(7) 사이드 월(Side wall)

숄더부와 비드 사이의 측면에 해당하는 부분으로 카커스를 보호하고 유연한 굴신운동을 하여 승차감을 좌우하는 부분이며, 사이드 월 부분에는 타이어정보가 문자로 표시되어 있다.

(8) 그루브(Groove)

그루브는 트레드에 패인 홈이며, 조정안정성과 견인력, 제동성에 관계가 깊다.

(9) 벨트(Belt)

트레드와 카커스 사이에 위치한 코드층을 말한다. 주행 중 노면충격을 감소시키고, 노면에 닿은 트레드 부위를 넓게 하여 주행안정성을 높이는 역할을 한다.

### 3 기관 및 에너지원에 의한 분류

(1) 공기압력에 따른 분류

① 저압타이어 : 공기압력이 $1.5 \sim 4.5 kgf/cm^2$인 타이어로서, 주로 승용차에 사용된다.

② 고압타이어 : 공기압력이 $5 \sim 8 kgf/cm^2$인 타이어로서, 대형트럭, 버스 등에 사용된다.

(2) 타이어의 호칭

① 고압타이어 : 타이어 외경×타이어 폭-플라이 수

② 저압타이어 : 타이어 폭-타이어 내경-플라이 수

(3) 튜브 유무에 의한 분류

① 튜브타이어 : 내부에 튜브를 사용한 것

② 튜브 없는 타이어(Tubeless tire) : 튜브를 사용하지 않고 타이어 자체에 기밀성을 주어 타이어와 림이 직접 공기 압력을 유지하게 한 것이다. 타이어의 내면에 접착성이 좋고, 공기투과성이 적은 특수고무로 된 이너라이너가 밀착되어 있기 때문에 기밀을 유지하고 펑크를 방지하도록 되어 있다.

(4) 형상에 의한 분류

① 보통타이어 : 일반타이어를 말한다.

② 바이어스 타이어(Bias tire) : 타이어의 카커스 코드 방향이 중심선과 약 35° 또는 45°의 각을 이루고 있는 타이어이다.

③ 래디얼 타이어(Radial tire) : 타이어의 카커스 코드방향이 중심선과 90°의 각을 이루고, 그 위에 브레이커를 원주방향으로 넣어 만든 것으로 원주방향의 압력은 브레이커가 받고, 반지름 방향의 공기 압력은 카커스가 받도록 되어 있는 형식으로 특징은 다음과 같다.

　㉠ 타이어의 단면비를 적게 할 수 있다.

　㉡ 조종안정성이 좋다.

　㉢ 발열이 적다.

　㉣ 회전저항력이 적고, 연료비가 절감된다.

　㉤ 내마모성이 좋다.

　㉥ 접지면적이 크다.

　㉦ 트레드의 변형이 적다.

　㉧ 저속, 험한 도로의 주행에는 승차감이 약하나 고속주행시 브레이크 효과가 좋고, 선회할 때 옆방향의 미끄럼도 적다.

　㉨ 고속주행시에 스탠딩 웨이브(Standing wave)가 잘 일어나지 않는다.

　㉩ 저속에서 핸들이 약간 무겁다.

　㉪ 브레이커가 단단하여 충격이 잘 흡수되지 않는다.

④ 편평 타이어(Low section high tire) : 타이어 높이를 폭으로 나눈 값을 타이어의 '편평비'라고 하며 이 편평비를 보통 타이어보다 작게 한 것으로 고속주행차에 사용된다. 이 타이어는 접지면적이 커서 옆방향에 대한 강도가 크기 때문에 제동, 출발, 가속시 미끄러짐이 작고 선회성도 좋다.

⑤ 스노우 타이어(Snow tire) : 눈길에서 미끄러지지 않도록 트레드 폭을 10~20% 크게 하여 접지면적을 늘리고, 리브 홈을 깊게 판 타이어로서 눈길에서 방향성과 견인성이 좋게 한 타이어 이다.

## ④ 타이어 표기

타이어에 대한 정보는 사이드 월에 문자로 나타나 있다. 타이어 사이즈 읽는 방법은 다음과 같다.

(1) P195 / 60R14 85H

① P : 승용차일 경우 P라는 문자를 새겨야 하지만 넣지 않는 경우도 있다.

② 195 : 195는 타이어의 폭이 195mm라는 것을 알려준다.

③ 60 : 60은 타이어의 편평비율(%)을 나타내는 것이다. 편평비는 타이어의 단면폭에 대한 높이의 비율이다. 편평비율을 가지고 타이어가 60, 65, 70 시리즈라고 말한다.

④ R : R은 타이어의 구조를 나타내며, 래디얼 타이어라는 것을 알려준다.

⑤ 14 : 림의 사이즈(타이어의 내경)를 말하는 것으로, 여기서는 14인치라는 것을 말한다.

⑥ 85 : 이 부분은 바퀴 1개에 걸리는 무게 허용 하중코드를 말하는 것이다. LI(로드 인덱스)로 표기한다.

⑦ H : 이 부분은 속도기호를 나타내는 것으로 타이어가 견디는 속도 제한을 표기한다.

(2) 175/70 SR 14 또는 175/70 R14 80H

   175 : 타이어폭(175mm)

   70 : 편평비(70%)

$$편평비 = \frac{타이어 높이(H)}{타이어 폭(W)} \times 100$$

  S : 타이어가 달릴 수 있는 최고속도(최대 한계속도)
    (S : 180km/h 이내에 상요, H : 210km/h 이내에 사용 V : 240km/h 이상)

  R : 레이디얼 타이어

  14 : 타이어 내경(14인치)
    (80H : 80은 타이어 하중지수로 타이어가 견딜 수 있는 하중 80 → 450kg, 89 → 582kg, 91 → 615kg)

  H : 타이어가 달릴 수 있는 최고속도로 210km/h 이내에 사용

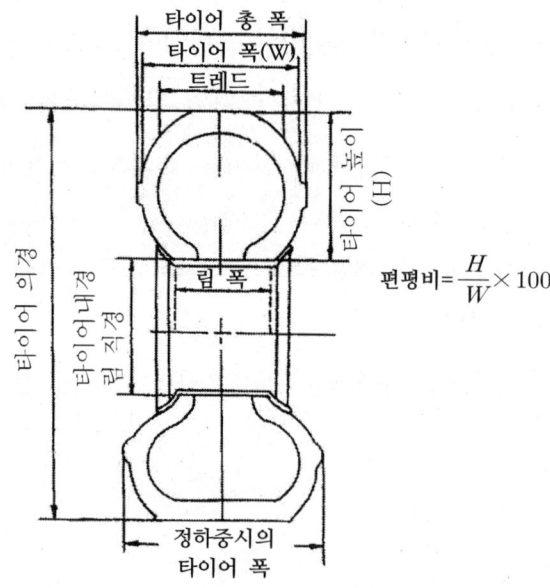

〈타이어 규격〉

## 5 타이어 교환

(1) 위치 교환

타이어의 이상마모는 진동과 소음이 커지고, 수명이 단축되는 원인이 되므로, 타이어는 일정기간 사용하고 위치를 바꿔주어야 한다.

(2) 밸런스 조정

타이어 밸런스가 안 좋으면 핸들이 떨리게 되므로 조종하는 것이 불안정해지기 때문에 밸런스를 조정하는 것이 중요하다.

(3) 스페어 타이어 관리

타이어 위치 교환을 하면서 스페어 타이어도 번갈아 사용하는 것이 좋다.

## 6 휠 밸런스

회전하는 바퀴가 상하, 좌우 평형상태를 유지하면 원심력에 의해 진동현상과 타이어의 편마멸 및 조향휠의 떨림현상을 방지할 수 있다. 그러므로 바퀴의 불평형이 없어야 안전하고 쾌적한 승차감을 유지할 수 있으며, 타이어의 수명을 길게 할 수 있다. 자동차의 바퀴평형에는 정적평형과 동적평형으로 구분하며, 다음과 같은 현상이 발생한다.

(1) 정적평형

회전하는 중심축을 앞에서 보았을 때 회전하고 있는 평형 상태를 뜻한다.
무게가 불평형 상태에 있으면 상하의 진동(트램핑 현상)이 발생하며, 조향핸들도 떨리게 된다.

(2) 동적평형

회전하는 중심축을 옆에서 보았을 때 회전하고 있는 평형상태를 말한다. 평형이 잡혀있지 않으면 바퀴의 좌우의 진동현상(시미현상)이 발생한다.

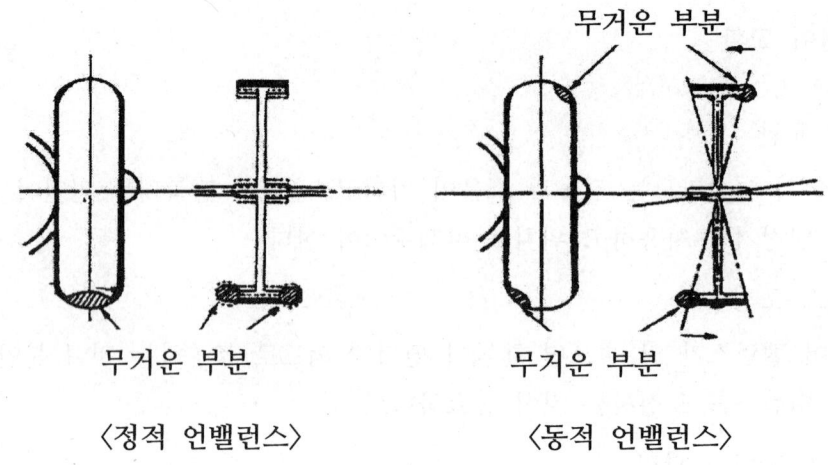

〈정적 언밸런스〉　　〈동적 언밸런스〉

### ⑦ 주행시의 타이어의 이상현상

(1) 스탠딩 웨이브(Standing wave)

자동차가 주행시에 타이어가 회전하면서 접지부가 변형되었다가 접지면을 지나면 내압에 의하여 처음 형태로 되돌아온다. 그러나 고속 주행 중에서 타이어 접지면에서의 변형이 처음의 형태로 되돌아오는 빠르기보다도 타이어의 회전속도가 빠르면 처음의 형태로 복원되지 않고 물결모양으로 변형되게 된다. 이것을 스탠딩 웨이브 현상이라 한다. 스탠딩 웨이브가 발생하면 구름저항이 급증하고 타이어 내부에 많은 열이 발생한다. 이러한 상태에서는 트레드가 원심력에 견디지 못하고 떨어져서 타이어가 파손되므로 스탠딩 웨이브를 방지하기 위해서는 타이어의 공기압을 표준공기압보다 10~30% 정도 높여주어야 한다.

(2) 하이드로플래닝(Hydroplaning)

노면에 물이 있을 때에 노면을 고속으로 주행하면 타이어의 트레드가 물을 완전히 밀어내지 못하고 물 위를 떠 있는 상태로 되어 노면과 타이어 사이에 마찰이 발생하지 않는다. 이러한 현상을 하이드로플래닝(수막현상)이라 하며, 방지대책은 다음과 같다.

① 트레드의 마모가 적은 타이어를 사용한다.

② 타이어의 공기압력을 높인다.

③ 리브형 패턴의 타이어를 사용한다.

④ 트레드에 카프 가공을 한 타이어를 사용한다.

## 8 타이어의 파열

타이어의 파열에는 펑크에 의한 것과 충격에 의한 것으로 구분된다.

(1) 펑크로 인한 파열

① 발생원인 : 못이나 날카로운 물체 등에 찔림으로 인한 공기압 부족으로 발생한다.

② 손상상태

  ㉠ 타이어가 펑크 또는 공기압 부족상태로 지속 주행하면 끌림에 의한 손상 및 코드 절단이 발생한다.

  ㉡ 타이어 옆면의 안쪽 부분의 코드층이 찢겨지거나, 심한 경우에는 타이어 전 원주상에 걸쳐 코드가 끊겨 떨어져 나간다.

③ 방지방법

  ㉠ 정기적인 공기압 점검을 하여 펑크 등의 발생을 조기 발견한다.

  ㉡ 주행 중 타이어에 이상을 느끼면 즉시 이상유무를 확인 후 조치한다.

  ㉢ 수리한 타이어 또는 과마모된 타이어는 정기적으로 검사한다.

(2) 충격에 의한 코드 절단

① 발생원인

  ㉠ 보도의 연석이나 도로 위의 장애물을 넘을 때 충격에 의해 발생

  ㉡ 공기압이 낮아서 보도의 연석이나 장애물과 림 사이에 타이어의 사이드 월이 끼었을 때 발생

② 손상상태

  ㉠ 타이어 옆면의 안쪽부분의 코드가 절단거나, 부분적으로 팽창된다.

  ㉡ 타이어 옆면 부분에 손상의 흔적이 있거나, 충격의 정도에 따라 흔적이 외부로 보이지 않는 경우도 있다.

③ 방지방법

  ㉠ 도로 위의 돌기물이나 많이 패인 곳 및 장애물은 가능한 한 피하여 주행하거

나 속도를 낮추어 충격을 최소화한다.

ⓒ 공기압이 낮게 되면 장애물과 림 사이에 끼기 쉬워지므로 항상 적정 공기압을 유지한다.

### ❾ 공기압 관리

타이어는 적정 공기압을 넣었을 때 비로소 타이어로서 기능을 발휘할 수 있다. 그러므로 공기압이 부족하거나 과다한 채로 주행하면 타이어의 기능이 떨어져 타이어의 손상과 사고의 원인이 된다. 특히 고속주행 전에는 공기압 점검을 해야 한다.

(1) 적정 공기압

타이어의 적정 공기압은 사용하는 차량마다 조금씩 다르나, 승용차의 경우 대부분 28~32 PSI 적낭한다.

공기압 점검은 주행 직후가 아닌 장시간 주행이 없는 상태의 상온에서 점검해야 하며, 주행 중 타이어 발열에 의해 공기압이 높아졌다고 해서 공기를 빼면 안 된다. 고속도로 주행시에는 공기압을 상향 조정하여 주행하는 것이 좋다.

(승용차의 경우 34~36PSI)

(2) 타이어의 공기압 이상현상

공기압의 점검은 이른 아침에 매주 점검하는 것이 좋으며, 장거리 주행 시에는 주행 전에 점검해야 한다. 타이어 공기압의 이상현상은 다음과 같다.

① 공기압이 높을 때

㉠ 타이어의 중심부가 먼저 닳는다.

ⓒ 타이어가 긴장상태에 있어 충격이 가해질 경우 튀거나 파괴될 수 있다.

ⓒ 박힌 돌에 의해 입은 상처가 급격히 성장되어 타이어 파열로 이어진다.

② 공기압이 낮을 때

㉠ 타이어의 양쪽 가장자리가 먼저 닳는다.

ⓒ 타이어에 많은 열이 발생되므로 노화현상이 빨라진다.

**⑩ 타이어 마모**

  타이어 측면(Side wall)에 6군데의 마모한계 표시(▼)가 있다(마모한계 표시 : 높이 1.6mm). 마모한계는 자동차의 제동거리와 밀접한 관계가 있으므로 마모한계를 초과하게 되면 타이어를 교환하여야 한다.

## 5-4 차대번호

(1) 차대번호의 의의

  차량 식별 번호인 차대번호는 제조사가 자동차에 부착하는 17자리의 알파벳과 숫자로 이루어져 있는 차량 고유의 일련번호이다. 차대번호는 제조국가와 제조사, 차량의 형식, 특성, 배기량, 모델 연도나 제작공장 등의 위치가 포함되어 있으며 자동차를 조립하는 시점부터 폐차하여 수명이 다하는 날까지 각인하며 국제규격에 맞춰 구성한다.

## (2) 차대번호 식별 방법

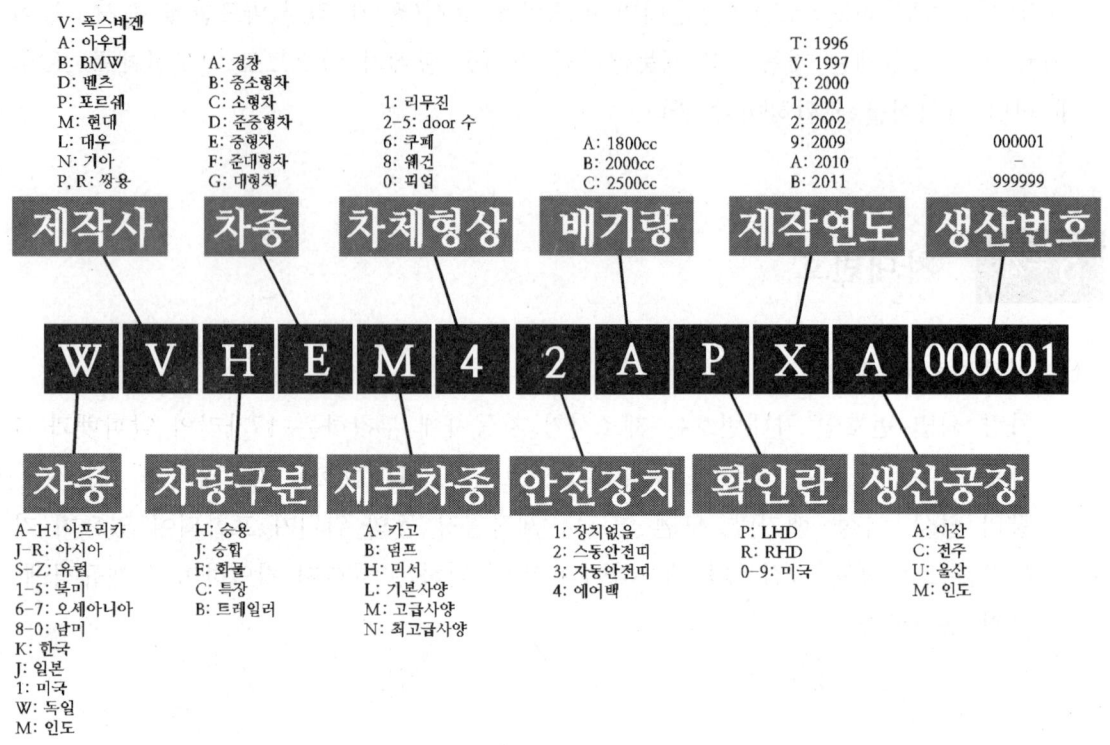

- ㉠ 1번째 자리는 제조국가
- ㉡ 2번째 자리는 브랜드
- ㉢ 3번째 자리는 차의 종류
- ㉣ 4번째부터 9번째 자리는 자동차의 특성을 나타냅니다.
- ㉤ 10번째 자리는 제작연도 (X)

  규칙에 따라 2001년은 1, 2002년은 2, 그다음 해는 3이었습니다. 2009년산 자동차에는 9를 썼지만 2010년산 자동차에 1을 쓰는 게 아니라 A로 표기하였습니다. 즉 숫자와 알파벳을 번갈아 사용하는 것입니다.

- ㉥ 11번째 자리는 제작 공장
- ㉦ 12번째~17번째 자리는 자동차 생산번호이다

## 기출 및 예상문제
프레임, 휠 및 타이어, 차대번호

**01** 타이어의 단면을 편평하게 하여 접지면적을 증가시킨 편평 타이어의 장점 중 아닌 것은?
① 제동성능과 승차감이 향상된다.
② 타이어 폭이 좁아 타이어 수명이 길다.
③ 펑크가 났을 때 공기가 급격히 빠지지 않는다.
④ 보통 타이어보다 코너링 포스가 15% 정도 향상된다.

◆ 편평 타이어(광폭 타이어) : 지면과 닿는 면적을 크게 하여 옆방향 변형에 대한 강도가 큰 타이어이다.

**02** 자동차 타이어의 수명을 결정하는 요인으로 관계없는 것은?
① 타이어 공기압의 고·저에 대한 영향
② 자동차 주행속도의 증가에 따른 영향
③ 도로의 종류와 조건에 따른 영향
④ 기관의 출력 증가에 따른 영향

**03** 자동차 바퀴가 정적 불평형일 때 일어나는 현상은?
① 트램핑(tramping)
② 시미(shimmy)
③ 호핑(hopping)
④ 스탠딩 웨이브(standing wave)

◆ 정적 언밸런스 : 타이어와 한 부분이 무겁게 되면 그 부분은 회전축 수직선상을 기준으로 하여 아래쪽으로 내려와 멈추게 된다. 만약 이 상태에서 고속으로 회전하게 되면 무거운 부분이 원심력에 의하여 회전축 중심에서 멀어지려고 하는 현상이 발생하게 된다. 따라서 회전하는 타이어는 가속과 감속을 반복하면서 휠 트램핑(상하진동) 현상, 즉 회전관성력에 의해 지면을 때리는 현상이 발생된다.

**04** 레이디얼 타이어의 장점이 아닌 것은?
① 타이어 단면의 편평률을 크게 할 수 있다.
② 보강대의 벨트를 사용하기 때문에 하중에 의해 트레드가 잘변형된다.
③ 로드 홀딩이 우수하며 스탠딩 웨이브가 잘 일어나지 않는다.
④ 선회 시에도 트레드의 변형이 적어 접지 면적이 감소되는 경향이 적다.

◆ 레이디얼 타이어 : 보통 타이어는 카커스 코드가 사선방향이지만 레이디얼 타이어는 휠의 반지름 방향과 일치되는 구조로 되어 있어 하중에 의한 변형이 적다.

㉠ 장점
ⓐ 타이어 단면의 평편율을 크게 할 수 있다.
ⓑ 접지면적이 크다.
ⓒ 스탠딩 웨이브 현상이 발생되지 않는다.
ⓓ 선회 시 옆방향의 힘을 받아도 변형이 적다.

**정답** 01.② 02.④ 03.① 04.②

ⓒ 단점 : 충격이 흡수되지 않아 승차감이 나쁘다.

**05** 타이어의 트레드가 마멸되면 어떻게 되는가?
① 승차감이 좋게 된다.
② 선회 성능이 향상된다.
③ 구동력이 저하된다.
④ 열의 방산이 불량하다.

◆ 트레드(Tread) : 트레드는 노면과 접촉되는 부분으로 카커스와 브레이커를 보호하기 위해 내마모성이 큰 고무층으로 구성되었으며 제동력, 구동력, 견인력의 증가, 조종성, 안정성, 좌우 슬립방지, 타이어 방열, 배수효과를 위하여 트레드 패턴이 마련되어 있다.

**06** 스탠딩 웨이브 현상에 대한 다음 설명 중 잘못된 것은?
① 고속주행 시 발생한다.
② 스탠딩 웨이브가 발생하면 구름저항이 감소한다.
③ 스탠딩 웨이브 상태에서는 트레드가 원심력을 견디지 못하고 떨어져 타이어가 파손된다.
④ 스탠딩 웨이브를 방지하기 위해서는 타이어의 공기압을 표준 공기압보다 10~30% 정도 높여주어야 한다.

◆ 스탠딩 웨이브가 발생하면 구름저항이 증가한다.

**07** 고속도로 통행 시 타이어 공기압을 10~20% 증가시키는 이유는?
① 베이퍼 록 방지
② 페이드 현상 방지
③ 수막현상 방지
④ 스탠딩 웨이브 현상 방지

◆ 스탠딩 웨이브(Standing wave) : 자동차가 고속 주행 시에 타이어가 회전하면서 노면과 접촉하며 주행하므로 접지부가 변형되었다가 접지면을 지나면 내압에 의하여 처음 형태로 되돌아오는 성질을 가지고 있다. 그러나 주행 중 타이어 접지면에서의 변형이 처음의 형태로 되돌아오는 빠르기보다도 타이어의 회전속도가 빠르면 처음의 형태로 복원되지 않고 물결모양으로 변형된다. 또한 고속도로 통행 시 그 현상이 증가되므로 타이어 공기압을 10~20% 증가시켜서 방지한다.

**08** 타이어 치수 P195/60R14 85H에서 60이 가리키는 것은?
① 타이어 폭
② 편평비
③ 림 사이즈
④ 허용 하중코드

◆ ⓐ P : 승용차일 경우 P라는 문자를 새겨야 하지만 넣지 않는 경우도 있다.
ⓑ 195 : 195는 타이어의 폭이 195mm
ⓒ 60 : 60은 타이어의 편평비율(%)이다.
ⓓ R : 타이어의 구조를 나타내며, 래디얼

**정답** 05.④ 06.② 07.④ 08.②

타이어이다.
- ⓜ 14 : 림의 사이즈(타이어의 내경)를 말하는 것으로 14인치라는 것을 말한다.
- ⓗ 85 : 이 부분은 바퀴 1개에 걸리는 무게 허용 하중코드를 말하는 것이다. LI(로드 인덱스)로 표기한다.
- ⓐ H : 이 부분은 속도기호를 나타내는 것으로 타이어가 견디는 속도 제한을 표기한다.

**09** 다음 중 노면의 충격을 흡수하는 것은?
① 쇽업저버    ② 프레임
③ 타이어      ④ 조이

**10** 타이어 P205/60 R15 89H에서 틀린 설명은?
① R : 래디얼 타이어
② 15 : 타이어의 외경
③ H : 속도기호
④ 60 : 타이어의 편평비율

◆ 림의 사이즈(타이어의 내경)를 말하는 것으로 15인치라는 것을 말한다.

**11** 승용차 타이어는 트레드 홈 깊이가 몇 mm 이하이면 교환해야 안전한가?
① 1.6mm 이하
② 2.0mm 이하
③ 2.4mm 이하
④ 3.2mm 이하

**12** 스탠딩 웨이브 현상을 방지할 수 있는 사항이 아닌 것은?
① 저속 운행을 한다.
② 전동 저항을 증가시킨다.
③ 강성이 큰 타이어를 사용한다.
④ 타이어의 공기압을 높인다.

◆ 전동 저항을 증가시키면 스탠딩 웨이브 현상이 증가한다.

**13** 주행 중 타이어에서 나타나는 하이드로 플레이닝 현상을 방지하기 위한 방법으로 틀린 것은?
① 승용차의 타이어는 가능한 한 리브 패턴을 사용할 것
② 트레드 패턴은 카프모양으로 세이빙 가공한 것을 사용
③ 타이어 공기압을 규정보다 낮추고 주행속도를 높일 것
④ 트레드 패턴의 마모가 규정 이상 마모된 타이어는 고속 주행 시 교환할 것

◆ 하이드로 플레이닝 현상을 방지하기 위한 방법으로 타이어 공기압을 규정보다 높이고 주행속도를 줄일 것

정답  09. ③  10. ②  11. ①  12. ②  13. ③

**14** 차동제한장치(differential lock system)에 대한 설명으로 틀린 것은?

① 수렁을 지날 때 양쪽 바퀴에 구동력을 전달한다.
② 선회 시 바깥쪽의 바퀴는 회전하게 하고 안쪽 바퀴는 회전을 하지 못하게 하는 장치이다.
③ 논 슬립(non-slip) 장치 또는 논 스핀(non-spin) 장치가 있다.
④ 미끄러운 노면에서 출발이 용이하다.

◆ 차동제한장치(LSD : limited slip differential)는 바퀴의 공전을 제한하고 노면에 접지된 바퀴에도 동력을 전달하여 자동차가 주행할 수 있도록 하는 장치이다.

**15** 적재 차량의 앞축중이 1500kg, 차량 총중량이 3200kg, 타이어 허용하중이 850kg인 앞 타이어의 부하율은 약 몇 %인가?
(단, 앞 타이어 2개, 뒷 타이어 2개, 접지폭 13cm)

① 78　　② 81
③ 88　　④ 91

◆ $\frac{1500}{2} = 750$

$\frac{750}{850} \times 100 = 88.24\%$

**16** 스탠딩웨이브 현상 방지대책으로 옳은 것은?

① 고속으로 주행한다.
② 전동저항을 증가시킨다.
③ 강성이 큰 타이어를 사용한다.
④ 타이어 공기압을 표준보다 15~25% 정도 낮춘다.

**17** 급격한 가속이나 제동 또는 선회 시에 타이어가 노면과의 사이에 미끄러짐이 발생하면서 나는 소음은?

① 럼블(Rumble)음
② 험(Hum)음
③ 스퀼(Squeal)음
④ 패턴 소음(pattern noise)

◆ 타이어 노이즈(tire noise) : 타이어로부터 발생하는 소음
　㉠ 패턴 소음(pattern noise) : 트레드 패턴의 배열에 의해 트레드가 접지할 때 나오는 일정 주파수의 소음으로 일반적으로 타이어 소음이라고 하면 패턴 노이즈를 말한다.
　㉡ 스켈치(squelch) : 트레드가 접지 시에 노면을 두드리면서 발생하는 저주파의 소음
　㉢ 스퀼(squeal)음 : 타이어와 노면 간의 슬립에 의해 발생하는 소음

정답　14. ②　15. ③　16. ③　17. ③

# 06 능동형 차체 자세 시스템

## 6-1 능동형 차체 자세시스템

수동형 안전장치는 에어백이나 안전벨트처럼 사고 이후에 승객을 보호하는 장치이며 능동형 안전장치는 사고가 일어나지 않도록 예방하는 장치이다. 차세제어장치는 차체제어와 자세제어 둘 다 포함된 의미로 달리는 차제를 운전자가 원하는 방향으로 움직이도록 도와주는 장치이다. 다시 말하면 운전자가 별도로 제동을 가하지 않더라도, 차량 스스로 미끄럼을 감지해 각각의 바퀴 브레이크게 보호하는 차량 안전 시스템이다.

여기에는 구동 중일 때 바퀴가 미끄러지는 것을 적절히 조절하는 TCS, ABS, EBD, 자동감속제어, 요모멘트제어(yaw-moment control:한쪽으로 쏠리는 것을 막는 자세제어) 따위가 모두 포함된다. 가장 큰 역할은 스핀 또는 언더·오버 스티어 따위가 발생하는 것을 제어해, 이로 인해 일어날 수 있는 사고를 미연에 방지하는 것이다.

(1) 능동형차체자세시스템의 명칭

ABS와 TCS에 기능을 추가해 차체의 자세를 유지하는 장치를 차세제어장치라고하며 제작회사에 따라 VDC (vehicle dynamic control)

① ESP (electronic stability program),

② DSC (Dynamic Stability Control)

③ VDIM (Vehicle Dynamics Integrated Management)

(2) 능동형차체자세시스템의 기능

능동형차체자세시스템은 차륜속도센서, 조향각센서, 가속페달센서, 압력센서, 선회속도센서, 측방향가속도센서로 구성되어 바퀴에 각각 필요한 힘과 제동력을 배분하는 역할을 한다.

즉, 각 바퀴와 핸들, 가속페달 등 차의 곳곳에 장착된 센서에서 모아진 정보를 ECU에서 분석하고 차가 어디로 얼마나 어떻게 가고 있는지 판단하여 그것이 정상적인 주행상태인지 혹은 차가 미끄러지는 중인지를 판단해서 브레이크, 엔진에 개입합니다.각각의 바퀴에 힘을 가감하거나 제동력을 늘리는 방법으로 차체의 자세를 교정한다. 특히 미끄러운 노면에서 발진 또는 가속, 등반할 때 구동륜이 헛도는 것(spinning)을 방지하여, 자동차가 X축(길이방향 축) 선상에서 안정을 유지하도록 한다. 결과적으로 선회(cornering) 안전성이 유지되며, 자동차의 구동축 차륜들이 옆으로 미끄러져 차선(궤적 : track)을 이탈하는 것을 방지한다.

(3) 오버드라이브(Over Drive)

자동차는 내연기관을 동력으로 사용하므로, 변속기를 통해서 엔진의 회전수를 낮추고 있다. 오토차량의 경우 모든 주행에 1.2.3단으로 O/D Off 상태에서 모든 주행이 가능하다. 그러나 1.2.3단으로만 사용할 경우 고속주행에서는 엔진내구성(회전수 상승), 미션 내구성, 소음 발생 등의 문제가 발생한다. 또한 오토차량의 경우 저속에서 고속까지 주행조건에 맞추어서 운전자는 계속 변속조작을 해야 한다. 복잡한 시가지에서 저속·출발·정지를 반복할 때는 충분히 엔진의 회전수를 낮출 수가 있으나, 교외나 고속도로에서 연속적으로 고속운전을 할 때에는 엔진의 회전수보다 반대로 추진축(프로펠러 샤프트)의 회전수를 많게 해야 한다. 그래서 톱기어(직결)보다 고능률과 고속도를 자동적으로 내는 장치인 증속용 부변속기가 필요하며 이것을 오버드라이브라고 한다. 특히 톱기어의 상단에만 사용하는 것을 오버톱이라고 한다. 연료의 소비와 소음을 줄이며, 수명을 길게 한다. 즉, 주행시에 변속레버에서 2단으로 조정하지 않고도 급가속을 할 경우에 액셀레이터를 밟아 주는대로 바로 출력으로 작동된다. 급히 추월을 할 경우에 사용할 수 있다. 비탈길을 내려갈 때 변속레버로 2단 또는 1단으로 내려서 엔진브레이크를 사용하는데 on, off를 사용하면 일부 효과가 있다.

## 능동형 차체 자세시스템
# 기출 및 예상문제

**01** 오버 드라이브(Over drive) 장치에 대한 설명으로 틀린 것은?

① 기관의 여유출력을 이용하였기 때문에 기관의 회전속도를 약 30% 정도 낮추어도 그 주행속도를 유지할 수 있다.
② 자동변속기에서도 오버 드라이브가 있어 운전자의 의지(주행속도, TPS 개도량)에 따라 그 기능을 발휘하게 된다.
③ 속도가 증가하기 때문에 윤활유의 소비가 많고 연료소비가 증가하기 때문에 운전자는 이 기능을 사용하지 않는 것이 유리하다.
④ 기관의 수명이 향상되고 또한 운전이 정숙하게 되어 승차감도 향상된다.

◆ 오버 드라이브 장치의 장점
  ㉠ 엔진의 수명이 길어진다.
  ㉡ 엔진의 운전이 정숙하다.
  ㉢ 평탄도로의 운전에서는 약 20%의 연료가 절약된다.
  ㉣ 엔진의 회전속도가 같으면 자동차의 속도가 30% 정도 빠르다.
  ㉤ 엔진의 회전속도를 30% 낮추어도 자동차는 주행속도를 유지할 수 있다.

**02** 기동전동기의 오버런닝 클러치에 대한 설명으로 틀린 것은?

① 엔진이 시동된 후, 엔진의 회전으로 인해 기동전동기가 파손되는 것을 방지하는 장치이다.
② 시동 후 피니언 기어와 기동전동기 계자코일이 차단되어 기동전동기를 보호한다.
③ 한쪽 방향으로만 동력을 전달하여 일방향 클러치라고도 한다.
④ 오버런닝 클러치의 종류는 롤러식, 스프래그식, 다판 클러치식이 있다.

◆ 오버런닝 클러치는 일방향클러치라고도 하며 엔진이 시동 후에도 피니언이 링 기어와 맞물려 있으면 시동 모터가 파손되는데, 이를 방지하기 위해서 엔진의 회전력이 시동 모터에 전달되지 않게 하기 위한 장치로서 기동전동기 계자코일과는 무관하다.

정 답
01. ③
02. ②

# 07 친환경 자동차

## 7-1 친환경 자동차

### ❶ 친환경 자동차의 종류

친환경 자동차의 종류에는 하이브리드차, 플러그인 하이브리드차, 전기차, 수소차로 구분할 수 있으며 특징은 다음과 같다.

### ❷ 하이브리드차(Hybrid Electric Vehicle)

하이브리드차는 엔진과 모터동력을 조합하여 구동하는 자동차이다. 출발과저속주행 시에는 엔진 가동 없이 모터동력만으로 주행한다. 또한 배터리 충전은 '회생제동'이라는 방식으로 이루어진다.

① 구동 원리 및 특징

감속 시 브레이크를 밟으면 모터가 발전기로 전환되어 전기를 생성하여 배터리에 충전하는 방식이다. 이 때문에 연비가 기존의 내연기관차 보다 40%이상 높고 배기가스는 저감된다. 또한 엔진 출력에 모터출력이 추가되어 큰 구동력이 필요한 오르막길 등에서도 가속성능이 좋고 정숙한 승차감을 갖는 장점이 있다.

　㉠ 엔진에 모터의 동력을 더해 큰 힘으로 구동할 수 있다.
　㉡ 차량 감속 시 회생제동으로 충전하였다가 출발, 저속주행 시 모터 동력만으로 주행하기 때문에 가솔린차 대비 연비40% 이상 증가한다.

② 하이브리드차 작동원리

연료 소모는 최소화하면서 주행 성능은 극대화하기 위해 출발과 저속주행, 가속주행, 고속주행, 감속주행, 정지 등 5가지 주행 형태별로 모터주행과 엔진주행을 적절히 조합한 주행모드로 주행한다.

> **보충** 컨버터(Converter)/ 인버터(Inverter)
>
> 컨버터 (converter)
> (1) 엔진의 플라이휠에 설치되어 회전력을 변환시키는 토크 변환기를 말한다.
> (2) 정류기로서 교류를 직류로 바꾸는 장치를 말한다.
> (3) 회로망 변환기라고 하며 신호 또는 에너지의 모양을 바꾸는 장치이다.
> (4) 자동차에서 배출되는 유해 가스를 무해 가스로 변환시키는 촉매 변환기를 말한다.
> (5) 축전기 방전식 점화 장치에서 축전지 직류 전류를 발진 회로에 공급하면 교류로 변환하여 전압을 높인 다음 다이오드에 의해 다시 직류로 변환시키는 DC-DC를 말한다.
>
> 인버터 (inverter)
> ① 증폭기의 일종으로, 입력 신호와 출력 신호의 극성을 반전시키는 장치
> ② 논리 회로에서의 부정 회로를 말한다.
> ③ 전력 변환 장치의 일종으로, 직류 전력을 교류 전력으로 교환하는 장치이다. 사이리스터를 사용하는 것이 많다.
> 좁은 뜻으로는 교류→직류의 변환을 컨버터, 직류 → 교류의 변환을 인버터(inverter)

### ❸ 플러그인하이브리드차(Plug-in Hybrid Electric Vehicle)

플러그인 하이브리드차는 엔진과 모터동력을 조합하여 차량을 구동하는 면에서 하이브리드차와 동일하다. 그러나 하이브리드차는 자체 엔진과 발전기에서 생산한 전기만을 저장하여 활용하는 차량이나 플러그인 하이브리드차는 차량 추진 에너지를 공급하기 위해서 외부 전원으로부터 에너지를 끌어와서 저장하는 차량이다.

① 구동 원리 및 특징

플러그인 하이브리드차는 배터리를 가득 충전한 후 출발하면 처음 40km 전후까지 배터리 전원의 힘만으로 가는 전기차모드로 주행하고, 그 이후는 배터리 충전량을 일정 수준으로 유지하면서 하이브리드 모드로 주행한다.

② 플러그인하이브리드차 의 특징
- ㉠ 전기차 모드와 하이브리드차 모드로 주행이 가능하여 전기차의 짧은 주행거리를 극복
- ㉡ 출퇴근거리(30~40km)를 연료 소모 없이 전기차 모드로만 주행 가능
- ㉢ 전기차 모드의 주행기능 강화로 하이브리드차 대비 배출가스 40~50% 저감
- ㉣ 플러그인하이브리드 충전시스템 플러그인하이브리드차는 완속충전 인렛을 적용하고 있으며, 완속충전기 전용 충전케이블과 비상용 충전케이블을 제공하고 있다

### ❹ 전기차(Electric Vehicle)

① 구동 원리 및 특징

고전압 배터리에서 전기에너지를 전기모터로 공급하여 구동력을 발생시키는 차량으로, 화석연료를 전혀 사용하지 않는 완전 무공해 차량이다.

② 전기차 의 특징
- ㉠ 내연기관차와 달리 엔진이 없이 배터리와 모터만으로 차량 구동
- ㉡ 엔진이 없으므로 배출가스와 온실가스를 전혀 배출하지 않음
- ㉢ 충전용량이 적을 경우 배터리 주행거리에 제한이 있음

### ⑤ 수소차 (Fuel Cell Electric Vehicle)

수소차는 내연기관차와 달리 엔진이 없으며, 전기차와 달리 전기공급 없이 내부에서 전기를 생산한다.

① 구동 원리 및 특징

수소가 연료전지에 공급되면 전자와 수소이온으로 분리되고 이 때 발생한 전자들은 외부 회로로 전달되어 연료전지 자동차의 모터를 구성하는 동력원인 전기에너지로 사용된다. 또한 수소에서 분리된 수소이온들은 전해질 막을 통과해 막 반대편의 연료전지에 공급된 공기 중의 산소와 반응하여 물을 생성하게 된다. 이 때 생성된 물은 수소차의 유일한 배출물로서 남은 공기와 함께 대기 중으로 배출된다.

② 수소차 의 특징

수소차는 수소와 공기 중의 산소를 직접 반응시켜 전기를 생산하는 연료전지를 이용하는 자동차로서 물 이외의 배출가스를 발생시키지 않기 때문에 각종 유해물질이나 온실가스에 의한 환경피해를 해결할 수 있는 환경 친화적 자동차이다.

# 기출 및 예상문제

**01** 통합 운전석 기억장치는 운전석 시트, 아웃사이드 미러, 조향 휠, 룸미러 등의 위치를 설정하여 기억된 위치로 재생하는 편의장치다. 다음 중 재생 금지 조건이 아닌 것은?
① 점화 스위치가 OFF되어 있을 때
② 변속레버가 위치 "P"에 있을 때
③ 차속이 일정속도(예 3km/h 이상) 이상일 때
④ 시트 관련 수동 스위치의 조작이 있을 때

◆ P는 주차상태로서 통합 운전석 기억장치가 아니다.

**02** 종합경보장치(Total Warning System)의 제어에 필요한 입력요소가 아닌 것은?
① 열선 스위치　　② 도어 스위치
③ 시트벨트 경고등　④ 차속센서

◆ 종합경보장치(Total Warning System)의 제어에 필요한 입력요소는 시트벨트 스위치이며, 시트벨트 경고등은 출력장치이다.

**03** 주행 중인 하이브리드 자동차에서 제동 시에 발생된 에너지를 회수(충전)하는 제어모드는?
① 시동 모드　　② 회생제동 모드
③ 발진 모드　　④ 가속 모드

◆ 회생제동은 전동기를 발전기로 작동시켜 운동에너지를 전기에너지로 변환하여 회수한 다음 제동력으로 발휘하는 방법이다.

**04** 다음은 하이브리드 자동차 계기판(Cluster)에 대한 설명이다. 틀린 것은?
① 계기판에 'READY' 램프가 소등(OFF) 시 주행이 안 된다.
② 계기판에 'READY' 램프가 점등(ON) 시 정상 주행이 가능하다.
③ 계기판에 'READY' 램프가 점멸(BLINKING) 시 비상모드 주행이 가능하다.
④ EV 램프는 HEV(Hybrid Electric Vehicle) 모터에 의한 주행 시 소등된다.

◆ 하이브리드 자동차에서 저속주행(10~30km/hr) 시 EV 램프가 점등되어 전기차 주행을 알린다.

**05** 도난방지장치에서 리모콘을 이용하여 경계상태로 돌입하려고 하는데 잘 안되는 경우의 점검부위가 아닌 것은?
① 리모콘 자체 점검
② 글로브 박스 스위치 점검
③ 트렁크 스위치 점검
④ 수신기 점검

정답　01.③　02.③　03.②　04.④　05.②

◆ 글로브 박스(Glove Box)는 조수석 앞쪽에 있는 수납공간을 말한다.

**06** 하이브리드 시스템을 제어하는 컴퓨터의 종류가 아닌 것은?
① 모터 컨트롤 유닛(Motor Control Unit)
② 하이드롤릭 컨트롤 유닛(Hydraulic Control Unit)
③ 배터리 컨트롤 유닛(Battery Control Unit)
④ 통합제어 유닛(Hybrid Control Unit)

◆ 하이드롤릭(Hydraulic)은 유압장치이며 ABS 작동시 ECU에서의 신호에 의해 유압 모터 펌프를 작동시켜 휠 실린더에 공급되는 브레이크 유압을 제어하는 역할을 한다.

**07** 자동차에 적용된 다중 통신장치인 LAN 통신(Local Area Network)의 특징으로 틀린 것은?
① 다양한 통신장치와 연결이 가능하고 확장 및 재배치가 가능하다.
② LAN 통신을 함으로써 자동차용 배선이 무거워진다.
③ 사용 커넥터 및 접속점을 감소시킬 수 있어 통신장치의 신뢰성을 확보할 수 있다.
④ 기능 업그레이드를 소프트웨어로 처리하므로 설계변경의 대응이 쉽다.

◆ LAN 통신은 근거리 통신망으로서 무선 통신망이다.

**08** 하이브리드 자동차의 전기장치 정비 시 반드시 지켜야 할 내용이 아닌 것은?
① 절연장갑을 착용하고 작업한다.
② 서비스플러그(안전플러그)를 제거한다.
③ 전원을 차단하고 일정 시간이 경과 후 작업한다.
④ 하이브리드 컴퓨터의 커넥터를 분리하여야 한다.

◆ HEV(Hybrid Electric Vehicle)는 하이브리드 전기 자동차이다.
  ㉠ HEV모터 분해/조립 주의사항
    ⓐ 하이브리드 차량의 모터/MCU는 고전압시스템이다.
      작업하기 전 고전압을 차단하여 반드시 안전을 확보해야 한다.
    ⓑ 작업하기 전 반드시장갑을 끼어야 하며, 주의사항 및 모터/MCU 시스템을 숙지한 후에 안전에 유념하여 작업하도록 한다.
  ㉡ 파워트레인/파워케이블 분해
    ⓐ 모터의 파워케이블에 체결되어 있는 10개의 볼트와 커버를 분해한다. 이 때 사전에 MCU의 전원이 꺼져있음을 확인한다.
    ⓑ 볼트 분해 후 파워케이블 커넥터를 당겨서 탈거한다. 탈거한 커넥터에 절연테이프를 감는다.
  ※ MCU(Micro Controller Unit)는 마이크로컨트롤러

정답 06. ② 07. ② 08. ④

(Microcontroller) 또는 마이크로프로세서와 입출력 모듈을 하나의 칩으로 만들어져 정해진 기능을 수행하는 컴퓨터이며 CPU 코어, 메모리 그리고 프로그램 가능한 입/출력을 가지고 있다.

# 자동차 정비 기능사

# 05 안전관리

| 01. | 일반적인 안전사항 |
| 02. | 수공구류의 안전수칙 |
| 03. | 안전 표지와 가스용기의 색채 |

# 01 안전관리

## 1-1 일반적인 안전사항

### ❶ 작업 복장

(1) 작업복
  ① 작업복은 신체에 맞고 가벼운 것으로서 상의의 끝이나 바지자락이 말려 들어가지 않는 것이 좋다.
  ② 실밥이 풀리거나 터진 것은 즉시 수선하도록 한다.
  ③ 고온 작업시에도 작업복을 벗지 않는다. 작업복을 벗고 작업시에는 재해의 위험성이 크다.
  ④ 작업복 선정시 스타일을 고려하여 선정한다.

(2) 작업모
  ① 기계의 주위에서 작업을 할 때는 반드시 모자를 쓰도록 한다.
  ② 여성 및 장발자의 경우에는 모자나 수건으로 머리카락을 완전히 감싸도록 한다.

(3) 신 발
  ① 신발은 작업 내용에 잘 맞는 것을 선정하고, 넘어질 우려가 있는 신발은 착용하지 않는다.
  ② 발의 보호를 위해 신발은 안전화의 착용이 바람직하다.

(4) 보호구
  ① 보안경 : 철분, 모래 등이 날리는 작업(연삭, 선반, 셰이퍼 등)에 사용한다.
  ② 차광 보호 안경 : 용접 작업등과 같이 불꽃이나 유해광선이 나오는 작업에 사용한다.

③ 방진 마스크 : 먼지가 많은 장소나 유해가스가 발생되는 작업에 사용, 산소가 16% 이하로 결핍되었을시는 산소 마스크를 사용한다.

④ 장갑 : 선반작업, 드릴, 밀링, 연삭, 해머, 정밀기계 작업 등에는 장갑 착용을 금한다.

⑤ 귀마개 : 소음이 발생하는 작업 등에는 귀마개를 사용한다.

⑥ 안전모

   ㉠ 물건이 떨어지거나 추락, 충돌에서 머리를 보호할 수 있는 안전모를 착용한다.

   ㉡ 안전모의 상부와 머리 상부 사이의 간격을 유지하여 충격에 대비한다.

   ㉢ 턱 조리개는 반드시 졸라맨다.

### 2 통행과 운반

(1) 통행시 안전수칙

① 통행로 위의 높이 2m 이하에는 장해물이 없을 것.

② 기계와 다른 시설물과의 사이의 통행로 폭은 80cm 이상으로 할 것.

③ 뛰거나 주머니에 손을 넣고 걷지 말 것.

④ 통로가 아닌 곳을 걷지 말 것.

⑤ 통행규칙을 지킬 것.

⑥ 높은 작업장 밑을 통과할 때는 안전모를 착용할 것.

⑦ 통행 우선 수칙을 숙지할 것.

(2) 운반시 안전수칙

① 운반차는 규정속도를 지킬 것.

② 운반시 시야를 가리지 않게 할 것.

③ 긴 물건에는 끝에 표지를 단 후 운반할 것.

(3) 작업장에서 작업을 시작하기 전 점검 사항

① 기계 및 공구가 그 기능이 정상적인가 점검한다.

② 가스 사용시 누설이 없는가, 폭발 위험이 없는가 점검한다.

③ 전기 장치에 이상이 없는가 점검한다.

④ 작업장 조명이 정상인가 점검한다.

⑤ 정리 정돈이 잘 되어 있는가 점검한다.
⑥ 주변에 위험물이 있는가 점검한다.

## 1-2 수공구류의 안전수칙

**1** 일반적인 안전수칙

(1) 일반수칙
　① 주위를 정리 정돈할 것.
　② 손이니 공구에 기름, 물 등 미끄러운 물질은 제거한다.
　③ 수공구는 그 목적에만 사용할 것.
　④ 적절한 공구를 사용할 것.

(2) 수공구류 안전수칙
　① 해머 작업
　　㉮ 보호안경을 착용할 것
　　㉯ 처음과 마지막에는 서서히 칠 것
　　㉰ 장갑을 끼지 말 것
　　㉱ 해머를 자루에 꼭 끼울 것
　　㉲ 적당한 공간을 유지 할 것

　② 정, 끌작업
　　㉮ 거스러미가 있는 정은 사용하지 말 것.
　　㉯ 정에 기름이 묻을시 기름을 깨끗이 닦은 후에 사용할 것.
　　㉰ 따내기 작업시는 보호안경을 착용할 것.
　　㉱ 절단시 조각이 비산시 반대편에 차폐막을 설치하여 비산을 방지할 것.
　　㉲ 정을 잡은 손의 힘을 뺄 것.
　　㉳ 날끝이 결손된 것이나 둥글어진 것은 사용하지 말 것.

㈐ 정 작업은 처음에는 가볍게 두들기고 차츰 세게 두들기며, 작업이 끝날 때는 타격을 약하게 할 것.
㉕ 담금질한 재료는 작업을 하지 않는다.
㉗ 절삭면을 손가락으로 만지거나 절삭칩을 손으로 제거하지 않는다.

② 스패너, 렌치 작업
㉮ 사용목적 이외로 사용하지 말 것.
㉯ 너트에 꼭 맞게 사용할 것.
㉰ 조금씩 돌릴 것.
㉱ 작업 중 벗겨져도 손을 다치거나 넘어지지 않는 안전한 자세인 몸 앞쪽으로 회전시킬 것.
㉲ 스패너와 너트 사이에 물림쇠를 끼우지 말 것.
㉳ 스패너에 파이프를 끼우거나 해머로 두들겨서 작업하지 말 것.

② 드라이버 작업
㉮ 드라이버는 홈에 맞는 것을 사용할 것.
㉯ 드라이버의 이가 상한 것은 사용하지 말 것.
㉰ 작업 중 드라이버가 빠지지 않도록 할 것.
㉱ 전기 작업에서는 절연된 드라이버를 사용할 것.

## ② 다듬질의 안전작업

(1) 바이스 작업

① 바이스는 이가 꼭 맞는 것을 사용할 것.
② 조(jaw)의 기름을 잘 닦아낼 것.
③ 조(jaw)의 중심에 공작물이 오도록 고정할 것.
④ 바이스대에 재료, 공구 등을 올려놓지 말 것.
⑤ 작업 중 헐거울시 바이스를 조인 후 작업할 것.
⑥ 가공물에 체결한 다음에는 반드시 핸들을 밑으로 내릴 것.
⑦ 둥근 가공물은 V-블록 등의 보조구를 이용하여 고정한다.

(2) 줄 작업

① 줄을 점검하여 균열이 있는 것은 사용하지 않는다.
② 줄자루는 소정의 크기의 것으로 자루를 확실하게 고정하여 사용한다.
③ 칩은 반드시 브러시로 턴다.
④ 오른손 사용자는 오른 손에 힘을 주고 왼손은 균형을 잡도록 한다.

(3) 쇠톱 작업

① 작업 중 톱날이 부러지지 않도록 하며 전체날을 사용한다.
② 쇠톱자루와 테의 선단을 잘 고정시켜 좌우로 흔들리지 않도록 하고 작업한다.
③ 절삭이 끝날 무렵에는 힘을 빼고 가볍게 사용한다.

(4) 스크레이핑 작업

① 스크레이퍼의 절삭날은 날카로우므로 다치지 않도록 조심한다.
② 작업을 할 때는 공작물을 확실히 고정시킨다.
③ 허리로 스크레이퍼 작업을 할 때는 배에 스크레이퍼를 대어 작업한다.

### ③ 주요 기계 작업시 안전

(1) 공작기계의 안전수칙
① 공구나 재료는 반드시 공구대에서 사용하도록 한다.
② 이송 중 기계를 정지시키지 않는다.
③ 기계의 회전을 손이나 공구로 멈추지 않는다.
④ 가공물, 절삭공구의 설치를 확실히 한다.
⑤ 절삭 공구는 짧게 설치하고 절삭성이 나쁘면 공구를 교체한다.
⑥ 칩이 비산하는 작업은 보안경을 사용한다.
⑦ 칩을 제거할 때는 브러시나 칩 클리너를 사용한다.
⑧ 공작물 측정시에는 반드시 정지시킨 후 측정한다.

(2) 선반 작업
① 가공물의 설치는 전원 스위치를 끄고 바이트를 충분히 뗀 다음 작업한다.
② 바이트 설치시는 기계를 정지시킨 다음에 설치한다.
③ 공작물의 설치가 끝나면 척, 렌치류는 곧 떼어 공구대에 놓는다.
④ 공작물의 길이가 직경의 12배 이상일 경우 방진구를 설치 할 것.

(3) 밀링 작업
① 절삭 공구나 공작물 설치시 전원스위치를 끄고 작업한다.
② 예리한 칩이 비산하므로 보안경을 착용한다.
③ 상하 이송용 핸들은 작동 후 반드시 벗겨 놓는다.
④ 칩이 많이 비산하는 재료는 커터부분에 커버를 한다.

(4) 연삭 작업
① 숫돌은 시운전시 지정된 사람이 운전하도록 한다.
② 숫돌을 설치하기 전에 나무망치로 숫돌을 때려 탁한 소리가 나면 숫돌의 균열을 조사한다.
③ 숫돌차의 안지름은 축의 지름보다 0.05~0.15mm 정도의 틈을 준다.
④ 플랜지는 좌우 같은 것을 사용하고 숫돌 바깥지름의 1/3 이상의 것을 사용한다.
⑤ 플랜지와 숫돌 사이에는 플랜지와 같은 크기의 종이와셔를 양쪽에 끼우고 너트

를 조인다.
⑥ 숫돌은 시작 전 1분 이상, 숫돌 대체 시 3분 이상 시운전을 하며 작업자는 숫돌의 회전 방향으로부터 몸을 피하여 안전에 유의한다.
⑦ 숫돌과 작업대의 간격은 항상 3mm 이하로 유지한다.
⑧ 공작물과 숫돌은 조용하게 접촉하고, 무리한 압력으로 연삭은 금한다.
⑨ 소형 숫돌은 측압에 약하므로 컵형 숫돌외는 측면사용을 금한다.
⑩ 숫돌의 커버를 반드시 부착하여 사용한다.
⑪ 안전 차폐막을 갖추지 않은 연삭기를 사용할 때는 방진 안경을 사용한다.

(5) 전기 용접의 안전수칙
① 전기용접은 환기장치가 완전한 일정한 장소에서 용접한다.
② 용접시에는 소화기 및 소화수를 준비한다.
③ 우천시 옥외 작업을 금한다.
④ 홀더는 항상 파손되지 않은 것을 사용한다.
⑤ 작업시에는 반드시 보호장비를 착용한다.
⑥ 용접봉을 갈아끼울 때는 홀더의 충전부에 몸이 닿지 않도록 주의한다.
⑦ 작업 중단시는 전원 스위치를 끄고 커넥터를 풀어준다.
⑧ 보호장갑 및 에이프런(앞치마), 발 덮개 등의 보호장구를 착용한다.

(6) 드릴 작업
① 드릴을 고정하거나 풀 때는 주축이 완전히 멈춘 후에 한다.
② 드릴은 양호한 것을 사용하고, 섕크에 상처나 균열이 있는 것은 교환한다.
③ 가공 중에 드릴의 절삭성이 떨어지면 곧 드릴을 재연삭하여 사용한다.
④ 작은 물건이라도 반드시 바이스나 고정구로 고정한다.
⑤ 얇은 물건을 드릴 작업할 때는 밑에 나무 등을 받치고 작업 한다.
⑥ 드릴 끝이 가공물의 맨 밑에 나올 때는 가공물이 회전하기 쉬우므로 이송을 늦춘다.
⑦ 가공중 드릴이 가공물에 박히면 기계를 정지시키고 안전장치를 한 후 손으로 드릴을 뽑아야 한다.
⑧ 드릴이나 소켓 등을 뽑을 때는 드릴 뽑게를 사용하며, 해머 등으로 두들겨 뽑지 않도록 한다.

⑨ 드릴 및 척을 교환 할 때는 주축과 테이블의 간격을 좁히고 테이블 위에 나무 조각을 놓고 작업한다.

## 1-3 안전 표지와 가스용기의 색채

(1) 안전 표지와 색채 사용도
   ① 적색 : 방향 표시, 규제, 고도의 위험 등
   ② 오렌지색(주황색) :위험, 일반위험 등에 쓰임.
   ③ 황색 : 주의 표시 (충돌, 장애물 등)
   ④ 녹색 : 안전지도, 위생표시, 대피소, 구호소 위치, 진행 등에 쓰임.
   ⑤ 청색 :주의 구리 등, 송전중 표시
   ⑥ 진한 보라색 :방사능 위험표시(자주색)
   ⑦ 백색 : 글씨 및 보조색, 통로, 정리정돈
   ⑧ 흑색 : 방향 표시, 글씨
   ⑨ 파랑색 : 출입금지

(2) 가스용기의 색채
   산소(녹색), 수소(주황색), 액화 이산화탄소(파랑색), 액화 암모니아(흰색), 액화 염소(갈색), 아세틸렌(노란색), 기타(쥐색)

(3) 화재의 종류
   ① A급: 일반화재
   ② B급: 유류
   ③ C급: 전기
   ④ D급: 금속분화제

# 안전관리 기출 및 예상문제

**01** 작업장에서 전기 유해 가스 및 위험한 물건이 있는 곳을 식별하기 위해 다음 어느 색으로 표시해야 하는가?
① 황색　　② 적색
③ 녹색　　④ 청색

**02** 기중기의 주요 부분이나 작업장의 위험 표시 혹은 위험이 게재된 기둥 지주·난간 및 계단을 표시하는데 사용되는 색은 어느 것인가?
① 황색과 보라색　　② 적색
③ 흑색과 백색　　④ 녹색

**03** 작업장의 벽에는 어느 색이 좋은가?
① 연초록색　　② 노랑색
③ 파랑색　　④ 검정색

**04** 작업장의 안전 표시 중 주의를 요할 때의 표시색은?
① 적색　　② 노랑
③ 주황　　④ 청색

**05** 다음 작업 중 보안경이 필요한 것은?
① 리벳팅 작업
② 선반작업
③ 줄 작업
④ 황산 제조 작업

◆ 밀링, 선반, 드릴 작업은 칩 비산에 의하여 눈에 상해를 입을 수 있으므로 보안경을 반드시 착용하여야 한다.

**06** 산업 공장에서 재해의 발생을 적게 하기 위한 방법 중 틀린 것은 어느 것인가?
① 칩은 정해진 용기에 넣는다.
② 공구는 소정의 장소에 보관한다.
③ 소화기 근처에 물건을 쌓아 놓는다.
④ 통로나 창문 등에 물건을 세워 놓지 않는다.

**07** 다음 중 작업장에서 착용해서는 안 되는 것은?
① 작업모　　② 안전모
③ 넥타이나 반지　　④ 작업화

정답　01. ②　02. ①　03. ①　04. ②　05. ②　06. ③　07. ③

**08** 퓨즈가 끊어져 다시 끼웠을 때 또 끊어졌다면 그 원인은?
① 다시 한번 끼워본다.
② 좀더 굵은 것으로 끼운다.
③ 굵은 동선으로 바꾸는 것이 좋다.
④ 기계의 합선 여부를 점검한다.

**09** 공장의 정리정돈에 관하여 적당치 않은 것은?
① 폐품은 정해진 용기 속에 넣는다.
② 공구, 재료 등은 일정한 장소에 넣는다.
③ 사용이 끝난 공구는 즉시 뒷정리를 한다.
④ 통로를 넓히기 위해 통로 한쪽에 물건을 세워 놓는다.

**10** 전기 스위치는 오른손으로 개폐해야 한다. 이 때, 왼손의 위치로 가장 좋은 것은?
① 주위의 물체를 잡는다.
② 주위의 기계를 잡는다.
③ 접지 부분을 잡는다.
④ 일체의 것을 잡지 않는다.

**11** 공장의 출입문은 안전을 위하여 어느 것이 안전한가?
① 안 여닫이문    ② 밖 여닫이문
③ 셔터           ④ 미닫이문

**12** 플레이너(planer) 작업시 안전상 맞지 않는 것은?
① 비산하는 공구 파편으로부터 작업자를 지키기 위해 가드를 마련한다.
② 이동 테이블에 방호울을 설치한다.
③ 테이블과 고정벽이나 다른 기계와의 최소 거리가 7cm 이하시는 그 사이를 통행할 수 없게 한다.
④ 플레이너 프레임 중앙부에 있는 비트에 덮개를 씌운다.

◆ 플레이너의 프레임 중앙부 비트(bit)에는 덮개를 설치하고 공구류, 물건 등을 두지 않아야 하며 테이블과 고정벽 또는 다른 기계와의 최소 거리가 40cm 이하가 될 때는 기계의 양쪽 끝부분에 방책을 설치하여 근로자의 통행을 차단하여야 한다.

**13** 다음 중 방호울을 설치하여야 할 공작 기계는?
① 선반       ② 밀링
③ 드릴       ④ 셰이퍼

◆ 셰이퍼의 안전장치에는 방호울, 칩받이, 칸막이 등이 있다.

**14** 작업 환경에 속하지 않는 것은?
① 공구       ② 소음
③ 조명       ④ 채광

정답 08. ④  09. ④  10. ④  11. ②  12. ③  13. ④  14. ①

**15** 압력 용기에 설치하는 압력 방출 장치의 작동 설정점은?
① 상용 압력 초과시
② 최고 사용 압력 이전
③ 최고 사용 압력 초과시
④ 최고 사용 압력의 110%

◆ 압력방출장치는 용기의 최고압력 이전에 방출하도록 되어야 한다.

**16** 다음중 가장 재해가 많은 동력전달 장치는?
① 기어　　② 커플링
③ 벨트　　④ 차축

**17** 사다리 작업시 사다리의 경사 각도는?
① 0°　　② 15°
③ 30°　　④ 45°

**18** 기계와 기계의 간격은 최소한 얼마 이상으로 해야 하는가?
① 0.5m　　② 0.8m
③ 1.2m　　④ 1.4m

**19** 운전 중인 평삭기 테이블에 근로자가 탑승할 수 있는 경우는?
① 테이블의 행정 끝에 덮개 또는 울 등을 설치할 때
② 돌출하여 위험한 부위에 덮개 또는 울 등을 설치할 때
③ 탑승한 근로자 또는 배치된 근로자가 즉기 기계를 정지시킬 수 있을 때
④ 탑승석이 지정되어 재해 위험이 없을 때

**20** 기계 설비의 안전화를 위해서는 기계, 장비 및 배관 등에 안전 색채를 구별하여 칠해야 한다. 다음 중 알맞지 않은 것은?
① 시동 단추식 스위치:녹색
② 정지 단추식 스위치:적색
③ 가스 배관:황색
④ 물 배관:백색

◆ 안전 색체
① 시동 단추식 스위치 : 녹색
② 정지 단추식 스위치 : 적색
③ 가스 배관 : 황색
④ 대형 기계 : 밝은 연녹색
⑤ 고열을 내는 기계 : 청녹색, 회청색
⑥ 증기 배관 : 암적색
⑦ 기름 배관 : 황암적색
⑧ 물배관: 청색(냉수), 연적색(온수)
⑨ 고압용공기: 백색

**21** 취급 운반의 5원칙 중 관계가 먼 것은?
① 연속 운반으로 할 것
② 직선 운반으로 할 것
③ 운반 작업을 집중화 할 것
④ 손이 닿는 운반 방식으로 할 것

**정답** 15. ②　16. ③　17. ②　18. ②　19. ③　20. ④　21. ④

◆ 취급 운반의 5원칙
① 연속 운반으로 할 것
② 직선 운반으로 할 것
③ 운반 작업을 집중화 할 것
④ 생산을 최고로 할 수 있는 운반일 것
⑤ 시간과 경비를 최대한 절약할 수 있는 운반 작업일 것

취급 운반의 3조건
① 운반 거리를 단축할 것
② 가능한 한 운반 작업은 기계화 할 것
③ 가능한 한 손이 닿지 않는 운반 방식을 택할 것

**22** 밀링 작업에서 주의할 점 중 잘못 설명한 것은?
① 보호안경을 사용한다.
② 커터에 옷이 감기지 않도록 한다.
③ 절삭 중 측정기로 측정한다.
④ 일감은 기계가 정지한 상태에서 고정한다.

**23** 사업장 내에서 통행 우선권이 제일 빠른 것은?
① 보행자
② 화물 실러 가는 차량
③ 화물 싣고 가는 차량
④ 기중기

◆ ④ 〉 ③ 〉 ② 〉 ①

**24** 와이어 로프로 중량물을 달아올릴 때 로프에 가장 힘이 적게 걸리는 각도는?
① 120°　　② 60°
③ 30°　　　④ 90°

**25** 고압가스의 충전용기 보관시 유의할 점 중 틀린 것은 어느 것인가?
① 전도하지 않도록 한다.
② 전락하지 않도록 한다.
③ 충격을 방지하도록 한다.
④ 통풍이 안되는 곳에 보관한다.

◆ 충전용기는 통풍이 잘 되는 곳에 보관한다.

**26** 고압가스 용기 운반시 주의할 점 중 틀린 것은 어느 것인가?
① 운반전에 밸브를 닫는다.
② 용기의 온도는 35℃ 이하로 한다.
③ 종류가 다른 가스 용기도 함께 운반한다.
④ 적당한 운반차나 운반도구를 사용한다.

정답　22. ③　23. ④　24. ③　25. ④　26. ③

**27** 기계 설비의 안전 조건 중 외관의 안전화에 해당되는 조치는 어느 것인가?
① 고장 발생을 최소화 하기 위해 정기 점검을 실시하였다.
② 강도의 열화를 생각하여 안전율을 최대로 고려하여 설계하였다.
③ 전압 강하, 정전시의 오동작을 방지하기 위하여 자동 제어 장치를 설치하였다.
④ 작업자가 접촉할 우려가 있는 기계의 회전부를 덮개로 씌우고 안선 색재를 사용하였다.

**28** 와이어 로프로 물품을 달아올릴 때 두 로프가 나란할 때의 장력을 1로 하면, 로프의 간격이 120° 가 되었을 때의 장력은 얼마인가?
① 1배　　　　　② 1.5배
③ 2.0배　　　　④ 1.7배

◆ 30° : 1.04배　60° : 1.1배
　90° : 1.41배　120° : 2.0배
　140° : 4.0배

**29** 중량품을 운반할 때 주의할 점이다. 잘못 설명한 것은?
① 운반 기구를 사용한다.
② 다리와 허리에 힘을 주어 물체를 들어 움직인다.
③ 운반차를 이용한다.
④ 운반차는 바퀴가 3개 이상인 것이 안전하다.

◆ 중량물을 운반할 때는 반드시 운반기구로 이동시킨다.

**30** 와이어 로프로 물건을 달아올릴 때 힘이 가장 적게 걸리는 로프의 각도는?
① 30°　　　　　② 45°
③ 60°　　　　　④ 75°

**31** 기중기 운반시 가장 필요 없는 것은?
① 행거
② 로프
③ 운반 상자
④ 포크 리프트

◆ 포크리프트는 지게차이다.

정답　27. ④　28. ③　29. ②　30. ①　31. ④

**32** 드릴 머신에서 얇은 철판이나 동판에 구멍을 뚫을 때에는 다음 어떤 방법이 좋은가?
① 각목을 밑에 깔고 기구로 고정한다.
② 테이블에 고정한다.
③ 클램프로 고정한다.
④ 드릴 바이스에 고정한다.

◆ 드릴 작업시 안전 대책
① 드릴 작업시 장갑을 끼고 작업하지 말 것
② 운전중에는 칩을 제거하지 말 것
③ 큰 구멍을 뚫을 때에는 먼저 작은 구멍을 뚫은 뒤에 뚫을 것
④ 얇은 철판이나 동판에 구멍을 뚫을 때에는 각목을 밑에 깔고 기구로 고정할 것
⑤ 자동 이송 작업중에는 기계를 멈추지 않도록 할 것

**33** 계속 감아올라가 일어나는 사고를 방지하기 위한 안전 장치는?
① 일렉트로닉 아이
② 라체트 휠
③ 전자 클러치
④ 리밋 스위치

◆ 리밋 스위치(limit switch) : 과도하게 한계를 벗어나 계속적으로 감아올리거나 하는 일이 없도록 제한하는 기계 설비의 안전 장치로서 권과 방지 장치, 과부하 방지 장치, 과전류 차단 장치, 입력 제한 장치 등이 있다.

**34** 안전 장치의 기본 목적이 아닌 것은?
① 작업자의 보호
② 인적, 물적 손실의 방지
③ 기계 기능의 향상
④ 기계 위험 부위의 접촉 방지

**35** 장갑을 끼고 하여도 좋은 작업은 어느 것인가?
① 드릴 작업
② 선반 작업
③ 용접 작업
④ 판금 작업

**36** 다음 중 정작업시 틀린 것은?
① 정작업할 때 반드시 보안경을 착용한다.
② 정으로 담금질된 재료를 가공하지 말아야 한다.
③ 자르기 시작할 때와 끝날 무렵에는 세게 친다.
④ 철강제를 정으로 절단할 때에는 철편이 날아 튀는 것에 주의한다.

◆ 정작업시에 처음과 끝날 무렵에는 가볍게 친다.

정답 32. ① 33. ④ 34. ③ 35. ③ 36. ③

**37** 다음은 드라이버 사용시 주의할 점이다. 틀린 것은 어느 것인가?
① 규격에 맞는 드라이버를 사용한다.
② 드라이버는 지렛대 대신으로 사용하지 않는다.
③ 클립(clip)이 있는 드라이버는 옷에 걸고 다녀도 좋다.
④ 나사를 빼거나 박을 때 잘 풀리지 않으면 플라이어로 꽉 잡고 돌린다.

**38** 안전 작업이 필요한 이유 중 해당되지 않는 사항은?
① 생산성이 감소된다.
② 인명 피해를 예방할 수 있다.
③ 생산재의 손실을 감소할 수 있다.
④ 산업 설비의 손실을 감소시킬 수 있다.

**39** 다음 중 보호구를 사용하지 않아도 무방한 작업은 어느 것인가?
① 보일러를 수선하는 작업
② 유해물을 취급하는 작업
③ 유해 방사선에 쬐는 작업
④ 증기를 발산하는 장소에서 행하는 작업

**40** 작업장에서 작업복을 착용하는 이유는?
① 방한을 위해서
② 작업자의 복장 통일을 위해서
③ 작업 비용을 높이기 위해서
④ 작업 중 위험을 적게 하기 위해서

**41** 다음은 공작 기계 작업시 안전 사항이다. 잘못 설명한 것은?
① 바이트는 약간 길게 설치한다.
② 절삭 중에는 측정하지 않는다.
③ 공구는 확실히 고정한다.
④ 절삭중 절삭면에 손을 대지 않는다.

**42** 다음 중 안전 커버를 사용하지 않는 곳은?
① 기어          ② 풀리
③ 체인          ④ 선반의 주축

**43** 취급 운반 재해의 안전 사항 중 틀린 것은?
① 슈트를 설치하여 중력의 이용을 시도한다.
② 취급 운반작업을 단순화한다.
③ 작은 물건을 손으로 운반한다.
④ 작업장의 조명, 환기를 적절히 한다.

◆ 작은 물건은 상자나 용기 속에 넣어 운반한다.

**44** 프레스에서 클러치나 브레이크가 고장나면 슬라이드가 정지되는 구조의 안전장치인 것은?
① 풀 프루프 방식
② 인터로크 방식
③ 페일 세이프 방식
④ 릴레이 방식

정답 37. ④ 38. ① 39. ① 40. ④ 41. ① 42. ④ 43. ③ 44. ③

**45** 드릴 머신에서 얇은 판에 구멍을 뚫을 때 가장 좋은 방법은?
① 손으로 잡는다.
② 바이스에 고정한다.
③ 판 밑에 나무를 놓는다.
④ 테이블 위에 직접 고정한다.

◆ 얇은 판에 구멍을 뚫을 때는 밑에 나무를 놓고 뚫으면 판이 갈라지거나 회전하는 일이 적다.

**46** 와이어 로프를 절단하여 고리걸이 용구를 제작할 때 절단 방법 중 옳은 것은?
① 가스 용단
② 전기 용단
③ 기계적
④ 부식

**47** 드릴 작업 중 사고가 날 우려가 있는 것은?
① 드릴 작업 중 바이스가 회전하지 않도록 힘을 주어 잡거나 볼트로 테이블에 고정한다.
② 드릴 작업 중 장갑을 끼지 않는다.
③ 드릴 작업 중 반드시 보호안경을 사용한다.
④ 얇은 판은 테이블에 힘을 주어 누르고 드릴 작업을 한다.

**48** 드릴 작업의 보안경 착용은?
① 반드시 착용한다.
② 필요할 때만 착용한다.
③ 저속할 때만 착용한다.
④ 고속할 때만 착용한다.

**49** 드릴 작업에서 간단히 구멍이 완전히 관통 되었는지 의 여부를 판정하는 방법 중 좋지 않은 것은?
① 막대기를 넣어 본다.
② 철사를 넣어 본다.
③ 손가락을 넣어 본다.
④ 빛에 비추어 본다.

**50** 드릴링머신 작업시 안전수칙 중 틀린 것은?
① 공작물을 고정하지 않고 손으로 잡고 가공해서는 안된다.
② 작업할 때 옷 소매가 길거나 찢어진 옷을 입으면 안된다.
③ 테이블 위에서는 공작물에 펀치질을 해서는 안된다.
④ 정확하게 공작물을 고정하고 작업 중 칩을 솔로 닦아서 제거한다.

정답 45. ③  46. ③  47. ④  48. ①  49. ③  50. ④

**51** 드릴 작업 때 칩의 제거는 다음 중 어떤 방법이 가장 안전한가?
① 회전을 중지시킨 후 손으로 제거
② 회전시키면서 솔로 제거
③ 회전을 중지시킨 후 솔로 제거
④ 회전시키면서 막대로 제거

**52** 반복 응력을 받게 되는 기계 구조 부분의 설계에서 허용 응력을 결정하기 위한 기초 강도로 삼는 것은?
① 항복점
② 극한 강도
③ 크리프 강도
④ 피로 한도

**53** 드릴 작업에서 드릴링 할 때 공작물과 드릴이 함께 회전하기 쉬운 때는?
① 작업이 처음 시작될 때
② 구멍이 거의 뚫릴 무렵
③ 구멍을 중간쯤 뚫었을 때
④ 드릴 핸들에 약간의 힘을 주었을 때

◆ 드릴의 끝작업에서는 회전수를 감소시키거나 힘을 감소시킨다.

**54** 기계 가공 후 일감에 생기는 거스러미를 가장 안전하게 제거하는 것은?
① 정　　　　② 바이트
③ 줄　　　　④ 스크레이퍼

**55** 다음은 다듬질 작업시 안전 사항이다. 잘못 설명한 것은?
① 줄 자루가 빠지지 않도록 한다.
② 공작물은 바이스 조(jaw)의 중심에 고정한다.
③ 손톱은 부러지지 않게 한다.
④ 절삭이 끝날 때 손톱을 힘껏 민다.

◆ 절삭이 끝날 무렵에 힘을 주면 톱날이 부러진다.

**56** 드릴 머신 주축에서 드릴 소켓을 뺄 때 가장 적당한 것은?
① 드릴 렌치
② 스패너
③ 파이프 렌치
④ 드릴 뽑기

**57** 다음 안전장치에 관한 사항 중에서 틀린 것은?
① 안전장치는 효과있게 사용한다.
② 안전장치는 작업 형편상 부득이한 경우는 일시 제거해도 좋다.
③ 안전장치는 반드시 적업 전에 점검한다.
④ 안전장치가 불량할 때는 즉시 수정한 다음 작업한다.

정답　51. ③　52. ④　53. ②　54. ③　55. ④　56. ④　57. ②

**58** 스패너의 크기가 너트보다 클 때 끼움판을 사용하면?
① 좋다.
② 나쁘다.
③ 경우에 따라 좋다.
④ 작은 너트에 무방하다.

◆ 크기가 너트보다 클때는 적당한 크기를 다시 선정한다.

**59** 다음 중 귀마개가 필요한 작업은?
① 전기 용접
② 연삭
③ 리벳팅
④ 가스 용접

**60** 둥근 봉을 바이스에 고정할 때 필요한 공구는?
① V 블록
② 평형대
③ 받침대
④ 스퀘어 블록

**61** 정 작업을 하면 안되는 재료는?
① 연강
② 구리
③ 두랄루민
④ 담금질된 강

◆ 담금질강 중 가장 경도가 큰 것은 마텐자이트로서 깨질 위험이 크다.

**62** 다음 사항 중 탭(tap)이 부러지는 원인이 아닌 것은?
① 탭의 구멍이 일정하지 않을 때
② 소재보다 경도가 높을 때
③ 핸들에 과도한 힘을 주었을 때
④ 구멍 밑바닥에 탭이 부딛혔을 때

**63** 다음은 작업복이 갖추어야 할 조건이다. 해당 없는 것은?
① 바지는 반바지를 입도록 한다.
② 작업복의 단추는 잠그도록 한다.
③ 호주머니는 너무 많이 달지 않도록 한다.
④ 용해 작업시는 작업복은 면으로 만든 것을 착용 하도록 한다.

◆ 반바지는 재해의 원인이 될 수 있다.

**64** 숫돌 바퀴를 교환할 때는 나무 해머로 숫돌의 무엇을 검사하는가?
① 기공         ② 크기
③ 균열         ④ 입도

◆ 해머로 숫돌을 때렸을 시 탁한소리가 나면 균열이 있는 것으로 교환할 수 없다.

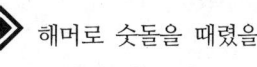
정답 58. ② 59. ③ 60. ① 61. ④ 62. ② 63. ① 64. ③

**65** 연삭 숫돌 바퀴에 부시를 끼울 때 주의해야 할 점 중 틀린 것은?
① 부시의 구멍과 숫돌의 바깥 둘레는 동심원이어야 한다.
② 부시의 구멍은 축지름보다 1mm 크게 하여야 한다.
③ 부시의 측면과 숫돌의 측면은 일치하여야 한다.
④ 부시의 필렛두께가 고른 것을 사용한다.

**66** 바이트를 연삭할 때 숫돌의 어느 곳에서 갈아야 하는가?
① 우측면
② 좌측면
③ 원주면
④ 아무곳이나

**67** 회전 중 연삭 숫돌의 파괴 위험에 대비한 장치는?
① 받침대   ② 와셔
③ 플랜지   ④ 커버답

**68** 연삭 숫돌이 작업 중에 파손되는 원인은?
① 숫돌과 공작물의 재질이 맞지 않을 때
② 입도가 작을 때
③ 숫돌 커버가 없을 때
④ 숫돌 회전수가 규정 이상일 때

**69** 새 연삭 숫돌을 취급하는데 적합하지 않은 것은?
① 숫돌 양편의 종이를 떼지 말고 고정한다.
② 고정하기 전에 가볍게 때려 음향 검사를 한다.
③ 숫돌의 원주면에 공작물을 연삭한다.
④ 숫돌이 빠지는 것을 방지하기 위해 강하게 죄어 고정한다.

**70** 연삭 숫돌 부시의 재질은 다음 중 어느 것이 좋은가?
① 연강
② 탄소강
③ 납
④ 인청동

**71** 연삭 작업에서 주의해야 할 사항 중 틀린 것은?
① 작업 중 반드시 보호 안경을 사용한다.
② 숫돌의 측면을 사용하면 좋은 가공면을 얻을 수 있다.
③ 회전 속도는 규정 이상으로 내지 않도록 한다.
④ 작업 중 진동이 심하면 즉시 중지해야 한다.

◆ 숫돌의 원주면을 사용하여 연삭한다.

정답 65. ② 66. ③ 67. ③ 68. ④ 69. ④ 70. ③ 71. ②

**72** 다음은 연삭 작업시 주의할 점이다. 틀린 것은?
① 숫돌 커버를 반드시 장치한다.
② 숫돌을 해머로 가볍게 두드려서 소리를 들어 균열을 확인한다.
③ 양 숫돌 바퀴의 입도는 같게 하여야 한다.
④ 작업 전에 몇분 동안 공회전시켜 이상 유무를 확인한다.

**73** 사용했던 숫돌의 재사용할 때 작업 개시 전 몇 분 정도 시운전 해야 하는가?
① 1분  ② 2분
③ 2분  ④ 4분

◆ 시작전 1분이상이며 숫돌대체시 3분이상 시운전을 한다.

**74** 해머 작업시 가장 안전한 장소는?
① 좁은 통로
② 기계 바로 옆
③ 행동에 불편이 없는 곳
④ 전동 장치가 있는 곳

**75** 해머는 다음 어느 것을 사용해야 안전한가?
① 쐐기가 없는 것
② 타격면에 홈이 있는 것
③ 타격면이 평탄한 것
④ 머리가 깨어진 것

◆ 타격면에 홈이 있는 해머가 미끄럼이 적다.

**76** 해머 작업시 장갑을 끼면 안되는 이유는?
① 미끄러지기 쉬우므로
② 주의력이 산만해지므로
③ 손에 상처를 적게 하기 위하여
④ 비산하는 파편에 상처를 입지 않기 위해서

**77** 다음 스패너나 렌치 사용시 적합지 않은 것은?
① 너트에 맞는 것을 사용할 것
② 가동 조에 힘이 걸리게 할 것
③ 해머 대용으로 사용치 말 것
④ 공작물을 확실히 고정할 것

**78** 드라이버 사용시 주의 사항이다. 잘못 설명한 것은?
① 홈의 폭과 같은 것을 사용할 것
② 공작물을 고정할 것
③ 자루에 대하여 축이 수직일 것
④ 날끝이 둥근 것을 사용할 것

정답  72. ③  73. ①  74. ③  75. ②  76. ①  77. ②  78. ④

**79** 스패너 작업 중 가장 옳은 것은?
① 스패너 자루에 파이프 등을 끼워서 사용한다.
② 가동 조에 가장 큰 힘이 걸리도록 한다.
③ 고정 조에 힘이 많이 걸리도록 한다.
④ 볼트 머리보다 약간 큰 스패너를 사용하도록 한다.

**80** 정의 머리에 거스러미가 생기면?
① 해머가 미끄러져 손을 상하기 쉽다.
② 해머로 타격할 때 정에 많은 힘이 작용한다.
③ 타격면적이 커진다.
④ 금긋기 선에 따라서 쉽게 정 작업을 할 수 있다.

정답 79. ③  80. ①

# 자동차 정비 기능사

## 기출문제

| | | |
|---|---|---|
| 2015년 | 제 1 회 | 기출문제 |
| 2015년 | 제 2 회 | 기출문제 |
| 2015년 | 제 4 회 | 기출문제 |
| 2015년 | 제 5 회 | 기출문제 |
| 2016년 | 제 1 회 | 기출문제 |
| 2016년 | 제 2 회 | 기출문제 |
| 2016년 | 제 4 회 | 기출문제 |

# 2015년 제 1 회 기출문제

**01** 엔진이 2,000rpm으로 회전하고 있을 때 그 출력이 65PS라고 하면 이 엔진의 회전력은 몇 m·kgf인가?
① 23.27  ② 24.45
③ 25.46  ④ 26.38

◆ 회전력($T$)
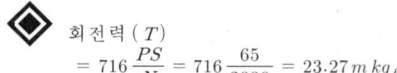
$= 716\dfrac{PS}{N} = 716\dfrac{65}{2000} = 23.27\, m\,kg_f$

**02** 디젤기관의 연소실 중 피스톤 헤드부의 요철에 의해 생성되는 연소실은?
① 예연소실식
② 공기실식
③ 와류실식
④ 직접분사실식

◆ 디젤기관의 연소실 형식
① 예연소실식 : 예연소실의 체적은 전압축 체적의 30~40%이다.
② 공기실식 : 공기실의 체적은 전압축 체적의 6.5~20%이다.
③ 와류실식 : 와류실의 체적은 전압축 체적의 50~70%이다.
④ 직접분사실식 : 연소실의 구조가 간단하고 표면적이 적기 때문에 열손실이 적고 연료소비가 적다.

**03** 기관의 밸브 장치에서 기계식 밸브 리프트에 비해 유압식 밸브 리프트의 장점으로 맞는 것은?
① 구조가 간단하다.
② 오일펌프와 상관없다.
③ 밸브 간극 조정이 필요 없다.
④ 워밍업 전에만 밸브 간극 조정이 필요하다.

◆ 유압식 밸브 리프트는 밸브 간극을 점검할 필요가 없으며, 밸브 개폐시기가 정확하므로 기관의 성능이 향상됨과 동시에 작동 소음을 줄일 수 있으나 구조가 복잡해지고 항상 일정한 압력을 유지해야 한다.

**04** LPG 연료에 대한 설명으로 틀린 것은?
① 기체 상태는 공기보다 무겁다.
② 저장은 가스 상태로만 한다.
③ 연료 충전은 탱크 용량의 약 85% 정도로 한다.
④ 주변온도 변화에 따라 봄베의 압력변화가 나타난다.

◆ LPG는 석유계 연료로 저장은 주로 액화저장이 가능하기 때문에 수송이 용이하다.

정답  01. ①  02. ④  03. ③  04. ②

**05** 자기진단 출력이 10진법 2개 코드 방식에서 코드번호가 55일 때 해당하는 신호는?

① (파형)
② (파형)
③ (파형)
④ (파형)

**06** 기관정비 작업 시 피스톤링의 이음 간극을 측정할 때 측정도구로 가장 알맞은 것은?

① 마이크로미터
② 다이얼게이지
③ 시크니스게이지
④ 버니어캘리퍼스

◆ 피스톤링의 이음 간극 및 사이드 간극은 시크니스게이지를 이용하여 측정한다.

**07** 여지 반사식 매연측정기의 시료 채취관을 배기관에 삽입 시 가장 알맞은 깊이는?

① 20cm  ② 40cm
③ 50cm  ④ 60cm

◆ 여지 반사식 매연측정기의 시료 채취관을 배기관에 삽입 시 채취관을 배기관의 중앙에 오도록 하고 20cm 정도의 깊이로 삽입한다.

**08** 엔진의 흡기장치 구성요소에 해당하지 않는 것은?

① 촉매장치
② 서지탱크
③ 공기청정기
④ 레조네이터(Resonator)

◆ 흡기계통의 주요 구성요소
서지탱크, 공기청정기, 레조네이터, 흡기 매니폴드, 흡기 포트 등

**09** LPG 기관에서 연료공급 경로로 맞는 것은?

① 봄베 → 솔레노이드밸브 → 베이퍼라이저 → 믹서
② 봄베 → 베이퍼라이저 → 솔레노이드밸브 → 믹서
③ 봄베 → 베이퍼라이저 → 믹서 → 솔레노이드밸브
④ 봄베 → 믹서 → 솔레노이드밸브 → 베이퍼라이저

◆ LPG 기관에서 연료공급 경로 : 봄베 → 솔레노이드밸브 → 베이퍼라이저 → 믹서

정답 05. ④  06. ③  07. ①  08. ①  09. ①

**10** 기관의 동력을 측정할 수 있는 장비는?
① 멀티미터
② 볼트미터
③ 타코미터
④ 다이나모미터

◆ 회전력의 동력적 측정 및 시험을 수행하는 시험설비를 통칭하여 다이나모미터라고 한다.

**11** 엔진의 내경 9cm, 행정 10cm인 1기통 배기량은?
① 약 666cc
② 약 656cc
③ 약 646cc
④ 약 636cc

◆ $V_s$(행정체적)
$= \dfrac{\pi D^2}{4} \times L$
$= \dfrac{\pi \times 9^2}{4} \times 10 = 636.17\,cc$

**12** EGR(Exhaust Gas Recirculation) 밸브에 대한 설명 중 틀린 것은?
① 배기가스 재순환 장치이다.
② 연소실 온도를 낮추기 위한 장치이다.
③ 증발가스를 포집하였다가 연소시키는 장치이다.
④ 질소산화물($NO_X$)배출을 감소하기 위한 장치이다.

◆ 배기가스재순환장치(EGR)는 배기가스의 일부를 엔진의 혼합가스에 재순환시켜 가능한 출력감소를 최소로 하면서 연소온도를 낮추어 질소산화물($NO_x$)의 배출량을 감소시키는 장치이다.

**13** 전자제어기관에서 인젝터의 연료분사량에 영향을 주지 않는 것은?
① 산소($O_2$)센서
② 공기유량센서(AFS)
③ 냉각수온센서(WTS)
④ 핀서모(Pin Thermo)센서

◆ 핀서모센서는 에어컨 시스템 내의 온도를 감지하는 역할을 한다.

**14** 수냉식 냉각장치의 장·단점에 대한 설명으로 틀린 것은?
① 공랭식보다 소음이 크다.
② 공랭식보다 보수 및 취급이 복잡하다.
③ 실린더 주위를 균일하게 냉각시켜 공랭식보다 냉각효과가 좋다.
④ 실린더 주위를 저온으로 유지시키므로 공랭식보다 체적효율이 좋다.

◆ 수냉식은 워터 재킷이 방음벽이 되며, 소음이 적다.

정답 10. ④  11. ④  12. ③  13. ④  14. ①

**15** 내연기관에서 언더스퀘어 엔진은 어느 것인가?

① 행정 / 실린더 내경 = 1
② 행정 / 실린더 내경 < 1
③ 행정 / 실린더 내경 > 1
④ 행정 / 실린더 내경 ≦ 1

◆ ①은 정방행정기관(스퀘어 기관), ②는 단행정기관(오버스퀘어 기관), ③은 장행정기관(언더스퀘어 기관)이다.

**16** 내연기관의 윤활장치에서 유압이 낮아지는 원인으로 틀린 것은?

① 기관 내 오일 부족
② 오일스트레이너 막힘
③ 유압조절밸브 스프링장력 과대
④ 캠축 베어링의 마멸로 오일간극 커짐

◆ 유압조절밸브의 스프링장력이 약할 때 유압이 낮아진다.

**17** 다음 중 디젤기관에 사용되는 과급기의 역할은?

① 윤활성의 증대
② 출력의 증대
③ 냉각효율의 증대
④ 배기의 증대

◆ 과급기는 내연기관, 그중에서 특히 왕복 엔진에 보다 많은 산소를 공급해, 불완전 연소를 줄이고 완전 연소 비율을 높여 출력과 효율을 높이는 장치이다.

**18** 피스톤 행정이 84mm, 기관의 회전수가 3,000rpm인 4행정 사이클 기관의 피스톤 평균속도는 얼마인가?

① 4.2m/s   ② 8.4m/s
③ 9.4m/s   ④ 10.4m/s

◆ $V = \dfrac{2LN}{60} = \dfrac{2 \times 0.084 \times 3000}{60} = 8.4\,m/s$

**19** 디젤엔진에서 연료 공급펌프 중 프라이밍 펌프의 기능은?

① 기관이 작동하고 있을 때 펌프에 연료를 공급한다.
② 기관이 정지되고 있을 때 수동으로 연료를 공급한다.
③ 기관이 고속운전을 하고 있을 때 분사펌프의 기능을 돕는다.
④ 기관이 가동하고 있을 때 분사펌프에 있는 연료를 빼는 데 사용한다.

◆ 프라이밍 펌프는 수동용 펌프로, 엔진이 정지되었을 때 연료 탱크의 연료를 연료 분사펌프까지 공급하거나 연료 라인 내의 공기 빼기 등에 사용한다.

정답 15. ③  16. ③  17. ②  18. ②  19. ②

**20** 흡기계통의 핫 와이어(Hot Wire) 공기량 계측방식은?
① 간접 계량방식
② 공기질량 검출방식
③ 공기체적 검출방식
④ 흡입부압 감지방식

◆ 핫 와이어식(Hot Wire)은 흡입공기량을 질량 유량에 의해 측정한다.

**21** 기관에 이상이 있을 때 또는 기관의 성능이 현저하게 저하되었을 때 분해수리의 여부를 결정하기 위한 가장 적합한 시험은?
① 캠각 시험
② CO 가스측정
③ 압축압력 시험
④ 코일의 용량 시험

◆ 엔진의 압축압력 시험은 엔진에 이상이 있을 때 또는 엔진의 성능이 현저하게 저하돼서 분해수리의 여부를 결정하기 위해서 한다.

**22** 가솔린엔진에서 점화장치의 점검방법으로 틀린 것은?
① 흡기온도센서의 출력값을 확인한다.
② 점화코일의 1차, 2차 코일 저항을 확인한다.
③ 오실로스코프를 이용하여 점화파형을 확인한다.
④ 고압 케이블을 탈거하고 크랭킹 시 불꽃 방전 시험으로 확인한다.

**23** 연료 분사장치에서 산소센서의 설치 위치는?
① 라디에이터
② 실린더 헤드
③ 흡입 매니폴드
④ 배기 매니폴드 또는 배기관

◆ 산소센서는 배기관에 설치되어 있으며, 배기가스 속에 포함되어 있는 산소량을 감지한다.

**24** 자동차 주행 시 차량 후미가 좌·우로 흔들리는 현상은?
① 바운싱
② 피칭
③ 롤링
④ 요잉

◆ ① 바운싱(Bouncing) : Z축을 중심으로 한 병진운동(차체의 전체가 아래·위로 진동)

정답 20. ② 21. ③ 22. ① 23. ④ 24. ④

② 피칭(Pitching) : Y축을 중심으로 한 회전운동(차체의 앞과 뒤쪽이 아래·위로 진동)
③ 롤링(Rolling) : X축을 중심으로 한 회전운동(차체가 좌우로 흔들리는 회전운동)
④ 요잉(Yawing) : Z축을 중심으로 한 회전운동(차체의 뒤쪽이 좌우로 회전하는 진동)

**25** 자동변속기 유압시험 시 주의할 사항이 아닌 것은?
① 오일온도가 규정온도에 도달되었을 때 실시한다.
② 유압시험은 냉간, 중간, 열간 등 온도를 3단계로 나누어 실시한다.
③ 측정하는 항목에 따라 유압이 클 수 있으므로 유압계 선택에 주의한다.
④ 규정 오일을 사용하고, 오일량을 정확히 유지하고 있는지 여부를 점검한다.

◆ 유압시험은 작동유를 설정된 압력, 유량 및 온도로 조절하여 피로시험으로 시험한다.

**26** 다음 중 수동변속기 기어의 2중 결합을 방지하기 위해 설치한 기구는?
① 앵커 블록
② 시프트 포크
③ 인터록 기구
④ 싱크로나이저 링

◆ 인터록 기구는 수동변속기에서 기어변속 체결 시 기어의 이중물림을 방지하기 위한 기구이다.

**27** 유압식 브레이크는 무슨 원리를 이용한 것인가?
① 뉴턴의 법칙
② 파스칼의 원리
③ 베르누이의 정리
④ 아르키메데스의 원리

◆ 유압회로는 파스칼의 원리를 이용한 것이다.

**28** 전자제어 현가장치(E.C.S) 입력신호가 아닌 것은?
① 휠스피드센서  ② 차고센서
③ 조향휠 각속도센서  ④ 차속센서

◆ 휠스피드센서는 감속을 검출하고 이 신호를 이용하여 ABS 하이드롤릭 모듈을 ECU가 제어하여 ABS가 작동하는 데 사용된다.

**29** 제동장치에서 디스크 브레이크의 형식으로 적합한 것은?
① 앵커핀형
② 2리딩형
③ 유니서보형
④ 플로팅 캘리퍼형

◆ 디스크 브레이크의 종류는 캘리퍼 고정형, 캘리퍼 부동형(플로팅 캘리퍼)이있다.

정답 25. ② 26. ③ 27. ② 28. ① 29. ④

**30** 자동차의 앞바퀴 정렬에서 토(Toe) 조정은 무엇으로 하는가?
① 와셔의 두께
② 심의 두께
③ 타이로드의 길이
④ 드래그 링크의 길이

◆ 토인(Toe In) : 앞바퀴를 위에서 보았을 때 앞쪽이 뒤쪽보다 좁은 상태로, 타이로드 길이로 조정한다. 토인의 조정은 전륜을 평행하게 회전시키며, 편마모 및 바퀴의 사이드슬립을 방지한다.

**31** 레이디얼타이어 호칭이 "175/70 SR 14"일 때 "70"이 의미하는 것은?
① 편평비
② 타이어폭
③ 최대속도
④ 타이어내경

◆ 175/70 SR 14
- 175 : 타이어 폭(mm)
- 70 : 편평비
- S : 최대속도
- R : 레이디얼 타이어
- 14 : 타이어 내경(inch)

**32** 자동차의 무게 중심위치와 조향 특성과의 관계에서 조향각에 의한 선회 반지름보다 실제 주행하는 선회 반지름이 작아지는 현상은?
① 오버 스티어링
② 언더 스티어링
③ 파워 스티어링
④ 뉴트럴 스티어링

◆ ② 언더 스티어링 : 자동차가 주행하면서 선회할 때 조향각도를 일정하게 유지하여도 선회 반지름이 커지는 현상
③ 파워 스티어링 : 자동차의 핸들조작에 편의를 더하기 위해 설비된 자동차 장치의 일종
④ 뉴트럴 스티어링 : 일정한 조향각으로 선회할 때 속도를 높여도 선회 반경이 변하지 않는 현상

**33** 클러치 마찰면에 작용하는 압력이 300N, 클러치판의 지름이 80cm, 마찰계수 0.3일 때 기관의 전달회전력은 약 몇 N·m인가?
① 36
② 56
③ 62
④ 72

◆ T = uPr = 0.3×300×0.4 = 36N·m

정답 30. ③  31. ①  32. ①  33. ①

**34** 유압식 동력조향장치의 구성요소가 아닌 것은?

① 유압펌프
② 유압제어밸브
③ 동력 실린더
④ 유압식 리타더

◆ 리타더는 보조제동장치이다.

**35** 진공식 브레이크 배력장치의 설명으로 틀린 것은?

① 압축공기를 이용한다.
② 흡기다기관의 부압을 이용한다.
③ 기관의 진공과 대기압을 이용한다.
④ 배력장치가 고장나면 일반적인 유압제동장치로 작동된다.

◆ 진공식은 엔진의 흡기다기관에서 발생하는 진공과 대기압의 압력차를 이용하며, 공기식은 엔진으로 구동되는 압축기로부터 얻은 압축기의 압력차를 이용한다.

**36** 축거가 1.2m인 자동차를 왼쪽으로 완전히 꺾을 때 오른쪽 바퀴의 조향각이 30°이고, 왼쪽 바퀴의 조향각도가 45°일 때 차의 최소회전반경은? (단, r값은 무시)

① 1.7m      ② 2.4m
③ 3.0m      ④ 3.6m

◆ 최소회전반경(R) = $\frac{L(축거)}{\sin \alpha}$ + r(바퀴접지면 중심과 킹핀과의 거리)

$R = \frac{L}{\sin \alpha} = \frac{1.2}{\sin 30} = 2.4 m$

**37** 십자형 자재이음에 대한 설명 중 틀린 것은?

① 십자 축과 두 개의 요크로 구성되어 있다.
② 주로 후륜 구동식 자동차의 추진축에 사용된다.
③ 롤러베어링을 사이에 두고 축과 요크가 설치되어 있다.
④ 자재이음과 슬립이음 역할을 동시에 하는 형식이다.

◆ 자재이음과 슬립이음 역할을 동시에 하는 형식은 볼 앤드 트러니언 자재이음이다.

**38** 수동변속기의 필요성으로 틀린 것은?

① 회전방향을 역으로 하기 위해
② 무부하 상태로 공전운전할 수 있게 하기 위해
③ 발진 시 각 부에 응력의 완화와 마멸을 최대화하기 위해
④ 차량발진 시 중량에 의한 관성으로 인해 큰 구동력이 필요하기 때문에

◆ 수동변속기는 자동변속기보다 발진 시 각 부에 응력의 완화와 마멸을 최소화할 수 있다.

정답  34. ④  35. ①  36. ②  37. ④  38. ③

**39** 자동변속기의 변속을 위한 가장 기본적인 정보에 속하지 않은 것은?

① 차량 속도
② 변속기 오일량
③ 변속 레버 위치
④ 엔진 부하(스로틀 개도)

◆ 자동변속기는 클러치와 변속기의 작동이 차량의 주행속도나 부하에 따라 자동적으로 이루어지는 장치이다.

**40** 전자제어 제동장치(ABS)의 적용 목적이 아닌 것은?

① 차량의 스핀 방지
② 차량의 방향성 확보
③ 휠 잠김(Lock) 유지
④ 차량의 조종성 확보

◆ ABS 장치의 설치목적 중에 타이어록(Lock) 방지도 있다.

**41** 전자제어 가솔린 엔진에서 점화시기에 가장 영향을 주는 것은?

① 퍼지 솔레노이드밸브
② 노킹센서
③ EGR 솔레노이드밸브
④ PCV(Positive Crankcase Ventilation)

◆ 노킹센서는 실린더 블록에 장착이 되어 엔진에서 발생되는 노킹을 감지하여 엔진 ECU로 신호를 보낸다.

**42** 백워닝(후방경보) 시스템의 기능과 가장 거리가 먼 것은?

① 차량 후방의 장애물을 감지하여 운전자에게 알려주는 장치이다.
② 차량 후방의 장애물은 초음파 센서를 이용하여 감지한다.
③ 차량 후방의 장애물 감지 시 브레이크가 작동하여 차속을 감속시킨다.
④ 차량 후방의 장애물 형상에 따라 감지되지 않을 수도 있다.

◆ 차량 후방의 장애물은 초음파 센서가 감지하는데 대부분 차량 뒤쪽 범퍼에 장착되어 있다. 센서는 후진 기어를 넣자마자 작동하기 시작하고, 차량과 장애물 사이가 가까워질수록 더 빠른 경보음을 내며 브레이크가 작동과는 무관하다.

정답 39. ② 40. ③ 41. ② 42. ③

**43** 2개 이상의 배터리를 연결하는 방식에 따라 용량과 전압 관계의 설명으로 맞는 것은?

① 직렬연결 시 1개 배터리 전압과 같으며 용량은 배터리 수만큼 증가한다.
② 병렬연결 시 용량은 배터리 수만큼 증가하지만 전압은 1개 배터리 전압과 같다.
③ 병렬연결이란 전압과 용량이 동일한 배터리 2개 이상을 (+)단자와 연결대상 배터리 (-)단자에, (-)단자는 (+)단자로 연결하는 방식이다.
④ 직렬연결이란 전압과 용량이 동일한 배터리 2개 이상을 (+)단자와 연결대상 배터리의 (+)단자에 서로 연결하는 방식이다.

◆ ① 직렬연결 시 전압은 연결한 개수만큼 증가하지만 용량은 1개일 때와 같다.
③ 병렬연결이란, 전압과 용량이 동일한 배터리 2개 이상을 (+)단자와 연결대상 배터리 (+)단자에, (-)단자는 (-)단자로 연결하는 방식이다.
④ 직렬연결이란 전압과 용량이 동일한 배터리 2개 이상을 (+)단자와 연결대상 배터리의 (-)단자에 서로 연결하는 방식이다.

**44** 저항이 4Ω인 전구를 12V의 축전지에 의하여 점등했을 때 접속이 올바른 상태에서 전류A는 얼마인가?

① 4.8A    ② 2.4A
③ 3.0A    ④ 6.0A

◆ 전류 = $\frac{전압}{저항} = \frac{12}{4} = 3.0A$

**45** 기동전기의 작동원리는 무엇인가?

① 렌츠 법칙
② 앙페르 법칙
③ 플레밍 왼손법칙
④ 플레밍 오른손법칙

◆ 플레밍의 왼손법칙은 전동기이고, 오른손법칙을 이용한 것은 발전기이다.

**46** 발전기의 3상 교류에 대한 설명으로 틀린 것은?

① 3조의 코일에서 생기는 교류 파형이다.
② Y결선을 스타결선, △결선을 델타결선이라 한다.
③ 각 코일에 발생하는 전압을 선간전압이라고 하며, 스테이터 발생전류는 직류전류가 발생된다.
④ △결선은 코일의 각 끝과 시작점을 서로 묶어서 각각의 접속점을 외부 단자로 한 결전 방식이다.

◆ 각 코일에 발생하는 전압을 상전압이라고

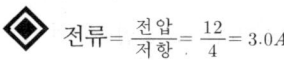
정답 43. ②   44. ③   45. ③   46. ③

하며, 스테이터 에서의 발생전류는 교류 전류다.

**47** 자동차용 납산 축전지에 관한 설명으로 맞는 것은?
① 일반적으로 축전지의 음극 단자는 양극 단자보다 크다.
② 정전류 충전이란 일정한 충전 전압으로 충전하는 것을 말한다.
③ 일반적으로 충전시킬 때는 (+)당자는 수소가, (-)단자는 산소가 발생한다.
④ 전해액의 황산 비율이 증가하면 비중은 높아진다.

◆ ① 축전지의 음극 단자는 양극 단자보다 작다.
② 정전류 충전이란 충전 초기부터 완료까지 일정한 전류로 충전하는 방식을 말한다.
③ 배터리 충전 시 (-)극판에는 수소가, (+)극판에는 산소를 발생시킨다.

**48** 다음 그림의 기호는 어떤 부품을 나타내는 기호인가?

① 실리콘다이오드
② 발광다이오드
③ 트랜지스터
④ 제너다이오드

**49** 계기판의 엔진 회전계가 작동하지 않는 결함의 원인에 해당되는 것은?
① VSS(Vehicle Speed Sensor) 결함
② CPS(Cranklshaft Position Sensor) 결함
③ MAP(Manifold Absolute Pressure Sensor) 결함
④ CTS(Coolant Temperature Sensor) 결함

◆ CPS(크랭크샤프트 포지션센서)는 엔진 회전속도 및 크랭크 각의 위치를 감지하는 센서이다.

**50** 다음 중 가속도(G)센서가 사용되는 전자 제어 장치는?
① 에어백(SRS) 장치
② 배기장치
③ 정속주행 장치
④ 분사 장치

◆ 가속도센서는 차동 트랜스회로 등으로 구성되어 ESC, ABS, 에어백 등에 사용된다.

정답 47. ④  48. ④  49. ②  50. ①

**51** 선반작업 시 안전수칙으로 틀린 것은?
① 선반 위에 공구를 올려놓은 채 작업하지 않는다.
② 돌리개는 적당한 크기의 것을 사용한다.
③ 공작물을 고정한 후 렌치류는 제거해야 한다.
④ 날 끝의 칩 제거는 손으로 한다.

◆ ④ 칩 제거 작업 시 반드시 전용 브러시를 사용한다.

**52** 수공구의 사용방법 중 잘못된 것은?
① 공구를 청결한 상태에서 보관할 것
② 공구를 취급할 때에 올바른 방법으로 사용할 것
③ 공구는 지정된 장소에 보관할 것
④ 공구는 사용 전후 오일을 발라 둘 것

◆ 수공구를 사용하기 전에 오일 등 이물질을 제거한후 사용하며 보관시에는 저장방법을 숙지하여 보관한다.

**53** 단조작업의 일반적 안전사항으로 틀린 것은?
① 해머작업을 할 때에는 주의 사람을 보면서 한다.
② 재료를 자를 때에는 정면에 서지 않아야 한다.
③ 물품에 열이 있기 때문에 화상에 주의한다.
④ 형(Die) 공구류는 사용 전에 예열한다.

◆ ① 해머작업 시 작업위치에 집중하여 작업하며 주위에 사람이 없도록한다..

**54** 평균 근로자 500명인 직장에서 1년간 8명의 재해가 발생하였다면 연천인율은?
① 12      ② 14
③ 16      ④ 18

◆ 연천인율 $\frac{재해자수}{평균근로자수} \times 1{,}000$
$= \frac{8}{500} \times 1{,}000 = 16$

**55** 소화작업의 기본요소가 아닌 것은?
① 가연 물질을 제거한다.
② 산소를 차단한다.
③ 점화원을 냉각시킨다.
④ 연료를 기화시킨다.

◆ 소화작업의 기본요소
㉠ 냉각소화(열을 식힘, 제거)
㉡ 제거소화(연료, 가연물 제거)

정답 51. ④  52. ④  53. ①  54. ③  55. ④

ⓒ 질식소화(산소의 차단)

**56** 차량 밑에서 정비할 경우 안전조치 사항으로 틀린 것은?
① 차량은 반드시 평지에 받침목을 사용하여 세운다.
② 차를 들어 올리고 작업할 때에는 반드시 잭으로 들어 올린 다음 스탠드로 지지해야 한다.
③ 차량 밑에서 작업할 때에는 반드시 앞치마를 이용한다.
④ 차량 밑에서 작업할 때에는 반드시 보안경을 착용한다.

◆ 량 밑에서 작업할 때에는 반드시 주머니 없는 옷(정비복)을 착용하고 보안경을 착용한다.

**57** 엔진작업에서 실린더 헤드볼트를 올바르게 풀어내는 방법은?
① 반드시 토크렌치를 사용한다.
② 풀기 쉬운 것부터 푼다.
③ 바깥쪽에서 안쪽을 향하여 대각선 방향으로 푼다.
④ 시계방향으로 차례대로 푼다.

◆ 실린더 헤드볼트를 풀 때는 바깥쪽에 있는 볼트부터 풀고, 조일 때는 반대로 안쪽에 있는 볼트부터 조여야 변형을 방지할 수 있으며, 조일 때에는 반드시 토크렌치를 사용하여 규정 값으로 조여야 한다.

**58** 호이스트 사용 시 안전사항 중 틀린 것은?
① 규격 이상의 하중을 걸지 않는다.
② 무게 중심 바로 위에서 달아 올린다.
③ 사람이 짐에 타고 운반하지 않는다.
④ 운반 중에는 물건이 흔들리지 않도록 짐에 올라타고 운반한다.

◆ 흔들리기 쉬운 인양물은 고정시켜서 운반하며 올라타면 안된다.

**59** 정비공장에서 엔진을 이동시키는 방법 가운데 가장 적합한 방법은?
① 체인 블록이나 호이스트를 사용한다.
② 지렛대를 이용한다.
③ 로프를 묶고 잡아당긴다.
④ 사람이 들고 이동한다.

◆ 엔진을 이동시키는 방법으로는 장비를 이용하여야한다.

정답 56. ③   57. ③   58. ④   59. ①

**60** 전기장치의 배선 연결부 점검 작업으로 적합한 것을 모두 고른 것은?

a. 연결부의 풀림이나 부식을 점검한다.
b. 배선 피복의 절연, 균열 상태를 점검한다.
c. 배선이 고열 부위로 지나가는지 점검한다.
d. 배선이 날카로운 부위로 지나가는지 점검한다.

① a-b
② a-b-d
③ a-b-c
④ a-b-c-d

정답 60. ④

# 2015년 제 2 회 기출문제

**01** 실린더블록이나 헤드의 평면도 측정에 알맞은 게이지는?
① 마이크로미터
② 다이얼 게이지
③ 버니어 캘리퍼스
④ 직각자와 필러 게이지

◆ 실린더 블록 및 헤드의 평면도 측정은 간극(필러) 게이지와 직각자를 이용하여 측정한다.

**02** 4행정 사이클 기관에서 크랭크축이 4회전 할 때 캠축은 몇 회전하는가?
① 1회전
② 2회전
③ 3회전
④ 4회전

◆ 크랭크축 2회전에 캠축 1회전이므로 크랭크축 4회전에는 캠축이 2회전한다.

**03** 윤중에 대한 정의이다. 옳은 것은?
① 자동차가 수평으로 있을 때, 1개의 바퀴가 수직으로 지면을 누르는 중량
② 자동차가 수평으로 있을 때, 차량 중량이 1개의 바퀴에 수평으로 걸리는 중량
③ 자동차가 수평으로 있을 때, 차량 총 중량이 2개의 바퀴에 수직으로 걸리는 중량
④ 자동차가 수평으로 있을 때, 공차 중량이 4개의 바퀴에 수직으로 걸리는 중량

◆ 윤중이란 자동차가 수평으로 있을 때, 1개의 바퀴가 수직으로 지면을 누르는 중량을 말한다.

**04** 피스톤에 옵셋(Off Set)을 두는 이유로 가장 올바른 것은?
① 피스톤의 틈새를 크게 하기 위하여
② 피스톤의 중량을 가볍게 하기 위하여
③ 피스톤의 측압을 작게 하기 위하여
④ 피스톤 스커트부에 열전달을 방지하기 위하여

◆ 피스톤 옵셋을 두는 이유는 폭발행정 시 피스톤 측면으로부터 발생하는 측압을 감소시키기 위함이다.

**05** LPI 엔진에서 연료의 부탄과 프로판의 조성비를 결정하는 입력요소로 맞는 것은?
① 크랭크각센서, 캠각센서
② 연료온도센서, 연료압력센서
③ 공기유량센서, 흡기온도센서
④ 산소센서, 냉각수온센서

◆ LPI 엔진에서 연료의 부탄과 프로판의 조성비를 결정하는 요소는 연료 온도센서, 연료압력센서이다(LPG는 여름철에는 부

**정답** 01. ④  02. ②  03. ①  04. ③  05. ②

탄 100%를 사용하고 동절기에는 프로판의 비율을 늘려 기화 및 연소 특성을 개선시킨다.).

**06** 자동차 엔진의 냉각 장치에 대한 설명 중 적절하지 않은 것은?
① 강제 순환식이 많이 사용된다.
② 냉각 장치 내부에 물때가 많으면 과열의 원인이 된다.
③ 서모스탯에 의해 냉각수의 흐름이 제어된다.
④ 엔진 과열 시에는 즉시 라디에이터 캡을 열고 냉각수를 보급하여야 한다.

◆ 엔진 과열 시 시동을 끄고 충분히 냉각된 후 라디에이터 캡을 열고 냉각수를 보급하여야 한다.

**07** 전자제어 연료분사 차량에서 크랭크각센서의 역할이 아닌 것은?
① 냉각수 온도 검출
② 연료의 분사시기 결정
③ 점화시기 결정
④ 피스톤의 위치 검출

◆ 냉각수 온도 검출은 냉각수온센서가 하며 부특성 서미스터이다.

**08** 디젤기관에 쓰이는 연소실이다. 복실식 연소실이 아닌 것은?
① 예연소실식
② 직접분사식
③ 공기실식
④ 와류실식

◆ 디젤기관의 연소실 형식 중 복실식으로는 예연소실식, 공기실식, 와류 실식이 있다.

**09** 디젤기관의 노킹을 방지하는 대책으로 알맞은 것은?
① 실린더 벽의 온도를 낮춘다.
② 착화지연 기간을 길게 유도한다.
③ 압축비를 낮게 한다.
④ 흡기온도를 높인다.

◆ 디젤노크 방지법
㉠ 세탄가가 높은 연료를 사용한다.
㉡ 압축비를 높게 한다.
㉢ 실린더 벽의 온도를 높게 유지한다.
㉣ 흡입공기의 온도를 높게 유지한다.
㉤ 연료의 분사 시기를 알맞게 조정한다.
㉥ 착화 지연 기간 중에 연료의 분사량을 적게 한다.
㉦ 엔진의 회전속도를 빠르게 한다.

정답  06. ④  07. ①  08. ②  09. ④

**10** 디젤엔진의 정지방법에서 인테이크 셔터(Intake Shutter)의 역할에 대한 설명으로 옳은 것은?
① 연료를 차단
② 흡입공기를 차단
③ 배기가스를 차단
④ 압축 압력 차단

◆ 인테이크 셔터는 운전 중 디젤엔진을 멈추는 장치의 하나로 흡기다기관 입국에 설치된 셔터를 닫아 공기를 차단하여 엔진을 멈춘다.

**11** 가솔린기관에서 고속회전 시 토크가 낮아지는 원인으로 가장 적합한 것은?
① 체적효율이 낮아지기 때문이다.
② 화염전파 속도가 상승하기 때문이다.
③ 공연비가 이론공연비에 근접하기 때문이다.
④ 점화시기가 빨라지기 때문이다.

◆ 가솔린기관에서 고속회전 시 토크가 낮아지는 원인은 공기의 유동속도가 증가하여 체적효율이 낮아지기 때문이다.

**12** 가솔린 자동차의 배기관에서 배출되는 배기가스와 공연비와 관계를 잘못 설명한 것은?
① CO는 혼합기가 희박할수록 적게 배출된다.
② HC는 혼합기가 농후할수록 많이 배출된다.
③ $NO_X$는 이론 공연비 부근에서 최소로 배출된다.
④ $CO_2$는 혼합기가 농후할수록 적게 배출된다.

◆ $NO_X$는 이론 공연비(14.7 : 1) 부근에서 연소실 온도가 높을 때(1,800℃ 이상) 최대로 배출된다.

**13** 기관에 윤활유를 급유하는 목적과 관계없는 것은?
① 연소촉진작용
② 동력손실감소
③ 마멸방지
④ 냉각작용

◆ 윤활유는 마멸감소, 냉각작용, 청정작용, 방청작용, 응력분산작용, 기밀유지작용 등을 한다. 연소촉진작용은 연료의 연소와 관계되는 인자이다.

정답 10. ②　11. ①　12. ③　13. ①

**14** 다음 중 전자제어 엔진에서 연료분사 피드백(Feed Back) 제어에 가장 필요한 센서는?
① 스로틀포지션센서
② 대기압센서
③ 차속센서
④ 산소($O_2$)센서

◆ 산소센서는 배기가스 내의 산소농도를 검출하여 ECU로 전송하여 연료 분사 보정량을 제어하는 피드백 신호이다.

**15** 공기청정기가 막혔을 때의 배기가스 색으로 가장 알맞은 것은?
① 무색
② 백색
③ 흑색
④ 청색

◆ 공기청정기가 막히면 농후한 연소 상태가 되어 검은색 배기가스가 배출되며 연소실에서 윤활유의 연소 시 백색 배기가스가 배출된다.

**16** 피스톤 링의 3대 작용으로 틀린 것은?
① 와류작용
② 기밀작용
③ 오일 제어작용
④ 열전도 작용

◆ 피스톤의 3대 작용
기밀작용, 열전도 작용, 오일 제어작용

**17** 연료탱크 내장형 연료펌프(어셈블리)의 구성 부품에 해당되지 않는 것은?
① 체크밸브
② 릴리프밸브
③ DC모터
④ 포토다이오드

◆ 포토(수광)다이오드는 연료장치의 구성품이 아니다.

**18** 이소옥탄 60%, 정헵탄 40%의 표준연료를 사용했을 때 옥탄가는 얼마인가?
① 40%   ② 50%
③ 60%   ④ 70%

◆ 옥탄가를 산출하는 식은
$$ON = \frac{이소옥탄}{이소옥탄 + 정헵탄} \times 100$$ 이므로
$$= \frac{60}{60+40} \times 100 = 60(ON)$$ 이 된다.

**정답** 14. ④   15. ③   16. ①   17. ④   18. ③

**19** 전자제어 차량의 흡입 공기량 계측 방법으로 매스 플로(Mass Flow) 방식과 스피드 덴시티(Speed Density) 방식이 있는데 매스 플로 방식이 아닌 것은?
① 맵센서식(MAP Sensor Type)
② 핫 필름식(Hot Film Type)
③ 베인식(Vane Type)
④ 칼만와류식(Kalman Voltax Type)

◆ MAP센서 방식은 흡기다기관의 진공도를 계측하여 간접적으로 흡입공기량을 산출하는 방식으로 질량 계측 방식이 아니다.

**20** 엔진 실린더 내부에서 실제로 발생한 마력으로 혼합기가 연소 시 발생하는 폭발 압력을 측정한 마력은?
① 지시마력
② 경제마력
③ 정미마력
④ 정격마력

◆ 혼합기 자체의 폭발 시 발생하는 마력을 지시(도시)마력이라고 하고 피스톤의 움직임, 마찰 등의 손실에 대한 마력을 손실마력이라 하며, 실제 구동마력, 즉 지시마력에서 손실마력을 뺀 실제 마력을 정미마력(제동마력, 실마력, 축마력)이라 한다.

**21** 연소란 연료의 산화반응을 말하는데 연소에 영향을 주는 요소 중 가장 거리가 먼 것은?
① 배기 유동과 난류
② 공연비
③ 연소 온도와 압력
④ 연소실 형상

◆ 배기가스의 유동과 난류는 연소에 영향을 미치는 요소와 거리가 멀다.

**22** 실린더 지름이 100mm의 정방형 엔진이다. 행정체적은 약 얼마인가?
① 600cm³   ② 785cm³
③ 1,200cm³   ④ 1,490cm³

◆ 정방형엔진은 행정과 내경이 같으므로 지름 100mm이면 행정도 100mm이다. 따라서, 실린더 1개의 배기량, 즉 행정체적은 다음과 같이 산출할 수 있다.
$\frac{\pi \times d^2}{4} \times L =$ 행정체적이 되며,
$\frac{3.14 \times 10^2}{4} \times 10 = 785 cm^3$이 된다.

**23** 연료의 저위발열량 10,500kcal/kgf, 제동마력 93PS, 제동열효율 30%인 기관의 시간당 연료소비량kgf/h은?
① 약 18.07   ② 약 17.07
③ 약 16.07   ④ 약 5.53

정답 19. ①  20. ①  21. ①  22. ②  23. ①

◆ 정미열효율을 산출하는 식은
$\eta_b \dfrac{BPS \times 632.3}{B \times C} \times 100$ 이므로

$\dfrac{93 \times 632.3}{10500 \times C} \times 100 = 31$ 이 된다.

따라서, 연료소비량 C≒18.06kgf/h이다.

**24** 전자제어 조향장치에서 차속센서의 역할은?
① 공전속도 조절
② 조향력 조절
③ 공연비 조절
④ 점화시기 조절

◆ 전자제어 조향장치는 차속이 느릴 때 조향핸들의 조타력을 가볍게 하고 차속이 빠를 때 조타력을 무겁게 제어하는데 이러한 조타력의 조절을 위해 차속센서의 신호를 기반으로 제어한다.

**25** 클러치 부품 중 플라이휠에 조립되어 플라이휠과 함께 회전하는 부품은?
① 클러치판
② 변속기 입력축
③ 클러치 커버
④ 릴리스 포크

◆ 클러치 커버는 플라이휠에 조립되어 엔진 구동 시 항상 플라이휠과 같이 회전한다.

**26** 엔진의 출력을 일정하게 하였을 때 가속성능을 향상시키기 위한 것이 아닌 것은?
① 여유 구동력을 크게 한다.
② 자동차의 총중량을 크게 한다.
③ 종감속비를 크게 한다.
④ 주행저항을 작게 한다.

◆ 차량의 총중량이 늘어나면 가속성능이 저하된다.

**27** 배력장치가 장착된 자동차에서 브레이크 페달의 조작이 무겁게 되는 원인이 아닌 것은?
① 푸시로드의 부트가 파손되었다.
② 진공용 체크밸브의 작동이 불량하다.
③ 릴레이밸브 피스톤의 작동이 불량하다.
④ 하이드롤릭 피스톤 컵이 손상되었다.

◆ 푸시로드의 부트는 이물질 등이 침입하지 못하도록 막는 역할을 하며 브레이크 페달의 조작력과는 상관없다.

**28** 유압식 클러치에서 동력차단이 불량한 원인 중 가장 거리가 먼 것은?
① 페달의 자유간극 없음
② 유압라인의 공기 유입
③ 클러치 릴리스 실린더 불량
④ 클러치 마스터 실린더 불량

정답  24. ②  25. ③  26. ②  27. ①  28. ①

◆ 페달의 자유간극이 없을 경우 클러치의 동력차단은 원활하나 동력 접속 시 디스크의 미끄러짐이 발생하여 가속력이 저하되고 연비가 증가하며 등판성능이 저하되는 원인이 있다.

**29** 자동차의 축간거리가 2.2m, 외측 바퀴의 조향각이 30°이다. 이 자동차의 최소회전반지름은 얼마인가? (단, 바퀴의 접지면 중심과 킹핀과의 거리는 30cm이다.)
① 3.5m  ② 4.7m
③ 7m  ④ 9.4m

◆ 최소회전반경 산출식은 $R\frac{L}{\sin\alpha}+r$이므로
$\frac{2.2}{\sin 30°}+0.3=4.7m$이다.

**30** 전자제어 현가장치에 사용되고 있는 차고센서의 구성부품으로 옳은 것은?
① 에어체임버와 서브탱크
② 발광다이오드와 유화 카드뮴
③ 서모스위치
④ 발광다이오드와 광트랜지스터

◆ 차고센서는 발광다이오드와 광트랜지스터를 사용하는 방식과 가변저항인 퍼텐셔미터를 사용하는 방식이다.

**31** 브레이크 파이프에 잔압 유지와 직접적인 관련이 있는 것은?
① 브레이크 페달
② 마스터 실린더 2차컵
③ 마스터 실린더 체크밸브
④ 푸시로드

◆ 가솔린기관의 연료펌프에서 체크밸브는 유체의 흐름을 한방향으로만 흐르게 하는 밸브로서 연료라인의 잔압을 유지시켜 재시동성을 좋게 하고 베이퍼록 현상을 방지하며 연료의 역류를 방지하는 기능을 수행한다.

**32** 조향휠을 1회전 하였을 때 피트먼암이 60°움직였다. 조향기어비는 얼마인가?
① 12 : 1  ② 6 : 1
③ 6.5 : 1  ④ 13 : 1

◆ 조향기어비
$=\frac{조향핸들회전각}{피트먼암(너클암,바퀴)선회각(°)}=\frac{360}{60}=6$

**33** 주행 중 조향핸들이 한쪽으로 쏠리는 원인과 가장 거리가 먼 것은?
① 바퀴 허브 너트를 너무 꽉 조였다.
② 좌·우의 캠버가 같지 않다.
③ 컨트롤 암(위 또는 아래)이 휘었다.
④ 좌·우의 타이어 공기압이 다르다.

◆ 바퀴의 허브 너트는 조향핸들이 한쪽으

정답  29. ②  30. ④  31. ③  32. ②  33. ①

로 쏠리는 현상과 거리가 멀다.

**34** 타이어의 구조 중 노면과 직접 접촉하는 부분은?
① 트레드　　　② 카커스
③ 비드　　　　④ 숄더

◆ 타이어에서 노면과 직접 접촉하는 부분은 트레드 부분이며 형상에 따라 리브형, 러그형, 블록형 등으로 구분한다.

**35** 추진축의 슬립 이음은 어떤 변화를 가능하게 하는가?
① 축의 길이　　② 드라이브 각
③ 회전 토크　　④ 회전 속도

◆ 슬립이음은 길이변화를, 자재이음은 각도 변화를 위해 장착된다.

**36** 전자제어식 제동장치(ABS)에서 제동 시 타이어 슬립률이란?
① (차륜속도 - 차체속도)/차체속도 ×100%
② (차체속도 - 차륜속도)/차체속도 ×100%
③ (차체속도 - 차륜속도)/차륜속도 ×100%
④ (차륜속도 - 차체속도)/차륜속도 ×100%

◆ 타이어 습립률은 $\frac{차량속도 - 바퀴속도}{차량속도} \times 100$

**37** 자동변속기 차량에서 시동이 가능한 변속 레버 위치는?
① P, N　　　② P, D
③ 전구간　　④ N, D

◆ 자동변속기의 인히비터 스위치는 P, N에서 시동이 걸리도록 제어한다.

**38** 승용자동차에서 주제동 브레이크에 해당되는 것은?
① 디스크 브레이크
② 배기 브레이크
③ 엔진 브레이크
④ 와전류 리타더

◆ 승용자동차의 주제동 브레이크는 디스크 브레이크, 드럼 브레이크 형식을 사용한다.

**39** 자동차가 고속으로 선회할 때 차체가 기울어지는 것을 방지하기 위한 장치는?
① 타이로드
② 토인
③ 프로포셔닝밸브
④ 스테빌라이저

◆ 스테빌라이저는 차량의 진행방향의 중심을 기준으로 좌우 진동하는 것(롤링)을 방지하는 장치이다.

정답　34. ①　35. ②　36. ②　37. ①　38. ①　39. ④

**40** 자동변속기 오일의 구비조건으로 부적합한 것은?
① 기포 발생이 없고 방청성이 있을 것
② 점도지수의 유동성이 좋을 것
③ 내열 및 내산화성이 좋을 것
④ 클러치 접속 시 충격이 크고 미끄럼 없는 적절한 마찰계수를 가질 것

◆ 자동변속기의 오일은 클러치 접속 시 충격 흡수 능력이 있어야 하므로 마찰계수가 커야한다.

**41** 논리회로에서 AND 게이트의 출력이 HIGH(1)로 되는 조건은?
① 양쪽의 입력이 HIGH일 때
② 한쪽의 입력만 LOW일 때
③ 한쪽의 입력만 HIGH일 때
④ 양쪽의 입력이 LOW일 때

◆ AND 회로는 A와 B의 입력이 모두 1일 때 출력이 1로 나타나고 나머지의 경우에는 0이 출력된다.

**42** 자동차에서 축전지를 떼어낼 때 작업방법으로 가장 옳은 것은?
① 접지 터미널을 먼저 푼다.
② 양 터미널을 함께 푼다.
③ 벤트 플러그(Vent Plug)를 열고 작업한다.
④ 극성에 상관없이 작업성이 편리한 터미널부터 분리한다.

◆ 자동차에서 축전지를 떼어낼 때 제일 먼저 하는 작업은 축전지의 (-)케이블(접지 터미널)을 탈거한다.

**43** 일반적으로 발전기를 구동하는 축은?
① 캠축            ② 크랭크축
③ 앞차축          ④ 컨트롤로드

◆ 발전기는 엔진의 크랭크축의 벨트에 의해서 구동된다.

**44** 자기유도작용과 상호유도작용 원리를 이용한 것은?
① 발전기          ② 점화코일
③ 기동모터        ④ 축전지

◆ 점화코일은 1차 코일에서 자기유도작용을 2차 코일에서 상호유도작용을 통하여 점화 불꽃을 방전한다.

정답  40. ④   41. ①   42. ①   43. ②   44. ②

**45** 링기어 이의 수가 120, 피니언 이의 수가 12이고, 1,500cc급 엔진의 회전저항이 6m·kgf일 때, 기동전동기의 필요한 최소 회전력은?

① 0.6m·kgf
② 2m·kgf
③ 20m·kgf
④ 6m·kgf

◆ 기동전동기의 피니언 잇수가 12이고 플라이휠 링기어의 잇수가 120이면 감속비는 10 : 1이므로 엔진의 회전저항이 6m·kgf이면 1/10 만큼의 기동전동기 회전력이 필요하므로 0.6m·kgf이 된다.

**46** 자동차용 배터리의 충전방전에 관한 화학반응으로 틀린 것은?

① 배터리 방전 시 (+)극판의 과산화납은 점점 황산납으로 변화한다.
② 배터리 충전 시 (+)극판의 황산납은 점점 과산화납으로 변화한다.
③ 배터리 충전 시 물은 묽은 황산으로 변한다.
④ 배터리 충전 시 (-)극판에는 산소가, (+)극판에는 수소를 발생시킨다.

◆ 배터리 충전 시 (-)극판에는 수소가, (+)극판에는 산소를 발생시킨다.

**47** 자동차 에어컨에서 고압의 액체 냉매를 저압의 기체 냉매로 바꾸는 구성품은?

① 압축기(Compressor)
② 리퀴드탱크(Liquid Tank)
③ 팽창밸브(Expansion Valve)
④ 에버퍼레이터(Evaperator)

◆ 에어컨에서 고압의 액체 냉매를 저압의 기체 냉매로 바꾸는 장치는 팽창밸브이다.

**48** 자동차 전기장치에서 "유도 기전력은 코일 내의 자속의 변화를 방해하는 방향으로 생긴다."는 현상을 설명한 것은?

① 앙페르의 법칙
② 키르히호프의 제1법칙
③ 뉴턴의 제1법칙
④ 렌츠의 법칙

◆ 렌츠의 법칙은 "유도 기전력은 코일 내의 자속의 변화를 방해하는 방향으로 생긴다."이다.

**49** R-134a 냉매의 특징을 설명한 것으로 틀린 것은?

① 액화 및 증발되지 않아 오존층이 보호된다.
② 무색, 무취, 무미하다.
③ 화학적으로 안정되고 내열성이 좋다.
④ 온난화 계수가 구냉매보다 낮다.

정답 45. ① 46. ④ 47. ③ 48. ④ 49. ①

◆ R-134a는 에어컨 냉매로서 액화 및 증발성질이 우수해야 냉방효과를 얻을 수 있다.

**50** 주행계기판의 온도계가 작동하지 않을 경우 점검을 해야 할 곳은?
① 공기유량센서
② 냉각수온센서
③ 에어컨 압력센서
④ 크랭크포지션센서

◆ 냉각수온센서 고장 시 계기판의 온도계가 작동하지 않을 수 있다.

**51** 제3종 유기용제 취급장소의 색표시는?
① 빨강
② 노랑
③ 파랑
④ 녹색

◆ 유기용제 (시너·솔벤트 등 어떤 물질을 녹일 수 있는 액체상태의 유기화학물질) 등의 구분표시
. 제1종 유기용제 등 : 적색
. 제2종 유기용제 등 : 황색
. 제3종 유기용제 등 : 청색

**52** 렌치를 사용한 작업에 대한 설명으로 틀린 것은?
① 스패너의 자루가 짧다고 느낄 때는 긴 파이프를 연결하여 사용할 것
② 스패너를 사용할 때는 앞으로 당길 것
③ 스패너는 조금씩 돌리며 사용할 것
④ 파이프렌치의 주 용도는 둥근 물체 조립용이다.

◆ 스패너나 렌치에 긴 파이프 등을 연결하여 작업하면 위험하다.

**53** 관리감독자의 점검 대상 및 업무내용으로 가장 거리가 먼 것은?
① 보호구의 착용 및 관리실태 적절 여부
② 산업재해 발생 시 보고 및 응급조치
③ 안전수칙 준수 여부
④ 안전관리자 선임 여부

◆ 안전관리자 선임 여부는 관리감독자의 점검 대상 및 업무내용에 해당되지 않는다.

정답 50. ② 51. ③ 52. ① 53. ④

**54** 드릴 작업 때 칩의 제거 방법으로 가장 좋은 것은?
① 회전시키면서 솔로 제거
② 회전시키면서 막대로 제거
③ 회전을 중지시킨 후 손으로 제거
④ 회전을 중지시킨 후 솔로 제거

**55** 다이얼 게이지 취급 시 안전사항으로 틀린 것은?
① 작동이 불량하면 스핀들에 주유 혹은 그리스를 도포해서 사용한다.
② 분해 청소나 조정은 하지 않는다.
③ 다이얼 인디케이터에 충격을 가해서는 안 된다.
④ 측정 시는 측정물에 스핀들을 직각으로 설치하고 무리한 접촉은 피한다.

◆ 다이얼 게이지는 측정장비로 스핀들에 주유 혹은 그리스를 도포하면 안 된다.

**56** LPG 자동차 관리에 대한 주의사항 중 틀린 것은?
① LPG가 누출되는 부위를 손으로 막으면 안 된다.
② 가스 충전 시에는 합격 용기인가를 확인하고, 과충전되지 않도록 해야 한다.
③ 엔진실이나 트렁크실 내부 등을 점검할 때 라이터나 성냥 등을 켜고 확인한다.
④ LPG는 온도상승에 의한 압력상승이 있기 때문에 용기는 직사광선 등을 피하는 곳에 설치하고 과열되지 않아야 한다.

◆ 엔진실이나 트렁크실 내부 등을 점검할 때 화기는 가까이 하지 않아야한다.

정답 54. ④　55. ①　56. ③

**57** 휠 밸런스 점검 시 안전수칙으로 틀린 것은?
① 점검 후 테스터 스위치를 끄고 자연히 정지하도록 한다.
② 타이어의 회전방향에서 점검한다.
③ 과도하게 속도를 내지 말고 점검한다.
④ 회전하는 휠에 손을 대지 않는다.

◆ 휠 밸런스 점검 시 타이어의 측방향에서 점검한다.

**58** 안전표시의 종류를 나열한 것으로 옳은 것은?
① 금지표시, 경고표시, 지시표시, 안내표시
② 금지표시, 권장표시, 경고표시, 지시표시
③ 지시표시, 권장표시, 사용표시, 주의표시
④ 금지표시, 주의표시, 사용표시, 경고표시

◆ 권장표시와 사용표시는 안전표시의 종류가 아니다.

**59** 하이브리드 자동차의 고전압 배터리 취급 시 안전한 방법이 아닌 것은?
① 고전압 배터리 점검, 정비 시 절연 장갑을 착용한다.
② 고전압 배터리 점검, 정비 시 점화 스위치는 OFF한다.
③ 고전압 배터리 점검, 정비 시 12V 배터리 접지선을 분리
④ 고전압 배터리 점검, 정비 시 반드시 세이프티 플러그를 연결한다.

◆ 고전압 배터리 정비 시 반듯이 절연장갑을 착용하고, 차단기를 OFF하고 접지선을 분리한 후 작업한다.

**60** 전해액을 만들 때 황산에 물을 혼합하면 안 되는 이유는?
① 유독가스가 발생하기 때문에
② 혼합이 잘 안 되기 때문에
③ 폭발의 위험이 있기 때문에
④ 비중 조정이 쉽기 때문에

◆ 전해액을 만들 때 황산에 물을 혼합하면 급격한 화학결합으로 온도의 상승으로 인해 폭발의 위험이 있다.

정답 57. ② 58. ① 59. ④ 60. ③

# 2015년 제 4 회 기출문제

01 전자제어 연료장치에서 기관이 정지 후 연료압력이 급격히 저하되는 원인 중 가장 알맞은 것은?
① 연료 필터가 막혔을 때
② 연료펌프의 체크밸브가 불량할 때
③ 연료의 리턴 파이프가 막혔을 때
④ 연료펌프의 릴리프밸브가 불량할 때

◆ 연료펌프의 체크밸브는 기관 정지 시 작동하여 연료라인의 잔압을 유지시켜 베이퍼록의 방지와 재시동성 향상을 위해 설치된다.

02 디젤기관에서 연료분사의 3대 요인과 관계가 없는 것은?
① 무화  ② 분포
③ 디젤 지수  ④ 관통력

◆ 디젤기관에서 연료분사의 3요소는 무화, 관통, 분포이다.

03 활성탄 캐니스터(Charcoal Canister)는 무엇을 제어하기 위해 설치하는가?
① $CO_2$ 증발가스
② HC 증발가스
③ $NO_x$ 증발가스
④ CO 증발가스

◆ 캐니스터는 연료 증발가스 제어장치로서 연료탱크로부터 발생되는 증발가스, 즉 미연소가스인 탄화수소(HC)를 포집하는 장치이다.

04 윤활유 특성에서 요구되는 사항으로 틀린 것은?
① 점도지수가 적당할 것
② 산화 안정성이 좋을 것
③ 발화점이 낮을 것
④ 기포 발생이 적을 것

◆ 윤활유의 발화점이 높아서 점화되기 어렵게 해야 한다.

05 자동차용 기관의 연료가 갖추어야 할 특성이 아닌 것은?
① 단위 중량 또는 단위 체적당의 발열량이 클 것
② 상온에서 기화가 용이할 것
③ 점도가 클 것
④ 저장 및 취급이 용이할 것

◆ 자동차용 기관의 연료가 갖추어야 할 특성 중 하나는 적당한 점도를 가져야 한다.

정답 01. ② 02. ③ 03. ② 04. ③ 05. ③

**06** 피에조(PIEZO) 저항을 이용한 센서는?
① 차속센서
② 매니폴드압력센서
③ 수온센서
④ 크랭크각센서

◆ 피에조 저항효과는 반도체에서 압력에 의하여 결정의 균형이 변화면 저항률이 변화하는 것을 말하며 흡기다기관의 진공도를 측정하는 MAP 센서에 적용된다.

**07** 단위환산으로 맞는 것은?
① 1mile = 2km
② 1lb = 1.55kgf
③ 1kgf·m = 1.42ft·lbf
④ 9.81N·m = 9.81J

◆ ① 1mile = 1.609km
② 1lb = 0.4536kgf
③ 1kgf·m = 7.233ft·lbf
④ 9.81N·m = 9.81J

**08** CO, HC, $NO_x$ 가스를 $CO_2$, $H_2O$, $N_2$ 등으로 화학적 반응을 일으키는 장치는?
① 캐니스터
② 삼원촉매장치
③ EGR장치
④ PCV(Positive Crankcase Ventilation)

◆ 삼원촉매 장치는 산화·환원작용을 통하여 인체에 유해한 배기가스 성분인 CO, HC, $NO_x$ 가스를 $CO_2$, $H_2O$, N로 산화환원하여 배출시키는 배기가스 정화장치이다.

**09** 4행정 6실린더 기고나의 제3번 실린더 흡기 및 배기밸브가 모두 열려 있을 경우 크랭크축을 회전방향으로 120° 회전시켰다면 압축 상사점에 가장 가까운 상태에 있는 실린더는?
(단, 점화순서는 1-5-3-6-2-4)
① 1번 실린더
② 2번 실린더
③ 4번 실린더
④ 6번 실린더

◆ 흡·배기밸브가 동시에 열려 있는 구간은 상사점 부근으로 3번 실린더가 상사점에 위치하며 반시계방향으로 점화순서를 기입 후 120° 회전 시키면 1번 실린더가 압축행정에 있는 것을 확인할 수 있다.

**10** 전동식 냉각팬의 장점 중 거리가 가장 먼 것은?
① 서행 또는 정차 시 냉각성능 향상
② 정상온도 도달시간 단축
③ 기관 최고출력 향상
④ 작동온도가 항상 균일하게 유지

◆ 전동식 냉각팬은 기관의 최고 출력 향상과는 무관하다.

정답 06. ② 07. ④ 08. ② 09. ① 10. ③

**11** 지르코니아 산소센서에 대한 설명으로 맞는 것은?

① 공연비를 피드백 제어하기 위해 사용한다.
② 공연비가 농후하면 출력전압은 0.45V 이하이다.
③ 공연비가 희박하면 출력전압은 0.45V 이상이다.
④ 300℃ 이하에서도 작동한다.

◆ 산소센서는 공연비를 이론공연비로 조절하기 위해 배기 다기관에 설치하여 배기가스 중의 산소 농도를 검출하여 피드백을 통한 연료 분사 보정량의 신호로 사용되며 종류에는 크게 지르코니아 형식과 티타니아 형식이 있다.

**12** 크랭크축이 회전 중 받은 힘의 종류가 아닌 것은?

① 휨(Bending)
② 비틀림(Torsion)
③ 관통(Penetration)
④ 전단(Shearing)

◆ 엔진 작동 중 크랭크축이 받는 힘은 휨, 비틀림, 전단력을 받는다.

**13** 10m/s의 속도는 몇 km/h인가?

① 3.6km/h
② 36km/h
③ 1/3.6km/h
④ 1/36km/h

◆ $\dfrac{10}{1000} \times 3600 = 36\,km/h$

**14** 실린더의 형식에 따른 기관의 분류에 속하지 않는 것은?

① 수평형 엔진
② 직렬형 엔진
③ V형 엔진
④ T형 엔진

◆ 실린더의 형식에 따른 기관의 분류로는 수평형 엔진, V형 엔진, 직렬형 엔진이 있다.

**15** 연소실 체적이 40cc이고, 압축비가 9 : 1인 기관의 행정체적은?

① 280cc
② 300cc
③ 320cc
④ 360cc

◆ 압축비$(\varepsilon) = \dfrac{연소실체적 + 행정체적}{연소실체적}$
$= \dfrac{40 + V_s}{40} = 9$
$V_s = (9-1) \times 40 = 320\,cc$

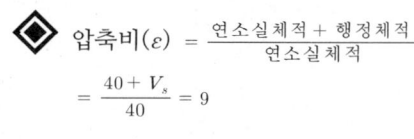

**16** 가솔린기관과 비교할 때 디젤기관의 장점이 아닌 것은?

① 부분부하영역에서 연료소비율이 낮다.
② 넓은 회전속도 범위에 걸쳐 회전 토크가 크다.
③ 질소산화물과 매연이 조금 배출된다.
④ 열효율이 높다.

◆ 디젤기관이 가솔린기관보다 질소산화물과 매연이 많이 배출된다.

**17** 각 실린더의 분사량을 측정하였더니 최대 분사량이 66cc이고, 최소분사량이 58cc이였다. 이때의 평균 분사량이 60cc이면 분사량의 "+불균형률"은 얼마인가?

① 5%
② 10%
③ 15%
④ 20%

◆ (+)불균형률 산출공식

(+)불균형률 = $\dfrac{최대 분사량 - 평균 분사량}{평균 분사량} \times 100$

$= \dfrac{66-60}{60} \times 100$
$= 10\%$

**18** 가솔린 차량의 배출가스 중 $NO_x$의 배출을 감소시키기 위한 방법으로 적당한 것은?

① 캐니스터 설치
② EGR장치 채택
③ DPF시스템 채택
④ 간접연료 분사 방식 채택

◆ 배기가스 재순환장치(EGR)는 배기가스 중 일부를 다시 흡기로 유입시켜 연소실 온도를 낮추어 질소산화물 생성을 억제한다.

**19** 가솔린기관의 노킹(Knicking)을 방지하기 위한 방법이 아닌 것은?

① 화염전파속도를 빠르게 한다.
② 냉각수 온도를 낮춘다.
③ 옥탄가가 높은 연료를 사용한다.
④ 혼합가스의 와류를 방지한다.

◆ 혼합가스의 와류를 방지하면 이상연소가 발생하여 노킹을 일으키는 원인이 된다.

**20** 기계식 연료 분사장치에 비해 전자식 연료분사장치의 특징 중 거리가 먼 것은?

① 관성 질량이 커서 응답성이 향상된다.
② 연료 소비율이 감소한다.
③ 배기가스 유해 물질 배출이 감소된다.
④ 구조가 복잡하고, 값이 비싸다.

◆ 전자제어식 연료분사장치는 기계식 연료

정답 16. ③ 17. ② 18. ② 19. ④ 20. ①

분사장치에 비해 관성 질량이 작아 응답성이 우수하다.

**21** 차량 총 중량이 3.5톤 이상인 화물자동차 등의 후부 안전판 설치기준에 대한 설명으로 틀린 것은?
① 너비는 자동차 너비의 100% 미만일 것
② 가장 아랫부분과 지상과의 간격은 550mm 이내일 것
③ 차량 수직방향의 단면 최소 높이는 100mm 이하일 것
④ 모서리부의 곡률반경은 2.5mm 이상일 것

◆ • 너비는 자동차 너비의 100% 미만
• 가장 아랫부분과 지상과의 간격은 550 mm 이내
• 차량 수직방향의 단면 최소높이는 100 mm 이상
• 차량중심선을 기준으로 좌우 대칭이 되도록 설치
• 후부 안전판의 양끝부분과 차체 후부의 양끝부분과의 간격은 각각 200 mm 이내
• 지상으로부터 1500 mm 이하의 높이에 있는 차체 후단으로부터 차량길이 방향의 안쪽으로 600 mm 이내

**22** 내연기관 밸브장치에서 밸브스프링의 점검과 관계없는 것은?
① 스프링 장력  ② 자유높이
③ 직각도    ④ 코일의 권수

◆ 밸브스프링은 장력, 자유 높이, 직각도를 점검한다.

**23** LPG 자동차의 장점 중 맞지 않는 것은?
① 연료비가 경제적이다.
② 가솔린 차량에 비해 출력이 높다.
③ 연소실 내의 카본 생성이 낮다.
④ 점화플러그의 수명이 길다.

◆ LPG 차량은 가솔린기관에 비하여 출력이 떨어진다.

**24** 동력전달장치에서 추진축의 스플라인부가 마멸되었을 때 생기는 현상은?
① 완충작용이 불량하게 된다.
② 주행 중에 소음이 발생한다.
③ 동력전달 성능이 향상된다.
④ 종감속장치의 결합이 불량하게 된다.

◆ 추진축의 스프라인부가 마멸되면 주행 중 소음·진동이 발생한다.

**25** 엔진의 회전수가 4,500rpm일 경우 2단의 변속비가 1.5일 경우 변속기 출력축의 회전(rpm)는 얼마인가?
① 1,500    ② 2,000
③ 2,500    ④ 3,000

**정답** 21. ③  22. ④  23. ②  24. ②  25. ④

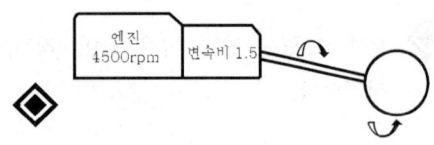

추진축의 회전수 = 엔진(rpm)/변속비

$= \frac{4500}{1.5} = 3000\ rpm$

**26** 다음 중 현가장치에 사용되는 판스프링에서 스팬의 길이 변화를 가능하게 하는 것은?

① 섀클
② 스팬
③ 행거
④ U볼트

◆ 판스프링에서 충격 흡수 시 길이방향 보상장치는 섀클부이다.

**27** 앞바퀴 정렬의 종류가 아닌 것은?

① 토인　　② 캠버
③ 섹터암　④ 캐스터

◆ 앞바퀴 정렬요소는 킹핀, 캐스터, 캠버, 토인이 있다.

**28** 자동변속기에서 스톨테스트의 요령 중 틀린 것은?

① 사이드 브레이크를 잠근 후 풋 브레이크를 밟고 전진기어를 넣고 실시한다.
② 사이드 브레이크를 잠근 후 풋 브레이크를 밟고 후진기어를 넣고 실시한다.
③ 바퀴에 추가로 버팀목을 받치고 실시한다.
④ 풋 브레이크는 높고 사이드 브레이크만 당기고 실시한다.

◆ 스톨 테스트란 자동변속기의 D나 R 위치에서 기관의 최고 회전속도를 측정하여 변속기와 기관의 종합적인 성능을 시험하는 것이며, 토크 컨버터의 동력전달 기능, 클러치(프런트 및 리어 브레이크 밴드, 리어 클러치)의 미끄러짐 유무, 기관의 구동력 시험 등을 하는 시험방법이며 스톨테스트 시 바퀴에 고임목을 받치고 풋 브레이크와 사이드 브레이크 모두를 작동시켜 안전한 테스트를 진행한다.

**29** 전자제어 현가장치의 장점에 대한 설명으로 가장 적합한 것은?

① 굴곡이 심한 노면을 주행할 때에 흔들림이 작은 평행한 승차감 실현
② 차속 및 조향 상태에 따라 적절한 조향 특성을 갖는다.
③ 운전자가 희망하는 쾌적공간을 제공해 주는 시스템
④ 운전자의 의지에 따라 조향 능력을 유지해 주는 시스템

◆ 전자제어 현가장치는 노면의 상태 및 주행속도에 대하여 최적의 승차감과 안전성을 확보하기 위한 장치이다.

정답 26. ① 27. ③ 28. ④ 29. ①

**30** 유압식 제동장치에서 적용되는 유압의 원리는?

① 뉴턴의 원리
② 파스칼의 원리
③ 벤투리관의 원리
④ 베르누이의 원리

◆ 제동장치의 유압은 파스칼의 원리를 적용한다.

**31** 수동변속기의 클러치의 역할 중 거리가 가장 먼 것은?

① 엔진과의 연결을 차단하는 일을 한다.
② 변속기로 전달되는 엔진의 토크를 필요에 따라 단속한다.
③ 관성 운전 시 엔진과 변속기를 연결하여 연비향상을 도모한다.
④ 출발 시 엔진의 동력을 서서히 연결하는 일을 한다.

◆ 수동변속기의 클러치의 역할에서 관성 운전 시 엔진과 변속기를 분리하여 연비향상을 도모한다.

**32** 주행 중 제동 시 좌우 편제동의 원인으로 거리가 가장 먼 것은?

① 드럼의 편 마모
② 휠 실린더 오일 누설
③ 라이닝 접촉 불량, 기름 부착
④ 마스터 실린더의 리턴 구멍 막힘

◆ 마스터 실린더의 리턴 포트가 막히면 브레이크 작동력이 잘 해제되지 않으며 좌우 편제동의 원인이 아니다.

**33** 스프링 위 무게 진동과 관련된 사항 중 거리가 먼 것은?

① 바운싱(Bouncing)
② 피칭(Pitching)
③ 휠 트램프(Wheel Tramp)
④ 롤링(Rolling)

◆ (1) 스프링 위 질량의 진동
① 바운싱(Bouncing) : 상하운동(축방향과 평행하는 고유진동)
② 피칭(Pitching) : Y축을 중심으로 하여 회전하는 진동
③ 롤링(Rolling) : X축을 중심으로 하여 회전하는 진동
④ 요잉(Yowing) : Z축을 중심으로 하여 회전하는 진동

(2) 스프링 아래 질량의 진동
① 휠홉(Wheel hop) : 상하운동(Z축을 중심으로 회전운동)
② 휠트램프(Wheel tramp) : 좌우진동(X축을 중심으로 회전운동)
③ 와인드업(Wind up) : 앞뒤진동(Y축을 중심으로 회전운동)
④ 트위스팅(Tweesting) : 종합진동(모든 진동이 한꺼번에 일어나는 현상)

정답 30. ② 31. ③ 32. ④ 33. ③

**34** 타이어의 구조에 해당되지 않는 것은?
① 트레드
② 브레이커
③ 카커스
④ 압력판

◆ 압력판은 수동변속기의 클러치 구성품이다.

**35** 자동변속기 오일의 주요 기능이 아닌 것은?
① 동력전달 작용
② 냉각 작용
③ 충격전달 작용
④ 윤활 작용

◆ 자동변속기용 오일은 냉각, 윤활, 동력전달 및 완충작용을 하여야 한다.

**36** 동력조향장치(Power Steering System)의 장점으로 틀린 것은?
① 조향 조작력을 작게 할 수 있다.
② 앞바퀴의 시미현상을 방지할 수 있다.
③ 조향 조작이 경쾌하고 신속하다.
④ 고속에서 조향력이 가볍다.

◆ 조향장치는 고속에서 조향력을 무겁게 해야 안전한 조향을 할 수 있다.

**37** 제동 배력장치에서 진공식은 무엇을 이용하는가?
① 대기 압력만을 이용
② 배기가스 압력만을 이용
③ 대기압과 흡기다기관 부압의 차이를 이용
④ 배기가스와 대기압과의 차이를 이용

◆ 진공배력식 브레이크 장치는 하이드로백을 이용하여 제동력을 증폭시키는 장치로서 대기압과 흡기다기관 부압의 차이를 이용한다.

**38** 차량 총 중량 5,000kgf의 자동차가 20%의 구배길을 올라갈 때 구배저항은($R_g$)은?
① 2,500kgf     ② 2,000kgf
③ 1,710kgf     ④ 1,000kgf

◆ 자동차의 구배저항
$R_g$(구배저항)$= W \times \tan\theta = W \times \frac{20}{100} = 5000 \times \frac{20}{100} = 1000\,kg$

정답  34. ④   35. ③   36. ④   37. ③   38. ④

**39** 주행 중 브레이크 작동 시 조향 핸들이 한쪽으로 쏠리는 원인으로 거리가 가장 먼 것은?
① 휠 얼라이먼트 조정이 불량하다.
② 좌우 타이어의 공기압이 다르다.
③ 브레이크 라이닝의 좌우 간극이 불량하다.
④ 마스터 실린더의 체크밸브의 작동이 불량하다.

◆ 마스터 실린더의 체크밸브의 작동이 불량하면 제동지연 및 베이퍼록이 발생할 수 있다.

**40** 자동차가 주행하면서 선회할 때 조향각도를 일정하게 유지하여도 선회 반지름이 커지는 현상은?
① 오버 스티어링
② 언더 스티어링
③ 리버스 스티어링
④ 토크 스티어링

◆ ② 언더 스티어링 : 선회할 때 조향각도를 일정하게 유지하여도 선회반지름이 커지는 현상
① 오버 스티어링 : 선회할 때 조향각도를 일정하게 유지하여도 선회반지름이 작아지는 현상

**41** 모터나 릴레이 작동 시 라디오에 유기되는 일반적인 고주파 잡음을 억제하는 부품으로 맞는 것은?
① 트랜지스터   ② 볼륨
③ 콘덴서      ④ 동소기

◆ 모터나 릴레이 작동 시 라디오에 유기되는 일반적인 고주파 잡음을 억제하는 부품으로 콘덴서를 사용한다.

**42** 자동차 에어컨 시스템에 사용되는 컴프레서 중 가변용량 컴프레서의 장점이 아닌 것은?
① 냉방성능 향상
② 소음진동 향상
③ 연비 향상
④ 냉매 충진 효율 향상

◆ 컴프레서는 압축기로서 냉매 충진과는 무관하다.

**43** 기동전동기 무부하 시험을 할 때 필요 없는 것은?
① 전류계       ② 저항시험기
③ 전압계       ④ 회전계

◆ 무부하 시험에는 축전지및 전류계,회전계, 전압계 등이 필요하다

정답 39. ④  40. ②  41. ③  42. ④  43. ②

**44** 엔진정지 상태에서 기동스위치를 "ON" 시켰을 때 축전지에서 발전기로 전류가 흘렀다면 그 원인은?
① ⊕ 다이오드가 단락되었다.
② ⊕ 다이오드가 절연되었다.
③ ⊖ 다이오드가 단락되었다.
④ ⊖ 다이오드가 절연되었다.

◆ ⊕ 다이오드가 단락된 경우에 엔진정지 상태에서 기동스위치를 "ON"시켰을 때 축전지에서 발전기로 전류가 흐른다.

**45** 자동차용 배터리에 과충전을 반복하면 배터리에 미치는 영향은?
① 극판이 황산화된다.
② 용량이 크게 된다.
③ 양극판 격자가 산화된다.
④ 단자가 산화된다.

◆ 자동차용 배터리에 과충전을 반복하면 극판의 물질이 탈락 또는 양극판 격자가 산화된다.

**46** "회로 내의 어떤 한 점에 유입한 전류의 총합과 유출한 전류의 총합은 서로 같다."는 법칙은?
① 렌츠의 법칙
② 앙페르의 법칙
③ 뉴턴의 제1법칙
④ 키르히호프의 제1법칙

◆ 키르히호프의 제1법칙은 "회로 내의 어떤 한 점에 유입한 전류의 총합과 유출한 전류의 총합은 서로 같다."는 전류의 법칙이고 제2법칙은 전압강하의 법칙이다.

**47** 전자제어 점화장치에서 점화시기를 제어하는 순서는?
① 각종 센서 → ECU → 파워 트랜지스터 → 점화코일
② 각종 센서 → ECU → 점화코일 → 파워 트랜지스터
③ 파워 트랜지스터 → 점화코일 → ECU → 각종 센서
④ 파워 트랜지스터 → ECU → 각종 센서 → 점화코일

◆ 전자제어 점화장치에서 점화시기를 제어하는 순서는 각종 센서 → ECU → 파워 트랜지스터 → 점화코일의 순이다.

**48** 부특성(NTC) 가변저항을 이용한 센서는?
① 산소센서
② 수온센서
③ 조향각센서
④ TDC 센서

◆ 엔진 냉각수온센서는 부특성 서미스터를 적용한다.

정답  44. ①  45. ③  46. ④  47. ①  48. ②

**49** 윈드 실드 와이퍼 장치의 관리요령에 대한 설명으로 틀린 것은?
① 와이퍼 블레이드는 수시 점검 및 교환해 주어야 한다.
② 와셔액이 부족한 경우 와셔액 경고등이 점등된다.
③ 전면유리는 왁스로 깨끗이 닦아 주어야 한다.
④ 전면유리는 기름 수건 등으로 닦지 말아야 한다.

◆ 전면유리는 왁스나 기름 수건 등으로 닦지 말아야 한다.

**50** 비중이 1.280(20℃)의 묽은 황산 1L 속에 35%(중량)의 황산이 포함되어 있다면 물은 몇 g포함되어 있는가?
① 932
② 832
③ 719
④ 819

◆ 비중×부피를 하면 무게가 되므로 1,000mL×1,280 = 1,280g이 된다. 이 중 35%가 황산의 중량이라면 1,280×0.35 = 448g이 황산량이고 나머지 832g은 물이 된다.

**51** 리머가공에 관한 설명으로 옳은 것은?
① 액슬축 외경 가공 작업 시 사용된다.
② 드릴 구멍보다 먼저 작업한다.
③ 드릴 구멍보다 더 정밀도가 높은 구멍을 가공하는데 필요하다.
④ 드릴 구멍보다 더 작게 하는데 사용한다.

◆ 리머가공은 드릴 구멍보다 더 정밀도가 높은 구멍을 가공하는데 필요하다.

**52** 다음 중 연료파이프 피팅을 풀 때 가장 알맞은 렌치는?
① 탭렌치
② 복스렌치
③ 소켓렌치
④ 오픈 엔드렌치

◆ 피팅(Fitting) 에는 리듀서, 엘보, 커플링과 배관의 흐름 방향을 변경해 주거나 연결하기 위한 모든 부자재로서 파이프 피팅을 풀 때는 연료 파이프가 중앙으로 지나고 있기 때문에 오픈 엔드렌치를 사용하여 피팅을 푼다.

**53** 사고예방 원리의 5단계 중 그 대상이 아닌 것은?
① 사실의 발견
② 평가분석
③ 시정책의 선정
④ 엄격한 규율의 책정

정답 49. ③  50. ②  51. ③  52. ④  53. ④

◆ 사고예방 5단계
  ㉠ 제1단계 : 안전관리조직(조직)
  ㉡ 제2단계 : 현상 파악(사실의 발견)
  ㉢ 제3단계 : 원인 규명(분석평가)
  ㉣ 제4단계 : 대책 선정(시정방법의 선정)
  ㉤ 제5단계 : 목표 달성(시정책의 적용)

**54** 화재의 분류 기준에서 휘발유로 인해 발생한 화재는?
① A급 화재
② B급 화재
③ C급 화재
④ D급 화재

◆ 화재의 분류
  ㉠ A급 화재 : 고체 연료성 화재로서 목재, 종이, 섬유 등의 재를 남기는 일반 가연물 화재, 물
  ㉡ B급 화재 : 액체 또는 기체상의 연료관련 화재로서 가솔린, 알코올, 석유 등의 유류 화재, 모래
  ㉢ C급 화재 : 전기 기계, 전기 기구 등의 전기화재
  ㉣ D급 화재 : 마그네슘 등의 금속 화재
  ㉤ E급 화재 : 가스화재

**55** 드릴링머신의 사용에 있어서 안전상 옳지 못한 것은?
① 드릴 회전 중 칩을 손으로 털거나 불어내지 말 것
② 가공물에 구멍을 뚫을 때 가공물을 바이스에 물리고 작업할 것
③ 솔로 절삭유를 바를 경우에는 위쪽 방향에서 바를 것
④ 드릴을 회전시킨 후에 머신테이블을 조정할 것

◆ 드릴을 정지시킨 후에 머신테이블을 조정해야 한다.

**56** 휠 밸런스 시험기 사용 시 적합하지 않은 것은?
① 휠의 탈부착 시에는 무리한 힘을 가하지 않는다.
② 균형추를 정확히 부착한다.
③ 계기판은 회전이 시작되면 즉시 판독한다.
④ 시험기 사용방법과 유의사항을 숙지 후 사용한다.

◆ 계기판은 측정후 휠의 회전이 정지된뒤 판독한다.

정답 54. ② 55. ④ 56. ③

**57** 자동차의 배터리 충전 시 안전한 작업이 아닌 것은?

① 자동차에서 배터리 분리 시 (+)단자를 먼저 분리한다.
② 배터리 온도가 약 45℃ 이상 오르지 않게 한다.
③ 충전은 환기가 잘되는 넓은 곳에서 한다.
④ 과충전 및 과방전을 피한다.

◆ 자동차에서 배터리 분리 시 (−)단자를 먼저 분리한다.

**58** 작업장의 안전점검을 실시할 때 유의사항이 아닌 것은?

① 과거 재해 요인이 없어졌는지 확인한다.
② 안전점검 후 강평하고 사고한 사항은 묵인한다.
③ 점검내용을 서로가 이해하고 협조한다.
④ 점검자의 능력에 적응하는 점검내용을 활용한다.

◆ 안전점검 후 강평하고 사고난 사항은 기록하고 재발생이 발생하지않게 조치한다.

**59** FF차량의 구동축을 정비할 때 유의사항으로 틀린 것은?

① 구동축의 고무부트 부위의 그리스 누유 상태를 확인한다.
② 구동축 탈거 후 변속기 케이스의 구동축 장착 구멍을 막는다.
③ 구동축을 탈거할 때마다 오일실을 교환한다.
④ 탈거 공구를 최대한 깊이 끼워서 사용한다.

◆ 탈거 공구 규격에 맞춰서 사용한다.

**60** 공작기계 작업 시의 주의사항으로 틀린 것은?

① 몸에 묻은 먼지나 철분 등 기타의 물질은 손으로 털어 낸다.
② 정해진 용구를 사용하여 파쇄철이 긴 것은 자르고 짧은 것은 막대로 제거한다.
③ 무거운 공작물을 옮길 때는 운반기계를 이용한다.
④ 기름걸레는 정해진 용기에 넣어 화재를 방지하여야 한다.

◆ 몸에 묻은 먼지나 철분 등 기타의 물질은 솔 등의 도구를 사용하여 털어 낸다.

정답 57. ① 58. ② 59. ④ 60. ①

# 2015년 제 5 회 기출문제

**01** 가솔린 연료분사기관에서 인젝터(-)단자에서 측정한 인젝터 분사파형은 파워트랜지스터가 Off되는 순간 솔레노이드 코일에 급격하게 전류가 차단되기 때문에 큰 역기전력이 발생하게 되는데 이것을 무엇이라 하는가?

① 평균전압
② 전압강하
③ 서지전압
④ 최소전압

◆ 서지전압이며 일반적으로 인젝터의 서지전압은 70~80V 정도이다.

**02** 캠축의 구동방식이 아닌 것은?

① 기어형   ② 체인형
③ 포핏형   ④ 벨트형

◆ 캠축의 구동방식(타이밍 방식)으로는 기어형, 체인형, 벨트형이 있다.

**03** 산소센서($O_2$ Sensor)가 피드백(Feed Back)제어를 할 경우로 가장 적합한 것은?

① 연료를 차단할 때
② 급가속 상태일 때
③ 감속 상태일 때
④ 대기와 배기가스 중의 산소농도 차이가 있을 때

◆ 산소센서는 대기 중의 산소농도의 배기가스 중의 산소농도의 차이에 의해 기전력이 발생(지르코니아타입)하고 ECU로 전송하여 연료분사 보정량을 제어하는 피드백 신호로 사용된다.

**04** 연료분사펌프의 토출량과 플런저의 행정은 어떠한 관계가 있는가?

① 토출량은 플런저의 유효행정에 정비례한다.
② 토출량은 예비 행정에 비례하여 증가한다.
③ 토출량은 플런저의 유효행정에 반비례한다.
④ 토출량은 플런저의 유효행정과 전혀 관계가 없다.

◆ 연료분사펌프 내의 플런저는 유효행정이 길수록 연료분사량이 증가하는 정비례 관계를 가지고 있다.

**05** 가솔린기관에서 노킹(Knocking)발생 시 억제하는 방법은?

① 혼합비를 희박하게 한다.
② 점화시기를 지각시킨다.
③ 옥탄가가 낮은 연료를 사용한다.
④ 화염전파 속도를 느리게 한다.

정답  01. ③  02. ③  03. ④  04. ①  05. ②

◆ 노킹 방지책

| | 연료 착화점 | 착화 지연 | 회전수 | 흡기 온도 | 실린더 벽 온도 | 압축비 | 흡기 압력 | 실린더 체적 | |
|---|---|---|---|---|---|---|---|---|---|
| 가솔린 (냉각) | 높게 | 길게 | 크게 | 낮게 | 낮게 | 낮게 | 낮게 | 낮게 | 냉각 |
| 디젤 (가열) | 낮게 | 높게 | 작게 | 높게 | 높게 | 높게 | 높게 | 크게 | 가열 |

**06** 표준대기압의 표기로 옳은 것은?
① 735mmHg  ② 0.85kgf/cm²
③ 101.3kPa  ④ 10bar

◆ 표준대기압 1atm은 다음과 같다.
$1atm = 1.0332 kgf/cm^2 = 10.332 mAq = 1.01325 bar = 760 mmHg = 101.3 kPa$

**07** 배출가스 저감장치 중 삼원촉매(Catalytic Convertor)장치를 사용하여 저감시킬 수 있는 유해가스의 종류는?
① CO, HC, 흑연
② CO, $NO_X$, 흑연
③ $NO_X$, HC, SO
④ CO, HC, $NO_X$

◆ 삼원촉매 장치에서 저감시킬 수 있는 유해 배기가스로는 CO, HC, $NO_x$ 이다.

**08** 적색 또는 청색 경광등을 설치하여야 하는 자동차가 아닌 것은?
① 교통단속에 사용되는 경찰용 자동차
② 범죄수사를 위하여 사용되는 수사기관용 자동차
③ 소방용 자동차
④ 구급자동차

◆ 구급자동차는 녹색 경광등이다.

**09** 인젝터의 분사량을 제어하는 방법으로 맞는 것은?
① 솔레노이드 코일에 흐르는 전류의 통전시간으로 조절한다.
② 솔레노이드 코일에 흐르는 전압의 시간으로 조절한다.
③ 연료압력의 변화를 주면서 조절한다.
④ 분사구의 면적으로 조절한다.

◆ ECU에서 인젝터의 연료분사량 제어는 인젝터 내부에 솔레노이드 코일의 통전시간을 제어하여 인젝터 개방 시간을 제어하고 분사량을 제어한다.

정답  06. ③  07. ④  08. ④  09. ①

**10** 측압이 가해지지 않은 쪽의 스커트 부분을 따낸 것으로 무게를 늘리지 않고 접촉면적은 크게 하고 피스톤 슬랩(Slep)은 적게 하여 고속기관에 널리 사용하는 피스톤의 종류는?

① 슬리퍼 피스톤(Slipper Piston)
② 솔리드 피스톤(Solid Piston)
③ 스플릿 피스톤(Split Piston)
④ 옵셋 피스톤(Offset Piston)

◆ 슬리퍼 피스톤은 피스톤 형상의 하나로 측압이 걸리지 않는 보스 방향의 양쪽 스커트 부분을 깎아내어 측압이 걸리는 쪽의 면적을 넓게 하여 피스톤 슬랩을 적게 한 것으로 고속 엔진용으로 많이 사용되고 있다.

**11** 자동차 기관에서 윤활 회로 내의 압력이 과도하게 올라가는 것을 방지하는 역할을 하는 것은?

① 오일 펌프
② 릴리프밸브
③ 체크밸브
④ 오일 쿨러

◆ 릴리프밸브는 안전밸브로서 유압회로 내의 압력이 과도하게 올라가는 것을 방지한다.

**12** 기관의 최고출력이 1.3PS이고, 총배기량이 50cc, 회전수가 5,000rpm일 때 리터 마력(PS/L)은?

① 56   ② 46
③ 36   ④ 26

◆ 리터 마력(PS/L) = $\dfrac{1.3\,PS}{0.05\,L}$ = $26\,PS/L$

**13** LPG 기관에서 액상 또는 기상 솔레노이드밸브의 작동을 결정하기 위한 엔진 ECU의 입력요소는?

① 흡기관 부압
② 냉각수 온도
③ 엔진 회전수
④ 배터리 전압

◆ LPG 엔진에서 액상 또는 기상 솔레노이드의 개방 결정은 엔진의 시동성과 관계되어 작동하므로 냉각수온센서의 신호에 따라 결정된다.

**14** 스로틀밸브가 열려 있는 상태에서 가속할 때 일시적인 가속 지연 현상이 나타나는 것을 무엇이라고 하는가?

① 스텀블(Stumble)
② 스톨링(Stalling)
③ 헤지테이션(Hesitation)
④ 서징(Surging)

◆ 헤지테이션(Hesitation)은 가속 페달을 밟

정답  10. ①  11. ②  12. ④  13. ②  14. ③

을 때의 응답지연에 대한 것으로서 가속 페달을 밟아도 원활하게 가속되지 않는 현상을 말한다.

**15** 가솔린기관의 이론공연비로 맞는 것은? (단, 희박연소기관은 제외)
① 8 : 1
② 13.4 : 1
③ 14.7 : 1
④ 15.6 : 1

◆ 가솔린기관의 이론 공연비는 14.7 : 1이다.

**16** 가솔린기관의 연료펌프에서 체크밸브의 역할이 아닌 것은?
① 연료라인 내의 잔압을 유지한다.
② 기관 고온 시 연료의 베이퍼록을 방지한다.
③ 연료의 맥동을 흡수한다.
④ 연료의 역류를 방지한다.

◆ 가솔린기관의 연료펌프에서 체크밸브는 유체의 흐름을 한방향으로만 흐르게하는 밸브로서 연료라인의 잔압을 유지시켜 재시동성을 좋게 하고 베이퍼록 현상을 방지하며 연료의 역류를 방지하는 기능을 수행한다. 연료의 맥동은 진동현상으로 체크밸브와 무관하다.

**17** 정지하고 있는 질량 2kg의 물체에 1N의 힘이 작용하면 물체의 가속도는?
① $0.5 m/s^2$　　　② $1 m/s^2$
③ $2 m/s^2$　　　　④ $5 m/s^2$

◆ $a = \dfrac{F}{m} = \dfrac{1}{2} = 0.5 m/s^2$

**18** 저속 전부하에서의 기관의 노킹(Knicking) 방지성을 표시하는 데 가장 적당한 옥탄가 표기법은?
① 리서치 옥탄가
② 모터 옥탄가
③ 로드 옥탄가
④ 프런트 옥탄가

◆ 국내에서 옥탄가를 결정하는 기준은 리서치법(RON: research octane mumber)으로 휘발유 시료를 2~10도로 맞춘 상태에서 옥탄가를 측정한다. 또 분당 600회 회전하는 엔진을 설정해 저속 주행을 기준으로 한다. 따라서 겨울이나 여름 등 온도 차이가 클 때는 옥탄가 품질이 달라질 수 있다는 지적도 있다. 그러므로 이에 대한 대책으로 모터법(MON: motor octane number) 방식이있다.

모터법(MON: motor octane number) 방식은 실험 연료 온도 10도 내외를 기준으로 측정하지만 실험 시 흡입 공기가 150도이기 때문에 엔진 과열 등 실제 주행 환경을 반영한다. 또 분당 900회 회전하는 엔진을 설정해 고속 주행 시 옥탄가

**정답** 15. ③　16. ③　17. ①　18. ①

를 반영하도록 했다.

**19** 연소실의 체적이 48cc이고, 압축비가 9 : 1인 기관의 배기량은 얼마인가?
① 432cc   ② 384cc
③ 336cc   ④ 288cc

◆ 압축비($\varepsilon$) = $\dfrac{\text{연소실체적} + \text{행정체적}}{\text{연소실체적}}$

$= \dfrac{48 + V_s}{48} = 9$

$V_s = 9 \times 48 - 48 = 384\,cc$

**20** 크랭크축에서 크랭크 핀저널의 간극이 커졌을 때 일어나는 현상으로 맞는 것은?
① 운전 중 심한 소음이 발생할 수 있다.
② 흑색 연기를 뿜는다.
③ 윤활유 소비량이 많다.
④ 유압이 낮아질 수 있다.

◆ 크랭크 핀저널의 간극이 커지면 작동 중 소음 및 진동이 심하고 윤활계통의 유압이 저하된다.

**21** 배기가스 재순환장치(EGR)의 설명으로 틀린 것은?
① 가속성능의 향상을 위해 급가속 시에는 차단된다.
② 연소온도가 낮아지게 된다.
③ 질소산화물($NO_X$)이 증가한다.
④ 탄화수소와 일산화탄소량은 저감되지 않는다.

◆ 배기가스 재순환장치(EGR)는 배기가스의 일부를 다시 흡기로 유입시켜 연소실의 온도를 낮추어 질소산화물($NO_X$)의 발생을 억제시키는 장치이다.

**22** 크랭크축 메인 저널 베어링 마모를 점검하는 방법은?
① 필러 게이지(Feeler Gauge) 방법
② 심(Seam) 방법
③ 직각자 방법
④ 플라스틱 게이지(Plastic Gauge) 방법

◆ 크랭크축의 오일 간극을 측정은 플라스틱 게이지를 이용하여 오일 간극을 측정한다.

**23** 기관이 과열되는 원인이 아닌 것은?
① 라디에이터 코어가 막혔다.
② 수온조절기가 열려 있다.
③ 냉각수의 양이 적다.
④ 물 펌프의 작동이 불량하다.

◆ 수온조절기가 열린 채로 고장 나면 기관이 과냉되어 엔진 워밍업 시간이 오래 걸리며 연료소비량이 증가한다.

정답 19. ② 20. ① 21. ③ 22. ④ 23. ②

**24** 동력 인출장치에 대한 설명이다. ( ) 안에 맞는 것은?

> 동력 인출장치는 농업기계에서 ( )의 구동용으로도 사용되며, 변속기 측면에 설치되어 ( )의 동력을 인출한다.

① 작업장치, 주축상
② 작업장치, 부축상
③ 주행장치, 주축상
④ 주행장치, 부축상

◆ 동력 인출장치(PTO ; Power Take Off)는 작업장치의 구동원으로 사용되며 변속장치 측면의 부축과 연결되어 동력을 인출한다.

**25** 선회할 때 조향각도를 일정하게 유지하여도 선회 반경이 작아지는 현상은?

① 오버 스티어링
② 언더 스티어링
③ 다운 스티어링
④ 어퍼 스티어링

◆ 조향각을 일정하게 해두어도 자동차의 앞부분이 안쪽으로 들어가서 선회 반지름이 적어지는 현상을 오버 스티어링(Over steering)현상이며 바깥쪽으로 나가게 되어 선회 반지름이 커지는 현상을 언더 스티어링(Under steering)현상이라 한다.

**26** 자동변속기에서 유체클러치를 바르게 설명한 것은?

① 유체의 운동에너지를 이용하여 토크를 자동적으로 변환하는 장치
② 기관의 동력을 유체 운동에너지로 바꾸어 이 에너지를 다시 동력으로 바꾸어서 전달하는 장치
③ 자동차의 주행조건에 알맞은 변속비를 얻도록 제어하는 장치
④ 토크컨버터의 슬립에 의한 손실을 최소화하기 위한 작동 장치

◆ 유체클러치는 자동변속기 오일의 유체 운동에너지를 이용하여 기관의 동력을 유체 운동에너지로 바꾸어 이 에너지를 다시 동력으로 바꾸어서 전달하는 장치로 토크 변환율은 1 : 1이다.

**27** 유압식 전자제어 파워스티어링 ECU의 입력요소가 아닌 것은?

① 차속센서
② 스로틀 포지션 센서
③ 크랭크 축 포지션 센서
④ 조향각센서

◆ 전자제어 파워스티어링 ECU의 입력요소는 차속센서, 스로틀포지션센서, 조향각센서가 있다.

정답 24. ② 25. ① 26. ② 27. ③

**28** 휠 얼라인먼트 요소 중 하나인 필요성과 거리가 가장 먼 것은?

① 조향 바퀴에 복원성을 준다.
② 주행 중 토아웃이 되는 것을 방지한다.
③ 타이어의 슬립과 마멸을 방지한다.
④ 캠버와 더불어 앞바퀴를 평행하게 회전시킨다.

◆ 조향 바퀴에 복원성은 캐스터와 킹핀 경사각이 하는 역할이며 토인은 차량 주행 중 토아웃이 되는 것을 방지하고 타이어의 슬립과 마멸을 방지하며 캠버와 더불어 앞바퀴를 평행하게 회전시키는 역할을 한다.

**29** 마스터 실린더의 푸시로드에 작용하는 힘이 150kgf이고, 피스톤의 면적이 3cm²일 때 단위면적당 유압은?

① 10kgf/cm²
② 50kgf/cm²
③ 150kgf/cm²
④ 450kgf/cm²

◆ 압력 $P(kgf/cm^2) = \frac{F}{A} = \frac{150}{3} = 50\,kg/cm^2$

**30** 클러치의 릴리스 베어링으로 사용되지 않는 것은?

① 앵귤러 접촉형
② 평면 베어링형
③ 볼 베어링형
④ 카본형

◆ 클러치의 릴리스 베어링의 종류로는 앵귤러 접촉형, 볼 베어링형, 카본형이 있다.

**31** 자동변속기에서 일정한 차속으로 주행 중 스로틀밸브 개도를 갑자기 증가시키면 시프트 다운(감속 변속)되어 큰 구동력을 얻을 수 있는 것은?

① 스톨
② 킥 다운
③ 킥업
④ 리프트 풋업

◆ 킥 다운은 자동변속기 차량에서 일정한 속도로 달리는 중에 앞지르기 등으로 급가속을 하고 싶을 때 가속페달을 힘껏 밟으면 스로틀밸브 개도를 갑자기 증가되어 시프트 다운(감속 변속)되어 큰 구동력을 얻을 수 있다.

정답 28. ① 29. ② 30. ② 31. ②

**32** 시동 Off 상태에서 브레이크 페달을 여러 차례 작동 후 브레이크 페달을 밟은 상태에서 시동을 걸었는데 브레이크 페달이 내려가지 않는다면 예상되는 고장 부위는?

① 주차 브레이크 케이블
② 앞바퀴 캘리퍼
③ 진공 배력장치
④ 프로포셔닝밸브

◆ 시동 Off 상태에서 브레이크 페달을 여러 차례 작동 후 브레이크 페달을 밟은 상태에서 시동을 걸었는데 브레이크 페달이 내려가지 않는다면 시동 후 흡기다기관에 의해 발생되는 진공도가 작용하는 진공배력장치에 문제가 있는 것으로 볼 수 있다.

**33** 구동 피니언의 잇수가 15, 링기어의 잇수가 58일 때의 종감속비는 약 얼마인가?

① 2.58            ② 3.87
③ 4.02            ④ 2.94

 감속비
$= \dfrac{\text{피동 잇수}}{\text{구동 잇수}} = \dfrac{\text{구동 회전 수}}{\text{피동 회전 수}}$ 이므로
$\dfrac{58}{15} ≒ 3.866$ 이 된다.

**34** 현가장치가 갖추어야 할 기능이 아닌 것은?

① 승차감의 향상을 위해 상하 움직임에 적당한 유연성이 있어야 한다.
② 원심력이 발생되어야 한다.
③ 주행 안정성이 있어야 한다.
④ 구동력 및 제동력 발생 시 적당한 강성이 있어야 한다.

◆ 현가장치는 원심력이 발생되면 차체의 운동 상태가 불안정해지므로 원심력이 발생되면 안 되며 코너링 포스를 발생하게 하여 타이어가 어느 슬립각을 가지고 선회할 때 접지면에 발생하는 마찰력 으로 원심력을 이겨내는 힘이 된다.

**35** 여러 장을 겹쳐 충격 흡수 작용을 하도록 한 스프링은?

① 토션바 스프링        ② 고무 스프링
③ 코일 스프링          ④ 판 스프링

◆ 판 스프링은 스프링 강을 적당히 구부린 뒤 여러 장을 적층하여 마찰효과와 탄성효과에 의한 스프링 역할을 할 수 있도록 만든 것으로 강성이 강하고 구조가 간단하다.

정답  32. ③   33. ②   34. ②   35. ④

**36** 자동차에서 제동 시의 슬립비를 표시한 것으로 맞는 것은?

① $\dfrac{\text{자동차 속도} - \text{바퀴 속도}}{\text{자동차 속도}} \times 100$

② $\dfrac{\text{자동차 속도} - \text{바퀴 속도}}{\text{바퀴 속도}} \times 100$

③ $\dfrac{\text{바퀴 속도} - \text{자동차 속도}}{\text{자동차 속도}} \times 100$

④ $\dfrac{\text{바퀴 속도} - \text{자동차 속도}}{\text{바퀴 속도}} \times 100$

◆ 제동 시의 슬립비는
$\dfrac{\text{자동차 속도} - \text{바퀴 속도}}{\text{자동차 속도}} \times 100$ 이다.

**37** 조향핸들이 1회전하였을 때 피트먼 암이 40° 움직였다. 조향기어의 비는?

① 9 : 1
② 0.9 : 1
③ 45 : 1
④ 4.5 : 1

◆ 조향기어비
$= \dfrac{\text{조향 핸들 회전각}}{\text{피드먼 암(너클암, 바퀴) 선회각(°)}}$
$= \dfrac{360}{40} = 9$

**38** 수동변속기에서 클러치(Clutch)의 구비 조건으로 틀린 것은?

① 동력을 차단할 경우에는 차단이 신속하고 확실할 것
② 미끄러지는 일이 없이 동력을 확실하게 전달할 것
③ 회전부분의 평형이 좋을 것
④ 회전관성이 클 것

◆ 클러치는 회전부분의 동적, 정적 밸런스가 좋고 회진관싱이 적어야한다.

**39** 자동차가 커브를 돌 때 원심력이 발생하는데 이 원심력을 이겨내는 힘은?

① 코너링 포스
② 컴플라이언스 포스
③ 구동 토크
④ 회전 토크

◆ 코너링 포스는 타이어가 어느 슬립각을 가지고 선회할 때 접지면에 발생하는 마찰력 중 타이어의 진행 방향에 직각으로 작용하는 성분으로 원심력을 이겨내는 힘이 된다.

정답 36. ① 37. ① 38. ④ 39. ①

**40** 공기식 제동장치의 구성요소로 틀린 것은?
① 언로더밸브  ② 릴레이밸브
③ 브레이크 체임버  ④ EGR밸브

◆ EGR밸브는 배기가스 재순환 장치이다.

**41** 트랜지스터식 점화장치는 어떤 작동으로 점화 코일의 1차 전압을 단속하는가?
① 증폭 작용
② 자기 유도 작용
③ 스위칭 작용
④ 상호 유도 작용

◆ 트랜지스터식 점화장치는 스위칭 작용으로 파워 TR을 이용하여 ECU가 베이스 전류를 차단, 접속시켜 1차 코일의 전류를 단속하게 된다.

**42** 이모빌라이저 시스템에 대한 설명으로 틀린 것은?
① 차량의 도난을 방지할 목적으로 적용되는 시스템이다.
② 도난 상황에서 시동이 걸리지 않도록 제어한다.
③ 도난 상황에서 시동키가 회전되지 않도록 제어한다.
④ 엔진의 시동은 반드시 차량에 등록된 키로만 시동이 가능하다.

◆ 도난 상황에서 시동키는 회전되나 크랭킹이 되지 않도록 제어한다.

**43** 주파수를 설명한 것 중 틀린 것은?
① 1초에 60회 파형이 반복되는 것을 60Hz라고 한다.
② 교류의 파형이 반복되는 비율을 주파수라고 한다.
③ $\dfrac{1}{주기}$ 은 주파수와 같다.
④ 주파수는 직류의 파형이 반복되는 비율이다.

◆ 주파수는 파형이 반복되는 현상으로 1초 동안 일어나는 반복 횟수(cycle/sec)를 주파수라고 부르고 이는 헤르츠(Hz) 단위로 표시한다.

**44** 자동차용 배터리의 급속 충전 시 주의사항으로 틀린 것은?
① 배터리를 자동차에 연결한 채 충전할 경우, 접지 (-)터미널을 떼어 놓을 것
② 충전전류는 용량 값의 약 2배 정도의 전류로 할 것
③ 될 수 있는 대로 짧은 시간에 실시할 것
④ 충전 중 전해액 온도가 약 45℃ 이상 되지 않도록 할 것

◆ 급속충전 시 충전전류는 용량값의 약 0.5(1/2)배 정도의 전류로 충전한다.

정답  40. ④  41. ③  42. ③  43. ④  44. ②

**45** 와이퍼 장치에서 간헐적으로 작동되지 않는 요인으로 거리가 먼 것은?
① 와이퍼 릴레이가 고장이다.
② 와이퍼 블레이드가 마모되었다.
③ 와이퍼 스위치가 불량이다.
④ 모터 관련 배선의 접지가 불량이다.

◆ 와이퍼 블레이드의 마모는 와이퍼 작동은 되나 깨끗하게 닦이지 않는다.

**46** 배터리 취급 시 틀린 것은?
① 전해액량은 극판 위 10~13mm 정도 되도록 보충한다.
② 연속 대전류로 방전되는 것은 금지해야 한다.
③ 전해액을 만들어 사용 시는 고무 또는 납그릇을 사용하되, 황산에 증류수를 조금씩 첨가하면서 혼합한다.
④ 배터리의 단자부 및 케이스면은 소다수로 세척한다.

◆ 전해액 제조 시 유리 비커 등에서 증류수에 황산을 조금씩 혼합하여 온도를 지속적으로 계측하며 제조한다.

**47** AC 발전기에서 전류가 발생하는 곳은?
① 전기자     ② 스테이터
③ 로터       ④ 브러시

◆ 교류발전기에서 교류 전류가 발생되는 부분은 스테이터이며 이 교류전류를 정류기에서 다이오드를 이용하여 직류로 변환시킨다.

**48** 기동전동기 정류자 점검 및 정비 시 유의사항으로 틀린 것은?
① 정류자는 깨끗해야 한다.
② 정류자 표면은 매끈해야 한다.
③ 정류자는 줄로 가공해야 한다.
④ 정류자는 진원이어야 한다.

◆ 정류자는 구리로 구성되어 있으며 줄로 가공하면 안 된다.

**49** ( ) 안에 알맞은 소자는?

> SRS(Supplemental Restraint System)시스템 점검 시 반드시 배터리의 (-)터미널을 탈거 후 5분 정도 대기한 후 점검한다. 이는 ECU 내부에 있는 데이터를 유지하기 위한 내부 ( )에 충전되어 있는 전하량을 방전시키기 위함이다.

① 서미스터     ② G센서
③ 사이리스터   ④ 콘덴서

**50** 4기통 디젤기관에 저항이 0.8Ω인 예열플러그를 각기통에 병렬로 연결하였다. 이 기관에 설치된 예열플러그의 합성저항은 몇 Ω인가? (단, 기관의 전원은 24V이다.)
① 0.1     ② 0.2
③ 0.3     ④ 0.4

정답 45. ② 46. ③ 47. ② 48. ③ 49. ④ 50. ②

◆ 병렬합성 저항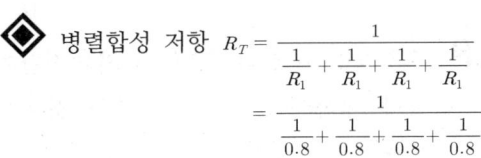

**51** 적외선 전구에 의한 화재 및 폭발할 위험성이 있는 경우와 거리가 먼 것은?
① 용제가 묻은 헝겊이나 마스킹 용지가 접촉한 경우
② 적외선 전구와 도장 면이 필요 이상으로 가까운 경우
③ 상당한 고온으로 열량이 커진 경우
④ 상온의 온도가 유지되는 장소에서 사용하는 경우

◆ 상온의 온도가 유지되는 장소에서 사용하는 경우는 화재 및 폭발할 위험성이 적은 경우이다.

**52** 탁상그라인더에서 공작물은 숫돌바퀴의 어느 곳을 이용하여 연삭작업을 하는 것이 안전한가?
① 숫돌바퀴 측면
② 숫돌바퀴의 원주면
③ 어느 면이나 연삭작업은 상관없다.
④ 경우에 따라서 측면과 원주면을 사용한다.

◆ 탁상그라인더에서 공작물은 숫돌바퀴의 원주면을 이용하여 작업한다.

**53** 절삭기계 테이블의 T홈 위에 있는 칩 제거 시 가장 적합한 것은?
① 걸레
② 맨손
③ 솔
④ 장갑 낀 손

**54** 정 작업 시 주의할 사항으로 틀린 것은?
① 금속 깎기를 할 때는 보안경을 착용한다.
② 정의 날을 몸 안쪽으로 하고 해머로 타격한다.
③ 정의 생크나 해머에 오일이 묻지 않도록 한다.
④ 보관 시는 날이 부딪쳐서 무디어지지 않도록 한다.

◆ 정 작업 시 정의 날은 몸 바깥쪽으로 하고 해머로 타격한다.

**55** 재해발생 원인으로 가장 높은 비율을 차지하는 것은?
① 작업자의 불안전한 행동
② 불안전한 작업환경
③ 작업자의 성격적 결함
④ 사회적 환경

◆ 작업자의 불안전한 행동이 재해발생 원인으로 가장 높은 비율을 차지한다.

정답 51. ④  52. ②  53. ③  54. ②  55. ①

**56** 자동차 엔진오일 점검 및 교환 방법으로 적합한 것은?

① 환경오염방지를 위해 오일은 최대한 교환 시기를 늦춘다.
② 가급적 고점도 오일로 교환한다.
③ 오일을 완전히 배출하기 위해 시동 거리 전에 교환한다.
④ 오일 교환 후 기관을 시동하여 충분히 엔진 윤활부에 윤활한 후 시동을 끄고 오일량을 점검한다.

**57** 납산 배터리의 전해액이 흘렀을 때 중화 용액으로 가장 알맞은 것은?

① 중탄산소다  ② 황산
③ 증류수    ④ 수돗물

◆ 전해액이 흘렀을 때 중화 용액으로는 중탄산소다를 이용한다.

**58** 전자제어 시스템 정비 시 자기진단기 사용에 대하여 (　)에 적합한 것은?

> 고장 코드의 ( a )는 배터리 전원에 의해 백업되어 점화스위치를 OFF시키더라도 ( b )에 기억된다. 그러나 ( c )를 분리시키면 고장진단 결과는 지워진다.

① a : 정보, b : 정션박스, c : 고장진단 결과
② a : 고장진단 결과, b : 배터리 (-)단자, c : 고장부위
③ a : 정보, b : ECU, c : 배터리 (-)단자
④ a : 고장진단 결과, b : 고장부위, c : 배터리 (-)단자

◆ 전자제어 장치의 고장코드 정보는 배터리 전원에 의해 백업 및 ECU에 기억되며 배터리 (-) 단자를 15초 이상 탈거 시 고장진단 정보는 지워진다.

**59** 자동차 VIN(Vehicle Identification Number)의 정보에 포함되지 않는 것은?

① 안전벨트 구분
② 제동장치 구분
③ 엔진의 종류
④ 자동차 종별

정답 56. ④  57. ①  58. ③  59. ③

**60** 자동차를 들어 올릴 때 주의사항으로 틀린 것은?

① 잭과 접촉하는 부위에 이물질이 있는지 확인한다.
② 센터 멤버의 손상을 방지하기 위하여 잭이 접촉하는 곳에 헝겊을 넣는다.
③ 차량의 하부에는 개리지 잭으로 지지하지 않도록 한다.
④ 래터럴 로드나 현가장치는 잭으로 지지한다.

◆ 래터럴 로드(패널 로드)나 서스펜션 스프링( 현가장치 )에는 통상 코일 스프링이 조합되므로 잭으로 지지하면 안된다.

정답 60. ④

# 2016년 제 1 회 기출문제

**01** 냉각수 온도센서 고장 시 엔진에 미치는 영향으로 틀린 것은?
① 공회전상태가 불안정하게 된다.
② 워밍업 시기에 검은 연기가 배출될 수 있다.
③ 배기가스 중에 CO 및 HC가 증가된다.
④ 냉간 시동성이 양호하다.

◆ 냉각수온센서 고장 시 나타나는 현상은 냉간 시동성이 저하되고 공전상태가 불량하며 공연비의 부조화로 검은 연기 및 CO, HC 배출량이 증가한다.

**02** 디젤 연소실의 구비조건 중 틀린 것은?
① 연소시간이 짧을 것
② 열효율이 높을 것
③ 평균유효압력이 낮을 것
④ 디젤노크가 적을 것

◆ 디젤기관의 노킹방지책은 연소실은 연소시간이 짧고, 열효율이 높으며, 노킹의 발생이 적어야 하고, 평균유효압력이 높아야 한다.

**03** 베어링에 작용하중이 80kgf 힘을 받으면서 베어링 면의 미끄럼속도가 30m/s일 때 손실마력은? (단, 마찰계수는 0.2이다.)
① 4.5PS ② 6.4PS
③ 7.3PS ④ 8.2PS

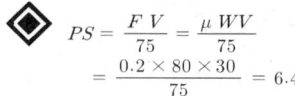

$$PS = \frac{FV}{75} = \frac{\mu WV}{75}$$
$$= \frac{0.2 \times 80 \times 30}{75} = 6.4$$

**04** 자동차의 앞면에 안개등을 설치할 경우에 해당되는 기준으로 틀린 것은?
① 비추는 방향은 앞면 진행방향을 향하도록 할 것
② 후미등이 점등된 상태에서 전조등과 연동하여 점등 또는 소등할 수 있는 구조일 것
③ 등광색은 백색 또는 황색으로 할 것
④ 등화의 중심점은 차량중심선을 기준으로 좌우가 대칭이 되도록 할 것

◆ 안개등은 전조등과 연동되어 작동하지 않는다.

**05** 디젤기관에서 기계식 독립형 연료 분사펌프의 분사시기 조정방법으로 맞는 것은?
① 거버너의 스프링을 조정
② 렉과 피니언으로 조정
③ 피니언과 슬리브로 조정
④ 펌프와 타이밍 기어의 커플링으로 조정

**정답** 01. ④  02. ③  03. ②  04. ②  05. ④

- ◆ 기계식 인젝션 펌프에서 분사시기의 조정은 펌프와 타이밍 기어의 커플링(타이어)을 통하여 조정한다.

**06** 4기통인 4행정 사이클기관에서 회전수가 1,800rpm, 행정이 75mm인 피스톤의 평균속도는?

① 2.55m/sec
② 2.45m/sec
③ 2.35m/sec
④ 4.5m/sec

- ◆ $V = \frac{2LN}{60}$
  $= \frac{2 \times 0.075 \times 1800}{60}$
  $= 4.5 m/s$

**07** 가솔린 노킹(Knocking)의 방지책에 대한 설명 중 잘못된 것은?

① 압축비를 낮게 한다.
② 냉각수의 온도를 낮게 한다.
③ 화염전파 거리를 짧게 한다.
④ 착화지연을 짧게 한다.

- ◆ 가솔린 노킹 방지법
  ㉠ 고옥탄가의 가솔린(내폭성이 큰 가솔린)을 사용한다.
  ㉡ 점화시기를 늦춘다.
  ㉢ 혼합비를 농후하게 한다.
  ㉣ 압축비, 혼합가스 및 냉각수 온도를 낮춘다.
  ㉤ 화염전파 속도를 빠르게 한다.
  ㉥ 혼합가스에 와류를 증대시킨다.

  ㉦ 연소실에 카본이 퇴적된 경우에는 카본을 제거한다.
  ㉧ 화염전판 거리를 짧게 한다.

**08** 연료의 온도가 상승하여 외부에서 불꽃을 가까이 하지 않아도 자연히 발화되는 최저온도는?

① 인화점
② 착화점
③ 발열점
④ 확산점

-  연료의 온도가 상승하여 스스로 발화되는 점은 착화점 이다.

**09** 점화순서가 1-3-4-2인 4행정기관의 3번 실린더가 압축행정을 할 때 1번 실린더는?

① 흡입행정
② 압축행정
③ 폭발행정
④ 배기행정

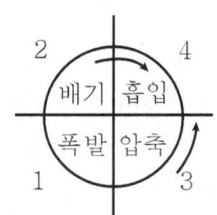

정답 06. ④  07. ④  08. ②  09. ③

**10** 기관의 윤활유 유압이 높을 때의 원인과 관계가 없는 것은?
① 베어링과 축의 간격이 클 때
② 유압조정밸브 스프링의 장력이 강할 때
③ 오일파이프의 일부가 막혔을 때
④ 윤활유의 점도가 높을 때

◆

| 유압이 상승하는 원인 | 유압이 낮아지는 원인 |
|---|---|
| • 엔진의 온도가 낮아 오일의 점도가 높다.<br>• 윤활 회로의 일부가 막혔다(오일 여과기).<br>• 유압조절밸브 스프링의 장력이 크다. | • 크랭크축 베어링의 과다 마멸로 오일 간극이 크다.<br>• 오일펌프의 마멸 또는 윤활회로에서 오일이 누출된다.<br>• 오일팬의 오일량이 부족하다.<br>• 유압조절밸브 스프링 장력이 약하거나 파손되었다.<br>• 오일이 연료 등으로 현저하게 희석되었다.<br>• 오일의 점도가 낮다. |

**11** 연소실 체적이 40cc이고, 총배기량이 1,280cc인 4기통기관의 압축비는?
① 6 : 1        ② 9 : 1
③ 18 : 1       ④ 33 : 1

◆ 4기통 엔진의 총배기량이 1,280cc이면 실린더 1개의 배기량(행정체적)은
$$\frac{1,280}{4} = 320cc$$가 된다.
압축비($\varepsilon$) = $\frac{\text{연소실체적} + \text{행정체적}}{\text{연소실체적}}$
$$= \frac{40 + 320}{40} = 9$$

**12** 전자제어기관의 흡입공기량 측정에서 출력이 전기 펄스(Pulse, Digital) 신호인 것은?
① 벤(Vane) 식
② 칼만(Karman) 와류식
③ 핫 와이어(Hot Wire)식
④ 맵센서식(MAP Sensor)식

◆ 흡입공기량 측정에서 칼만 와류식은 흡입공기량에 따른 와류 발생 정도를 초음파 주파수 변동신호로 출력하기 때문에 전기 펄스(Pulse, Digital)로 출력된다.

**13** 실린더 지름이 80mm이고, 행정이 70mm인 엔진의 연소실 체적이 50cc인 경우의 압축비는?
① 8
② 8.5
③ 7
④ 7.5

◆ 행정 체적 $V_c = \frac{\pi d^2}{4} L$
$$= \frac{\pi 8^2}{4} \times 7 = 351.7 cc$$
압축비($\varepsilon$)
$$= \frac{\text{연소실체적} + \text{행정체적}}{\text{연소실체적}}$$
$$= \frac{50 + 351.7}{50} ≒ 8.034$$

정답  10. ①  11. ②  12. ②  13. ①

**14** 내연기관과 비교하여 전기모터의 장점 중 틀린 것은?

① 마찰이 적기 때문에 손실되는 마찰열이 적게 발생한다.
② 후진 기어가 없어도 후진이 가능하다.
③ 평균 효율이 낮다.
④ 소음과 진동이 적다.

◆ 전기모터는 엔진에 비해 소음과 진동이 적고 후진 기어 없이 후진이 가능하며 마찰열이 적고 초기 구동력과 평균 효율이 높다.

**15** 디젤기관의 연료 분사장치에서 연료의 분사량을 조절하는 것은?

① 연료 여과기
② 연료 분사노즐
③ 연료 분사펌프
④ 연료 공급펌프

**16** 부동액 성분의 하나로 비등점이 197.2℃, 응고점이 −50℃인 불연성 포화액인 물질은?

① 에틸렌글리콜  ② 메탄올
③ 글리세린     ④ 변성알코올

◆ 부동액이란 EG(에틸렌 글리콜) 과 PG(프로필렌글리콜) 이있으며 EG(에틸렌 글리콜)부동액 (50% 수용액은 −36.7℃까지 견딜 수 있다. 독성이 크다.) PG(프로필렌글리콜) 부동액(−33.3℃까지 견딜 수 있다. 독성이 약하다.)으로 구분된다.

**17** 블로 다운(Blow Down) 현상에 대한 설명으로 옳은 것은?

① 밸브와 밸브시트 사이에서의 가스 누출 현상
② 압축행정 시 피스톤과 실린더 상이에서 공기가 누출되는 현상
③ 피스톤이 상사점 근방에서 흡·배기밸브가 동시에 열려 배기 잔류가스를 배출시키는 현상
④ 배기행정 초기에 배기밸브가 열려 배기가스 자체의 압력에 의하여 배기가스가 배출되는 현상

**18** LPG 차량에서 연료를 충전하기 위한 고압용기는?

① 봄베
② 베이퍼라이저
③ 슬로 컷 솔레노이드
④ 연료 유니온

**19** 가솔린을 완전 연소시키면 발생되는 화합물은?

① 이산화탄소와 아황산
② 이산화탄소와 물
③ 일산화탄소와 이산화탄소
④ 일산화탄소와 물

정답  14. ③  15. ③  16. ①  17. ④  18. ①  19. ②

◆ 가솔린을 완전연소하면 이산화탄소($CO_2$)와 물이 생성된다.

**20** 흡기 시스템의 동적효과 특성을 설명한 것 중 ( )안에 알맞은 단어는?

> 흡입행정의 마지막에 흡입밸브를 닫으면 새로운 공기의 흐름이 갑자기 차단되어 ( ㉠ )가 발생한다. 이 압력과는 음으로 흡기다기관의 입구를 향해서 진행하고, 입구에서 반사되므로 ( ㉡ )가 되어 흡입밸브 쪽으로 음속으로 되돌아온다.

① ㉠ 간섭피, ㉡ 유도파
② ㉠ 서지파, ㉡ 정압파
③ ㉠ 정압파, ㉡ 부압파
④ ㉠ 부압파, ㉡ 서지파

**21** 가솔린기관에서 발생되는 질소산화물에 대한 특징을 설명한 것 중 틀린 것은?
① 혼합비가 농후하면 발생농도가 낮다.
② 점화시기가 빠르면 발생농도가 낮다.
③ 혼합비가 일정할 때 흡기다기관의 부압은 강한 편이 발생농도가 낮다.
④ 기관의 압축비가 낮은 편이 발생농도가 낮다.

◆ 점화시기가 빠르면 노킹이 발생하며 질소산화물의 배출이 증가한다.

**22** 피스톤 간극이 크면 나타나는 현상이 아닌 것은?
① 블로 바이가 발생한다.
② 압축압력이 상승한다.
③ 피스톤 슬랩이 발생한다.
④ 기관의 기동이 어려워진다.

◆ 피스톤 간극이 클 때의 영향
㉠ 압축 행정 시 블로 바이 현상이 발생하고 압축압력이 떨어진다.
㉡ 폭발 행정 시 엔진출력이 떨어지고 블로 바이 가스가 희석되어 엔진오일을 오염시킨다.
㉢ 피스톤링의 기밀작용 및 오일제어작용 저하로 인해 엔진오일 연소실에 유입되어 연소하기 때문에 오일 소비량이 증가하고 유해 배출가스가 많이 배출된다.
㉣ 피스톤의 슬랩(피스톤과 실린더 간극이 너무 커 피스톤이 상하사점에서 운동 방향이 바뀔 때 실린더 벽에 충격을 가하는 현상) 현상이 발생하고 피스톤 링과 링 홈의 마멸을 촉진시킨다.

**23** 가솔린기관의 연료펌프에서 연료라인 내의 압력이 과도하게 상승하는 것을 방지하기 위한 장치는?
① 체크밸브      ② 릴리프밸브
③ 니들밸브      ④ 사일렌서

◆ 연료라인의 압력이 일정 압력 이상 상승하지 못하도록 제어하는 유압제어밸브는

정답 20. ③   21. ②   22. ②   23. ②

릴리프밸브이다.

**24** 중·고속주행 시 연료소비율의 향상과 기관의 소음을 줄일 목적으로 변속기의 입력회전수보다 출력회전수를 빠르게 하는 장치는?

① 클러치 포인트
② 오버 드라이브
③ 히스테리시스
④ 킥 다운

◆ 복잡한 시가지에서 저속·출발·정지를 반복할 때는 충분히 엔진의 회전수를 낮출 수가 있으나, 교외나 고속도로에서 연속적으로 고속운전을 할 때에는 엔진의 회전수보다 반대로 추진축(프로펠러 샤프트)의 회전수를 많게 해야 한다. 그래서 톱기어(직결)보다 고능률과 고속도를 자동적으로 내는 장치인 증속용 부변속기가 필요하며 이것을 오버드라이브라고 한다.

**25** 전자제어 현가장치의 출력부가 아닌 것은?

① TPS
② 지시등, 경고등
③ 액추에이터
④ 고장코드

◆ TPS (스로틀 위치센서)는 입력신호이다.

**26** 추진축의 자재이음은 어떤 변화를 가능하게 하는가?

① 축의 길이
② 회전 속도
③ 회전축의 각도
④ 회전 토크

◆ 자재이음은 각도변환, 슬립이음은 길이변환을 조정한다.

**27** 휠 얼라이먼트를 사용하여 점검할 수 있는 것으로 가장 거리가 먼 것은?

① 토(Toe)
② 캠버
③ 킹핀 경사각
④ 휠 밸런스

◆ 앞바퀴 정렬(Front wheel alignment)은 토인, 캐스터, 캠버, 토아웃, 킹핀 경사각이다.

**28** 전동식 동력 조향장치(MDPS ; Motor Driven Power Steering)의 제어 항목이 아닌 것은?

① 과부하보호 제어
② 아이들 업 제어
③ 경고등 제어
④ 급가속 제어

◆ 전동식 동력 조향장치는 과부하보호 제어, 아이들 업 제어, 경고등 제어 등을 수행하며 급가속 제어는 전동식 동력 조향장치의 제어 항목이 아니다.

정답 24. ② 25. ① 26. ③ 27. ④ 28. ④

으로 변환시키는 장치이다.

**29** 클러치 작동기구 중에서 세척유로 세척하여서는 안 되는 것은?
① 릴리스 포크
② 클러치 커버
③ 릴리스 베어링
④ 클러치 스프링

◆ 릴리스 베어링은 오일리스 베어링이 있으므로 세척유로 세척을 하면 안 된다.

**30** 조향 유압 계통에 고장이 발생되었을 때 수동조작을 이행하는 것은?
① 밸브 스풀　② 볼 조인트
③ 유압펌프　④ 오리피스

◆ 유압식 조향장치에서 스풀은 유압 모터, 유압 펌프 및 유압 밸브에서 주로 볼 수 있는 유로를 열고 닫는 역할을 하는 구성품으로 유압 계통 이상 발생 시 수동으로 조작이 가능하도록 밸브 스풀이 작동한다.

**31** 공기 브레이크에서 공기압을 기계적 운동으로 바꾸어 주는 장치는?
① 릴레이밸브
② 브레이크슈
③ 브레이크밸브
④ 브레이크체임버

◆ 브레이크체임버는 공기압을 받아 브레이크 내의 캠을 작동시키는 기계적인 운동

**32** 자동변속기의 장점이 아닌 것은?
① 기어변속이 간단하고, 엔진 스톨이 없다.
② 구동력이 커서 등판 발진이 쉽고, 등판 능력이 크다.
③ 진동 및 충격흡수가 크다.
④ 가속성이 높고, 최고속도가 다소 낮다.

◆ 자동변속기는 진동 및 충격흡수가 우수하고 등판 발진능력이 우수하나, 미끄러짐 발생으로 가속성이 떨어진다.

**33** 다음 중 전자제어 동력 조향장치(EPS)의 종류가 아닌 것은?
① 속도 감응식
② 전동 펌프식
③ 공압 충격식
④ 유압 반력 제어식

◆ 전자제어 동력 조향장치의 종류는 속도 감응식, 전동 펌프식, 반력 제어식이 있다.

정답　29. ③　30. ①　31. ④　32. ④　33. ③

**34** 자동변속기에서 토크 컨버터 내의 록업클러치(댐퍼클러치)의 작동조건으로 거리가 먼 것은?

① "D"레인지에서 일정 차속(약 70km/h 정도) 이상일 때
② 냉각수 온도가 충분히(약 75℃ 정도) 올랐을 때
③ 브레이크 페달을 밟지 않을 때
④ 발진 및 후진 시

◆ 댐퍼 클러치(로크업 클러치)는 엔진 회전수(펌프 회전수)와 터빈 회전수(변속기 입력축 회전수) 등을 고려하여 어떤 조건이 되었을 때(통상 2단 이상부터 작동) 펌프에서 터빈을 통하여 유체로 동력이 전달되지 않고 수동변속기의 클러치와 비슷한 댐퍼 클러치가 작동하여 펌프에서 터빈으로 동력이 기계적으로 물려 전달되도록 되어 있는 장치로 발진 및 후진 시에는 작동되지 않는다.

**35** ABS의 구성품 중 휠 스피드 센서의 역할은?

① 바퀴의 록(Lock) 상태 감지
② 차량의 과속을 억제
③ 브레이크 유압 조정
④ 라이닝의 마찰 상태 감지

◆ 휠 스피드 센서는 각 바퀴의 회전수(록상태)를 감지하여 ABS ECU로 보낸다.

**36** 다음에서 스프링의 진동 중 스프링 위 질량의 진동과 관계없는 것은?

① 바운싱(Bouncing)
② 피칭(Pitching)
③ 휠 트램프(Wheel Tramp)
④ 롤링(Rolling)

◆ (1) 스프링 위 질량의 진동
① 바운싱(Bouncing) : 상하운동(축방향과 평행하는 고유진동)
② 피칭(Pitching) : Y축을 중심으로 하여 회전하는 진동
③ 롤링(Rolling) : X축을 중심으로 하여 회전하는 진동
④ 요잉(Yowing) : Z축을 중심으로 하여 회전하는 진동

(2) 스프링 아래 질량의 진동
① 휠홉(Wheel hop) : 상하운동(Z축을 중심으로 회전운동)
② 휠트램프(Wheel tramp) : 좌우진동(X축을 중심으로 회전운동)
③ 와인드업(Wind up) : 앞뒤진동(Y축을 중심으로 회전운동)
④ 트위스팅(Tweesting) : 종합진동(모든 진동이 한꺼번에 일어나는 현상)

정답 34. ④  35. ①  36. ③

**37** 변속장치에서 동기물림 기구에 대한 설명으로 옳은 것은?

① 변속하려는 기어와 메인 스플라인과의 회전수를 같게 한다.
② 주축기어의 회전속도를 부축기어의 회전속도보다 빠르게 한다.
③ 주축기어와 부축기어의 회전수를 같게 한다.
④ 변속하려는 기어와 슬리브와의 회전수에는 관계없다.

◆ 동기물림 기구 (싱크로 메시기구) 는 변속되는 기어와 메인 스플라인의 회전수를 같게 해야 기어가 잘 물릴 수 있다.

**38** 자동차로 서울에서 대전까지 187.2km를 주행하였다. 출발시간은 오후 1시 20분, 도착시간은 오후 3시 8분 이었다면 평균 주행속도는?

① 약 126.5km/h
② 약 104km/h
③ 약 156km/h
④ 약 60.78km/h

◆ 평균주행속도
$= \dfrac{거리}{시간} = \dfrac{187.2}{1.8} = 104\ km/h$

**39** 유압 브레이크는 무슨 원리를 응용한 것인가?

① 아르키메데스의 원리
② 베르누이의 원리
③ 아인슈타인의 원리
④ 파스칼의 원리

◆ 유압장치는 모두 파스칼의 원리가 적용된다.

**40** 그림과 같은 브레이크 페달에 100N의 힘을 가하였을 때 피스톤의 면적이 5cm²라고 하면 작동유압은?

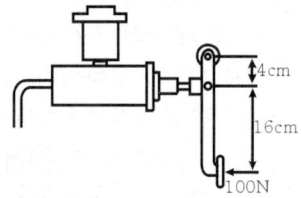

① 100kPa
② 500kPa
③ 1,000kPa
④ 5,000kPa

◆ $F = \dfrac{100 \times (16+4)}{4} = 500\,N$

$P = \dfrac{F}{A} = \dfrac{500}{0.0005} \times 10^{-3} = 1,000\ kPa$

정답 37. ① 38. ② 39. ④ 40. ③

**41** 다음은 배터리 격리판에 대한 설명이다. 틀린 것은?
① 격리판은 전도성이어야 한다.
② 전해액에 부식되지 않아야 한다.
③ 전해액의 확산이 잘되어야 한다.
④ 극판에서 이물질을 내뿜지 않아야 한다.

◆ 격리판은 비전도성이어야 한다.

**42** 자동차용 납산배터리를 급속 충전할 때 주의사항으로 틀린 것은?
① 충전시간을 가능한 길게 한다.
② 통풍이 잘되는 곳에서 충전한다.
③ 충전 중 배터리에 충격을 가하지 않는다.
④ 전해액의 온도가 약 45℃가 넘지 않도록 한다.

◆ 급속 충전은 배터리 용량의 50%에 해당하는 전류를 15~20분에 걸쳐 빠른 시간에 충전하는 방식이다.

**43** 스파크플러그 표시기호의 한 예이다. 열가를 나타내는 것은?

BPR6ES

① P  ② 6
③ E  ④ S

◆ 점화 플러그에 BPR6ES라고 표기되어 있다면 B=나사의 지름, P=P형 플러그(자기 돌출형), R=저항 플러그, 6=열가 (숫자가 작을수록 열형, 클수록 냉형), E=나사의 길이, S=중심전극이 중앙에 있음이다.

**44** 팽창밸브식이 사용되는 에어컨 장치에서 냉매가 흐르는 경로로 맞는 것은?
① 압축기 → 증발기 → 응축기 → 팽창밸브
② 압축기 → 응축기 → 팽창밸브 → 증발기
③ 압축기 → 팽창밸브 → 응축기 → 증발기
④ 압축기 → 증발기 → 팽창밸브 → 응축기

◆ 에어컨 냉방사이클 계통도는 압축기 - 응축기 - 팽창밸브 - 증발기 순이다.

**45** 연료탱크의 연료량을 표시하는 연료계의 형식 중 계기식의 형식에 속하지 않는 것은?
① 밸런싱 코일식
② 연료면 표시기식
③ 서미스터식
④ 바이메탈 저항식

◆ 연료량을 표시하는 계기의 형식은 바이메탈식, 서미스터식, 밸런싱 코일식이 있으며 서미스터는 온도측정센서이다.

**46** AC 발전기의 출력변화 조정은 무엇에 의해 이루어지는가?
① 엔진의 회전수
② 배터리의 전압
③ 로터의 전류
④ 다이오드 전류

정답 41.① 42.① 43.② 44.② 45.② 46.③

◆ 교류발전기의 출력변화 조정은 로터에 흐르는 전류를 제어하여 조정한다.

**47** 그림에서 $I_1 = 5A$, $I_2 = 2A$, $I_3 = 3A$, $I_4 = 4A$라고 하면 $I_5$에 흐르는 전류(A)는?

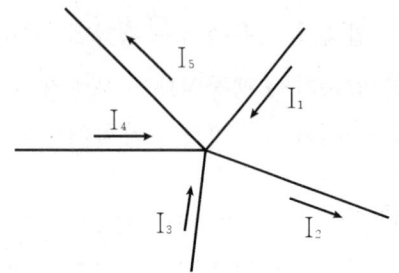

① 8　　　　② 4
③ 2　　　　④ 10

◆ 키르히호프 제1법칙에 의해 한 점에 유입된 전류의 총합은 유출되는 전류의 총합과 같다. 따라서 $I_1 + I_4 + I_3 = I_5 + I_2$이므로 $5 + 3 + 4 = I_5 + 2$, $I_5 = 10A$

**48** 플레밍의 왼손 법칙을 이용한 것은?
① 충전기
② DC 발전기
③ AC 발전기
④ 전동기

◆ 전동기는 플레밍의 왼손 법칙, 발전기는 플레밍의 오른손 법칙이 적용된다.

**49** 기동전동기를 기관에서 떼어내고 분해하여 결함부분을 점검하는 그림이다. 옳은 것은?

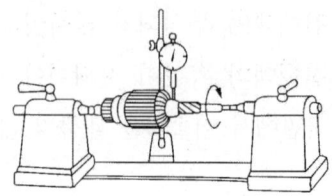

① 전기자 축의 휨 상태 점검
② 전기자 축의 마멸 점검
③ 전기자 코일 단락 점검
④ 전기자 코일 단선 점검

◆ 다이얼게이지로 전기자 축의 휨 점검을 하는 장치이다.

**50** 에어컨의 구성부품 중 고압의 기체 냉매를 냉각시켜 액화시키는 작용을 하는 것은?
① 압축기　　　　② 응축기
③ 팽창밸브　　　④ 증발기

◆ 고온·고압의 냉매 증기를 냉각시켜 고압 액체 냉매로 전환시키는 장치는 응축기(콘덴서)이다.

정답　47. ④　48. ④　49. ①　50. ②

**51** 드릴링머신 작업을 할 때 주의사항으로 틀린 것은?
① 드릴은 주축에 튼튼하게 장치하여 사용한다.
② 공작물을 제거할 때는 회전을 완전히 멈추고 한다.
③ 가공 중에 드릴이 관통했는지를 손으로 확인한 후 기계를 멈춘다.
④ 드릴의 날이 무디어 이상한 소리가 날 때는 회전을 멈추고 드릴을 교환하거나 연마한다.

◆ 가공 중에는 공작물을 직접 손으로 만져서는 안 된다.

**52** 산업체에서 안전을 지킴으로서 얻을 수 있는 이점으로 틀린 것은?
① 직장의 신뢰도를 높여 준다.
② 상하 동료 간에 인간관계가 개선된다.
③ 기업의 투자 경비가 늘어난다.
④ 회사 내 규율과 안전수칙이 준수되어 질서유지가 실현된다.

◆ 산업체에서 안전을 지킴으로서 사고 및 재산상의 피해를 줄일 수 있다.

**53** 색에 맞는 안전표시가 잘못 짝지어진 것은?
① 녹색 - 안전, 피난, 보호 표시
② 노란색 - 주의, 경고 표시
③ 청색 - 지시, 수리중, 유도 표시
④ 자주색 - 안전지도 표시

◆ 자주색은 안전표시 색으로 사용하지않는다.

**54** 작업안전상 드라이버 사용 시 유의사항이 아닌 것은?
① 날끝이 홈의 폭과 길이가 같은 것을 사용한다.
② 날끝이 수평이어야 한다.
③ 작은 부품으로 한 손으로 잡고 사용한다.
④ 전기 작업 시 금속부분이 자루 밖으로 나와 있지 않아야 한다.

◆ 드라이버 작업은 안전상 반듯이 두 손으로 잡고 사용한다.

정답 51. ③  52. ③  53. ④  54. ③

**55** 지렛대를 사용할 때 유의사항으로 틀린 것은?
① 깨진 부분이나 마디 부분에 결함이 없어야 한다.
② 손잡이가 미끄러지지 않도록 조치를 취한다.
③ 화물이 치수나 중량에 적합한 것을 사용한다.
④ 파이프를 철제 대신 사용한다.

◆ 지렛대 사용 시 파이프를 대신 사용하면 안 된다.

**56** 수동변속기 작업과 관련된 사항 중 틀린 것은?
① 분해와 조립 순서에 준하여 작업한다.
② 세척이 필요한 부품은 반드시 세척한다.
③ 로크너트는 재사용 가능하다.
④ 싱크로나이저 허브와 슬리브는 일체로 교환한다.

◆ 로크너트는 재사용하지 않는다.

**57** 물건을 운반 작업할 때 안전하지 못한 경우는?
① LPG 봄베, 드럼통을 굴려서 운반한다.
② 공동 운반에서는 서로 협조하여 운반한다.
③ 긴 물건을 운반할 때는 앞쪽을 위로 올린다.
④ 무리한 자세나 몸가짐으로 물건을 운반하지 않는다.

◆ 봄베 및 드럼통은 굴리면 표면에 크랙이 생기므로 굴려서 운반하면 안 된다.

**58** 연료압력 측정과 진공점검 작업 시 안전에 관한 유의사항이 잘못 설명된 것은?
① 기관 운전이나 크랭킹 시 회전 부위에 옷이나 손 등이 접촉하지 않도록 주의한다.
② 배터리 전해액에 옷이나 피부에 닿지 않도록 한다.
③ 작업 중 연료가 누설되지 않도록 하고 화기가 주의에 있는지 확인한다.
④ 소화기를 준비한다.

◆ 연료압력 및 진공 측정 시 안전사항과 배터리 전해액은 상관성이 없다.

정답 55. ④  56. ③  57. ①  58. ②

**59** 전동기나 조정기를 청소한 후 점검하여야 할 사항으로 옳지 않은 것은?
① 연결의 견고성 여부
② 과열 여부
③ 아크 발생 여부
④ 단자부 주유 상태 여부

◆ 단자부에는 주유 하지 않는다.

**60** 자동차기관이 과열된 상태에서 냉각수를 보충할 때 적합한 것은?
① 시동을 끄고 즉시 보충한다.
② 시동을 끄고 냉각시킨 후 보충한다.
③ 기관을 가감속하면서 보충한다.
④ 주행하면서 조금씩 보충한다.

◆ 과열된 엔진에서 냉각수 보충 시 시동을 끄고 충분히 냉각시킨 후 보충한다.

정답 59. ④  60. ②

# 2016년 제 2 회 기출문제

**01** 가솔린기관에서 배기가스에 산소량이 많이 잔존하고 있다면 연소실 내의 혼합기는 어떤 상태인가?
① 농후하다.
② 희박하다.
③ 농후하기도 하고 희박하기도 하다.
④ 이론공연비 상태이다.

◆ 배기가스 내 산소농도가 농후하면 연소실의 공연비 상대는 희박한 상태이다.

**02** 크랭크 축 메인 베어링의 오일 간극을 점검 및 측정할 때 필요한 장비가 아닌 것은?
① 마이크로미터
② 시크니스 게이지
③ 실 스톡식
④ 플라스틱 게이지

◆ 크랭크축 메인 베어링의 오일 간극 측정은 마이크로미터, 플라스틱 게이지, 실 스톡 등을 이용하여 오일 간극을 측정하며 시크니스 게이지는 홈의 폭을 측정하는 계측기이다.

**03** 연료는 온도가 높아지면 외부로부터 불꽃을 가까이 하지 않아도 발화하여 연소된다. 이때의 최저온도를 무엇이라 하는가?
① 인화점
② 착화점
③ 연소점
④ 응고점

◆ 연료의 온도가 상승하여 스스로 발화되는 점을 착화점이라 한다.

**04** 연료파이프나 연료펌프에서 가솔린이 증발해서 일으키는 현상은?
① 엔진록
② 연료록
③ 베이퍼록
④ 안티록

◆ 연료파이프나 펌프에서 연료가 증발되어 라인에 기포가 형성되는 현상은 베이퍼록 현상이다.

**05** 연료누설 및 파손방지를 위해 전자제어기관의 연료시스템에 설치된 것으로 감압 작용을 하는 것은?
① 체크밸브
② 제트밸브
③ 릴리프밸브
④ 포핏밸브

◆ 연료라인의 연료누설 및 파손방지를 위한 안전밸브는 릴리프밸브이다.

정답 01. ② 02. ② 03. ② 04. ③ 05. ③

**06** 디젤기관에서 열효율이 가장 우수한 형식은?
① 예연소실식
② 와류식
③ 공기실식
④ 직접분사식

◆ 보기 중 디젤기관에서 열효율이 가장 높은 방식은 직접분사식이다.

**07** 다음 중 내연기관에 대한 내용으로 맞는 것은?
① 실린더의 이론적 발생 마력을 제동마력이라 한다.
② 6실린더 엔진의 크랭크축의 위상각은 90°이다.
③ 베어링 스프레드는 피스톤 핀 저널에 베어링을 조립 시 밀착되게 끼울 수 있게 한다.
④ 모든 DOHC 엔진의 밸브 수는 16개이다.

◆ 실린더의 이론적 발생 마력을 지시마력이라 한다. 6실린더 엔진의 크랭크축의 위상각은 60°이다. 베어링 스프레드는 지름 차이, 크러시는 둘레 차이를 이용하여 조립된다. DOHC 엔진의 밸브 수는 기통수에 따라 변한다.

**08** LPG기관에서 액체 상태의 연료를 기체 상태의 연료로 전환시키는 장치는?
① 베이퍼라이저
② 솔레노이드밸브 유닛
③ 봄베
④ 믹서

◆ LPG 기관에서 액체 LPG를 감압시켜 기체화시키는 부품은 베이퍼라이저(감압기)이다.

**09** 가솔린기관에서 체적효율을 향상시키기 위한 방법으로 틀린 것은?
① 흡기온도의 상승을 억제한다.
② 흡기저항을 감소시킨다.
③ 배기저항을 감소시킨다.
④ 밸브 수를 줄인다.

◆ 체적효율을 향상시키는 방법은 흡기온도 상승을 억제하고, 흡기저항을 줄이며, 배기저항을 감소시키고 밸브 수를 증가시킨다.

정답 06. ④  07. ③  08. ①  09. ④

**10** 맵 센서 점검 조건에 해당되지 않는 것은?

① 냉각 수온 약 80~90℃ 유지
② 각종 램프, 전기 냉각팬, 부장품 모두 ON 상태 유지
③ 트랜스 액슬 중립(A/T 경우 N 또는 P 위치) 유지
④ 스티어링 휠 중립 상태 유지

◆ MAP센서의 점검은 공전상태에서 전기적 부하 및 기계적 부하를 주지 않은 상태에서 공전 시 출력 전압 및 파형을 점검한다.

**11** 커넥팅 로드 대단부의 배빗메탈의 주재료는?

① 주석(Sn)    ② 안티몬(Sb)
③ 구리(Cu)    ④ 납(Pb)

◆ 배빗메탈( 베어링 합금 ) : 주석(Sn) 80~90%, 납(Pb) 1% 이하, 안티몬(Sb) 3~12%, 구리(Cu) 3~7%

**12** 전자제어 연료 분사식 기관의 연료펌프에서 릴리프밸브의 작용압력은 약 몇 kgf/cm²인가?

① 0.3~0.5    ② 1.0~2.0
③ 3.5~5.0    ④ 10.0~11.5

◆ 릴리프 밸브의 스프링 작용압력은 3.5~5kgf/cm²이다.

**13** 화물자동차 및 특수자동차의 차량 총중량은 몇 톤을 초과해서는 안 되는가?

① 20톤    ② 30톤
③ 40톤    ④ 50톤

◆ 화물자동차 및 특수 자동차의 총 중량은 40톤을 초과해서는 안 된다.

**14** 연소실의 체적이 30cc이고, 행정체적이 180cc이다. 압축비는?

① 6 : 1    ② 7 : 1
③ 8 : 1    ④ 9 : 1

◆ 압축비($\varepsilon$) =

$$\frac{연소실체적 + 행정체적}{연소실체적} = \frac{30+180}{30} = 7$$

**15** 평균유효압력이 7.5kgf/cm², 행정체적 200cc, 회전 수 2,400rpm일 때 4행정 4기통기관의 지시마력은?

① 14PS    ② 16PS
③ 18PS    ④ 20PS

◆ 지시마력 = $\dfrac{Pmi \times A \times L \times N \times Z}{75 \times 60 \times 100}$ 이다

여기서, A×L은 행정체적이다.
따라서, 지시마력은

$$\frac{7.5 \times 200 \times 1,200 \times 4}{75 \times 60 \times 100} = 16PS$$

정답  10. ②  11. ①  12. ③  13. ③  14. ②  15. ②

**16** 삼원촉매장치 설치 차량의 주의사항 중 잘못된 것은?
① 주행 중 점화 스위치를 꺼서는 안 된다.
② 잔디, 낙엽 등 가연성 물질 위에 주차시키지 않아야 한다.
③ 엔진의 파워밸런스 측정 시 측정시간을 최대로 단축해야 한다.
④ 반드시 유연가솔린을 사용한다.

◆ 삼원촉매 차량은 가솔린의 성분 중 납성분이 없는 무연 휘발유를 사용해야 한다.

**17** 일반적인 엔진오일의 양부 판단 방법이다. 틀린 것은?
① 오일의 색깔이 우유색에 가까운 것은 냉각수가 혼입되어 있는 것이다.
② 오일의 색깔이 회색에 가까운 것은 가솔린이 혼입되어 있는 것이다.
③ 종이에 오일을 떨어뜨려 금속 분말이나 카본의 유무를 조사하고, 많이 혼입된 것은 교환한다.
④ 오일의 색깔이 검은색에 가까운 것은 장시간 사용했기 때문이다.

◆ 오일의 색깔에 따른 현상
 ㉠ 검은색 : 심한 오염
 ㉡ 붉은색 : 오일에 가솔린이 유입된 상태
 ㉢ 회색 : 연소가스의 생성물 혼입
 ㉣ 우유색 : 오일에 냉각수 혼입

**18** 평균유효압력이 4kgf/cm², 행정체적이 300cc인 2행정 사이클 단기통기관에서 1회의 폭발로 몇 kgf·m의 일을 하는가?
① 6  ② 8
③ 10 ④ 12

◆ 4 × 300 = 1,200kgf·cm = 12kgf·m

**19** 다음에서 설명하는 디젤기관의 연소 과정은?

분사노즐에서 연료가 분사되어 연소를 일으킬 때까지의 기간이며, 이 기간이 길어지면 노크가 발생한다.

① 착화지연기간
② 화염전파기간
③ 직접연소기간
④ 후기연소기간

◆ 착화지연기간은 연료가 분사되어 연소를 일으키기 직전까지의 구간이며 이 기간이 길어지면 노킹이 발생한다.

**20** 피스톤의 평균속도를 올리지 않고 회전수를 높일 수 있으며, 단위 체적당 출력을 크게 할 수 있는 기관은?
① 장행정기관  ② 정방형기관
③ 단행정기관  ④ 고속형기관

◆ 단행정 엔진 : 행정이 실린더 내경보다 짧은 실린더(행정 < 내경) 형태를 말하며 피

정답 16. ④  17. ②  18. ④  19. ①  20. ③

스톤의 평균속도를 올리지 않고 회전수를 높일 수 있다.

**21** 기관이 과열되는 원인으로 가장 거리가 먼 것은?
① 서모스탯이 열림 상태로 고착
② 냉각수 부족
③ 냉각팬 작동불량
④ 라디에이터의 막힘

◆ 서모스탯(thermostat)은 수온 조절기 또는 정온기라고도 하며, 냉각 펌프와 라디에이터 사이에 설치되어 냉각수의 온도에 따라 밸브가 열리거나 닫혀 엔진의 온도를 항상 일정하게 조절하는 장치이다. 그러므로 서모스탯이 열려 있으면 냉각수가 순환된다.

**22** 부특성 서미스터를 이용하는 센서는?
① 노크 센서
② 냉각수 온도 센서
③ MAP 센서
④ 산소 센서

◆ 부특성 서미스터는 온도증가시 저항 특성이 감소하는 센서이며 외기온도 센서, 흡기온 센서, 냉각수온 센서 등에 적용된다.

**23** 가솔린기관의 밸브 간극이 규정값보다 클 때 어떤 현상이 일어나는가?
① 정상 작동온도에서 밸브가 완전하게 개방되지 않는다.
② 소음이 감소하고 밸브기구에 충격을 준다.
③ 흡입밸브 간극이 크면 흡입량이 많아진다.
④ 기관의 체적효율이 증대된다.

◆ 밸브 간극이 너무 크면 밸브기 제대로 닫히지 못하고 심한 소음이 나며 밸브기구에 충격을 준다. 반면에 밸브 간극이 너무 작으면 밸브가 일찍 열리고 늦게 닫혀서 블로백 현상이 발생한다.

**24** 브레이크슈의 리턴스프링에 관한 설명으로 거리가 먼 것은?
① 리턴스프링이 약하면 휠 실린더 내의 잔압이 높아진다.
② 리턴스프링이 약하면 드럼을 과열시키는 원인이 될 수도 있다.
③ 리턴스프링이 강하면 드럼과 라이닝의 접촉이 신속히 해제된다.
④ 리턴스프링이 약하면 브레이크슈의 마멸이 촉진될 수 있다.

◆ 브레이크슈 리턴스프링은 페달을 놓았을 때 피스톤이 제자리로 복귀하도록 하며 체크밸브와 함께 잔압을 형성하는 작용을 한다. 리턴스프링의 장력이 약할 경우 휠

**정답** 21. ① 22. ② 23. ① 24. ①

실린더 내의 잔압이 낮아진다.

**25** 전자제어 현가장치(ECS)에서 보기의 설명으로 맞는 것은?

> 조향 휠 각속도 센서와 차속 정보에 의해 ROLL 상태를 조기에 검출해서 일정시간 감쇠력을 높여 차량이 선회 주행 시 ROLL을 억제하도록 한다.

① 안티 스쿼트 제어
② 안티 다이브 제어
③ 안티 롤 제어
④ 안티 시프트 스쿼트 제어

◆ 안티 스쿼트 제어 : 급브레이크를 밟으면 차의 앞부분이 급격히 아래로 숙여진다. 이런 현상을 다이브(dive) 또는 노즈다운(nose down)이라고 한다. 반대로 급출발 할 때는 차의 머리가 들리는 현상을 스쿼트(squat)라고 한다.

**26** 유압식 브레이크 장치에서 잔압을 형성하고 유지시켜 주는 것은?

① 마스터 실린더 피스톤 1차 컵과 2차 컵
② 마스터 실린더의 체크밸브와 리턴스프링
③ 마스터 실린더 오일 탱크
④ 마스터 실린더 피스톤

◆ 회로 내 잔압을 형성하고 유지시키는 부품은 마스터 실린더의 체크밸브와 브레이크 리턴스프링이다.

**27** 전자제어 제동장치(ABS)의 구성요소가 아닌 것은?

① 휠 스피드 센서
② 전자제어 유닛
③ 하이드롤릭 컨트롤 유닛
④ 각속도 센서

◆ ABS의 구성요소는 휠 스피드 센서, 전자제어 유닛, 하이드롤릭 모듈, ABS 경고등 으로 구성된다.

**28** 자동변속기 차량에서 펌프의 회전수가 120rpm이고, 터빈의 회전수가 30rpm이라면 미끄럼률은?

① 75%   ② 85%
③ 95%   ④ 105%

◆ 미끄럼률 = $\frac{펌프의 회전수 - 터빈의 회전수}{펌프의 회전수}$
$\times 100 = \frac{120 - 30}{120} \times 100 = 75\%$

**29** 타이어 트레드 패턴의 종류가 아닌 것은?

① 러그 패턴
② 블록 패턴
③ 리브러그 패턴
④ 카커스 패턴

◆ 타이어 트레드 패턴은 리브 패턴, 러그 패턴, 리브러그 패턴, 블록 패턴 등이 있다.

정답  25. ③  26. ②  27. ④  28. ①  29. ④

**30** 유압식 동력조향장치와 비교하여 전동식 동력조향장치 특징으로 틀린 것은?

① 엔진룸의 공간 활용도가 향상된다.
② 유압제어를 하지 않으므로 오일이 필요 없다.
③ 유압제어 방식에 비해 연비를 향상시킬 수 없다.
④ 유압제어를 하지 않으므로 오일펌프가 필요 없다.

◆ 전동시 동력조향장치는 엔진의 동력을 이용하지 않으므로 연비 향상과 소음, 진동이 감소되며 유압제어 방식에 비해 연비가 향상된다.

**31** 조향장치가 갖추어야 할 조건으로 틀린 것은?

① 조향조작이 주행 중의 충격을 적게 받을 것
② 안전을 위해 고속 주행 시 조향력을 작게 할 것
③ 회전 반경이 작을 것
④ 조작 시에 방향 전환이 원활하게 이루어질 것

◆ 조향장치는 차속이 증가함에 따라 안전을 위해 조향력이 증가해야 한다.

**32** 유압식 브레이크 마스터 실린더에 작용하는 힘이 120kgf이고, 피스톤 면적이 $3cm^2$일 때 마스터 실린더 내에 발생되는 유압은?

① $50kgf/cm^2$  ② $40kgf/cm^2$
③ $30kgf/cm^2$  ④ $25kgf/cm^2$

◆ 압력 = $120/3 = 40kgf/cm^2$

**33** 수동변속기 차량에서 클러치가 미끄러지는 원인은?

① 클러치 페달 자유간극 과다
② 클러치 스프링의 장력 약화
③ 릴리스 베어링 파손
④ 유압라인 공기 혼입

◆ 클러치 미끄러짐의 원인
① 클러치의 자유유격이 적을 때
② 디스크 라이닝의 경화 및 오일이 묻어 있을 때
③ 클러치 스프링 장력의 약화 및 손상
④ 플라이휠 및 압력판의 손상
⑤ 반클러치를 자주 사용했을 때

정답 30. ③  31. ②  32. ②  33. ②

**34** 동력조향장치 정비 시 안전 및 유의사항으로 틀린 것은?
① 자동차 하부에서 작업할 때에는 시야 확보를 위해 보안경을 벗는다.
② 공간이 좁으므로 다치지 않게 주의한다.
③ 제작사의 정비지침서를 참고하여 점검·정비한다.
④ 각종 볼트, 너트는 규정 토크로 조인다.

◆ 자동차 하부 작업 시 이물질로 인한 눈의 손상을 초래할 수 있으므로 반듯이 보안경을 착용한다.

**35** 유성기어 장치에서 선기어가 고정되고, 링기어가 회전하면 캐리어는?
① 링기어보다 천천히 회전한다.
② 링기어 회전수와 같게 회전한다.
③ 링기어보다 2배 빨리 회전한다.
④ 링기어보다 3배 빨리 회전한다.

◆ 기어잇수는 선기어 < 링기어 < 캐리어 순이므로 선기어 고정에 링기어 구동 시 캐리어는 감속된다.

**36** 자동변속기의 유압제어 회로에 사용하는 유압이 발생하는 곳은?
① 변속기 내의 오일펌프
② 엔진오일펌프
③ 흡기다기관 내의 부압
④ 매뉴얼 시프트밸브

◆ 자동변속기 오일펌프는 유압을 생성하여 공급하는 역할을 한다.

**37** 주행 중 자동차의 조향휠이 한쪽으로 쏠리는 원인과 가장 거리가 먼 것은?
① 타이어 공기압력 불균일
② 바퀴 얼라인먼트의 조정 불량
③ 쇽업소버의 파손
④ 조향휠 유격 조정 불량

◆ 조향핸들의 유격은 조향휠이 한쪽으로 쏠리는 원인과의 상관관계는 적다.

**38** 액슬축의 지지 방식이 아닌 것은?
① 반부동식
② 3/4부동식
③ 고정식
④ 전부동식

◆ 액슬축의 지지방식은 반부동식, 전부동식, 3/4부동식이 있다.

**39** 수동변속기 차량의 클러치판은 어떤 축의 스플라인에 조립되어 있는가?
① 추진축　　　② 크랭크축
③ 액슬축　　　④ 변속기 입력축

정답　34. ①　35. ①　36. ①　37. ④　38. ③　39. ④

**40** 현가장치에서 스프링이 압축되었다가 원위치로 되돌아올 때 작은 구멍(오리피스)을 통과하는 오일의 저항으로 진동을 감소시키는 것은?
① 스테빌라이저  ② 공기스프링
③ 토션 바 스프링  ④ 쇽업소버

◆ 쇽업소버는 오리피스 면적을 조정하여 진동을 감쇄시키는 장치이다.

**41** 자동차용 교류발전기에 대한 특성 중 거리가 가장 먼 것은?
① 브러시 수명이 일반적으로 직류발전기보다 길다.
② 중량에 따른 출력이 직류발전기보다 약 1.5배 정도 높다.
③ 슬립링 손질이 불필요하다.
④ 자여자 방식이다.

◆ 자동차 교류발전기는 일반적으로 타여자식 3상 교류발전기를 사용한다.

**42** 3순방향으로 전류를 흐르게 하였을 때 빛이 발생되는 다이오드는?
① 제너다이오드
② 포토다이오드
③ 다이리스터
④ 발광다이오드

**43** 일반적으로 에어백(Air Bag)에 가장 많이 사용되는 가스(Gas)는?
① 수소   ② 이산화탄소
③ 질소   ④ 산소

◆ 에어백의 팽창 시 가장 안전한 가스는 질소가스이다.

**44** 150Ah의 축전지 2개를 병렬로 연결한 상태에서 15A의 전류로 방전시킨 경우 몇 시간 사용할 수 있는가?
① 5    ② 10
③ 15   ④ 20

◆ $\dfrac{150 \times 2}{15} = 20h$

**45** 축전지의 충·방전 화학식이다. (　)에 해당되는 것은?

$$PbO_2 + (\quad) + Pb$$
$$\updownarrow$$
$$PbSO_4 + 2H_2O + PbSO_4$$

① $H_2O$      ② $2H_2O$
③ $2PbSO_4$   ④ $2H_2SO_4$

◆ 축전지 화학식
$PbO_2 + 2H_2SO_4 + Pb \rightleftarrows PbSO_4 + 2H_2O + PbSO_4$

정답 40.④  41.④  42.④  43.③  44.④  45.④

**46** 점화코일의 2차 쪽에서 발생되는 불꽃전압의 크기에 영향을 미치는 요소 중 거리가 먼 것은?
① 점화플러그 전극의 형상
② 점화플러그 전극의 간극
③ 기관 윤활유 압력
④ 혼합기 압력

◆ 기관 윤활유 압력은 점화장치와 상관관계는 없다.

**47** 전류에 대한 설명으로 틀린 것은?
① 자유전자의 흐름이다.
② 단위는 A를 사용한다.
③ 직류와 교류가 있다.
④ 저항에 항상 비례한다.

◆ 전류와 저항은 반비례한다.

**48** 지구환경 문제로 인하여 기존의 냉매는 사용을 억제하고, 대체가스로 사용되고 있는 자동차 에어컨의 냉매는?
① R-134a    ② R-22
③ R-16a     ④ R-12

◆ R-134a의 장점
㉠ 불연성이고 독성이 없으며, 오존을 파괴하는 염소(Cl)가 없다.
㉡ 다른 물질과 쉽게 반응하지 않은 안정된 분자 구조로 되어 있다.
㉢ R-12와 비슷한 열역학적 성질을 지니고 있다.

**49** 기동전동기 무부하 시험을 하려고 한다. A와 B에 필요한 것은?

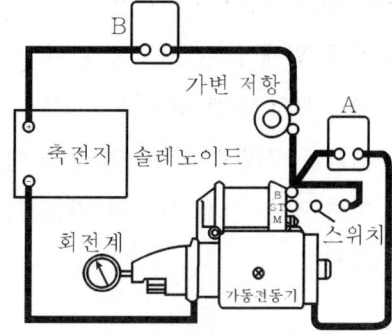

① A : 전류계, B : 전압계
② A : 전압계, B : 전류계
③ A : 전류계, B : 저항계
④ A : 저항계, B : 전압계

◆ 전류계는 회로에 직렬연결 하여 전류를 측정하며 전압계는 병렬연결을 하여 전압을 측정한다.

**50** 퓨즈에 관한 설명으로 맞는 것은?
① 퓨즈는 정격전류가 흐르면 회로를 차단하는 역할을 한다.
② 퓨즈는 과대전류가 흐르면 회로를 차단하는 역할을 한다.
③ 퓨즈는 용량이 클수록 정격전류가 낮아진다.
④ 용량이 작은 퓨즈는 용량을 조정하여 사용한다.

정답 46. ③  47. ④  48. ①  49. ②  50. ②

◆ 퓨즈는 과대전류가 흐르면 스스로 끊어져 회로를 보호하는 역할을 한다.

**51** 작업장 내에서 안전을 위한 통행방법으로 옳지 않은 것은?
① 자재 위에 앉지 않도록 한다.
② 좌·우측의 통행 규칙을 지킨다.
③ 짐을 든 사람과 마주치면 길을 비켜준다.
④ 바쁜 경우 기계 사이의 지름길을 이용한다.

◆ 기계 사이의 길을 이용하지 않는다.

**53** 카바이드 취급 시 주의할 점으로 틀린 것은?
① 밀봉해서 보관한다.
② 건조한 곳보다 약간 습기가 있는 곳에 보관한다.
③ 인화성이 없는 곳에 보관한다.
④ 저장소에 전등을 설치할 경우 방폭구조로 한다.

◆ 카바이드는 건조한 장소에 보관 하여야한다.

**54** 작업자가 기계작업 시의 일반적인 안전사항을 틀린 것은?
① 급유 시 기계는 운전을 정지시키고, 지정된 오일을 사용한다.
② 운전 중 기계로부터 이탈할 때는 운전을 정지시킨다.
③ 고장수리, 처소 및 조정 시 동력을 끊고 다른 사람이 작동시키지 않도록 표시해 둔다.
④ 정전이 발생 시 기계스위치를 켜둬서 정전이 끝남과 동시에 작업 가능하도록 한다.

◆ 정전이 발생 시 전원스위치를 Off하여 정전이 끝날때까지 대기한다.

**55** 재해조사 목적을 가장 바르게 설명한 것은?
① 적절한 예방 대책을 수립하기 위하여
② 재해를 당한 당사자의 책임을 추궁하기 위하여
③ 재해 발생 상태와 그 동기에 대한 통계를 작성하기 위하여
④ 작업능률 향상과 근로기강 확립을 위하여

◆ 재해조사는 예방 대책을 수립하기 위하여 실시한다.

**정답** 51. ④  53. ②  54. ④  55. ①

**56** 전자제어시스템을 정비할 때 점검방법 중 올바른 것을 모두 고른 것은?

> a. 배터리 전압이 낮으면 자기진단이 불가할 수 있으므로 배터리 전압을 확인한다.
> b. 배터리 또는 ECU 커넥터를 분리하면 고장항목이 지워질 수 있으므로 고장진단결과를 완전히 읽기 전에는 배터리를 분리시키지 않는다.
> c. 전장품을 교환할 때에는 배터리 (-)케이블을 분리한 후 작업한다.

① a, b　　② a, c
③ b, c　　④ a, b, c

**57** 에어백 장치를 점검·정비할 때 안전하지 못한 행동은?

① 에어백 모듈은 사고 후에도 재상용이 가능하다.
② 조향휠을 장착할 때 클록 스프링의 중립 위치를 확인한다.
③ 에어백장치는 축전지 전원을 차단하고 일정시간이 지난 후 정비한다.
④ 인플레이터의 저항은 아날로그 테스터기로 측정하지 않는다.

◆ 에어백은 작동 후 재사용할수 없게 제작한다.

**58** 점화플러그 청소기를 사용할 때 보안경을 쓰는 이류로 가장 적당한 것은?

① 발생하는 스파크의 색상을 확인하기 위해
② 이물질이 눈에 들어갈 수 있기 때문에
③ 빛이 너무 자주 깜박거리기 때문에
④ 고전압에 의한 감전을 방지하기 위해

◆ 눈에 이물질이 눈에 들어가는 사고를 방지하기 위해 보안경을 착용한다.

**59** 정밀한 부속품을 세척하기 위한 방법으로 가장 안전한 것은?

① 와이어 브러시를 사용한다.
② 걸레를 사용한다.
③ 솔을 사용한다.
④ 에어건을 사용한다.

◆ 정밀한 부속품은 에어건으로 세척한다.

정답 56. ④　57. ①　58. ②　59. ④

**60** 전자제어 가솔린기관의 실린더 헤드 볼트를 규정대로 조이지 않았을 때 발생하는 현상으로 거리가 먼 것은?

① 냉각수의 누출
② 스로틀밸브의 고착
③ 실린더 헤더의 변형
④ 압축가스의 누설

◆ 스로틀 밸브[Throttle Valve]
기화기 하단부의 스로틀 보디에 부착되어 실린더에 공급되는 혼합기를 조절하는 밸브이다.

정답 60. ②

# 2016년 제 4 회 기출문제

**01** 점화 지연의 3가지에 해당되지 않는 것은?
① 기계적 지연  ② 점성적 지연
③ 전기적 지연  ④ 화염전파 지연

◆ 점화 지연은 기계적 지연, 전기적 지연, 화염전파 지연이 있다.

**02** 기관에 사용하는 윤활유의 기능이 아닌 것은?
① 마멸작용  ② 기밀작용
③ 냉각작용  ④ 방청작용

◆ 윤활유의 기능은 감마(마멸감소)작용, 청정작용, 방청작용, 냉각작용, 응력분산작용, 기밀유지작용이 있다.

**03** 행정의 길이가 250mm인 가솔린기관에서 피스톤의 평균속도가 5m/s라면 크랭크축의 1분간 회전(rpm)는 약 얼마인가?
① 500  ② 600
③ 700  ④ 800

◆ $V = \dfrac{2lN}{1000 \times 60}$ 에서
$N = \dfrac{1000 \times 60 \, V}{2l} = \dfrac{1000 \times 60 \times 5}{2 \times 250} = 600 \, rpm$

**04** 가솔린 전자제어기관에서 축전이 전압이 낮아졌을 때 연료분사량을 보정하기 위한 방법은?
① 분사시간을 증가시킨다.
② 기관의 회전속도를 낮춘다.
③ 공연비를 낮춘다.
④ 점화시기를 지각시킨다.

◆ 전자제어 엔진에서 축전지 전압이 기준보다 낮을 경우 ECU는 인젝터의 무효분사 시간을 증가시켜 공연비를 보정한다.

**05** 가솔린의 주요 화합물로 맞는 것은?
① 탄소와 수소
② 수소와 질소
③ 탄소와 산소
④ 수소와 산소

◆ 가솔린은 탄소와 수소가 주요 화합물로 구성되어 있다.

**06** 전자제어 가솔린분사장치에서 기관의 각종 센서 중 입력 신호가 아닌 것은?
① 스로틀 포지션 센서
② 냉각 수온 센서
③ 크랭크 각 센서
④ 인젝터

**정답** 01. ②  02. ①  03. ②  04. ①  05. ①  06. ④

◆ 인젝터는 액추에이터(구동기기)로서 ECU의 신호를 받아 연료를 분사시키는 장치이다.

**07** 디젤기관의 연소실 형식으로 틀린 것은?
① 직접분사식　　② 예연소실식
③ 와류식　　　　④ 연료실식

◆ 디젤기관의 연소실 형식은 직접분사실식, 공기실식, 예연소실식, 와류실식이 있다.

**08** 자동차 주행빔 전조등의 발광면은 상측, 하측, 내측, 외측의 몇 ° 이내에서 관측 가능해야 하는가?
① 5　　　　　　② 10
③ 15　　　　　④ 20

◆ 주행빔의 전조등 발광면은 상측, 하측, 내측, 외측의 5° 이내에서 관측이 가능해야 한다.

**09** 전자제어 연료분사 가솔린기관에서 연료 펌프의 체크밸브는 어느 때 닫히게 되는가?
① 기관 회전 시
② 기관 정지 후
③ 연료 압송 시
④ 연료 분사 시

◆ 전자제어 연료분사장치에서 연료펌프의 체크밸브는 기관 정지 시 작동하여 연료

라인의 잔압을 유지시켜 재시동성을 향상시킨다.

**10** 배기밸브가 하사점 전 55°에서 열려 상사점 후 15°에서 닫힐 때 총 열림각은?
① 240°　　　　② 250°
③ 255°　　　　④ 260°

◆ 배기밸브 열림각은 55 + 180 + 15 + 250° 이다.

**11** 가솔린기관의 흡기다기관과 스로틀 보디 사이에 설치되어 있는 서지 탱크의 역할 중 틀린 것은?
① 실린더 상호간에 흡입공기 간섭 방지
② 흡입공기 충진 효율을 증대
③ 연소실에 균일한 공기 공급
④ 배기가스 흐름 제어

◆ 서지 탱크는 흡기라인에 설치되어 배기가스 흐름 제어와는 무관하다.

**12** 가솔린기관 압축압력의 단위로 쓰이는 것은?
① rpm　　　　　② mm
③ PS　　　　　④ $kgf/cm^2$

◆ 압력의 단위는 $N/m^2$ 또는 $kg_f/m^2$ 으로 힘/면적 이다

정답　07. ④　08. ①　09. ②　10. ②　11. ④　12. ④

**13** 압력식 라디에이터 캡을 사용하므로 얻어지는 장점과 거리가 먼 것은?

① 비등점을 올려 냉각 효율을 높일 수 있다.
② 라디에이터를 소형화할 수 있다.
③ 라디에이터의 무게를 크게 할 수 있다.
④ 냉각장치 내의 압력을 높일 수 있다.

◆ 라디에이터 캡은 냉각장치 내의 냉각수의 비등점(비점)을 높이고 냉각범위를 넓히기 위해 압력식 캡을 사용한다. 압력식 캡은 냉각회로의 냉각수 압력을 약 1.0~1.2kgf/cm$^2$를 증가하여 냉각수의 비등점을 약 112℃까지 상승시키는 역할을 한다.

**14** EGR(Exhaust Gas Recirculation)밸브에 대한 설명 중 틀린 것은?

① 배기가스 재순환장치이다.
② 연소실 온도를 낮추기 위한 장치이다.
③ 증발가스를 포집하였다가 연소시키는 장치이다.
④ 질소산화물(NO$_X$) 배출을 감소하기 위한 장치이다.

◆ 증발가스를 포집하였다가 연소시키는 장치는 캐니스터(PCSV)이다.

**15** 실린더의 안지름이 100mm, 피스톤 행정이 130mm, 압축비가 21일 때 연소실 용적은 약 얼마인가?

① 25cc   ② 32cc
③ 51cc   ④ 58cc

◆ $\varepsilon(압축비) = \dfrac{연소실체적 + 행정체적}{연소실체적}$

$= \dfrac{연소실체적 + \dfrac{\pi D^2}{4} \times l}{연소실체적}$

$= \dfrac{연소실체적 + \dfrac{\pi \times 10^2}{4} \times 13}{연소실체적} = 21$

연소실체적 $= 51\,CC$

**16** 기관의 습식 라이너(Wet Type)에 대한 설명 중 틀린 것은?

① 습식 라이너를 끼울 때에는 라이너 바깥둘레에 비눗물을 바른다.
② 실링이 파손되면 크랭크 케이스로 냉각수가 들어간다.
③ 냉각수와 직접 접촉하지 않는다.
④ 냉각 효과가 크다.

◆ 습식 라이너는 바깥쪽에 냉각수가 직접적으로 접촉되는 형식이다.

**17** 3원 촉매장치의 촉매 컨버터에서 정화처리하는 주요 배기가스로 거리가 먼 것은?

① CO         ② NO$_X$
③ SO$_2$4    ④ HC

◆ 3월 촉매 컨버터는 CO, HC, NO$_x$를 인체에 무해한 N$_2$, $_2$O, CO$_2$로 정화한다.

**18** 피스톤링의 주요 기능이 아닌 것은?
① 기밀작용
② 감마작용
③ 열전도작용
④ 오일제어작용

◆ 피스톤링(Piston Ring)은 압축링과 오일링이 있으며 고온·고압의 연소가스가 연소실에서 크랭크실로 누설되는 것을 방지하는 기밀작용과 실린더 벽에 윤활유막(Oil Film)을 형성하는 작용, 실린더 벽의 윤활유를 긁어내리는 오일 제어작용 및 피스톤의 열을 실린더 벽으로 방출시키는 냉각작용을 한다.

**19** 디젤기관의 연료분사에 필요한 조건으로 틀린 것은?
① 무화
② 분포
③ 조정
④ 관통력

◆ 디젤기관에서 연료분사의 3대 요인은 무화, 관통, 분포이다.

**20** LPG기관의 연료장치에서 냉각수의 온도가 낮을 때 시동성을 좋게 하기 위해 작동되는 밸브는?
① 기상밸브
② 액상밸브
③ 안전밸브
④ 과류방지밸브

◆ 기상밸브는 LPG기관에서 냉간 시동성을 좋게 하는 장치이다.

**21** 공기량 계측방식 중에서 발열체와 공기 사이의 열전달 현상을 이용한 방식은?
① 열선식 질량유량 계량방식
② 베인식 체적유량 계량방식
③ 칼만와류방식
④ 맵 센서방식

◆ 공기량 계측방식에서 발열체와 공기 사이의 열전달 현상을 이용한 방식은 질량유량 검출방식 으로 열선식과 열막식이 있다.

**22** 평균유효압력이 10kgf/cm$^2$, 배기량이 7,500cc, 회전속도 2,400rpm, 단기통인 2행정 사이클의 지시마력은?
① 200PS  ② 300PS
③ 400PS  ④ 500PS

정답 18. ② 19. ③ 20. ① 21. ① 22. ③

◆ $IPs = \dfrac{P_{mi} \times A \times L \times N \times Z}{75 \times 60 \times 100}$
$= \dfrac{10 \times 7500 \times 2400 \times 1}{75 \times 60 \times 100} = 400\,Ps$

**23** 어떤 물체가 초속도 10m/s로 마찰계수는 0.5의 면을 미끄러진다면 약 몇 m를 진행하고 멈추는가?

① 0.51     ② 5.1
③ 10.2     ④ 20.4

◆ $10\,m/s = 36\,km/h$
$S = \dfrac{V^2}{254\,\mu} = \dfrac{36^2}{254 \times 0.5} = 10.2\,m$

**24** 후축에 9,890kgf의 하중이 작용될 때 후축에 4개의 타이어를 장착하였다면 타이어 한 개당 받는 하중은?

① 약 2,473kgf
② 약 2,770kgf
③ 약 3,473kgf
④ 약 3,770kgf

◆ 후축 타이어 1개의 하중부담은
$\dfrac{9,890}{4} = 2,472.5\,kgf$

**25** 조향장치가 갖추어야 할 조건 중 적당하지 않은 것은?

① 적당한 회전 감각이 있을 것
② 고속 주행에서도 조향핸들이 안정될 것
③ 조향휠의 회전과 구동휠의 선회차가 클 것
④ 선회 후 복원성이 있을 것

◆ 조향장치는 조향휠 회전과 구동휠의 선회차가 작아야 안전하다.

**26** 디스크 브레이크와 비교해 드럼 브레이크의 특성으로 맞는 것은?

① 페이드 현상이 잘 일어나지 않는다.
② 구조가 간단하다.
③ 브레이크의 편제동 현상이 적다.
④ 자기작동 효과가 크다.

◆ 드럼 브레이크는 디스크 브레이크에 비해 자기작동 (리딩슈 ,트레일링슈 )효과가 크다.

**27** 수동변속기에서 기어변속 시 기어의 이중 물림을 방지하기 위한 장치는?

① 파킹볼 장치
② 인터록 장치
③ 오버드라이브 장치
④ 로킹볼 장치

◆ 수동변속기에서 이중 물림 방지장치는 인터록장치이며 빠짐 방지장치는 로킹볼이다.

정답   23. ③   24. ①   25. ③   26. ④   27. ②

**28** 기관의 회전수가 3,500rpm, 제2속의 감속비 1.5, 최종감속비 4.8, 바퀴의 반경이 0.3m일 때 차속은?
(단, 바퀴의 지면과 미끄럼은 무시한다.)
① 약 35km/h
② 약 45km/h
③ 약 55km/h
④ 약 65km/h

◆ 바퀴의 회전수

$$N = \frac{3500}{1.5 \times 4.8} = 486\,rpm$$

$$\begin{aligned}V &= \pi DN \times 60 \\ &= \pi \times 0.6 \times 486 \times 60 \\ &= 54965\,m/h \\ &= 54.965\,km/h\end{aligned}$$

**29** 차동장치에서 차동 피니언과 사이드기어의 백래시 조정은?
① 축받이 차축의 왼쪽 조정심을 가감하여 조정한다.
② 축받이 차축의 오른쪽 조정심을 가감하여 조정한다.
③ 차동장치의 링기어 조정장치를 조정한다.
④ 스러스트(Thrust) 와셔의 두께를 가감하여 조정한다.

**30** 전자제어식 자동변속기제어에 사용되는 센서가 아닌 것은?
① 차고 센서
② 유온 센서
③ 입력축 속도 센서
④ 스로틀 포지션 센서

◆ 차고 센서는 전자제어 현가장치 센서이다.

**31** 수동변속기에서 클러치의 미끄러지는 원인으로 틀린 것은?
① 클러치 디스크에 오일이 묻었다.
② 플라이 휠 및 압력판이 손상되었다.
③ 클러치 페달의 자유간극이 크다.
④ 클러치 디스크의 마멸이 심하다.

◆ 클러치가 미끄러지는 원인
  ㉠ 클러치 페달의 자유간격 불량 : 간격이 크면 클러치 끊어짐이 불량하고, 작으면 클러치가 미끄러진다.
  ㉡ 클러치 스프링의 쇠약(자유고 감소) 또는 결손 : 압력판을 충분히 밀착시키지 못하기 때문에 미끄러짐이 발생한다.
  ㉢ 페이싱에 기름부착 : 크랭크축 오일실 마모로 엔진오일이 클러치판에 묻을 수 있다.
  ㉣ 페이싱의 과도한 마모
  ㉤ 유압식 클러치에서 오일 파이프 내 공기유입 : 파이프에 공기가 유입되면 동력차단이 확실히 되지 않아 클러치판에 미끄럼이 발생한다.

정답 28. ③  29. ④  30. ①  31. ③

※ 페달의 자유간극이 크면 동력전달은 원활하나 동력차단이 어렵다.

**32** 주행 시 혹은 제동 시 핸들이 한쪽으로 쏠리는 원인으로 거리가 가장 먼 것은?
① 좌우 타이어의 공기 압력이 같지 않다.
② 앞바퀴의 정렬이 불량하다.
③ 조향핸들축의 축 방향 유격이 크다.
④ 한쪽 브레이크 라이닝 간격 조정이 불량하다.

◆ 조향핸들의 축 방향 유격은 핸들이 한쪽으로 쏠리는 원인과 무관하다.

**33** 일반적인 브레이크 오일의 주성분은?
① 윤활유와 경유
② 알코올과 피마자기름
③ 알코올과 윤활유
④ 경유와 피마자기름

**34** 전자제어 현가장치의 제어 기능에 해당되는 것이 아닌 것은?
① 안티 스키드
② 안티 롤
③ 안티 다이브
④ 안티 스쿼트

◆ 안티 스키드는 제동안전장치 이다.

**35** 자동변속기에서 오일라인압력을 근원으로 하여 오일라인압력보다 낮은 일정한 압력을 만들기 위한 밸브는?
① 체크밸브
② 거버너밸브
③ 매뉴얼밸브
④ 리듀싱밸브

◆ 리듀싱밸브는 감압밸브로서 항시 개방형의 압력제어밸브이다.

**36** ABS 차량에서 4센서 4채널방식의 설명으로 틀린 것은?
① ABS 작동 시 각 휠의 제어는 별도로 제어된다.
② 휠 속도 센서는 각 바퀴마다 1개씩 설치된다.
③ 톤 휠의 회전에 의해 전압이 변한다.
④ 휠 속도 센서의 출력 주파수는 속도에 반비례한다.

◆ 휠 속도 센서의 출력 주파수는 속도에 비례한다.

**37** 전자제어 현가장치의 입력 센서가 아닌 것은?
① 차속 센서
② 조향휠 각속도 센서
③ 차고 센서
④ 임팩트 센서

정답 32. ③  33. ②  34. ①  35. ④  36. ④  37. ④

◆ 임팩트 센서는 에어백 시스템 센서이다.

**38** 유압식 전자제어 동력조향장치에서 컨트롤 유닛(ECU)의 입력 요소는?
① 브레이크 스위치
② 차속 센서
③ 흡기온도 센서
④ 휠 스피드 센서

◆ 전자제어 동력조향장치의 입력신호는 토크 센서, 차속 센서 등이 있다.

**39** 빈 칸에 알맞은 것은?

> 애커먼 장토의 원리는 조향 각도를 ( ㉠ )로 하고, 선회할 때 선회하는 안쪽 바퀴의 조향각도가 바깥쪽 바퀴의 조향각도보다 ( ㉡ )되며, ( ㉢ )의 연장선상의 한 점을 중심으로 동심원을 그리면서 선회하여 사이드슬립 방지와 조향핸들 조작에 따른 저항을 감소시킬 수 있는 방식이다.

① ㉠ 최소, ㉡ 작게, ㉢ 앞차축
② ㉠ 최대, ㉡ 작게, ㉢ 뒷차축
③ ㉠ 최소, ㉡ 크게, ㉢ 앞차축
④ ㉠ 최대, ㉡ 크게, ㉢ 뒷차축

**40** 유압식 브레이크는 어떤 원리를 이용한 것인가?
① 뉴턴의 원리
② 파스칼의 원리
③ 베르누이의 원리
④ 애커먼 장토의 원리

◆ 유압장치는 파스칼의 원리를 적용된다.

**41** 자동차 전조등회로에 대한 설명으로 맞는 것은?
① 전조등 좌우는 직렬로 연결되어 있다.
② 전조등 좌우는 병렬로 연결되어 있다.
③ 전조등 좌우는 직병렬로 연결되어 있다.
④ 전조등 작동 중에는 미등이 소등된다.

◆ 전조등 회로 : 2개의 전조등은 서로 병렬로 연결되어 있으며, 전조등 경음기 스위치는 앞차를 추월하거나 경고신호를 보낼 때 사용하는 것으로 스위치를 넣으면 주주행빔(상향등)이 점등된다.

**42** 축전지(Condenser)와 관련된 식 표현으로 틀린 것은?
(단, Q = 전기량, E = 전압, C = 비례상수)

① $Q = CE$
② $C = \dfrac{Q}{E}$
③ $C = \dfrac{Q}{C}$
④ $C = QE$

**정답** 38. ② 39. ④ 40. ② 41. ② 42. ④

◆ 축전기(콘덴서)는 Q = CE이다

**43** 전자동에어컨(FATC) 시스템의 ECU에 입력되는 센서 신호로 거리가 먼 것은?
① 외기온도 센서
② 차고 센서
③ 일사 센서
④ 내기온도 센서

◆ 차고 센서는 전자동에어컨(FATC) 시스템이 아니며 전자제어 현가장치 구성 부품이다.

**44** 12V의 전압에 20Ω의 저항을 연결하였을 경우 몇 A의 전류가 흐르겠는가?
① 0.6A   ② 1A
③ 5A    ④ 10A

◆ $I = \dfrac{V}{R} = \dfrac{12}{20} = 0.6\,A$

**45** 자동차 에어컨 장치의 순환과정으로 맞는 것은?
① 압축기 → 응축기 → 건조기 → 팽창밸브 → 증발기
② 압축기 → 응축기 → 팽창밸브 → 건조기 → 증발기
③ 압축기 → 팽창밸브 → 건조기 → 응축기 → 증발기
④ 압축기 → 건조기 → 팽창밸브 → 응축기 → 증발기

◆ 에어컨 장치의 순환과정은 압축기 - 응축기 - 건조기 - 팽창밸브 - 증발기 순이다.

**46** 자동차의 교류발전기에서 발생된 교류전기를 직류로 정류하는 부품은 무엇인가?
① 전기자         ② 조정기
③ 실리콘 다이오드   ④ 릴레이

◆ 교류발전기에서 발생된 교류전기를 직류로 정류하는 부품은 실리콘 다이오드이다.

**47** 기동전동기에서 오버러닝 클러치의 종류에 해당되지 않는 것은?
① 롤러식
② 스프래그식
③ 전기자식
④ 다판 클러치식

◆ 오버러닝 클러치는 스프래그식, 롤러식, 다판 클러치식이 있다.

**48** 엔진 ECU 내부의 마이크로컴퓨터 구성요소로서 산술 연산 또는 논리연산을 수행하기 위해 데이터를 일시 보관하는 기억장치는?
① FET 구동회로
② A/D 컨버터
③ 인터페이스
④ 레지스터

정답 43. ② 44. ① 45. ① 46. ③ 47. ③ 48. ④

◆ 데이터를 일시 보관하는 보조기억장치는 레지스터이다.

**49** 자기방전율은 축전지 온도가 상승하면 어떻게 되는가?
① 높아진다.
② 낮아진다.
③ 변함없다.
④ 낮아진 상태로 일정하게 유지된다.

◆ 자기방전율은 축전지의 온도가 높을 때 높아진다.

**50** 축전지에 대한 설명 중 틀린 것은?
① 전해액 온도가 올라가면 비중은 낮아진다.
② 전해액의 온도가 낮으면 황산의 확산이 활발해진다.
③ 온도가 높으면 자기방전량이 많아진다.
④ 극판수가 많으면 용량이 증가한다.

◆ 축전지는 화학전지이므로 전해액의 온도가 적당할 때 활발한 작용을 한다.

**51** 산업안전보건법상의 안전·보건표지의 종류와 형태에서 다음 그림이 의미하는 것은?

① 직진금지　　　② 출입금지
③ 보행금지　　　④ 차량통행금지

**52** 차량 시험기기의 취급주의 사항에 대한 설명으로 틀린 것은?
① 시험기기 전원 및 용량을 확인한 후 전원 플러그를 연결한다.
② 시험기기의 보관은 깨끗한 곳이면 아무 곳이나 좋다.
③ 눈금의 정확도는 수시로 점검해서 0점을 조정해 준다.
④ 시험기기의 누전 여부를 확인한다.

◆ 시험기기는 반드시 별도의 보관 장소에 보관해야한다.

**53** 산업안전표지의 종류에서 비상구 등을 나타내는 표지는?
① 금지표지　　　② 경고표지
③ 지시표지　　　④ 안내표지

◆ 비상구 등의 표지는 안내표지이다.

정답　49. ①　50. ②　51. ②　52. ②　53. ④

**54** 줄 작업 시 주의사항이 아닌 것은?
① 몸 쪽으로 당길 때에만 힘을 가한다.
② 공작물은 바이스에 확실히 고정한다.
③ 날이 메꾸어 지면 와이어 브러시로 털어낸다.
④ 절삭가루는 솔로 쓸어 낸다.

◆ 줄 작업은 몸의 바깥쪽으로 밀때 힘을 가하여 작업하며 날의 전체를 이용한다.

**55** 중량물을 인력으로 운반하는 과정에서 발생할 수 있는 재해의 형태(유형)와 거리가 먼 것은?
① 허리 요통          ② 협착(입상)
③ 급성 중독          ④ 충돌

◆ 급성 중독은 주로 가스 중독으로 중량물 운반 시 발생할 수 있는 재해의 형태가 아니다.

**56** 브레이크 드럼을 연삭할 때 전기가 정전되었다. 가장 먼저 취해야 할 조치사항은?
① 스위치 전원을 내리고(Off) 주전원의 퓨즈를 확인한다.
② 스위치는 그대로 두고 정전 원인을 확인한다.
③ 작업하던 공작물을 탈거한다.
④ 연삭에 실패했으므로 새것으로 교환하고, 작업을 마무리한다.

◆ 브레이크 드럼을 연삭 시 정전이 일어나면 스위치 전원을 내리고 주전원의 퓨즈를 확인한다.

**57** 기관의 분해 정비를 결정하기 위해 기관을 분해하기 전 점검해야 할 사항으로 거리가 먼 것은?
① 실린더 압축 압력 점검
② 기관오일 압력 점검
③ 기관운전 중 이상 소음 및 출력 점검
④ 피스톤 링 갭(Gap) 점검

◆ 피스톤 링 이음간극은 기관 분해 후점검해야 할 사항이다.

**58** 작업장에서 중량물 운반수레의 취급 시 안전사항으로 틀린 것은?
① 적재중심은 가능한 한 위로 오도록 한다.
② 화물이 앞뒤 또는 측면으로 편중되지 않도록 한다.
③ 사용 전 운반수레의 각부를 점검한다.
④ 앞이 안 보일 정도로 화물을 적재하지 않는다.

◆ 적재 중심은 가능한 아래로 오도록 하며 중심이 편중되지 않도록 한다.

정답 54. ① 55. ③ 56. ① 57. ④ 58. ①

**59** 축전지 단자에 터미널 체결 시 올바른 것은?

① 터미널과 단자를 주기적으로 교환할 수 있도록 가체결한다.
② 터미널과 단자 접속부 틈새에 흔들림이 없도록 (−)드라이버로 단자 끝에 망치를 이용하여 적당한 충격을 가한다.
③ 터미널과 단자 접속부 틈새에 녹슬지 않도록 냉각수를 소량 도포한 후 나사를 잘 조인다.
④ 터미널과 단자 접속부 틈새에 이물질이 없도록 청소를 한 후 나사를 잘 조인다.

◆ 축전지 단자에 터미널 체결 시 터미널과 단자 접속부 틈새에 이물질이 없도록 청소를 한 후 충격이 작용하지 않게 나사를 잘 조인다.

**60** 멀티회로시험기를 사용할 때의 주의사항 중 틀린 것은?

① 고온, 다습, 직사광선을 피한다.
② 영점 조정 후에 측정한다.
③ 직류 전압의 측정 시 선택 스위치는 AC.(V)에 놓는다.
④ 지침은 정면에서 읽는다.

◆ 직류 전압측정 시 선택 스위치는 DC에 오도록 한다.

정답 59. ④ 60. ③

# 자동차 정비 기능사

# 모 의 고 사

제 1 회   모의고사
제 2 회   모의고사
제 3 회   모의고사
제 4 회   모의고사
제 5 회   모의고사
제 6 회   모의고사
제 7 회   모의고사

# 제 1 회 모의고사

**01** 다음 중 연료기관 내에 압력을 일정하게 유지하도록 하는 것은?
① 체크밸브
② 레귤레이터
③ 릴리프밸브
④ 연료관

◆ 릴리프밸브는 안전밸브로서 기관 내에 압력을 일정하게 유지하도록 하는 밸브이다.

**02** 전자제어 가솔린 기관에서 EGR 장치에 대한 설명으로 맞는 것은?
① 배출가스 중에 주로 CO와 HC를 저감하기 위하여 사용한다.
② EGR량을 많게 하면 시동성이 향상된다.
③ 기관 공회전 시, 급가속 시에는 EGR 장치를 차단하여 출력을 향상시키도록 한다.
④ 초기 시동 시 불97완전 연소를 억제하기 위하여 EGR량을 90% 이상 공급하도록 한다.

◆ EGR 장치는 배기가스 재순환 장치로서 기관의 공회전 시나 급가속 시에는 EGR 장치를 차단한다.

**03** 전자제어 기관의 점화장치에서 1차 전류를 단속하는 부품은?
① 다이오드
② 점화스위치
③ 파워 트랜지스터
④ 컨트롤 릴레이

**04** 전자제어 제동장치(ABS)에서 바퀴가 고정(잠김)되는 것을 검출하는 것은?
① 브레이크 드럼
② 하이드롤릭 유닛
③ 휠 스피드 센서
④ ABS-E.C.U

**05** 전자제어 가솔린 기관에서 사용되는 센서 중 흡기온도 센서에 대한 내용으로 틀린 것은?
① 온도에 따라 저항값이 보통 $1k\Omega \sim 15k\Omega$ 정도 변화되는 NTC형 서미스터를 주로 사용한다.
② 엔진 시동과 직접 관련되며 흡입공기량과 함께 기본 분사량을 결정하게 해주는 센서이다.
③ 온도에 따라 달라지는 흡입 공기밀도 차이를 보정하여 최적의 공연비가 되도록 한다.
④ 흡기온도가 낮을수록 공연비는 증가된다.

**정답** 01.③  02.③  03.③  04.③  05.②

◆ 흡기온도 센서(ATS : Air Temperature Sensor) : 흡입되는 공기의 온도를 측정하는 센서로 부특성 서미스터를 이용하며 공기 온도에 따라 저항이 변화하게 되어 있다. 온도가 상승함에 따라 저항이 작아지고 온도가 낮아지면 저항이 증가된다. 이 센서는 연료분사량을 보정하는 자료로 쓴다.

**06** 피스톤 링의 역할로 틀린 것은?
① 피스톤의 상하 운동 시 균형을 잡는다.
② 피스톤과 실린더 사이를 밀봉시킨다.
③ 실린더 벽면의 윤활유를 긁어내린다.
④ 피스톤의 열을 실린더에 전달한다.

◆ 피스톤의 상하 운동 시 균형을 잡는 부품은 발렌스 휠이다.

**07** 논리회로에 대한 설명으로 틀린 것은?
① AND회로 : 모든 입력이 "1"일 때만 출력이 "1"이 되는 회로
② OR회로 : 입력 중 최소한 어느 한쪽의 입력이 "1"이면 출력이 "1"이 되는 회로
③ NAND회로 : 모든 입력이 "0"일 경우만 출력이 "0"이 되는 회로
④ NOR회로 : 입력 중 최소한 어느 한쪽의 입력이 "1"이면 출력이 "0"이 되는 회로

**08** 전륜 구동형(FF) 차량의 특징이 아닌 것은?
① 추진축이 필요하지 않으므로 구동손실이 적다.
② 조향방향과 동일한 방향으로 구동력이 전달된다.
③ 후륜 구동에 비해 빙판 언덕길 주행에 유리하다.
④ 후륜 구동에 비해 최소회전 반경이 작다.

**09** 실린더의 지름이 100mm, 행정이 100mm일 때 압축비가 10 : 1이라면 연소실 체적은?
① 약 29cc  ② 약 49cc
③ 약 79cc  ④ 약 109cc

◆ $V_c = \left(\dfrac{\pi d^2}{4} \times l\right)/10$
$= \left(\dfrac{\pi 10^2}{4} \times 10\right)/10 = 78.5cc$

**정답** 06. ①  07. ③  08. ④  09. ③

**10** 드럼 브레이크와 비교한 디스크 브레이크의 특성이 아닌 것은?
① 디스크에 물이 묻어도 제동력의 회복이 빠르다.
② 부품의 평형이 좋고 편제동 되는 경우가 거의 없다.
③ 고속에서 반복적으로 사용하여도 제동력의 변화가 적다.
④ 디스크가 대기 중에 노출되어 방열성은 좋으나 제동 안정성이 떨어진다.

**11** 전자제어 연료분사장치에서 기본 분사량의 결정은 무엇으로 결정하는가?
① 냉각 수온 센서
② 흡입공기량 센서
③ 공기온도 센서
④ 유온 센서

◆ 기본 분사량의 결정은 흡입공기량 센서(AFS)와 크랭크위치센서(CPS)이다.

**12** 변속기가 필요한 이유로 옳지 않은 것은?
① 전달효율을 크게 하기 위해
② 엔진과 구동축 사이에서의 회전력을 증대하기 위해
③ 엔진을 무부하 상태로 유지하기 위해
④ 후진을 시키기 위해

◆ 자동차의 변속기란 항상 같은 방향으로 회전하고 있는 엔진의 회전력을 차량을 움직이는 구동력으로 전환시켜 주는 장치이다. 따라서 전진과 후진 같이 구동방향의 역전이나 속도 조절을 위해서 반드시 필요한 시스템이다. 그러므로 전달효율은 직접연결하는 방법보다 저하된다.

**13** 자재이음중에서 일반적으로 등속 조인트 주로 사용하는 차량은 어느 것인가?
① FR차량　　　　② FF차량
③ RF차량　　　　④ RR차량

◆ 등속 조인트(UV조인트)는 일반적으로 앞바퀴 구동차에서 종감속장치에 연결된 구동차축에 설치되어 바퀴에 동력전달용으로 사용된다.

**14** 현가장치의 구성 부품으로 옳은 것은?
① 타이로드(tie-rod)
② 스태빌라이저(stabilizer)
③ 너클 암(knuckle arm)
④ 드래그 링크(drag link)

◆ 현가장치는 노면에서 받는 충격을 완화하는 현가스프링, 현가스프링의 자유진동을 억제하여 승차감을 좋게 하는 쇽 업저버, 자동차가 옆으로 흔들리는 것을 방지하는 스태빌라이저(Stabilizer) 등으로 구성되어 있다.

정답　10. ④　11. ②　12. ①　13. ②　14. ②

**15** 엔진의 피스톤 간극이 작으면 발생할 수 있는 현상으로 옳은 것은?
① 연소실에 엔진 오일 유입
② 압축 압력 저하
③ 실린더와 피스톤 사이의 고착
④ 피스톤 슬랩음 발생

◆ 피스톤은 엔진이 작동할 때 열 팽창하므로 상온에서 실린더와의 사이에 어느 정도의 간극을 둔다. 간극이 적으면 소결현상, 즉 실린더와 피스톤 사이의 고착 이 발생하며 간극이 너무 크면 압축 압력의 저하, 블로바이 가스 발생 오일의 연소실 유입, 오일의 희석 및 피스톤 슬랩이 발생된다.

**16** 자동차 센서에 대한 설명으로 옳지 않은 것은?
① 산소 센서는 배기가스 중의 산소농도를 검출한다.
② 공기유량 센서는 흡입공기량을 검출한다.
③ MAP 센서는 배기다기관의 진공을 측정한다.
④ TPS는 가속페달에 의해 저항 변화가 일어난다.

◆ 맵센서(MAP : Sensor Manifold Absolute Pressure Sensor) 방식은 엔진에 흡입되는 공기의 양을 간접적으로 측정하는 것으로 현재 대부분의 차량이 이 방식을 택하고 있다

**17** 엔진 오일에 대한 설명으로 옳은 것은?
① 재생 오일을 주로 사용하여 엔진의 냉각효율을 높이도록 한다.
② 엔진 오일이 소모되는 주원인은 연소와 누설이다.
③ 점도가 서로 다른 오일을 혼합 사용하여 합성효율을 높이도록 한다.
④ 엔진 오일이 심하게 오염되면 백색이나 회색을 띤다.

◆ • 엔진 오일이 감소, 교환해야 하는 원인
  ㉠ 엔진오일의 오염 : 마모되는 부품의 금속입자, 수분, 기타 불순물이 엔진 오일에 점차 축적되어 오염되면 엔진에 문제가 발생할 수 있다.
  ㉡ 점도 저하 : 엔진오일의 오염 및 열에 의해 점차적으로 오일의 점도가 저하된다. 저하된 엔진 오일은 더 이상 금속 부품의 표면에 적절한 오일 막을 형성하지 못하기 때문에 마모, 고착의 위험이 증가된다.
  ㉢ 산화 : 오일이 장시간 열을 받을 경우 산화 및 열화가 시작되며, 엔진 내부에 침전물 및 녹으로 인해 엔진 및 부품이 정상 적으로 마모될 수 있다.
  ㉣ 오일량 감소 : 피스톤, 실린더 사이 표면을 윤활한 후 오일은 연소실로 이동하여 소량 연소된다. 그로 인해 오일량이 감소하게 되며, 과열 및 엔진에 문제가 발생될 수 있다.

• 오일의 색깔이 검정색이라면 심하게 오염된 것이다. 다만 주의할 일은 기존의

석유계 오일 색깔과 달리 합성오일은 처음부터 검은색을 띠기도 한다는 점이다. 이 경우는 색깔이 검더라도 휴지에 묻혀 보아서 흡수가 지나치게 빠르다든지, 불순물이 보이면 오염된 것으로 판단하면 된다.

- 엔진오일 색이 붉은 계통을 띨 때도 있다. 이는 연료인 휘발유가 유입된 경우다. 머플러에서 흰 연기가 유난히 많이 나는 것은 연료인 휘발유에 윤활유가 혼합되어 같이 연소되기 때문이다.
- 엔진오일이 우유처럼 흰색을 띠는 경우라면 엔진오일에 물이 섞인 것이므로 냉각계통을 점검해야 한다.

**18** 하이드로플래닝(Hydro planing : 수막현상)을 방지하는 방법으로 옳지 않은 것은?
① 트레드 마멸이 적은 타이어를 사용한다.
② 타이어의 공기 압력과 주행 속도를 낮춘다.
③ 리브 패턴의 타이어를 사용한다.
④ 트레드 패턴을 카프(calf)형으로 세이빙(shaving) 가공한 것을 사용한다.

◆ 노면에 물이 괴어 있을 때에 노면을 고속으로 주행하면 타이어의 트레드가 물을 완전히 밀어내지 못하고 물 위를 떠 있는 상태로 되어 노면과 타이어의 마찰이 없어지는데, 이러한 현상을 하이드로플래닝(수막현상)이라 한다. 이러한 현상을 방지하기 위해서는 다음과 같은 방법이 있다.
① 트레드의 마모가 적은 타이어를 사용한다.
② 타이어의 공기압력을 높인다.
③ 리브형 패턴의 타이어를 사용한다.
④ 트레드에 카프 가공을 한 타이어를 사용한다.

**19** 자동차가 선회할 때 원심력과 평형을 이루는 힘은?
① 언더 스티어링(under steering)
② 오버 스티어링(over steering)
③ 셋백(set back)
④ 코너링 포스(cornering force)

◆ 언더 스티어링 : 자동차가 주행하면서 선회할 때 조향각도를 일정하게 유지하여도 선회 반지름이 커지는 현상
오버 스티어링 : 자동차가 주행하면서 선회할 때 조향각도를 일정하게 유지하여도 선회 반지름이 작아지는 현상
셋백 : 앞뒤 차축의 평행도를 나타내는 것으로 앞뒤 차축이 완전하게 평행이 될 때 셋백 제로라고 한다. 즉, 셋백은 뒷차축을 기준으로 할 때 앞차축의 평행도를 각도로 나타낸 것이다.

**20** 기관의 압축 압력 측정시험 방법에 대한 설명으로 틀린 것은?
① 기관을 정상 작동온도로 한다.
② 점화플러그를 전부 뺀다.
③ 엔진오일을 넣고 측정한다.
④ 기관의 회전을 1,000rpm으로 한다.

◆ 엔진의 압축압력 시험은 엔진에 이상이 있을때 또는 엔진의 성능이 현저하게 저하되서 분해 수리 여부를 결정하기 위해

**정답** 18. ② 19. ④ 20. ②

서 한다

**압축압력 시험 준비 작업**
* 축전지의 충전 상태 및 접속 상태 점검
* 엔진의 정상 운전 온도 확인 후
* 모든 점화 플러그를 뺀다.
* 연료의 공급차단및 점화 1차선 분리
* 최대한 흡기를 많이 하기 위해서 공기청정기 제거 및 구동벨트를 제거해서 크랭크 축에 부하를 덜어준다.
* 스로틀 밸브를 완전히 연다.
* 점화 플러그 구멍에 압축 압력계를 밀착시킨다.
* 점화 플러그 구멍에 압축 압력계를 밀착시킨다.
* 엔진을 크랭크인시켜 엔진의 회전속도 200~300rpm이다.
* 첫 압축압력과 맨나중 압축 압력을 기록한다. (규정값은 $7 \sim 11\,kg/cm^2$ 이다.)
* 정상압력은 규정값의 90%이내이내이며, 각 실린더간의 차이가 10%이내여야 한다.
* 규정값의 10%이상이면 헤드분해 후 연소실 카본을 제거한다.
* 압축 압력이 규정값보다 낮고 오일 10cc를 1분간 부어서 하는 습식 실험에서도 압이 오르지 않으면 밸브 불량이다.
* 습식 시험에서 뚜렷하게 압력이 상승하면 실린더벽및 피스톤의 마멸이다.
* 헤드 가스켙이 불량 하거나 헤드등의 변형이 발생할 시 습식 시험에서도 압력이 상승하지 못한다.

**21** 자동차 배출가스의 구분에 속하지 않는 것은?
① 블로바이 가스
② 연료증발가스
③ 배기가스
④ 탄산가스

◆ 탄산가스는 배출가스의 구분에 속하지 않는다.

**22** 일체식 차축 현가방식의 특징으로 거리가 먼 것은?
① 앞바퀴에 시미 발생이 쉽다.
② 선회할 때 차체의 기울기가 크다.
③ 승차감이 좋지 않다.
④ 휠 얼라인먼트의 변화가 적다.

◆ 일체식 현가장치의 장점은 구조가 간단하고 부품수가 적으며 선회 시 차체의 기울기가 작은 것이다.

**23** 엔진연소실의 설계구비조건으로 맞는 것은?
① 비출력을 낮추는 구조이어야한다.
② 공기를 실린더로 흡입할 때 와류를 형성해야한다.
③ 착화지연을 길게 한다.
④ 실린더벽의 온도를 낮게하여 효율을 증가시킨다.

정답  21. ④  22. ②  23. ②

◆ 엔진연소실의 설계구비조건
① 비출력을 높이는 구조이어야한다.
② 공기를 실린더로 흡입할 때 와류를 형성해야한다.
③ 착화지연을 짧게 하여 디젤노크를 일으키지 않는 구조 이어야한다.
④ 실린더벽의 온도를 높게하여 효율을 증가시킨다.
⑤ 배기가스에 유해성분이 적은 구조로 설계한다.

**24** 수동변속기의 동기물림 방식 구성부품으로 틀린 것은?
① 클러치허브
② 클러치슬리브
③ 싱크로나이저 링
④ 싱크로나이저 밴드

◆ 싱크로메쉬 기구는 싱크로나이저 허브(synchronizer h, 슬리브(sleeve), 싱크로나이저 링(synchronizer ring), 싱크로나이저 키(synchronizer key), 키 스프링(key spring) 등으로 구성되어 있다.

**25** 축전지 저장 정전용량으로 틀린 것은?
① 정전용량은 도체판에 1C의 전하량을 주었을 때 1V의 전위차가 나타나는 축전기의 정전용량이다.
② 두 도체판 사이의 거리 $d$에 비례한다.
③ 마주보는 판의 넓이 에 비례한다.
④ 축전기에 걸리는 전압은 각 축전기의 정전용량에 반비례한다.

◆ 축전지 저장 정전용량
㉠ 정전용량은 도체판에 1C의 전하량을 주었을 때 1V의 전위차가 나타나는 축전기의 정전용량이다.
㉡ 두 도체판 사이의 거리 $d$에 반비례한다.
㉢ 마주보는 판의 넓이 에 비례한다.
㉣ 축전기에 걸리는 전압은 각 축전기의 정전용량에 반비례한다.
㉤ 축전기의 정전용량을 1F(패럿)로 정한다.

**26** 4행정 기관의 행정과 관계없는 것은?
① 흡입행정                ② 소기행정
③ 배기행정                ④ 압축행정

◆ 소기행정은 2행정 사이클의 행정으로 구분된다.

**27** 압력 압축 게이지이용한 압축 압력 준비사항중 측정 방법이 잘못된 것은?
① 점화플러그 및 점화장치 제거한다
② 엔진 난기시킨다.
③ 적정회전수로 회전 시킨다.
④ 인젝터부분에 깔끔하게 연결한다

◆ 축전지의 충전 상태 및 접속상태 점검 엔진의 정상 운전 온도 확인후 모든 점화플러그를 뺀다. 연료의 공급차단 및 점화1차선 분리

정답  24. ④   25. ②   26. ②   27. ④

**28** 엔진 전자 시스템 자기진단 가능 고장 코드로 틀린 것은?
① 산소센서
② 인젝터
③ 냉각수온센서
④ 흡입공기량

◆ 차량 시스템 자기진단
1. 촉매 정화 효율 성능 감지
2. 엔진 실화 감지
3. 산소센서 노후 감지
4. EGR 감지
5. 증발가스 감지
6. 연료 공급 시스템 감지
7. 커넥터 통일화
8. 자기진단 점검단자 (DLC(Data Link Connector)커넥터) 표준화 위치는 운전석 패널 하단에 있어야한다.

**29** 전자제어 가솔린 기관에서 EGR 장치에 대한 설명으로 맞는 것은?
① 배출가스 중에 주로 CO와 HC를 저감하기 위하여 사용한다.
② EGR량을 많게 하면 시동성이 향상된다.
③ 기관 공회전 시, 급가속 시에는 EGR 장치를 차단하여 출력을 향상시키도록 한다.
④ 초기 시동 시 불완전 연소를 억제하기 위하여 EGR량을 90% 이상 공급하도록 한다.

◆ EGR 장치는 배기가스 재순환 장치로서 질소산화물의 배출량이 많은 기관의 공회전 시나 급가속 시에는 EGR 장치를 차단한다.

**30** 다음 중 가솔린 엔진에서 노킹이 발생하는 원인은?
① 연료의 옥탄가가 높다.
② 점화시기가 너무 빠르다.
③ 엔진에 가해지는 부하가 적다.
④ 윤활유의 양이 많다.

◆ 가솔린 엔진에서 노킹이 발생하는 원인
㉠ 점화시기가 너무 빠를 때
㉡ 압축비가 높을 때
㉢ 실린더의 온도가 높을 때
㉣ 연소속도가 느릴 때

**31** 자동차용으로 주로 사용되는 발전기는?
① 단상 교류   ② Y상 직류
③ 3상 교류   ④ 3상 직류

**32** 반도체 소자 중 광센서가 아닌 것은?
① 발광 다이오드
② 포토 트랜지스트
③ CdS-광전소자
④ 노크 센서

정답  28. ④   29. ③   30. ②   31. ③   32. ④

**33** 자동변속기 전자제어장치 정비 시 안전 및 유의사항으로 옳지 않은 것은?
① 펄스 제너레이터 출력전압 파형 측정 시 주행 중에 측정한다.
② 컨트롤 케이블을 점검할 때는 브레이크 페달을 밟고, 주차 브레이크를 완전히 채우고 점검한다.
③ 차량을 리프트에 올려놓고 바퀴 회전 시 주위에 떨어져 있어야 한다.
④ 부품센서 교환 시 점화 스위치 OFF 상태에서 축전기 접지 케이블을 탈거한다.

**34** 타이어 공기압 과다 시 영향으로 거리가 먼 것은?
① 연료소비량이 증가한다.
② 타이어 트레드 중심부의 마모가 촉진된다.
③ 조향핸들이 가벼워진다.
④ 주행 중 진동 증가로 승차감이 저하된다.

◆ 타이어 공기압 과다 시 영향
① 노면 충격 흡수력이 약해져 타이어 트레드 중심부 쉽게 파열
② 돌 등으로 인해 생긴 상처가 커져 홈 안의 고무가 갈라짐
③ 림과의 과도한 접촉으로 비드부 파열
④ 충격에 약하고 거친 길에서 튀어 올라 미끄러짐 유발
⑤ 조향핸들이 가벼워지나, 주행 시 진동 저항 증가로 승차감 저하
⑥ 일반적으로 공기압을 규정치 보다 다소 높게 할 경우 매우 미미하나 연비가 향상된다.

◆ 타이어 공기압 과소 시 영향
① 트레드 양쪽 가장자리가 무리하게 힘을 받게 되어 양쪽 가장 자리 부 마모 촉진
② 과다한 열에 의한 고무와 코드층 사이가 분리
③ 사이드월 부위가 지면과 가까워지므로 돌출물 등의 충격으로 타이어 손상 심화.
④ 심한 굴신운동으로 열 발생이 가중되고, 타이어의 옆면 코드가 절단
⑤ 고속주행 시 스탠딩웨이브 현상 발생
⑥ 주행 시 로드홀딩이 나빠지며, 승차감 저하
⑦ 공기압이 낮을수록 연비가 나빠져 연료소비량 증가

**35** 차량 주행 중 급감속 시 스로틀 밸브가 급격히 닫히는 것을 방지하여 운전성을 좋게 하는 것은?
① 아이들업 솔레노이드
② 대시포트
③ 퍼지 컨트롤 밸브
④ 연료 차단 밸브

◆ 아이들업 솔레노이드 : 차량의 공회전 운전 시, 운전자의 에어컨 사용 및 자동변속기 차량인 경우 "D"단 작동 시, 그리고 갑작스런 냉각팬 작용으로 엔진의 회전수가 하강하여 불안정한 공회전 운전 상태가 될 수 있다. 그래서 이를 방지하기 위

정답  33.①  34.①  35.②

한 목적으로 설치되었다.

**36** 피스톤 헤드 부분에 있는 홈(Heat dam)의 역할은?
① 제1압축링을 끼우는 홈이다.
② 열의 전도를 방지하는 홈이다.
③ 무게를 가볍게 하기 위한 홈이다.
④ 응력을 집중하기 위한 홈이다.

**37** 흡기 장치에는 공기유량을 계측하는 방식이 있다. 공기 질량 측정 방식에 해당하는 것은?
① 흡기 다기관 압력방식
② 가동 베인식
③ 열선식
④ 카르만 와류식

**38** LP 가스 용기 내의 압력을 일정하게 유지시켜 폭발 등의 위험을 방지하는 역할을 하는 것은?
① 안전밸브
② 과류방지밸브
③ 긴급차단밸브
④ 과충전방지밸브

**39** 내연기관에서 언더스퀘어 엔진은 어느 것인가?
① 행정/실린더 내경 = 1
② 행정/실린더 내경 < 1
③ 행정/실린더 내경 > 1
④ 행정/실린더 내경 ≦ 1

◆ 언더스퀘어 엔진 : 장행정 엔진(언더스퀘어 엔진 - L/D > 1.0)은 실린더 안지름보다 행정이 긴 엔진이며 저속에서 회전력이 크다.

**40** 자동차용 LPG 연료의 특성을 잘못 설명한 것은?
① 연소 효율이 좋고 엔진운전이 정숙하다.
② 증기폐쇄(vapor lock)가 잘 일어난다.
③ 대기오염이 적으므로 위생적이고 경제적이다.
④ 엔진 윤활유의 오염이 적으므로 엔진 수명이 길다.

**41** 고속 디젤기관의 열역학적 기본 사이클은?
① 브레이튼 사이클   ② 오토 사이클
③ 사바테 사이클   ④ 디젤 사이클

◆ • 브레이튼 사이클 : 정압 연소를 행하는 가스터빈의 기본 사이클. 동작 유체를 공기로 하고 손실은 없다고 가정하며 압축·팽창은 단열변화, 수열(受熱)과 방열(放

정답  36. ②  37. ③  38. ①  39. ③  40. ②  41. ③

熱)은 정압변화 아래에서 행해지는 이상적인 사이클이다.
- 사바테 사이클 : 고속 디젤기관의 기본 사이클. 정압 사이클과 정적 사이클이 복합된 것이다.

**42** 디젤 기관의 연소실 형식에서 직접분사식의 장점이 아닌 것은?
① 분사노즐의 상태에 민감하게 반응한다.
② 연소실 구조가 간단하다.
③ 냉시동이 용이하다.
④ 열효율이 좋다.

◆ 직접분사식 : 디젤 기관에 있어서, 실린더 헤드와 피스톤 헤드로 만들어진 단일 연소실 내에 직접 연료를 분사하는 방법으로 분사노즐의 상태에 민감하게 반응하는 것은 단점이다.

**43** 기관정비 작업 시 피스톤 링의 이음 간극을 측정할 때 측정도구로 가장 알맞은 것은?
① 마이크로미터
② 버니어 캘리퍼스
③ 시크니스 게이지
④ 다이얼 게이지

**44** 다음 중 윤활유의 역할이 아닌 것은?
① 오일 막을 형성하여 금속 표면의 내부 부식과 녹을 방지한다.
② 외부의 공기나 수분의 금속 표면 침투를 막아 방청을 한다.
③ 엔진이 작동할 때 각 부에서 발생되는 열을 흡수하여 온도를 유지한다.
④ 마찰로 인하여 발생한 열을 다른 곳으로 방열하여 냉각시키는 일을 한다.

◆ 윤활유의 6대 기능
① 감마 작용 : 마찰 및 마멸 감소
② 밀봉 작용 : 틈새를 메꾸어 줌
③ 냉각 작용 : 기관의 열을 흡수하여 오일팬에서 방열
④ 세척 작용 : 카본, 금속 분말 등을 제거
⑤ 방청 작용 : 작동 부위의 부식 방지(= 녹 방지)
⑥ 응력 분산 작용 : 충격하중 작용 시 유막 파괴를 방지

**45** 기관의 윤활유 구비 조건으로 틀린 것은?
① 비중이 적당할 것
② 인화점 및 발화점이 낮을 것
③ 점성과 온도와의 관계가 양호할 것
④ 카본 생성에 대한 저항력이 있을 것

◆ • 인화점 : 불이 옮겨 붙는 것
• 발화점 : 불이 붙는 것

정답  42. ①   43. ③   44. ③   45. ②

**46** 일반적인 브레이크 오일의 주성분은?

① 윤활유와 경유
② 알코올과 피마자 기름
③ 알코올과 윤활유
④ 경유와 피마자 기름

**47** 전자제어 현가장치(ECS)에서 〈보기〉의 설명으로 맞는 것은?

> 보기
> 조향 휠 각속도센서와 차속정보에 의해 ROLL 상태를 조기에 검출해서 일정시간 감쇠력을 높여 차량이 선회 주행 시 ROLL을 억제하도록 한다.

① 안티 스쿼트 제어
② 안티 다이브 제어
③ 안티 롤 제어
④ 안티 시프트 스쿼트 제어

◆ • 안티 스쿼트 제어 : 급브레이크를 밟으면 차의 앞부분이 급격히 아래로 숙여진다. 이런 현상을 다이브(dive) 또는 노즈다운(nose down)이라고 한다. 반대로 급출발할 때는 차의 머리가 들리는 현상을 스쿼트(squat)라고 한다.
• 안티 롤 제어 : 선회할 때 자동차의 좌우 방향으로 작용하는 가로 방향 가속도를 G센서로 감지하여 제어한다. 즉, 자동차가 선회할 때에는 원심력에 의하여 중심의 이동이 발생하여 바깥쪽 바퀴 쪽은 목표 차고보다 낮아지고 안쪽 바퀴는 높아진다.

**48** 유압식 브레이크 장치에서 브레이크가 풀리지 않는 원인은?

① 오일 점도가 낮기 때문
② 파이프 내의 공기 혼입
③ 체크밸브의 접촉 불량
④ 마스터 실린더의 리턴구멍 막힘

**49** 자동차의 중량을 액슬 하우징에 지지하여 바퀴를 빼지 않고 액슬축을 빼낼 수 있는 형식은?

① 반부동식      ② 전부동식
③ 분리 차축식   ④ $\frac{3}{4}$ 부동식

• 반부동식 : 피스톤 핀을 커넥팅 로드 소단부로 고정하는 방식이다.
• $\frac{3}{4}$ 부동식(three quarter floating axle) : 3/4 부동식은 액슬의 바깥쪽에 바퀴 허브를 설치하고 1개의 베어링에 의해 바퀴 허브를 하우징에 지지하는 형식으로 액슬은 외력을 거의 받지 않는다.

**50** 동력조향장치에서 오일펌프에 걸리는 부하가 기관 아이들링 안정성에 영향을 미칠 경우 오일펌프 압력 스위치는 어떤 역할을 하는가?

① 유압을 더욱 다운시킨다.
② 부하를 더욱 증가시킨다.
③ 기관 아이들링 회전수를 증가시킨다.
④ 기관 아이들링 회전수를 다운시킨다.

정답  46. ②  49. ②  50. ③

**51** 산업재해 예방을 위한 안전시설점검의 가장 큰 이유는?
① 위해요소를 사전 점검하여 조치한다.
② 시설장비의 가동상태를 점검한다.
③ 공장의 시설 및 설비 레이아웃을 점검한다.
④ 작업자의 안전교육 여부를 점검한다.

◆ 산업재해 예방을 위한 안전시설 진단의 목적은 현장조사 및 각종 시험에 의해 시설물의 물리적·기능적 결함과 내재되어 있는 위험요인을 발견하고, 이에 대한 신속하고 적절한 보수·보강 방법 및 조치 방안 등을 제시함으로써 시설물의 안전을 확보하고자 함에 있다.

**52** 드릴로 구멍 가공을 한 다음에 사용하는 공구가 아닌 것은?
① 리머  ② 센터 펀치
③ 카운터 보어  ④ 카운터 싱크

◆ 센터 펀치는 금속 재료에 마름질 작업을 할 때 시작과 끝 점을 표시하거나 드릴로 구멍을 뚫을 때 드릴의 중심을 정확히 하기 위해 원형이나 다각형 막대 모양의 한 쪽 끝을 날카로운 바늘 모양으로 만든 공구이다.

**53** 조정렌치의 사용방법이 틀린 것은?
① 조정너트를 돌려 조(Jaw)가 볼트에 꼭 끼게 한다.
② 고정 조에 힘이 가해지도록 사용해야 한다.
③ 큰 볼트를 풀 때는 렌치 끝에 파이프를 끼워서 세게 돌린다.
④ 볼트 너트의 크기에 따라 조의 크기를 조절하여 사용한다.

◆ 렌치 직업 시 파이프 등을 연결하여 작업하면 위험하다.

**54** 작업 현장의 안전표시 색체에서 재해나 상해가 발생하는 장소의 위험표시로 사용되는 색채는?
① 녹색  ② 파란색
③ 주황색  ④ 보라색

◆ 빨간색은 눈에 띄기 쉽기 때문에 위험·정지(신호), 화재소방장치 등에 사용하며, 녹색은 피난통로·구급 처치하는 장소·출발신호 등에 사용합니다. 주황색은 위험, 노란색은 주의, 녹색은 안전·진행·구급·구호, 파랑색은 조심, 흰색은 통로·정리, 또한 검정색은 보라·노랑·흰색을 돋보이게 하기 위한 보조로 사용한다.

정답  51.①  52.②  53.③  54.③

**55** 운반기계의 취급과 안전수칙에 대한 내용으로 틀린 것은?

① 무거운 물건을 운반할 때에는 반드시 경종을 울린다.
② 기중기는 규정 용량을 지킨다.
③ 흔들리는 화물은 보조자가 탑승하여 움직이지 못하도록 한다.
④ 무거운 것은 밑에, 가벼운 것은 위에 쌓는다.

◆ 흔들리기 쉬운 인양물은 가이드로프를 이용해 유도한다.

**56** 휠 밸런스 시험기 사용 시 적합하지 않은 것은?

① 휠의 탈부착 시에는 무리한 힘을 가하지 않는다.
② 균형추를 정확히 부착한다.
③ 계기판은 회전이 시작되면 즉시 판독한다.
④ 시험기 사용방법과 유의사항을 숙지 후 사용한다.

◆ 계기판은 휠의 회전이 정지되면 판독한다.

**57** 자동차의 배터리 충전 시 안전한 작업이 아닌 것은?

① 자동차에서 배터리 분리 시 (+)단자를 먼저 분리한다.
② 배터리 온도가 약 45℃ 이상 오르지 않게 한다.
③ 충전은 환기가 잘되는 넓은 곳에서 한다.
④ 과충전 및 과방전을 피한다.

◆ 자동차에서 배터리 분리 시 (-)단자를 먼저 분리한다.

**58** 커먼레일 디젤엔진 차량의 계기판에서 경고등 및 지시등의 종류가 아닌 것은?

① 예열플러그 작동 지시등
② DPF 경고등
③ 연료수분 감지 경고등
④ 연료차단 지시등

◆ 연료차단 지시등은 경고등 항목이 아니다.

**59** 계기판의 주차 브레이크등이 점등되는 조건이 아닌 것은?

① 주차브레이크가 당겨져 있을 때
② 브레이크액이 부족할 때
③ 브레이크 페이드 현상이 발생했을 때
④ EBD 시스템에 결함이 발생했을 때

◆ 브레이크 페이드 현상에 대한 경고등은 없다.

정답  55.③  56.③  57.①  58.④  59.③

**60** 발전기의 기전력 발생에 관한 설명으로 틀린 것은?

① 로터의 회전이 빠르면 기전력은 커진다.
② 로터코일을 통해 흐르는 여자전류가 크면 기전력은 커진다.
③ 코일의 권수와 도선의 길이가 길면 기전력은 커진다.
④ 자극의 수가 많아지면 여자되는 시간이 짧아져 기전력이 작아진다.

◆ 자극의 수가 많아지면 여자되는 시간이 길어진다.

정답 60.④

# 제 2 회 모의고사

**01** 자동차용 AC 발전기의 내부구조와 가장 밀접한 관계가 있는 것은?
① 슬립링　　　　② 전기자
③ 오버러닝 클러치　④ 정류자

◆ 오버러닝 클러치 : 동력 전달 기구에 있어서 피동측 회전이 빨라지면 구동측에 관계없이 자유 회전하는 장치로서 기동전동기에서 사용된다.

**02** 2Ω, 3Ω, 6Ω의 저항을 병렬로 연결하여 12V의 전압을 가하면 흐르는 전류는?
① 1A　　　　　② 2A
③ 3A　　　　　④ 12A

◆ E = IR(I : 전류, R : 저항)
$\frac{1}{R} = \frac{1}{2} + \frac{1}{3} + \frac{1}{6} = 1$,　 I = 12/1 = 12A

**03** 자동차용 배터리의 급속 충전 시 주의사항으로 틀린 것은?
① 배터리를 자동차에 연결한 채 충전할 경우, 접지(-)터미널을 떼어 놓을 것
② 충전 전류는 용량값의 약 2배 정도의 전류로 할 것
③ 될 수 있는 대로 짧은 시간에 실시할 것
④ 충전 중 전해액 온도가 45℃ 이상 되지 않도록 할 것

**04** 엔진이 정상 연소 시 실린더 벽의 온도로 적절한 것은?
① 60℃　　　　② 80℃
③ 100℃　　　 ④ 120℃

◆ 엔진 정상 연소 시 실린더의 중앙부가 최고의 연소 온도(1000~2000℃)이나 실린더 벽 온도는 냉각수가 통하는 워터 재킷(water jacket)에 의해 약 150~180℃가 유지되도록 한다.

정답　01. ①　02. ④　03. ②　04. ④

**05** 백워닝(후방경보) 시스템의 기능과 가장 거리가 먼 것은?
① 차량 후방의 장애물을 감지하여 운전자에게 알려주는 장치이다.
② 차량 후방의 장애물은 초음파 센서를 이용하여 감지한다.
③ 차량 후방의 장애물 감지 시 브레이크가 작동하여 차속을 감속시킨다.
④ 차량 후방의 장애물 형상에 따라 감지되지 않을 수도 있다.

◆ 백워닝(후방경보) : 차량을 후진할 때 뒤쪽에 장애물이 있다는 것을 미리 알려줌으로써 충돌사고를 방지할 목적으로 차량에 설치하는 장치로서 후방감지시스템·후방경보시스템이라고 한다.

**06** LPG 사용 차량의 점화시기는 가솔린 사용 차량에 비해 어떻게 해야 되는가?
① 다소 늦게 한다.
② 빠르게 한다.
③ 시동 시 빠르게 하고 시동 후에는 늦춘다.
④ 점화시기는 상관없다.

◆ LPG는 가솔린에 비해 옥탄가가 높고 연소 속도가 느린 편으로 점화시기를 빠르게 한다.

**07** 전자동에어컨장치(Full Auto Air Conditioning)에서 입력되는 센서가 아닌 것은?
① 대기압센서          ② 실내온도센서
③ 핀써모센서          ④ 일사량센서

**08** 전자제어 연료분사장치에 사용되는 크랭크각(Crank Angle) 센서의 기능은?
① 엔진 회전수 및 크랭크 축의 위치를 검출한다.
② 엔진 부하의 크기를 검출한다.
③ 캠 축의 위치를 검출한다.
④ 1번 실린더가 압축 상사점에 있는 상태를 검출한다.

**09** 기관이 과열할 때의 원인과 관련이 없는 것은?
① 라디에이터 코어의 파손
② 냉각수 부족
③ 물펌프의 고속 회전
④ 냉각계통의 냉각수 흐름 불량

정답   05. ③   06. ②   07. ①   08. ①   09. ③

**10** 기관 각 운동부에서 윤활장치의 윤활유 역할이 아닌 것은?
① 동력손실을 적게 한다.
② 노킹현상을 방지한다.
③ 기계적 손실을 적게 하며, 냉각작용도 한다.
④ 부식과 침식을 예방한다.

**11** 자동변속기에서 토크 컨버터의 터빈축이 연결되는 곳은?
① 변속기 입력부분
② 변속기 출력부분
③ 가이드 링 부분
④ 임펠러 부분

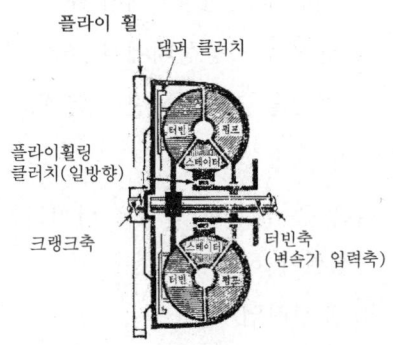

[토크 컨버터의 구조]

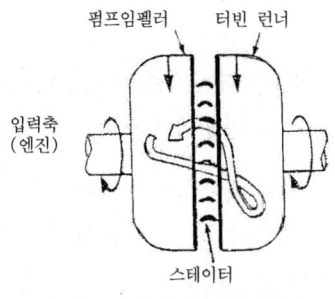

[토크 컨버터 오일 흐름]

**12** 자동차의 동력 전달장치에서 슬립 조인트(slip joint)가 있는 이유는?
① 회전력을 직각으로 전달하기 위해서
② 출발을 쉽게 하기 위해서
③ 추진축의 길이 변화를 주기 위해서
④ 추진축의 각도 변화를 주기 위해서

◆ 슬립이음에서 길이 방향 변화를 가능하게 하고 자재이음은 추진축의 각도변화를 가능하게 해준다.

**13** 비상등은 정상 작동되나 좌측 방향 지시등이 작동하지 않을 때 관련 있는 부품은?
① 플래셔 유닛
② 비상등 스위치
③ 턴시그널 스위치
④ 턴시그널 전구

정답  10. ②  11. ①  12. ③  13. ③

**14** 점화장치에서 DLI(Distributor Less Ignition) 시스템의 장점으로 틀린 것은?
① 점화 진각폭의 제한이 크다.
② 고전압 에너지 손실이 적다.
③ 점화에너지를 크게 할 수 있다.
④ 내구성이 크고 전파방해가 적다.

◆ 직접 배전식 점화장치(DLI : Distributor Less Ignition)는 배전기가 없는 점화장치로 과거의 접점식이나 TR식 점화장치의 단점을 보완하기 위해 만든 것이다. 점화 진각을 전자 진각방식으로 제어하므로 점화시기가 정확하다, 배전기가 없어 접점 소손과 고속에서 2차 전압이 저하되지 않아 확실한 불꽃을 얻을 수 있다, 1차 전류를 단속하는 단속기 접점과 배전기 로터 및 배전기 캡이 없기 때문에 아크에 의한 전파잡음이 없다, 기관출력이 향상되고 연비가 우수하다 등의 장점이 있다.

**15** 자동차의 레인센서 와이퍼 제어장치에 대한 설명 중 옳은 것은?
① 엔진오일의 양을 감지하여 운전자에게 자동으로 알려주는 센서이다.
② 자동차의 와셔액량을 감지하여 와이퍼가 작동시 와셔액을 자동조절하는 장치이다.
③ 앞창 유리 상단의 강우량을 감지하여 자동으로 와이퍼 속도를 제어하는 센서이다.
④ 온도에 따라서 와이퍼 조작 시 와이퍼 속도를 제어하는 장치이다.

◆ 운전자가 별도로 조작하지 않더라도 빗물의 세기와 양 따위를 스스로 감지해 와이퍼의 속도나 작동 시간 등을 자동적으로 제어하는 장치

**16** 다음 중 교류발전기의 특징이 아닌 것은?
① 저속에서의 충전 성능이 좋다.
② 속도 변동에 따른 적응 범위가 넓다.
③ 다이오드를 사용하므로 정류 특성이 좋다.
④ 스테이터 코일이 로터 안쪽에 설치되어 있기 때문에 방열성이 좋다.

**17** 엔진의 밸브간극 조정 시 안전상 가장 좋은 방법은?
① 엔진을 정지상태에서 조정
② 엔진을 공전상태에서 조정
③ 엔진을 가동상태에서 조정
④ 엔진을 크랭킹하면서 조정

**18** 다음 중 분진의 발생을 방지하는 데 특히 신경써야 하는 작업은?
① 도장작업
② 타이어 교환작업
③ 기관 분해 조립작업
④ 냉각수 교환작업

정답  14. ①  15. ③  16. ④  17. ①  18. ①

**19** 자동차 엔진에 냉각수 보충이 필요하여 보충하려고 할 때 가장 안전한 방법은?
① 주행 중 냉각수 경고등이 점등되면 라디에이터 캡을 열고 바로 냉각수를 보충한다.
② 주행 중 냉각수 경고등이 점등되면 라디에이터 캡을 열고 바로 엔진오일을 보충한다.
③ 주행 중 냉각수 경고등이 점등되면 엔진을 냉각시킨 후 라디에이터 캡을 열고 냉각수를 보충한다.
④ 주행 중 냉각수 경고등이 점등되면 엔진을 냉각시킨 후 라디에이터 캡을 열고 엔진오일을 보충한다.

**20** LPG 기관에서 액체 LPG를 기체 LPG로 전환시키는 장치는?
① 믹서
② 연료 봄베
③ 솔레노이드 밸브
④ 베이퍼라이저

◆ 봄베로부터 압송된 고압의 액체 LPG를 베이퍼라이저에서 감압시킨 후 기체 LPG로 기화시켜 엔진 출력 및 연료 소비량에 만족할 수 있도록 압력을 조절하는 기능을 한다.

**21** 일정한 전압 이상이 인가되면 역방향으로도 전류가 흐르게 되는 전자 부품의 소자는?
① 제너 다이오드
② n형 다이오드
③ 포토 다이오드
④ 트랜지스터

**22** 점화장치에서 파워트랜지스터의 B(베이스) 단자와 연결된 것은?
① 점화코일 (-)단자
② 점화코일 (+)단자
③ 접지
④ ECU

**23** 추진축의 자재이음을 사용하는 이유는?
① 추진축의 길이 변화에 대응하기 위하여
② 추진축의 강한 회전력을 흡수하기 위하여
③ 교차하는 두 축의 자유로운 동력전달을 위하여
④ 추진축의 소음을 줄이기 위하여

정답  19. ③  20. ④  21. ①  22. ④  23. ③

**24** 유압식 디스크 브레이크의 특징이 아닌 것은?
① 패드에 누르는 힘을 크게 할 필요가 있다.
② 주행 시 반복 사용하여도 제동력 변화가 적다.
③ 열변형에 의한 제동력 변화가 많다.
④ 자기 작동이 발생하지 않는다.

**25** 자동차 섀시 스프링 중 스프링 상수가 자동적으로 조정되는 것은?
① 판 스프링
② 공기 스프링
③ 코일 스프링
④ 토션바 스프링

**26** 자동차의 조향핸들 조작을 가볍게 하기 위한 방법으로 거리가 먼 것은?
① 저속으로 주행한다.
② 앞바퀴 정렬을 정확히 한다.
③ 자동차의 하중을 작게 한다.
④ 타이어의 공기압을 높인다.

**27** 자동차 타이어의 편평비란?
① 타이어 내경을 타이어 폭으로 나눈 백분율
② 타이어 폭을 타이어 단면 높이로 나눈 백분율
③ 타이어 단면 높이를 타이어 폭으로 나눈 백분율
④ 타이어 단면 둘레를 타이어 높이로 나눈 백분율

**28** LPG 연료장치에서 연료계통을 바르게 나열한 것은?
① LPG 탱크 → LPG 솔레노이드 밸브 → 믹서 → 베이퍼라이저 → LPG 여과기 → 실린더
② LPG 탱크 → 베이퍼라이저 → 믹서 → LPG 솔레노이드 밸브 → LPG 여과기 → 실린더
③ 베이퍼라이저 → LPG 탱크 → 믹서 → LPG 솔레노이드 밸브 → 실린더
④ LPG 탱크 → LPG 여과기 → LPG 솔레노이드 밸브 → 베이퍼라이저 → 믹서 → 실린더

정답  24. ③  25. ②  26. ①  27. ③  28. ④

**29** 디젤 기관의 연소실 구비 조건으로 맞지 않는 것은?
① 분사된 연료를 짧은 시간에 완전 연소시켜야 한다.
② 평균 유효압력이 낮으며, 연료소비율이 적어야 한다.
③ 고속 회전시의 연소 상태가 좋아야 한다.
④ 시동이 용이하고 디젤 노크가 적어야 한다.

**30** 피스톤 링의 역할로 틀린 것은?
① 피스톤의 상하 운동 시 균형을 잡는다.
② 피스톤과 실린더 사이를 밀봉시킨다.
③ 실린더 벽면의 윤활유를 긁어내린다.
④ 피스톤의 열을 실린더에 전달한다.

**31** 디젤(압축착화 – CIE) 기관에서의 노킹(knocking)의 방지책이 아닌 것은?
① 분사 초기에 연료 분사량을 증가시킨다.
② 흡입공기에 와류를 형성시켜 준다.
③ 압축비를 증가시켜 압축압력과 온도를 높인다.
④ 연료의 착화지연시간을 짧게 한다.

◆ 디젤 노크 : 디젤 기관의 연소실에 연료가 분사되면서 점화하기까지의 시간이 길면 연소실 내의 연료량이 많아지므로 점화했을 때 한꺼번에 다량의 연료가 연소하여 그 결과 급격한 압력 상승이 일어나 노크음이 생긴다. 세탄값이 낮고 연소성이 나쁜 연료는 노크의 원인이 되며, 같은 연료라도 기관이 냉각되어 있을 때는 노크가 많이 생긴다.

**32** 자동차용 축전지의 비중이 30℃에서 1.276이었다. 기준온도 20℃에서의 비중은?
① 1.269　　② 1.275
③ 1.283　　④ 1.290

◆ 축전지의 비중 환산식은 $S_{20} = S_t + 0.0007 \times (t - 20)$이므로 $S_{20} = 1.276 + 0.0007 \times (30 - 20) = 1.283$이다.

**33** 기동 전동기가 정상 회전하지만 엔진이 시동되지 않는 원인과 관련이 있는 사항은?
① 밸브 타이밍이 맞지 않을 때
② 조향 핸들 유격이 맞지 않을 때
③ 현가장치에 문제가 있을 때
④ 산소 센서의 작동이 불량일 때

◆ 밸브 타이밍이 맞지 않으면 피스톤의 움직임에 대응하여 밸브의 열고 닫음이 틀려져서 시동이 걸리지 않는다.

정답　29. ②　30. ①　31. ①　32. ③　33. ①

**34** 자동차용 AC 발전기에서 자속을 만드는 부분은?
① 로터(rotor)
② 스테이터(stator)
③ 브러시(brush)
④ 다이오드(diode)

◆ 로터 : 발전기에서 전기가 유도되는 부분

**35** 제동마력(BHP)을 지시마력(IHP)으로 나눈 값은?
① 기계효율
② 열효율
③ 체적효율
④ 전달효율

**36** 전 차륜 정렬에 관계되는 요소가 아닌 것은?
① 타이어의 이상마모를 방지한다.
② 정지상태에서 조향력을 가볍게 한다.
③ 조향핸들의 복원성을 준다.
④ 조향방향의 안정성을 준다.

◆ 전차륜 정렬에는 캠버, 캐스터, 킹핀 경사각, 토인 등이 있으며, 캠버(조향핸들 조작력 가볍게 함, 하중에 의한 앞차축 휨 방지), 캐스터(복원성, 안정성), 토인(타이어 이상마모 방지) 등이 있다.

**37** 드럼식 브레이크에서 브레이크 슈의 작동 형식에 의한 분류에 해당하지 않는 것은?
① 리딩 트레일링 슈 형식
② 3리딩 슈 형식
③ 서보 형식
④ 듀오 서보식

◆ 리딩 트레일링 슈 형식은 한 개의 휠 실린더를 사용하여 슈의 한끝을 고정한 방식으로, 브레이크를 백 플레이트(back plate)에 설치하는 형식에 따라 고정식, 어저스터식, 링크식으로 구분된다. 듀오 서보 형식은 투 리딩을 더욱 개량한 것으로, 2개의 슈를 링크로 잇고, 하나의 핀으로 고정시킨 구조로 되어 있다. 1차 쪽 리딩 슈가 휠 실린더에 의해 드럼에 밀어붙이면 그 출력(드럼과 함께 돌려는 힘)이 2차 쪽의 리딩 슈를 밀어붙여 큰 제동력이 생긴다. 서보형식은 브레이크 페달을 밟는 작은 힘으로 제동력을 얻기 위해서 진공이나 유압의 힘을 빌려 페달 밟는 힘을 가볍게 한 브레이크 장치이다.

**38** 자동차 소모품에 대한 설명이 잘못된 것은?
① 부동액은 차체의 도색 부분을 손상시킬 수 있다.
② 전해액은 차체를 부식시킨다.
③ 냉각수는 경수를 사용하는 것이 좋다.
④ 자동변속기 오일은 제작회사의 추천 오일을 사용한다.

◆ 냉각수는 연수(수돗물, 빗물 등)를 사용하

**정답** 34.① 35.① 36.② 37.② 38.③

는 것이 좋다.

**39** 변속기를 탈착할 때 가장 안전하지 않은 작업 방법은?
① 자동차 밑에서 작업 시 보안경을 착용한다.
② 잭으로 올릴 때 물체를 흔들어 중심을 확인한다.
③ 잭으로 올린 후 스탠드로 고정한다.
④ 사용 목적에 적합한 공구를 사용한다.

**40** 축전지의 점검 시 육안점검 사항이 아닌 것은?
① 케이스 외부 전해액 누출상태
② 전해액의 비중측정
③ 케이스의 균열점검
④ 단자의 부식상태

◆ 전해액의 비중측정은 비중 측정기로 한다.

**41** 온도와 저항의 관계를 설명한 것으로 옳은 것은?
① 일반적인 반도체는 온도가 높아지면 저항이 작아진다.
② 도체의 경우는 온도가 높아지면 저항이 작아진다.
③ 부특성 서미스터는 온도가 낮아지면 저항이 작아진다.
④ 정특성 서미스터는 온도가 높아지면 저항이 작아진다.

◆ ② 도체의 경우는 온도가 높아지면 저항이 증가한다.
③ 부특성 서미스터는 온도가 낮아지면 저항이 증가한다.
④ 정특성 서미스터는 온도가 높아지면 저항이 증가한다.

**42** 엔진에서 밸브 간극이 너무 클 때는 어떻게 되는가?
① 푸시로드가 휘어진다.
② 밸브 스프링이 약해진다.
③ 밸브가 확실하게 밀착되지 않는다.
④ 밸브가 완전하게 개방되지 않는다.

◆ 밸브 간극이 너무 크면 밸브가 제대로 닫히지 못하고 심한 소음이 나며 밸브기구에 충격을 준다. 반면에 밸브 간극이 너무 작으면 밸브가 일찍 열리고 늦게 닫혀서 블로백 현상이 발생한다.

**43** 흡입공기량 계측방식이 아닌 것은?
① 열선질량유량계측
② 베인식 체적계측
③ 열해리식 간접계측
④ 맵센서 계측

◆ 공기량 센서는 직접 계측 방식과 간접 계측 방식이 있으며 직접 계측 방식은 핫 필름(열막, 질량 유량 계측), 핫 와이어(열선, 질량 유량 계측), 칼만 와류(체적 유량 계측), 베인(Vane, Plate 체적 유량 계측)식이 있으며 간접 계측 방식은 맵센

정답 39.② 40.② 41.① 42.④ 43.③

서식(MAP : Manifold Absolute Pressure Sensor)이 있다. 이 방식은 흡기 다기관의 절대압력(진공도)과 기관의 회전속도를 비교하여 흡입량을 간접적으로 계측하는 방식이다.

**44** 피스톤 슬랩(piston slap)에 관한 설명으로 관계가 먼 것은?
① 피스톤 간극이 너무 크면 발생한다.
② 오프셋 피스톤에서 잘 일어난다.
③ 저온 시 잘 일어난다.
④ 피스톤 운동 방향이 바뀔 때 실린더벽으로의 충격이다.

◆ 피스톤 슬랩(piston slap) : 실린더와 피스톤 간극이 크면 압축 압력의 저하, 블로바이 가스의 발생, 오일의 연소실 유입, 오일의 희석, 피스톤 슬랩이 발생한다. 특히 저온에서 피스톤 슬랩 현상, 즉 피스톤이 실린더벽을 때리는 현상이 현저하게 발생되며 이를 사이드 노크(side-knock)라고도 한다.

**45** 전자제어 가솔린 연료분사장치에서 흡입공기량과 엔진회전수의 입력만으로 결정되는 분사량은?
① 부분부하 운전 분사량
② 기본 분사량
③ 엔진시동 분사량
④ 연료차단 분사량

◆ 전자제어 가솔린 연료분사장치에서 기본분사량 흡입공기량(AFS)과 엔진회전수(CPS)의 입력만으로 결정된다.

**46** 가솔린 전자제어 기관의 공기유량센서에서 핫 와이어(hot wire) 방식의 설명이 아닌 것은?
① 응답성이 빠르다.
② 맥동오차가 없다.
③ 공기량을 체적유량으로 검출한다.
④ 고도 변화에 따른 오차가 없다.

◆ 핫 와이어(hot wire) 방식은 열선식으로 질량유량 검출방식으로 압력 및 온도 변화에 대한 보상장치가 필요없다.

**47** 전자제어 연료분사장치 중 인젝터 설명으로 틀린 것은?
① 인젝터의 연료분사 시간이 ECU 트랜지스터의 작동시간과 일치하지 않는 것을 무효 분사시간이라 한다.
② 인젝터에 저항을 붙여 응답성 향상과 코일의 발열을 방지하는 방식을 전압제어식 인젝터라 한다.
③ 저온 시동성을 양호하게 하는 방식을 콜드스타트인젝터(Cold Start Injector)라 한다.
④ 인젝터를 제어하는 ECU의 트랜지스터는 일반적으로 ⊕제어방식을 쓰고 있다.

◆ 트랜지스터는 NPN형과 PNP형이 있으며 이들은 전류가 흐르는 방향이 반대일 뿐 그 작용은 동일하다.

**정답** 44.② 45.② 46.③ 47.④

**48** 가솔린 기관의 노킹에 대한 설명으로 틀린 것은?
① 실린더 벽을 해머로 두들기는 것과 같은 음이 발생한다.
② 기관의 출력을 저하시킨다.
③ 화염전파 속도를 늦추면 노킹이 줄어든다.
④ 억제하는 연료를 사용하면 노킹이 줄어든다.

◆ 화염전파속도가 느리면 노킹이 유발된다.

**49** 전자제어 가솔린 기관에서 급가속 시 연료를 분사할 때 어떻게 하는가?
① 동기분사  ② 순차분사
③ 비동기분사  ④ 간헐분사

◆ 비동기분사란 크랭크샤프트 회전각에 동기하지 않는 임시적인 분사이다. 일반적인 가속 보정에 의한 증량 보정은 동기 분사이지만 이 동기 분사에 의한 증량 보정으로도 충족될 수 없는 급가속 소요 연료량을 비동기 분사를 통하여 추가적으로 공급하는 것이다.

**50** 점화순서를 정하는데 있어 고려할 사항으로 틀린 것은?
① 연소가 일정한 간격으로 일어나게 한다.
② 크랭크 축에 비틀림 진동이 일어나지 않게 한다.
③ 혼합기가 각 실린더에 균일하게 분배되게 한다.
④ 인접한 실린더가 연이어 점화되게 한다.

◆ 연이어 점화되면 공진이 발생하여 떨림이 증대한다.

**51** 일반적인 기계 동력전달장치에서 안전상 주의사항으로 틀린 것은?
① 기어가 회전하고 있는 곳은 뚜껑으로 잘 덮어 위험을 방지한다.
② 천천히 움직이는 벨트라도 손으로 잡지 않는다.
③ 회전하고 있는 벨트나 기어에 필요 없는 접근을 금한다.
④ 동력전달을 빨리하기 위해 벨트를 회전하는 풀리에 손으로 걸어도 좋다.

◆ 회전하는 풀리 및 기어는 절대 손으로 만지지 않는다.

정답  48. ③  49. ③  50. ④  51. ④

**52** ECS(전자제어 현가장치)정비 작업 시 안전작업 방법으로 틀린 것은?

① 차고조정은 공회전 상태로 평탄하고 수평인 곳에서 한다.
② 배터리 접지단자를 분리하고 작업한다.
③ 부품의 교환은 시동이 켜진 상태에서 작업한다.
④ 공기는 드라이어에서 나온 공기를 사용한다.

◆ 부품의 교환은 시동이 꺼진 상태에서 작업한다.

**53** 타이어 압력 모니터링 장치(TPMS)의 점검, 정비 시 잘못된 것은?

① 타이어 압력센서는 공기주입밸브와 일체로 되어 있다.
② 타이어 압력센서 장착용 휠은 일반 휠과 다르다.
③ 타이어 분리 시 타이어 압력센서가 파손되지 않게 한다.
④ 타이어 압력센서용 배터리 수명은 영구적이다.

◆ 타이어 압력센서용 배터리 수명은 약 10년이며 내부의 배터리를 교체하여야 한다.

**54** 자동차 정비 작업 시 작업복 상태로 적합한 것은?

① 가급적 주머니가 많이 붙어 있는 것이 좋다.
② 가급적 소매가 넓어 편한 것이 좋다.
③ 가급적 소매가 없거나 짧은 것이 좋다.
④ 가급적 폭이 넓지 않은 긴바지가 좋다.

**55** 회로시험기로 전기회로의 측정 점검 시 주의사항으로 틀린 것은?

① 테스트 리드의 적색은 +단자에, 흑색은 -단자에 연결한다.
② 전류측정 시는 테스터를 병렬로 연결하여야 한다.
③ 각 측정범위의 변경은 큰 쪽에서 작은 쪽으로 한다.
④ 저항측정 시엔 회로전원을 끄고 단품은 탈거한 후 측정한다.

◆ 회로시험기는 전압측정 시 회로에 병렬연결을 하며 전류측정 시 직렬로 연결하여 측정한다.

정답 52.③ 53.④ 54.④ 55.②

**56** 수동변속기 작업과 관련된 사항 중 틀린 것은?
① 분해와 조립 순서에 준하여 작업한다.
② 세척이 필요한 부품은 반드시 세척한다.
③ 로크너트는 재사용 가능하다.
④ 싱크로나이저 허브와 슬리브는 일체로 교환한다.

◆ 로크너트는 한번 분해 후 재사용하지 않는다.

**57** 드릴링 머신의 안전사항으로 틀린 것은?
① 장갑을 끼고 작업을 하지 않는다.
② 가공물을 손으로 잡고 드릴링 한다.
③ 구멍 뚫기가 끝날 무렵은 이송을 천천히 한다.
④ 얇은 판의 구멍가공에는 보조 판 나무를 사용하는 것이 좋다.

◆ 드릴링 머신의 작업시 가공물을 바이스로 고정하고 드릴링 한다.

**58** 연료압력 측정과 진공점검 작업 시 안전에 관한 유의사항이 잘못 설명된 것은?
① 기관 운전이나 크랭킹 시 회전 부위에 옷이나 손 등이 접촉하지 않도록 주의한다.
② 배터리 전해액에 옷이나 피부에 닿지 않도록 한다.
③ 작업 중 연료가 누설되지 않도록 하고 화기가 주의에 있는지 확인한다.
④ 소화기를 준비한다.

◆ 연료압력 및 진공 측정 시 안전사항과 배터리 전해액은 상관성이 적다.

**59** 전동기나 조정기를 청소한 후 점검하여야 할 사항으로 옳지 않은 것은?
① 연결의 견고성 여부
② 과열 여부
③ 아크 발생 여부
④ 단자부 주유 상태 여부

◆ 전기단자에 주유는 하지 않는다.

**60** 자동차기관이 과열된 상태에서 냉각수를 보충할 때 적합한 것은?
① 시동을 끄고 즉시 보충한다.
② 시동을 끄고 냉각시킨 후 보충한다.
③ 기관을 가감속하면서 보충한다.
④ 주행하면서 조금씩 보충한다.

정답  56.③  57.②  58.②  59.④  60.②

과열된 엔진에서 냉각수 보충 시 시동을 끄고 충분히 냉각시킨 후 보충한다.

# 제 3 회 모의고사

**01** 주행 중인 하이브리드 자동차에서 제동 시에 발생된 에너지를 회수(충전)하는 제어모드는?
① 시동 모드
② 회생제동 모드
③ 발진 모드
④ 가속 모드

◆ 회생 제동은 전동기를 발전기로서 작동시켜 운동 에너지를 전기 에너지로 변환해 회수하여 제동력을 발휘하는 전기 제동 방법이다.

**02** 타이어의 뼈대가 되는 부분으로서 공기압력을 견디어 일정한 체적을 유지하고 또 하중이나 충격에 따라 변형하여 완충작용을 하는 것은?
① 브레이커  ② 카커스
③ 트레드  ④ 비드부

◆ ㉠ 카커스(Caecase) : 타이어의 뼈대가 되는 부분으로 튜브의 공기압력과 하중에 의한 체적을 유지하면서 하중이나 충격에 따라 변형하여 완충작용을 하는 부분
㉡ 비드(Beed) : 타이어가 림과 접하는 부분으로 내부에는 몇 줄의 비드 와이어(Bead Wire)가 원주방향으로 들어 있어 비드부의 늘어남과 타이어의 빠짐을 방지한다.
㉢ 브레이커(Breaker) : 카퍼스와 트레드 사이에 있는 코드층을 말하는데, 카커스와 트레드가 분리되지 않도록 하고 노면에서의 충격을 완화하여 트레드에 생긴 손상이 카커스에 미치는 것을 방지한다.
㉣ 트레드(Tread) : 트레드는 노면과 접촉되는 부분으로 카커스와 브레이커를 보호하기 위해 내마모성이 큰 고무층으로 되어 있다.

**03** 점화플러그에 대한 설명으로 틀린 것은?
① 열가는 점화플러그의 열방산 정도를 수치로 나타내는 것이다.
② 방열효과가 낮은 특성의 플러그를 열형플러그라고 한다.
③ 전극의 온도가 자기청정온도 이하가 되면 실화가 발생한다.
④ 고부하 고속회전이 많은 기관에서는 열형플러그를 사용하는 것이 좋다.

◆ 고부하 고속회전이 많은 기관에서는 냉형플러그를 사용하는 것이 좋다.

**정답** 01. ② 02. ② 03. ④

**04** 가솔린 승용차에서 내리막길 주행 중 시동이 꺼질 때 제동력이 저하되는 이유는?
① 진공 배력 장치 작동 불능
② 베이퍼 록 현상
③ 엔진 출력 상승
④ 하이드로 플래닝 현상

**05** 앞바퀴 얼라인먼트의 직접적인 역할이 아닌 것은?
① 조향 휠의 조작을 쉽게 한다.
② 조향 휠에 알맞은 유격을 준다.
③ 타이어의 마모를 최소화한다.
④ 조향 휠에 복원성을 준다.

◆ 앞차축과 앞바퀴 사이에는 자동차의 안정성을 높이고 조정을 쉽게 하며, 타이어의 마멸을 적게 하기 위하여 서로 관계되는 몇 개의 각을 두고 있다. 이것을 앞바퀴 정렬이라고 한다. 그 요소는 토인, 캐스터, 캠버, 토아웃이다.

**06** 킹핀 경사각과 함께 앞바퀴에 복원성을 주어 직진 위치로 쉽게 돌아오게 하는 앞바퀴 정렬과 관련이 가장 큰 것은?
① 캠버　　　② 캐스터
③ 토　　　　④ 셋백

**07** 다음 중 전자제어 가솔린엔진에서 EGR 제어영역으로 가장 타당한 것은?
① 공회전 시
② 냉각수온 약 65℃ 미만, 중속, 중부하 영역
③ 냉각수온 약 65℃ 이상, 저속, 중부하 영역
④ 냉각수온 약 65℃ 이상, 고속, 고부하 영역

**08** 조향장치가 갖추어야 할 조건 중 적당하지 않은 사항은?
① 적당한 회전 감각이 있을 것
② 고속주행에서도 조향핸들이 안정될 것
③ 조향휠의 회전과 구동휠의 선회차가 클 것
④ 선회 시 저항이 적고 선회 후 복원성이 좋을 것

◆ 조향장치가 갖추어야 할 조건
㉠ 조향조작이 주행중의 충격에 영향받지 않을 것
㉡ 조작하기 쉽고 방향전환이 원활할 것
㉢ 회전반경이 작아서 좁은 곳에서도 방향 전환이 용이할 것
㉣ 진행방향을 바꿀 때 섀시 및 보디 각 부분에 무리한 힘이 작용되지 않을 것
㉤ 고속 주행에서도 조향핸들이 안전할 것
㉥ 조향핸들의 회전과 바퀴선회의 차가 크지 않을 것

정답　04.①　05.②　06.②　07.③　08.③

**09** 배기가스 중에 산소량이 많이 함유되어 있을 때 산소센서의 상태는 어떻게 나타나는가?
① 희박하다.
② 농후하다.
③ 농후하기도 하고 희박하기도 하다.
④ 아무런 변화도 일어나지 않는다.

◆ 산소량이 많이 함유되어 있을 때는 공기량이 많은 것이다.

**10** 유압기는 작은 힘으로 큰 힘을 얻는 장치인데, 이것은 무슨 이론을 이용한 것인가?
① 보일의 법칙
② 베르누이 정리
③ 파스칼의 원리
④ 아르키메데스의 원리

**11** 디젤 기관에서 분사노즐의 구비조건에 해당되지 않는 것은?
① 연소실 구석구석까지 분사되게 할 것
② 미세한 안개모양으로 분사하여 쉽게 착화되게 할 것
③ 분사 완료시 완전히 차단하여 후적이 일어나지 않을 것
④ 고온, 고압의 가혹한 조건에서는 단시간 사용할 수 있을 것

◆ 고온, 고압의 가혹한 조건에서도 장시간 사용할 수 있어야 한다.

**12** 윤활유의 유압 계통에서 유압이 저하되는 원인이 아닌 것은?
① 윤활유 부족
② 윤활유 공급펌프 손상
③ 윤활유 누설
④ 윤활유 점도가 너무 높을 때

◆ 윤활유의 점도가 기준보다 높은 것을 사용했을 때는 윤활부에 윤활이 충분치 못하는 경향이 발생한다.

**13** 가변저항의 원리를 이용한 것은?
① 스로틀 포지션 센서
② 노킹 센서
③ 산소 센서
④ 크랭크각 센서

◆ 스로틀 포지션 센서는 가변저항의 원리를 이용하여 센서에 전원 5V가 인가된다. 후에 가변저항값이 증가하면 출력전압이 작아지고 스로틀밸브의 열림을 작게 한다. 또한 가변저항값이 감소하면 출력전압이 증가되고 스로틀밸브의 열림을 크게 한다.

정답 09. ① 10. ③ 11. ④ 12. ④ 13. ①

**14** 가솔린 기관의 유해 배출물 저감에 사용되는 차콜 캐니스터(charcoal canister)의 주기능은?
① 연료 증발가스의 흡착과 저장
② 질소산화물의 정화
③ 일산화탄소의 정화
④ PM(입자상 물질)의 정화

◆ 차콜 캐니스터(charcoal canister)는 연료 탱크 내의 증발가스(H, C 가스)의 흡착과 저장 역할을 한다.

**15** 전자연료장치 구성요소가 아닌 것은?
① 산소센서
② 흡기온도센서
③ 배기밸브 온도센서
④ 대기압센서

◆ 배기밸브 온도센서는 배기밸브의 작동시 파이프를 통하여 재순환되는 배기가스의 온도를 감지하여 전자제어유닛으로 송출하므로 전자연료장치와는 관계가 적다.

**16** 디젤기관 후처리장치(DPF)의 재생을 위한 연료분사는?
① 점화 분사          ② 주 분사
③ 사후 분사          ④ 직접 분사

**17** 삼원 촉매장치를 장착하는 근본적인 이유는?
① HC, CO, $NO_X$를 저감
② $CO_2$, $N_2$, $H_2O$를 저감
③ HC, $SO_X$를 저감
④ $H_2O$, $SO_2$, $CO_2$를 저감

**19** 자동차 기관에 사용되는 수온센서는 주로 어떤 특성의 서미스터를 사용하는가?
① 정특성          ② 부특성
③ 양특성          ④ 일방향 특성

◆ • NTC : 온도가 상승하면 저항값이 크게 감소하는 부품이다.
• PTC : 온도의 상승에 따라 저항값이 증가하는 온도 센서이며 구조가 간단하기 때문에 전류 제한 소자, 과전류 보호용, 정온도 발열체 등의 응용 분야에 사용된다.
• CTR : 급변 서미스터라고 부르며 특정 온도 부근에서 그 저항값이 급격하게 변화한다. 즉, 특정 온도 이하에서는 절연성 온도를 보이고, 그 이상에서는 금속 전도를 나타낸다. 이러한 특징을 보면 특정 온도에서 스위칭 동작을 하도록 사용할 수 있다.

정답  14. ①  15. ③  16. ③  17. ①  19. ②

**20** 자동차에서 유압기기는 작은 힘으로 큰 힘을 얻는 장치인데, 이것은 무슨 이론을 이용한 것인가?
① 보일의 법칙
② 베르누이 정리
③ 파스칼의 원리
④ 아르키메데스의 원리

**21** 전자제어 가솔린 연료분사장치의 인젝터에서 분사되는 연료의 양은 무엇으로 조정하는가?
① 인젝터 개방시간
② 연료 압력
③ 인젝터의 유량계수와 분구의 면적
④ 니들 밸브의 양정

**22** 흡입공기량을 간접 계측하는 센서의 방식은?
① 핫 와이어식     ② 베인식
③ 칼만와류식     ④ 맵센서식

◆ ・ L제트로닉식(L jetronic type) : 에어플로미터를 이용하는 공기량 직접 측정 방법
・ D제트로닉식(D jetronic type) : 흡기관 내의 부압을 측정하여 공기량을 환산하는 방법으로 자연급기식 엔진에 많이 사용
・ 칼만와류식(karman vortex type) : 칼만와류현상을 초음파를 이용하여 체적유량 공기량 검출
・ 베인식 : 체적유량 공기량 검출
・ 열선식(hot wire type) : 질량유량 검출방식
・ MAP 센서 : 간접계측

**23** 전자제어 자동변속기에서 변속기 제어유닛(TCU)의 입력 요소가 아닌 것은?
① 입력 속도 센서
② 출력 속도 센서
③ 산소센서
④ 유온센서

◆ Input Paramenters: 언제 또는 어떻게 작동해야 할지에 대하여 결정하기 위하여 센서에서 나오는 신호들을 사용한다.
Vehicle Speed Sensor(VSS): 이 센서는 Output Speed Sensor(OSS)로도 잘 알려져 있다. 이 센서는 다양한 주파수 신호를 TCU로 보낸다. 차속, 타이어 사이즈, 기어비 등이다.
Turbine Speed Sensor(TSS): Input Speed Sensor(ISS)로도 알려져 있다. 현재 상태에서 토크 컨버터나 input shaft의 축 속도(shaft speed)를 센싱한다. TCU는 이 shaft speed를 the band 및 클러치에서 발생하는 미끄럼률을 결정하기 위하여 사용한다.
Transmission Fluid Temperature(TFT): Transmission Oil Temperature(TOT)으로도 알려져 있다. 트랜스미션 내의 유체온도를 알기 위해 사용된다. 이 센서는 TCU로 하여금, 온도에 기반하여 변화하는 유체의 점성에 따라, the line pressure

정답  20.③  21.①  22.④  23.③

과 솔레노이드 압력을 조절하기 위하여 사용된다. 이 센서는 높은 온도 하에서 더욱 더 정확한 조절이 가능하게끔 한다. 또한 온도 안전보장 장치(temperature failsafe system)이 컨트롤을 가능하게끔 한다.

**24** 브레이크 내의 잔압을 두는 이유가 아닌 것은?
① 제동의 늦음을 방지하기 위해
② 베이퍼 록(Vapor Lock) 현상을 방지하기 위해
③ 휠 실린더 내의 오일 누설을 방지하기 위해
④ 브레이크 오일의 오염을 방지하기 위해

**25** ABS 장착 차량에서 인덕티브 형식 휠 스피드 센서의 설명으로 틀린 것은?
① 출력신호는 AC 전압이다.
② 일종의 자기유도센서 타입이다.
③ 고장 시 즉시 ABS 경고등이 점등하게 된다.
④ 앞바퀴는 조향 휠이므로 뒷바퀴에만 장착되어 있다.

◆ 휠 스피드 센서에는 인덕티브 형식과 홀 형식이 있으며 홀형식이 온도특성 및 노이즈 내성이 우수하다.

**26** 조향기어의 종류에 해당하지 않는 것은?
① 토르센형　　② 볼 너트형
③ 웜 섹터 롤러형　④ 랙 피니언형

**27** 검사기기를 이용하여 운행 자동차의 주제동력을 측정하고자 한다. 다음 중 측정 방법이 잘못된 것은?
① 바퀴의 흙이나 먼지, 물 등의 이물질을 제거한 상태로 측정한다.
② 공차상태에서 사람이 타지 않고 측정한다.
③ 적절히 예비운전이 되어 있는지 확인한다.
④ 타이어의 공기압은 표준 공기압으로 한다.

◆ 공차상태에서 운전자 1인 탑승하고 측정한다.

**28** 기관 플라이휠과 직결되어 기관 회전수와 동일한 속도로 회전하는 토크 컨버터의 부품은?
① 터빈 런너　　② 펌프 임펠러
③ 스테이터　　④ 원웨이 클러치

◆ 펌프-스테이터-터빈

정답　24. ④　25. ④　26. ①　27. ②　28. ②

**29** 부특성 서미스터를 적용한 냉각수 온도센서는 수온이 올라감에 따라 저항은 어떻게 변화하는가?
① 변화없다.  ② 일정하다.
③ 상승한다.  ④ 감소한다.

**30** 논리회로에 대한 설명으로 틀린 것은?
① AND회로 : 모든 입력이 "1"일 때만 출력이 "1"이 되는 회로
② OR회로 : 입력 중 최소한 어느 한쪽의 입력이 "1"이면 출력이 "1"이 되는 회로
③ NAND회로 : 모든 입력이 "0"일 경우만 출력이 "0"이 되는 회로
④ NOR회로 : 입력 중 최소한 어느 한쪽의 입력이 "1"이면 출력이 "0"이 되는 회로

**31** 전압 24V, 출력전류 60A인 자동차용 발전기의 출력은?
① 0.36kW  ② 0.72kW
③ 1.44kW  ④ 1.88kW

◆ $P = IV = 24 \times 60 = 1440W = 1.44kW$

**32** 자동차의 점화스위치를 작동(ON)하였으나 기동전동기의 피니언이 작동되지 않을 시, 점검항목이 아닌 것은?
① 점화코일
② 축전지
③ 점화스위치
④ 배선 및 휴즈

**33** 자동차 에어컨 냉매의 구비조건이 아닌 것은?
① 임계온도가 높을 것
② 증발잠열이 클 것
③ 인화성과 폭발성이 없을 것
④ 전기 절연성이 낮을 것

**34** 전자제어 기관에서 연료 차단(fuel cut)에 대한 설명으로 틀린 것은?
① 인젝터 분사신호를 정지한다.
② 배출가스 저감을 위함이다.
③ 연비를 개선하기 위함이다.
④ 기관의 고속회전을 위한 준비단계이다.

정답  29. ④  30. ③  31. ③  32. ①  33. ④  34. ④

**35** 운행차의 정밀검사에서 배출가스검사 전에 받는 관능 및 기능검사의 항목이 아닌 것은?
① 타이어의 규격
② 엔진, 변속기 등에 기계적인 결함이 있는지 여부
③ 냉각수가 누설되는지 여부
④ 연료증발가스 방지장치의 정상작동 여부

**36** 다음 중 윤활유 첨가제가 아닌 것은?
① 부식 방지제
② 유동점 강하제
③ 극압 윤활제
④ 인화점 하강제

**37** 윤활유의 점도에 관한 설명으로 가장 거리가 먼 것은?
① 점도지수가 높을수록 온도변화에 따른 점도 변화가 많다.
② 점도는 끈적임의 정도를 나타내는 척도이다.
③ 압력이 상승하면 점도는 높아진다.
④ 온도가 높아지면 점도가 저하된다.

**38** LPG가 가솔린에 비해 유해배출가스가 적게 나오는 이유는?
(단, 공연비는 동일 조건일 경우)
① 탄소원자의 수가 적기 때문에
② 탄소원자의 수가 많기 때문에
③ 수소원자의 수가 많기 때문에
④ 수소원자의 수가 적기 때문에

**39** 일반적인 4기통 자동차 기관의 흡기 밸브와 배기 밸브의 크기를 비교한 것으로 옳은 것은?
① 흡기 밸브와 배기 밸브의 크기는 동일하다.
② 흡기 밸브가 더 크다.
③ 1번과 4번 배기 밸브만 더 크다.
④ 배기 밸브가 더 크다.

**40** 가솔린 기관의 노크 방지법으로 틀린 것은?
① 화염전파 거리를 짧게 한다.
② 화염전파 속도를 빠르게 한다.
③ 냉각수 및 흡기 온도를 낮춘다.
④ 혼합 가스에 와류를 없앤다.

정답  35. ①  36. ④  37. ①  38. ①  39. ②  40. ④

**41** 가솔린 승용차에서 주행 중 시동이 꺼졌을 때 제동력이 저하되는 이유로 가장 적절한 것은?
① 진공 배력 장치 작동 불능
② 베이퍼 록 현상
③ 엔진 출력 상승
④ 하이드로 플래닝 현상

**42** 자동차의 바퀴가 동적 언밸런스(Unbalance)일 경우 발생할 수 있는 현상은?
① 트램핑(Tramping)
② 정재파(Standing wave)
③ 요잉(Yawing)
④ 시미(Shimmy)

**43** 자동차 앞바퀴 정렬 중 캐스터에 관한 설명은?
① 자동차의 전륜을 위에서 보았을 때 바퀴의 앞부분이 뒷부분보다 좁은 상태를 말한다.
② 자동차의 전륜을 앞에서 보았을 때 바퀴 중심선의 위부분이 약간 벌어져 있는 상태를 말한다.
③ 자동차의 전륜을 옆에서 보면 킹핀의 중심선이 수직선에 대하여 어느 한쪽으로 기울어져 있는 상태를 말한다.
④ 자동차의 전륜을 앞에서 보면 킹핀의 중심선이 수직선에 대하여 약간 안쪽으로 설치된 상태를 말한다.

 ① 토인 ② 캠버 ④ 킹핀경사각(4~6도)

**44** 점화플러그에 대한 설명으로 틀린 것은?
① 열가는 점화플러그의 열방산 정도를 수치로 나타내는 것이다.
② 방열효과가 낮은 특성의 플러그를 열형플러그라고 한다.
③ 전극의 온도가 자기청정온도 이하가 되면 실화가 발생한다.
④ 고부하 고속회전이 많은 기관에서는 열형플러그를 사용하는 것이 좋다.

**45** 자동차 에어컨 시스템에서 제어모듈의 입력요소가 아닌 것은?
① 차속센서
② 산소센서
③ 외기온도센서
④ 증발기 온도 센서

정답 41.① 42.④ 43.③ 44.④ 45.②

**46** 방향지시등의 작동조건에 관한 내용으로 틀린 것은?
① 좌측우측에 설치된 방향지시등은 한 개의 스위치에 의해 동시 점멸하는 구조일 것
② 1분간 90±30회로 점멸하는 구조일 것
③ 방향지시등 회로와 전조등 회로는 연동하는 구조일 것
④ 시각적·청각적으로 동시에 작동되는 표시장치를 설치할 것

**47** 회로의 임의의 접속점에서 유입하는 전류의 합과 유출하는 전류의 합은 같다고 정의하는 법칙은?
① 키르히호프의 제1법칙
② 옴의 법칙
③ 줄의 법칙
④ 뉴턴의 제1법칙

**48** 디젤기관에 병렬로 연결된 예열플러그(0.2Ω)의 합성 저항은 얼마인가?
(단, 기관은 4기통이고 전원은 12V이다.)
① 0.05Ω       ② 0.10Ω
③ 0.15Ω       ④ 0.20Ω

◆ $\dfrac{1}{R} = \dfrac{1}{0.2} \times 4 = 20$    $R = \dfrac{1}{20} = 0.05$

**49** 조향축의 설치 각도와 길이를 조절할 수 있는 형식은?
① 랙 기어 형식
② 틸트 형식
③ 텔레스코핑 형식
④ 틸트 앤드 텔레스코핑 형식

◆ • 틸트 형식 : 각도조정
  • 텔레스코핑 형식 : 길이조정

**50** 조향 핸들을 2바퀴 돌렸을 때 피트먼 암이 90° 움직였다. 조향 기어비는?
① 6 : 1        ② 7 : 1
③ 8 : 1        ④ 9 : 1

◆ $\dfrac{360 \times 2}{90} = 8$

**51** 차량의 적재함 뒤로 나오는 긴 물건을 운반시 위험을 표시하는 방법으로 가장 적절한 방법은?
① 뒷부분에 깃대를 꽂고 운반한다.
② 물건 끝 부분에 진한 청색을 칠하고 운반한다.
③ 긴 물건 뒷부분에 적색으로 표시하고 운반한다.
④ 적재함에 회색으로 위험표시를 한다.

정답  46. ③   47. ①   48. ①   49. ④   50. ③   51. ③

**52** 축전지를 충전할 때 전해액의 온도가 몇 ℃가 넘지 않도록 주의하여야 하는가?
① 10℃
② 30℃
③ 45℃
④ 80℃

**53** 실린더 헤드 볼트를 조일 때 회전력을 측정하기 위해 사용되는 공구는?
① 토크렌치
② 오픈 엔드 렌치
③ 복스렌치
④ 소켓렌치

**54** 크랭크핀과 축받이의 간극이 커졌을 때 일어나는 현상이 아닌 것은?
① 운전 중 심한 타격음이 발생할 수 있다.
② 흑색 연기를 뿜는다.
③ 윤활유 소비량이 많다.
④ 유압이 낮아 질 수 있다.

**55** 브레이크 시스템에서 베이퍼록이 생기는 원인이 아닌 것은?
① 과도한 브레이크 사용
② 비점이 높은 브레이크 오일 사용
③ 브레이크 슈 라이닝 간극의 과소
④ 브레이크 슈 리턴 스프링 절손

◆ 브레이크 오일의 비점이 높으면 베이퍼록을 방지할수 있다.

**56** 윤활유 소비증대의 원인으로 가장 적합한 것은?
① 비산과 누설
② 비산과 압력
③ 희석과 혼합
④ 연소와 누설

**57** 다음 중 가속 페달에 의해 저항 변화가 일어나는 센서는?
① 공기온도센서
② 수온센서
③ 크랭크포지션센서
④ 스로틀 포지션센서

◆ 기본 분사량의 결정은 흡입공기량 센서(AFS)와 크랭크 포지션 센서(CPS)이다.

정답  52.③  53.①  54.②  55.②  56.④  57.④

58 점화코일 1차 전류 차단 방식 중 TR을 이용하는 방식의 특징으로 옳은 것은?
① 원심, 진공 진각기구 사용
② 고속회전시 채터링 현상으로 엔진부조 발생
③ 노킹 발생시 대응이 불가능함
④ 기관 상태에 따른 적절한 점화시기 조절이 가능함

59 오토매틱 트랜스미션의 오일 온도 센서는 전기적인 신호로 오일온도를 T.C.U에 전달해주는 역할을 한다. 설치 목적은?
① 트랜스미션 오일의 온도에 따라 점도 특성변화를 참조하기 위함
② 트랜스미션 오일의 온도 상승에 따른 누유를 방지하기 위함
③ 트랜스미션 오일의 온도 상승에 따른 오염작용을 방지하기 위함
④ 트랜스미션 오일의 교환 주기를 알려주기 위함

60 MPI엔진의 연료압력 조절기 고장시 엔진에 미치는 영향이 아닌 것은?
① 장시간 정차후에 엔진시동이 잘 안 된다.
② 엔진연소에 영향을 미치지 않는다.
③ 엔진을 짧은 시간 정지시킨 후 재시동이 잘 안 된다.
④ 연료소비율이 증가하고 CO 및 HC 배출이 증가한다.

◆ 전자제어식 연료분사장치(E.F.I)는 하나의 인젝터로 모든 실린더에 분사하는 SPI방식과 실린더마다 Injector가 하나씩 달린 MPI방식으로 구분된다.

정답  58.④  59.①  60.②

# 제 4 회 모의고사

**01** 4륜 구동방식(4WD)의 특징으로 거리가 먼 것은?
① 등판 능력 및 견인력 향상
② 조향 성능 및 안전성 향상
③ 고속 주행 시 직진 안전성 향상
④ 연료소비율 낮음

**02** 금속분말을 소결시킨 브레이크 라이닝으로 열전도성이 크며 몇 개의 조각으로 나누어 슈에 설치된 것은?
① 위븐 라이닝
② 메탈릭 라이닝
③ 몰드 라이닝
④ 세미 메탈릭 라이닝

**03** 전자제어식 현가장치(ECS : electronic control suspension system)의 입력 요소가 아닌 것은?
① 냉각수온 센서
② 차속 센서
③ 스로틀 위치 센서
④ 앞·뒤 차고 센서

**04** 자동변속기에서 유성기어 장치의 3요소가 아닌 것은?
① 선 기어
② 캐리어
③ 링 기어
④ 베벨 기어

**05** 현가장치에서 드가르봉식 쇼크 업소버의 설명으로 가장 거리가 먼 것은?
① 질소가스가 봉입되어 있다.
② 오일실과 가스실이 분리되어 있다.
③ 오일에 기포가 발생하여도 충격 감쇠 효과가 저하하지 않는다.
④ 쇼크 업소버의 작동이 정지되면 질소 가스가 팽창하여 프리 피스톤의 압력을 상승시켜 오일 챔버의 오일을 감압한다.

**06** 유체 클러치에서 스톨 포인트에 대한 설명이 아닌 것은?
① 속도비가 "0"인 점이다.
② 펌프는 회전하나 터빈이 회전하지 않는 점이다.
③ 스톨 포인트에서 토크비가 최대가 된다.
④ 스톨 포인트에서 효율이 최대가 된다.

◆ 유체 클러치의 성능 : 유체 클러치에서는 회전력 비율이 1 : 1이다. 따라서 동력전달 효율은 속도비율이 똑같은 값이 되고,

정답 01.④ 02.② 03.① 04.④ 05.④ 06.④

속도비율 1에 가까울수록 효율이 향상된다. 그러나 속도비율 1에서는 유체 클러치 내의 오일 흐름이 없어 순환하지 못하므로 유동이 0이 되고 오일을 매개체로 한 동력전달이 일어나지 않는다. 따라서 전달 회전력도 0이 된다. 실제로는 베어링 등의 마찰손실로 인하여 속도비율 e = 0.95~0.98 부근에서 효율은 최대가 되고 그 이상의 속도에서는 효율이 급격히 저하하여 0에 가깝게 된다.

㉠ 유체 클러치 펌프의 회전속도를 NP(rpm), 터빈의 회전속도를 NT(rpm)라고 하면 미끄러짐 비율 $S = \frac{NP - NT}{NP} \times 100$으로 표시하며 전달 회전력의 크기는 미끄럼 비율 S가 클수록 [또는 속도 비율(NT/NP = 0)에 가까워질수록] 커진다.

㉡ 유체 클러치의 특성은 속도 비율 감소와 함께 회전력이 증가하며, 속도 비율 0에서는 최대값이 된다. 이 점을 스톨 포인트(stall point)라 한다. 즉, 스톨 포인트란 NT/NP = 0을 말하며 이때의 회전력을 드래그 회전력(drag torque)라 한다.

**07** 동력조향장치에서 조향핸들을 회전시킬 때 기관의 회전속도를 보상시키기 위하여 ECU로 입력되는 신호는?
① 인히비터 스위치
② 파워스티어링 압력 스위치
③ 전기부하 스위치
④ 공전속도 제어 서보

**08** 기관의 기계효율을 향상시키기 위한 방법으로 거리가 먼 것은?
① 냉각팬, 오일펌프 등을 경량화한다.
② 윤활장치를 개선하여 완전한 유막형성이 되게 한다.
③ 운동부의 관성을 줄이기 위해 실린더 수를 줄인다.
④ 흡·배기 장치의 정밀가공을 통해 흡·배기 저항을 줄인다.

**09** 연료탱크에 연료가 가득 차 있는데 연료 경고등(NTC)이 점등될 수 있는 요인으로 옳은 것은?
① 퓨즈의 단선
② 서미스터의 결함
③ 경고등 접지선의 단선
④ 경고등 전원선의 단선

**10** 자동차 계기장치의 표시사항이 아닌 것은?
① 냉각수 온도
② 주행 중 연료 누설
③ 충전 경고
④ 기관 회전속도

정답  07. ②  08. ③  09. ②  10. ②

**11** 에어백 컨트롤 유닛의 점검 사항에 속하지 않는 것은?
① 시스템 내의 구성부품 및 배선의 단선, 단락 진단
② 부품에 이상이 있을 때 경고등 점등
③ 전기 신호에 의한 에어백 팽창 여부
④ 시스템에 이상이 있을 때 경고등 점등

**12** 포토 다이오드에 대한 설명으로 틀린 것은?
① 응답속도가 빠르다.
② 주변의 온도변화에 따라 출력 변화에 영향을 많이 받는다.
③ 빛이 들어오는 광량과 출력되는 전류의 직진성이 좋다.
④ 자동차에서는 크랭크 각 센서, 에어컨의 일사센서 등에 사용된다.

**13** 컴퓨터의 논리회로에서 논리적(AND)에 해당되는 것은?

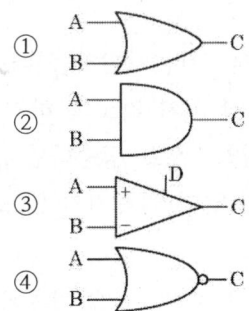

**14** 차량에서 12V배터리를 떼어 내고 절연체의 저항을 측정하였더니 1MΩ이었다면 누설전류는?
① 0.006mA  ② 0.008mA
③ 0.010mA  ④ 0.012mA

**15** 자동차 기동전동기 전기자 시험기로 시험할 수 없는 것은?
① 코일의 단락  ② 코일의 접지
③ 코일의 단선  ④ 코일의 저항

**16** 점화스위치를 ON($IG_1$)했을 때 발전기 내부에서 자화되는 것은?
① 로터  ② 스테이터
③ 정류기  ④ 전기자

**17** 에어백 인플레이터(inflator)의 역할에 대한 설명으로 옳은 것은?
① 에어백의 작동을 위한 전기적인 충전을 하여 배터리가 없을 때에도 작동시키는 역할을 한다.
② 점화장치, 질소가스 등이 내장되어 에어백이 작동할 수 있도록 점화 역할을 한다.
③ 충돌할 때 충격을 감지하는 역할을 한다.
④ 고장이 발생하였을 때 경고등을 점등한다.

정답  11. ③  12. ②  13. ②  14. ④  15. ④  16. ①  17. ②

**18** 전자제어 LPI 기관의 구성품이 아닌 것은?

① 베이퍼라이저
② 가스온도센서
③ 연료압력센서
④ 레귤레이터 유닛

**19** 이모빌라이저 시스템에 대한 설명으로 틀린 것은?

① 자동차의 도난을 방지할 수 있다.
② 키 등록(이모빌라이저 등록)을 해야만 시동을 걸 수 있다.
③ 차량에 등록된 인증키가 아니어도 점화 및 연료공급은 된다.
④ 차량에 입력된 암호와 트랜스폰더에 입력된 암호가 일치해야 한다.

**20** 기관에 쓰이는 베어링의 크러시(crush)에 대한 설명으로 틀린 것은?

① 크러시가 크면 조립할 때 베어링이 안쪽 면으로 변형되어 찌그러진다.
② 베어링에 공급된 오일을 베어링 전 둘레에 순환하게 한다.
③ 크러시가 작으면 온도변화에 의하여 헐겁게 되어 베어링이 유동한다.
④ 하우징보다 길게 제작된 베어링의 바깥 둘레와 하우징 둘레와의 길이 차이를 크러시라 한다.

◆ 크러시는 올라오는 부분이며 0.025 - 0.075mm
스프레드 = 베어링 외경 - 하우징 내경 = 0.125 - 0.5mm

**21** 행정체적 215cm³, 실린더 체적 245cm³인 기관의 압축비는 약 얼마인가?

① 5.23   ② 6.28
③ 7.14   ④ 8.17

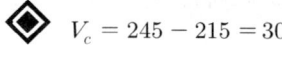

$V_c = 245 - 215 = 30$

$\epsilon\varepsilon = 1 + \dfrac{V_s}{V_c} = 1 + \dfrac{215}{30} = 1 + 7.17 = 8.17$

**22** 전자제어 기관에서 열선식(hot wire type) 공기유량센서의 특징으로 맞는 것은?

① 맥동오차가 다소 크다.
② 자기청정 기능의 열선이 있다.
③ 초음파 신호로 공기 부피를 감지한다.
④ 대기 압력을 통해 공기 질량을 검출한다.

**23** 브레이크 페달을 강하게 밟았을 때 후륜이 먼저 록(lock) 되지 않도록 하기 위하여 유압이 일정압력으로 상승하면 그 이상 후륜 측에 유압이 가해지지 않도록 제한하는 장치는?

① 프로포셔닝 밸브   ② 압력 체크밸브
③ 이너셔 밸브      ④ EGR 밸브

**정답** 18.① 19.③ 20.② 21.④ 22.② 23.①

**24** 동력전달장치에서 드라이브라인의 자재이음과 슬립이음의 설명으로 옳은 것은?

① 자재이음 - 각도 및 길이변화 대응, 슬립이음 - 소음 및 진동에 대응
② 자재이음 - 소음 및 진동에 대응, 슬립이음 - 각도 및 길이변화 대응
③ 자재이음 - 각도변화 대응, 슬립이음 - 길이변화 대응
④ 자재이음 - 길이변화 대응, 슬립이음 - 각도변화 대응

**25** 수동변속기 차량에서 주행 중 기어변속 시 충돌음이 발생하는 원인으로 거리가 먼 것은?

① 변속기 내부 베어링 불량
② 싱크로나이저 링의 불량
③ 내부기어와 허브 불량
④ 클러치 유격 과소

◆ 클러치 유격 과대 시 동력차단 불량 및 기어변속 시 충돌음이 발생

**26** 전동식 전자제어 동력조향장치의 설명으로 틀린 것은?

① 속도감응형 파워 스티어링의 기능 구현이 가능하다.
② 파워 스티어링 펌프의 성능개선으로 핸들이 가벼워진다.
③ 오일 누유 및 오일교환이 필요 없는 친환경 시스템이다.
④ 기관의 부하가 감소되어 연비가 향상된다.

**27** 타이어 압력 모니터링(TPMS)에 대한 설명 중 틀린 것은?

① 타이어의 내구성 향상과 안전운행에 도움이 된다.
② 휠 밸런스를 고려하여 타이어압력센서가 장착되어 있다.
③ 타이어의 압력과 온도를 감지하여 저압 시 경고등을 점등한다.
④ 가혹한 노면 주행이 가능하도록 타이어 압력을 조절한다.

◆ TPMS는 타이어 휠 내부에 장착된 센서가 타이어 내부의 공기압과 온도를 측정해 이 정보를 무선으로 보내 실시간으로 타이어 압력상태를 점검할 수 있는 장치로서 반도체 전용 칩으로 구성된 센서는 정확한 압력측정이 가능하다.
TPMS는 1개 이상의 타이어에 공기압이 낮음이 감지되면 운전자에게 경고를 보내고, 보통 계기판에 타이어 저압 경고등을

정답  24. ③  25. ④  26. ②  27. ④

점등시키는 방법이 사용되고 있다. 일부 제품은 룸미러에 경고등이 있는 경우도 있고, 경보음을 함께 내주는 제품도 있다.

**28** ABS(Anti Lock Brake System), TCS(traction control system)에 대한 설명으로 틀린 것은?

① ABS는 브레이크 작동 중 조향이 가능하다.
② TCS는 주행 중 브레이크 제동 상태에서만 작동된다.
③ ABS는 급제동 시 타이어 록(lock)방지를 위해 작동한다.
④ TCS는 주로 노면과의 마찰력이 적을 때 작동할 수 있다.

◆ TCS(traction control system)는 눈길, 빗길 따위의 미끄러지기 쉬운 노면에서 차량을 출발하거나 가속할 때 과잉의 구동력이 발생하여 타이어가 공회전하지 않도록 차량의 구동력을 제어하는 시스템

**29** 계기판의 유압경고등 회로에 대한 설명으로 틀린 것은?

① 시동 후 유압스위치 접점은 ON된다.
② 점화스위치 ON 시 유압경고등이 점등된다.
③ 시동 후 경고등이 점등되면 오일량 점검이 필요하다.
④ 압력스위치는 오일펌프로부터의 유압에 따라 ON/OFF된다.

**30** 공주거리에 대한 설명으로 맞는 것은?

① 정지거리에서 제동거리를 뺀 거리
② 제동거리에서 정지거리를 더한 거리
③ 정지거리에서 제동거리를 나눈 거리
④ 제동거리에서 정지거리를 곱한 거리

**31** 오버드라이브(over drive) 장치에 대한 설명으로 틀린 것은?

① 기관의 여유출력을 이용하였기 때문에 기관의 회전속도를 약 30% 정도 낮추어도 그 주행속도를 유지할 수 있다.
② 자동변속기에서도 오버드라이브가 있어 운전자의 의지(주행속도, TPS 개도량)에 따라 그 기능을 발휘하게 된다.
③ 속도가 증가하기 때문에 윤활유 소비가 많고 연료소비가 증가한다.
④ 기관의 수명이 향상되고 또한 운전이 정숙하게 되어 승차감도 향상된다.

◆ 복잡한 시가지에서 저속·출발·정지를 반복할 때는 충분히 엔진의 회전수를 낮출 수가 있으나, 교외나 고속도로에서 연속적으로 고속운전을 할 때에는 엔진의 회전수보다 반대로 추진축(프로펠러 샤프트)의 회전수를 많게 해야 한다. 그래서 톱기어(직결)보다 고능률과 고속도를 자동적으로 내는 장치인 증속용 부변속기가 필요하며 이것을 오버드라이브라고 한다. 특히 톱기어의 상단에만 사용하는 것을 오버톱이라고 한다. 연료의 소비와 소음을 줄이며, 수명을 길게 한다. 즉, 주행시

정답  28. ②  29. ①  30. ①  31. ③

에 변속 레버에서 2단으로 조정하지 않고도 급가속을 할 경우에 액셀레이터를 밟아 주는대로 바로 출력으로 작동된다. 급히 추월을 할 경우에 사용할 수 있다. 비탈길을 내려갈 때 변속레버로 2단 또는 1단으로 내려서 엔진브레이크를 사용하는데 on, off를 사용하면 일부 효과가 있다.

**32** 전자제어 현가장치(ECS)의 감쇠력 제어를 위해 입력되는 신호가 아닌 것은?
① G센서
② 스로틀 포지션 센서
③ ECS 모드 선택스위치
④ ECS 모드 표시등

**33** 후륜구동 차량의 종감속 장치에서 구동피니언과 링기어 중심선이 편심되어 추진축의 위치를 낮출 수 있는 것은?
① 베벨 기어
② 스퍼 기어
③ 웜과 웜 기어
④ 하이포이드 기어

**34** 타이어의 각부 구조명칭을 설명한 것으로 틀린 것은?
① 트레드 - 타이어가 노면과 접촉하는 부분의 고무층을 말한다.
② 사이드 월 - 타이어의 옆 부분으로 트레드와 비드 간의 고무층을 말한다.
③ 카커스 - 휠의 림 부분에 접촉하는 부분으로 내부에 피아노선이 원둘레 방향으로 있다.
④ 브레이커 - 트레드와 카커스의 접합부로 트레드와 카커스가 떨어지는 것을 방지하고 노면에서의 충격을 완화한다.

◆ 휠의 림 부분에 접촉하는 부분으로 내부에 피아노선이 원둘레 방향으로 있는 부위는 비드이다.

**35** 기동전동기의 전기자 코일에 항상 일정한 방향으로 전류가 흐르도록 하는 것은?
① 슬립링　　　② 정류자
③ 변압기　　　④ 로터

**36** 전조등 검사 시 좌측 전조등 주광축의 좌우측 진폭은?
① 좌 30cm 이내, 우 30cm 이내
② 좌 15cm 이내, 우 15cm 이내
③ 좌 15cm 이내, 우 30cm 이내
④ 좌 30cm 이내, 우 15cm 이내

**37** 전자제어 파워스티어링 제어방식이 아닌 것은?
① 유량제어식
② 유압반력 제어식
③ 유온반응제어식
④ 실린더 바이패스 제어식

정답　32. ④　33. ④　34. ③　35. ②　36. ③　37. ③

**38** 검사유효기간이 1년인 정밀검사 대상 자동차가 아닌 것은?

① 차령이 2년 경과된 사업용 승합자동차
② 차령이 2년 경과된 사업용 승용자동차
③ 차령이 3년 경과된 비사업용 승합자동차
④ 차령이 4년 경과된 비사업용 승용자동차

◆ 비사업용 승용자동차는 정밀검사 유효기간이 2년이다.

㉠ 정밀검사 대상 자동차
 - 비사업용 승용자동차 : 4년 경과된 자동차
 - 비사업용 기타자동차 : 3년 경과된 자동차
 - 사업용 자동차 : 2년 경과된 자동차
㉡ 정밀검사 유효기간
 - 비사업용 승용자동차 : 2년
 - 비사업용 기타자동차 : 1년
 - 사업용 자동차 : 1년

**39** 연소실 체적이 80cc이고 가솔린 기관의 압축비가 9 : 1일 때 행정체적은?

① 540cc  ② 580cc
③ 640cc  ④ 720cc

◆ $\varepsilon = \dfrac{V_c + V_s}{V_c} = \dfrac{80 + V_s}{80} = 9$

$V_s = 8 \times 80 = 640\text{cc}$

**40** 다음 중 LP가스 특징이 아닌 것은?

① 일반적으로 $NO_x$의 배출가스는 가솔린기관에 비해 많이 발생한다.
② 영하의 온도에서 기화된다.
③ 가솔린보다 열효율이 높다.
④ 출력손실이 가솔린에 비해 많이 발생된다.

◆ LP가스는 주성분이 프로판가스와 부탄가스로 연소시 매연이 거의 발생하지 않는다.

**41** 아래의 표시된 것 중 14가 의미하는 것은?

$$\boxed{\text{P195/60R14 85H}}$$

① 타이어 편평비(%)
② 타이어 폭(cm)
③ 타이어 단면폭(cm)
④ 림 사이즈(내경)

◆ ㉠ P : 승용차일 경우 P라는 문자를 새겨야 하지만 넣지 않는 경우도 있다.
㉡ 195 : 195는 타이어의 폭이 195mm라는 것을 알려준다.
㉢ 60 : 60은 타이어의 편평비율(%)을 나타내는 것이다. 편평비는 타이어의 단면폭에 대한 높이의 비율이다. 편평비율을 가지고 타이어가 60, 65, 70시리즈라고 말한다.
㉣ R : R은 타이어의 구조를 나타내며, 래디얼 타이어라는 것을 알려준다.
㉤ 14 : 림의 사이즈(타이어의 내경)를 말

**정답** 38. ④  39. ③  40. ③  41. ④

하는 것으로, 여기서는 14인치라는 것을 말한다.
- ⓑ 85 : 이 부분은 바퀴 1개에 걸리는 무게 허용 하중코드를 말하는 것이다. LI(로드 인덱스)로 표기한다.
- ⓐ H : 이 부분은 속도기호를 나타내는 것으로 타이어가 견디는 속도 제한을 표기한다.

**42** 다음 중 피스톤링의 이상 현상이 아닌 것은?
① 럼블 현상  ② 스커핑 현상
③ 스틱 슬립 현상  ④ 플러터 현상

◆ 타이어에서 나는 소음에는 급격한 가속이나 제동, 코너링 등 타이어가 노면에서 미끄러지면 발생하는 소리인 '스퀼(Squeal)', 거친 노면을 주행할 때 타이어로부터 차내에 전달되는 진동소리인 '럼블(Rumble)', 주행방향과 수직으로 파여 있는 리브가 진동하면서 나는 '스퀼치(Squelch)' 등이 있다.

**43** 자동변속기 장착 자동차에서 자동변속기 오일량은 오일레벨 게이지로 점검하여 F와 L 사이에 있어야 하는데 엔진과 변속기는 어떤 상태에서 하는가?
① 엔진 공회전 상태에서 변속기 선택레버를 D 위치에 두고 점검한다.
② 엔진 공회전 상태에서 변속기 선택레버를 N 위치에 두고 점검한다.
③ 엔진 정지 상태에서 변속기 선택레버를 D 위치에 두고 점검한다.
④ 엔진 정지 상태에서 변속기 선택레버를 N 위치에 두고 점검한다.

◆ 차를 수평한 장소에 세우고 주차브레이크를 작동시킨 후 다음 방법으로 점검한다.
- ㉠ 변속레버를 「N」(중립) 위치로 하고 엔진을 공회전시킨다.
- ㉡ 변속기를 충분히 따뜻하게 한 후(일반적인 주행 상태로 10분간 주행 한 상태) 오일 온도가 70~80℃ 정도에서 변속레버를 P → R → N → D → N → R → P의 순서로 이동시킨 다음 변속레버를 「N」(중립) 또는 「P」(주차) 위치에 놓는다.
- ㉢ 오일 레벨 게이지를 뽑아 끝부분을 깨끗이 닦아낸 후 오일량을 측정하여 오일이 게이지의 "HOT" 범위에 있는지 점검한다. 오일량이 적거나 많으면 보충 또는 배출시켜 오일량을 규정된 범위로 맞춘다.
- ㉣ 저온(20~30℃)의 오일 상태에서 오일량 점검이나 교환이 필요한 경우에는 오일 레벨 게이지의 "COLD" 범위에 오일량을 맞춘 후, 위의 ㉡과 같은 방법으로 오일을 따뜻하게 만든 후 재확인한다.

정답  42.①  43.②

**44** 조향장치가 갖추어야 할 조건으로 옳지 않은 것은?
① 조향조작이 주행 중 발생되는 충격에 영향을 받지 않을 것
② 조작하기 쉽고 방향 변환이 원활하게 이루어질 것
③ 고속주행에서도 조향핸들이 안정될 것
④ 조향핸들의 회전과 바퀴 선회차가 클 것

◆ 조향장치가 갖추어야 할 조건
  ㉠ 조향조작이 주행 중의 충격에 영향 받지 않을 것
  ㉡ 조작하기 쉽고 방향전환이 원활할 것
  ㉢ 회전반경이 작아서 좁은 곳에서도 방향 전환이 용이할 것
  ㉣ 진행방향을 바꿀 때 섀시 및 보디 각 부분에 무리한 힘이 작용되지 않을 것
  ㉤ 고속 주행에서도 조향핸들이 안전할 것
  ㉥ 조향핸들의 회전과 바퀴선회의 차가 크지 않을 것

**45** 통상 자동차 출발 전 운전석 앞 계기판에서 경고등으로 확인할 수 있는 사항은?
① 엔진오일의 점도
② 냉각수 비중
③ 연료의 비중
④ 주차 브레이크 잠김상태

**46** 클러치의 구비조건으로 옳지 않은 것은?
① 동력전달이 확실하고 신속할 것
② 방열이 잘 되어 과열되지 않을 것
③ 회전부분의 평형이 좋을 것
④ 회전관성이 클 것

◆ 클러치는 동력을 이었다 끊었다 하는 장치로서 회전관성이 작아야 한다.

**47** 브레이크 오일의 구비조건으로 옳지 않은 것은?
① 비점이 높아 베이퍼록을 일으키지 말 것
② 윤활성능이 있을 것
③ 빙점이 높고 인화점이 낮을 것
④ 알맞은 점도를 가지고 있을 것

◆ 브레이크 오일의 구비조건
  ㉠ 응고점과 유동점이 낮을 것
  ㉡ 비등점이 높을 것
  ㉢ 점도가 적당하며 점도지수가 높을 것
  ㉣ 화학적 안정성이 있을 것
  ㉤ 고무 또는 금속제품을 부식 연화, 팽창시키지 않을 것
  ㉥ 침전물 발생이 없을 것

정답  44. ④  45. ④  46. ④  47. ③

**48** 피스톤링의 기능이 아닌 것은?
① 방청 작용
② 기밀작용
③ 방열작용
④ 오일제거 기능

◆ 피스톤링에는 압축링과 오일링이 있으며 기능은 다음과 같다.
㉠ 압축링(compression ring) : 압축링은 톱 링 그루브(top ring groove)와 제2링-그루브에 설치되며, 피스톤과 실린더 벽 사이에 밀착되어 기밀을 유지하고 동시에 피스톤으로부터 열을 전달 받아 이 열을 실린더 벽으로 전달하는 역할을 한다(기밀유지작용과 전열작용).
㉡ 오일링(oil ring) : 오일링은 압축링 아래에 설치되며 피스톤의 마찰표면과 실린더 벽을 윤활하는 윤활유 중 여분의 윤활유를 긁어내려 오일-팬으로 복귀시키는 기능을 한다(오일 제어작용).

**49** 라디에이터(방열기)의 구비조건으로 틀린 것은?
① 단위 면적당 발열량이 클 것
② 공기 저항이 커야 한다.
③ 냉각수의 저항이 적어야 한다.
④ 가볍고, 소형이어야 한다.

◆ 라디에이터는 공기저항과는 무관하다.

**50** 다음 중 조향바퀴에 복원력과 안정성을 주는 것은?
① 캠버       ② 토인
③ 킹핀       ④ 캐스터

◆ 토우(Toe)는 자동차의 전륜을 위에서 보았을 때 바퀴의 앞부분이 뒷부분보다 좁은 상태이다.
캠버(Camber)는 자동차의 전륜을 앞에서 보았을 때 바퀴 중심선의 위부분이 약간 벌어져 있는 상태를 말한다.
캐스터(Caster)는 자동차의 전륜을 옆에서 보면 킹핀의 중심선이 수직선에 대하여 어느 한쪽으로 기울어져 있는 상태를 말한다.

**51** 줄 작업에서 줄에 손잡이를 꼭 끼우고 사용하는 이유는?
① 평형을 유지하기 위해
② 중량을 높이기 위해
③ 보관이 편리하도록 하기 위해
④ 사용자에게 상처를 입히지 않기 위해

**52** 일반 가연성 물질의 화재로서 물이나 소화기를 이용하여 소화하는 화재의 종류는?
① A급 화재       ② B급 화재
③ C급 화재       ④ D급 화재

정답  48.①  49.②  50.④  51.④  52.①

◆ 화재의 분류
 ㉠ A급 화재 : 일반(물질이 연소된 후 재를 남기는 일반적인 화재) 화재
 ㉡ B급 화재 : 유류(기름) 화재
 ㉢ C급 화재 : 전기 화재
 ㉣ D급 화재 : 금속 화재

**53** 산소용접에서 안전한 작업수칙으로 옳은 것은?
 ① 기름이 묻은 복장으로 작업한다.
 ② 산소밸브를 먼저 연다.
 ③ 아세틸렌밸브를 먼저 연다.
 ④ 역화하였을 때는 아세틸렌밸브를 빨리 잠근다.

◆ 아세틸렌밸브를 열어 점화한 후 산소밸브를 연다.

**54** 실린더내의 마멸은 어느 곳이 제일 적은가?
 ① 상사점
 ② 하사점
 ③ 상사점과 하사점의 중간
 ④ 실린더의 하단부

◆ 실린더의 하단부가 간격이 가장크므로 마멸이 가장 적다.

**55** 공기압축기 및 압축 공기 취급에 대한 안전수칙으로 틀린 것은?
 ① 전기배선, 터미널 및 전선 등에 접촉될 경우 전기쇼크의 위험이 있으므로 주의하여야 한다.
 ② 분해 시 공기압축기, 공기탱크 및 관로 안의 압축 공기를 완전히 배출한 뒤에 실시한다.
 ③ 하루에 한 번씩 공기탱크에 고여 있는 응축수를 제거한다.
 ④ 작업 중 작업자의 땀이나 열을 식히기 위해 압축공기를 사용하여 호흡하면 작업효율이 좋아진다.

◆ 압축공기를 사용하여 작업 중 작업자의 땀이나 열을 식히면 안된다.

**56** 계기 및 보안장치의 정비 시 안전사항으로 틀린 것은?
 ① 엔진이 정지 상태이면 계기판은 점화스위치 ON 상태에서 분리한다.
 ② 충격이나 이물질이 들어가지 않도록 주의한다.
 ③ 회로 내에 규정값보다 높은 전류가 흐르지 않도록 한다.
 ④ 센서의 단품 점검 시 배터리 전원을 직접 연결하지 않는다.

◆ 전자전기회로 보호를 위해 점화스위치와 모든 전기 장치를 끈 상태에서 배터리 케

**정답** 53.③ 54.④ 55.④ 56.①

이블을 분리해야 한다.

**57** 실린더 블록이나 헤드의 평면도 측정에 알맞는 게이지는?
① 마이크로미터
② 다이얼 게이지
③ 버니어 캘리퍼스
④ 직각자와 필러 게이지

**58** 다음 중 전자제어 현가장치의 장점이 아닌 것은?
① 고속 주행 시 안전성이 있다.
② 조향사 차체가 쏠리는 경우가 있다.
③ 승차감이 좋다.
④ 충격을 감소한다.

**59** 브레이크 오일이 갖추어야 할 조건이 아닌 것은?
① 윤활성이 있을 것
② 빙점과 인화점이 높을 것
③ 알맞는 점도를 가질 것
④ 베이퍼 록을 일으키지 않을 것

◆ 오일이 갖추어야 할 조건은 온도의 범위가 적당범위내에 있어야 한다.

**60** 반도체의 성질로서 틀린 것은?
① 불순물의 혼입에 의해 저항을 바꿀 수 있다.
② 빛을 받으면 고유저항이 변화하는 광전 효과가 있다.
③ 자력을 받으면 도전도가 변하는 홀(Hall) 효과가 있다.
④ 온도가 높아지면 저항이 증가하는 정온도계수의 물질이다.

◆ 일반적인 반도체는 부특성 서미스터로서 온도가 높아지면 저항이 작아진다.

정답  57.④  58.②  59.②  60.④

# 제 5 회 모의고사

**01** 다음 중 스프링 아래질량의 진동 중 휠홉에 관한 설명으로 올바른 것은?
① z축 방향의 상하 평행운동하는 진동이다.
② x축 방향의 상하 평행운동하는 진동이다.
③ y축 방향의 회전운동하는 진동이다.
④ x축 방향의 회전운동하는 진동이다.

◆ 스프링의 진동

| | | |
|---|---|---|
| 스프링 위 질량의 진동 | 바운싱 | 수직 방향 상하의 진동(Z축) |
| | 롤링 | 좌우 방향의 회전진동(X축) |
| | 피칭 | 앞뒤 방향의 회전진동(Y축) |
| | 요잉 | 좌우, 옆 방향의 회전진동(Z축) |
| 스프링 아래 질량의 진동 | 휠홉(바운싱) | 수직 방향의 진동(Z축) |
| | 휠트램프(롤링) | 좌우 방향의 회전진동(X축) |
| | 와인드업(피칭) | 앞뒤 방향의 회전진동(Y축) |

**02** 다음 중 경유의 구비조건 중 가장 중요한 것은?
① 기화성이 클 것
② 내폭성이 클 것
③ 발열량이 클 것
④ 점도가 적당할 것

◆ ① 연료가 실린더 안에 분사된 다음 착화 연소하기까지는 일정한 기간이 필요하다. 이 기간을 착화지연기간이라 하며, 연료에 따라 차이가 있다. 따라서 노킹을 방지하기 위해서는 착화성이 좋은 연료(세탄가가 높은 연료)를 사용한다.
② 분무의 관통성과 분사펌프의 플런저 및 노즐의 윤활을 위해 적당한 점도를 가져야 한다.
③ 수분 및 불순물이 없어야 한다.
④ 유황분이 적어야 한다.

**03** 일체차축의 특징으로 올바른 것은?
① 스프링 밑 질량이 작다.
② 앞바퀴 시미현상이 작다.
③ 선회시 차체 기울기가 작다.
④ 스프링 정수가 적은 것을 사용한다.

◆ 독립현가장치 장·단점

| 장점 | 작은 진동의 흡수율이 크고 승차감이 우수한다. |
|---|---|
| 단점 | • 마찰에 의한 진동·감쇠 작용이 없다.<br>• 비틀림에 대하여 약하다.<br>• 옆방향에서 받는 힘에 대한 저항력이 없어 차축을 지지하기 위한 링크 기구나 쇽 업저버가 필요하게 되어 구조가 복잡하다. |

**정답**  01. ①   02. ④   03. ③

**04** 다음 중 캐스터의 기능으로 부적절한 것은?

① 주행 중 조향바퀴에 방향성을 부여한다.
② 조향핸들 조작력을 가볍게 한다.
③ 조향하였을 때 직진방향으로 복원성을 부여한다.
④ 타이어의 마멸을 감소시킨다.

◆ 캐스터 특징
  ㉠ 주행 중 조향바퀴에 방향성(직진성)을 부여한다.
  ㉡ 조향시 킹핀 경사각과 함께 바퀴에 복원성을 부여한다.

캐스터 효과
  ㉠ 앞바퀴에 걸리는 하중은 킹핀을 통하여 작용하나 실제 저항은 접지점에서 발생한다.
  ㉡ 이에 따라 킹핀이 바퀴를 잡아당기고 있는 것과 같은 효과를 나타낼 수 있다.
  ㉢ 캐스터 효과는 '정의 캐스터'에서만 얻을 수 있다.
  ㉣ '부의 캐스터'는 조향성이 향상되나 고속주행시 안정성이 결여되며, 핸들 조작이 급속하게 되기 쉬우며 정의 캐스터가 크면 조향 저항이 증대된다.

**05** 다음 중 배기가스 정화장치로 사용되는 것이 아닌 것은?

① EGR밸브          ② 차동기어
③ 3원 촉매          ④ 차콜캐니스터

**06** 배전기 접점 간극에 관한 설명 중 옳은 것은?

① 접점 간극이 작으면 캠각은 작아진다.
② 접점 간극이 작으면 점화시기는 빨라진다.
③ 접점 간극이 크면 점화시기는 늦어진다.
④ 접점 간극이 작으면 1차전류는 커진다.

◆ 단속기 접점간극과 캠각도

| 캠각이 작을 때 | 캠각이 클 때 |
| --- | --- |
| • 접점간극이 크다.<br>• 점화시기가 빠르다.<br>• 1차전류 흐름시간이 짧다.<br>• 고속에서 실화의 원인이 된다. | • 접점간극이 작다.<br>• 점화시기가 늦다.<br>• 1차전류 흐름시간이 길다.<br>• 점화코일이 과열한다. |

**07** 피스톤의 상하 왕복운동이 커넥팅 로드를 거쳐 크랭크축을 회전시킬 때 피스톤 헤드에 작용하는 힘과 크랭크축이 회전할 때의 저항력 때문에 실린더 벽에 피스톤이 압력을 가하는 현상은?

① 블로 다운(blow down)    ② 소결
③ 디플렉터(deflector)       ④ 측압

**08** 다음 중 피스톤 링에 대한 설명 중 틀린 것은?
① 오일링은 실린더 벽에 남은 오일을 긁어내린다.
② 링 이음 간극은 압축링보다 오일링의 간격을 크게 한다.
③ 압축링은 일반적으로 피스톤 윗부분에 끼워진다.
④ 피스톤 링의 재질은 특수주철이 일반적이다.

◆ 압축링과 오일링

| | |
|---|---|
| 압축링 | ㉠ 하강시 오일을 긁어내리고, <br> ㉡ 실린더 벽에 밀착하여 압축행정시 혼합가스 누출을 막고 폭발행정시 연소가스의 누출을 막는다. <br> ㉢ 피스톤이 받는 열을 실린더에 전달한다. |
| 오일링 | ㉠ 기관의 작동 중 실린더 벽에 뿌려진 여분의 오일을 긁어내려 연소실로 들어가는 것을 방지하고 실린더 벽의 유막을 조절해 준다. <br> ㉡ 오일링의 구멍을 통하여 긁어내린 윤활유를 피스톤 안쪽으로 보내어 피스톤 핀의 윤활을 돕는다. <br> ㉢ 오일링의 폭은 오일 구멍을 크게 하기 위하여 4~5mm 정도로 만들고 있다. |

**09** 기동전동기의 회전력이 감소한 원인 중 적절한 것은?
① 솔레노이드 스위치 파손
② 전기자 코일 단선
③ 전기자 코일 단락
④ 축전지의 방전

◆ ㉠ 기동전동기의 출력은 전원인 축전지의 용량이나 온도 차이에 따라 영향을 받아 크게 변화한다.
㉡ 축전지의 용량이 작으면 기관을 시동할 때 단자전압의 저하가 심하고 회전속도도 낮아지기 때문에 출력이 감소한다.
㉢ 온도가 낮아지면 윤활유 점도가 상승하기 때문에 기관의 회전 저항이 증가하는 반면 축전지의 용량저하에 의해 기동전동기의 구동 회전력이 감소한다.

**10** 엔진의 효율을 증대시키는 방법으로 적절하지 않은 것은?
① 크랭크축의 풀리를 가볍게 한다.
② 실린더 수를 늘린다.
③ 커넥팅 로드의 길이를 짧게한다.
④ 배기가스 압력을 감소시킨다.

◆ 실린더수가 증가하면 출력은 증대되나 효율과는 무관하다.

**11** 다음 중 브레이크 에서 ECU의 신호를 받아 유압을 조정하는 장치로 옳은 것은?
① 릴레이밸브　　② 모듈레이터
③ 진공부스터　　④ 릴리프밸브

◆ 모듈레이터(Modulator)는 마스터 실린더에서 발생한 유압을 받아 ECU의 신호에 의해 브레이크에 알맞은 유압으로 분배하는 장치이며 하이드로닉 유닛이라고 한다. 진공식 제동배력장치(브레이크 부스터)는

정답　08.①　09.④　10.②　11.②

흡기매니폴드 흡입부압(진공)을 이용하여 페달을 밟을 때 마스터 실린더에 가해지는 힘을 배력시키는 장치이다.

**12** 정지거리에 관한 설명으로 부적절한 것은?

① 공주거리는 운전자가 위협을 느끼고 제동효과가 나타날 때까지의 거리이다.
② 공주거리와 제동거리의 합이 정지거리이다.
③ 비가와서 노면이 젖으면 공주거리가 증가한다.
④ 타이어 상태는 제동거리에 영향을 준다.

◆ 운전자가 제동 조작을 한 순간부터 정지할 때까지 주행한 거리를 말하는데, 공주거리와 제동거리의 합이 정지거리이다.

**13** 병렬형 하이브리드 자동차의 특징으로 옳지 않은 것은?

① 기존 자동차의 구조를 이용할 수 있어 제조비용 측면에서 직렬형에 비해 유리하다.
② 동력전달 장치의 구조와 제어가 간단하다.
③ 기관과 전동기의 힘을 합한 큰 동력성능이 필요할 때에는 전동기를 가동한다.
④ 여유동력으로 전동기를 구동시켜 전기를 축전지에 저장하는 기능이 있다.

◆ 하이브리드 전기 자동차(Hybrid Vehicle)는 내연기관과 전동기를 동시에 사용하는 자동차로서 전기 자동차의 배터리 대신에 엔진+발전기 장착하는 직렬형 형식과 기종의 내연기관 차량에 전동기를 추가 장착하는 병렬형 형식이 있다.

**직렬형 형식의 특징**
• 차량의 구동력은 전동기가 담당
• 소용량의 배터리와 엔진, 발전기 장착
• 구동에 필요한 동력은 엔진에서 생산

**병렬형 형식**
• 차량의 구동력은 주로 엔진이 담당
• 엔진, 전동기, 배터리로 구성
• 주행 상황에 따라 전동기가 동력을 보조하거나 저장함

**14** ABS에서 고장이 발생하더라도 일반적인 브레이크는 작동이 되게 하는 기능은?

① 림폼기능
② 리커브기능
③ 리졸브기능
④ 디스트리뷰트기능

◆ 림폼기능은 페일세이프기능이다.

**15** 다음 중 베이퍼 록 현상의 원인이 아닌 것은?

① 연료라인에 압력이 없을 때
② 대기온도가 높을 때
③ 드럼과 라이닝이 과열되었을 경우
④ 라이닝에 기름 또는 습기부착되었을 경우

정답  12. ③  13. ③  14. ①  15. ④

◆ 베이퍼록는 차륜 부분의 마찰열 때문에 휠실린더나 브레이크 파이프 속의 오일이 기화되어 브레이크 회로 내에 공기가 유입된 것처럼 기포가 형성되어 브레이크를 밟아도 스펀지를 밟듯이 푹푹 꺼지며, 브레이크가 작동되지 않는 현상이다.

**16** 전자제어 장치에서 ECU(Electronic Control Unit)가 하는 일이 아닌 것은?
① 연료분사량을 결정한다.
② 인젝터 분사시간을 제어한다.
③ 배터리 전압을 충전한다.
④ 점화시기를 제어한다.

◆ ECU(Electronic Control Unit)는 센서 및 스위치로부터 신호를 받아 제어신호를 규정된 장치에 보내 제어할 수 있도록 하는 핵심장치이다.

**17** 1단 2상 3요소식 토크컨버터의 주요 구성요소는?
① 클러치, 터빈축, 임펠러
② 터빈, 유성기어, 클러치
③ 임펠러, 스테이터, 클러치
④ 임펠러, 터빈, 스테이터

◆ 엔진의 동력이 플라이휠을 통해 전달되면 토크컨버터의 펌프임펠라를 돌리게 되고 펌프임펠라가 돌아가면, 유체(미션오일)의 힘이 스테이터에 의해 조정되어 터빈을 회전시킨다. 이때 터빈의 회전하는 힘이 변속기 입력축으로 전달된다. 그러니까 펌프임펠라는 엔진과 연결되어 있고, 터빈은 변속기와 연결되어 있다. 그러므로 토크컨버터 하우징은 펌프임펠라와 일체이다.

**18** 4사이클 4기통 기관에서 점화순서가 1-3-4-2일 때, 1번 실린더가 흡입행정을 한다면 3번 실린더는 어떤 행정을 하는가?
① 흡입　　　　② 압축
③ 폭발　　　　④ 배기

◆ 우수식

**19** 흡입 공기량 계측방식 중에서 흡입공기를 직접 계량하는 방식이 아닌 것은?
① 열막식　　　　② MAP식
③ 카르만와류식　④ 열선식

◆ MAP식은 흡입공기의 질량을 간접 계량하는 방식이다.

**20** 축이음의 종류 중 두 축이 어떤 각도를 가지고 회전하는 경우에 사용되며, 경사각이 30° 이하를 두고 있는 축이음 방식은?
① 플렉시블 이음　② 십차축 이음
③ 자재이음　　　　④ 슬립이음

◆ 자재이음(universal joint)은 두 축이 어떤 각도를 가지고 회전하는 경우에 사용되는 축 이음으로 연결된 두 축의 위치 관계에

정답　16. ③　17. ④　18. ④　19. ②　20. ③

구속되지 않고 회전이 전달된다.
두 축의 속비는 두 축의 경사각에 의하여 변화하며 보통 경사각은 30° 이하로 사용된다.
두 축의 각속도비를 변화시키지 않기 위해서는 중간축을 이용하고, 자재 이음을 2조 사용하여 각각의 경사각을 같게 한다.
플렉시블 자재이음(flexible joint)은 양쪽 플랜지 사이에 경질고무 또는 섬유제의 커플링을 끼우고 볼트로 체결한 형식으로 윤활이 필요 없는 건식 탄성자재이음이다. 드라이브 라인의 각도변화가 작고, 동시에 축방향의 길이변화도 작을 경우에 사용한다.
따라서 주로 진동과 소음을 감쇠시키는 탄성요소(elastic element)로서 기능한다.
십자형 자재이음(Hook's joint)은 2개의 요크(yoke)를 십자축(spider)에 연결한 것으로서, 요크 양단에는 필요에 따라 플랜지(flange)나 슬립이음 또는 중공축을 접속하며, 십자축으로는 보통 영구주유식을 사용한다. 자동차에는 굴절각(diffraction angle)이 8°까지인 형식이 주로 사용된다.

**21** 고전압장치가 적용되는 친환경자동차에서 교통사고 발생 시 안전대책으로 올바르지 않은 것은?

① 장갑, 보호안경, 안전복, 안전화를 착용한다.
② 화재 시 물을 이용하여 진압하며, ABC 소화기를 사용하지 않는다.
③ 절연피복이 벗겨진 파워케이블은 절대 접촉하지 않는다.
④ 차량이 물에 반 이상 침수된 경우에는 메인전원차단 플러그를 뽑으려고 해서는 안 된다.

◆ ABC형 소화기란 가연성고체, 인화성액체, 전기화재를 진압할 수 있는 소화기이다.

**22** 자동차 휠얼라인먼트 요소에서 다음 중 그 구성이 아닌 것은?

① 사이드 각(Side-Angle)
② 토우(Toe)
③ 캠버(Camber)
④ 캐스터(Caster)

◆ 토우(Toe)는 자동차의 전륜을 위에서 보았을 때 바퀴의 앞부분이 뒷부분보다 좁은 상태이다.
캠버(Camber)는 자동차의 전륜을 앞에서 보았을 때 바퀴 중심선의 위부분이 약간 벌어져 있는 상태를 말한다.
캐스터(Caster)는 자동차의 전륜을 옆에서 보면 킹핀의 중심선이 수직선에 대하여 어느 한쪽으로 기울어져 있는 상태를 말한다.

**23** ABS에서 ECU신호에 의하여 각 휠 실린더에 작용하는 유압을 조절해 주는 장치로 옳은 것은?

① 모듈레이터
② 페일 세이프 밸브
③ 셀렉터로
④ 프로포셔닝 밸브

정답  21. ②  22. ①  23. ①

- 페일 세이프(fail safe) 기능 : 만일 페일이 발생하더라도 그 결과가 탑승자 및 차량에 있어서 반드시 안전(세이프) 사이드가 되도록 제어되는 기능이다.
- 셀렉터[Selector] : 여러 개의 신호를 받아 선택하여 출력하기 위한 장치이다.
- 프로포셔닝 밸브[proportioning valve] : 전륜에 비하여 후륜에 가해지는 브레이크력을 낮추어 슬립을 막는 유압 조정 밸브이다.

**24** 단위시간당 기관 회전수를 검출하여 1사이클당 흡입공기량을 구할 수 있게 하는 센서는?

① 크랭크각 센서
② 스로틀위치센서
③ 공기유량센서
④ 산소센서

**25** 일반적으로 연료의 혼합비가 가장 높은 것은?

① 상온에서 시동할 때
② 경제적인 운전할 때
③ 스로틀밸브가 완전히 열렸을 때
④ 가속할 때

| 상태 | 혼합비 |
|---|---|
| 경제적인 혼합비 | 16 : 1 |
| 기관 처음 시동할 때 혼합비 | 1 : 1(저온 시동시) ~5 : 1(고온 시동시) |
| 저속 및 공전 혼합비 | 12 : 1 |
| 가속할 때 혼합비 | 8 : 1 |
| 등속할 때의 혼합비 (스로틀밸브가 완전히 열렸을 때) | 13 : 1 |

**26** 엔진의 흡배기 밸브 간극이 클때 발생 될 수 없는 현상은?

① 흡배기 효율이 저하된다.
② 밸브마멸이 발생될 수 있다.
③ 밸브 작동 소음이 발생될 수 있다.
④ 블로백 현상이 발생될 수 있다.

◆ 밸브 간극이 클 경우
- 밸브가 완전히 개방되지 않는다.
- 작동 중에 충격적인 접촉이 일어난다.
- 소음이 발생한다.

밸브 간극이 적을 경우
- 작동온도에서 밸브가 완전히 밀착되지 않는다.
- 밸브기구의 마모가 커진다.

정답  24. ③  25. ①  26. ②

**27** 피스톤 링에 관한 설명 중 옳지 않은 것은?

① 오일링은 실린더 벽의 여분 오일을 긁어 내린다.
② 압축링은 피스톤 위쪽에 끼워진다.
③ 오일링은 피스톤의 기밀을 유지하기 위한 것이다.
④ 압축링의 재질은 일반적으로 특수 주철이다.

◆ 압축링
- 하강시 오일을 긁어내린다.
- 실린더 벽에 밀착하여 압축행정시 혼합가스 누출을 막고 폭발행정시 연소가스의 누출을 막는다.
- 피스톤이 받는 열을 실린더에 전달한다.

오일링
- 기관의 작동 중 실린더 벽에 뿌려진 여분의 오일을 긁어내려 연소실로 들어가는 것을 방지하고 실린더 벽의 유막을 조절해 준다.
- 오일링의 구멍을 통하여 긁어내린 윤활유를 피스톤 안쪽으로 보내어 피스톤 핀의 윤활을 돕는다.
- 오일링의 폭은 오일 구멍을 크게 하기 위하여 4~5mm 정도로 만들고 있다.

**28** 현가장치에 사용하는 스프링 중 진동, 감쇠 작동이 없는 것은?

① 판스프링
② 토션바 스프링
③ 고무 스프링
④ 공기 스프링

◆ 공기 스프링(air spring) : 고무로 된 용기(벨로스) 안에 압축공기를 넣어 공기의 탄성을 이용한 스프링이다. 외력의 변화에 따라 스프링상수도 변하고, 용기 안의 공기량이 일정하면 스프링의 길이는 외력과 관계없이 일정하게 유지할 수 있다.

**29** 이상 연소의 한 종류로 혼합기의 급격한 연소가 원인으로 비교적 빠른 회전속도에서 발생하는 저주파 굉음은?

① 스파크 노킹　　② 런온
③ 표면착화　　　④ 더드

◆ 이상연소의 종류
㉠ 더드(Thud) : 높은 회전수에서 발생하는 낮은 주파수의 굉음이며 주된 원인은 혼합기의 급격한 연소이며 이 현상은 점화시기를 진각시켜서 감소시킬 수도 있다. 이 소리의 발생원은 크랭크 샤프트의 비틀림 진동에 의한 것이다.
㉡ 스파크 노킹(Spark Knocking) : 주기적으로 반복적으로 일어나는 소음이며 점화시기를 빠르게 하면 소리가 커지

고 늦추면 적어진다. 여기엔 표면착화로 인한 노킹은 해당이 되지 않는다. 소리의 주파수는 비교적 중주파이다.
ⓒ 런온(Run On) : 시동스위치를 끈 다음에도 엔진이 돌아가는 현상으로 압축시의 자연적인 착화현상으로 발생하며 냉각수온, 흡기온, 압축비 등의 조화로 발생한다.
ⓔ 슬로우 노킹(Slow Knocking) : 엔진이 꺼진 다음 고온상태의 엔진을 다시 시동할 경우 압축착화로 인해서 노킹과 비슷한 금속음이 1~2회 발생하거나 시동이 걸린 상태에서 공회전이 낮아지거나 정지하는 현상이다.

**30** 점화코일에 대한 설명 중 옳지 않은 것은?
① 축전지의 1차전압을 고전압으로 바꾸는 유도코일이다.
② 1차코일은 0.05~0.09mm에서 2차코일은 0.4~1mm 정도의 코일이 사용된다.
③ 1차코일은 방열이 좋게 하기 위하여 2차코일 바깥쪽에 감겨진다.
④ 1차코일은 축전지 2차코일은 배전기에 연결된다.

◆ 1차코일이 더 굵다.

**31** 능동현가 장치의 설명으로 아닌 것은?
① 유압 엑튜에이터는 압축된 유체의 에너지를 기계적인 운동으로 전환시킨다.
② 일정한 힘으로 각 타이어가 도로를 누르기 위해 유압을 사용한다.
③ 유압 엑튜에이터는 유압을 한 방향으로만 움직이도록 한다.
④ 엑튜에이터 센서는 타이어 힘의 변화를 감지한다.

◆ 유압 엑튜에이터(구동기기)는 유입을 이용하여 기기를 원하는 방향으로 움직이도록 한다.

**32** 후륜구동 자동차의 구동라인에서 회전속도계로 주행시험을 한 결과 차 속에 관계없이 진동과 소음을 유발하는 원인 중 옳지 않은 것은?
① 구동축에 이물질이 쌓인 경우
② 유니버설 조인트가 꽉 끼인 경우
③ 스플라인 된 로크의 바깥 표면이 거친 경우
④ 구동축 또는 플랜지의 밸런스가 맞지 않는 경우

◆ 추진축의 스플라인 부분의 바깥 표면이 거친 경우는 차체진동이나 소음과 무관하다.

정 답  30. ②  31. ③  32. ③

**33** 점화플러그가 갖추어야 할 조건으로 옳지 않은 것은?
① 열의 발산(방산)이 느릴 것
② 기계적 충격에 잘 견딜 것
③ 기밀유지가 가능할 것
④ 열적 충격 및 고온에 견딜 것

**34** 배출가스 제어장치에 대한 설명 중 옳은 것은?
① 증발가스제어장치는 연료탱크와 기화기 플로트실에서의 연료증발가스가 대기로 방출되는 것을 막는다.
② 배기가스재순환 장치는 배기가스 중 탄화수소의 생성을 억제하기 위한 장치이다.
③ 엔진이 천천히 워밍업되고 초크가 천천히 열릴수록 엔진이 워밍업되는 동안 배출되는 배기가스의 양은 최소가 된다.
④ 촉매변환기는 HC, CO를 정화시키고 질소산화물은 정화시키지 않는다.

**35** 차고센서의 설명 중 옳지 않은 것은?
① 전자제어 현가장치를 위해서 요구되는 센서 중 하나이다.
② 자동차 앞쪽 바운싱의 높이 수준을 검출한다.
③ 뒤차고센서는 차계과 뒤차축의 상대위치를 검출한다.
④ 차고센서는 최소 4개 이상 설치한다.

◆ 차고센서는 하이트 센서라고도 하며 노면으로부터 차량 높이를 측정하는 센서다. 주행 시 차량 바디와 차체 상대 위치 변화(차고 변화)를 감지해 전자제어 현가시스템의 ECU에 정보를 제공한다.

**36** 자동차 배터리에서 황산과 납의 화학작용이 심화되어 영구적인 황산납으로 변하는 현상을 무엇이라 하는가?
① 디아이싱 현상(deicing)
② 베이퍼록 현상(vapor lock)
③ 설페이션 현상(sulfation)
④ 퍼콜레이션 현상(percolation)

◆ • 퍼콜레이션 현상(percolation) : 연료장치가 열을 받아 순간적으로 연료가 과다하게 공급되는 현상
• 베이퍼록 현상(vapor lock) : 연료장치가 열을 받아 연료계통에 기포가 발생하여 연료공급이 끊어지는 현상

**37** 자동차 교류발전기에서 교류를 직류로 바꾸어 주는 부품은 무엇인가?
① 트랜지스터     ② 저항
③ 써미스터       ④ 다이오드

정답  33.①  34.①  35.④  36.③  37.④

**38** 자동변속기의 토크컨버터에 대한 설명으로 옳지 않은 것은?
① 발진이 쉽고 주행 시 변속조작이 필요 없다.
② 엔진의 동력을 싱크로메시를 통해 전달한다.
③ 저속 토크가 크다.
④ 진동이나 충격이 적다.

**39** 일체 차축식에서 뒤 차축과 차축 하우징과의 하중 지지 방식으로 옳지 않은 것은?
① 부동식   ② 전부동식
③ 반부동식   ④ 3/4부동식

**40** 다음 중 쇽업소버(shock absorber)의 기능으로 옳은 것은?
① 차량 선회 시 롤링(rolling)을 감소시켜 차체의 평형을 유지시켜준다.
② 스프링의 잔 진동을 흡수하여 승차감을 향상시킨다.
③ 폭발행정에서 얻은 에너지를 흡수하여 일시 저장하는 역할을 한다.
④ 기관 작동에 알맞게 흡배기 밸브를 열고 닫아준다.

**41** 다음 중 토인(toe-in)에 대한 설명으로 옳은 것은?
① 앞에서 볼 때 앞바퀴 중심선과 노면의 수직선이 이루는 각
② 옆에서 볼 때 앞바퀴의 조향축이 뒤로 기울어진 각
③ 차량(타이어)의 진행방향과 바퀴 중심선 사이의 각
④ 위에서 차륜을 보았을 때 앞쪽이 뒤쪽보다 좁게 되어 있는 상태

**42** 흡입공기 유량을 계측하는 공기유량센서 중에서 흡기관내의 부압을 측정하여 공기량을 환산하는 방법으로 자연급기식 엔진에 많이 사용되는 것은?
① L제트로닉식(L jetronic type)
② 칼만와류식(karman vortex type)
③ D제트로닉식(D jetronic type)
④ 열선식(hot wire type)

◆ L제트로닉식(L jetronic type) : 에어플로미터를 이용하는 공기량 직접 측정방법
칼만와류식(karman vortex type) : 칼만와류현상을 초음파를 이용하여 공기량 검출
열선식(hot wire type) : 질량유량 검출방식
MAP 센서 : 간접계측

정답 38.② 39.① 40.② 41.④ 42.③

**43** FR 구동방식의 차량에서 변속기와 종감속 기어 사이의 부품은 어느 것인가?
① 추진축　　② 클러치
③ 액슬축　　④ 기관

**44** 다음은 발전기 단자 기호설명이다. 잘못된 것을 구하시오.
① LOCK : 핸들이 풀린다.
② ACC : 라디오
③ ON : 계기판 미션위치변경등 다 가능
④ ST : 엔진작동

◆ Off 전조등 가능
Acc(악세사리) 라디오 시거잭 정도
On 계기판 미션위치변경등 다 가능하며 연료공급됨… 그러나 엔진 미작동
Start 스타트모터 시동<엔진동작 이후 on 상태로 엔진작동

**45** 4행정 사이클 실린더 엔진이 3사이클을 끝내려면?
① 크랭크축은 2160° 회전하여야 한다.
② 크랭크축은 720° 회전하여야 한다.
③ 크랭크축은 900° 회전하여야 한다.
④ 크랭크축은 1080° 회전하여야 한다.

| 구분 | 2행정 사이클 기관 | 4행정 사이클 기관 |
|---|---|---|
| 1사이클 | 크랭크축 360° 회전 | 크랭크축 720° 회전 |
| 3사이클 | 360° ×3 = 1080° | 720° ×3 = 2160° |

**46** 자동차 구조원리 중 에어컨에서 사용하는 냉동사이클 계통순서는?
① 압축기 - 응축기 - 팽창밸브 - 증발기 - 건조기
② 압축기 - 응축기 - 건조기 - 팽창밸브 - 증발기
③ 응축기 - 압축기 - 팽창밸브 - 건조기 - 증발기
④ 응축기 - 압축기 - 건조기 - 팽창밸브 - 증발기

**47** 자동제한 차동장치(LSD : Limited Slip Differential)의 특징으로 틀린 것은?
① 급선회 시 주행 안전성을 향상시킨다.
② 좌우 바퀴에 토크를 알맞게 분배하여 직진 안전성이 향상된다.
③ 요철 노면에서 가속, 직진성능이 향상되어 후부 흔들림을 방지할 수 있다.
④ 구동바퀴의 미끄러짐 현상을 단속하나 타이어의 수명이 단축된다.

◆ LSD는 차별적 동력전달을 막는 역할을 하는 장치로서 차동제한장치(Limited Slip Differential)이다.
기능은 한쪽 바퀴가 헛도는 상황이 발생해도 접지력이 유지된 다른 바퀴 덕분에 무난히 위기에서 벗어날 수 있게 된다. 결국 험로 탈출을 위해 필요한 기능이다.

정답  43.①  44.④  45.①  46.②  47.④

**48** 일체 차축식 특징으로 아닌 것은?
① 차실을 넓힐 수 있다.
② 바운싱(bouncing) 경우에도 토(toe)값과 캐스터(caster)값의 변화가 없다.
③ 바운싱(bouncing) 경우에 캠버(camber)값이 변한다.
④ 차축 무게가 가볍다.

◆ 일체 차축에서는 휠이 튀어 오르는 바운싱(bouncing) 경우에도 토(toe)값과 캐스터(caster)값의 변화가 없다. 그러나 한쪽 차륜만이 장애물을 넘어갈 때는 차축이 경사되므로 캠버(camber)값이 변한다. 또한 액슬 하우징(axle housing)은 종감속/차동장치 하우징 및 구동축의 하우징으로 기능하므로 스프링 아래질량(unspring mass)이 비교적 크다.

**49** 엔진에 사용되는 냉각수가 아닌 것은?
① 지하수     ② 증류수
③ 수돗물     ④ 빗물

◆ 지하수는 경수이므로 침전물이 생긴다.

**50** 차체자세제어장치(VDC : Vehicle Dynamic Control) 시스템에서 고장 발생 시 제어에 대한 설명으로 틀린 것은?
① 원칙적으로 ABS시스템 고장 시에는 VDC시스템 제어를 금지한다.
② VDC시스템 고장 시에는 해당 시스템만 제어를 금지한다.
③ VDC시스템 고장으로 솔레노이드 밸브 릴레이를 OFF시켜야 되는 경우에는 ABS의 페일 세이프에 준한다.
④ VDC시스템 고장 시 자동변속기는 현재 변속단보다 다운 변속된다.

◆ **VDC(Vehicle Dynamic Control, 차체자세제어장치)** : 언더/오버스티어가 발생했을 경우 엔진 출력을 줄이거나 4개의 바퀴에 각각 다른 제동력을 부여해서 차체의 자세를 안정적으로 만드는 기능 장치 즉 자동차가 미끄러지는 것을 방지하는 기능
**VSM(Vehicle Stability Management, 샤시통합제어시스템)** : VDC의 작동은 VDC 모듈을 통해 이루어지는 '독립적'인 제어이나 VSM은 별도의 모듈 없이 샤시 시스템을 '통합적'으로 제어하며, VDC와 MDPS(전동식 파워 스티어링 휠), ABS(Antilock Braking System) 등이 유기적으로 작동하여 보다 더 안전한 주행이 가능하게 만들어주는 시스템 VSM의 경우에는 같은 상황에 VDC의 작동은 물론, 그를 고려하여 MDPS가 추가적으로 제어된다. 만약 운전자가 언더/오버스티어 상황에 당황해서 잘못된 조향을 할 경

정답 48. ④  49. ①  50. ④

우에는 VDC의 작동도 무용지물이 될 수 있으나 이를 고려하여 올바른 조향이 가능하도록 MDPS를 제어해 주는 장치이므로 더욱더 안전한 주행을 할 수 있다.

**51** 다음 중 안전하게 공구를 취급하는 방법 중 틀린 것은?
① 공구를 사용한 후 제자리에 정리하여 둔다.
② 예리한 공구 등을 주머니에 넣고 작업을 하여서는 안된다.
③ 사용 전에 손잡이에 묻은 기름 등은 닦아내어야 한다.
④ 작업 중 공구를 타인에게 숙달된 자가 던져 전달하면 작업능률이 좋아진다.

◆ 공구를 타인에게 전달할시는 공구대에서 전달을 하는 것이 안전하다.

**52** 연삭작업 시 안전사항이 아닌 것은?
① 연삭숫돌 설치 전 해머로 가볍게 두들겨 균열여부를 확인해 본다.
② 연삭숫돌의 측면에 서서 연삭한다.
③ 연삭기의 커버를 벗긴 채 사용하지 않는다.
④ 연삭숫돌의 주위와 연삭 지지대 간의 간격은 5mm 이상으로 한다.

◆ 연삭숫돌의 주위와 연삭 지지대 간의 간격은 3mm 이상으로 한다.

**53** 연 100만 근로 시간당 몇 건의 재해가 발생했는가의 재해율 산출을 무엇이라 하는가?
① 연천일율   ② 도수율
③ 강도율    ④ 천인율

◆ 재해율이란 임금근로자수 100명당 발생하는 재해자수의 비율
재해율=(재해자수/임금근로자수)×100
도수율(빈도율)이란 1,000,000 근로시간당 요양재해발생 건수
도수율(빈도율)=요양재해건수/연근로시간수×1,000,000

**54** 소화 작업기 기본요소가 아닌 것은?
① 가연 물질을 제거한다.
② 산소를 차단한다.
③ 점화원을 냉각시킨다.
④ 연료를 기화시킨다.

**55** 전동기구 및 전기기계의 안전 대책으로 잘못된 것은?
① 전기 기계류는 사용 장소와 환경에 적합한 형식으로 사용 하여야 한다.
② 운전, 보수 등을 위한 충분한 공간이 확보 되어야 한다.
③ 리드선을 기계진동이 있을시 쉽게 끊어질 수 있어야 한다.
④ 조작부는 작업자의 위치에서 쉽게 조작이 가능한 위치여야 한다.

정답 51.④ 52.④ 53.② 54.④ 55.③

**56** 가솔린 엔진 조정불량으로 불완전 연소했을 때 인체에 해로우며 가장 많이 발생하는 배출 가스는?
① $H_2$ 가스
② $CO_3$ 가스
③ CO 가스
④ $CO_2$ 가스

**57** 정비작업시 지켜야 할 안전수칙 중 잘못된 것은?
① 작업에 맞는 공구를 사용한다.
② 작업장 바닥에는 오일을 떨어뜨리지 않는다.
③ 전기장치 작업시 오일이 묻지 않도록 한다.
④ 잭(Jack)을 사용하여 차체를 올린 후 손잡이를 그대로 두고 작업한다.

◆ 잭(Jack)을 사용하여 차체를 올린 후에는 손잡이를 빼고 안전하게 작업한다.

**58** 자동차에 소음 및 작동 점검시 운전(작동) 상태에서 점검해야 할 사항이 아닌 것은?
① 클러치 작동 상태
② 기어 부분의 이상음
③ 기어의 급유 상태
④ 베어링 작동부 온도상승 여부

◆ 자동차에 소음 및 작동 점검시 운전(작동) 상태와 급유상태는 무관하다.

**59** 감전 위험이 있은 곳에 전기를 차단하여 수선점검을 할 때의 조치와 관계가 없는 것은?
① 스위치 박스에 통전장치를 한다.
② 위험에 대한 방지장치를 한다.
③ 스위치에 안전장치를 한다.
④ 필요한 곳에 통전금지 기간에 관한 사상을 게시한다.

**60** 축전지의 용량을 시험할 때 안전 및 주의 사항으로 틀린 것은?
① 축전지 전해액이 옷에 묻지 않게 한다.
② 기름이 묻은 손으로 시험기를 조작하지 않는다.
③ 부하시험에서 부하시간을 15초 이상으로 하지 않는다.
④ 부하시험에서 부하전류는 축전지의 용량에 관계없이 일정하게 한다.

정답 56.③ 57.④ 58.③ 59.① 60.④

# 제 6 회 모의고사

01 전자제어 가솔린 기관의 인젝터 분사시간에 대한 설명 중 틀린 것은?
① 기관을 급가속할 때에는 순간적으로 분사시간이 길어진다.
② 축전지 전압이 낮으면 무효 분사기간이 짧아진다.
③ 기관을 급감속할 때에는 순간적으로 분사가 정지되기도 한다.
④ 지르코니아 산소센서의 전압이 높으면 분사시간이 짧아진다.

◆ 축전지 전압이 낮으면 인젝터 솔레노이드 코일에 전류가 흐르고 있는 시간과 실제로 밸브가 열려 연료가 분사되기까지의 시간, 즉 무효 분사시간이 길어진다.

02 가솔린 기관의 알터네이터에 대한것으로 틀린 것은?
① 알터네이터는 3상 교류발전기 이다.
② 제너 다이오드로 전파정류하여 직류로 바꾸는 방식이다.
③ 내구성이 있고 공회전이나 저속시에는 충전이 가능하며 출력이 크다.
④ 전압조정기는 로터코일 전류를 조정하여 발전량을 일정하게 제어하는 일을 한다.

◆ ① 발전기를 알터네이더 또는 제너레이터 라고도하며 3상 교류발전기 이다.
② 실리콘다이오드로 전파정류하여 직류로 바꾸는 방식이다.
③ 내구성이 있고 공회전이나 저속시에는 충전이 가능하며 출력이 크다.
④ 전압조정기는 로터코일 전류를 조정하여 발전량을 일정하게 제어하는 일을 한다.

03 동기물림식 수동변속기 동기기구구성부품이 아닌 것은?
① 키이        ② 슬리브
③ 스프링      ④ 콘 클러치

◆ 동기물림식 수동변속기는 주축 위를 항상 공전하고 있는 주축기어와 주축에 스플라인으로 결합되어 있는 허브(Hub) 기어 사이에 원추 모양의 마찰면을 가진 클러치(원추 클러치)를 설치하고 클러치 기어 대신에 슬리브를 사용한다.
동기물림 방식에 따라 일정부하형(Constant load type)과 관성고정형(Inertia lock type) 등이 있으나, 대부분 관성고정형의 동기물림식 변속기를 사용한다. 관성고정형의 동기물림식에는 키(Key)식, 핀(Pin)식, 서보(Servo)식이 있다.

정답 01. ② 02. ② 03. ④

**04** 행정이 100mm이고 회전수가 1500rpm인 4행정 사이클 가솔린 엔진의 피스톤 평균 속도는?

① 5m/sec ② 15m/sec
③ 20m/sec ④ 50m/sec

◆ 피스톤의 평균속도 = $\frac{2LN}{60 \times 1000}$

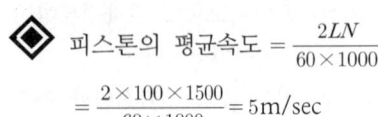

= $\frac{2 \times 100 \times 1500}{60 \times 1000}$ = 5m/sec

**05** 대형버스에서 Urea-SCR 저감하는 것은?

① CO ② $NO_x$
③ HC ④ RM

◆ Urea-scr (요소수 첨가 선택적 촉매반응 제거장치) 은 질소산화물센서 등 각종 센서와 요소수(Urea) 분사 제어 장치를 통해 배기관내에 정밀하게 요소수를 분사시키고 이렇게 분사된 요소 수는 배출가스 열에 의해 열분해되어 암모니아(NH3)로 변환시킨다. 생성된 암모니아는 후단에 장착된 SCR촉매에서 질소산화물(NO$_x$)와 반응, 물과 질소로 분해시켜 유해가스 성분이 무해하게 정화되도록하는 시스템이다.

**06** 4행정 기관에서 흡기밸브 열림시기는 BTDC 5°이고 닫힘시기는 ABDC 35°이며 배기밸브 열림시기는 BBDC 30°이고 닫힘시기는 ATDC 10°이면 밸브 오버랩 몇도인가?

① 5 ② 10
③ 15 ④ 30

◆ 밸브 오버랩 5°+ 10°= 15°
흡기밸브 열림각
5°+ 35°+ 180°= 220°
배기밸브 열림각 30°+ 10°
+ 180°= 220°

**07** 실린더헤드 블록 균열 점검 방법으로 틀린 것은?

① 육안탐상법 ② 자기 탐상법
③ 그을음탐상법 ④ 염색탐상법

◆ 실린더헤드 블록 균열 점검 방법에는 육안 검사법, 자기 탐상법, 염색탐상법 이 있다.

정답 04.① 05.② 06.③ 07.③

**08** 프레임 제작시 모노코크 바디의 특징이 아닌 것은 어느 것인가?

① 프레임리스바디 이다.
② 보디(차체)자체를 견고하고 가벼운 상자 형으로 만들어 이것에 엔진이나 서스펜션 따위를 조립하는 제조 방법이다.
③ 양산효과가 높아지며 경량화 되므로 성능이 향상되고 내구성이 높아진다.
④ 모노코크 바디는 주로 대형차에서 이 구조를 취하고 있다.

◆ 모노코크 바디는 일체구조·단체구조·유니트컨스트럭션·유니타이즈드보디·셀프서포팅보디·프레임리스보디 등으로 부른다. 금속의 외피에도 응력 분담시켜 독립된 골격이 아닌 가볍고 튼튼한 응력 외피구조를 만들 수 있어서 보디(차체) 자체를 견고하고 가벼운 상자 형으로 만들어 이것에 엔진이나 서스펜션 따위를 조립할 수 있다. 생산성이 좋아지므로 양산효과가 높아지며 결과적으로 가격이 내려가고 경량화 되므로 성능이 향상되고 내구성이 높아진다. 따라서 소형차는 대부분 이 구조를 취하고 있다.

**09** 행정이 100mm이고 회전수가 1500rpm인 4행정 사이클 가솔린 엔진의 피스톤 평균속도는?

① 5m/sec   ② 15m/sec
③ 20m/sec   ④ 50m/sec

◆ 피스톤의 평균속도 $= \dfrac{2LN}{60 \times 1000}$

$= \dfrac{2 \times 100 \times 1500}{60 \times 1000} = 5$m/sec

**10** 하이드로 플래닝 현상 방지 아닌 것은?

① 러그 패턴 타이어 사용
② 타이어 마모도 체크
③ 타이어 공기압을 높게 한다
④ 속도 줄인다.

◆ 하이드로 플래닝 현상은 물에 젖은 노면을 고속으로 달릴 때 타이어가 노면과 접촉하지 않아 조종이 불가능한 상태로 수막현상 이라고도 한다. 하이드로플래닝

**현상 방지 방법**
1. 타이어 마모도 체크
2. 타이어의 공기압 관리
3. 감속 운전
4. 리브 패턴 타이어 사용

**11** 가솔린 기관의 연료가 노말헵탄 20에 이소옥탄 80의 화합물 일 때 옥탄가는 얼마인가?

① 20   ② 60
③ 80   ④ 90

◆ 옥탄가

$= \dfrac{이소옥탄가(용적)}{이소옥탄(용적) + 정헵탄(용적)} \times 100$

$= \dfrac{80}{80 + 20} = 80$

**12** 디젤기관의 노크 방지책을 바르게 설명한 것은?

① 압축압력을 낮춘다.
② 흡기온도를 낮춘다.
③ 실린더 벽의 온도를 낮춘다.
④ 착화 지연기간을 짧게 한다.

◆ 디젤엔진에 노킹 방지책
㉠ 세탄가가 높고 착화성이 좋은 연료를 사용하다.
※ 세탄가(Catane Number) : 디젤 연료의 착화성을 나타내는 값으로 세탄가가 클수록 연료의 착화성이 좋고 디젤 노크를 일으키지 않는다.
㉡ 착화기간 중에는 분사량을 적게 하고 착화 후 많은 연료가 분사되며 분무를 양호하게 한다.
㉢ 압축비를 크게 하고 압축온도, 압축압력을 높인다.
㉣ 흡기공기에 와류가 발생되어 많은 양의 공기가 흡입될 수 있도록 한다.
㉤ 분사시기를 느리게 조정한다.
㉥ 엔진온도를 상승시킨다.

**13** 가변 흡기 장치의 설명으로 잘못된 것은 어느 것인가?

① 공기 흡입통로를 자동적으로 조절해주는 장치
② 엔진 출력을 높여 주는 엔진 부속 장치
③ 고속·고부하일 때는 반대로 밸브를 열어 일반엔진보다 흡입구를 길게 하여 흡입효율을 높인다.
④ 엔진의 회전수와 부하 정도에 따라 자동적으로 흡입구를 조절하는 장치

◆ 가변 흡기 장치 (VIS : Variable Induction System)
엔진의 회전과 부하 상태에 따라 공기 흡입통로를 자동적으로 조절해, 저속에서 고속에 이르기까지 모든 운전 영역에서 엔진 출력을 높여 주는 엔진 부속 장치. 저속·저부하일 때는 밸브를 닫아 자연흡기 방식의 일반엔진보다 흡입구를 길게 하여 흡입 관성력과 흡입효율이 높아지고, 이로 인해 엔진 출력이 높아지는 효과가 있다.
고속·고부하일 때는 반대로 밸브를 열어 일반엔진보다 흡입구를 짧게 해 흡입 저항을 줄여 줌으로써 상대적으로 흡입효율이 높아지고, 엔진 출력이 높아지는 효과가 있다. 이처럼 엔진의 회전수와 부하 정도에 따라 자동적으로 흡입구를 조절하는데, 일반엔진보다 보통 10% 정도 엔진 출력이 높아진다.

정답 12. ④　13. ③

**14** 조향장치가 갖추어야 할 조건으로 옳지 않은 것은?

① 조향조작이 주행 중 발생되는 충격에 영향을 받지 않을 것
② 조작하기 쉽고 방향 변환이 원활하게 이루어질 것
③ 고속주행에서도 조향핸들이 안정될 것
④ 조향핸들의 회전과 바퀴 선회차가 클 것

◆ 조향장치가 갖추어야 할 조건
㉠ 조향조작이 주행 중의 충격에 영향 받지 않을 것
㉡ 조작하기 쉽고 방향전환이 원활할 것
㉢ 회전반경이 작아서 좁은 곳에서도 방향 전환이 용이할 것
㉣ 진행방향을 바꿀 때 섀시 및 보디 각 부분에 무리한 힘이 작용되지 않을 것
㉤ 고속 주행에서도 조향핸들이 안전할 것 조향핸들의 회전과 바퀴선회의 차가 크지 않을 것

**15** 엔진 오일의 압력이 낮아지는 원인이 아닌 것은 어느 것인가?

① 유압조절밸브의 스프링 장력이 약할
② 오일라인에 공기가 유입됐을 때
③ 오일의 점도가높을 때
④ 오일 펌프의 흡입구가 막혔을 때

◆ 엔진 오일의 압력이 낮아지는 원인
1. 오일 펌프가 마모되었을 때
2. 오일 펌프의 흡입구가 막혔을 때
3. 유압조절밸브의 밀착이 불량할 때
4. 유압조절밸브의 스프링 장력이 약할 때
5. 오일라인이 파손되었을 때
6. 마찰부의 베어링 간극이 클 때
7. 오일의 점도가 너무 떨어졌을 때
8. 오일라인에 공기가 유입되거나 베이퍼록 현상이 발생했을 때
9. 오일 펌프의 가스켓이 파손되었을 때

**16** 자동차용 LPG 연료의 특성을 잘못 설명한 것은?

① 연소 효율이 좋고 엔진운전이 정숙하다.
② 증기폐쇄(vaper lock)가 잘 일어난다.
③ 대기오염이 적으므로 위생적이고 경제적이다.
④ 엔진 윤활유의 오염이 적으므로 엔진 수명이 길다.

◆ LPG 연료는 증기폐쇄(vaper lock)가 발생하지 않는다.

**17** 전자제어 연료분사장치 중 인젝터 설명으로 틀린 것은?

① 인젝터의 연료분사 시간이 ECU 트랜지스터의 작동시간과 일치하지 않는 것을 무효 분사시간이라 한다.
② 인젝터에 저항을 붙여 응답성 향상과 코일의 발열을 방지하는 방식을 전압제어식 인젝터라 한다.
③ 저온 시동성을 양호하게 하는 방식을 콜드스타트인젝터(Cold Start Injector)라 한다.

정답 14. ④  15. ③  16. ②  17. ④

④ 인젝터를 제어하는 ECU의 트랜지스터는 일반적으로 ⊕제어방식을 쓰고 있다.

◆ 트랜지스터는 NPN형과 PNP형이 있으며 이들은 전류가 흐르는 방향이 반대일 뿐 그 작용은 동일하다.

**18** 자동차 기관에서 발생되는 유해가스 중 블로바이가스의 주성분은 무엇인가?
① CO
② HC
③ $NO_X$
④ $SO_2$

**19** 배기량 3000 cc 4실린더 스퀘어 엔진실린더 연소실을 구하시오.
(단, 압축비는 16 파이는 3으로 계산한다.)
① $D = 10\,cm$, $V_c = 50\,cc$
② $D = 12\,cm$, $V_c = 70\,cc$
③ $D = 13\,cm$, $V_c = 50\,cc$
④ $D = 14\,cm$, $V_c = 70\,cc$

◆ 스퀘어엔진은 직경과 행정의 길이가 같은 엔진이다.

$$V = \frac{\pi D^2}{4} \times l \times z = \frac{\pi D^2}{4} \times l \times 4 =$$

$$\frac{\pi D^2}{4} \times D \times 4 = 3000\,CC$$

$$D = \sqrt[3]{\frac{3000}{3}} = 10\,cm$$

$$\varepsilon = 1 + \frac{V_s}{V_c} \text{에서}$$

$$V_c = \frac{V_s}{\varepsilon} = \frac{3000}{15} = 200\,cc$$

1개의 연소실 $= \frac{200}{4} = 50\,cc$

**20** 자동변속기의 토크컨버터에 대한 설명으로 옳지 않은 것은?
① 발진이 쉽고 주행 시 변속조작이 필요 없다.
② 엔진의 동력을 싱크로메시를 통해 전달한다.
③ 저속 토크가 크다.
④ 진동이나 충격이 적다.

◆ 싱크로메시기구는 수동변속기의 동기물림식 변속기의 구성요소이다.

**21** 자동차 구조원리 중 에어컨에서 사용하는 냉동사이클 계통순서는?
① 압축기 - 응축기 - 팽창밸브 - 증발기 - 건조기
② 압축기 - 응축기 - 건조기 - 팽창밸브 - 증발기
③ 응축기 - 압축기 - 팽창밸브 - 건조기 - 증발기
④ 응축기 - 압축기 - 건조기 - 팽창밸브 - 증발기

정답 18. ② 19. ① 20. ② 21. ②

**22** 엔진 오일에 대한 설명으로 옳은 것은?
① 재생 오일을 주로 사용하여 엔진의 냉각효율을 높이도록 한다.
② 엔진 오일이 소모되는 주원인은 연소와 누설이다.
③ 점도가 서로 다른 오일을 혼합 사용하여 합성효율을 높이도록 한다.
④ 엔진 오일이 심하게 오염되면 백색이나 회색을 띤다.

◆ • 엔진 오일이 감소, 교환해야 하는 원인
  ㉠ 엔진오일의 오염 : 마모되는 부품의 금속입자, 수분, 기타 불순물이 엔진 오일에 점차 축적되어 오염되면 엔진에 문제가 발생할 수 있다.
  ㉡ 점도 저하 : 엔진오일의 오염 및 열에 의해 점차적으로 오일의 점도가 저하된다. 저하된 엔진 오일은 더 이상 금속 부품의 표면에 적절한 오일 막을 형성하지 못하기 때문에 마모, 고착의 위험이 증가된다.
  ㉢ 산화 : 오일이 장시간 열을 받을 경우 산화 및 열화가 시작되며, 엔진 내부에 침전물 및 녹으로 인해 엔진 및 부품이 정상 적으로 마모될 수 있다.
  ㉣ 오일량 감소 : 피스톤, 실린더 사이 표면을 윤활한 후 오일은 연소실로 이동하여 소량 연소된다. 그로 인해 오일량이 감소하게 되며, 과열 및 엔진에 문제가 발생될 수 있다.
  ※ 오일의 색깔이 검정색이라면 심하게 오염된 것이다. 다만 주의할 일은 기존의 석유계 오일 색깔과 달리 합성 오일은 처음부터 검은색을 띠기도 한다는 점이다. 이 경우는 색깔이 검더라도 휴지에 묻혀보아서 흡수가 지나치게 빠르다든지, 불순물이 보이면 오염된 것으로 판단하면 된다.
  ※ 엔진오일 색이 붉은 계통을 띨 때도 있다. 이는 연료인 휘발유가 유입된 경우다. 머플러에서 흰 연기가 유난히 많이 나는 것은 연료인 휘발유에 윤활유가 혼합되어 같이 연소되기 때문이다.
  ※ 엔진오일이 우유처럼 흰색을 띠는 경우라면 엔진오일에 물이 섞인 것이므로 냉각계통을 점검해야 한다.

**23** LPI 기관의 연료라인 압력이 봄베 압력보다 항상 높게 설정되어 있는 이유로 옳은 것은?
① 공연비 피드백 제어
② 연료의 기화 방지
③ 공전속도 제어
④ 정확한 듀티 제어

**24** 어떤 저항에 전압 100 V, 전류 50 A를 5분간 흘렸을 때 발생하는 열량은 약 몇 $kJ$인가?
① 360  ② 720
③ 1500  ④ 3000

◆ $Q = I^2 R t = I^2 \dfrac{V}{I} t$
  $= 50 \times 100 \times 5 \times 60$
  $= 1500000 J = 1500 kJ$

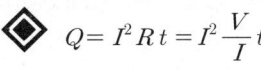 22. ② 23. ② 24. ③

**25** 등속조인트 특징으로 아닌 것은 어느것인가?

① 차량은 4개의 등속조인트로 구성되어 있다.
② 일반적으로 앞바퀴 구동차에서 사용한다.
③ 고무 커버안에 그리스를 채워 무리한 작동에도 원활히 작동할 수 있도록 한다.
④ 등속조인트는 엔진에서 발생된 힘을 바퀴에 전달하는 역할을 한다.

◆ 등속 조인트(UV조인트) : 일반적으로 앞바퀴 구동차에서 종감속장치에 연결된 구동차축에 설치되어 바퀴에 동력전달용으로 사용되며, 항상 구동축과 피구동축의 접점을 축의 교차각 $\varphi$ 의 2등분 선상에 있게 하여 등속으로 동력을 전달하도록 만든 것이다.
차축의 각속도의 변화를 막기위해 2개로 구성되어 있다.

**26** 3원 촉매장치에 대한 설명으로 거리가 먼 것은?

① CO와 HC는 산화되어 $CO_2$와 $H_2O$로 된다.
② $NO_x$는 환원되어 $N_2$와 O로 분리된다.
③ 유연휘발유를 사용하면 촉매장치가 막힐 수 있다.
④ 차량을 밀거나 끌어서 시동하면 농후한 혼합기가 촉매장치 내에서 점화할 수 있다.

◆ 3원 촉매장치는 배기가스 속의 $NO_x$를 환원시켜 $N_2$와 $CO_2$로 변환시킨다.

**27** 병렬형 하이브리드 자동차의 특징으로 옳지 않은 것은?

① 기존 자동차의 구조를 이용할 수 있어 제조비용 측면에서 직렬형에 비해 유리하다.
② 동력전달 장치의 구조와 제어가 간단하다.
③ 기관과 전동기의 힘을 합한 큰 동력성능이 필요할 때에는 전동기를 가동한다.
④ 여유동력으로 전동기를 구동시켜 전기를 축전지에 저장하는 기능이 있다.

◆ 하이브리드 전기 자동차(Hybrid Vehicle)는 내연기관과 전동기를 동시에 사용하는 자동차로서 전기 자동차의 배터리 대신에 엔진＋발전기 장착하는 직렬형 형식과 기종의 내연기관 차량에 전동기를 추가 장착하는 병렬형 형식이 있다.
※ 직렬형 형식의 특징
• 차량의 구동력은 전동기가 담당
• 소용량의 배터리와 엔진, 발전기 장착
• 구동에 필요한 동력은 엔진에서 생산
※ 병렬형 형식의 특징
• 차량의 구동력은 주로 엔진이 담당
• 엔진, 전동기, 배터리로 구성
• 주행 상황에 따라 전동기가 동력을 보조하거나 저장함

정답  25. ①   26. ②   27. ③

**28** 리저버탱크의 역할이 아닌 것은 어느것인가?

① 압력 밸브가 열리게 되면 오버 플로우관을 통하여 여분의 냉각수가 리저버 탱크로 흐르도록한다.
② 리저버탱크는 대기압과 같으므로 냉각수가 오버 플로우관을 역류하여 라디에이터 본체로 돌아가게 됩니다.
③ 라디에이터 리저브 탱크 내의 냉각수량이 상한(FULL)과 하한(LOW) 사이에 있으면 정상이다.
④ 냉각수량은 라디에이터 내의 수량만 점검한다.

◆ 냉각수량은 리저브 탱크와 라디에이터 내의 수량을 같이 점검한다.

**29** 독립현가장치의 장점은 어느 것인가?

① 앞바퀴에 시미가 일어나기 쉽다.
② 바퀴의 상하운동에 의한 캠버, 캐스터, 윤거 등의 변화가 없다.
③ 스프링 밑 질량이 적기 때문에 승차감이 좋다.
④ 부품수가 적고 구조가 간단한다.

◆ 독립현가장치 : 현가장치의 기본형식의 하나로 좌우 양 바퀴에 독립적으로 작동할 수 있도록 차체에 설치되어 있으며, 승용차의 서스펜션(현가장치)은 모두 이 타입이다.
　㉠ 장점
　　ⓐ 스프링 아래 중량(밑 질량)이 가벼워 승차감이 좋다.
　　ⓑ 바퀴의 시미현상이 적어 로드 홀딩(도로 접지성)이 우수하다.
　　ⓒ 스프링 정수가 작은 스프링도 사용할 수 있다.
　㉡ 단점
　　ⓐ 구조가 복잡하고 정비가 곤란하여 가격이 비싸다.
　　ⓑ 볼 이음이 많아 앞바퀴 얼라인먼트가 변하기 쉬워 타이어 마멸이 빠르다.

**30** ABS(Anti-lock Brake System)의 장점이 아닌 것은?

① 급제동 시 방향 안정성을 유지할 수 있다.
② 급제동 시 조향성을 확보해 준다.
③ 타이어와 노면의 마찰계수가 클수록 제동거리가 단축된다.
④ 급선회 시 구동력을 제한하여 선회 성능을 향상시킨다.

◆ ABS의 장점
　㉠ 방향 안정성 확보 : 후륜 고착 시 차체의 스핀으로 인한 전복 가능
　㉡ 급제동 시 조향 안정성 유지 : 전륜 고착 시 조향능력이 상실될 수 있음
　㉢ 타이어 편마모 방지 : 미끄러짐에 따라 타이어가 편마모됨

정답　28. ④　29. ③　30. ④

**31** 디스크 브레이크의 장점에 대한 설명으로 틀린 것은?

① 제동능력이 안정되어 제동 시 한쪽만 제동되는 일이 적다.
② 브레이크 페달을 밟는 거리의 변화가 적다.
③ 점검과 조정이 용이하고 구조가 간단하다.
④ 마찰력이 크고 페달을 밟는 힘도 커야 한다.

◆ 디스크 브레이크는 브레이크 페달을 밟는 거리의 변화가 적으며 마찰력이 크고 페달을 밟는 힘을 적게 할 수 있다.

**32** 타이어 공기압 과다 시 영향으로 거리가 먼 것은?

① 연료소비량이 증가한다.
② 타이어 트레드 중심부의 마모가 촉진된다.
③ 조향핸들이 가벼워진다.
④ 주행 중 진동 증가로 승차감이 저하된다.

◆ 타이어 공기압 과다 시 영향
① 노면 충격 흡수력이 약해져 타이어 트레드 중심부 쉽게 파열
② 돌 등으로 인해 생긴 상처가 커져 홈 안의 고무가 갈라짐
③ 림과의 과도한 접촉으로 비드부 파열
④ 충격에 약하고 거친 길에서 튀어 올라 미끄러짐 유발
⑤ 조향핸들이 가벼워지나, 주행 시 진동 저항 증가로 승차감 저하
⑥ 일반적으로 공기압을 규정치 보다 다소 높게 할 경우 매우 미미하나 연비가 향상된다.

◆ 타이어 공기압 과소 시 영향
① 트레드 양쪽 가장자리가 무리하게 힘을 받게 되어 양쪽 가장 자리 부 마모 촉진
② 과다한 열에 의한 고무와 코드층 사이가 분리
③ 사이드월 부위가 지면과 가까워지므로 돌출물 등의 충격으로 타이어 손상 심화.
④ 심한 굴신운동으로 열 발생이 가중되고, 타이어의 옆면 코드가 절단
⑤ 고속주행 시 스탠딩웨이브 현상 발생
⑥ 주행 시 로드홀딩이 나빠지며, 승차감 저하
⑦ 공기압이 낮을수록 연비가 나빠져 연료소비량 증가

**33** 전자제어 현가장치(ECS)에서 〈보기〉의 설명으로 맞는 것은?

| 보기 |
조향 휠 각속도센서와 차속정보에 의해 ROLL 상태를 조기에 검출해서 일정시간 감쇠력을 높여 차량이 선회 주행 시 ROLL을 억제하도록 한다.

① 안티 스쿼트 제어
② 안티 다이브 제어
③ 안티 롤 제어
④ 안티 시프트 스쿼트 제어

◆ 안티 스쿼트 제어 : 급브레이크를 밟으면 차의 앞부분이 급격히 아래로 숙여진다.

정답 31. ④  32. ①  33. ③

이런 현상을 다이브(dive) 또는 노즈다운(nose down)이라고 한다.
반대로 급출발할 때는 차의 머리가 들리는 현상을 스쿼트(squat)라고 한다.

※ 안티 롤 제어 : 선회할 때 자동차의 좌우 방향으로 작용하는 가로 방향 가속도를 G센서로 감지하여 제어한다. 즉, 자동차가 선회할 때에는 원심력에 의하여 중심의 이동이 발생하여 바깥쪽 바퀴 쪽은 목표 차고보다 낮아지고 안쪽 바퀴는 높아진다.

**34** 흡입공기량 계측방식이 아닌 것은?

① 열선질량유량계측
② 베인식 체적계측
③ 열해리식 간접계측
④ 맵센서 계측

◆ 공기량 센서는 직접 계측 방식과 간접 계측 방식이 있으며 직접 계측 방식은 핫 필름 (열막, 질량 유량 계측), 핫 와이어 (열선, 질량 유량 계측), 칼만 와류(체적 유량 계측), 베인(Vane, Plate 체적 유량 계측)식이 있으며 간접 계측 방식은 맵센서식(MAP : Manifold Absolute Pressure Sensor)이 있다. 이 방식은 흡기 다기관의 절대압력 (진공도)과 기관의 회전속도를 비교하여 흡입량을 간접적으로 계측하는 방식이다.

**35** 후륜구동 차량의 종감속 장치에서 구동피니언과 링기어 중심선이 편심되어 추진축의 위치를 낮출 수 있는 것은?

① 베벨 기어
② 스퍼 기어
③ 웜과 웜 기어
④ 하이포이드 기어

◆ 하이포이드 기어는 서로 교차하지 않는 축을 연결시키는 요소이다. 그러므로 설치공간을 줄이고 설계상 유연성을 높일 수 있으며 대부분의 각도 및 속도에서 샤프트와 샤프트 사이의 동력을 전달할 수 있다.

**36** 고전압장치가 적용되는 친환경자동차에서 교통사고 발생 시 안전대책으로 올바르지 않은 것은?

① 장갑, 보호안경, 안전복, 안전화를 착용한다.
② 화재 시 물을 이용하여 진압하며, ABC 소화기를 사용하지 않는다.
③ 절연피복이 벗겨진 파워케이블은 절대 접촉하지 않는다.
④ 차량이 물에 반 이상 침수된 경우에는 메인전원차단 플러그를 뽑으려고 해서는 안 된다. 차량이 물에 반 이상 침수된 경우에는 메인전원을 차단해서는 안 된다.

◆ ABC형 소화기란 가연성고체, 인화성액체,

정답 34. ③　35. ④　36. ②

전기화재를 진압할 수 있는 소화기이다.

**37** $R, L, C$가 서로 직렬로 연결되어 있는 회로에서 양단의 전압과 전류가 동상이 되는 조건은?

① $\omega = LC$
② $\omega = L^2C$
③ $\omega = \dfrac{1}{LC}$
④ $\omega = \dfrac{1}{\sqrt{LC}}$

◆ $X_L = X_C$

$\omega L = \dfrac{1}{\omega C}$ 에서 $\omega = \dfrac{1}{\sqrt{LC}}$

**38** 가솔린 기관에 사용되는 연료의 구비조건이 아닌 것은?

① 체적 및 무게가 적고 발열량이 클 것
② 옥탄가가 높을 것
③ 착화온도가 낮을 것
④ 연소 후 유해 화합물을 남기지 말 것

**39** 아래의 표시된 것 중 14가 의미하는 것은?

P195/60R14 85H

① 타이어 편평비(%)
② 타이어 폭(cm)
③ 타이어 단면폭(cm)
④ 림 사이즈(내경)

◆ ㉠ P : 승용차일 경우 P라는 문자를 새겨야 하지만 넣지 않는 경우도 있다.
㉡ 195 : 195는 타이어의 폭이 195mm라는 것을 알려준다.
㉢ 60 : 60은 타이어의 편평비율(%)을 나타내는 것이다. 편평비는 타이어의 단면폭에 대한 높이의 비율이다. 편평비율을 가지고 타이어가 60, 65, 70 시리즈라고 말한다.
㉣ R : R은 타이어의 구조를 나타내며, 래디얼 타이어라는 것을 알려준다.
㉤ 14 : 림의 사이즈(타이어의 내경)를 말하는 것으로, 여기서는 14인치라는 것을 말한다.
㉥ 85 : 이 부분은 바퀴 1개에 걸리는 무게 허용 하중코드를 말하는 것이다. LI(로드 인덱스)로 표기한다.
㉦ H : 이 부분은 속도기호를 나타내는 것으로 타이어가 견디는 속도 제한을 표기한다.

**40** 공회전시에는 정상이나 고속주행 시에 과다연료가 소모될 때 점검하지 않아도 되는 것은?

① 산소센서
② 인젝터
③ 서모스탯
④ EGR

 배기가스 재순환(EGR) 시스템은 배기가스를 완전히 방출시키지 않고 기관내부에 일부 잔류시키는 경우를 내부 재순환이라고 한다. 배기가스 중의 일부를 배기관에서 끌어내 이를 다시 흡기다기관으로 보내 연료/공기 혼합기에 혼합시켜 연소실로 유입되게 하는 외부 재순환시스템이다. 배기가스를 재순환시키면 새 혼합기의 충진율은 낮아지는 결과가 된다. 그리고 재순환된 배기가스에는 $N_2$에 비해 열용량이 큰 $CO_2$가 많이 함유되어 있어,

정답 37. ④  38. ③  39. ④  40. ④

동일한 양의 연료를 연소시킬 때 온도상승률이 낮다. 또 공기에 비해 산소함량이 적은 배기가스가 연소에 관여하게 됨으로 연소속도가 감소하여 연소최고온도가 낮아지게 된다. 그렇게 되면 $NO_x$의 양은 현저하게 감소한다. 그러나 배기가스 중의 HC와 CO의 양은 감소되지 않는다.

**41** 주행 중 타이어의 열 상승에 가장 영향을 적게 미치는 것은?
① 주행속도 증가
② 하중의 증가
③ 공기압의 증가
④ 주행거리 증가(장거리 주행)

**42** 자동차가 주행 중 앞부분에 심한 진동이 생기는 현상인 트램핑(tramping)의 주된 원인은?
① 적재량 과다
② 토션바 스프링 마멸
③ 내압의 과다
④ 바퀴의 불평형

◆ 트램핑(tramping) : 타이어의 한 부분이 다른 부분보다 무겁게 되면 무거운 부분에 원심력이 작용하여 고속으로 회전할 때 휠이 상하로 크게 진동하게 되며, 핸들도 흔들리게 된다. 이와 같이 정적 평형이 맞지 않아서 휠이 상하로 진동하는 현상을 트램핑 현상이라고 한다.

**43** 변속기의 기능 중 틀린 것은?
① 기관의 회전력을 변환시켜 바퀴에 전달한다.
② 기관의 회전수를 높여 바퀴의 회전력을 증가시킨다.
③ 후진을 가능하게 한다.
④ 정차할 때 기관의 공전 운전을 가능하게 한다.

**44** 전자제어 가솔린 연료분사장치의 인젝터에서 분사되는 연료의 양은 무엇으로 조정하는가?
① 인젝터 개방시간
② 연료 압력
③ 인젝터의 유량계수와 분구의 면적
④ 니들 밸브의 양정

**45** 자동변속기를 제어하는 TCU(Transaxle Control Unit)에 입력되는 신호가 아닌 것은?
① 인히비터 스위치
② 스로틀 포지션 센서
③ 엔진 회전수
④ 휠 스피드센서

◆ • 인히비터 스위치 : 자동변속기의 선택 레버의 위치를 검출하여 TCU에 그 신호를 보내주는 역할
• 스로틀 포지션 센서 : 스로틀 밸브의 열림 정도를 검출하는 역할

정답 41. ③  42. ④  43. ②  44. ①  45. ④

• 휠 스피드 센서 : 바퀴의 속도를 나타내주는 역할

**46** 다음 중 하이브리드 자동차에 적용된 이모빌라이저 시스템의 구성품이 아닌 것은?
① 스마트라(Smatra)
② 트랜스폰더(Transponder)
③ 안테나 코일(Coil Antenna)
④ 스마트 키 유닛(Smart Key Unit)

**47** 차륜 정렬상태에서 캠버가 과도할 때 타이어의 마모상태는?
① 트레드의 중심부가 마멸
② 트레드의 한쪽 모서리가 마멸
③ 트레드의 전반에 걸쳐 마멸
④ 트레드의 양쪽 모서리가 마멸

◆ 캠버 : 앞바퀴의 위쪽을 접지면(接地面)에 대해서 바깥쪽으로 기울인 상태

**48** 디젤기관의 노킹 발생 원인이 아닌 것은?
① 착화지연기간이 너무 길 때
② 세탄가가 높은 연료를 사용할 때
③ 압축비가 너무 낮을 때
④ 착화온도가 너무 높을 때

◆ 세탄가가 낮은 연료를 사용할 때 노킹이 발생한다.

**49** 제동 배력 장치에서 브레이크를 밟았을 때 하이드로백 내의 작동 설명으로 틀린 것은?
① 공기 밸브는 닫힌다.
② 진공 밸브는 닫힌다.
③ 동력 피스톤이 하이드롤릭 실린더 쪽으로 움직인다.
④ 동력 피스톤 앞쪽은 진공상태이다.

◆ 하이드로백 : 유압 브레이크에 진공식 배력 장지(倍力裝置)를 병용하여 브레이크를 가볍게 밟아도 브레이크가 잘 듣는 것이 특징이며 주로 트럭, 버스에 사용한다.

**50** 자동변속기에서 일정한 차속으로 주행 중 스로틀 밸브 개도를 갑자기 증가시키면 시프트 다운(감속 변속)되어 큰 구동력을 얻을 수 있는 것은?
① 스톨
② 킥 다운
③ 킥 업
④ 리프트 풋 업

**51** 공회전 속도조절 장치로 볼 수 없는 것은?
① 로터리밸브 액추에이터
② ISC(IdleSpeedControl)액추에이터
③ ISA(IdleSpeedAdjust)스텝 모터
④ 아이들 스위치

정답 46. ④  47. ②  48. ②  49. ①  50. ②  51. ④

◆ 아이들스위치는 엔진의 공전상태를 검출하는 센서이다.

**52** LPG연료장치에서 베이퍼라이져의 역할이 아닌 것은?
① 기화
② 무화
③ 감압
④ 압력조절

◆ 베이퍼라이져(Vaporizer)는 액체를 기체로 만드는 장치이며 봄베에서 압송된 액체 LPG를 기체로 만드는 역할을 하고 베이퍼라이져에서 기체로 된 LPG는 믹서에서 공기와 섞여 약 15.7:1의 혼합기가 되어 엔진 연소실로 흡입된다.

**53** 주행 중 조향 휠의 떨림 현상 발생 원인으로 틀린 것은?
① 휠 얼라인먼트 불량
② 허브 너트의 풀림
③ 타이로드 엔드의 손상
④ 브레이크 패드 또는 라이닝 간격 과다

**54** 전자제어 현가장치(ECS)에서 브레이크 작동 여부를 검출하여 ECU로 입력시키는 요소는?
① 휠 스피드 센서
② 아이들 스위치
③ 조향각 센서
④ 제동등 스위치

**55** 이모빌라이져 장치에서 엔진 시동을 제어하는 장치가 아닌 것은?
① 점화장치
② 충전장치
③ 연료장치
④ 시동장치

**56** 와셔 연동 와이퍼의 제어 목적은?
① 와셔 액을 더 많이 배출하기 위해서이다.
② 연료를 절약하기 위해서이다.
③ 와이퍼를 빠르게 작동하기 위해서이다.
④ 와이퍼 스위치를 별도로 작동하여야 하는 불편을 해소하기 위해서이다.

**57** 다이얼 게이지 취급시 안전사항으로 틀린 것은?
① 작동이 불량하면 스핀들에 주유 혹은 그리스를 발라서 사용한다.
② 분해 청소나 조정은 하지 않는다.
③ 다이얼 인디케이터에 충격을 가해서는 안된다.
④ 측정시 측정물에 스핀들을 직각으로 설치하고 무리한 접촉은 피한다.

◆ 사용 후 각부에 묻은 오물과 지문등은 건조한 헝겊으로 잘 닦도록 한다. 장기 보관시에는 방청유를 헝겊에 묻혀서 각부를 골고루 항청한다. 단, 본체내부, 스핀들, 초경금속구부의 측정자 등은 일체 기름이 유입되는 일이 없도록 한다.

정답 52.② 53.④ 54.④ 55.② 56.④ 57.①

**58** 정비용 기계의 검사, 유지, 수리에 대한 내용으로 틀린 것은?

① 청소 및 급유 시에는 서행한다.
② 동력기계의 이동장치에는 동력 차단장치를 설치한다.
③ 동력 차단장치는 작업자 가까이에 설치한다.
④ 청소할 때는 운전을 정지한다.

**59** 작업현장에서 기계의 안전조건이 아닌 것은?

① 덮개
② 안전장치
③ 안전교육
④ 보전성의 개선

**60** ECS(전자제어현가장치)정비 작업시 안전 작업 방법으로 틀린 것은?

① 차고조정은 공회전 상태로 평탄하고 수평인 곳에서 한다.
② 배터리 접지단자를 분리하고 작업한다.
③ 부품의 교환은 시동이 켜진 상태에서 작업한다.
④ 공기는 드라이어에서 나온 공기를 사용한다.

◆ 부품의 교환은 반드시 시동이 켜진 상태에서 작업한다.

정답 58.① 59.③ 60.③

# 제 7 회 모의고사

**01** 연료소비율이 200g/PS·h인 가솔린엔진의 제동 열효율은 약 몇 %인가?
(단, 가솔린의 저위발열량은 10200kcal/kg이다.)
① 11　　　　② 21
③ 31　　　　④ 41

◆ $\eta = \dfrac{632.5}{0.2 \times 10200} \times 100 = 31\%$

**02** 가솔린 이론 공연비가 14.7 실제공연비 20.0 으로 운전중일때 틀린 것은?
① 실제 연공비 = 0.05
② 당량비 < 1.0
③ 공기과잉률 은 1보다 크다.
④ 농후한 혼합기이다.

◆ 실제 연공비 = $\dfrac{\text{연료 질량}}{\text{공기 질량}} = \dfrac{1}{20} = 0.05$

이론 연공비 = $\dfrac{\text{연료 질량}}{\text{공기 질량}} = \dfrac{1}{14.7} = 0.068$

당량비($\phi$)
= $\dfrac{\text{실제연공비}}{\text{이론연공비}} = \dfrac{(\text{연료질량/공기질량})}{(\text{이론연료질량/이론공기질량})}$
= $\dfrac{0.05}{0.068} = 0.735$

공기과잉률 = $\dfrac{\text{실제흡입공기량}}{\text{이론흡입공기량}} = \dfrac{20}{14.7} = 1.36$

㉠ 공연비 = $\dfrac{\text{공기몰수}}{\text{연료몰수}}$

㉡ 등가비 = $\dfrac{1}{\text{공기비}}$

㉢ 연공비 = $\dfrac{\text{연료몰수}}{\text{공기몰수}}$

㉣ 공기비 = $\dfrac{\text{실제공기량}}{\text{이론공기량}}$

◆ 당량비는 $\phi$가 1에 가까울수록 좋다. $\phi > 1$ 일 경우 연료는 많고 공기는 적어서 불완전연소가 일어나므로 당량비가 클수록 연소효율이 감소한다.

**03** 일체식 차축 현가방식의 특징으로 거리가 먼 것은?
① 앞바퀴에 시미 발생이 쉽다.
② 선회할 때 차체의 기울기가 크다.
③ 승차감이 좋지 않다.
④ 휠 얼라인먼트의 변화가 적다.

◆ 일체식 현가장치의 장점은 구조가 간단하고 부품수가 적으며 선회 시 차체의 기울기가 작은 것이다.

**04** 평탄한 도로를 일정한 가속도록 가속하면 주행중 생기는 저항으로 맞는 것은?
① 구름저항 + 공기저항 + 가속저항
② 공기저항 + 가속저항 + 등판저항
③ 가속저항 + 구름저항
④ 구름저항 + 공기저항

**정답** 01. ③　02. ④　03. ②　04. ①

**05** 엔진연소실의 설계구비조건으로 맞는 것은?
① 비출력을 낮추는 구조이어야한다.
② 공기를 실린더로 흡입할 때 와류를 형성해야한다.
③ 착화지연을 길게 한다.
④ 실린더벽의 온도를 낮게하여 효율을 증가시킨다.

◆ 엔진연소실의 설계구비조건
  1. 분사압력
  2. 분사노즐크기
  3. 분무평균 입자크기
  4. 분무연료에 미치는 영향

**06** 수동변속기의 동기물림 방식 구성부품으로 틀린 것은?
① 클러치허브
② 클러치슬리브
③ 싱크로나이저 링
④ 싱크로나이저 밴드

◆ 싱크로메쉬 기구는 싱크로나이저 허브(synchronizer hub), 슬리브(sleeve), 싱크로나이저 링(synchronizer ring), 싱크로나이저 키(synchronizer key), 키 스프링(key spring) 등으로 구성되어 있다.

**07** 주행시 핸들의 쏠림원인이 아닌 것은 어느 것 인가?
① 타이어 공기 압력의 불균일
② 허브베어링의 마모
③ 현가장치의 작동 불량
④ 조향링키지의 헐거움

◆ 조향링키지의 헐거움은 핸들의 유격이 클 경우이다.

◆ 주행시 핸들의 쏠림원인
① 타이어 공기 압력의 불균일
② 허브베어링의 마모
③ 현가장치의 작동 불량
④ 제동시 브레이크 조정불량
⑤ 마스터실린더 또는 휠실린더 컵 손상
⑥ 유압회로 공기흡입

**08** 축전지 저장 정전용량으로 틀린 것은?
① 정전용량은 도체판에 1C의 전하량을 주었을 때 1V의 전위차가 나타나는 축전기의 정전용량이다.
② 두 도체판 사이의 거리 $d$에 비례한다.
③ 마주보는 판의 넓이 에 비례한다.
④ 축전기에 걸리는 전압은 각 축전기의 정전용량에 반비례한다.

정답 05. ② 06. ④ 07. ④ 08. ②

◆ 축전지 저장 정전용량
① 정전용량은 도체판에 1C의 전하량을 주었을 때 1V의 전위차가 나타나는 축전기의 정전용량이다.
② 두 도체판 사이의 거리 $d$에 반비례한다.
③ 마주보는 판의 넓이 에 비례한다.
④ 축전기에 걸리는 전압은 각 축전기의 정전용량에 반비례한다.
⑤ 축전기의 정전용량을 1F(패럿)로 정한다.

**09** 총 배기량이 160cc인 4행정 기관에서 회전수 1800rpm, 도시평균유효압력이 87kgf/cm² 일 때 지시 마력을 구하시오 ($ps$)

① 75   ② 28
③ 40   ④ 88

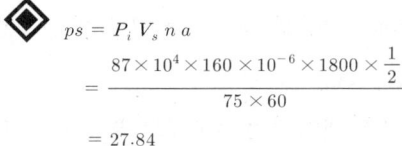
◆ $ps = P_i\, V_s\, n\, a$
$= \dfrac{87 \times 10^4 \times 160 \times 10^{-6} \times 1800 \times \frac{1}{2}}{75 \times 60}$
$= 27.84$

**10** 압력 압축 게이지이용한 압축 압력 준비 사항중 측정 방법이 잘못된 것은?
① 점화플러그 및 점화장치 제거한다
② 엔진 난기시킨다.
③ 적정회전수로 회전 시킨다.
④ 인젝터부분에 깔끔하게 연결한다.

◆ 축전지의 충전 상태 및 접속상태 점검 엔진의 정상 운전 온도 확인 후 모든 점화플러그를 뺀다. 연료의 공급차단및 점화 1차선 분리

**11** 엔진 전자 시스템 자기진단 가능 고장 코드로 틀린 것은?
① 산소센서
② 인젝터
③ 냉각수온센서
④ 흡입공기량

◆ 차량 시스템 자기진단
1. 촉매 정화 효율 성능 감지
2. 엔진 실화 감지
3. 산소센서 노후 감지
4. EGR 감지
5. 증발가스 감지
6. 연료 공급 시스템 감지
7. 커넥터 통일화
8. 자기진단 점검단자 (DLC(Data Link Connector)커넥터) 표준화 위치는 운전석 패널 하단에 있어야한다.

**12** 전자제어 가솔린 기관에서 EGR 장치에 대한 설명으로 맞는 것은?
① 배출가스 중에 주로 CO와 HC를 저감하기 위하여 사용한다.
② EGR량을 많게 하면 시동성이 향상된다.
③ 기관 공회전 시, 급가속 시에는 EGR 장치를 차단하여 출력을 향상시키도록 한다.
④ 초기 시동 시 불완전 연소를 억제하기 위하여 EGR량을 90% 이상 공급하도록 한다.

정답 09. ② 10. ④ 11. ② 12. ③

◆ EGR 장치는 배기가스 재순환 장치로서 질소산화물의 배출량이 많은 기관의 공회전 시나 급가속 시에는 EGR 장치를 차단한다.

**13** 다음 중 가솔린 엔진에서 노킹이 발생하는 원인은?
① 연료의 옥탄가가 높다.
② 점화시기가 너무 빠르다.
③ 엔진에 가해지는 부하가 적다.
④ 윤활유의 양이 많다.

◆ 가솔린 엔진에서 노킹이 발생하는 원인
㉠ 점화시기가 너무 빠를 때
㉡ 압축비가 높을 때
㉢ 실린더의 온도가 높을 때
㉣ 연소속도가 느릴 때

**14** 자재이음중에서 알반적으로 등속 조인트 주로 사용하는 차량은 어느것인가?
① FR차량    ② FF차량
③ RF 차량   ④ RR 차량

◆ 등속 조인트(UV조인트)는 일반적으로 앞바퀴 구동차에서 종감속장치에 연결된 구동차축에 설치되어 바퀴에 동력전달용으로 사용된다.

**15** 전자제어 가솔린 기관의 인젝터 분사시간에 대한 설명 중 틀린 것은?
① 기관을 급가속할 때에는 순간적으로 분사시간이 길어진다.
② 축전지 전압이 낮으면 무효 분사기간이 짧아진다.
③ 기관을 급감속할 때에는 순간적으로 분사가 정지되기도 한다.
④ 지르코니아 산소센서의 전압이 높으면 분사시간이 짧아진다.

◆ 축전지 전압이 낮으면 인젝터 솔레노이드 코일에 전류가 흐르고 있는 시간과 실제로 밸브가 열려 연료가 분사되기까지의 시간, 즉 무효 분사시간이 길어진다.

**16** 가솔린 기관의 알터네이터에 대한것으로 틀린 것은?
① 알터네이터는 3상 교류발전기 이다.
② 제너 다이오드로 전파정류하여 직류로 바꾸는 방식이다.
③ 내구성이 있고 공회전이나 저속시에는 충전이 가능하며 출력이 크다.
④ 전압조정기는 로터코일 전류를 조정하여 발전량을 일정하게 제어하는 일을 한다.

◆ ① 발전기를 알터네이터 또는 제너레이터 라고도하며 3상 교류발전기 이다.
② 실리콘다이오드로 전파정류하여 직류로 바꾸는 방식이다.

**정답** 13. ②   14. ②   15. ②   16. ②

③ 내구성이 있고 공회전이나 저속시에는 충전이 가능하며 출력이 크다.
④ 전압조정기는 로터코일 전류를 조정하여 발전량을 일정하게 제어하는 일을 한다.

**17** 동기물림식 수동변속기 동기기구구성부품이 아닌 것은?
① 키이  ② 슬리브
③ 스프링  ④ 콘 클러치

◆ 동기물림식 수동변속기는 주축 위를 항상 공전하고 있는 주축기어와 주축에 스플라인으로 결합되어 있는 허브(Hub) 기어 사이에 원추 모양의 마찰면을 가진 클러치(원추 클러치)를 설치하고 클러치 기어 대신에 슬리브를 사용한다. 동기물림 방식에 따라 일정부하형(Constant load type)과 관성고정형(Inertia lock type) 등이 있으나, 대부분 관성고정형의 동기물림식 변속기를 사용한다. 관성고정형의 동기물림식에는 키(Key)식, 핀(Pin)식, 서보(Servo)식이 있다.

**18** 행정이 100mm이고 회전수가 1500rpm인 4행정 사이클 가솔린 엔진의 피스톤 평균속도는?
① 5m/sec  ② 15m/sec
③ 20m/sec  ④ 50m/sec

◆ 피스톤의 평균속도 $= \dfrac{2LN}{60 \times 1000}$
$= \dfrac{2 \times 100 \times 1500}{60 \times 1000} = 5\text{m/sec}$

**19** 대형버스에서 Urea-SCR 저감하는 것은?
① CO  ② $NO_x$
③ HC  ④ RM

◆ Urea-scr (요소수 첨가 선택적 촉매반응 제거장치)은 질소산화물센서 등 각종 센서와 요소수(Urea) 분사제어 장치를 통해 배기관내에 정밀하게 요소수를 분사시키고 이렇게 분사된 요소 수는 배출가스 열에 의해 열분해되어 암모니아($NH_3$)로 변환시킨다. 생성된 암모니아는 후단에 장착된 SCR촉매에서 질소산화물($NO_x$)와 반응, 물과 질소로 분해시켜 유해가스 성분이 무해하게 정화되도록하는 시스템이다.

**20** 4행정 기관에서 흡기밸브 열림시기는 BTDC 5°이고 닫힘시기는 ABDC 35°이며 배기밸브 열림시기는 BBDC 30°이고 닫힘시기는 ATDC 10°이면 밸브 오버랩 몇도인가?
① 5  ② 10
③ 15  ④ 30

◆ 밸브 오버랩 $5° + 10° = 15°$
흡기밸브 열림각 $5° + 35° + 180° = 220°$
배기밸브 열림각 $30° + 10° + 180° = 220°$

정답 17. ④  18. ①  19. ②  20. ③

**21** 실린더헤드 블록 균열 점검 방법으로 틀린 것은?
 ① 육안탐상법   ② 자기 탐상법
 ③ 그을음탐상법   ④ 염색탐상법

◆ 실린더헤드 블록 균열 점검 방법에는 육안검사법, 자기 탐상법, 염색탐상법이 있다.

**22** 프레임 제작시 모노코크 바디의 특징이 아닌 것은 어느 것인가?
 ① 프레임리스바디 이다.
 ② 보디(차체) 자체를 견고하고 가벼운 상자형으로 만들어 이것에 엔진이나 서스펜션 따위를 조립하는 제조 방법이다.
 ③ 양산효과가 높아지며 경량화되므로 성능이 향상되고 내구성이 높아진다.
 ④ 모노코크 바디는 주로 대형차에서 이 구조를 취하고 있다.

◆ 모노코크 바디 는 일체구조·단체구조·유니트컨스트럭션·유니타이즈드보다 셀프서포팅보디·프레임리스보디 등으로 부른다. 금속의 외피에도 응력분담시켜 독립된 골격이 아닌 가볍고 튼튼한 응력 외피구조를 만들 수 있어서 보디(차체) 자체를 견고하고 가벼운 상자형으로 만들어 이것에 엔진이나 서스펜션 따위를 조립할 수 있다. 생산성이 좋아지므로 양산효과가 높아지며 결과적으로 가격이 내려가고 경량화 되므로 성능이 향상되고 내구성이 높아진다. 따라서 소형차는 대부분 이 구조를 취하고 있다.

**23** 행정이 100mm이고 회전수가 1500rpm인 4행정 사이클 가솔린 엔진의 피스톤 평균 속도는?
 ① 5m/sec   ② 15m/sec
 ③ 20m/sec   ④ 50m/sec

◆ 피스톤의 평균속도 $= \dfrac{2LN}{60 \times 1000}$
 $= \dfrac{2 \times 100 \times 1500}{60 \times 1000} = 5\text{m/sec}$

**24** 하이드로 플래닝 현상 방지 아닌 것은?
 ① 러그 패턴 타이어 사용
 ② 타이어 마모도 체크
 ③ 타이어 공기압을 높게 한다
 ④ 속도 줄인다

◆ 하이드로 플래닝 현상은 물에 젖은 노면을 고속으로 달릴 때 타이어가 노면과 접촉하지 않아 조종이 불가능한 상태로 수막현상 이라고도 한다.

◆ 하이드로플래닝 현상 방지 방법
 1. 타이어 마모도 체크
 2. 타이어의 공기압 관리
 3. 감속 운전
 4. 리브 패턴 타이어 사용

정답 21. ③   22. ④   23. ①   24. ①

**25** 가솔린 기관의 연료가 노말헵탄 20에 이소옥탄 80의 화합물 일 때 옥탄가는 얼마인가?

① 20   ② 60
③ 80   ④ 90

◆ 옥탄가

$$= \frac{이소옥탄가(용적)}{이소옥탄(용적)+정헵탄(용적)} \times 100(\%)$$

$$= \frac{80}{80+20} = 80$$

**26** 디젤기관의 노크 방지책을 바르게 설명한 것은?

① 압축압력을 낮춘다
② 흡기온도를 낮춘다
③ 실린더 벽의 온도를 낮춘다
④ 착화 지연기간을 짧게 한다

◆ 디젤엔진에 노킹 방지책

㉠ 세탄가가 높고 착화성이 좋은 연료를 사용하다.
※ 세탄가(Catane Number) : 디젤 연료의 착화성을 나타내는 값으로 세탄가가 클수록 연료의 착화성이 좋고 디젤 노크를 일으키지 않는다.
㉡ 착화기간 중에는 분사량을 적게 하고 착화 후 많은 연료가 분사되며 분무를 양호하게 한다.
㉢ 압축비를 크게 하고 압축온도, 압축압력을 높인다.
㉣ 흡기공기에 와류가 발생되어 많은 양의 공기가 흡입될 수 있도록 한다.
㉤ 분사시기를 느리게 조정한다.
㉥ 엔진온도를 상승시킨다.

**27** 가변 흡기 장치의 설명으로 잘못된 것은 어느 것인가?

① 공기 흡입통로를 자동적으로 조절해주는 장치
② 엔진 출력을 높여 주는 엔진 부속 장치
③ 고속·고부하일 때는 반대로 밸브를 열어 일반엔진보다 흡입구를 길게 하여 흡입효율을 높인다.
④ 엔진의 회전수와 부하 정도에 따라 자동적으로 흡입구를 조절하는 장치

◆ 가변 흡기 장치 (VIS : Variable Induction System)
엔진의 회전과 부하 상태에 따라 공기 흡입통로를 자동적으로 조절해, 저속에서 고속에 이르기까지 모든 운전 영역에서 엔진 출력을 높여 주는 엔진 부속 장치. 저속·저부하일 때는 밸브를 닫아 자연흡기 방식의 일반엔진보다 흡입구를 길게 하여 흡입 관성력과 흡입효율이 높아지고, 이로 인해 엔진 출력이 높아지는 효과가 있다.
고속·고부하일 때는 반대로 밸브를 열어 일반엔진보다 흡입구를 짧게 해 흡입 저항을 줄여 줌으로써 상대적으로 흡입효율이 높아지고, 엔진 출력이 높아지는 효과가 있다. 이처럼 엔진의 회전수와 부하 정도에 따라 자동적으로 흡입구를 조절하는데, 일반엔진보다 보통 10% 정도 엔진 출력이 높아진다.

정답 25. ③   26. ③   27. ③

**28** 조향장치가 갖추어야 할 조건으로 옳지 않은 것은?
① 조향조작이 주행 중 발생되는 충격에 영향을 받지 않을 것
② 조작하기 쉽고 방향 변환이 원활하게 이루어질 것
③ 고속주행에서도 조향핸들이 안정될 것
④ 조향핸들의 회전과 바퀴 선회차가 클 것

◆ 조향장치가 갖추어야 할 조건
  ㉠ 조향조작이 수행 숭의 충격에 영향 받지 않을 것
  ㉡ 조작하기 쉽고 방향전환이 원활할 것
  ㉢ 회전반경이 작아서 좁은 곳에서도 방향 전환이 용이할 것
  ㉣ 진행방향을 바꿀 때 섀시 및 보디 각 부분에 무리한 힘이 작용되지 않을 것
  ㉤ 고속 주행에서도 조향핸들이 안전할 것
  ㉥ 조향핸들의 회전과 바퀴선회의 차가 크지 않을 것

**29** 엔진 오일의 압력이 낮아지는 원인이 아닌 것은 어느 것인가?
① 유압조절밸브의 스프링 장력이 약할
② 오일라인에 공기가 유입됐을 때
③ 오일의 점도가높을 때
④ 오일 펌프의 흡입구가 막혔을 때

◆ 엔진 오일의 압력이 낮아지는 원인
  1. 오일 펌프가 마모되었을 때
  2. 오일 펌프의 흡입구가 막혔을 때
  3. 유압조절밸브의 밀착이 물량할 때
  4. 유압조절밸브의 스프링 장력이 약할 때
  5. 오일라인이 파손되었을 때
  6. 마찰부의 베어링 간극이 클 때
  7. 오일의 점도가 너무 떨어졌을 때
  8. 오일라인에 공기가 유입되거나 베이퍼록 현상이 발생했을 때
  9. 오일 펌프의 가스켓이 파손되었을 때

**30** 자동차용 LPG 연료의 특성을 잘못 설명한 것은?
① 연소 효율이 좋고 엔진운전이 정숙하다.
② 증기폐쇄(vaper lock)가 잘 일어난다.
③ 대기오염이 적으므로 위생적이고 경제적이다.
④ 엔진 윤활유의 오염이 적으므로 엔진 수명이 길다.

◆ LPG 연료는 증기폐쇄(vaper lock)가 발생하지 않는다.

정답 28. ④  29. ③  30. ②  31. ④  32. ①

**31** 전자제어 연료분사장치 중 인젝터 설명으로 틀린 것은?

① 인젝터의 연료분사 시간이 ECU 트랜지스터의 작동시간과 일치하지 않는 것을 무효 분사시간이라 한다.
② 인젝터에 저항을 붙여 응답성 향상과 코일의 발열을 방지하는 방식을 전압제어식 인젝터라 한다.
③ 저온 시동성을 양호하게 하는 방식을 콜드스타트인젝터(Cold Start Injector)라 한다.
④ 인젝터를 제어하는 ECU의 트랜지스터는 일반적으로 ⊕제어방식을 쓰고 있다.

◆ 트랜지스터는 NPN형과 PNP형이 있으며 이들은 전류가 흐르는 방향이 반대일 뿐 그 작용은 동일하다.

**32** 배기량 2250cc 4실린더 스퀘어 엔진실린더 보어와 연소실을 구하시오.
(단, 압축비는 16 파이는 3으로 계산한다.)

① $D = 9\,cm,\ V_c = 50\,cc$
② $D = 12\,cm,\ V_c = 70\,cc$
③ $D = 13\,cm,\ V_c = 50\,cc$
④ $D = 14\,cm,\ V_c = 70\,cc$

◆ 스퀘어엔진은 직경과 행정의 길이가 같은 엔진이다.

$$V = \frac{\pi D^2}{4} \times l \times z = \frac{\pi D^2}{4} \times l \times 4$$

$$= \frac{\pi D^2}{4} \times D \times 4 = 2250\,CC$$

$$D = \sqrt[3]{\frac{2250}{3}} = 9.08\,cm$$

$$\varepsilon = 1 + \frac{V_s}{V_c} \text{에서}$$

$$V_c = \frac{V_s}{\varepsilon} = \frac{2250}{15} = 50\,cc$$

**33** 자동변속기의 토크컨버터에 대한 설명으로 옳지 않은 것은?

① 발진이 쉽고 주행 시 변속조작이 필요 없다.
② 엔진의 동력을 싱크로메시를 통해 전달한다.
③ 저속 토크가 크다.
④ 진동이나 충격이 적다.

◆ 싱크로메시기구는 수동변속기의 동기물림식 변속기의 구성요소이다.

**34** 엔진 오일에 대한 설명으로 옳은 것은?

① 재생 오일을 주로 사용하여 엔진의 냉각효율을 높이도록 한다.
② 엔진 오일이 소모되는 주원인은 연소와 누설이다.
③ 점도가 서로 다른 오일을 혼합 사용하여 합성효율을 높이도록 한다.
④ 엔진 오일이 심하게 오염되면 백색이나 회색을 띤다.

정답 31. ④  32. ①  33. ②  34. ②

◆ 엔진 오일이 감소, 교환해야 하는 원인
  ㉠ 엔진오일의 오염 : 마모되는 부품의 금속입자, 수분, 기타 불순물이 엔진 오일에 점차 축적되어 오염되면 엔진에 문제가 발생할 수 있다.
  ㉡ 점도 저하 : 엔진오일의 오염 및 열에 의해 점차적으로 오일의 점도가 저하된다. 저하된 엔진 오일은 더 이상 금속 부품의 표면에 적절한 오일 막을 형성하지 못하기 때문에 마모, 고착의 위험이 증가된다.
  ㉢ 산화 : 오일이 장시간 열을 받을 경우 산화 및 열화가 시작되며, 엔신 내부에 침전물 및 녹으로 인해 엔진 및 부품이 정상적으로 마모될 수 있다.
  ㉣ 오일량 감소 : 피스톤, 실린더 사이 표면을 윤활한 후 오일은 연소실로 이동하여 소량 연소된다. 그로 인해 오일량이 감소하게 되며, 과열 및 엔진에 문제가 발생될 수 있다.
  • 오일의 색깔이 검정색이라면 심하게 오염된 것이다. 다만 주의할 일은 기존의 석유계 오일 색깔과 달리 합성오일은 처음부터 검은색을 띠기도 한다는 점이다. 이 경우는 색깔이 검더라도 휴지에 묻혀보아서 흡수가 지나치게 빠르다든지, 불순물이 보이면 오염된 것으로 판단하면 된다.
  • 엔진오일 색이 붉은 계통을 띨 때도 있다. 이는 연료인 휘발유가 유입된 경우다. 머플러에서 흰 연기가 유난히 많이 나는 것은 연료인 휘발유에 윤활유가 혼합되어 같이 연소되기 때문이다.
  • 엔진오일이 우유처럼 흰색을 띠는 경우라면 엔진오일에 물이 섞인 것이므로 냉각계통을 점검해야 한다.

**35** 등속조인트 특징으로 아닌 것은 어느 것인가?
  ① 차량은 4개의 등속조인트로 구성되어 있다.
  ② 일반적으로 앞바퀴 구동차에서 사용한다.
  ③ 고무 커버안에 그리스를 채워 무리한 작동에도 원활히 작동할수 있도록 한다.
  ④ 등속조인트는 엔진에서 발생된 힘을 바쿠에 전달하는 역할을 한다.

◆ 등속 조인트(UV조인트) : 일반적으로 앞바퀴 구동차에서 종감속장치에 연결된 구동차축에 설치되어 바퀴에 동력전달용으로 사용되며, 항상 구동축과 피구동축의 접점을 축의 교차각 $\varphi$의 2등분 선상에 있게 하여 등속으로 동력을 전달하도록 만든 것이다. 차축의 각속도의 변화를 막기 위해 2개로 구성되어 있다.

정답 35. ①

**36** 병렬형 하이브리드 자동차의 특징으로 옳지 않은 것은?
① 기존 자동차의 구조를 이용할 수 있어 제조비용 측면에서 직렬형에 비해 유리하다.
② 동력전달 장치의 구조와 제어가 간단하다.
③ 기관과 전동기의 힘을 합한 큰 동력성능이 필요할 때에는 전동기를 가동한다.
④ 여유동력으로 전동기를 구동시켜 전기를 축전지에 저장하는 기능이 있다.

◆ 하이브리드 전기 자동차(Hybrid Vehicle)는 내연기관과 전동기를 동시에 사용하는 자동차로서 전기 자동차의 배터리 대신에 엔진+발전기 장착하는 직렬형 형식과 기종의 내연기관 차량에 전동기를 추가 장착하는 병렬형 형식이 있다.

◆ 직렬형 형식의 특징
 • 차량의 구동력은 전동기가 담당
 • 소용량의 배터리와 엔진, 발전기 장착
 • 구동에 필요한 동력은 엔진에서 생산

◆ 병렬형 형식의 특징
 • 차량의 구동력은 주로 엔진이 담당
 • 엔진, 전동기, 배터리로 구성
 • 주행 상황에 따라 전동기가 동력을 보조하거나 저장함

**37** 자동차 구조원리 중 에어컨에서 사용하는 냉동사이클 계통순서는?
① 압축기-응축기-팽창밸브-증발기-건조기
② 압축기-응축기-건조기-팽창밸브-증발기
③ 응축기-압축기-팽창밸브-건조기-증발기
④ 응축기-압축기-건조기-팽창밸브-증발기

**38** 리저버탱크의 역할이 아닌 것은 어느것인가?
① 압력 밸브가 열리게 되면 오버 플로우관을 통하여 여분의 냉각수가 리저버 탱크로 흐르도록한다.
② 리저버 탱크는 대기압과 같으므로 냉각수가 오버 플로우관을 역류하여 라디에이터 본체로 돌아가게 됩니다.
③ 라디에이터 리저브 탱크 내의 냉각수량이 상한(FULL)과 하한(LOW) 사이에 있으면 정상이다.
④ 냉각수량은 라디에이터 내의 수량만 점검한다.

◆ 냉각수량은 리저브 탱크와 라디에이터 내의 수량을 같이 점검한다.

정답 36. ③  37. ②  38. ④

**39** 독립현가장치의 장점은 어느 것인가?
① 앞바퀴에 시미가 일어나기 쉽다.
② 바퀴의 상하운동에 의한 캠버, 캐스터, 윤거 등의 변화가 없다.
③ 스프링 밑 질량이 적기 때문에 승차감이 좋다.
④ 부품수가 적고 구조가 간단한다.

◆ 독립현가장치 : 현가장치의 기본형식의 하나로 좌우 양 바퀴에 독립적으로 작동할 수 있도록 차체에 설치되어 있으며, 승용차의 서스펜션(현가장치)은 모두 이 타입이다.
㉠ 장점
ⓐ 스프링 아래 중량(밑 질량)이 가벼워 승차감이 좋다.
ⓑ 바퀴의 시미현상이 적어 로드 홀딩(도로 접지성)이 우수하다.
ⓒ 스프링 정수가 작은 스프링도 사용할 수 있다.
㉡ 단점
ⓐ 구조가 복잡하고 정비가 곤란하여 가격이 비싸다.
ⓑ 볼 이음이 많아 앞바퀴 얼라인먼트가 변하기 쉬워 타이어 마멸이 빠르다.

**40** ABS(Anti-lock Brake System)의 장점이 아닌 것은?
① 급제동 시 방향 안정성을 유지할 수 있다.
② 급제동 시 조향성을 확보해 준다.
③ 타이어와 노면의 마찰계수가 클수록 제동거리가 단축된다.
④ 급선회 시 구동력을 제한하여 선회 성능을 향상시킨다.

◆ ABS의 장점
㉠ 방향 안정성 확보 : 후륜 고착 시 차체의 스핀으로 인한 전복 가능
㉡ 급제동 시 조향 안정성 유지 : 전륜 고착 시 조향능력이 상실될 수 있음
㉢ 타이어 편마모 방지 : 미끄러짐에 따라 타이어가 편마모됨

  39. ③  40. ④

**41** 디스크 브레이크의 장점에 대한 설명으로 틀린 것은?

① 제동능력이 안정되어 제동 시 한쪽만 제동되는 일이 적다.
② 브레이크 페달을 밟는 거리의 변화가 적다.
③ 점검과 조정이 용이하고 구조가 간단하다.
④ 마찰력이 크고 페달을 밟는 힘도 커야 한다.

◆ 디스크 브레이크는 브레이크 페달을 밟는 거리의 변화가 적으며 마찰력이 크고 페달을 밟는 힘을 적게 할 수 있다.

**42** 3원 촉매장치에 대한 설명으로 거리가 먼 것은?

① CO와 HC는 산화되어 $CO_2$와 $H_2O$로 된다.
② $NO_x$는 환원되어 $N_2$와 O로 분리된다.
③ 유연휘발유를 사용하면 촉매장치가 막힐 수 있다.
④ 차량을 밀거나 끌어서 시동하면 농후한 혼합기가 촉매장치 내에서 점화할 수 있다.

◆ 3원 촉매장치는 배기가스 속의 $NO_x$를 환원시켜 $N_2$와 $CO_2$로 변환시킨다.

**43** 타이어 공기압 과다 시 영향으로 거리가 먼 것은?

① 연료소비량이 증가한다.
② 타이어 트레드 중심부의 마모가 촉진된다.
③ 조향핸들이 가벼워진다.
④ 주행 중 진동 증가로 승차감이 저하된다.

◆ ① 노면 충격 흡수력이 약해져 타이어 트레드 중심부 쉽게 파열
② 돌 등으로 인해 생긴 상처가 커져 홈 안의 고무가 갈라짐
③ 림과의 과도한 접촉으로 비드부 파열
④ 충격에 약하고 거친 길에서 튀어 올라 미끄러짐 유발
⑤ 조향핸들이 가벼워지나, 주행 시 진동 저항 증가로 승차감 저하
⑥ 일반적으로 공기압을 규정치 보다 다소 높게 할 경우 매우 미미하나 연비가 향상된다.

◆ 타이어 공기압 과소 시 영향
① 트레드 양쪽 가장자리가 무리하게 힘을 받게 되어 양쪽 가장 자리 부 마모 촉진
② 과다한 열에 의한 고무와 코드층 사이가 분리
③ 사이드월 부위가 지면과 가까워지므로 돌출물 등의 충격으로 타이어 손상 심화.
④ 심한 굴신운동으로 열 발생이 가중되고, 타이어의 옆면 코드가 절단
⑤ 고속주행 시 스탠딩웨이브 현상 발생
⑥ 주행 시 로드홀딩이 나빠지며, 승차감 저하

정답 41. ④  42. ②  43. ①

⑦ 공기압이 낮을수록 연비가 나빠져 연료소비량 증가

**44** 전자제어 현가장치(ECS)에서 〈보기〉의 설명으로 맞는 것은?

┌─ 보기 ─┐
조향 휠 각속도센서와 차속정보에 의해 ROLL 상태를 조기에 검출해서 일정시간 감쇠력을 높여 차량이 선회 주행 시 ROLL을 억제하도록 한다.

① 안티 스쿼트 제어
② 안티 다이브 제어
③ 안티 롤 제어
④ 안티 시프트 스쿼트 제어

◆ 안티 스쿼트 제어 : 급브레이크를 밟으면 차의 앞부분이 급격히 아래로 숙여진다. 이런 현상을 다이브(dive) 또는 노즈다운(nose down)이라고 한다. 반대로 급출발할 때는 차의 머리가 들리는 현상을 스쿼트(squat)라고 한다.

◆ 안티 롤 제어 : 선회할 때 자동차의 좌우 방향으로 작용하는 가로 방향 가속도를 G센서로 감지하여 제어한다. 즉, 자동차가 선회할 때에는 원심력에 의하여 중심의 이동이 발생하여 바깥쪽 바퀴 쪽은 목표 차고보다 낮아지고 안쪽 바퀴는 높아진다.

**45** 흡입공기량 계측방식이 아닌 것은?
① 열선질량유량계측
② 베인식 체적계측
③ 열해리식 간접계측
④ 맵센서 계측

◆ 공기량 센서는 직접 계측 방식과 간접 계측 방식이 있으며 직접 계측 방식은 핫 필름(열막, 질량 유량 계측), 핫 와이어(열선, 질량 유량 계측), 칼만 와류(질량 유량 계측), 베인(Vane, Plate 체적 유량 계측)식이 있으며 간접 계측 방식은 맵센서식(MAP : Manifold Absolute Pressure Sensor)이 있다. 이 방식은 흡기 다기관의 절대압력(진공도)과 기관의 회전속도를 비교하여 흡입량을 간접적으로 계측하는 방식이다.

**46** 후륜구동 차량의 종감속 장치에서 구동피니언과 링기어 중심선이 편심되어 추진축의 위치를 낮출 수 있는 것은?
① 베벨 기어
② 스퍼 기어
③ 웜과 웜 기어
④ 하이포이드 기어

◆ 하이포이드 기어는 서로 교차하지 않는 축을 연결시키는 요소이다.
그러므로 설치공간을 줄이고 설계상 유연성을 높일 수 있으며 대부분의 각도 및 속도에서 샤프트와 샤프트 사이의 동력을 전달할 수 있다.

정답 44. ③   45. ③   46. ④

**47** 고전압장치가 적용되는 친환경자동차에서 교통사고 발생 시 안전대책으로 올바르지 않은 것은?

① 장갑, 보호안경, 안전복, 안전화를 착용한다.
② 화재 시 물을 이용하여 진압하며, ABC 소화기를 사용하지 않는다.
③ 절연피복이 벗겨진 파워케이블은 절대 접촉하지 않는다.
④ 차량이 물에 반 이상 침수된 경우에는 메인전원차단 플러그를 뽑으려고 해서는 안 된다. 차량이 물에 반 이상 침수된 경우에는 메인전원을 차단해서는 안 된다.

◆ ABC형 소화기란 가연성고체, 인화성액체, 전기화재를 진압할 수 있는 소화기이다.

**48** 어떤 저항에 전압 100 V, 전류 50 A를 5분간 흘렸을 때 발생하는 열량은 약 몇 $kJ$인가?

① 360
② 720
③ 1500
④ 3000

◆ $Q = I^2 R t = I^2 \dfrac{V}{I} t = 50 \times 100 \times 5 \times 60$
$= 1500000 J = 1500 kJ$

**49** $R, L, C$가 서로 직렬로 연결되어 있는 회로에서 양단의 전압과 전류가 동상이 되는 조건은?

① $\omega = LC$
② $\omega = L^2 C$
③ $\omega = \dfrac{1}{LC}$
④ $\omega = \dfrac{1}{\sqrt{LC}}$

◆ $X_L = X_C$
$\omega L = \dfrac{1}{\omega C}$ 에서 $\omega = \dfrac{1}{\sqrt{LC}}$

**50** 아래의 표시된 것 중 14가 의미하는 것은?

P195/60R14 85H

① 타이어 편평비(%)
② 타이어 폭(cm)
③ 타이어 단면폭(cm)
④ 림 사이즈(내경)

◆ ㉠ P : 승용차일 경우 P라는 문자를 새겨야 하지만 넣지 않는 경우도 있다.
㉡ 195 : 195는 타이어의 폭이 195mm라는 것을 알려준다.
㉢ 60 : 60은 타이어의 편평비율(%)을 나타내는 것이다. 편평비는 타이어의 단면폭에 대한 높이의 비율이다. 편평비율을 가지고 타이어가 60, 65, 70시리즈라고 말한다.
㉣ R : R은 타이어의 구조를 나타내며, 래디얼 타이어라는 것을 알려준다.
㉤ 14 : 림의 사이즈(타이어의 내경)를 말

정답 47. ② 48. ③ 49. ④ 50. ④

ⓗ 85 : 이 부분은 바퀴 1개에 걸리는 무게 허용 하중코드를 말하는 것이다. LI(로드 인덱스)로 표기한다.

ⓢ H : 이 부분은 속도기호를 나타내는 것으로 타이어가 견디는 속도 제한을 표기한다.

**51** 전자제어점화장치에서 점화 시기는 다음과 같은 센서의 신호에 의해 제어된다. 틀린 것은?

① 크랭크 각 센서
② 대기압력 센서
③ 산소 센서
④ 시동장치

**52** 일반적으로 에어 백(AirBag)에 가장 많이 사용되는 가스(gas)는?

① 수소  ② 이산화탄소
③ 질소  ④ 산소

**53** 물체를 잡을 때 사용하고, 조(jaw)에 세레이션이 설치되어 있어서 미끄러지지 않으며 물체의 크기에 따라 조를 조절할 수 있는 공구는?

① 와이어 스트립퍼  ② 알렌 렌치
③ 바이스 플라이어  ④ 복스 렌치

**54** 고속 절단기로 파이프의 절단작업 중 안전 사항에 어긋난 것은?

① 보안경을 착용하여 작업을 한다.
② 절단 후 절단면은 숫돌의 측면을 이용해서 연마한다.
③ 파이프는 바이스로 고정시켜 작업을 한다.
④ 안전커버를 반드시 부착한다.

**55** 주행 중 조향 휠의 떨림 현상 발생 원인으로 틀린 것은?

① 휠 얼라인먼트 불량
② 허브 너트의 풀림
③ 타이로드 엔드의 손상
④ 브레이크 패드 또는 라이닝 간격 과다

**56** 축전지 시험기의 취급에 대한 주의사항으로 틀린 것은?

① 시험기는 진동을 주지 말고 축전지의 극성을 바르게 해야 한다.
② 시험기의 부하를 최대가 된 상태로 해서 배터리와 연결한다.
③ 축전지는 충분히 충전되어 전압강하가 없는 것을 사용해야 한다.
④ 축전지 극성을 연결할 시는 전원스위치가 꺼진 상태에서 한다.

정답 51.③ 52.③ 53.③ 54.② 55.④ 56.②

**57** 기중기로 중량물 등을 운반시 안전한 작업방법으로 틀린 것은?
① 운전자는 신호자의 지시에 따라 운전한다.
② 제한 하중을 조금 넘는 중량물은 제동장치가 감당할 수 있는지를 확인 후 작업해야 한다.
③ 급격한 가속이나 정지를 피하고, 추락방지를 위해 주의해서 작업한다.
④ 달아 올리기는 중량물의 중심을 잘 맞추어 옆 방향으로 힘이 가해지지 않도록 한다.

**58** 실린더 헤드의 밸브장치 정비 시 안전작업 방법으로 틀린 것은?
① 밸브 탈착 시 리테이너 록크는 반드시 새것으로 교환한다.
② 밸브 탈착 시 스프링이 튀어 나가지 않도록 한다.
③ 분해된 밸브에 표시를 하여 바뀌지 않도록 한다.
④ 분해조립 시 밸브 스프링 전용공구를 사용한다.

**59** LP가스를 사용하는 자동차에서 차량전복으로 인하여 파이프가 손상시 용기 내 LP 가스 연료를 차단하기 위한 역할을 하는 것은?
① 영구자석
② 과류방지 밸브
③ 첵 밸브
④ 감압 밸브

**60** 기관오일의 보충 또는 교환시 가장 주의할 점으로 옳은 것은?
① 점도가 다른 것은 서로 섞어서 사용하지 않는다.
② 될 수 있는 한 많이 주유한다.
③ 소량의 물이 섞여도 무방하다.
④ 제조회사가 관계없이 보충한다.

정답 57.② 58.① 59.② 60.①

| 저자와 동의하에 인지 생략 |

# 자동차 정비 기능사 필기

발행일    2021년 01월 01일    초판 발행

| | |
|---|---|
| 저 자 | 유충상, 한홍걸 |
| 발행처 | 도서출판 한필 |
| PH | 0507-1308-8101 |
| E-mail | hanpil7304@gmail.com |
| Youtube | 도서출판 한필 |
| 주소 | 경기도 부천시 중동로 166 복사골건영 1701-1502 |

- 이 책의 어느 부분도 저작권자나 발행인의 승인 없이 무단 복제하여 이용할 수 없습니다.
- 파본 및 낙장은 구입하신 서점에서 교환하여 드립니다.
- 도서출판 한필 홈페이지: www.hanpil.co.kr

이 도서의 국립중앙도서관 출판예정도서목록(CIP)은 서지정보유통지원시스템 홈페이지(http://seoji.nl.go.kr)와 국가자료 공동목록시스템(http://www.nl.go.kr/kolisnet)에서 이용하실 수 있습니다.

정가: 20,000 원
ISBN: 979-11-89374-36-5